『十二五』國家重點圖書出版規劃項目

二〇一一—二〇二〇年國家古籍整理出版規劃項目

國家古籍整理出版專項經費資助項目

中國古農書集粹

王思明——主編

鳳凰出版社

圖書在版編目（ＣＩＰ）數據

沈氏農書、寶坻勸農書、知本提綱（修業章）、農圃便覽、三農紀、增訂教稼書、寶訓 /（明）沈氏等撰. -- 南京 : 鳳凰出版社, 2024.5
（中國古農書集粹 / 王思明主編）
ISBN 978-7-5506-4074-0

Ⅰ. ①沈… Ⅱ. ①沈… Ⅲ. ①農學－中國－古代 Ⅳ. ①S-092.2

中國國家版本館CIP數據核字(2024)第042342號

書　　名	沈氏農書 等
著　　者	(明)沈氏 等
主　　編	王思明
責任編輯	孫　州
裝幀設計	姜　嵩
責任監製	程明嬌
出版發行	鳳凰出版社(原江蘇古籍出版社) 發行部電話025-83223462
出版社地址	江蘇省南京市中央路165號,郵編:210009
印　　刷	常州市金壇古籍印刷廠有限公司 江蘇省金壇市晨風路186號,郵編:213200
開　　本	889毫米×1194毫米　1/16
印　　張	36.75
版　　次	2024年5月第1版
印　　次	2024年5月第1次印刷
標準書號	ISBN 978-7-5506-4074-0
定　　價	380.00圓

(本書凡印裝錯誤可向承印廠調換,電話:0519-82338389)

《中國古農書集粹》編委會

序

中國是世界農業的重要起源地之一，農耕文化有着上萬年的歷史，在農業方面的發明創造舉世矚目。中國幾千年的傳統文明本質上就是農業文明。農業是國民經濟中不可替代的重要的物質生産部門，在傳統社會中一直是支柱産業。農業的自然再生産與經濟再生産曾奠定了中華文明的物質基礎。在漫長的歷史進程中，中華農業文明孕育出南方水田農業文化與北方旱作農業文化、漢民族與其他少數民族農業文化等不同的發展模式。無論是哪種模式，都是人與環境協調發展的路徑選擇。中國之所以能够在十九世紀以前的一兩千年中，長期保持着世界領先的地位，就在於中國農民能够根據不斷變化的人口狀況以及自然、經濟環境作出正確的判斷和明智的選擇。

中國農業文化遺産十分豐富，包括思想、技術、生産方式以及農業遺存等。在傳統農業生産過程中，形成了以尊重自然、順應自然，天、地、人『三才』協調發展的農學指導思想；形成了以種植業爲主，種植業和養殖業相互依存、相互促進的多樣化經營格局；凸顯了『寧可少好，不可多惡』的農業經營策略和精耕細作的技術特點；藴含了『地可使肥，又可使棘』『地力常新壯』的辯證土壤耕作理論；總結了輪作復種、間作套種和多熟種植的技術經驗；形成了北方旱地保墒栽培與南方合理管水用水相結合的農業生産模式。與世界其他國家或民族的傳統農業以及現代農學相比，中國傳統農業自身的特色明顯，既有成熟的農學理論，又有獨特的技術體系。

世代相傳的農業生産智慧與技術精華，經過一代又一代農學家的總結提高，涌現了數量龐大、種類繁多的農書。《中國農業古籍目録》收録存目農書十七大類，二千零八十四種。閔宗殿等學者在此基礎上又根據江蘇、浙江、安徽、江西、福建、四川、臺灣、上海等省市的地方志，整理出明清時期二百三十六種『新書目』。[一] 隨着時間的推移和學者的進一步深入研究，還將會有不少沉睡在古籍中的農書被不斷地揭示出來。作爲中華農業文明的重要載體，這些古農書總結了不同歷史時期中國農業經營理念和傳統農業科技的精華，是人類寶貴的文化財富。

中國古代農書豐富多彩、源遠流長，反映了中國農業科學技術的起源、發展、演變與轉型的歷史進程與發展規律，折射出中華農業文明發展的曲折而漫長的發展歷程。這些農書中包含了豐富的農業實用技術、農業經濟智慧、農村社會發展思想等，覆蓋了農、林、牧、漁、副等諸多方面，廣泛涉及傳統社會中農業生産、農村社會、農民生活等主要領域，還記述了許許多多關於生物學、土壤學、氣候學、地理學、水利工程等自然科學原理。存世豐富的中國古農書，不僅指導了我國古代農業生産與農村社會的發展，也包含了許多當今經濟社會發展中所迫切需要解決的問題——生態保護、可持續發展、農村建設、鄉村振興等思想和理念。

作爲中國傳統農業智慧的結晶，中國古農書通過各種途徑傳播到世界各地，對世界農業文明産生了深遠影響，例如《齊民要術》在唐代已傳入日本。被譽爲『宋本中之冠』的北宋天聖年間崇文院本《齊民要術》被日本視爲『國寶』，珍藏在京都博物館。而以《齊民要術》爲对象的研究被稱爲日本『賈學』。江户時代的宮崎安貞曾依照《農政全書》的體系、格局，撰寫了適合日本國情的《農業全書》十

[一] 閔宗殿《明清農書待訪録》，《中國科技史料》二〇〇三年第四期。

卷，成爲日本近世時期最有代表性、最系統、水準最高的農書，被稱爲『人世間一日不可或缺之書』。據不完全統計，受《農政全書》或《農業全書》影響的日本農書達四十六部之多。[一]中國古農書直接或間接地推動了當時整個日本農業技術的發展，提升了農業生產力。

朝鮮在新羅時期就可能已經引進了《齊民要術》。[二]高麗宣宗八年（一〇九一）李資義出使中國，宋哲宗（一〇八六—一一〇〇）要求他在高麗覆刊的書籍目録裏有《氾勝之書》。高麗後期的一三四九年與一三七二年，曾兩次刊印《元朝正本農桑輯要》。朝鮮太宗年間（一三六七—一四二二），學者從《農桑輯要》中抄録養蠶部分，譯成《養蠶經驗撮要》，摘取《農桑輯要》中穀和麻的部分譯成吏讀，並以此爲底本刊印了《農書輯要》。朝鮮的《閒情録》以《陶朱公致富奇書》爲基礎出版，《農政會要》則主要引自《授時通考》。《農家集成》《農事直説》以及姜希孟的《四時纂要》主要根據王禎《農書》等多部中國古農書編成。據不完全統計，目前韓國各文教單位收藏中國農業古籍四十種，[三]包括《齊民要術》《農政全書》《授時通考》《御製耕織圖》《江南催耕課稻編》《廣群芳譜》《農桑輯要》等。

中國古農書還通過絲綢之路傳播至歐洲各國。《農政全書》至遲在十八世紀傳入歐洲，一七三五年法國杜赫德（Jean-Baptiste Du Halde）主編的《中華帝國及華屬韃靼全志》卷二摘譯了《農政全書》卷三十一至卷三十九的《蠶桑》部分。至遲在十九世紀末，《齊民要術》已傳到歐洲。達爾文的《物種起源》和《動物和植物在家養下的變異》援引《中國紀要》中的有關事例佐證其進化論，達爾文在談到人

[一]韓興勇《〈農政全書〉在近世日本的影響和傳播——中日農書的比較研究》，《農業考古》二〇〇三年第一期。

[二][韓]崔德卿《韓國的農書與農業技術——以朝鮮時代的農書和農法爲中心》，《中國農史》二〇〇一年第四期。

[三]王華夫《韓國收藏中國農業古籍概況》，《農業考古》二〇一〇年第一期。

工選擇時説：『如果以爲這種原理是近代的發現，就未免與事實相差太遠。……在一部古代的中國百科全書中，已有關於選擇原理的明確記述。』[一]而《中國紀要》中有關家畜人工選擇的内容主要來自《齊民要術》。[二]中國古農書間接地爲生物進化論提供了科學依據。英國著名學者李約瑟（Joseph Needham）編著的《中國科學技術史》第六卷『生物學與農學』分册以《齊民要術》爲重要材料，説它『即使在世界範圍内也是卓越的、傑出的、系統完整的農業科學理論與實踐的巨著』。[三]

世界上許多國家都收藏有中國古農書，如大英博物館、巴黎國家圖書館、柏林圖書館、聖彼得堡（列寧格勒）圖書館、美國國會圖書館、哈佛大學燕京圖書館、日本内閣文庫、東洋文庫等，大多珍藏有《齊民要術》《茶經》《農桑輯要》《農書》《農政全書》《授時通考》《花鏡》《植物名實圖考》等早期刻本。不少中國著名古農書還被翻譯成外文出版，如《齊民要術》有日文譯本（缺第十章），《天工開物》與《茶經》有英、日譯本，《農政全書》《授時通考》《群芳譜》的個别章節已被譯成英、法、俄等文字，《元亨療馬集》有德、法文節譯本。法蘭西學院的斯坦尼斯拉斯·儒蓮（一七九九—一八七三）翻譯的法文版《蠶桑輯要》廣爲流行，並被譯成英、德、意、俄等多種文字。顯然，中國古農書已經是全世界人民的共同財富，也是世界了解中國的重要媒介之一。

近代以來，有不少學者在古農書的搜求與整理出版方面做了大量工作。晚清務農會於光緒二十三年（一八九七）鉛印《農學叢刻》，但是收書的規模不大，僅刊古農書二十三種。一九二〇年，金陵大學在

[一][英]達爾文《物種起源》，謝蘊貞譯。科學出版社，一九七二年，第二十四—二十五頁。

[二]《中國紀要》即十八世紀在歐洲廣爲流行的全面介紹中國的法文著作《北京耶穌會士關於中國人歷史、科學、技術、風俗、習慣等紀要》。一七八〇年出版的第五卷介紹了《齊民要術》，一七八六年出版的第十一卷介紹了《齊民要術》中的養羊技術。

[三]轉引自繆啓愉《試論傳統農業與農業現代化》，《傳統文化與現代化》一九九三年第一期。

全國率先建立了農業歷史文獻的專門研究機構，在萬國鼎先生的引領下，開始了系統收集和整理中國古代農業歷史文獻的研究工作，着手編纂《先農集成》，從浩如煙海的農業古籍文獻資料中，搜集整理了三千七百多萬字的農史資料，後被分類輯成《中國農史資料》四百五十六册，是巨大的開創性工作。

民國期間，影印興起之初，《齊民要術》、王禎《農書》、《農政全書》等代表性古農學著作均有石印本或影印本。一九四九年以後，爲了保存農書珍籍，曾影印了一批國内孤本或海外回流的古農書珍本，如中華書局上海編輯所分别在《中國古代科技圖録叢編》和《中國古代版畫叢刊》的總名下，影印了《天工開物》（崇禎十年本）、《便民圖纂》（萬曆本）、《救荒本草》（嘉靖四年本）、《授衣廣訓》（嘉慶原刻本）等。上海圖書館影印了元刻大字本《農桑輯要》（孤本）。一九八二年至一九八三年，農業出版社以《中國農學珍本叢書》之名，先後影印了《全芳備祖》（日藏宋刻本），《金薯傳習録、種薯譜合刊》（前者刊本僅存福建圖書館，後者朝鮮徐有榘以漢文編寫，内存徐光啓《甘薯疏》全文），以及《新刻注釋馬牛駝經大全集》（孤本）等。

古農書的輯佚、校勘、注釋等整理成果顯著。萬國鼎、石聲漢先生都曾對《四民月令》《氾勝之書》等進行了輯佚、整理與深入研究。到二十世紀末，具有代表性的古農書基本得到了整理，如夏緯瑛的《管子地員篇校釋》和《呂氏春秋上農等四篇校釋》，石聲漢的《齊民要術今釋》《農桑輯要校注》《農政全書校注》等，繆啓愉的《齊民要術校釋》和《四時纂要》，王毓瑚的《農桑衣食撮要》，馬宗申的《授時通考校注》等。特别是農業出版社自二十世紀五十年代一直持續到八十年代末的《中國農書叢刊》，先後出版古農書整理著作五十餘部，涉及範圍廣泛，既包括綜合性農書，也收録不少畜牧、蠶桑、水利等專業性農書。此外，中華書局、上海古籍出版社等也有相應的古農書整理著作出版。

一些有識之士還致力於古農書的編目工作。一九二四年，金陵大學毛邕、萬國鼎編著了最早的農書簡目《中國農書目錄彙編》，存佚兼收，薈萃七十餘種古農書。但因受時代和技術手段的限制，規模較小。一九四九年以後，古農書的編目、典藏等得以系統進行。一九五七年，王毓瑚的《中國農學書錄》出版（一九六四年增訂），含英咀華，精心考辨，共收農書五百多種。一九五九年，北京圖書館據全國二十五個圖書館的古農書書目彙編成《中國古農書聯合目錄》，收錄古農書及相關整理研究著作六百餘種。一九九〇年，中國農業歷史學會和中國農業博物館據各農史單位和各大圖書館所藏農書彙編成《農業古籍聯合目錄》，收書較此前更加豐富。二〇〇三年，張芳、王思明的《中國農業古籍目錄》收錄了古農書存目二千零八十四種。經過幾代人的艱辛努力，中國古農書的規模已基本摸清。上述基礎性工作爲古農書的搜求、彙集、出版奠定了堅實的基礎。

目前，以各種形式出版的中國古農書的數量和種類已經不少，具有代表性的重要農書還被反復出版。但是，仍有不少農書尚存於各館藏單位，一些孤本、珍本急待搶救出版。部分大型叢書已經注意到古農書的彙集與影印，《續修四庫全書》『子部農家類』收錄農書六十七部，《中國科學技術典籍通匯》『農學卷』影印農書四十三種。相對於存量巨大的古代農書而言，上述影印規模還十分有限。可喜的是，在鳳凰出版社和中華農業文明研究院的共同努力下，《中國古農書集粹》被列入《二〇一一—二〇二〇年國家古籍整理出版規劃》。本《集粹》是一個涉及目錄、版本、館藏、出版的系統工程，工作於二〇一二年啓動，經過近八年的醞釀與準備，影印出版在即。《集粹》原計劃收錄農書一百七十七部，後根據時代的變化以及各農書的自身價值情況，幾易其稿，最終決定收錄代表性農書一百五十二部。

《中國古農書集粹》填補了目前中國農業文獻集成方面的空白。本《集粹》所收錄的農書，歷史跨度時間長，從先秦早期的《夏小正》一直至清代末期的《撫郡農産考略》，既展現了中國古農書的萌芽、形成、發展、成熟、定型與轉型的完整過程，也反映了中華農業文明的發展進程。明清時期是中國傳統農業發展的巔峰，它繼承了中國傳統農業中許多好的東西並將其發展到極致，而這一階段的農書恰是本《集粹》收録的重點。本《集粹》還具有專業性强的特點。古農書屬大宗科技文獻，而非傳統意義的歷史文獻，本《集粹》更側重於與古代農業密切相關的技術史料的收録。本《集粹》所收農書覆蓋面廣，涵蓋了綜合性農書、時令占候、農田水利、農具、土壤耕作、大田作物、園藝作物、竹木茶、植物保護、畜牧獸醫、蠶桑、水産、食品加工、物産、農政農經、救荒賑災等諸多領域。收書規模也爲目前中國農業古籍集成之最。

《中國古農書集粹》彙集了中國古代農業科技精華，是研究中國古代農業科技的重要資料。同時，中國古農書也廣泛記載了豐富的鄉村社會狀況、多彩的民間習俗、真實的物質與文化生活，反映了中國古代農民的宗教信仰與道德觀念，體現了科技語境下的鄉村景觀。不僅是科學技術史研究不可或缺的第一手資料，還是研究傳統鄉村社會的重要依據，對歷史學、社會學、人類學、哲學、經濟學、政治學及其他社會科學都具有重要參考價值。古農書是傳統文化的重要載體，是繼承和發揚優秀農業文化遺産的主要文獻依憑，對我們認識和理解中國農業、農村、農民的發展歷程，乃至整個社會經濟與文化的歷史脉絡都具有十分重要的意義。本《集粹》不僅可以加深我們對中國農業文化、本質和規律的認識，還可以鑒古知今，把握國情，爲今天的經濟與社會發展政策的制定提供歷史智慧。

本《集粹》的出版，可以加强對中國古農書的利用與研究，加深對農業與農村現代化歷史進程的必然性和艱巨性的認識。祖先們千百年耕種這片土地所積累起來的知識和經驗，對於如今人們利用這片土地仍具有指導和借鑒作用，對今天我國農業與農村存在問題的解決也不無裨益。現代農學雖然提供了一些『普適』的原理，但這些原理要發揮作用，仍要與這個地區特殊的自然環境相適應。而且現代農學原理並不否定傳統知識和經驗的作用，也不能完全代替它們。中國這片土地孕育了有中國特色的傳統農業，積累了有自己特色的知識和經驗，有利於建立有中國特色的現代農業科技體系。人類文明是世界各個民族共同創造的，人類文明未來的發展當然要繼承各個民族已經創造的成果。中國傳統的農業知識必將對人類未來農業乃至社會的發展作出貢獻。

王思明

二〇一九年二月

目錄

沈氏農書　（明）沈氏 撰　（清）張履祥 補……〇〇一
寶坻勸農書　（明）袁黄 撰……〇二九
知本提綱（修業章）（清）楊屾 撰　（清）鄭世鐸 注釋……〇五三
農圃便覽　（清）丁宜曾 撰……〇八七
三農紀　（清）張宗法 撰……一九五
增訂教稼書　（清）孫宅揆 撰　（清）盛百二 增訂……四五七
寶訓　（清）郝懿行 撰……四七七

沈氏農書

（明）沈　氏　撰
（清）張履祥　補

《沈氏農書》，（明）沈氏撰，（清）張履祥補。沈氏的名諱與生平事迹均不詳，浙江歸安縣漣川（今屬湖州）人。張履祥（一六一一—一六七四），字考夫，又字淵甫，别號念之，浙江桐鄉人。明諸生，入清不仕，隱居家鄉教書務農，因久居楊園村，世稱楊園先生。著述以理學見長，撰有《願學輯》《讀易筆記》《訓子語》等，集爲《楊園先生文集》傳世。《清史稿》有傳。此書爲《沈氏農書》（上卷）與張氏《補農書》（下卷）合刊，多以《農書》或《補農書》統稱之，《清史稿・藝文志》農家類著録，爲南方地區性古農書的代表之作。

《沈氏農書》約成於明崇禎十三年（一六四〇）以前，《四庫全書總目》列爲子部農家類存目。共四篇，首列月令，依分爲天晴、陰雨、雜做、置備四項，敘説一年之中重要的農事安排。其後三篇，逐條詳述藝穀、栽桑、育蠶、畜牧等農業生産事宜。『運田地法』内容最爲豐富，部分取自明李樂《烏青志》，以水稻與桑樹種植爲重點，分别闡述深耕、積糞、施肥、鋤草、滅蟲、抗災等諸多生産技術環節，兼論使用雇工原則。在蠶務於畜牧等項目之中，養殖技術與經濟效益並重，尤其注重家庭手工業以及多種經營的整體成本與利潤核算。

張氏於清順治十五年（一六五八）以自己的經驗體會校定、抄録《沈氏農書》，以親身經歷，並向老農請教，撰成《補農書》，意在補充《沈氏農書》的不足，其中包含蠶桑之利、養蠶之法，以及水稻生産、地力保持、雇工經營等内容。《沈氏農書》以水稻爲主，兼及蠶桑、畜牧、日用等項。張氏則著眼蠶桑，兼及水稻，尤其重視沈氏所未詳之處。其中張氏爲鄔行素家屬設計的農業經營模式頗受稱道：在十畝廢地上種桑三畝，種豆三畝；種竹、種果各二畝。池塘養魚，塘泥壅竹桑。畜羊五六頭，羊糞壅桑，桑葉飼蠶，桑下套種蔬菜，四旁雜以豆、芋之類，收豆後再種麥。在經濟效益上長短結合，可解決數口之家的衣食問題；在生態效益上，可實現蠶、果、糧、菜、魚、畜間的良性回圈。

全書系統總結了明末清初江南地區農家經營策略及農業生産技術，創新内容較多。栽桑養蠶、積肥壅糞、利潤核算等是全書的精華所在，集中體現出糞多力勤、精耕細作、少種多收等傳統農業經營理念，在農學史上具有重要地位。此書所引文獻較少，以第一人稱撰寫，多爲當時實際經驗的總結。

沈氏、張氏二著在後學編刊《楊園全書》（重刊名爲《楊園先生全集》）時被收錄，也有然藜閣單行本。一九五六年中華書局出版陳恆力校點本，一九六三年農業出版社出版了陳恆力的《補農書校釋》。今據南京圖書館藏清刻《楊園先生全集》本影印。

（熊帝兵　惠富平）

補農書目次

上卷
沈氏農書
逐月事宜 十二條
運田地法 二十條
蠶務 六畜附 九條
家常日用 十條
下卷
補農書後 二十二條
總論 九條
附錄 八條

補農書引

農書之補何爲而作也昔吳康齋先生講濂洛關閩之學而隱於農率弟子以躬耕 先生慕而效之讀書館課之餘凡田家纖悉之務無不習其事而能言其理諄諄以耕讀二字教後人者於初學備忘訓子語中誡之備矣而田里樹畜之法則取沈氏農書爲本而更致詳於末務所謂廊廟山林俱有事也或者目爲長沮桀溺之流豈知 先生者哉後學陳克鑑謹識

補農書

楊園先生纂本

後學海寧陳克鑑敬校

後學興國萬斛泉編次

上卷 沈氏原書

逐月事宜

正月 立春 雨水

天晴 墾田 運桑秧 敲菜麥溝 倒地 罱泥 下地壅 修桑刮蟥 倒芋艿田 澆菜麥

陰雨 修桑刮蟥 罱泥 截壅 罱田泥 斫柴 撒蠶草 秧界繩 編蠶簾蠶簀

雜作 窖垃圾 窖磨路

置備 鐵扒鋤頭 桑剪 買糞 蘇杭 買柴炭 鍬蒲 蓑衣箬帽 雜豆泥 甪直 買糟燒酒 蘇州

二月 驚蟄 春分

天晴 倒地 刮蟥 下菜壅 倒田 鍬溝 澆菜秧 罱泥 剉溝 倒秧田

陰雨 修桑刮蟥 做塍修潑 鍬溝 罱泥 修圩岸 斫柴 搭地灘 粘車篷 罱田泥 截壅 綑桑繩 架山繩 撒柴

雜作 接樹 桑 看山蛀屑 下瓜茄子 下菱種 排韭

沈麻了（取足修船打柴之用）

置備　喚工剪桑　僱忙月人工　耘螺螄入池　修好

簏籮　換炭　買芥菜𦷾　買小鴨　買糊窗紙

三月　清明　穀雨

天晴　到地　沈梅荳晚荳　墾花草田　澆桑秧　罱

泥　倒田　種芋艿　削荳坂

陰雨　窖花草　做秧田　刮二蟥　鋸車旁　栽蓀

罱田泥　把桑繩　劈柴

雜作　僱匠做車旁鶴膝（須此日但後此工忙）　修蠶具車仗（并船車）　種

菱　釘菱篊（并菱機）　捉蛀蟲　種瓜秧（并蒲荳）　浸種穀

置備　菜柴　醃芥菜　買木梳

四月　立夏　小滿

天晴　到地（白地荳地）　謝桑　倒花草田　壅桑秧　種

茄　倒地　剪桑（并修截）　澆桑秧　沈晚荳　看

三蟥　收菜麥　種芋艿秧（種菜）　做秧田　下種

穀

陰雨　看三蟥　拆麥稜　窖蠶沙梗　罱麥　下田

窖蠶荳捌　看秧水

雜作　架瓜荳棚　澆瓜茄（并荳蘆秧）　沈赤荳　雨從看

地滸　桑秧

置備　買糞謝桑　買牛壅磨路（平望）　醃青菜　買蘭黄

（南潯）買蒜苗　買蝦蟻入池

五月　芒種　夏至

天晴　到地　澆桑秧　澆瓜茄秧（并荳苗等惟夏至後午時不可澆）

陰雨　拔地草　挑草泥　斫地灘（并菜籃）　下田　拔秧

種田

雜作　打菜油　拔桑附枝（并勻葉）

置備　雜大麥（長興載油）　買蘇苧布　買蒜（留用）　醃梅子

燻楊梅　買醬鹽

六月　小暑　大暑

天晴　到地　拔梅荳　墾倒種菜地（伏內）　捉頭蟥　鋤

田

陰雨　下田

雜作　到晚荳　斫黃麻梗　收藏種子（蠶荳梅荳大小麥）

置備　合醬（做醬油）　定桔桑柴　買菜瓜入醬　買勒魚

入槽　做瓜乾　做荳豉

七月　立秋　處暑

天晴　到地　盪田　芸田　捉二蟥　修桑　把桑

陰雨　下田　修桑（把桑）　捉蟥　栽蔴

雜作　下拔力　下麥秧（并胡蘿蔔）　合魚蔬　種蔥　下

菜秧
置備　買羊草 上路
八月　白露　秋分
天晴　到地　做泥塼　倒地　下地壅　挑河泥　罱
泥　剛胡蘿蔔　下白蘿蔔　撒菜秧　種菜
陰雨　斫地灘蘆草　罱地梗泥　絞簭發　押簾䋲 并頭
稻綫
雜作　翻千年久 去根　捉蛀蟲　抹車油　押簾　修船
沈蘿荳 地灘　撒花草子　下寒荳 田岸　接桃樹
線鷄

補農書　〈卷上　四

置備　買簭發 并稻札　買稻鉄 并鏍刀　買爺籠　合酒麯
買茶鹽　買辣火　糴桂花　醃菱擗
九月　寒露　霜降
天晴　墾地　斫早稻　沈蘿荳　墾麥稜　罱泥　勒
菜　拔瓜荳
陰雨　挑泥潭到家　做稻場　打稻巴　紉壅　罱泥
押牀簟　絞䋲索
雜作　捉蛀蟲　鋤竹地 修竹　挑稻稈泥　伏雞鵝蛋
做醬
置備　買牛壅 平望　買梁骨　糟茄荳　烘青荳　買茶
黄　藏臼
十月　立冬　小雪
天晴　斫稻　墾麥稜 沈麥種菜　澆菜麥 及蘿蔔菜　晒穀
墾地
陰雨　甩稻　做米　斫蘆　縛囤　絞䋲索　罱泥
雜作　拔赤晚荳　種芥菜青菜　起芋艿種　採菱留
種　起魚叢
置備　買枯渣 俱鄉尊亭　買草柴 山裏　買牛壅 平望　租窖
各項 醃菜乾　做酒 十月白　做蘿蔔菜乾
十一月　大雪　冬至

補農書　〈卷上　五

天晴　墾菜稜 種菜　提菜麥溝　種大小麥　晒穀　墾
地　罱泥
陰雨　做米　打米　絞䋲索　縛囤　裁桑魂磊　刮
蟥　提溝　截壅　罱泥
雜作　斫芋茭　截羊葉　挑稻稈泥　藏種穀
置備　租窖　糴白粞　踏醃虀菜　買蟹 醬油　買香橙
糴礱糠炭屑　做風魚火腿　糴糠
十二月　小寒　大寒
天晴　下地壅　墾坂田　刮頭蟥　澆菜　罱泥
陰雨　罱泥 上年芋艿　截壅　修桑刮蟥　打米　絞䋲

索
雜作　了田（柔麥田剩下者）　斫樹枝　削地壩（即修）籬笆　車
池潭
置備　買榆樹　買臘柴　買臘鹽　換灰糞　買臘猪
油（嘉興）　買過地韭秧　做好酒　做醋

運田地法

古稱深耕易耨以知田地全要墾深切不可貪陰雨閑工
須要晴明天氣二三層起深每工止墾半畝倒六七分春
間倒二次尤要老晴時節頭番倒不必太細只要稜層通
曬徹底翻身（若有草則覆在底下）合倫倒好若壅灰與牛糞則撒於

初倒之後下次倒入土中更好
一種田之法不在乎早本處土薄早種每患生蟲若其年
有水種田則芒種前後插蒔爲上若旱年車水種田便到
夏至也不妨只要倒平田底停當生活以候雨到雨不到
則車種須要一日車水次日削平田底第三日插秧使土
中熱氣散盡後無蟲蛀之患矣凡種田總不出糞多力勤
四字而墊底尤爲緊要墊底多則雖遇水大而苗肯參長
浮面不至淹沒遇旱年雖種遲易於發作其插種之法行
欲稀須間七寸一段欲密容盪足矣平底之時有草須去盡
如倒不能盡必拔去而後平底蓋插下須二十日方可下

田拔草倘插時先有宿草得肥驟與秧未見活而草已滿
拔甚費力此俗所謂畝三工若插時拔草先淨則草未生
而苗已長不滿二十日便可拔草草少工省此俗所謂工
三畝只此兩語豈不較然況又有水旱不時車戽不暇須
預喚月工多喚短工趲先做起頭番做得乾淨後番次次
省力今日拔草明日即要橫鋤所謂頭番不要早二番不
要遲當使草無處著腳兩鋤俱要將土翻箇轉身不徒
移動場屋計小暑後到立秋不過三十餘日鋤盪耘四番
生活（鋤二盪一耘一）均勻排定總之不可免搭得上前爲愈也立
秋邊或盪乾或耘乾必要田乾縫裂方好古人云六月不

乾田無米莫怨天惟此一乾則根派深遠苗幹蒼老結秀
成實水旱不能爲患矣乾在立秋前便多乾幾日不妨乾
在立秋後纔裂縫便要車水蓋處暑正做胎此時不可缺
水古云處暑根頭白農夫吃一嚇下接力須在處暑後苗
做胎時在苗色正黃之時如苗色不黃斷不可下接力到
底不黃到底不可下也若苗茂密度其力短俟抽穗之後
每畝下餅三斗自足接其力切不可未黃先下致好苗而
無好穀蓋田上生活百凡容易只有接力一壅須相其時
候察其顏色爲農家最要緊機關無力之家既苦少壅薄
收糞多之家每患過肥穀秕究其根源總爲壅嫩苗之故

而扼要之法一在墾倒極深深則肥氣深入土中徐徐討力且根派深遠苗幹必壯實可耐水旱縱接力薄而原來壅力可以支持即再多壅譬如健人善飯量高多飲亦不害事此爲第一著一在多下墊底墊底多插下便興旺到了立秋苗已長足壅力已盡幹必老色必黄接力愈多愈好一在六月内乾過一番則土實根牢苗身堅老堪勝壅力而無傾倒之患但自立秋以後斷斷不可缺水水少即車直至斫稻方止俗云稻如鶯色紅全得水來供若值天氣驟寒霜早凡田中有水霜不損稻無水之田稻即秕矣先農有言飽水足穀此之謂也

一稻種以早白稻爲上只肥壅不易調停少壅不長多壅又損苗但喜其米粒粗硬而多飯所宜多種黄稻能耐水旱多壅不害只怕霜早米不圓滿其餘稻色好歹不同總無如黄白二種所宜對半均種以便次第收斫不致忙促先農嘗卜其吉者而多種之

一墾麥稜惟乾田最好如爛田須墾過幾日待稜背乾燥方可沉種倘時候已遲先浸種發芽以候稜乾切不可帶濕踏實菜麥不能行根春天必萎死即不死亦永不長旺沉麥蓋潭要滿撒子要勻不可惜工而令婦女小廝苟且生活麥要澆子菜要澆花麥沉下澆一次春天澆一次太肥反無收大麥穪麥則不厭肥又要肥在後半若八月初先下麥種候冬墾田移種每顆十五六根照式澆兩次又撒牛壅鍬溝蓋之則幹壯麥粗倍獲厚收菜化麥倍澆又或垃圾或牛糞鍬溝再澆煞花即有滿石收成種田不須墊底凡菜麥鍬溝之後候乾再到一番每畝不過半工而泥鬆碎易討力且不起草又可挨麥不患風倒

一墾地須在冬至之前取其冬月嚴寒風日凍曬必照墾田法二三層起深桑之細根斷亦無害只要稜層空瀰若倒地則春天雨水正多地面又要整平使不滯水背後脚跡盡數揉平冬天墾地草根翻在上春天倒地草根翻在

下先農所謂寒則凍熱則藏也墾地倒地非天色極晴不可若倒下不曬一日即便逢雨不如不倒爲愈至於刮地尤要大晴尤要草未生而先刮夏天約二十日一刮未草先刮二十日尚未起草草多而刮不十日草已茂矣一樣用此工夫常在草頭做去就若搶先做在頭番做得乾淨永不易起草一年計在春正此謂也西鄉只倒不刮本處只刮不倒也須刮深二三寸雖大陣雨不將浮泥衝淋入水若止於刮草稜面上浮下實一逢大雨盡將面泥淋刹討一年摘泥所增幾何堪此沒削論來只宜抹倒不必徇俗也況發棠時未必日日晴未免踏實此時尤宜趁晴倒

晒則黃爛不易起草萬一黃霉久雨不能刭倒若草盛宜拔去之或鍬去之地溝必開濬卸水但刭倒一番未免有泥塊落溝壅滯遇大雨後必處處看驗有水即開濬之雨一番看一番可也

一種桑以荷葉桑黃頭桑木竹青爲上取其枝幹堅實不易朽眼眼發頭有觔兩其五頭桑大葉密眼次之細葉密眼爲最不又有一種火桑較別種早五六日可養早蠶凡過二月清明其年葉必發遲候桑下蠶蠶恐後期屏前後種百餘株備用可也種法以稀爲貴縱横各七尺每畝約二百株株株茂盛葉使滿百不須多也內地年前春初皆

可種外地思益者清明前種年前種桑秧以大爲貴清明邊種桑秧以細爲貴以大桑到清明頭眼已發根眼已育細桑則根眼向綻故也根不必多刷盡毛根止留線根數條四方排穩漸漸下泥築實清水糞時時澆灌引出新根黃霉尤宜澆灌澆法不宜著幹當離尺許繞圍周匝使新根向肥遠去發葉之後不時要看若見損葉必有地蠶亟搜殺之如遇大雨一止必逐株踏看如被泥水淤眼速速挑開否即死矣雨一番看一番不可忽也其剪法縱不能如西鄉樓子樣亦斷不可如東鄉拳頭樣試看拳頭桑桑釘眼多身如枯柴一年缺壅使不能發眼即行剛死矣密

眼桑留半寸許五頭黃頭留二寸許留可有油瓶嘴另日修剪可也嫩桑不必多留碗孫須盡截去古云孝順種竹忤逆剪桑剪桑乃一件正經事不甚費作工夫約一年要修四番二葉初勻時不可多打葉片致嫩條軟折此時預防損抑不免多留樹用葉細看一番但多留嫩條及新發截葉盡情截去到七月縛桑之際凡根下細條及了稍除枝又一切去之至冬春修截之時又看細小不堪及陰不繁密者又一切去之到剪桑畢又看以前碍鋸而截不盡碗孫及老枝不成器者又一切去之其老油瓶嘴時時堅硬難剪不論冬春凡遇久雨之後雨一止即發出修剪期

於淨盡設有癃桑即番去之不可愛惜使其纏染皆緣剪時刀上傳過凡桑一癃再無醫法斷不可留者漢人須刺史德政曰桑無附枝甚言修桑爲重事也桑鋸須買木匠生鐵鋸桑剪須在石門鎮買五分一把其刮蟥也須三番冬春看頭蟥清明前看二蟥剪桑畢看三蟥一株上百顆盡刮若遺剩一顆亦足蟥盡必如此三番四番亦料不能淨盡又要六月內捏頭蟥七月內捏二蟥而頭蟥尤宜細看留頭蟥一則二蟥便有自此時田工甚忙人每忽畧不上緊不知葉一經蟥縱有肥壅有工力亦不易救決宜早早用心農家惟此項最辛苦工夫最難稽考不得不多下

功力分撥各任庶可貲成且其捉蛀也須三番春分邊捉出廂蛀秋分邊捉條了蛀剪桑畢或九月又細看細捉又有一等包捉之人故留大蛀不捉以待冬間出痘之家見取厚利須時時照顧隨見隨捉或自備綫繫爲不時之需

一要覔壅則平望一路是其出產磨路猪灰最宜用壅在四月十月農忙之時糞多價賤當幷工多買其人必往杭州切不可在壩上買滿載當在五道前買半載次早押到門外過壩也有五六成糞且新糞更肥至於謝桑於小滿邊載事忙迫之日只在近鎮買坐坑糞上午去買下午即澆更好

補農書　卷上　十二

一春天壅地垃圾必得三四十担在立春左右揀天色老晴土色乾燥方可倒入地面要平使不受水溝不要深則不走肥隨簖泥蓋土雖遇春雨久亦無害惟在春先下壅令肥氣浸灌土中一行根便討力桑眼飽綻個個有頭葉必倍多清明邊再澆人糞謂之撮桑澆一錢多二錢之葉剪桑畢再澆人糞謂之謝桑撓一錢多一錢之葉毫不斷本落得桑好謝桑尤是要緊工夫切不可因循

一牛壅載歸必須下潭加水作爛薄澆之若平望買來乾糞須加人糞幾擔或菜滷猪水俱可取其肯作爛也每畝壅牛糞四十擔和薄便有力擔其澆時初次澆稜旁下次澆稜背潭要深大每潭一桶當日即蓋若澆人糞尤要即刻蓋潭方好牛壅要和極薄人糞要和極清斷不可算工力主人必親監督不使工人貪懶少和水此是極要緊所在

一古人云家不興少心齊桑不興少河泥（簖泥）第一要緊事不惟一歲兩淤土剝籍補益正由簖泥之地土堅而又鬆雨過便乾桑性喜燥易於茂旺若不簖泥之地經雨則土爛如腐嫩根不行老根必露縱有肥壅亦不全盛每年冬春間簖一番（或云簖泥則好挑簖稷泥亦可省工）八月簖一番每番須六工做薄之人也不可用搭頭恐做簖扒泥不及簖手亦停候

補農書　卷上　十三

晏晴天簖在大地（踏大簖孔坐地雨天簖在潭裏）候乾挑在還地泥乾趁晴倒到晒燥如炙穀樣敲碎如粉方肥

一把桑繩上好茂盛地約乾鯏繩八觔以下多寡有差生活人搊繩上等一日七八觔次中五觔

一天時大約晴七雨三晴雨各有生活獨孟春雨水之際正農工湊聚之時除雨留家外雨止即可修桑看蟥修岸至於翻倒田地非大晴不可人家備長年天雨無生活可做不得已而墾田若有船可以簖泥定須開潭簖泥消磨雨工其田地生活必待天晴方做

一種田地肥壅最爲要緊人糞力旺牛糞力長不可偏廢

租窖乃根本之事但近來糞價貴人工貴載取費力偷竊弊多不能全靠租窖則養猪羊尤爲簡便古人云租田不養猪秀才不讀書必無成功則養猪羊乃作家第一著計羊一歲所食取足於羊毛小羊而足所費不過墊草宴然多得肥壅養猪舊規虧折猪本若兼養母猪即以所賺者抵之原自無虧若羊必須僱人斫草則冬春工閑誠靡廩糈若猪必須買餅容有貴賤不時今羊專吃枯草猪專吃糟麥則燒酒又獲贏息有盈無虧白落肥壅又省載取人工何不爲也但養猪每苦生病病必在春夏以受暴暑盛熱鬱蒸而成欄前須空闊通風日夏不甚熱冬煖其窠不厭煖槽須潔淨自然無害

一羊壅宜於地猪壅宜於田灰忌壅地爲其剝肥灰宜壅田取其鬆泛若平望買猪灰及城鎮買坑灰於田未倒之前棱層之際每畝撒十餘擔然後鋤倒徹底鬆泛極益田腳又取撒於花草田中一取鬆田二取護草然積瘦之田泥土堅硬利用灰與牛壅若素肥之田又忌太鬆而不耐旱不結實壅須間雜而下如草泥猪壅墊底則以牛壅接之如牛壅墊底則以荳泥荳餅接之然墾田果能二層起深雖過鬆無害花草畝不過三升自己收子價不甚值一畝草可壅三畝田今時肥壅艱難此項最屬便利

一田地生活上前有功除種田要看時候其餘各色俱以早爲貴假如刈地未草先刈以後草不即起到又省工假如拔草早則工三畝遲則畝三工又如捏蟥捏頭蟥一當捏二蟥百至於沈荳麥尤以早爲貴春三月內多喚短工預喚剪桑工種田工忙月工生活次第得法仍舊省工未嘗多費廩食也

一秧田最忌稗子先將面泥刮去寸許掃淨去之然後墾倒臨時簡泥鋪面而後撒種舊規每秧一畝壅餅一片細舂與種同撒即以灰蓋之取其根鬆易拔今人密密佈種日恐草從此生耳果能刮盡面泥草種已絕不妨少疏欲

其粗壯若秧色太嫩不妨閣乾使其蒼老所謂秧好半年田謂其本壯易發生耳若亢旱之年又不可早將秧壅與恐插蒔遲而秧蒿敗也凡人家種田十畝須下秧十三畝以防不足且備租田俗云二月清明多下種三月清明少撒秧屢試之亦驗

一做工之法舊規每工種田一畝鋤盪芸每工二畝當時人習攻苦戴星出入俗柔順而主令尊今人驕惰成風非酒食不能勸比百年前大不同矣只要生活做好監督如法寧可少而精密不可多而草率也供給之法亦宜優厚炎天日長午後必飢冬日嚴寒空腹難早出夏必加下點

心冬必與以早粥若冬月雨天罱泥必早與熱酒飽其飲
食然後責其工程彼既無詞謝我我亦有顏詰之至於婦
女丫鬟雖不甚攻苦亦須略與滋味爲有經月不知肉味
而能無染指侵剋者古云善使長年惡使牛又云當得窮
六月裏羼長工主人不可不知　舊規夏秋每人朝粥二
合晝飯七合點心飯二合半夜粥二合半春冬
每人朝粥二合晝飯七合點心粥三合夜粥二合半一年中牽算每人日一升九合婦人半之豬犬別加料　舊規夏秋一日葷兩日素今宜間之重
難生活連日葷春冬一日葷三日素今間二日重難生活
加葷　舊規不論忙閒三人共酒一杓今宜論生活起重

難生活每人酒一杓中等生活每人酒半杓輕省及陰雨
留家全無　舊規葷日鯗肉每觔食八人豬腸每觔食五
人魚亦九八今宜稱明均給於中不短少侵剋足矣　舊
規素日腐一塊值錢一文當年錢值銀九毫豈一石值價
五錢今錢價豈價不等豈得尚以舊例行之今後合與人
人吃腐不須付與腐錢而多與油水令工人勤種瓜菜以
補其不足　舊規生活人供酒斗米買三十杓謂之長行
酒水多味淡徒爲店家出息若以斗米自做麯酒當有二
十四觔以十二兩抵長行一杓滋味力量竟是加倍所慮
者自做易於耗損若頭役於領袖做工之人計日算給似

亦甚便與其利歸店家孰若加厚長年以其糟餵豬尚有
燒酒出賣亦可供給長年

一湖州水鄉每多水患而淹沒無收止萬歷十六年三十
六年崇禎十三年週甲之中不過三次耳嘗見沒後復種
苗秋收大收穫比前倍好皆淹沒之後天即久晴人得車
戽苗肯長發今後不幸爲一遭此須設法早車買苗速種
其買苗必到山中燥田內黃色老苗爲上下船不令蒸壞
入土易發生切不可買翠色細嫩之苗尤不可買東鄉水
田之苗插下不易活生發既遲猝遇霜早終成秕穗耳立
秋前可種若過天氣老晴熱氣尚盛便過立秋幾日尚可

種種下只要無草不可多做生活尤不可下壅下壅工多
則苗貪肥長枝枝多穗晚有稻無穀戒之戒之故大水之
年未種而水至則以車救爲主不救則以復種爲主大凡
淹沒之時人情洶洶必有阻惑人言勿聽而斷爲之可也

一修築圩岸增高界塍預防水患各自車戽此禦災捍患
之至計哉卒功令無容怠緩至於腳塍亦要年年做一番
不惟便於挑泥挑壅挑稻一切損苗之蟲生子每在腳塍
地灘之內冬間劃削草根另添新土亦殺蟲護苗之一法

一壅地果能一年四壅罱泥兩番深墾到淨不荒不蕪每
畝採葉八九十箇斷然必有比中地一畝採四五十者豈

非一畝兼二畝之息而功力錢糧地本仍只一畝孰若以二畝之壅力合併於一畝者之事半功倍也老農云三担也是田兩擔也是田石五也是田多種不如少種好又省氣力又省田作家第一要勤耕多壅少種多收第二要寬恤租戶不敢退佃不幸過水旱之年度力量不能遍及者只須救半救半不可脊戀兩廢也記之

一長年每一名工銀五兩喫米五石五斗平價五兩五錢盤費一兩農具三錢柴酒一兩二錢通計十三兩計管地四畝包價值四兩種田八畝除租額外上好盈米八石平價算銀八兩此外又有田壅短工之費以春花稻草抵之

俗所謂條對條全無贏息落得許多起早宴眠費心勞力特以非此勞碌不成人家耳西鄉地盡出租宴然享安逸之利豈不甚美但本處地無租例有地不得不種田不得不與長年終歲勤動亦爲不得已而然第使子孫習知稼穡艱難亦人家長久之計每看市井富室易興易敗端爲子孫享逸思淫現錢易耗耳古云萬般到底不如農正謂此也思之思之

蠶務六畜附

養蠶之法以清涼乾燥爲主以潮濕鬱蒸爲忌以西北風爲貴以南風爲忌蠶房固宜邃密尤宜疏爽晴天北風切宜開窗牖以通風日以舒鬱氣下用地板者最佳否則用蘆席墊鋪使濕不上行四壁用草薦圍襯收潮濕大寒則重幃障之別用火缸取火氣以解寒冷此易易耳惟暴熱則外邊內蒸暑熱無所歸則蠶身受之或體換不時喂飼略後久堆亂積遺擲高地致病之源皆在乎此古云風以散之則蠶室固要避風尤不可不通風也俗忌生人者或帶酒男子或經行婦人濁氣衝之立能致變豈神爲祟乎若能調其寒熱時其飼哺一一如法自足豐收農家以耕織爲業自已育蠶雖亂絲薄繭均足入經緯而準價值所宜多養若細細計之蠶一筐火前吃葉一個火後吃葉

一個大眠後吃葉六個此外蠶炭一錢盤費一錢每筐收絲一觔纔足抵本所贏者止仝宮繭黃提起不彀二錢之數若收成十分以下便不足償葉本矣況小民視身經歷不算工力盤費則可若假手下人採桑者鼠竊狗偷喂蠶者忝懈狼藉多靡工力墮落農務此又當照自已力量不可一例論也

一遇葉賤之年喂蠶寘少便四分五分一個只該採賣斷不可嫌賤貪貴留蠶在桑嫩葉猶可老葉留一年頭葉根本衰壞後雖培壅終歸朽敗倘萬不宜留養喂蠶之家須早晩留心審時度勢多買出火蠶不拘一熟兩熟消磨桑

葉雖薄收成亦勝蠶葉多矣如買蠶又不及賣葉又無人員不得已而留則採畢仍須剪光滑藉連澆兩番自然嫩枝長茂明春加厚蘊之葉仍不少斷不可仍留老條致桑朽壞此屢試明驗斷在勿疑

一近年頭葉竟無稍主不得不少養幾筐三蠶以防二桑葉丟空但值插種之時隨慢忙工以小妨大斷斷不宜養即養亦斷不宜多

一男耕女織農家本務況在本地家家織紬其有手段出衆夙夜趕趁者不可料酌其常規婦人二名每年織絹一百二十疋每絹一兩平價一錢計得價一百二十兩除應

用經絲七百兩該價五十兩緯絲五百兩該價二十七兩籰絲錢家伙線蠟五兩婦人口食十兩共九十兩數實有三十兩息若自己蠶絲利尚有浮其爲當織無疑也但無頓本則當絲起加一之息絹錢則銀水差加一之色此外又有鼠竊之弊又甚難於稽考者若家有織婦織與不織總要吃飯不算工食自然有贏日進分文亦作家至計

一養胡羊十一隻一雄十雌孕育以時少則不孕多則亂羣胡羊不可一日缺食冬飢一日夏必死夏飢一日冬必死　右羊十一隻每日吃葉草四十觔每年共計一萬五千餘觔除自葉不算外自拔草小羊食買枯葉七千觔六月內長安人來預攬葉價每千觔三錢之外冬天去載計七千觔約價三兩　買羊草七千觔七月內崇桐路上買算除泥塊約價四錢七千觔亦該三兩　墊柴四千觔約價二兩約共葉草八兩數　每年羊毛三十觔之外約價二兩小羊十餘隻約價四兩可抵葉草之本　每年淨得肥壅三百擔若墊頭多更不止於此數　羊性喜燥惡濕墊窠常要乾燥每日申時飼食一番隨與清水一大桶又羊性搶食恃強者爲勝不顧其子小羊十餘觔以外已離乳者另棚飼之　羊損腳內每患有蟲食毛如見羊腹上毛損即與裁甲捉蟲否則患腳軟而斃矣用鑄麥拇挂梁上則羊

不生虱　養山羊四隻三雌一雄每年吃枯草枯葉四千觔墊草一千觔約本二兩數　計一年有小羊十餘隻可抵前本而有餘每年淨得肥壅八十擔餘

一養豬六口每口吃荳餅三百觔六口計一千八百觔常價十二三兩大麥四百二十觔計常價十一兩該三十餘石糟七百觔計四千餘觔常價十二兩　小豬身本六個約價三兩六錢　墊窠稻草一千八百觔約價一兩共約本十六兩零每養六個月約肉九十觔共計五百餘觔每觔二分五釐算照平價計銀十三兩數虧折身本此其常規每窠得壅九十擔一年四窠共得三百六十擔以上算法但十

年前事述未物價甚不可以例今也然餅價增而猪亦增但身長落種田養猪第一要緊不可以餅價盈縮不問也
養母猪一口一二月吃餅九十片三四月吃餅一百二十
片五六月吃餅一百八十片總計一歲八百片重一千二
百觔常價十二兩小猪放食每個餅銀一錢約本銀四
兩若得小猪十四個將八個賣抵前本贏落六個自養每
年得壅八十担
一雞鴨利極微但雞以供祭祀待賓客鴨以取蛋田家不
可無今計每鴨一隻一年吃大麥七斗該價三錢五分約
生蛋一百八十個該價七錢果能每日飼料二合決然半
年生蛋無疑人家若養六隻一年得蛋千枚日逐取給殊

便
種鵞四隻一雄三雌一年吃大麥秈穀四石值價一
兩八錢自中秋始至春分計一百八十日中間再聽四五
十日停歇實計每隻生蛋六七十枚三雌共生二百枚發
賣包出每個二分卽賣不盡者留作食用也值八九錢自
伏小鵞更有利凡養種鵞要在六七月飽飼縱穀培其本
壯生蛋有力或云食豈更作且多生子供與穀系○源本此條與下條合爲一條自發母雞
四隻冬春二季可伏四十八枚出下卽賣每小鵞一隻值
價三四分若自已種茶及米秕秕穀家所必有秋天初生
之卵伏出發鵞到清明邊換炭每隻價一錢四五分不惟贏
息甚多且可備一年燒炭之用

一蘇州買糟四千觔約價一十二兩糟以乾爲貴乾則燒
酒多到家再上榨一番尚有淋酒二百觔雖非美品供工
人亦可替省近來蘇人多算將糟下副酒放桃花酒若非真色貨燒酒便無利矣每糟百觔
燒酒二十觔若上號的有十五觔零賣每觔二分頓賣也
有一分六釐斷然不少再加燒柴一兩計酒六百觔值價
十兩除本外尚少銀三兩得糟四千觔可養猪六口凡糟
燒下卽傾入缸踐實以灰蓋之日漸取用久不易壞燒時
必拌礱糠喂時必淨去之
長興糴大麥四十擔約價一十二兩先將舂去粗芒水浸
一宿上午煮熟攤冷每斗用酒藥比米三倍約每斗四五

釐拌勻入罈封口貯冷處候七日開罈洒香傾出入甑一
如燒酒之法每石得酒二十觔若好的也有十五觔比米
燒差覺粗猛耳每觔分半可抵麥本酒藥燒柴斗只一分
得糟二千觔養猪甚利試照前法多養猪羊一年得壅八
九百擔比之租窖可抵租牛二十餘頭又省往載人工四
五百工古人云養了三年無利猪富了人家不得知況糟
麥燒酒更屬有利者乎耕稼之家惟此最爲要務

家常日用

一黃霉買梅子三十觔用鹽醃過取出晒乾蒸熟貯用其
汁入磁罐內封固任其或花或臭不妨候到九月內糴桂

花六升傾汁拌勻桂見梅汁汞不變色至十一月買黃橙十五觔細切與前桂花同拌再加熟芝蔴五升收藏以備一歲之用　凡梅花茉莉甘菊諸花之香而不苦者皆可入橙點茶以諸花見橙汞不變色耳

一六月內梅豆一收即合醬黃日晒夜露隨買頭水菜瓜五十觔用鹽十五觔揉爛拌瓜入缸用石壓定過鹽瓜汁取瓜略晒皮皺稍乾用醬黃二斗五升將汁拌勻同瓜入甕封口貯無日之處

一六月內所合醬黃大伏內晒成黑醬每黃一斗入鹽四觔厚可成醬九月摘冷露茄風乾但取入醬不腐不必太

乾皮皺也每茄一觔用醬一觔拌勻入甕封固貯無日處

一九月內買豇取豇之最嫩者入糟次嫩者用麻布拭淨每豇三觔用香油一盞熬滾入豇略番兩三轉身即起攤冷次日拌醬入甕封貯

一九月內冷露茄取細小者五觔用麯酒糟六觔鹽十七兩滑水一碗拌勻連茄入甕封貯（糟豇亦如此法但用醋拌不用水）

一四月內買蒜苗百觔醃過晒乾再多種絲瓜採下去粗皮醃過晒乾一層蒜一層瓜入甑共蒸以黑為度取出晒乾封貯一性極熱一性極寒勻透中和甚有補益且味堪下酒田家佳品也

一蒜苗寸許為度入醃蒜頭糟醋煨透不惟味美可以辟穢臭除痧氣五六月間做生活人與蒜食之不生痢茶中加梅與薑不受暑

一九月內酒鄉既發掘正盛而未老去根葉淨鹽水浸半日入鍋煮熟細切竿乾搗大蒜炒鹽拌勻入甕築實直到春味尚美若菜少之年便臨採菱之時尚可取醃常用前法可以不壞

一六月買太湖大茄少鹽煮熟烈日晒乾入甑蒸黑一如做菜乾法如青瓶樣小菜甚佳

一鹽薹菜蘿蔔菜薹心菜每百觔用鹽三觔踏過石壓二

十日後取出晒乾入飯蒸透再晒極乾用熟香油洒菜上勻透再蒸如此兩遍以黑為度入罈收藏不惟小菜肥甘若用豬油醬在飯鍋上燉過亦美味也老農云種鹽薹菜法旱年澆水水年澆糞則梗長葉少而最嫩

一做豆豉法暑月用黑豆一斗煮熟乾細麪三觔拌勻過七日候色黃起出晒乾將杏仁去皮尖浸七日早晚換水陳皮浸胖去膜生瓜十觔切作細塊醃一日三項俱要晒乾加紫蘇葉瓜仁薑絲大小茴香甘草末川椒數項不拘多少甜酒漿拌勻甜三白酒亦可風乾三日再加入落滷鬆鹽醎淡隨意上瓶封固一兩月開用宜新瓶即酒瓶亦

用若舊茶瓶斷瓶斷不可用

按此書大約出於漣川沈氏而成於崇禎之末年正與吾鄉土宜不遠其藝穀栽桑育蠶畜牧諸事俱有法度甚或老農蠶婦之所未諳者首列月令深得授時赴功之義以次條列事力纖悉委盡心計周矣予學稼數年諮訪得失頗識其端而幼不習耕筋骨弗任僱人代作厥功已疏自非講求精確與石田等耳因手是編與家之人共明斯義校之言說益爲有徵詩曰雖無老成人尚有典型將適桑田共奉以爲高矩

戊戌首秋考夫氏跋

補農書卷上終

下卷

予錄農書既畢徐子敬可將卜居於鄉屬予曰農書有未備者盍補之余謂土壤不同事力各異沈氏所著歸安桐鄉之交也予桐人請桐業而已施之嘉興秀水或未盡合也然其纖悉可得而舉因以身所經歷之處與老農所嘗論列者筆其概而徐子擇取焉雖然農有本有末本事沈氏備之矣予之所言抑末耳戊戌仲秋考夫氏識

桐鄉田地相匹蠶桑利厚東而嘉善平湖海鹽西而歸安烏程俱田多地少農事隨鄉地之利爲博多種田不如多治地蓋吾鄉田不宜牛耕用人力最難又田壅多工亦多地工省壅亦省田工俱忙地工俱閑田赴時急地赴時緩田憂水旱地不憂水旱俗云千日田頭一日地頭是已況田極熟米每畝三石春花一石有半然間有之大約共三石爲常耳（下路湖田有畝收五石者田寬而土滋也吾鄉田瘠土淺故止收此）地得葉盛者一畝可養蠶十數筐少亦四五筐最下二三筐（若二三筐者即有豆二熟）米賤絲貴時則蠶一筐即可當一畝之息矣（米甚貴絲甚賤尚足與田相準）雖久荒之地收梅豆一石晚豆一石近來豆貴亦抵田息而工費之省不啻倍之況又稍稍有桑乎但田荒

一年熟地荒三年熟人情欲速治地多不盡力其或地遠者力有所不及耳俗云種桑三年採葉一世未嘗不一勞永逸也弗思耳（上治地一則）

農書有言禾歷三時故稑三節麥歷四時故稑四節種稻必使三時氣足種麥必使四時氣足則收成厚吾鄉種田多在夏至後秋盡而收所歷二時而已種麥多在立冬後至夏至而收所歷三時而已欲禾歷三時麥歷四時胡可得焉惟有下秧極早可補事力之不逮穀雨浸種立夏前下穀稍備春氣至插青之日秧老而苗易長且耐風日所謂秧好半年田也中秋前下麥子於高地穫稻畢移秧於

田使備秋氣雖遇霖雨妨場功過小雪以種無傷也人但知夏前秧之好而不知所以好之故在得春氣備三時也知種麥之多收而不知所以多收之故在得秋氣備四時也湖州無春熟種田蚤收穫遲即米多於吾鄉北方無水田麥即廣熟非獨地燥歷時多能盡其性也況種麥又有幾善墾溝揪溝使於旱旱則脫水而掄燥力暇而溝深溝益深則土益厚旱則經霜雪而土疏麥根深而勝壅根益深則苗益肥收成必倍掄燥土疏溝深又為將來種稻之利凡事利必兼利害必兼害惰農苦種麥之勞耽撮子之逸甘心撇收甚至失時春花絕望愚矣哉（上稻秧麥秧一則）

四月一日陰雨見育蠶者乏乾鮮之葉男子勞於外婦女憂於內甚晝夜皇皇也因思育蠶之家宜預作木架如松棚式廣一丈四五尺深亦如之其高過於桑上織竹作簾於蠶初收時即張之茂桑之上若樹桑簾中然或一日而移或兩日三日而移量飼蠶之多寡而斟酌焉朝暮可避露晴可避日陰可避雨葉時時乾鮮既省人工又不生蠶病至大眠後可輟（大眠後葉老甚宿經日鮮且又可以加水）事易集而功用多一架可備數年之用余里蠶桑之利厚於稼穡公私賴焉蠶不稔則公私俱困為苦百倍然大約蠶之生疾半在

人半在天人之失恒於惰惰則失飼而蠶飢飢則首亮惰則失替而蠶熱熱則體焦皆不稔之徵也天之患恒於風雨霧露即烈日亦有不宜以乾鮮之葉難得也蠶食熱葉則繭浮鬆不可絲其害淺食濕葉則潰死食濕熱葉則僵死食霧露葉則痿死葉染風沙則不食葉宿則不食而仍飢其害深知戒人之失而不知備天之患未為全策也若天患雖備而人失不戒則咎又將誰任哉（上養蠶一則）

農書不詳栽梅荳以梅荳獨產於桐邑歸安非所講求也崇邑塘東區分亦有之他如嘉與秀水吳江烏程海寧接境即無非不試之也土性非宜輒蔓而不實故惟桐鄉得

擅其利六七月陳荳做腐腐少若得撳入梅荳腐便如故每遇荳熟商賈來至官私賴焉下種於清明後成熟於大暑前相去百日耳得利亦最速其法有五一日留種宜將不可濕氣蒸及濕氣入器一日挑泥宜將荷稈泥一日墾地宜早冬至前後墾者乾後而霜凍死一日撒灰宜多一日刈削宜勤五者人皆知之然撒灰少得其法將荳根直下長不過五寸撒灰宜在打潭撮子而未蓋土之時多撒則灰皆入潭無不遍者然後乎之以土雖遇雨亦鬆無不出之患且肥鬆只在根際荳故易茂而結繁他日易拔若地未倒而先布灰則灰入土深根不能及若荳苗已長而後加灰則葉礙而灰俱在四旁

無及根者與無灰等耳荳葉荳萁頭及泥入田俱極肥以梅荳壅田力最長而不損苗每畝三斗出米必倍但民食宜深愛惜不忍用耳俗亦有下荳於麥稜種田時速荳之結葉拆倒作壅實覺省便但恐田遲故多不爲耳上梅荳一則

治地必宜壓桑秧蓋桑秧出自已有則易選擇而根幹枝枝用俱隨起隨種無不活者又省一項急銀買來種者百枝只可活四五十枝蓋百凡樹木根俱不耐凍風霜一觸生意卽傷也若天色或遇雨雪或人工不湊更不可知矣一枝不活不足惜所惜者又遲一年之葉且來年所種能保必活乎其法宜新墳地或近水地便冬天挑稻稈泥一次採葉之時卽留所欲壓之條使近乎地俟葉頭向上而新條長則埋入土中黃霉澆糞一次若以乍垃圾鋪上更妙六月澆一次八月澆一次可以斷其附而新根自長每地一分可得桑秧數百枝葉復不少得利厚而力又不費歲壓三五分以供家用必不可少記之　桑蟲捉不盡恐因捉損桑則用爆杖藥線入蛀穴以火燒之蟲聞卽死亦是一法上壓桑一則

壅麥之法略與梅荳相似但荳只需撒灰麥則灰糞兼用麥根直下而淺灰糞俱要著根而早壅方有益壅泥亦然

墾溝揪溝亦宜早俗謂冬至墾爲金溝大寒前墾爲銀溝立春後墾爲水溝揪至兩遍更好溝深則稜土厚而脫水盡田底亦愈熟故也余至紹興見彼中俱壅菜餅每畝用餅末十觔俟麥出齊每科撮少許過雨一次長一次吾鄉有壅荳餅屑者更有力每麥子一升入餅屑二升法與麥子同撮但麥子須浸芽出者爲妙若乾麥則荳速腐而非腐麥子近年人工既貴偷惰復多澆糞不得法則不若用餅之工甚省但撮餅屑須要潭深而蓋土厚否則慮有鳥雀之害惟田近民居則防雞損及種麥秧則不得已而用糞耳鄉沾稻場及豬闌前空地歲加新泥而刮面上浮

土以壅菜益麥最肥有力　秀水北區常於八九月罱泥壅田中菜此法最好日長而工閑土肥而糞省農人不勞而菜茂來年禾復易長　油菜防蕩取以牛糞入潭作爛澆之則菜臭而人不偷矣（上壅菜一則）

天只一氣地氣百里之内即有不同所謂陽一而陰二也正如一父之子所受母氣不同則子之形貌性情亦從而異吾鄉田宜黄稻早黄晚黄皆歲稔白稻惟早糯歲稔粳白稻遇霧即死然自烏鎮北連市西即不然蓋土性別也耕種之法農書已備惟當急於赴時同此工力肥壅而遲早相去數日其收成懸絶者及時不及時之别也俗曰早

蠶早田為第一下鄉田低無春花故利遲吾鄉春花之利居半若蠶荳小麥遲俱薄收也田家忌三小小滿蠶小暑田小雪麥其收較薄故皆宜早惟赤秈一種稻色尤為早熟今田家皆有或云江西秈或云泰州秈人皆欲芟去之終不能盡（上稻秈一則）

東路田皆種麻無桑者亦種之蓋取其成之速而於晚稻晚荳仍不礙也其工力較菜子相去不遠其收利則倍法於清明前倒耕下種（種必外方者為佳清明前有至邵旅子者）撮子每科懸三四寸使中間可容鋤若梅荳科然特壅用純灰而不加泥耳守烏雀數日（用羅及破竹驚逐）既出寸許乃已澆糞二次（每畝一次）

（刹清水糞百担）到倒二次麻成擇老晴天刈起晒乾六七月間浸一宿蒔所謂東門之池可以漚麻是也脱其皮每畝盛者可得二百觔（刹法從尾至頭）若陰雨刹之燥黑爛（屋多者徹蓋為器下以風日乾無器）而價損吾鄉種此為利自浮於東路但恐業之不精若募人教植一年許即諳其事矣（上種麻一則）

湖州家家種苧為線多者為布一年植根三時可刈其後不煩更種稍加肥土足矣若種苧地一分則線可無乏用苧頭更可入粉為食（上種苧一則）

種芊茂一畝極盛可得萬觔則每日燒柴三十觔之家可供一歲之薪矣少亦得五六千觔二畝當一畝尚優於田

地租息也法用山錐斷根根方五寸許則易長（愈大愈速）每科懸二三尺一年一補三年而斫則歲歲惟上泥及斫柴兩次工力但當擇其種之長大者爾斫宜冬至前後早則筍復生經冬而枯次年必衰遲則餘夜活滋根者少次年亦不茂若兩年不斫則亦衰以新筍不生故也斫過必加泥近水用河泥近田用稻稈泥開春碎之最宜近水地攤及墳墓旁地近水取其便於罱泥及栽薪以歸墳墓旁地必有樹陰覆蓋不便桑麻種之於此則不毛之土一勞永逸其益無方（上種芊茂一則）

種蘿蔔之法以伏天墾倒地二次晒過半月澆濃糞二次

則土鬆而無蟥（大槩大寒冰霜大暑烈日俱能發土蟲害）白露前深墾下種（子必自收者為佳）菜起毛葉則頻澆清糞就密處削芸其細者食之每科留三四根則菜茂而頭大吾鄉土性堅實蘿蔔亦性重而味細實其美大與太湖異胡蘿蔔亦然以供家用固為便易即賣亦得厚利（本地蘿蔔俱常貴於太湖）獨忌壅灰見灰則辣長而頭分故也若以閑地一畝存種麻麻熟大暑倒地及秋下蘿蔔蘿蔔成大寒復倒地以待種麻兩次收利亦不減於種桑也（上種蘿蔔一則）

甘菊性甘溫久服最有益古人春食苗夏食葉秋食英冬食根有以也每地稜頭種一二枝取其花可以減茶葉之

半茶性苦寒與甘菊同泡有相濟之用若種之成畝其利視種荳自倍吾里不種棉花亦有以此為業者但費採摘工夫及適市貿易耳目混亂耳種植甚易只要向陽脫水而無草肥糞甚省黃白二種白者為勝（上種甘菊一則）

種芋無別法只土厚而肥即頭大子多田間歲一易土則蠐螬不生入冬方起則味足而甘碩種在地潭則省肥但旱歲不能長又蟲易生湖州俱種地上名為旱芋為鄉低故也今以半在地半在田先食於地後食於田秋冬均不匱乏旱芋種出廣德清明時彼處排賣於湖若水芋斷不可種地上（上種芋艿一則）

百合根既甘美花復芳潔際於桑際無損於桑復不礙到倒或每年一起或二三年一起俱可塘棲臨平往往如是故百合彼處多有（香芋亦然）籬下種山藥其根常留每年食其枝力不勞而得味多（上種百合山藥一則）

漢文帝詔歲勸民種樹管子云一年之計樹穀十年之計樹木吾里無山土亦罕曠然能於地際水濱種植良材百株三十年後可得百金以外若種樹成林大小相替材木可無乏用矣每年芟其繁枝可以為薪各以地之所宜則桐鄉椿梓榆檀皆土木也紹興祁氏資送其女費至千金人怪其厚祁曰吾費不過十金耳人益駭問故曰於女生

之年山中人包種杉秧萬株株費一釐女十六七而嫁杉木大小每株值價一錢則嫁資裕如矣此雖山林與平野不同然智可通也（上種樹一則）

農事不理則不知稼穡之艱難休其蠶織則不知衣服之所自豳風陳王業之本七月八章只由詳衣食二字孟子七篇言王政之要莫先於田里樹畜今日言及輒笑為鄙陋是以廉恥不立俗不長厚禍亂相尋未知何已然既治田桑即不可不兼治圃古者民淳俗朴瓜瓠俱在疆場今不能然則編籬為圃一以養生一以禦盜亂世之心自不能已俗籬用槿易成然實寡用而不固不若間以枳橘雜

以五茄皮枸杞三物有刺可禦暴客又茄皮春摘其芽香美可食冬取其根入酒尤妙枸杞春可食苗秋可取子根即地骨皮也枳花香而刺密實亦有用其成雖須十年左右然久而愈密籬下偏種萱花自生自長花開隨採以曬亦蔬之輔佐也園中菜果瓜蒲惟其所植每地一畝十口之家四時之蔬不出戶而皆給　古人場圃同地秋收則築堅圃地爲場以納禾稼至來春則又耕治之以種菜茹此意湖州鄉間往往見之吾鄉殊不然也場惟收成時一用三時廢棄而已圃則更闢一處不得已則於桑下種菜謂菜不害桑也其實種菜之地桑枝不茂此不特地力之

不盡亦見人工偷惰無足取也古人規制無大小俱有法度何不遵而行之　上種蔬二則

絲瓜宜近水飯瓜宜上棚南瓜形扁北瓜形長蓋同類也凶歲鄉間無收貧用或用以療飢是宜兼種其插　地蒲宜平地壺蒲宜高棚可用爲器以救儉歲冬瓜宜疏菜瓜宜密黃瓜傍水爲棚宜於早種苦瓜倚樹而蔓不厭遲收詩匏有苦葉是也　西瓜土不相宜太湖皋亭則多有之胡盧玩好而已但可爲器不可爲食詩云甘瓠纍之是也菌出臨平笋來湖郡茭菇便於游際香芋利於墻陰裙帶豆可架可屏刀豆能上不能下芥菜在地日久根深宜垃圾齊菜在地日少根淺宜肥茄宜土實蔥韭蒜宜土鬆

甜菜四季可食歲一還秧惟夏月味苦菠菜過朔方出月秒下子在春秋味甘生菜宜生大頭菜宜熟芹菜宜淡萵苣筍宜醃若乃露葵罌粟諸葛蔓菁尤非常味留猶江瑤海蛤備陳方物可也　上種蔬一則

予旅食歸安見居民於水濱偏插柳條下植白稨豆繞柳條而上秋冬斬伐柳條可爲栲栳之用每豆一科可收一升吾鄉無廣澤不偏插柳若稨豆則環宅垣墻及中庭俱可種也法取先枯者留爲明年之種則早結其根直下最深若先開深潭先下垃圾一併覆其上而後下種則終歲可以不澆培壅全在黃霉最忌夏至後半月加肥若壅土

亦無害秋肥則藤多而結少晚結經霜則萎乘嫩摘之焙乾可儲以備蔬之乏竭此味鮮食半載五月至十月乾食亦半載枯豆收貯可以接新專於健脾大有補益又一種名五九豆夏不長而結最早植之籬邊亦佳味也　上白稨豆一則

嘗論賦役重困基址墳墓各宜思攙之所出墳旁種芋芨便可取薪基址寬曠則前植榆槐桐梓後種竹木旁治圃中庭植果木凡可取爲祭祀賓客親戚餽問之用即省市擲金錢中庭之樹莫善於梅爾香櫞橙橘茱萸之類莫不善於桃李杏柿之類蓏物之易潰不能藏蓄吾所不取菜

萸最易生惟欲近水即陰濕地亦可橘梅類善蛀橘更性畏寒冬護其枝夏去其蛀則長茂矣湖州多種茱萸爲醬名曰辣醬入藥曰吳茱萸此味性温無毒爽大食之可代椒薑湖州四季皆食胡椒不可多服食以有毒也茱萸味甚美服食兼可卻瘡痢之病作醬法如湖州則煩若浸子極省力反覺潔淨有子一觔用石灰四兩化水貯瓶中以沒子爲度一月後即可食若墻下可以樹桑宜種富陽望海等種每枝大者可養蠶一筐愈老愈茂但不令蟲蛀及水灌其根動以世計上種果一則

自水利不講湖州低鄉稔不勝淹數十年來於田不甚盡力雖至害稼情不迫切者利在畜魚也故水發之日男婦晝夜守池口若池塘崩潰則衆口號呼籲天矣然湖州畜魚必取草羅螺螄於嘉興魚大而賣則價錢賤於嘉興吾地魚俱自湖州來及魚至市已離池數日少亦一二日矣故魚瘠而價不能不貴若以湖州畜魚之法而盡力於吾地之池取草既便魚價復高又無潰溢之患損瘠之憂爲利不已多乎陶朱公古法即不能用湖州畜法可倣也嘗於其鄉見一叟戒諸孫曰猪買餅以餵必須資本魚取草於河不須資本然魚肉價常等肥壅上地亦等奈何畜魚不力乎臨平多畜鰱魚鰱魚食土名曰蕩鰱并不必撈

草池小則畜鰱魚亦一道也鰱魚種臨平買草魚白鰱螺青諸種本地可買湖州畜魚秧過池名曰花子其利更厚上養魚一則

吾地無山不能畜牛亦不能多畜羊又無大水澤不能多畜鴨少養亦須人看管惟鵞雞可畜然多畜雞不如多畜鵞雞多防擾鄰鵞不憂擾鄰雞食腥則長鵞食草穀而已雞畜一年不及五觔鵞三月即有六觔若非留種及家用則六七觔即宜賣邑有善畜雞者從市買肉骨碎而飼之又積草於場俟其蒸出雜蟲日番幾次則雞不食米麥而肥然此難爲法計惟多畜母雞以伏鵞卵可耳畜雞一隻價貴時錢今錢賤亦六七分即授人分養舊例平分亦可然大概雌雞之利稍厚於雄雞雄雞每月長不及半觔雌雞生蛋十餘枚可當一觔之值食亦相當若伏鵞卵則息月一錢而食較省里亦有以畜牛爲利者買瘠牛使童子牽之朝食露草日飼棉花餅養一二月則牛肥而價倍一牛嘗得數金之息即養瘦馬之智不可爲常上畜雞鵞一則

日用所急薪米二事爲重米取給於田計口而食相去不遠惟柴薪之費相去甚遠炭及山柴爲上費樹柴次之桑條荳萁又次之稻柴麥柴又次之然麥柴又不如稻柴以其無灰也田家之灰是一項肥壅商鞅刑及棄灰秦之農

事所以山東不敢芊茭亦無灰以其取給於地不待價也總之必待買薪而爨火難乎爲家矣最儉者有燒礱糠之法另作連竈（俗名蝦蟆竈）用風箱以炊則其費較稻柴倍省而其灰復可以糶（冶坊用之桑柴灰其灰供可鍛白錫豈其灰人粉則貴）此雖爲法予里冬天用炭屑實是省便竹節更省炭屑杭州江干爲佳價又賤路遠不便則鑪鎮冶坊可糴其價十月擡可二錢五分務出粗塊約二斗入炊爐可當炭二十觔用其餘八斗每腳爐一事用炭屑一升分晝夜翻入可以無斷火矣若置火缸一事分晝夜翻入二升晝燉滾湯則一日可省燒茶幾次夜燉滑水則早晏可得熱水濯手類而亦省柴

十數觔也其他烘燉諸物無不便者西鄉專來糴爲蠶簇之用蓋取其不驟熱不驟冷復無烟火不虞之患每至春半則擡可四錢矣里中趨利者往往冬糴春糶又有窰灰者湖州邢窰之灰邢窰近山燒山柴其竹木之節火力不盡者多存爲槱火最便其力雖不及炭屑之長然價亦止及其半以當班糠則過之矣竹節陳非買其值視柴價爲升降風爐火箱俱可用費亦最省（上薪炭一則）

酒醪爲糜穀之具宜在所禁但祭祀賓客及力用之農資有所不能已故蘇湖縉金人家無不釀酒者沽酒比之自釀相去一倍猶爲廉價也與其沽而費金以輸利於人何如種秫自釀而撙節於已且糟亦日用之不可缺者每年量所應用若干冬春之間僱人造起更倍其數以爲廣貨餽遺之用亦省備禮之費於義甚無害也但不可因而濫觴耳將造酒六月細麵爲麴每米一石（用麴十觔）米舂極白浸一月造酒人每石工銀七分酒器自備以糟燒酒用蕭山人釀法不載（上釀酒一則）

總論

凡農器不可不完好不可不多備以防忙時意外之需糞桶尤甚諸項繩索及蕢簣斧鋸竹木之類田家一闕廢工失時往往因小害大崇禎庚辰五月十三日水沒田疇十

二以前種者水退無患十三以後則全荒矣有一人以蓑箬未具不克種用以致饑困俗云爲了一錢餓倒一家（蓑衣箬帽一副價錢不過一錢）書云唯事事乃其有備有備無患推此可戒其餘世人多金以備玩器而惜小費以治田器豈非惑之甚乎（器用）

用人一道自國與家事無大小俱當急於講求種田無良農猶授職無良士也訪求選擇全在平時平時不知擇取臨事無人何所歸咎因其無人而漫用之必致後悔不可便說無人可用人無全好亦無全不好只坐自家不能用耳大約力勤而愿者爲上多藝而敏者次之無能而朴者

又次之巧詐而好欺多言而嗜懶者斯爲下矣貪饞無害顧用之何如耳選用之道無他論語曰舉爾所知又曰無求備於一人大學曰惟善以爲寶孟子曰如不得已本此義而推行之雖有不得者寡矣若無大過惡切不可輕於進退書曰人惟求舊用慣之人彼知我我亦知彼即無大利終無大害坦然任之當以更張爲戒惟夫奸宄簸弄不可不察積弊故套不可不破耳擇良農

自古農人只有勸之一法小雅大田諸詩可考也曾孫田畯其與農夫貴賤懸隔然其相親不啻家人父子今士庶之家驕蹇呵詈使人不堪毋論受者怨之自顧豈不可恥

勸之之道中庸曰既廩稱事別忙閒一也異勤惰一也分難易一也忙閑難易彼人自言不難分別惟惰者與勤者一體則勤者怠矣若顯然異惰於勤則惰者亦能不平惟有察其勤者而陰厚之則勤者既奮而惰者亦服至於工銀酒食似乎細故而人心得失恒必因之紋銀與九色銀所差不過一成等之輕重所差尤無幾假如與人一兩相去特一錢與三分五分耳而人情之憎與悅遠別豈非因一錢而并失九錢之歡心因三分五分而併失九錢五分七分之歡心乎出納之際益爲緊要論語以猶之與人出納之吝爲惡政之一蓋其人分所應得不求而與之宜也求而與之斯已後矣可令覬求而後與乎人情緩急朝夕不同早晏亦異不可不察也酒食益法豐嗇多寡待農之物所差數亦無多或缺酒食不過中盞一筯便怏怏而去短少魚肉亦然豈特缺少冷熱遲速亦所必計諺曰食在廚頭力在皮裏又曰饞遢荒了田地人多不省坐蹈斯弊可歎也惟夫準繩定於平時有無諒有彼此則有求既無奢望有時不應退無怨心如是則在省無不滿之心去者懷復來之志切不可乘人之急將低作好捲少爲多使人有傷心之痛書曰狎侮小人罔以盡其力勞苦不知恤疾病不相關最是失人心之大處工食

農事大綱有三道惟在謙一疆界宜正也田地賦役之所起我不可以侵人亦不宜使人侵我本讓畔之意與其以我侵人毋寧使人侵我語曰終身讓路不枉百步終身讓畔不失一段若地段田角與人相間彼此便利則兌換可也一溝渠宜濬也田功水利一方有一方之蓄洩一區有一區之蓄洩一畝亦有一畝之蓄洩漸而不知塞壅而不知疏日積月累愈久而力愈難燥濕不得其宜工費多而收較薄矣其事係一家者固宜相度開濬間非一家利病均受者亦當集眾修治不可觀望推卸萌私己之心且思大禹平治九州水土與萬世之利何況鄉黨鄰里救一

夫涓滴之滲乎若乃占公爲私損人益己自非人之所爲
矣一塍岸宜修築也吾鄉視溝渠爲下既不覆卑視隄岸
爲高亦不覆水圩岸雖不甚重然不時爲修築則地處雖
塲田患漏浥積久滋弊恒至疆界失其舊所田塍地脚草
根盤据所損亦復不少宜於農隙之月趁晴潔理修治則
省忙工若閒時蹉失到抽種收成之候便無及矣至於墳
墓居址以及道路橋梁凡屬己所當爲雖於農務無關亦
當乘隙料理非度外可置也 田功
種田地利最薄然能化無用爲有用不種田地力最省然
必至化有用爲無用何以言之人畜之糞與竈灰脚泥無

補農書　卷下　十六

用也一入田地便將化爲布帛菽粟卽糲而桑釘稻穩無
非家所必需之物殘羹剩飯以至米汁酒腳上以食人下
以食畜莫不各有生息至於其大者勤則善心生愛土物
厥心滅又勿論已筋力有用也逸則脆弱丁口有用也閒
則燒廢金錢粟帛有用也薪油耗之酒漿耗之瓜蔬又耗
之麻縷絲枲亦耗之儉者耗三之一奢者過之至其甚者
男習惰游女休蠶織長傲誨淫又勿論已賈子曰治天下
至織至悉也此言雖大可以喻小人能綜其大綱復不厭
織悉家政其庶理乎 農事餘談
吾里地田上農夫一人止能治十畝故田多者輒佃人耕

植而收其租又人稠地密不易得田故貧者賃田以耕亦
其勢也嘗讀孟子曰諸侯之寶三土地人民政事士庶之
家亦如此家法政事也田產土地也僱工人及佃戶人民
也佃戶終歲勤勤祁寒暑雨吾安坐而收其半賦役之外
豐年所餘猶及三之二不爲薄矣而俗每存不足之意任
僕者額外誅求腳米斛面之類必欲取盈此何理耶且思
朝廷一布寬恤之詔百畝之家所益幾何而澈傳萬口下
加徵之令百畝之家所損幾何而怨咨載道豈非民力不
可竭乎大凡田所坐落平日決宜躬履畎畝識其肥瘠計
其寬隘及泥漿水路莫不畫圖詳記及佃戶受田之日宜

補農書　卷下　十九

至其室家熟其鄉里察其勤惰計其丁口慎擇其勤而良
者人衆而心一者任之收租之日則加意寬恤僕人積弊
極力革除至於凶災爭訟疾病死喪及煢獨貧厄總宜教
其不知而恤其不及須令情誼相關如一家之人可也近
見富家巨室田主深居不出足不及田疇面不識佃戶一
任紀綱僕所爲至有盜賣其產變易區畝而不知者侵沒
租入將熟作荒退善良之田任與刁黠種種弊端不一而
足坐使生計匱索虛糧積累以致破家亡身無不由此甚
乃恃目前之豪橫陵虐窮民小者勒其酒食大者偪其錢
財娶子寘之獄訟出爾反爾可畏哉 佃戶

西鄉女工大概織綿紬絲絹績苧麻黃草以成布疋東鄉女工或雜農桑或治紡織若吾鄉女工則以紡織木棉與養蠶作綿爲主隨其鄉土各有資息以佐其夫女工勤者其家必興女工游惰其家必落正與男事相類夫婦女所業不過麻桑蠶絲之屬勤惰所係似於家道甚微然勤則百務俱興惰則百務俱廢故曰家貧思賢妻國亂思良相資其輔佐勢實相等也且如匹夫匹婦男治田地可十畝女養蠶可十筐日成布可二疋或紡棉紗八兩寧復憂飢寒乎刺綉淫巧在所當戒　女工

凡事各有成法行法在人中庸曰文武之政布在方策其人存則其政舉其人亡則其政息家政亦如之歸安茅氏農事爲遠近最吾邑莊氏治桑亦爲上七區酋今皆廢棄一者由天世亂而盜起也一者由人膏粱之久不習稼穡艱難也司馬溫公居洛有田三頃躬親庶務不舍晝夜劉忠宣公教子讀書兼力農曰困之將以益之吳安吉人遊閒廢事古不入無不懼之今農書所載者法也苟非其人法不虛行行法之要一曰忠信一曰精勤忠信以待人則人無不盡之心精勤以立事則事無不成之勢要之忠信本也衛詩星言夙駕稅於桑田言勸課之勤也而終之以秉心塞淵騋牝三千言其操心誠實而淵深故雖畜馬之衆亦至於三千也農桑之務用天之道資人之力與地之利最是至誠無僞百穀草木用一分心力輒有一分成效失一時栽培卽見一時荒落我不能欺彼彼亦不欺我卻不似末世人情作僞難處也然與世人相交農務易處以僱工而言口惠無實卽離心生夙興夜寐朝朝氣作俗曰做工之人要三好銀色好吃口好相與好作家之人要三早起身早煮飯早洗脚早三好以結其心三早以出其力無有不濟推之事事殆一輒也　習勤

人言耕讀不能相兼非也人只坐無所事事閒蕩過日及妄求非分營營朝夕看得讀書是人事外事又爲文字章

句之家窮年累歲而不得休息故以耕爲俗末勞苦不可堪之事患其分心若專勤農桑以供賦役給衣食而絕妄爲以其餘閒讀書修身盡優遊也農功有時多則半年諺云農夫半年閒況此半年之中一月未嘗無幾日之暇一日未嘗無幾刻之息以是開卷誦習講求義理不已多乎竊謂心逸日休誠莫過此

附錄

策鄔氏生業

行素子沒母老子幼遺田十畝池一方屋數楹而已視厚爲其身後之計議無長策子竊籌之算妻長子及兄

之子聽其娟嫛自養以成行素子介然之志其老母稚
子則每歲聚米十石致之五年而後子姪俱冠能發其
大母及弟則亦知可以息肩矣今即其遺業爲經畫之
如左
瘠田十畝自耕盡可足一家之食若雇人代耕則與石田
無異若佃於人則計其租入僅足供賦役而已衆口嗷嗷
終將安藉今爲力不任耕之計詩曰無田甫田惟莠驕驕
言當量力也莫若止種桑三畝（桑下冬可種菜四旁可種豆芋此項行素已種一畝有餘今宜廣之已種者勿令荒廢）種豆三畝（豆起則種麥若能種麻更善不種稻者爲其力省耳行素今年見已種豆二三畝善策也）種竹二畝（竹有小大筍有遲早補植之俱可易米）種果二

畝（如梅李棗橘之類皆可易米成有遲速量植之樹有宜肥宜瘠宜肥者樹下仍可種瓜蔬亦有宜燥宜濕宜高者於卑處種之）池畜魚（其肥土可上竹地餘可壅桑魚歲終可以易米）畜羊五六頭以爲
樹桑之本（稚羊亦可易米畜豬須資本畜羊飼以草而已）蓋其田形勢俱高種稻
每艱於水種桑豆之類則用力既省可以勉而能耕無水
旱之憂竹果之類雖非本務一勞永逸五年而享其成利
矣（計桑之成育蠶可二十筐蠶苟熟絲綿可得三十觔雖有不足補以二蠶可必也一家衣食已不苦乏豆麥登計可足二人之食麻則更贏矣然費力亦倍費乏力不如種麥竹成每畝可養一二人果成每畝可養二三人然尚有未盡之利者魚登每畝可養二三人若雜魚則半之）早作夜思治生餘暇尚可
讀書勤力而節用佐以女工養生送死可以無闕既壯能
勝稼事累其贏餘益市田數畝

右鄙人所見似乎不切事情然竊觀行素生前規畫或
者已有此意恨不及與之論定也正使九原聞之未必
不爲首肯寄語二孤勿等道旁之築
策溇上生業（壬寅春 見與何先生札中）
儕所看溇上田弟以意規度如別楮事無大小皆非人
所能爲有默主之者古人所以委心任去留也若田有
可買則夏秋之間即可爲家邊變產之計目下人事得
盡祇此而已固不敢等於道旁之築空言無實亦不能
取必於一年半年之間也
鑿池之土可以培基基不必高池必宜深其餘土可以培

周池之地池之西或池之南種田之畝數略如其池之畝
數則池之水足以灌禾矣池不可通於溝通於溝則妨
鄰田而起爭周池之地必厚不厚亦妨鄰田而致怨池中
淤泥每歲起之以培桑竹則桑竹茂而池益深矣 築室
五間七架者二進二過過各二間前場圃後竹木旁樹桑
池之北爲牧室三小間圃丁居之溝之東傍室穿井
如此規置置產鑿池約需百金矣（少亦需六七十金）其作室亦約
需此數非力之所及也（積漸置產以適產約略相當作室則全無措手矣）
凡樹木俱宜乾土栽種濕土者根難活種後遇雨即不妨
雨中不便種植則以潮濕細泥護根而藏之屋內既不至

於枯燥反不爽夾傷根雖五日十日無害也若桑枝則雖至半月一月無害也但細泥亦須潤澤而深厚近根處稍築實略如種樹法大楷移植隨以清糞澆一二次無不活矣若家內無細泥則桑地面去濕泥半尺許其下即潮潤可用桑苗即由中可種以此樹喜濕故也（此條見何先生札中今錄於此）

或云嘗見野老說芋葉尾每蚤亦含水味須日出照乾則無害若太陽未照爲物所挨落則芋實焦枯無味或生蟲（先生云可補農書之不及）

淡黃虀方

七八月洗蘿蔔菜入陶器浸以黃米飯湯日撥二三次越三日菜色變即可食間以小白菜代之特傷脾量家所需以裁多寡多則易敗也忌白米及糯米釜將沸乃出其菜澄前汁去其滓仍入陶器加新菜新湯井浸之菜生熟俱可食佐肉佐蔬俱美調以鹹醬及菌性醯不宜入人總過酸汁作羹佐食尤美蠶心既往醎虀（冬日體）未至接濟之功此君爲多桐崇湖州家備此味病餘食粥育無老少久疏特書淡方以告庖者

墾田地定額（庚戌）

三月至九月糞俱上地垃圾俱入田八月至二月糞俱入田垃圾俱上地糞有限垃圾多少無限糞不足以垃圾補之

拔蛇法

凡蛇入穴人用力逆拔雖至斷而必不可出法用繩繫其尾而彎竹如弓以懸之不終日而蛇出矣蓋人力與蛇堅相持則易至於斷斷則其後不可復出彎竹之力恆急而不驟不至於斷但不能復入耳至蛇力稍怠則不虞而翻出矣是有至理予於此悟去惡止邪之道

削草

削地入一二寸許則下土俱鬆草屢起屢削雖不去根而

亦死樹木屢伐枝柴則根亦死故曰拔其枝者傷其心然則人苟能革面亦未嘗不可漸至於革心也

補農書卷下終

恭録

欽定四庫全書總目 子部 農家類存目

沈氏農書一卷 編修程晉芳家藏本

案此編爲桐鄉張履祥所刊稱漣川沈氏撰不知沈氏爲誰也其書成於崇禎末履祥以其有益於農事因重爲校定具列藝穀栽桑育蠶畜牧諸法而首以月令以辨趨事赴功之宜沈氏爲湖州人故所述皆吳中土宜與陳旉王楨諸本互有出入近時朱坤已刻入楊園全書中而曹溶學海類編亦備載之云

寶坻勸農書

（明）袁　黄　撰

《寶坻勸農書》，（明）袁黄撰。袁黄字坤儀，號了凡，明南直隸蘇州府吴江縣（今屬蘇州）人，萬曆十三年（一五八五）進士，十六年（一五八八）任河北寶坻知縣，任内重視農業，興修水利，教民種稻，並著《勸農書》，頒發鄉里，訓課農桑。

全書包括天時、地利、田制，播種、耕治、灌溉、糞壤、占驗八篇。比較全面地記録和概括了河北寶坻地區農業生産的經驗和技術。《地利篇》强調因地制宜、因土種植，提出高田種麥、穀、棉、麻；低田種稻、稗；鹽鹼地種稗等主張。《田制篇》有井田、區田、圍田、塗田、沙田圖五幅，介紹開墾法。《播種篇》主張建立單打單收的種子田，採用溲種處理技術，以及北方種稻應用溫湯浸種等。《灌溉篇》是本書的重點内容，文字占全書五分之一，且附有二十幅插圖。因爲寶坻近海，適宜種水稻，但當地原有灌溉工具和設施大都廢棄不用，所以袁黄宣導興修水利，教民種稻。《糞壤篇》主張廣辟肥源，多途徑製肥，列舉了踏糞法、窖糞法、蒸糞法、釀糞法、煨糞法、煮糞法等多種糞肥積製法。本書各篇内容基本上是採録古書，但能處處結合寶坻地區的情况加以説明和運用，其價值正在於此。

該書現存有明萬曆十九年刊本，上海歷史文獻圖書館珍藏。明萬曆三十三年（一六〇五）福建建陽余氏將袁黄著作合刊爲《了凡雜著九種》，《勸農書》亦在其中，現藏國家圖書館。清初俞森所刻《農政叢書》也有收載。今據上海圖書館所藏明萬曆十九年刊本影印。

（惠富平）

勸農書序

吾師近溪羅先生常言天下有至易為之事而人莫之肯為者二焉為學而至聖人為治而致太平是也或問二者曷為其易先生曰聖人之學只在愚夫愚婦身上太平之治只在耕夫織婦身上不亦易乎斯言也聞之者其能信乎不能信則且笑之矣孟夫子之學傳於此子吾人所尊信也至觀其陳王道於齊梁所謂五畝之宅樹墻下以桑雞豚狗彘之畜以時等事曾有不疑其迂者乎曾有不擬其得志行道必有出此數語之外者乎嗟乎疑其迂猶可也擬其必有出此數語之外是以孟子為誑當時之主也君子誑乎哉不誑也蓋其說曰民非水火不生活昏暮叩人之門戶求水火無弗與者以其至足故也聖人治天下使有菽粟如水火菽粟如水火而民焉有不仁者乎夫民求之而不與強則奪弱則怨不與者不仁奪且怨亦不仁天下至于仁則治矣始于求之而肯與也求之而肯與始于至足也然則治天下之大本真在于使天下菽粟如水火而已豈有異術哉予賦性極拙一無所長至於强仕之年始聞師說謹之孟夫子而確守之雖守史局不治民不獲自試然傾耳以聽四方賢者倘有一焉甾心于此者喜動顏色至忘寢食且欲挈身家而從此處也今而見寶坻勸農書快哉吾非寶坻之與而誰與人生寓宙之間何事多求但得居樂土飽食煖衣優游百年之內亦足矣

吾何足以知天下事哉顧吾嶺以南人也安能遂此吾將挾此書以告父母吾土者推而行之以與吾土之人人共樂之吾願亦足矣袁寶坻嘗以西方大慈氏之法化民愛民之深也大慈氏法以喜捨為家令此書行于寶坻則所謂叩門戶無弗與者行且見之是速耗之道也歸善楊起元書時萬曆辛卯長至後五日

勸農書　了凡雜著

古者田有井黨有庠遂有序家有學新穀既入子弟始入塾距冬至四十五日而出聚則行鄉飲正齒位謹教法散則從事于耕蓋農與士未分也詩云黍稷薿薿攸介攸止烝我髦士書云惟土物愛厥心臧豈非農為本業而務之者可養德歟漢取士以孝弟力田同科此意猶未失也高帝令賈人不得衣絲乘車重租稅以困辱之唐太宗亦詔民有見業農者不得轉為工賈工賈有舍見業而力田者免其調猶其重本抑末之意今天下租稅皆出于田故惟農受累最深而富商大賈錦衣玉食而無上供之費幾何不馳力本之農而盡歸末作也予為寶坻令訓課農桑予得專之今以農事列為數款里老以下人給一冊有能遵行者免其雜差如農人與工商訟必稍右農遊手及在官之人與農訟必重責之國家之制惟農為良家子豈可

與雜流為伍哉考古制民之生也宅不毛者有里布田不耕者出屋業民無職事者出夫家之征及其死也不畜者祭無牲不耕者祭無盛不樹者無槨不蠶者不帛不績者不衰古人之重本如此今知縣勤勸汝輩耕織有事到縣者必右力本之農其能從鄉約保正勸息者知縣所甚喜即與准行而但令兩造各罰種樹百株非以厲汝也欲以厚汝之生也汝輩宜悉此意

寶坻縣知縣袁黃書

天時第一

堯典曰敬授人時孟軻曰不違農時時之為義大矣以一歲言之春凍解地氣始通土脉和解夏至天氣始暑陰氣始盛土復解夏至後九十日晝夜分天地氣和以此時耕田一而當五又立春後氣脉蒸土塊散此時耕一而當四凍解二十日以後和氣去即土剛此時耕四不當一春氣未通土膏未動此時耕終歲不宜稼非糞不解盛冬時耕泄陰氣土枯燥傷田二歲不起稼凡爰田常以五月耕六月再耕七月勿耕謹摩平以待種時五月耕一當三六月耕一當二若七月耕五不當一以一日言之春宜早晚耕夏宜兼夜耕秋宜日高耕春時氣溫蚤晚皆可夏氣酷熱夜始平和秋氣涼待日高而耕將陽和之氣掩在地中其苗易榮晨有霜晚有露若掩寒氣在内令地薄不收子粒以五

穀言之稷今北人黏呼曰穀二月上旬種者為上時三月上旬為中時四月上旬為下時天道宜晚五月六月亦得但春種宜深夏種宜淺耳黍者暑也宜待暑而種三月上旬種者為上時四月上旬為中時五月上旬為下時又當記上年冬三月嚴霜凝封木條之日古謂之諫樹日假令冬月初三日有嚴霜凝樹即以初三日種黍所收必多他皆倣此十月霜封樹宜早黍十一月霜封樹宜中黍

十二月霜封樹宜晚黍冬三月皆有嚴霜封樹則早晚黍皆宜也菽大豆也與種穀同時但晚種則宜加種子如二月種每畝用子八升三月一斗四月一斗二升五月六月遞加之五穀皆然種遲宜子多小豆以夏至後十日種者為上時初伏斷手為中時中伏斷手為下時後此則晚矣大麥麰也八月中戊社前種者為上時下戊前為中時八月末九月初為下時小麥麳也八月上戊社前種者為上時中戊前為中時下戊前為下時正月可種春麥制府張公行文督民種秋麥最為留心民事爾民狃於習俗多喜種春麥又皆蹉跎多至二月種所以收常薄也尚書大傳曰秋虛星中可以種麥古虛星中今翼星中也禮記月令曰仲秋之月乃勸人種麥無或失時其有失時行罪無赦然則爾民今不種秋麥者令將刑罰汝毋悔水稻三月種者為上時四月上旬為中時中旬為下時旱稻二月半種為上時三月為中時四月初及半為下時凡此皆載齊民要術等書甚悉然古今氣候有推遷南北寒温有先後不可執一如呂氏春秋曰冬至後五旬七日昌生昌即菖蒲百草之先也於是始耕今北方地寒有冬至六七旬而菖蒲未生者矣但候菖生而耕則南北皆宜不必拘日數也故種稷者不拘二月上旬但視楊柳生為上時不拘三月上旬但視桃始花為中時不拘四月上旬但視棗葉生桑葉落為下時則氣候無不齊矣凡五穀種同而得時者穀多穀同而得時者米多米同而得時者飯多飯同而得時者久飽而益人舜典曰食哉惟時齊人曰雖有鎡基不如待時諒哉言矣

地利第二

昔禹治水成功别九州之土色而辨為九等蓋風行地上各有方位土性所宜因隨氣化所以九州

之土各有別也然禹亦辨其大槩耳一州之中土脉各異豈惟一州即寶坻一縣土亦不齊西北之地白而壤東南之地黑而塗泥就西北之中地高者白壤而或蕪赤下者青壚就東南之中高者埴壚下者純塗泥而其近海者則鹹瀉而斥鹵此皆地氣之不齊者也周禮司稼掌巡邦野之稼而辨種稑之種周知其名與其所宜地以爲法而教于邑閭故耕稼得宜而閭閻充實後世此官不設此

政不脩而農畋狃于故見不察地宜不辨土脉茫昧而種茫昧而穫北方尤甚今令爲爾長本縣高鄉宜花宜麥宜麻宜黍宜穀者悉仍其舊低鄉宜鞠宜秔宜稗者亦且隨意植之但稗之入最薄惟初開荒地宜樹之鹵氣既盡即當種穀矣種鞠亦不若種秔但開井於隴首旱則每月澆三四次無不成熟者爾輩純靠天時不知澆灌之法此地力所以不盡也至于本邑濱海一帶皆爲塩鹵之地

棄而不耕荒蕪彌目此與抛黃金于路傍而自傷窮窘者何以異哉又地利不同有強土有弱土有輕土有重土有緊土有緩土有燥土有溼土有生土有熟土有寒土有煖土有肥土有瘠土皆須相其宜而耕之茍失其宜則徒勞氣力反失地利齊民要術云春地氣通可耕堅硬強地黑壚土輙磨平其塊以待時所謂強土而弱之也杏始華輙耕輕土弱土望杏花落輙耕草生再耕遇雨復耕之

土甚輕者以牛羊踐之如此則土強所謂弱而強之也緊土宜深耕熟耙多耙則土鬆用灰壅之最佳緊甚用浮沙壅之此緊者緩之也緩土宜曳陸軸宜重槌之不曳槌則根虛用河泥壅之最妙此緩者緊之也燥土宜遇雨而耕或作圍蓄水冬間遇雪於上邊風吹處起土作障勿使雪從風飛去則五穀倍收寒土宜焚草根壅之寒其用石灰生土則去草宜淨耕耙宜多此生而熟之也熟土須

識代田之法如上年此一行下種今年須空此一行而以舊時空地種之上年此地種黍今年則種稷此熟而生之也肥沃之土不有生土以鮮之則苗茂而實不堅磽确之土得糞壤滋培則苗蕃秀而實堅栗肥者瘠之瘠者肥之亦一定之理也聖經援神契曰黃白土宜禾黑土宜麥赤土宜菽汙泉宜稻爾民類以汙下之地為劣而不知其宜稻惟不講水田之法故也

田制第三

夫田因地制宜其形不一三代井田最善今江南圍田水旱有賴北方亦宜效法也除梯田架田之屬非吾邑所宜者皆不開載惟舉現可通行者數種各繪圖立說相與酌而行之

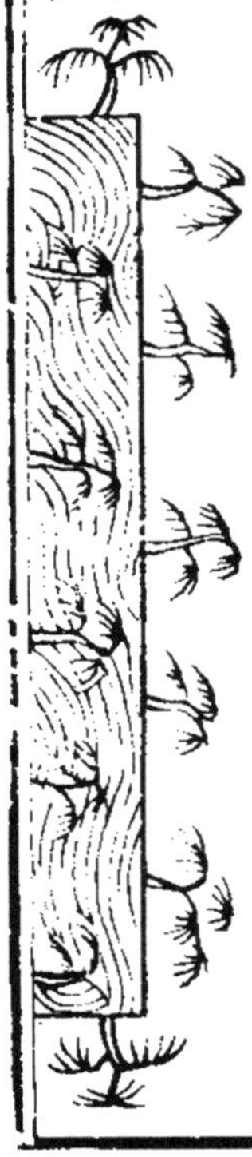

田　田　田
田　公田　田
田　田　田

井田之制創自黃帝三代因之寓兵于農伏險于順法至善也予足迹半天下至鄭州其井田尚存慨然想古先聖王之美意而今固不能行也然土曠人稀之處閒可舉而行之周禮凡治野夫間有遂遂上有徑十夫有溝溝上有畛百夫有洫洫上有涂千夫有澮澮上有道萬夫有川川上有路百里之內川與路縱橫各九而澮與道則各九十也澮廣二尋深二仞道之高廣亦如之是不特澮為

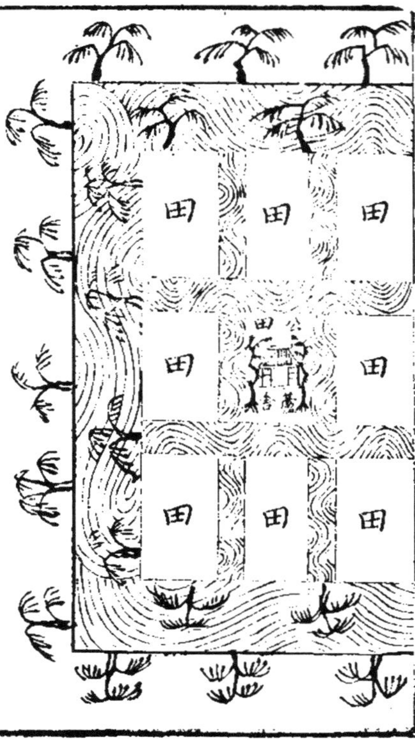

深池而道亦隱然一巨塹矣古者掘塹猶足以禦
胡今宜大惟築一土墻猶足恃之以為固而況有
澮道各九十重乎古者道容二軌路容三軌今道
之上遍植桑柳棗栗參差蔭蔽即有胡馬千群豈
能馳哉與其驅疲軍而修墻孰若遵 祖宗舊制
八分屯田二分守邊則薊鎮有十二萬人便應有
九萬六千人屯田矣既循遂人之法十分而取其
一得粮無筭此足邊之至計也不獨邊境吾寶坻

皇庄之南至海凡一百一十餘里東西一百二三
十里皆係鹽鹵荒地今為 御用監所據係司禮
兼管每年遣内官收税不及二千两今掌印張君
係賢者誠得人與講縣中包納其税又包其鋪墊
使用而請此地歸縣以三年為期初年濬澮以通
于大河次年濬洫濬溝以通于澮三年濬遂濬畎
以通于溝使淡水衝掣鹹鹵氣盡便可種稼矣雖
關井田亦不必盡泥古法縱横曲直各隨地勢淺

深高下各因水勢中間有卑窪特甚不通轉輸者
量疏為塘塹出溝澮之間旱則蓄洩水則趨平即
此一區之地以十分而取其一便可得粮百萬有
餘使東安武清等處各擇荒地而舉行之則四百
萬石之漕粮可取足于輦轂之下而長運可息民
力可蘇矣

區田之圖

古者耕稼畎畒皆有畎畎深廣各一尺而植榖于中
不特便于行水其所獲亦甚厚不特一年所獲厚
今年為畎者明年更而為畒歲歲相易地力有餘
此古良法也漢趙過教民為代田亦是此意至湯

遇七年之旱伊尹始變為區田每田一畝濶一十五步每步五尺計七十五尺每行占地一尺五寸該分五十行長一十六步計八十尺每行一尺五寸該分五十三行長濶相折通二千六百五十區空一區種一區深一尺是即畎之遺意也特猷直而區方耳古法每區用熟糞一升而熟糞之法不傳予偶得其法于方外道流凡用糞須用火煑熟熟則耐旱致周禮疏亦具載其事煑糞令熟壅田

其利百倍每糞各八骨同煑牛糞用牛骨馬糞用馬骨之類人糞無骨則入髮少許代之先將區田孔内土晒極乾惟極乾則不畏旱矣將鵝腸草黄蒿蒼耳子草三味燒灰同前乾土拌熟糞晒極乾又洒熟糞水又晒極乾運納孔内下種上用此微糞土蓋之親曾試驗凡依法布種則一畝可收三十石只用熟糞不用草灰可收二十餘石凡不煑糞不用草灰者其收皆如常不能加多乃知古法

不可廢也今邊上山坡之地此法最宜可以盡地力可以限胡馬若本縣則惟高亢之地宜之卑地不宜也

區田

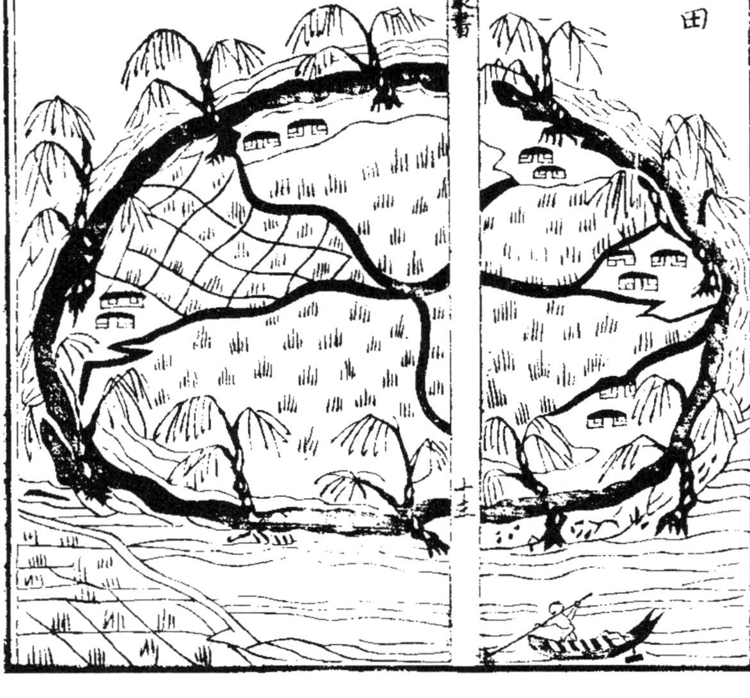

江以南地甲多水民間之田皆築土為岸環而不斷隨地形勢四面各築大岸以障水中間又為小岸或外水高而內水不得出則車而出之以是常稔而不荒今北方之地坦平無岸潦則不能禦水旱則不能蓄水古者畛涂之制久不講矣今須各如葫蘆窩水田之制及近日四衛所創城邊窪地種稻之式各為長堤大岸以成大圍岸下須有溝以泄水則外水可護而內皆為稼地矣

塗田

瀕海之地潮水往來淤泥常積上有鹹草叢生此須挑溝築岸或樹立樁橛以抵潮汎其田形中間高兩邊下不及十數丈即為小溝百數丈即為中溝千數丈即為大溝以注雨潦謂之甜水溝初種水稗斥鹵既盡可種稻所謂瀉斥鹵兮生稻粱非虛語也

沙田

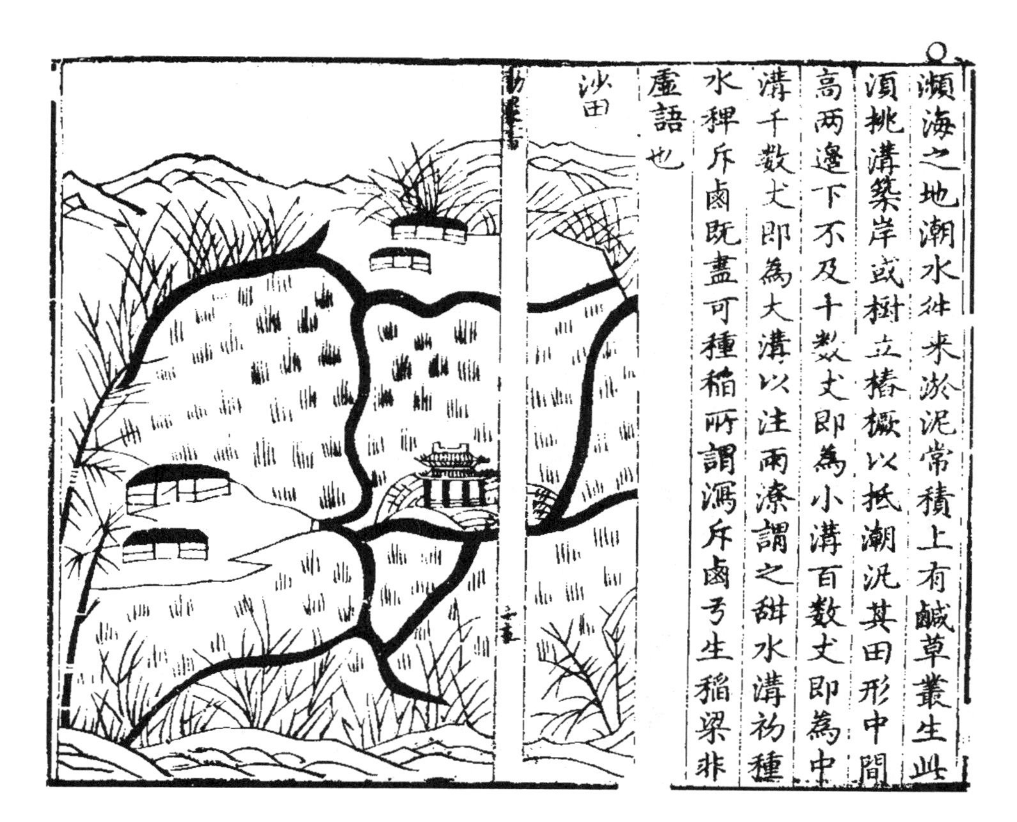

沙田謂沙淤之田也今通州等處皆有之本縣亦有之而民間率視爲棄地然江淮間有此田則爲腴地蓋此田大率近水其地常潤澤可保豐熟四圍宜種蘆葦內則普爲塍岸可種稻秫稍高者可種綿花種麻或中貫湖溝旱則平溉或傍繞大港澇則洩水所以無水旱之虞勝他田也

播種第四

書稱帝命后稷播時百穀播謂下種也呂刑亦云稷降播種蓋其慎哉是故實之美惡見種而知者上農也見苗而知者中農也見實而知者下農也

按農書凡種浥鬱則不生生亦尋死種雜者禾生早晚不均春復減而難熟特宜留意不論黍稷秫稻等凡欲留種者須別種之或只就同畝中揀其茂盛者多加鋤治蓋鋤多則皮薄而無秕也收時別置一處不與諸穀雜又一一手揀好穗純色者刈而高懸之刈須連薪數寸爲上蓋穀雖成實而其蒂在薪連薪則氣全而不散也懸之于梁須以原薪包之爲妙今江南皆然北方則有窖而埋者器而盛者皆須以原薪蔽覆而窖勝于器南方地卑而風柔地卑故不可窖風柔故高懸之梁則氣常條暢若北方則其地最高其風最勁故民間藏種多窖而不懸冬時甚寒而地中常煖得地氣養穀爲妙欲懸之亦須擇無風常煖處可也將種前二十餘日候天氣晴煖取種出用水淘之浮者半浮者或不浮而不着底者皆去之則無莠淘即曬之令燥依周官相地所宜而糞種之古人凡五穀作種者牽馬令就穀堆食數口仍以馬踐過則無蝦蚄等蟲又下種剉馬骨及牛羊猪鹿等骨一斗以雪汁三斗煮三沸取汁漬附子每汁一斗投附子五枚浸五日取出附子曬乾還可用仍擣馬牛羊猪等糞投汁中熟攪之溲穀種當天旱燥時溲之立乾薄布數翻則易乾明日復溲陰雨則勿溲

溲五六度曝乾謹藏至可種時以餘汁溲而種之也無馬骨以煮繰蛹汁和溲如此則所收必倍此后稷舊法備載氾勝之書中馬蠶皆蟲之先者能辟諸蟲雪汁五穀之精也能使稼耐旱常以冬藏雪汁器盛埋于地中附子氣爕能殺蝗而旺稼此皆農家所當知也麥種宜與剉碎蒼耳或艾暑日曝乾乘熱收之藏以瓦器順時種之無不生茂北方百姓多不肯種秋麥殊不知麥秋種歷冬而春

更夏始收備四時之氣所以養人謂之首種今春種之麥所收甚薄食之亦不甚益人凡麥早種則氣實而多收晚種則穗小而少實古法秋當種麥若天旱無雨則薄漬麥種以酢漿并蠶矢夜半漬昧爽速投之令與白露俱下酢漿即今之米醋令麥耐旱蠶矢令麥耐寒又有漫種耧種瓠種芽種之別漫種者器盛穀挾左腋間右手料而撒之隨撒隨行約行三步許即再料取務要布種均匀則

苗生稀稠得所耧種者皇甫隆為燉煌太守教民作耧犁省力過半犁中置耧斗盛種粒下通一竅且行且搖種乃自下齊民要術云凡種欵牛緩行種人令促步以足躡隴底欵土實種易生也瓠種者竅瓠貯種隨行隨種務使均匀犁隨掩過覆土既深雖暴雨不能飄種芽種者南方水稻取種浸水中三日漉出納草篅中晴則暴暖溢以水日三數北方地冷遇陰寒浥以溫湯候芽出然後下種

先擇美田耕治令熟泥沃而水清以既芽之穀漫撒稀稠得所秧生五六寸拔而栽之敝鄉有孫氏兄弟素習農常撮穀而種不更栽收實亦繁但費工夫耳

耕治第五

〇古者耕用耒耜後世牛耕始易以鐵犁南方人耕用鐵搭耕後用耙亦有用耖者凡耕田不問春秋以燥濕得所為佳若水旱不調寧燥無濕燥耕雖

塊、一經雨、地輙粉鮮。溼耕土堅、數年不起、稼。諺云、溼耕澤鋤、不如歸去、言無益而有損也、初耕欲深、轉耕欲淺、若耕不深、則土不熟、轉不淺、則動生土也、陸龜蒙云、凡耕而後有耙、所以散塊去芟、渠疏之義也、種蒔直說云、犁一耙六、今日只知犁深為功。不知耙細為全功。耙功不到、則土粗不實、後雖見苗、立根根不立、著土、不耐旱、有懸死等病、耙功到則土細又實、立根在細實土中、又擬過根土相着、自然耐旱、不生諸病、蓋耙遍數、惟多為熟、熟則上有油土四指、雖旱亦滋潤也、南方種水田、先耕次抄、即種秧、種畢一盪三耘、無事矣、北方種五穀、耕耙之後、有勞勞蓋磨也、其耕亦不止一次、初耕曰塌、再耕曰轉、齊民要術云、耕地深細不得趂多、看乾溼、隨時蓋磨、待一段總轉了、橫蓋一遍、每耕一遍、蓋兩遍、最後蓋三遍、還縱橫蓋之、但依此法、除蟲災、小小旱乾不至全損、緣蓋磨數多故也、又

云、耕欲廉、勞欲再、凡已耕耙欲受種之地、非勞不可、諺云、耕而不勞、不如作暴、然耙勞之功、非但施于納種之前、亦有用于種苗之後者、北方、又有撻其器如大篲、用以擊地、使壠土覆種稍深也、耨者小鋤也、苗出壠則深鋤、不厭頻、周而復始、勿以無草而暫停、蓋鋤者、非止除草、乃地熟而穀多、糠薄而米良也、諺云、穀鋤八遍、餓殺狗、謂無糠也、鋤與耕不同、鋤第一遍未可全深、第二遍惟深、是求第三遍淺于第二遍、第四遍又淺于第三遍、穀科大、則根浮故也、凡鋤第一次、撮苗曰鏃、第二次、手壠曰布、第三次、培根曰擁、第四次、添功曰復、一次不至、則稂莠之害、秕稗之雜入之矣、南方水田、用盪最省力、今可依式造用、耘與鋤同、不問草之有無、必徧以手排漉、務令稻根之傍、液液然而後已、初次耘、除草和泥、深埋苗根下、漚罨既久、則草腐而土肥、又有可鋤、不可鋤者、旱耕塊硬、苗歲岡孔出、

雖鋤無益鋤之則長穢而害苗呂氏春秋曰先生者為米後生者為粃是故善稼者其耨也長其兄而去其弟不知稼者其耨也去其兄而養其弟不收粟而收其粃此失耨之道也

灌溉第六

江南之田全資灌溉蘇松嘉湖純用水車旱則車水而入潦則車水而出鎮江常州有轉水于數十丈之上者其為力甚劳而非大水大旱人力皆可支持故禹貢揚州之田為下下而今賦甲于天下者豈非人功勝而地力不能限歟周禮稻人掌稼下地以水澤之地種穀也以豬蓄水以防止水以遂均水以列舍水以澮瀉水下地水田之法莫詳于此予嘗西遊秦中見鄭國白公三輔之渠沿流而考其遺跡蓋阻涇水而引之灌田也厥後隄防日損水勢日下而治秦者不知以隄止水但見水勢既下則舍其故道而從上引之展徙數番上路遂窮而涇不復能引矣今所引者山泉耳然猶能為涇陽三原高陵數縣之利設使修隄築防復其故道則灌千里為沃壤豈虛語哉攷之前史燕有督亢渠及漁陽有故戾諸堰蓄水灌田為利甚鉅日久廢弛後魏裴延儁為幽州刺史考督亢戾堰之廢址修營之溉田萬餘頃欣然慕之又元虞集郭守敬所談京東水利其言鑿鑿而脱脱丞相循而興之果獲厚利今寳坻尚有元時遺隄昔何以興今何以廢是在人耳因檢農書所載灌溉之法備示我民相與循而用之予且先習其制以為爾民之倡

大水柵

水柵排木障水也若溪岸稍深田在高處水不能及則於溪中作柵遏水使之旁出下溉及田所其制當流列植豎椿椿上枕以伏牛擗以拉木仍用塊石高壘衆楗斜出以邀水勢此柵之小者如秦雍之地率用巨柵其蒙利之家歲例量力均辦所需工物乃深植椿木列置石囤長或百步高可尋丈以橫截中流使傍入溝港凡所溉田畝計千萬號為陸海此柵之大者其餘各處境域雖有此水

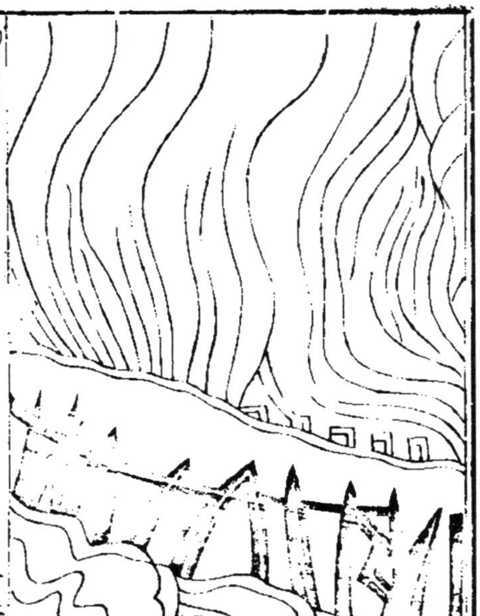

而無此柵非地利素不彼若蓋工力所亦及也

水閘開閉水門也間有地形高下水路不均則必跨據津要高築堤壩匯水前立斗門甃石為壁疊木作障以備啟閉如遇旱涸則撒水灌田民賴其利又得通濟舟楫轉激輾磑實水利之總揆也

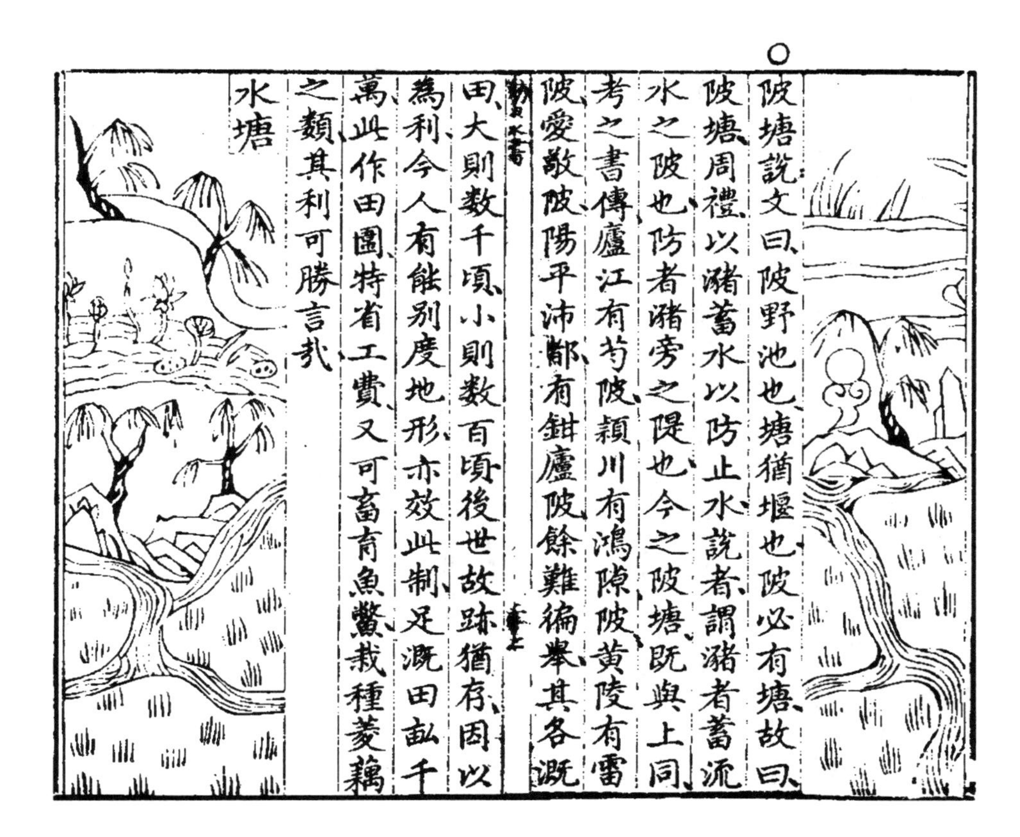

陂塘說文曰陂野池也塘猶堰也陂必有塘故曰陂塘周禮以瀦蓄水以防止水說者謂瀦者蓄流水之陂也防者瀦旁之隄也今之陂塘既與上同考之書傳廬江有芍陂潁川有鴻隙陂黃陵有雷陂愛敬陂陽平沛鄴有鉗盧陂餘難徧舉其各溉田大則數千頃小則數百頃後世故跡猶存因以為利今人有能別度地形亦效此制足溉田畝千萬此作田圍特省工費又可畜育魚鱉栽種菱藕之類其利可勝言哉

水塘即洿池因地形坳下用之潴蓄水潦或修築圳堰以備灌溉田畝兼可畜育魚鱉栽種蓮芡俱各獲利累倍大凡陸地平田別無溪澗井泉以溉田者救旱之法非塘不可夫江淮之間在在有之然官民異屬各為永業歲收産利誠用水之至便者

翻車

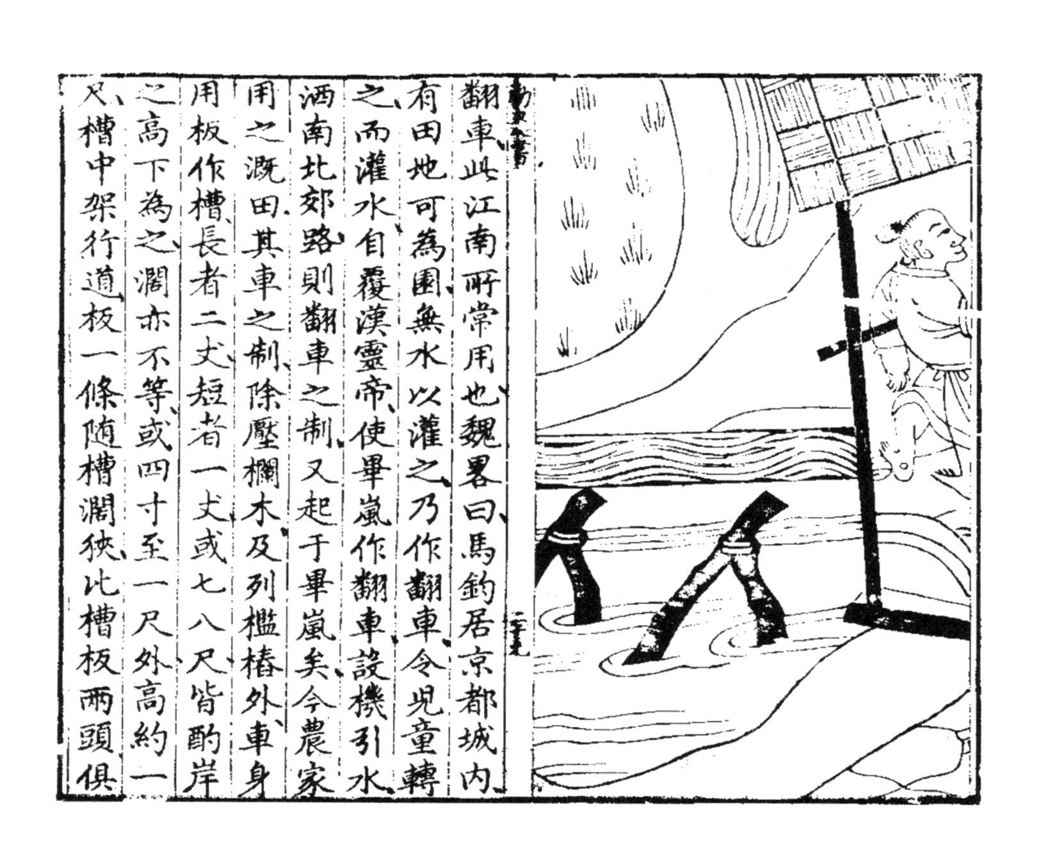

翻車此江南所常用也魏畧曰馬鈞居京都城内有田地可為園無水以灌之乃作翻車令兒童轉之而灌水自覆漢靈帝使畢嵐作翻車設機引水洒南北郊路則翻車之制又起于畢嵐矣今農家用之溉田其車之制除壓欄木及列檻椿外車身用板作槽長者二丈短者一丈或七八尺皆酌岸之高下為之濶亦不等或四寸至一尺外高約一尺槽中架行道板一條随槽濶狹比槽板兩頭俱

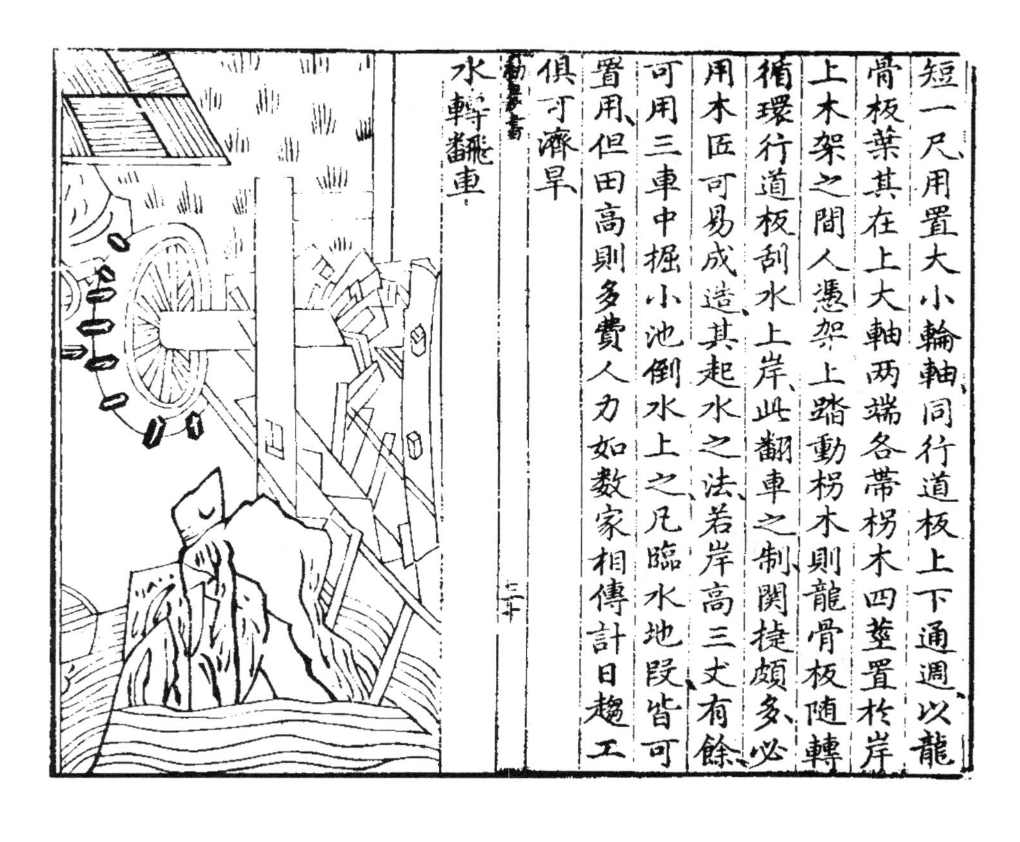

短一尺，用置大小輪軸，同行道板上下通週，以龍骨板葉其在上大軸两端各帶枴木四莖，置於岸上木架之間，人憑架上踏動枴木，則龍骨板隨轉循環行道板刮水上岸。此翻車之制，関楗頗多，必用木匠可易成造。其起水之法，若岸高三丈有餘，可用三車，中掘小池，倒水上之。凡臨水地段皆可置用，但田高則多費人力，如数家相傳計日趨工，俱可濟旱。

水轉翻車

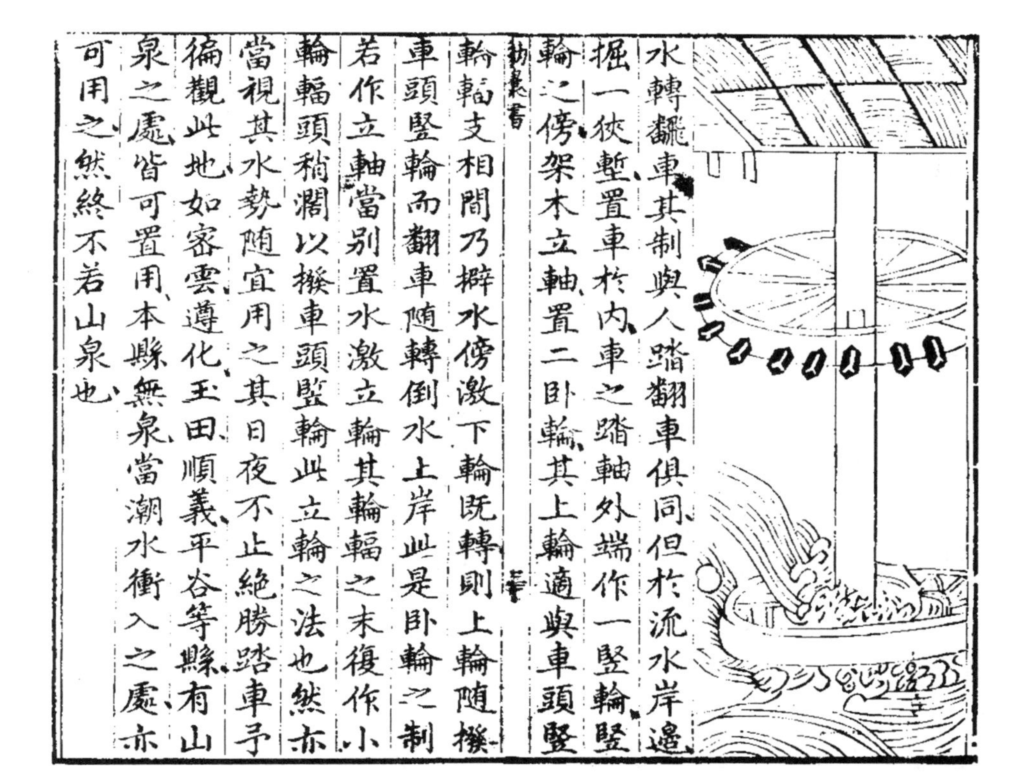

水轉翻車，其制與人踏翻車俱同，但於流水岸邊掘一狹塹，置車於內，車之踏軸外端作一竪輪，竪輪之傍架木立軸，置二卧輪，其上輪適與車頭竪輪輻支相間，乃擗水傍激下輪，既轉則上輪隨撥車頭竪輪而翻車隨轉，倒水上岸，此是卧輪之制。若作立軸，當别置水激立輪，其輪輻之末復作小輪，輻頭稍濶，以撥車頭竪輪，此立輪之法也。然亦當視其水勢，隨宜用之，其日夜不止，絶勝踏車。予徧觀此地，如容雲、遵化、玉田、順義、平谷等縣有山泉之處，皆可置用。本縣無泉，當潮水衝入之處亦可用之，然終不若山泉也。

牛曳水車

○牛轉翻車如無流水處用之、其車比水轉翻車卧輪之制、但去下輪、置於車傍、岸上用牛拽轉輪軸、則翻車隨轉、比人踏功将倍之、

筒車

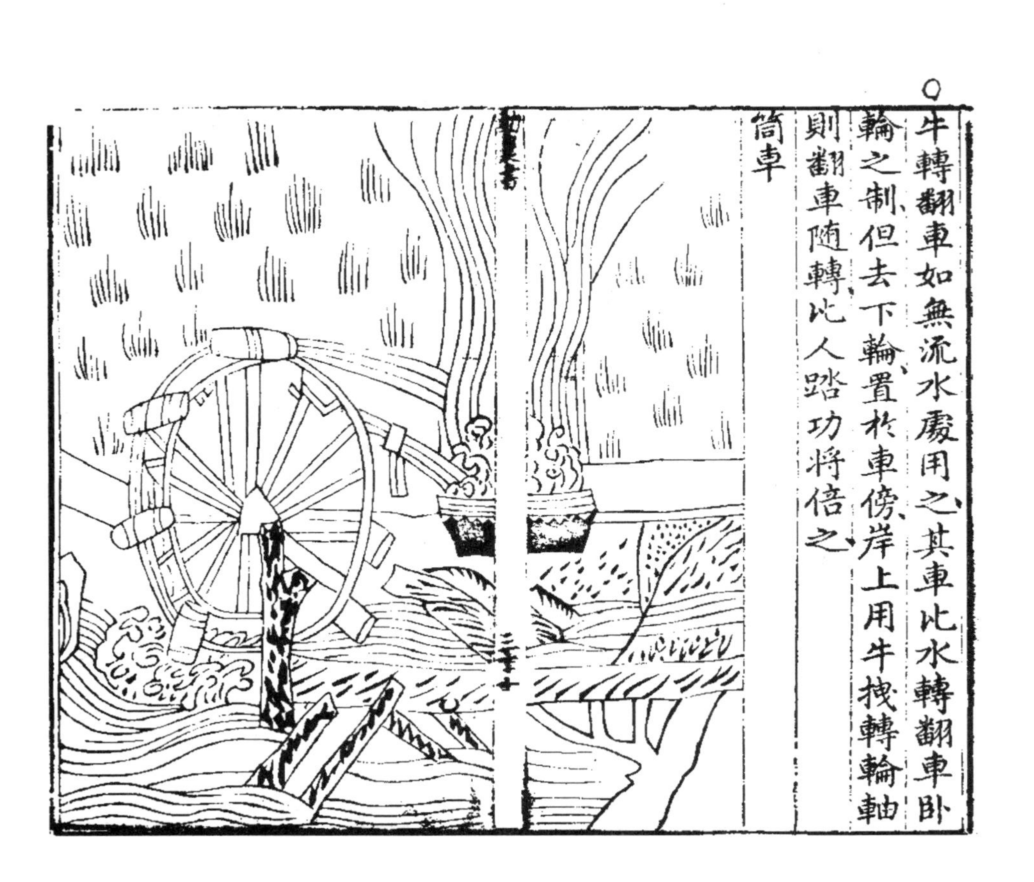

筒車流水筒輪凡制此車先視岸之高下可用輪之大小須要輪高於岸筒貯於槽方為得法其車之所在自上流排作石倉斜擗水勢急湊筒輪其輪就軸作轂軸之兩傍閣於椿柱山口之内輪軸之間除受水板外又作木圈縛繞輪上就繫竹筒或木筒於輪之一週水激轉輪衆筒兜水次第下傾於岸上所横大槽謂之天池以灌田稻日夜不息絶勝人力

木筒

連筒以竹通水也凡所居相離水泉頗遠不便汲用乃取大竹内通其節令本末相續連延不斷閣之平地或架越澗谷引水而至又能激而高起數尺注之池沼及庖湢之間如藥畦蔬圃亦可撰用

架槽

架槽木架水槽也間有聚落去水既遠各家共力造木為槽遞相嵌接不限高下引水而至如泉源頗高水性趨下則易引也或在窪下則當車水上槽亦可遠達若遇高阜不免避礙或穿鑿而通若遇坳險則置之叉木駕空而過若遇平地則引渠相接又左右可移隣近之家足得借用非惟灌溉多便抑可瀦蓄為用暫勞永逸同享其利

戽斗

戽斗挹水器也唐韻云戽抒也抒水器挹也凡水岸稍下不容置車當旱之際乃用戽斗繫以雙綆兩人挈之抒水上岸以溉田稼其斗或柳筲或木罌從所便也此法北方皆用

高車

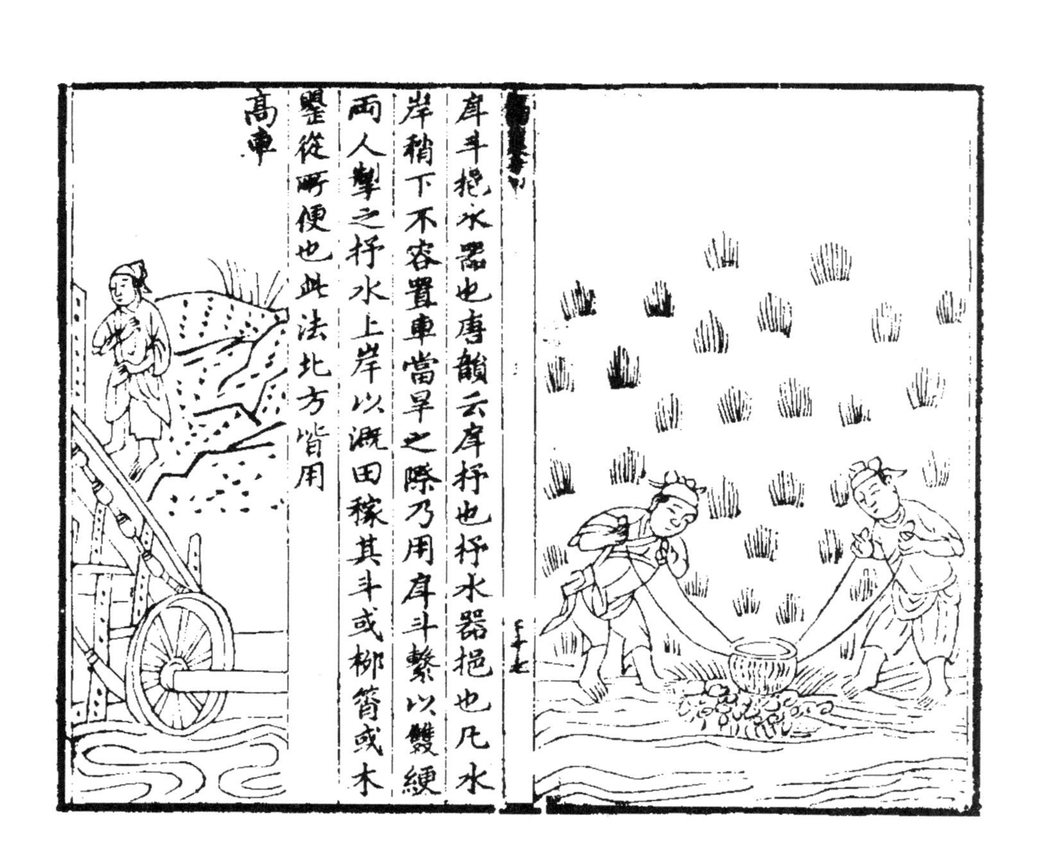

〇

水轉高車遇有流水岸側欲用高水可立此車其車亦高轉筒輪之制但於下輪軸端别作竪輪傍

用卧輪撥之與水轉翻車無異水輪既轉則筒索兠水循槽而上餘如前例又須水力相稱如打輾磨之重然後可行日夜不息絶勝人牛所轉此誠秘術今表暴之以諭爾民

糞壤第七

周禮草人掌土化之法以物地相其宜而為之種鄭玄註土化之法化之使美也化瘠地為肥壤其用在糞又云凡糞種騂剛用牛赤緹用羊墳壤用麋渴澤用鹿鹹潟用貆勃壤用狐埴壚用豕輕㽸用犬鄭註凡所以糞種者皆謂煑取汁也今固不能分析土性亦無麋鹿貆狐之矢可用然熟玩此章可以知古人用糞之意騂剛者色赤而性剛也赤緹者色赤而性如緹謂薄也說卦坤為牛兊為羊牛性前順羊性前逆牛屬土其糞和緩故用化剛土羊屬金其糞燥密故治薄土墳謂土脉墳起而柔解也渴澤謂水去而澤乾也墳壤屬陽渴澤

屬陰月令夏至鹿角解冬至麋角解鹿至陽故遇陰生而角解麋至陰故遇陽生而角解今以麋矢化陽土以鹿矢化陰土鹹鹵也勃壤粉解也鹹鹵之地常溼粉解之地常乾貆貉屬貆好睡狐好疑詩有縣貆蓋貪殘之物狐陰媚之物貪殘者其氣在外故以化溼土陰媚者其氣在内故以化乾土埴壚黏黑也輕㽸輕脆也埤雅云犬喜雪豕喜雨犬屬火其性輕佻故以化黏土豕屬坎其性負塗

故以化脆土、此可以想古人変化之義矣、得其意而推之、則随土用糞、各有攸當也、孟子稱百畝之糞、上農夫食九人、觧者謂上農糞多、非也、糞不在多、在用得其宜耳、糞苟失其宜、反害稼矣、夫糞不獨矢也、有苗糞、有草糞、有火糞、有毛糞、有灰糞、有泥糞、而泥糞為上、苗糞者、齊民要術云、美田之法、緑豆為上、小豆、胡麻次之、皆五六月下種、七八月犂掩殺之、為春穀田則畝收十石、其美與蠶矢熟糞同、草糞、禮記云、仲夏之月、利以殺草、可以糞田疇、可以美土疆、農書謂草木茂盛時、芟倒地内、掩爛則肥田、江南三月草長、則刈以踏稲田、歳歳如此、地力常盛、凡治田者、腐藁敗葉、枯枝朽根、皆至寳也、火糞者、積土草木疊而燒之、碾細篩用、江南毎削帶泥草根、成堆而焚之、極燥田、毛糞者、禽獸退下毛羽、襯肌之物、最為肥澤、積之為糞、勝于草木、以水浸爛、連汁用之、尤妙、灰糞者、竈中之灰、南方

皆用壅田、又云、曰水冷、亦有用石灰為糞、使土煖、而苗易蘇、泥糞者、江南田家、河港内乗船、以竹爲稔挾取青泥、杴撥岸上、凝定、裁成塊子、擔開用之、北方河内泥多、取之尤便、或和糞内用、或和草皆妙、他糞或有害田者、惟泥糞最中和而有益、故為第一也、其製糞亦有多術、有踏糞法、有窖糞法、有蒸糞法、有釀糞法、有煨糞法、有煑糞法、而煑糞為上、南方農家凡養牛羊豕屬、每日出灰于欄中、使之踐踏、有爛草腐柴、皆拾而投之、足下糞多、而欄滿則出而疊成堆矣、北方猪羊皆散放、棄糞不收、殊為可惜、然所有穰穢等、並須收貯一處、每日布牛羊足下三寸厚、經宿牛以蹂踐、便溺成糞、平旦收聚、除置院内、堆積之、每日如前法、得糞亦多、窖糞者、南方皆積糞于窖、愛惜如金、北方惟不收糞、故街道不净、地氣多穢、井水多鹹、使人清氣日微、而濁氣日盛、須當照江南之例、各家皆置坑厠、濫

則出而窖之家中不能立窖者田首亦可置窖拾亂磚砌之蔵糞于中窖熟而後用甚美蒸糞者農居空閒之地宜誅茅為糞屋簷務低使敝風雨凡掃除之土或燒燃之灰簸楊之糠粃斷藁落葉皆積其中隨即拴蓋使氣薰蒸糜爛冬月地下氣煖則為深潭夏月不必也釀糞者于廚棧下深鑿一池細甃使不滲漏每舂米則聚礱簸穀及腐草敗葉漚漬其中以收滌器肥水漚久自然腐爛煨

糞者乾糞積成堆以草火煨之煑糞者鄭司農云用牛糞即用牛骨浸而煑之其說具區田中糞既經煑皆成清汁樹雖將枯灌之立活此至佳之糞也用糞時候亦有不同用之于未種之先謂之墊底用之于既種之後謂之接力墊底之糞在土下根得之而愈深接力之糞在土上根見之而反上故善稼者皆于耕時下糞種後不復下也大都用糞者要使化土不徒滋苗化土則用糞于先而使

瘠者以肥滋苗則用糞于後徒使苗枝暢茂而實不繁故糞田最宜斟酌得宜為善若驟用生糞及布糞過多糞力峻熱即燒殺物反為害矣故農家有糞藥之喻謂用糞如用藥寒溫通塞不可悞也

占驗第八

太史公作貨殖傳計然之書歲在金穰水毀木饑火旱是其生財之道測候蓋重矣哉今採諸家言之稍馴者示爾民云天官書曰正月旦決八風風

從南方來大旱西南小旱西方有兵西北戎菽為戎大也為成也北方為中歲東北為上歲東方大水東南民有疾疫歲惡正月上甲風從東方來宜蠶從西方若旦黃雲惡師曠曰歲欲甘甘草先生謂薺也歲欲苦苦草先生謂葶藶也歲欲雨雨草先生謂藕也歲欲旱旱草先生謂蒺藜也歲欲流流草先生謂蓬也歲欲病病草先生謂艾也物理論曰正月望夜占陰陽陽長即旱陰長即水立表

以測其長短、審其水旱、表長丈二尺、月影長二尺以下者大旱、二尺五寸至三尺赤旱、三尺五寸至四尺調適、高下皆熟、四尺五寸至五尺小水、五尺五寸至六尺大水、月影所極、則正面也、立表中正乃得其定、又曰、正月朔旦、四面有黃氣、其歲大豐、此黃帝用事、土氣黃均、四方並熟、有青氣雜黃、有螟蟲、赤氣大旱、黑氣大水、正朝占歲星上有青氣、宜桑、赤氣宜荳、黃氣宜稻、越王問穀貴賤之法、范

子對曰、陽主貴、陰主賤、故當寒而不寒、穀暴貴、當溫而不溫、穀暴賤、雜陰陽書曰、五穀生于五木、稷生于楊及棗、黍生于榆、大荳生于槐、小荳生于李、大麥生于杏、小麥生于桃、稻生于柳或楊、欲知五穀、但視五木、擇其盛者、来年多種之、萬不失一、又師曠占五穀、當以十月朔旦、占春糴、風從東来、春賤、反此者貴、以四月朔旦占秋糴、風從南来西来者、秋皆賤、逆此者貴、以曰、正月朔、占夏糴、風從来

東来者、皆賤、逆此者貴、又曰、正月甲戌日、大風東来折樹者、大熟、大風西北者貴、庚寅日、風從西北来者、皆貴、二月甲戌日、風從南来者、稻熟、四月四日雨、稻熟、又曰、粟米當以九月為本、若貴賤不時、以最賤之月為本、粟以秋得本、貴在来夏、以冬得本、貴在来秋、此收穀遠近之期也、早晚以其時差之、春貴去年秋冬什七、到夏後貴秋冬什九者、急糴之、勿留、留則太賤也、此皆

知本提綱（修業章）

（清）楊屾 撰
（清）鄭世鐸 注釋

《知本提綱（修業章）》，（清）楊屾撰，（清）鄭世鐸注釋。楊屾（一六九九—一七九四），字雙山，陝西西安府興平縣桑家鎮（今屬陝西興平市）人。早年曾師從理學大師李顒，一生不應科舉，不求功名，在家鄉授徒講學，兼營農桑，注重經世致用之學，『凡天文、音律、醫農、政治靡不備覽』，著有《豳風廣義》《蠶政摘要》《知本提綱》《修齊直指》等著作。

《知本提綱》屬於理學著作，全書十卷，分十四章，是楊屾教書授徒的講義。書成於清乾隆十二年（一七四七），由『提綱』和『注釋』兩部分組成。『提綱』由楊屾本人撰寫，『注釋』由其弟子鄭世鐸完成。『農則』是《知本提綱》『修業章』的一部分，主要以陰陽五行學説探索農業生産原理，可當農書看待。

《修業章》由『前論』『耕稼』『蠶桑』『樹藝』『畜牧』和『後論』六部分組成。『前論』和『後論』屬概論性質，主要叙述傳統的重農思想，其餘部分論傳統農業科技知識及其原理。其中『耕稼』一節是重點，分别叙述了耕道、土宜、時宜、方法、墾荒、布種、移栽、耘鋤、割獲、園圃、糞壤、灌溉等方面的内容。《農則》的特點在於它不僅介紹傳統農業生産技術，而且以陰陽五行學説闡述其原理與原則。其中所説的『五行』是指天、地、水、火、氣，還將『五行』與陰陽相聯繫，天與火爲陽，地與水爲陰。

該書除乾隆十二年初版外，光緒三十年（一九〇四）張元際據原刻版補印一次，一九二三年李民義再次重印。一九五七年王毓瑚輯《秦晉農言》時收入本書，由中華書局出版。今據國家圖書館藏清乾隆十二年刻本影印。

（惠富平）

知本提綱 卷五

第五冊
卷五
修業章
四業總論　農業綱領
耕稼要法　園圃助養
桑蠶要法　樹藝要法
畜牧要法　農業總結

知本提綱卷之五

茂陵楊　屾雙山著　受業鄭世鐸覺一註解
男　生洲子瀛　參閱
受業永錢龍雲從
受業楊　𠛾溉遠
晚門人朱石琪子蘊　同校

修業章

倫常允爲首重事功尤屬先資。此章言事功之實也事功即首章所云修業下文所云農工禮樂是也蓋上帝大命首重倫常然不有先資之業倫常何以克全故必豫理事功於明倫之先而後其道乃可盡而無難也

事功先

推乎助命經綸莫要於切身。助命解見首章乃助修倫常之命即下所云四業也經綸解見順命章蓋降衷之先帝已造萬物以備人用凡宮室器具之材衣服飲食之需花卉臭味禮數音樂之資無不周備詳悉是謂助修之命實皆切身要具故大君統治宇內必先推明助命裁成創制作耒耜機杼之具授耕稼工藝之法定禮樂制度之則切身經綸俾皆明道立功復還倫常之大命此固生人至要之實功學者不可不急務也

其目凡萬端其綱惟四業。大君順命裁制經綸事物其目蓋有萬端之繁而其綱惟統於四業即下文所謂農工禮樂四者而已

農工禮樂事實通乎身家天下養利節和道自

該乎修齊治平。此著四業之名，與其所以爲綱者也。人生性依於身，身統於家，家統於國與天下，皆不能無待而自安。故上帝命物備用，大君切身經綸，養之以農，利之以工，節之以禮，和之以樂，可以修一身，即可以修千萬身；可以齊一家，即可以齊千萬家，而治平之道兼該，萬事之職咸舉。四業之於人，誠要矣哉。全仁復命，惟賴五倫之功；盡倫歸仁，實藉四業之助。人生分性受命，故終身之要，莫先於復命；復命莫先於全仁；全仁莫先於盡倫；盡倫莫先於修業。是四業爲盡倫之助，五倫爲復命之要。不盡五倫而欲復命，不修四業而欲盡倫，皆欲其入而閉之門者也。固天德之實，誠王道之本。天德猶言大德，即五

常也。王道，聖王安民治世之道也。能修四業以盡五倫，則五常克全，萬民相安，在一人則天德立，在天下則王道行矣。蓋重農則養形有資，習工則事務不困，節禮則身心有主，和樂則性情不滯。君相經營，吏民勸力，自然各厚其生，各正其德，熙熙皞皞，共享昇平。若怠棄四業，斯形無以養，性無以盡，天德無其實，王道無其本，雖胸富文才，口談治理，終屬空言，何益實用乎。離於須臾而不能，由乎畢世而不盡。天德王道皆賴四業，雖欲須臾離之而不能；事本淺近，道實深遠，即使畢世由之而不盡。吾儒處而儲學，即儲此四者；出而運才，即運此四者。儲蓄也。人生大端，無過形性；終身大要，無過養形復性，而其道統備於四業。故雖出處異途，而成己成物，獨善兼善，皆不越乎此。若學不儲此，而學非其學；才不運此，而才非其才。則出處兩失其道，而事功無由成矣。農工益修，著形始得依賴；禮樂大備，元靈乃臻太和。上帝生人，惟有元著兩體。然元靈依著，本爲明道立功；苟著形失所依賴，元靈何以盡職？故必農工益修，著形始得依賴之資；更兼禮樂大備，盡倫全仁，自然道明功立，元靈乃臻太和，歸關復命，方有其階。是形性兩盡之道，實有藉於農工禮樂，所關不誠重哉。斯爲事功之定規，允屬人道之重務。總承上文，言此四業乃上帝明命生人中所自爲者，本一定之規，不可任意增減，均重大之務，又豈可怠棄而鄙瑣視之乎。

農則前論

夫欲修四業之全，宜先知農務之要。此下先言農務之要也。四業必務其全，而農居其首。農者，養之原也。身有所養，則生有賴而家可立，明道立功，無所阻難。故聖王經綸，必先使民盡力於農，俾其穀帛豐裕，然後節之以禮，和之以樂，以輔其德教，而躋斯民於仁壽之域。若不肯事農務，將衣食艱窘，朝夕救死之不暇，又何能節禮和樂，以明道立功乎。衣食者，生民之命，無食則饑，無衣則寒；饑寒至而形體毀。耕桑者，衣食之原，力取則豐，坐棄則困；耒耜修而王政成。人生

性分帝衷，是爲元體；形成五行，是爲著體。元體有始無終，著體有生有死。得養則氣凝，而性有所依；失養則氣散，而性無所憑。故其生死之命，係於衣食，一有不繼，則形體即毀於饑寒，而性失憑依，何以明道而立功？至於衣食之本，又出於耕桑，秉時力取則豐，失時生棄則困。所以必耒耜修舉，以盡地利，而王政乃成，自然衣豐食足，形不遽毀，性有憑依，明道立功，復還元體之本然矣。昔太初之民，木衣草食，冬寒多死；及後茹毛飲血，生齒日繁，而毛血不繼，亦漸死亡。有聖王作，製耒耜，教稼穡，然後民得盡其天年，無夭亡之患。故曰農爲四業之首，而修之者不可不知其要也。

大哉天子躬耕而示本，皇后親蠶而垂法。大君切身經綸，知民生要務，必先耕桑。故天子

躬耕耤田，皇后親理蠶桑，皆服天下之至勞，以倡天下之民，所以示根本，垂觀法，恩意至爲深遠也。

誠以饑食寒衣，均關立命之重；男耕女織，僉係復性之功。饑之於食，寒之於衣，得之則生，失之則死，是以均關立命之重。而衣食原出於耕織，分職於男女，果各勤其職，則衣食足；衣食足，則明道立功，而性可復矣。故君后示本垂法，督帥天下，意在使知二者僉重，而不可有一端之或荒也。

乃民生營營，各自謀其朝夕，即殊塗紛紛，究同歸於衣食。營營，籌畫之意。衣食出於耕桑，乃民生本業，各能安分盡力，自然衣豐食足。但人多以本業辛苦，羣趨末作，自謂避迂就捷，究竟終歲皇皇，日無寧刻，亦祇爲朝夕之計，即其所事紛紛殊塗，要同歸於衣食，初無異乎親理耕桑者之心也。

與其逐末於難必，何若返本於正途。舍本逐末，原欲不耕而食美食，不織而衣美衣，免四時之勞，而享終歲之逸。然而價值之起落無定，事故之有無不齊，兼拋親棄子，背井離鄉，艱苦百倍於農人，倘一旦失望，終世艱窘，豈非難必之利乎？何若返歸本業，講求正途，男耕女織，用力既易，而獲利無窮，謀生者宜盡心焉。

返本莫要於王道，四農必務其大全。農爲王道之首，返本者莫要於此，而其目有四，必務其大全，方爲克盡農業之道也。

耕以供食，桑以供衣，樹以取材木，畜以蓄生息。此著四農之目也。耕

則食足，桑則衣豐，樹則材木有出，畜則生息不乏，四者乃生財之原，治平之本，君民上下無不取資於此也。

不出鄉井，而俯仰自足；不事機智，而用度悉備。日積月累，馴致富饒之樂；子繼孫承，永流奕世之澤。機智，猶言詐謀也。馴，漸也。奕世，累世也。舍本逐末之人，往往背井離鄉，勞苦百倍，究其所獲，必用詐謀，方能取利，以爲俯仰用度之資，非其好爲不誠也，以不用詐謀，則其利無所出耳。惟敦本務實者，四農無缺，利源自開，既無背井離鄉之苦，又無詐謀不誠之咎，俯仰足而用度備，父母妻子得所，冠婚喪祭易舉，百倍逐末之利。若更日積月累，而富饒致其樂，子繼孫承，而奕世流其澤。蓋天送時，地產利

人能乘時力取。自然用之不竭也。豈若逐末者之徒。食詐謀。人勞而力於田。已逸而享於室。以致奢靡成風。角爭相尚。旋富旋貧。不能世守其業乎。**若農業之失務。自衣食之不敷。**敷。足也。衣食爲生人之命。苟有不敷。饑寒切身。老羸轉乎溝壑。少壯逃於四方。父子不相顧。兄弟相離。夫妻相棄。即胸藏二酉。學富五車。亦必袖手無策。徒成餓莩也。農務所關。不亦重哉。**沙礫盡化金銀。難療枵腹之饑。瓦石胥變珠玉。豈禦切膚之寒。**枵。空虛也。金銀珠玉。皆備器具玩好之用。過多。亦祇徒增器玩而已。何所當於饑寒乎。**即有至仁之純德。弗止凍餒。雖以上聖之明哲。難保流亡。**農業失務。衣食不敷。饑寒之害。一至於此。雖聖人亦無如何也。**蓋慈母尚不能顧其子。則大君更安得保其民。**衣食一缺。母子不能相顧。君民愈難保全矣。**故國計以積貯爲重務。**貯。藏也。承上文言衣食所關既大。則國家之積貯。自不得不重。蓋國以民爲本。民以衣食爲命。衣食足。則民生遂。國本固。故聖王立國。首重民命。而以積貯爲要計。其見於典籍者。班班可考。如三年耕。必有一年之食。九年耕。必有三年之食。以三十年之通計國用。雖有凶旱水溢。民無菜色。若國無九年之蓄曰不足。無六年之蓄曰急。無三年之蓄曰國非其國。積貯之所關如此。制國用者。可不思所以厚之乎。**民生以蓋藏爲先籌。**

蓋藏。猶言蓄積也。籌。算也。承上文言。既藏富於國。尤必藏富於民。然後蓄積厚而取用不匱。凶歉始有所濟。其要在於豐稔之年。先慮一家一歲之用。節其有餘。以爲蓄積。多者滿倉箱。少者盈儋石。是處豐常如歉。則處歉自不減於豐也。乃今之爲農者。見近小而不慮遠大。偶值豐稔。肆然自足。後費妄用。務快一時之適。所獲早已無餘。一遇少歉。即稱貸於兼併之家。秋成備息而償之。歲以爲常。終世不振。甚至有收刈甫畢。即無以糊口者。況能給終歲之用乎。倘經大荒。難免溝壑流亡之患。是以家無三年之蓄曰不足。無二年之蓄曰急。無一年之蓄曰家非其家。則夫謀民生者。安可不以蓋藏爲先籌哉。**前必謀後。豐不忘歉。雖有水旱蟲雹之災。可無溝壑流亡之患。**雹。謂氷雹也。流亡。謂流走逃亡也。上帝生人。以豐祥樂育。即以災歉艱困。所以警戒惰逸奢靡之愆。乃啓牖下民之深仁也。故立國立家。必先以積貯蓋藏爲要圖。處前而即謀其後。處豐而不忘乎歉。先事區畫。豫備無憂。則粟帛克裕。國家富足。政行事舉。攸往咸宜。即有災荒。尚何患乎。傳曰。收斂蓄積。節用御欲。則天不能使之貧。不信然哉。**倘生齒之日增。宜利源之大闢。**上言積貯蓋藏。爲農業之要務。此下復言生齒日增。更宜大闢生利之源。夫生利之源。即耕桑樹畜之四農是也。昔周以農事開國。皆因世守稼穡艱難。積累以致之。而孟子七篇之中。反覆叮嚀。總不出乎夫耕婦蠶。五雞二彘。無失其時。老者衣帛食肉。黎民不饑不寒。數十字而已。眞生民衣食之原，國家富强之本，誠能加功大闢，自然利賴無窮，而聖王之所以興教化，厚風俗，敦孝弟，崇禮讓，致斯世於升平，躋斯民於仁壽者，從未有不權輿於此者也。八

生物產本相對待而不爽，功加息倍，自無紀極而皆足。

紀，數。紀極，盡極也。上言生齒日增，更宜大闢利源者，誠以太平三十年，生齒必加一倍，養賴之方，原不可緩。然八生物產之數，兩相對待，其理本自不爽。若生齒繁增，宜於農業加功，自然出息倍收，無有紀極，養賴自無不足。昔李悝爲魏文侯作盡地利之教，以爲地方百里，提封九萬頃，除山澤邑居，三分去一，爲田六百萬晦，治田勤謹，則晦益三斗，不勤則損亦如之。地方百里之增減，輒爲粟一百八十萬石。誠深知功加息倍之意也。蓋如常田種穀，幸值雨暘合時，每畝可收穀一石。若制畦糞肥，用水澆灌，每晦可獲穀三四石。再加移栽深根，壅培之法，每畝可獲穀五六石。又如常桑飼蠶，每畝可得絲五六觔。糞肥澆灌，每晦可得絲八九觔。再加接培修科之法，每畝可得絲二十餘觔。苟以六萬頃之損益準之，其增減更不下數十倍矣。故雖生齒日增，而農功日加，出息日倍，初無不足之時，對待之理然也。

重大無過於農道，性命攸關，推求必要於親理。士民不分，在學校不可一日不講，在田里豈可一日不力乎。

農爲生民之命，王政之本，明道立功，盡性復命，皆賴乎此，原非小道可比，而其道亦無窮。諺曰：智如禹湯，不如常耕。孔子曰：吾不如老農。聖賢之智，猶有所未達，況凡庸者，可不加推求乎。夫推求莫如親理，故古者取士，力田孝弟並重，其選孝弟爲立身之本，力田爲養身之本，二者相資而不可相離，是士民之不分也。蓋其教之者莫先於士，養之者莫重於農。士之本在學校，農之本在田里。古者新穀既升，子弟始入學，過冬至四十五日而出，聚則行鄉飲，正齒位，讀教法，散則從事於耕，故其時天下無不學之農。舜，聖帝也，萬世言孝者莫加焉，而耕於歷山。伊尹，聖相也，其作訓曰：立愛惟親，立敬惟長，而耕於有莘，故其時天下亦少不農之士。士之所學者農，農之所養者士。士而不農，則身無由養；農而不士，則道無由聞。是以重大之務，無過農道，學校之中，不可一日不講，田里之間，不可一日不力。然後農業精而利源開，利源開而民命立，民命立而王道行矣。〇自欲修四業至此，乃統言四農之要，所以爲四業之首，而下方詳言乎耕道也。

農則耕稼一條

夫耕爲農事之首，食爲生民之天。

此下詳言耕道，以見爲農事之先務也。食出於耕，而民非食不生，故其有關於民，如天之重大也。

欲求足食之道，先明力耕之法。

民以食爲天，食以耕爲功，苟明耕法，食自倍足矣。

土脉異其宜。

此下數語，統論耕道也。上脉，猶言土之生性也。大地本同一土，而生性所發，實各異其宜。郎如良田宜種晚，早亦無害；薄田宜種早，晚則

不實山田宜種强苗以避風霜澤田宜種弱苗以資分布又如黃白土宜禾黑墳土宜麥赤土宜菽汙泉宜稻之類皆本土一定之風性各含自然之種耕者先當察其宜也

氣殊其致

風本天精而行於地上各有方所隨其土性所宜因之以成氣化是以風土逈別郎如南種粳糯北種麥粟稻有一熟三熟之分菽有秋種春種之殊更或有以穄秫爲命或有以黍稷爲生布種不同收穫亦異且或寒熱相遠風氣懸絕如荔枝龍眼不能踰嶺橘柚橙柑不能過淮之類皆風氣殊致之明驗耕者但當植其所易而不可强其所難也

天星之鍾育不一

鍾猶孕也天地兩相對待以成造化地產大小之物皆有定數乃天星之氣下映而生星不一其類物亦不一其族是鍾育不一而成形自別也

物侯之參差多端

參差不齊也萬物種植風土不同故其侯亦不一郎如秦地二月種麻臬種桑二月三月種早脂麻及稻秧草棉四月種豆及晚脂麻五月中旬種粟穀七月種萊菔菘芥八月社前後種麥之類種無虛日自收無虛月惟順其先後之序始不違其物性也

畧舉大概例見其餘

大地之上土宜風氣星育物侯處處各別萬難備載茲特畧舉大概例見其餘使耕者知其要領而已矣

若能提綱挈要通變達情相土而因乎地利觀侯而乘乎天時雖云耕道之太實有過半之思

變謂耕道之變情謂物生之情也相視也耕道雖太不越因地乘天二端若能提綱挈要通耕之變達物之情相土自然之種而因其利觀天一定之侯而乘其時其於耕道之大已思過半矣然則因地乘天二端固耕道之綱謀生之要昔禹稷躬稼以教民意必首重乎此而不徒在區區耕芸之法也迄今讀禹貢之文知九州物產昭然明晰不可見古人之耕道乎

蓋人以五行著體日用消耗元元之氣宜繼物以五行備用穀稟中和生生之助爲首

元元之氣謂胎稟著體之元氣也帝以五行著人之體原本一氣凝結不能久羈兼日用之間言動營爲呼吸運轉時有消耗之費若不培養立見毀壞故又以五行造化萬物同類補添以繼其元元之氣但物類甚繁且各稟備用之偏

惟黍稷稻粱麻二豆二麥名爲九穀獨得中和之稟爲補助之首人得其養方能生生少延其形若內無穀氣七日郎死以五行元氣無所繼而毀也是以聖王要政在制耒耜教樹藝以布九穀使人皆得其補助然後明道立功以復帝命也

天時地利詳察以奏功棄毒取良遴拔而布種

每歲之間天昇時地產利人當趨時盡利以奏其功此爲耕道大法所宜詳察至於所種之物性各不同毒者善攻良者善補必酌其日用常需遴拔其良者如九穀之類多爲布種養賴自不乏矣

日行三道地分五帶

詳解見首章知三道之行則天時始可乘知五帶之分則地利始可盡矣

黃道一周率土共被夫恩澤陽

和相濟氤氳化生乎衣食黃道氤氳詳解俱見首章率土解見上各章日行黃道一年一周而遍地之上共被恩澤蓋地本水土合成陰體得日陽來臨方能陰陽相濟均調和平化生萬物而衣食始從此而出也是以黃道一周五帶之地均得衣食而共被上帝之恩澤此天時地利之大本力耕者可弗詳乎天主行施地主含化惟憑水火之調燮居表而運行以施種者天之職也居中而承載以生化者地之職也然其聯合貫通惟憑水昇火降方能調燮不偏而後材料全備萬物始得發育耳損其有餘益其不足更需人道以裁成天地施化水火調燮雖爲造物之材然此乃帝功也人爲帝子自有繼述之善故參天地和水火有餘者損不足者益更需人道以著裁成之妙而後物類繁

昌土嗇水寒犂破耖撥藉日陽之暄而後變矣此下申言人道裁成以明耕田之理也犂者利也利發土脉以絕草根也耖卜犂也土爲少陰而氣嗇水爲太陰而氣寒必得陽火烝發始能生物故犂破耖撥翻其結塊上承日陽之照消燥嗇寒之氣自然轉陰爲陽而變其本體物生有資矣日烈風燥雨澤井灌得水陰之潤而後化日本太陽而氣烈風本少陽而氣燥土既犂耖經日烈風燥陰質盡化陽亢何以發育必復得水陰之氣斂其過洩之陽合其潤澤之陰陽變陰化陽生陰成包含融結以大發育之功也倘陽烝

不極經水奪而有化無變生氣既滯而不暢陰斂不時遭旱洩而有變無化物力亦散而難凝此承上意而反言之以見變化之妙也水陰所以斂亢陽然必待日陽烝發已極而後斂則生氣無有不暢若未極而奪之是有化無變而生氣自滯日陽所以烝陰體然必須水陰收斂合時而烝發始無過洩則物力無有不凝若過時旱洩是有變無化而物力亦散蓋陽生爲變陰成爲化變則啓其端緒發其新機化則脫其本根易其故形陽變陰體陰化陽氣陰陽和造化成而品彙繁昌此耕道之大端也蓋獨陰不生孤陽不長陽施陰承陰化陽變陰陽交而

五行和五行和而萬物生故犂耖灌溉必勤其功斯燮理裁成自盡其妙陰陽交濟五行合和自然萬物生育此帝功之常道也若更加灌溉犂耖之人功必且廣布倍收而燮理裁成之妙用乃於是盡矣既明力耕之道更辨時土之宜上統言耕道下詳辨時土乃耕道之大要也審乎山澤原隰水田之制察乎氣機陰陽淺深之法此下先言土宜也田者填也謂五穀填滿其中也凡土皆可田而約有五等山坡曰山水濕不流曰澤高平曰原低平曰隰水種曰水田五者之氣機各有陰陽不同而耕耨之淺深亦宜分別即如山原宜種麥粟菽稷隰

田宜種薏米稌秫。澤田宜種荸薺茹水田宜種粳糯菱藕芡實之類。其耕耨又當分其淺深。以順其陰陽之機。不可昏昧以失其利也。山原土燥而陰少。加重犂以接其地陰。此下言耕田淺深之宜也山原之田。土燥陰少。而生氣鍾於其下。耕時必前用雙牛大犂。後郎加一牛獨犂。以重之。然後有以下接地陰。而生氣始發矣。否則淺啓地膚。九陽過洩。地陰未出而無所收歛。何以生物乎。隰澤水盛而陽虧。輕鋤耨以就其天陽。耨。似鋤。所以薅禾者也。隰澤之田。水盛陽虧。而下無生氣之鍾。耕時惟輕用鋤耨。啓其地膚。以就天陽。郎可發生。否則深加耕耨。必令子粒陷入陰分。而生氣微而不振矣。山耕橫耩單掩

上已言山耕之法。此復言其形勢也。山坡之田。不能廻旋轉行。惟用橫耩。單掩下坡一面。歲歲不易。自然漸平而易於耕矣。水耕劚根起泥。劚。逐也。謂逐除草之根株也。水田本體至陰。耕時宜劚斷草之宿根。杪起積泥。蹂爛極細。方為有用。耕如象行。細如疊瓦。上言五田之耕。各有不同。此又統言耕法也。象行至正。耕之正。當如象行。瓦疊鱗次至細。耕之細。當如瓦疊。寧廉勿貪。廉謂犂行之窄少也。犂廉。則耕細而牛更不疲。犂若貪多。則隔生不熟。而牛亦傷。况且郎所餘寸土。他日承根生長。則曲屈不能入。葉雖叢生。終必漸枯。故宜耕犂廉細。翻熟無隔生之土。則種植均茂。自無不毛之患矣。寧燥勿濕。耕燥雖有土塊。若得日暄陽亢。一經雨澤

則散漫如粉。解子粒之入。自易發生。若耕濕踐踏。積成堅塊。生機結滯。數年不暢。倘有不知犯此弊者。郎宜重復杪撥。使其乾燥得雨雪透浸。再加頻勞。無不開矣。初耕宜淺破皮掩草。次耕漸深見泥除根。耕之淺深必循定序。然後暄照均勻。土性易變。故初耕宜淺。惟犂破地之膚皮。掩埋青草而已。二耕漸深。見泥而除其草根。諺曰。頭耕打破皮。二耕犂見泥。蓋言其漸深而有序也。轉耕勿動生土。頻杪毋留纖草。轉耕。返耕也。或地耕三次。初耕淺。次耕深。三耕返而同於初。耕或地耕五次。初耕淺。次耕漸深。三耕更深。四耕返而同於二耕。五耕返而同於初耕。故曰轉耕。若不知此法。愈耕愈深。將生土翻於地面。凡諸種植。皆不郎茂矣。至

於耕犂土塊。原欲受日陽暄照。變其陰體。方能發育。故尤須小犂頻撥其草。毋使少留纖毫。以遮蔽陽光。縱橫犂杪。陽始盛而土始細。斯照無不周也。根本深固。風不入而澤不出。縱橫。猶言亘順也。耕地若拘定畛。耕必不熟。故宜縱橫犂杪。使日陽漸足。土陰漸變。則細燥而易於受水。一有種植。根本深固。外風不能入。內澤不能出。始無耗散之弊。自能耐乎亢旱而滋養有賴。種植無有不蕃。是多耕誠農事之首務也。苗甲樂乎繁茂。子粒慶其倍收。出土曰甲。生葉曰苗。多耕熟杪。陽足土細之效也。一耕二勞。更知春秋之殊。上既詳言土宜。此下更言時宜也。勞。磨田之名也。一耕之後。日暄數

日若得雨澤濕潤，郎縱橫勞二次，土塊粉解。次日又耕，得雨又如前二勞。如此數次，自必細熟。然此乃夏耕也。更有春秋之分，不可不知。春時日陽漸盛，地氣上發，隨耕隨勞，毋使濕耗。如或濕盛，亦可少暴。秋時地多濕潤，必待背有白色，方始加勞。否則壓成堅塊，反難散解。如或秋旱水乾，亦可隨勞，斟酌用之，務得其宜。要此皆就有四季之地而言之，餘可類推也。

耰疏耙搭，兼審剛柔之別。耰耙皆鐵器，與上犂耖俱詳後農器門中。凡人耕田，惟知深犂多勞爲功，不知耰細尤爲全功。若耰功不到，雖加磨勞，土終麄硬。下種見苗，而根土不相着，豈能久耐風旱？故往往有懸枯蟲咬自死等弊，是不知剛柔之宜也。夫剛土久經雨水，則成殭泥條塊，最難攻散，或草木根株結纏，亦難開

解，故必先用鐵齒大耰縱橫疏散，俟條塊既開，再用鐵齒小耙摟去根株，然後磨勞，土無不細矣。若係麪壉沙土，其性本柔，雖久雨終不結塊，可不用耰，如有草根，用耙摟去，自然濕散也。

耕稻田以春假其外助。假，借也。稻爲水田，其體至陰，春日耕之，借日陽方盛之氣，以爲外助，而陰體自變矣。

耕麥田以夏藏其內榮。榮，盛也。麥爲旱田，夏日耕之，受炎日之暄照，得雨收斂，更迭耕勞，掩藏陽氣於內。來年麥發，自有力矣。

避霜斂陽，知秋耕之宜早。長夏日陽積射地上。初秋早耕早勞，將積陽掩入地中，一經霜雪，陽氣閉固而不出。次年春種發生，自必芃茂。若秋月耕遲，使寒霜掩入地中，陰氣內凝，次年諸種不昌。郎或地不早閒，秋冬之間，方能耕犂，亦必俟日高霜消，始爲耕犂，可免掩霜之患。

掩草生和，明春耕之宜遲。春日冬寒未盡，一經早耕，翻出內陽，掩入外寒，則諸種亦不蕃育。必待春草生時，方用耕犂掩覆其草，自生和氣，地力愈壯矣。

乘時力作，則食不困；失時胼胝，雖勞無功。胼胝，謂手足勞若而皮厚也。蓋力耕之要，惟在趨時和土。春日凍解，地氣始通，一和也；夏至天氣始暑，土更大解，夏至後九十日晝夜分，天地之氣又一和也。此三時耕田一，可當五，名曰膏澤，皆爲得時之功。故春可耕堅硬強土，郎如黑壚土之類，隨耕隨勞，得雨後更迭耕勞，令其散熟，以待時種。所謂強土而弱之也。春深杏花開放，乃耕弱土輕土，雨後郎耕，人畜踐踏，或更以牛羊踏之，

令其堅實，然後再耕。此謂弱土而強之也。夏秋耕勞麥田，更合其宜，則力作乘時，而食自不困矣。若此三時失耕，四五不能當一，雖受胼胝之勞，亦何功之有乎。

人浮於田，短牆之耕宜講；家艱於食，摳區之功毋緩。此又言田少食乏者之耕也。人多地少，出息微而養賴不足，可作短牆之耕法，宜夏月築短牆數行於田間，秋後復平爲田，其土自肥，禾根亦深入，則一畝郎收數畝之利。若家艱於食而求速利者，更將地畝摳區布種，務使土細澤深，再用糞沃水灌，實有數倍之收。其法詳載後農務門中。

此係耕道大法，要當隨地斟酌。以上乃耕道大要，不可不知。至於各地淺深，因土之輕重，輕土宜深，重土宜淺，用犂大小，因土

之剛柔剛土宜大柔土宜小且其土有用一犂一牛者有用一犂二牛者有用三牛四牛者有用二犂一牛者有淺耕數寸者有深耕尺餘者有甚深至二尺者當各隨其方土相宜而耕不可執一而論也**墾荒亦力耕之要利器乃墾荒之本**此下又言墾荒之要以推廣力耕之道也墾開也利器謂如大犂钁斧利刃鐵齒耙鐵齒耙及尖鑱鏺刀刺勞鉈鐮之類言開墾荒地爲力耕之要務生財之大原然必先備諸器以爲去草之本開墾自無難矣**冬春則燔燎夏秋則芟夷**此下詳言去草之法乃墾荒之始事也燔燎焚燒也夷與芟同皆去草之名也冬春之際草木乾枯用火焚燒待春雨下降地氣通潤草芽欲發然後用堅重大犂或二牛或

三牛以開之若夏秋之間草木榮盛必用鏺刀或大鐮鉈之俟乾枯焚燒後亦用前犂開之此皆未開之先除草之方所當因時而早謀者也**弱則犂而卽掩勁則劘而後耕**此下言初開之時去草之方也凡細耎之草其體本弱犂過自然掩蓋無庸別除若堅硬之草或樹木之根其體皆勁必先用钁掘去然後行犂以耕之自無不開也**耒加利刃以斷根耙隨耰抓以除穢**方耕之時耒前縛以利刃犂行力推凡一切新脆根株迎刃自斷而耒耜無傷耕後再用鐵耰抓開草根土塊更以鐵耙隨後摟去草根蕪穢之物乾則焚燒而荒地可變熟田矣**山坡可梯而種水澤可架而收**上言開墾原隰之方此言

開墾山澤之法也山坡險峻人難置足必宜上坡用钁掘土單築下坡使其平正層層相因如梯之形是謂梯田然後可以耕種而無碍水澤之地無田可耕更當架木覆土布種黃稻蔬菜是謂架田亦可有收又有塽鹵之地上亦厚覆好土旁掘溝渠使塽不復上出亦可收如常田是知地利不足人力尚能補助墾荒之益大矣**初開半熟先布蔭翳之物根朽土柔再播嘉穀之種**此言已開之後種植之方也初開之地土塊鹵莽草種未盡是謂半熟宜先種葉多濃厚之物如穄秫脂麻莞豆綠豆大小諸豆之類漫種勿鋤使蔭翳遮蔽地面草芽難生待其根株朽壤土氣柔和方爲全熟始可種麥粟嘉美之穀自然𢀖茂繁實無有不成若當半熟遽布穀

種葉少而薄不能遮護地面必令雜草叢生則嘉穀不勝野草仍歸荒蕪矣**身家謀久富務廣拓乎土田產業計寬饒勿憚勞於開墾**此又叮嚀開墾之要也產業卽土田寬饒猶廣拓也民之依田如木之依土土厚根深方能繁盛久耐故人有身家皆欲久富然必廣拓土田使根本深固自然利垂後嗣但土田不易廣拓必先急時開墾凡山澤原隰之處不使有尺寸壙隙庶幾產業寬饒而久富無難矣蓋開墾荒田其利有二上爲朝廷供賦稅下爲自已立身家且初墾之地收穫數倍於常田往往有因開墾而驟富者故諺云坐賈行商不如開荒言其獲利之多也墾荒可輕乎哉**耕墾之理既明布種之道宜知**

上備言耕犁之方。是欲明其理也。則布種之道。乃可進講矣。

布種必先識時。得時則禾益。失時則禾損。

禾。嘉穀之總名也。種。有定時。不可不識。及時而布。過時而止。是謂得時。若未至而先之。既往而追之。當其時而緩之。皆謂失時。而禾之損益。郎於是別焉。郎如麥得其時。長稠強莖。薄翼鮮色。麥失其時。胕腫多病。苗弱翠穗。粟得其時。長稠大穗。圓粒薄糠。粟失其時。深芒小莖。多秕青蓄。稻得其時。莖肥長稠。穗大粒蕃。稻失其時。纖莖不滋。厚糠多死之類。損益各有不同。惟合時之禾。收豐而性尤良。能使人耳目聰明。四肢變強。凶氣不入。身無病殃。其益自爲無窮。然三道五帶之內。時各不同。當各隨方土。因日道之進退。而損益其布種之時。勢難備載。其各省日出地

平。併四時八節。七十二候之圖。詳列於後農務門中。一考。郎知。

擇種尤謹謀始。母強則子良。母弱則子病。

母。猶種也。入地者爲母。新收者爲子。強。堅實也。布種固必識時。然子皆本母。擇種不慎。貽誤歲計。亦非淺鮮。故凡欲收擇佳種者。必宜別種一地。不可瘠。亦不可過肥。務上底糞。多爲耘耔。按期澆灌。成熟之時。麥則擇純色良穗。子粒堅實者。連秸作束。立暴極乾。揉取精粹之顆粒。揚去輕秕。收藏竹篭中。上用麥糠密蓋。稻粟則擇純色良穗。截取日中暴極乾。連穗收懸。勿令濕鬱。鬱則不生。郎生亦尋死。蓋種取佳穗。穗取佳粒。收藏又自得法。是母氣既強。入地秀而且實。其子必無不良也。若濫用閒雜輕秕之種。必有三患。禾苗早晚不均。熟候不一。則有輕秕脫落之患。碾磨有難易。則有生粒破碎之患。炊爨生熟不一。則有太過不及之患。是其母氣既雜。子自無不病也。布種者尚慎擇之哉。

未種置於高燥。臨種沃以肥汁。

沃。猶淘也。上言擇種之方。此言收種之要。蓋種既精擇。自然不同他粒。當未種之時。必置高燥之處。不可令其親土。親土。則生氣漸發。一經布種。衰微不振。至於臨種之時。又必沃淘其種。如周官草人所掌土化之法。相物地之宜而糞其種。凡騂剛用牛。赤緹用羊。墳壤用麋。渴澤用鹿。鹹潟用貆。勃壤用狐。埴壚用豕。彊檗用蕡。輕爨用犬之類。相土之色。煮取相宜之骨汁。先沃其種。然後布之。如無諸骨。煮汁。必預收十二月五九內之雪化水以沃之。雪內含土膏精英之氣。沃淘諸種。皆肥而耐旱。不生諸蟲。又粟稻黍稷等類。

或用馬骨煮汁沃之。蚜蚄等蟲。亦必不生。皆收種之要業。農者不可不知也。

稻種芽生而後下。苗尺而後栽。秧水相稱。時防枯淫之害。

此下始言布種之宜也。稻名不一。其類大概有三。早熟而緊細者。曰秈。晚熟而香潤者。曰粳。早晚適中而黏者。曰糯。三者布種同時。俟清明節。郎將前擇精粹佳種。貯以竹籠。浸淺水中。三日取出。暴暖。日以溫水沃三次。俟芽白齊出。然後下種。更須先擇美田。耕治成熟。泥沃水清。乃以既芽之稻。漫撒其上。稀稠合宜。至秧生七八寸。或及一尺。值小滿芒種之間。方行分植。而秧水尤期相稱。苗甲始能暢茂。蓋秧過高於水。則有枯萎之患。水過深於秧。則有浸淫之害。二者皆不發育。故必相稱以防之也。

早種定

數而後播重勞而後碾根土相着自無風燥之憂旱種甚廣凡山原隰澤之地麥粟麻菽之類皆是也播即布也旱種有漫種耬種區種點種四法漫種宜定其步數謂先挼畝計種以斗盛之挾左腋間右手酌取而撒之隨撒隨行約行三步許即再酌取每撒約寬一步務要均勻其先犂後撒者為浮撒苗生有行先撒後犂者為底撒苗生無行耬種宜定其手數耬下有三足小犂上有斗亦挼畝計種納於斗內斗底有三孔前駕一牛耕之耕行遲緩手搖耬柄以應牛之行數牛行一步三行俱下後隨砘車碾其壠溝用力甚易種粟穀循行去莠功省效倍區種者作區種之點種者用鋤角啓土寸餘種之即今下豆菽之法也二者亦必挼地計種酌定其數

苗生亦可分布然惟漫耬二法人所常用其既種之後尤必縱橫重勞土塊已碎再用石碾碾之務使細密堅實根土相着發生自易尚何有風燥之憂乎經雨必宜磟破難出更用犂翻此下言種後之事也布種甫畢即經大雨地皮必堅苗出非易故必以磟破之磟石器狀類碾而身有石刺以攻其堅也既以磟破麥粟之類無不發生至於大頭之物如諸豆蕎麥之類種後三日頭大難出必更用犂翻使土氣虛鬆勾萌必達矣種植得宜既暢一元之氣栽蒔合法倍加二土之精得宜之種依於水土交於風日陰陽合和則本種一元之氣伸發舒布既已暢遂而生苗若再合法栽蒔別土除舊即新二土之氣交併一苗

是加一倍之精華也其法詳見下文而始宜預耕熟田飽上底糞待禾苗已長即為栽蒔頻加灌溉無論麥粟蔬菜皆然生氣積盛異於初種是人有加倍之功地有加倍之力成熟之日亦必有加倍之收矣根株惟令自適苗盛而所獲必多此下詳言移栽之道也凡栽禾蔬等物宜預將根鬚整順然後掘作小區擇五六寸長者下栽土實水灌令其自適若安放土自然苗甲壯盛其類雖同尋常其收穫必有大異試觀萵苣若蓮芹菜諸物則知移栽之為貴矣戕逆終致無成苗衰而所獲亦少移栽之時細根受其損戕大根受其拳逆不得自適而苗甲必衰成熟難望收穫尚有幾乎燥濕從乎本性物性各有所宜

有宜燥栽者如麥苗小藍萵苣韭菜瓜苗之類皆宜先栽後澆若水中栽者即不發旺有宜水中栽者如稻秧粟苗茄苗之類隨水栽之栽後次日再澆間日又澆三日方能生根若先栽後澆亦不發旺物性不同自當從而無違也疏密順其元情疏猶稀密猶稠也元情元稟之情猶言生性也物之元情有宜疏者有宜密者反情則薄收栽之者不可不順其情也即如稻秧五六成叢相去必七八寸麥苗十數成叢相去必四寸粟苗二三成叢相去三寸小藍五六成叢相去一尺茄苗單栽相去二尺瓜苗三秧一區相去四尺之類以及凡可移栽之物皆當順其元情以為疏密自有倍收之功縱橫成行自便耘耔之功耘去草也耔壅根也移栽之時或疏或密必使

縱橫皆能成行，則去草壅根自便，於爲功矣。**高下相均，務通風日之氣。**栽時必擇高下相均者分布之，毋使有參差不齊之弊，則下無短葉壅蔽風日之氣，而生機愈暢矣。**布種之道既明，耘鋤之功莫緩。**鋤，助也。去草以助苗也。上備言布種之道，以示講始之要；而稼功之成，更賴耘鋤。若緩而不治，則田苗荒蕪，土不虛活，收穫必薄，而子粒亦不堪充食矣。**防嘉禾之害，薙其非類。**此下言耘鋤之功也。薙，除也。嘉禾爲生民之命，必深加愛護。凡有非類之物，盡薙而除之，以厚其力而純其性，然後擾害去而生機暢矣。**慎莨莠之長，剪於初萌。**莨莠皆害禾之惡草也。萌，芽也。蓋耘鋤之道，貴謹其始，當萌芽初發，即加剪除，生氣不分，長養有資，用力少而成功多，過於去蔓延者遠甚。若已萌不去，聽其滋長，不惟將來蔓延難圖，亦已奪地之生氣，即能大加耘鋤，穀收早減分數矣。防嘉禾者可不知慎始之道哉。**耘有水陸之分，器有土物之宜。**水謂稻田，陸謂山原隰澤之田也。器謂如耘爪、耘盪、稻𨮓及錢鎛、耨耰、耬鋤、鐙鋤、鏟子之類。土謂方土不同，物謂穀蔬各異也。蓋耘苗必分水陸。耘稻者，先以手指套鐵耘爪，不問草之有無，必偏排漉，務令根傍潔淨，名曰撾稻。仍將所耘之草，併莨稗之類，和泥摑漉，深埋根下，使其腐壞，更能肥田。後用耘盪推盪不壠間，使草泥平淨。數日草芽復生，又用稻𨮓細摑一遍。如此三撾、三盪、三摑，田必精熟，稻自倍收。如有暇功，愈耘愈佳，否則亦必以上法

爲限，不可少減也。陸田之耘，詳見下文。而諸器亦圖列於後農務門中。惟是方土物性，各有所宜，善耘者相其宜以用其器，而勤其功，斯諸種無不收也。**布種務欲其稠，立苗又欲其疎。**布種稠則無隙地而不任耘耔之功，立苗疎則地力均而盡獲堅壯之利。若布種一稀，再經損傷，即成白地，雖鋤功屢施，究無所益。立苗一稠，亢細夾雜，徒多穮秕，亦何以爲美田而足歲計乎。**鋤分四序，先知淺深之法。**此下皆言耘陸之方也。四序者，謂初次破荒，二次撥苗，三次耔壅，四次復鋤其耔壅也。破荒者，苗生寸餘，先用粗鋤，不使荒蕪。若苗高草長，則爲荒蕪，即鋤亦萎而不振，所收必歉。二次撥苗，其功稍密，將初次所留多苗，勻布成行，惟留單株。三次耔壅，將所鋤起之土，壅培禾根之下，防其傾倒。四次復鋤耔壅，使其堅勁。四次功畢，無力則止。如有餘力，愈鋤愈佳。而入地又各有淺深之法：一次破皮，二次漸深，三次更深，四次又淺，同於二次。按其序，遵其法，耘鋤之道，思過半矣。**地有餘隙，更加補綴之功。**綴，續也。凡種貴均勻，如有不齊，雖小苗亦不可輕去。若更有餘隙，必移栽補綴，使成完美，不可有尺寸之曠。**鏟挑稠密，用於菜畦。**畦，菜區也。菜種最稠，難用鋤耘，必以鐵作小鏟，細去其草，自不妨於正苗。**耬破荒蕪，施於廣田。**凡禾苗不鋤，則荒蕪無用，子粒亦不堪食。詩曰：「無佃甫田，維莠驕驕。」言貪多則荒蕪不治也。故古者授田，一畝三畎，務期精工，而收穫自倍。是知廣田不可過貪也。然或

値大荒之後草生遍野人工缺少宜造三又摟犂一驢前駕一人牽引則縱橫成行以鋤荒蕪日可去草二十餘畝又無礙於禾苗其功過耘鋤數十倍此耘廣田之法也圖詳農務門忠

鋤頻則浮根去氣旺則中根深下達吸乎地陰上接濟於天陽禾賴中根以生然浮根不去則中根不深不能下吸地陰上濟天陽則子粒乾缺所收自薄故鋤不厭頻頻則浮根去中根自深方能吸陰濟陽氣壯而有收矣

強弱必詳去留苗生各有強弱善鋤者必去其弱而留其強然後正氣通風不相為害自速大而倍收也

風旱兼賴耔壅每歲之中風旱無常故經雨之後必用鋤啓土耔壅禾根遮護地陰使濕不散耗根

深本固常得滋養自然禾身堅勁風旱皆有所耐是耔壅之功兼有益於風旱也若不壅起皮土一經風旱附根而下一氣到底陰虧而不能濟陽矣

樹肥毋過稠稠則多秕樹磽毋過稀稀則多枯樹猶種也磽薄也肥地貴稀若樹之過稠蔭翳蔽根陽不下達易成蕪穢一經久雨往往秕粒不實磽地宜稠若樹之過稀蔭翳不能護根無以滋養往往生空頭枯幹甚至枯死是肥磽之間稀稠之宜鋤苗者不可不知也

宿根難去掘於未種之先蔓草易生揀於已鋤之後凡宿生之草即如毛根刺薊苦滋蔓香附莎草之類皆根深難去隨鋤隨生務於未種之先細掘其根揀置一處然後種之則無復宿根

之害矣至於難死易生之草如馬齒莧之類晒數十日得雨沾土即活亦難除去必隨鋤隨揀併有子之草俱為遠擲更無蔓草之患矣此皆秦地之草即一方可以推各方皆當如法以去之也耘苗者可忽乎哉

雨濕莫用耨草復生而地礓日燥休停鋤土肥緩而苗長此又言耘鋤之時也雨濕之際最忌耨草若或不知誤鋤草則復生地則礓硬而苗究不發長必俟雨後晴明燥濕得宜始用耘鋤之功土則肥緩苗則易長自不至枉用其力也

自克亨其繁實宜首重乎芟耘芟猶耘也布種之後頻施耘鋤之功自然禾苗茂盛子粒蕃息而克亨其繁實之利則芟耘之功豈可不首重乎蓋禾生之者地養之者天而

成之者人只進其功所獲無窮即如荒蕪粟穀一斗僅可得米三升若耘三次可得米六七升若耘至五六次更可得米八升其所收之多寡總視人力之勤惰而不爽也

既知耕種栽鋤之理更明稼穡消息之機種曰稼斂曰穡消耗散也息生長也上既備言耕種栽鋤之理人固知所用力之要然陰陽流行機無停止和則成體盈則漸毀稼則陽變而生穡則陰化而成故有稼必有穡而皆宜不失其時若失其時則有消無息而稼穡難成矣是以更明稼穡消息之機以見耕道之要自具造化之妙也

蓋耕道者民食之重寄稼穡者耕道之本末稼為耕之本穡為耕之末本重而末不得輕本急而末不得緩更必盡穡

之宜。乃為不虛稼之功矣。稼得其時則無五賊寒熱之害。稼失其時更有外侵零秕之憂。此言稼貴得時也。五賊食禾之蟲也。一日蠹食禾根。一日螣食禾葉。一日蟹食禾節。一日螟食禾心。一日蟘亦食禾身。寒熱。謂五者之蟲皆由雨濕日燥寒熱薰烝而生也。外侵零秕。如晒花霜殺不得克實之類是也。水陸之稼。各有定時。順其時以稼自無五賊寒熱之患。即如秦中種麥之期。必過秋分。方為合時。若早種者。一經日中熱雨。必生油滕。在於葉底。冬得大雪。則凍死。至春無害。若冬月無雪。至春則生息大盛。麥苗盡枯。是失時之患也。若諸粟穀失時。不惟有蟲害。更有晒花霜殺零秕之憂。秦中之稼。時宜如此。各地風土不同。自應各相其宜以為耕

知本提綱　卷之五　修業章　廿八

稼之時。庶無失時之憂也。法詳後農務門中。穡得其時則氣充而多脂。穡失其時必氣洩而多滓。此言穡貴得時也。脂膏也。滓渣也。禾方成時。生氣已足。速即收穫。則元精充滿。而多有膏脂。食之香美。能聰明耳目。堅強骨髓。耐饑而外邪不入。若既熟而不速收。則元精仍復消毀。真氣漸洩。而多有渣滓。食之無味。自不益人也。故凡諸穀。必當七八分成熟。秸幹未至大黃之時。即為收穫。則元氣自然不散。若遲待盡熟。秸幹枯槁。生氣已洩。子復脫落。漸次縮小。食必不美。即如秦中麥秋在芒種前後。必帶青黃即收。則子粒堅實。槎青皮薄。麵多味美。苟至焦黃頭低方收。則子粒輕虛。槎白皮厚。麵少無味。又如黍稷青色粒圓。即可收穫。則粒堅耐煮。氣味香美。

待至乾收。則不耐火而無味。又如穄秫。青白色收。則粒堅釀造。食之味亦香美。待至乾收。則味澁而不堪入口。又如粟穀早收。則耐煮味美而飯不黏碗。若經霜草枯始收。則無味黏碗而不耐煮。至於諸豆。無不皆然。是收穫為耕道之急。而得時尤收穫之要。倘一失其宜。則有損無益。前功不且盡廢乎。故稼欲其熟。穡欲其速。必稼欲熟。而穡更欲速。方不虛乎稼穡之利。經理不害育嬰收穫猶如寇至。凡耕種耘鋤。皆經理之事也。其勤墾不已。如養育嬰兒。愛護可謂至矣。而收穫之際。尤必晝夜兼進。如有外寇猝至之象。蓋以禾既成熟。生機已足。遲緩則真氣復洩。前功枉用。更或久旱。經雨必致倒拽。或風雨摧殘。率多損折。或經冰雹。一過無遺。兼牲

知本提綱　卷之五　修業章　廿九

畜踐踏。盜賊偷竊。皆有侵傷之害。故必急時致力。收穫以成物之終也。耕耘有櫛墉之積。力作成盈寧之富。櫛。理髮之器。言其積之密也。墉垣墉。言其積之高也。盈。滿也。寧。安也。耕田耘苗。一手一足之烈。而其收穫自有櫛墉之積。是盈寧之富。必由於力作也。蓋仰事俯畜。惟在乘時盡利而朝饔夕飧。無過春稼秋穡。朝食曰饔。夕食曰飧。言上乘天時。下盡地利。以竭春稼秋穡之力。則仰事父母。俯畜妻子。朝饔夕飧之資。盡出其中。耕道誠要矣哉。夫穀食為生。而蔬果亦足以養命。稼穡既力。而園圃安可以廢功。上備言稼穡之要。此更言園圃之制。

皆力耕者之所宜有也蔬菜蓏之總名也有垣曰園圃者種蔬果之處也穀類甚繁凡麥粟稻豆蔬果皆在其中而每類又各分數十種因舉其大數而名爲百穀此所謂穀食則專指麥粟稻豆之類而言也吾人本以穀食爲生而蔬果之實亦每能助穀之不及是亦足以養命也故穀不熟曰饑菜不熟曰饉饑饉並至民不聊生亦可知蔬果之重矣然穀食出於稼穡而蔬果產於園圃是以周禮任農以耕任圃以樹二者相須而並重吾人既力乎稼穡而園圃之功安可坐廢不講乎

棄圃力耕徒失田園之樂分地作圃倍獲謀生之資此言園圃之要也耕田者終歲勤勞春不得避風塵夏不得避暑熱秋不得避雨濕冬不得避寒凍較他業最爲艱辛正

宜各作一園以爲遊息玩賞之所顧養天年是爲田園之樂若廢棄園圃專務力耕純勞苦而無休息不且自失其樂乎故必耕田之餘分地作圃玩賞遊息既享其樂而其中所產菜蓏果桑之利更可養生是倍獲其資也園圃之所關大矣哉

圃樹桑株收蠶利而衣帛有出此下言園圃之制也園必有墻墻內周圍樹以桑株養蠶取絲以爲一家衣帛之數此園圃之宜作者一也

中搆廬亭備花卉而遊賞自如搆造也廬亭書舍也卉異草也自如猶言自樂也園中搆造書舍以休養其勤動備栽花卉以鼓舞其天機暇日棲息於此或焚香揮琴或煮茗會友遊行賞玩從容自如顧休和樂天年何快如之更有餘房兼可收藏農器以避風雨其利於人者無窮此園圃之宜作者又一也

廣植雜果以繼夫稼穡植果各因其宜要必取其雜而不拘一種期於廣而不欲寡少每歲之間春可賞花夏可息蔭果實既成則又可供口腹便貨易補所不足以繼夫稼穡之功此園圃之宜作者又一也

下布菜蓏以佐其朝夕蓏諸瓜之總名也果樹之下猶可治畦布菜蓏以佐朝夕之用此園圃之宜作者又一也

聖王皆作名園垂示樂利之休士庶可無小圃甘受艱窘之困此又叮嚀園圃之要也古昔聖王君臨天下皆作名園養和毓德以垂示樂利於民郎降而公卿大夫亦莫不然或以之供遊賞或以之識稼穡園固無人不可有也況士庶

身處田間豈可無一小圃爲桑蠶蔬果花卉之需養高助道之資而甘受艱窘之困乎甚矣園圃之不可不作也

然欲耕道克修先明化土漸漬之法必使餘氣相培實賴人功燮理之妙上備言耕種栽鋤收獲園圃之宜此下言糞壤之法以明地力可補乃耕道之所重也化土化土之性也漬浸也土有良薄肥磽剛柔之殊所產亦有多寡堅虛美惡之別使不能化磽爲肥何以漬浸其苗令之發榮滋長乎故欲耕道克修不可不先明化土漸漬之法以蓄其糞壤也糞壤之類甚多要皆餘氣相培郎如人食穀肉菜果採其五行生氣依類添補於身所有不盡餘氣化糞而出沃之田間漸漬禾苗同類相求仍培禾身自能強大壯盛

又如鳥獸牲畜之糞及諸骨蛤灰毛羽膚皮蹄角等物一切草木所釀皆屬餘氣相培滋養禾苗又如日晒火薰之土煎煉土之膏油結爲肥濃之氣亦能培禾長旺然非人功變和經理亦安能化土而漸積乎人可自餘其力而不竭哉

産頻氣衰生物之性不遂糞沃肥滋大地之力常新此言糞壤之要也遂暢也日陽晒地膏油漸溢於土面是謂土之生氣故能發育萬物若接年頻產則膏油不繼而生氣衰微生物之性自不能遂惟沃以糞而滋其肥斯膏油有助而生氣復盛萬物發育地力常新矣故糞壤雖屬瘠薄常雜體而功多培土其益田者如此

無濟自然間歲易畝補助肯叠施何妨一載

數收瘠亦薄也補助謂糞壤能補助土力之衰乏也地雖瘠薄常加糞沃皆可化爲良田若無糞壤之濟則地力衰乏必至間歲而易畝矣蓋古者分田之制上地家百畝歲一耕是謂不易之田次則中地家二百畝歲耕其半下地家三百畝歲耕百畝三歲一周是皆謂間歲易畝之田以其地力衰乏不能振起禾苗故也若夫勤農多積糞壤不憚叠施補助一載之間即可數收而地力新壯究不少減夫頻糞之利他方勿論愚家固常親驗有三收者其法冬月預將白地一畝上油渣一百五六十斤治熟春二月種大藍苗長四五寸至四月間套栽小藍於其空中再上油渣一百五六十斤五月挑去大藍又上油渣一百五六十斤六月剪去小藍即種粟穀秋收之後犂治極熟不用上糞又種小麥次年麥收復栽小藍小藍收復種粟穀粟穀收仍復犂治留待春月種大藍是歲皆三收地力並不衰乏而獲利甚多蓋耕者可弗三復是言乎

墾田莫若糞田積糞勝如積金此言糞壤之效也凡人墾田廣種意在多獲其利然務廣而荒所得究亦不厚莫如常糞其田所產自多故古者授田一畝三畝盡力盡法類能倍收無不豐盈至於金銀爲用乃便民交易衣食器物之術本饑不可食寒不可衣無關於立命之重乃人多避勞就逸角爭傾殘究竟身心兩苦日無寧刻何如廣積糞壤人既輕忽而不爭田得膏潤而生息變臭爲奇化惡爲美絲穀倍收蔬果倍茂衣食並足俯仰兩盡出作入息安享昇平豈不遠勝於積金者分外營求徒多擾累乎

釀造有十法

之詳此言造糞之法也釀造糞壤大法有十一曰人糞乃穀肉果菜之餘氣未盡培苗極肥爲一等糞法一用灰土相合盦熱方熟糞田無損每畝可用一車自成美田若即於便窖用小便盦熟名爲金汁合水灌田亦可肥美又或單用小便盦臭澆田亦可強盛一曰牲畜糞謂所畜牛馬之糞法用夏秋場間所收糠穰碎柴帶土掃積每日均布牛馬槽下又每日再以乾土墊襯數日一起盦過打碎即可肥田又勤農者於農隙之時或推車或挑籠於各處收取牛馬諸糞盦過亦可肥田又凡一切鳥獸之糞及蠶沙等物收積俱可肥田一曰草糞凡一切腐藁敗葉菜根無子雜草及大藍渣滓並田中鋤下雜草俱不可棄法用合土窖罨凡有洗器濁水米泔水及每日所掃穢惡柴土併投入其中盦之月

餘一起曬乾打碎亦可肥田凡春夏所長嫩草穫來剉碎耕時撒於壠中犂土掩蓋亦可肥田一曰火糞凡朽木腐材及有子蔓草法用合土層叠堆架引火燒之冷定用碌碡碾碎盒一切柴草之灰以糞水田最好旱田亦可用又如匠土牆土久受日火薰煉膏油外浮亦可肥田又水田稻穀已收即將稻草一焚燒田中亦可肥田又硝土掃積亦可肥田一曰泥糞凡陰溝渠港盒河底青泥法用鐵杴轉取或以竹片夾取置岸上曬乾打碎即可肥田一曰骨蛤灰糞凡一切禽獸骨及蹄角盒蚌蛤諸物法用火燒黄色碾細篩過糞冷水稻秧及水灌菜田肥盛過於諸糞一曰苗糞凡雜糞不繼苗糞可代黑豆緑豆爲上小豆脂麻葫蘆芭次之法用將地耕開稠布諸種俟苗高七八寸犂掩地中即可肥田一曰

渣糞凡一切菜子脂麻棉子取油成渣法用碾細最能肥田一曰黑豆糞法將黑豆磨碎置窖內投以人溺盒極臭合土拌乾糞田更勝於油渣凡麥粟得豆糞則幹勁不畏暴風兼耐久雨久旱如多不能溺盒磨碎亦可生用一曰皮毛糞凡一切鳥獸皮毛及湯撏之水法用同盒一處再投韮菜一撮數日即腐沃田極肥若猪毛皮渣罨稻根下更得數歲長旺以上十法均農務之本甚勿扭於故習而概棄其餘也

生熟有三宜之用

此言用糞之要也生者乃未盒之糞栽植木果之外俱不可用菜蔬尤所最忌惟熟糞無不可施而實有時宜土宜物宜之分時宜者寒熱不同各應其候春宜人糞牲畜糞夏宜草糞泥糞苗糞秋宜火糞冬宜骨蛤皮毛糞之類是也土宜者氣脉不一美惡不同隨土用糞如因病下藥即如陰濕之地宜用火糞黄壤宜用渣糞沙土宜用草糞泥糞水田宜用皮毛蹄角及骨蛤糞高燥之處宜用猪糞之類是也相地歷驗自無不宜又有鹻鹵之地不宜用糞用則多成白暈諸禾不生物宜者物性不齊當隨其情即如稻田宜用骨蛤蹄角糞皮毛糞麥粟宜用黑豆糞苗糞菜蔬宜用人糞油渣之類是也皆貴在因物驗試各適其性而收自倍矣夫糞土腐臭污穢似無足貴然施用得宜能令民生有飽煖之樂室家有盈寧之慶豈不真勝於積金哉

胎肥始培祖氣浮沃徒長空葉

此分别糞壤之效以見底糞之尤要也胎猶胎孕之胎祖氣即胎元稟氣乃物之始根也用糞貴培其原必於白地未種之先早布糞壤務令糞氣滋化

和合土氣是謂胎肥然後下種生苗胎元祖氣自然盛強而根深幹勁子粒倍收若薄田下種胎元不肥祖氣未培雖沃浮糞終長空葉而無益於子粒也蓋禾種入地上生勾萌下即生一中根是謂祖氣有此中根祖氣然後旁生浮根身幹子粒皆本祖氣而浮根特滋枝葉故底糞足則胎元肥胎元肥則祖氣盛祖氣盛則身幹強而子粒蕃肉厚皮薄而倍收若但以浮糞沃其浮根則葉稠皮厚必無倍收之利其胎元更有衰者浮糞過沃反不能勝其糞力必致烝燒敗損而禾苗難生矣故用糞者誠不可不肥其胎元也

精察施糞之方深得化土之要矣

通承上言施糞所以化土既精察其方自深得其要而耕道之本立矣

乃生成固賴於肥沃

長養尤藉乎水澤。上備言耕種栽鋤收穫圜圖糞壤之理。此下復言灌溉之利。以終力耕之道也。禾苗生成。因賴糞壤肥沃。以厚其土力。而其長養之際。尤必藉潤水澤。方能發育而滋榮。則灌溉之要。又不可不急講矣。雨雪本天工。愆期則歲計無出。此下言灌溉之要也。天工即造化之工也。愆過也。禾苗資雨雪以生。而陸田爲尤急。苟諸務俱修而雨雪過期。必致禾苗枯槁。而前功盡棄。歲計將何所出乎。灌溉需人力應時則地利無遺。糞壤沃肥。地利已無不盡。然雨雪愆期。禾苗多枯。是尚有所遺也。故灌溉之養。更需乎人力。必應時興舉。以濟雨雪之所不及。地利始能無遺。而豐稔可常致矣。山泉川河築堰

而置閘。此下因地相水。備言灌溉之方也。堰長堤也。閘門閘也。山泉之水。自高而下。務於發源高坡。相勢築堰。分引其水。流入平田。以供灌溉之用。或山水暴漲。仍洩大水於正河。田中無損。不可在平河引灌。一經水發。恐遭湮沒之害。若川流平河。溝渠陂塌之間。必置門閘。以防旱澇。均獲其益。又如塘堰之水。更置閘欄。以便通洩。方無水患。倘無門閘欄。偶值漲發。亦遭湮沒矣。水淹下流。修圍而作櫃。圍築土作圍也。水淹下流之地。不時湮沒。妨於耕稼。宜度視地形。築土作埂。周環不斷。內容頃畝。或千畝。即可種植無虞。名曰圍田。櫃亦築土護田。似圍而小。俱置瀵容以通出入。仍順布畛段。便於耕種。即遇水荒。田制既小。堤高築堅。外水難入。內水車汲易涸。自無湮沒之患。依類制宜。則水澤皆無棄地。而稼穡之利。無窮矣。翻車筒輪用於深河。翻車筒輪。皆河中之車。水催輪轉。運水於高岸而灌於田間者。其功固甚大也。有圖詳後農務門中。桔槔鶴飲施於淺水。桔槔俗呼斡杆。鶴飲類桔槔。亦圖詳農務門中。凡有淺水之處。宜用此二器以挈水灌田。或更用扇車。或又用戽斗。亦無不宜。以上數者。皆兼水陸之灌溉而言也。平地井養而不窮。此下專言陸田之灌溉也。水利最多。惟井之養人。其功無窮。蓋井養宜於平地。易成區畦。凡深至六丈者。皆可引灌。其法深井俱宜長開。一架可安轆轤四五副。日能灌地一畝四五分。若淺至三四丈者。可作水車。日可灌地二三畝。愈淺所灌愈多。或澆禾。或灌蔬。自能力致常稔

勝於旱田十倍也。高原積水而獲利。古八田有溝洫。脉絡周布。旱則灌溉。澇則洩去。可決而決。無水溢之患。可塞而塞。無旱乾之憂。今溝洫盡廢。高原無蓄水之利。一遇亢旱。輒多枯槁。必宜槌作大池沼。澇時收水流入。積爲水櫃。若值亢旱。用桔槔鶴飲之類。取水灌田。接補一二。亦可成熟也。有圖詳後。溪流雖大勿作浩漫之行。此又總水陸而言之也。溪流者。即堰渠之水。其勢雖大。不可作浩漫之行。蓋地形有高底。受水有淺深。因而多有浸損之害。故宜作畦灌溉。受水均勻。自無浸損之害也。旱澆方畬宜防陰多之毀。此下又專言陸田也。地貴旱澇自然陰陽相和。子粒繁實而有益。若因水之餘剩而頻澆之。則苗多空葉。子多穅秕

陰盛而反毀也可不防哉蔬忌夏日午澆蟥蟥爲患禾畏深水受湮腐心堪憂此下分別蔬禾之宜也夏日地受日曬當午大熱蔬性柔嫩一經水逼則濕熱相凝於土塊之間多生蟥蟥之蟲以食心葉故諸蔬最忌午澆若至春秋地凉自無妨矣至於灌禾更畏深水致水宿禾心必至腐壞灌溉者又不可不知也禾久濕青黃萎蔫而不振蔬頻灌根葉肥脆而生香萎枯蔫落也禾喜乾燥異於諸葉青黃枯萎落蔫而不振子粒何以倍收若夫蔬性甚喜潤濕得水頻澆則根葉肥脆生香自異尋常矣蓋豐亨本可力致惟在灌溉之得時

此通結灌溉之意也一歲之中天畀以時地產以利人如秉時力取自然豐亨可致而尤要者更在灌溉之得時蓋豐亨視乎物產物產本於五行然必常相培補始能發榮滋長故風動以培其天日暄以培其火糞壤以培其土雨雪以培其水但雨雪恒多愆期惟應時灌溉不懈其力則不假天工而五行均培長養有資豐亨尚何難哉耕序苟能詳明必且身家之常足此總結力耕之道也生人立命之原財利之藪惟在於耕而推行自有其序如上所云耕墾栽種耘鋤收穫園圃糞壤灌溉之次第苟能一一詳明自然善於耕稼而出息倍收身家常足矣○按耕道爲謀生重務鐸師剴切指示簡而能該密而有要初學誦此循序力行不惟享饒裕之樂而衣豐食足念無旁營明道立功正易爲力且章內陸耕固所甚重而水耕亦未始忽再參後農務門中圖象法制之詳耕道雖大可運於掌矣

桑蠶一則

既明耕道以備食更講織工而製衣此下言桑蠶之務也耕稼之道上既詳言以備食然有食無衣人亦安能存活夫食出於耕衣出於織則織紝之工更不可不急講也人生赤體衣被寄於物身物產殊類重大係乎桑蠶此下言衣被之原也鳥獸之生各具毛衣彩色終身不易人反生而赤體以其衣被之寄即在物身也但物產之可爲衣被者其類

各殊如皮毛麻苧棉葛菠蘿等物皆堪製衣而重大之資實係桑蠶安可或忽乎服色隨時而變足徵人道之貴等威一望而別良由衣冠之著此申言桑蠶之重大也衣被之物其類雖廣然皆拘於一隅可備一時之用而不能四時如意惟桑蠶絲綿之利製服染色無時不宜應期而變如意而用始知人道尊貴榮顯大異萬物且製袞冕作章服衣冠昭著法制森陳等差威儀一望而別無非絲帛之功也其他衣被之物較此皆爲粗質矣風雨暑寒固蔽其體倫紀男女方美其觀承上言體有所蔽固無風雨暑寒之患而倫紀男女之間亦方得美其觀瞻以成人道之尊貴不然男女裸體反不如物

何以爲人乎
是以桑蠶雖列於耕後衣被寔居乎食先
此下言衣食並重以見桑蠶之不可緩也蓋桑蠶雖後於耕衣被究先乎食豈可急食而緩衣乎
終日不再食則饑一刻無所衣則慚勢並重而不可偏廢時力作而自能兩全
此申言衣居食先之意也食固至急衣更不緩故食則日限以再而衣則刻不可離無衣以被體雖食能養命亦不能自存是勢本並重豈可偏廢然惟乘時力作不怠其功自然兩全所資而人道立矣桑蠶不誠要哉
耕桑均立命之大計蠶織尤女工之本然
承上言立命大計無過耕桑而蠶織重務尤爲女工本然所當亟時力作以助男耕自然衣食兩足饑寒無患而人道成矣

蓋木各有所宜之地惟桑無不可宜桑無不可宜之土則蠶無不可事
此申言桑蠶之利爲甚廣也土性不同木各有宜即如枝圓宜南柿棗宜北之類非一而足而惟桑無地不相宜自然蠶無人不可事夫至於人人事蠶則人人皆經綸之手地地皆錦繡之資其利不亦廣哉
故欲開衣帛之利必豫明桑蠶之道
桑蠶之道衣帛之原也故必豫明其道然後其利可開矣
未蠶謀食宜知樹桑爲首布桑欲廣更明子種易生
此下先言樹桑之法也樹兼栽種而言帛出於絲絲出於蠶然必於未蠶之先首事樹桑以謀蠶食若樹桑不廣則利終不普而樹桑之道如盤條壓枝諸法皆難生活惟子種一法一生數百萬易歲移栽次年即可剪葉養蠶甚爲簡易欲廣桑利者宜知所取法矣
治地同菜畦勿憚頻澆之勞
此申言子種之方也欲種桑者先宜治地作畦同於種菜之法每畦長二丈濶二尺五六寸將土打磨極細上底糞一層無論牛羊猪糞皆可務要盦熟仍將畦耬平候小滿椹熟時截取中熟黑椹入布袋內揉爛清水淘去黑汁漂去輕秕餘淨子以柴灰拌勻然後用小鋤每畦淺耬三行將灰拌之子勻撒畦內再用耙子耬平上復蓋細糞一二指厚二三日一澆勿令地皮乾白十數日方出齊出後仍宜二三日一澆秋分後止至冬月長二三

尺高即可移栽暢茂至於搭棚遮蔭火燒諸法多誤時日皆不必用而所需者惟在頻澆之勞尚勿憚之也
栽後至春月再加科剪之功
此言栽科之要也桑苗既高即當移栽其時冬月爲上移栽之後更復長旺至次年春月始可用科剪之功科剪爲桑利要務不可失時法當於栽後次年春月剪去樹身離地惟留一二尺候芽生祇留二條餘皆摘去至來春三月飼蠶時又將此二條留尺許仍復剪去候芽生每條各留二芽餘仍復剪去其留四條每歲三月飼蠶時剪如上法四條當留八條每歲如此留條漸多至冬月又將旁出冗細小條盡行剪去惟留正條自然葉不繁多精華相併豐厚肥美飼蠶必能倍收也
桑條既茂勤用糞澆
此言糞澆之要

也桑條肥嫩之條也凡欲桑條暢茂採取肥葉宜冬月糞沃春月澆灌每歲之間葉自肥厚然此乃栽後已成之桑若高燥乏水者亦不必强澆也**沃葉倍收常施接換**此言接換之要也葉厚肥曰沃接換者以彼樹之根接換此樹之枝乃倍添生氣之方也沃葉之桑原不多得故欲倍收其利自宜常施接換之功蓋桑株有魯荆之分荆桑枝勁葉小魯桑枝柔葉厚魯桑宜多荆桑宜少凡有花葉鷄桑及葉小子多者皆荆之類俱宜接換則子少而葉生豐肥即所謂沃葉也若魯桑再加接換其葉更佳且耐放接換之功誠爲重大而其法有二一曰插接春分時桑條青眼發動爲的期即擇剪大葉肥厚之條削楂如馬耳狀又輕削外面粗皮含口內再將惡桑樹身離地五六寸或高亦

可用刀劙成三角形以小牛角簪啓開將前削成馬耳接頭插入三角皮內即以桑皮縛緊纏合再用硬泥塗外不可遽斫上面枝稍俟接頭芽活次年方行斫去惟留接成美條自然速長一曰靨接宜於四月桑椹將紅時擇美桑枝上葉間小眼用刀劙開四圍長一寸二三分寬五六分輕輕揭下再於惡桑枝上亦尋葉間小眼以美眼相等印成濕痕依痕劙斷兩頭中間再劙一刀輕輕揭開即將美靨合於其上務要惡靨中骨尖子端對美靨中空竅然後將惡靨兩面樹皮合包美靨用紙裹仍留眼向外紙上用樹皮縛緊以大葉苫蓋再將枝上一切餘枝盡行斫去不過數日即活活後漸旺葉自豐肥倍收無難矣此一舉手之勞豈可惜乎**桑成而蠶可漸養葉多而絲可厚獲矣**栽桑既成方可養蠶桑若漸盛蠶亦漸廣待至葉多之時而絲利自可厚獲人若不身親樹桑徒以口談養蠶之利是欲爲無米之炊也有是理哉**然欲知養蠶之要宜先明擇種之法**以上備言樹桑之要此下始言養蠶之法也養蠶之法首在擇種如種穀然子之盛衰視乎母之强弱倘繭薄蛾病母氣已弱雖能生子來春所養必不强盛再兼生子不齊收種不得其法將來眠起上簇俱見參差爲患更大故必謹於謀始如胎教然開簇時即擇近上向陽堅實良繭雌雄相間而收雄者緊細尖小雌者圓漫厚大摘下單排於通風凉房內箔上七日後其蛾自生凡有拳翅禿眉焦腳赤肚黑身黑頭及先一日出並末後出者俱揀出不用惟用次日並第三

日所出完全肥白有毛好蛾令其雌雄相配自辰至酉始爲拆開厥氣乃全生子自然氣足款款摘去雄蛾將雌蛾勻布於連同日之蛾下子爲一輩連背各記時日來年眠起自然易齊連以布爲上厚紙次之俟一日一夜生子畢摘去母蛾將連懸於通風凉房內連背相靠勿使風磨損傷更忌烟薰日晒生子後十八日用新汲水浸洗其連去便溺毒氣仍復懸起至十二月初八日再用新汲水浸洗一次又懸起至次年清明日復用桃椰花葉並韭菜野草花採新汲水內浸洗一次仍復懸起俟至下蟻之時始爲取下此擇種之要法也先明乎此自易於**三臥四臥別其類**飼養而絲利可廣收矣此下言蠶之種類也蠶之種類甚多如柘蠶雌由蠶蚖蠶槲蠶風蠶水蠶之類不可殫述

而惟桑蠶之利爲甚廣。但其類亦不一。有三眠三起者。名爲三卧。有四眠四起者。名爲四卧。四卧者。以六日爲變。三眠者。以七日爲變。四卧之蠶。多宜南地。三卧之蠶。多宜北地。是宜別其類而養之也。

一生數生因其宜。宜。土宜也。蓋如閩廣地近三道。氣常和暖。桑不彫落。其蠶一年數生。三月至十月。能生八輩。別自有種。秦中地遠三道。氣有寒熱。桑有榮枯。其蠶一年二生。有春蠶熱蠶之分。熱蠶亦別有種。是當因其宜而養之也。

下蟻定期惟候桑如茶七量葉下蟻莫令蠶老乏食。此言下蟻之法。養蠶之始事也。蠶始生曰蟻。下蟻之時。各地不同。然有至要之法。無論風土寒熱。惟視桑葉如茶七大。郎爲下蟻定期。此時可將蠶連取下。用

棉包裹。多則厚包。置於煖處。少則挾帶於身。常得溫和之氣。勿令大熱。大熱則焦枯不生矣。若能依法覆煖。俟至第三日。黑蟻自然盡出。宜將連同蟻稱見分兩。郎如其得十兩。遂將桑葉切細如髮。勻撒蠶盤內紙上。而以連蟻覆之。少頃蟻聞葉香。俱各下連食葉。乃取空連再稱。如稱九兩。郎知下蟻一兩。每蟻一錢。老可一箔。如有蟻一兩。老可十箔。每箔至老。可食葉一百四五十觔。故蠶以桑爲命。下蟻之前。郎宜先量自己葉有若干。併槌盤若干。人工若干。務使葉餘食足。方能有收。不誤歲計。萬不可過求貪多。以致食有缺乏之。徒生怅迫之患。而歲計更無所補。此下蟻之要法。不可不知也。

屋宇潔修立蠶母以候涼煖。此言修蠶室立蠶母之道也。屋宇。蠶室也。蠶母不拘男婦。專司飼蠶者是也。養蠶之始。宜先修蠶室一所。南北開窗。以便啓閉。以酌寒熱。以視眠起。更必潔爲修治。不可少有污穢。內再立一人爲蠶母。身着裌衣。以候涼煖。而進退其火。室中務要溫和。蠶母覺寒。則蠶亦寒。宜進火。蠶母覺熱。則蠶亦熱。宜退火。凡風雨晝夜。總須以身測度涼煖。出入火候。常使均平。不可乍寒乍熱。致生諸疾之患。綵利自然倍收。如蠶少者。郎於家中隨便飼養。亦可有成。但宜忌煎炒油氣。並一切穢惡之氣。不可有犯也。

什物豫備頻飼葉以兼晝夜。此言備器飼葉之道也。什物。謂如槌箔網篩簇料之類。屋宇既修。什物又備。飼養自無所難。然蠶初生甚小。宜頻頻飼葉。勿使間斷。且宜細切輕撒。勻撥。更不可少有堆積。以致壓損。如此一日一夜之間。飼葉三五頓。

常相繼續。至七日則自成眠矣。**大法無巧食到便老。**此復申言蠶食之重也。蓋每蟻一錢。至老可食葉一百四五十觔。苟能依法頻飼無缺。北蠶多三眠三起。不過二十七日而老。南蠶多四眠四起。不過三十二日而老。若飼不按時。饑飽無常。必至遲延過期。或月餘。或四五十日。而後老。則葉愈費而綵愈少也。

明乎十體與三光自知簡要。此下詳言飼養之法也。十體者。謂在連應寒。下蟻應煖。眠起應饑。向食應飽。下子應密。布蠶應稀。睡卧爲眠。脫殼爲起。臨眠上簇宜緊。飼初起宜慢飼。是也。三光者。謂白光向食。青光厚飼。皮皺爲饑。黃光以漸住食。是也。明乎此理。自知簡要之方。而蠶無難飼矣。

悉夫三稀並五廣可獲全功。悉。猶

曉也三稀者謂下蟻稀上箔稀上簇稀是也五廣者謂一系廣二八廣三星廣四槌箔廣五簇廣是也悉夫此法則飼養盡善必可獲其全功也

更詳察眠辨起之方投葉有差 投猶與也蠶有眠起之候食葉身肥殭卧不起之謂眠眠

一日夜脫殼復起之謂起而必詳爲察辨凡蟻子初生投葉宜細薄三四日之間投葉宜漸厚一日一夜均宜飼四五頓若至六七日乃將眠之時投葉宜厚而緊可飼五六頓及蠶盡眠方停葉不飼候一日一夜脫殼復起身皺腹饑亦不可早飼飼早則傷向後食葉必慢宜待盡起嘴老即遲一二日不妨始可投葉初次一日一夜惟可薄飼四頓次日加頓厚投二眠初起一日一夜可薄飼三頓次日加頓厚投三眠初起一日一夜可薄飼三

頓亦次日加頓厚投凡三眠初起頭頓甚薄但令覆白二頓厚於頭頓三頓厚於二頓以後但宜頻飼厚覆是因其眠起之節以爲投葉之差饑飽方不失時而蠶自無不盛矣

併知減飼加頓之法擇眠欲齊 此養蠶要中之尤要也蓋

蠶眠起不齊將來上簇亦不能齊不惟絲少收薄即揀老蠶上簇之勞亦不勝其苦宜於三次眠時察其有先眠者有未眠而食葉者必遞減眠蠶之葉加頓薄飼盡眠乃止或更有一二分未眠者是即病蠶將來不能作繭用網抬去不可再飼惟將已眠者連夜併力用手擇出稱見分兩每眠蠶一觔安放一盤盤內豫置香替香替者乃初眠二眠之沙葉晒乾豫收備用置盤內一二指厚圓可尺餘再將眠蠶厚放香替之上更以麥莒或稻草

薄覆之室宜大煖一日一夜自可同起然後同時飼葉自然上簇皆齊人無勞苦而絲可廣收矣

時求八宜日防十忌 八宜者謂蠶初下蟻宜暗宜煖蠶臨

眠宜暗宜煖起後宜明蠶大宜涼向食時通風宜緊飼新起時畏風宜慢飼薄飼是也十忌者謂蠶以氣化香能散氣臭能結氣故忌香氣恐其腐爛忌臭氣恐其縮殭凡一切有氣息之物皆不可近秦地蠶室又忌西南風務須密閉門戶忌敲擊門窓槌箔及有聲之物忌正熱忽被猛風暴寒忌蠶室內哭泣叫喚忌穢語淫詞忌飼冷露濕葉及乾葉併有塵土之葉忌沙燠不除忌高抛遠擲惟燠沙求此八宜防此十忌得養蠶之要矣

頻除勿使久鬱生病 除沙已列十忌之中此又特言之者舉所重也

燠熱也沙蠶糞也鬱積也蠶生諸病多由燠沙久鬱除之宜頻凡蠶一二眠時食葉三日蠶糞葉渣所積已厚宜覆以蠶網網上撒葉蠶聞葉香自然上網將網抬起掃去下面燠沙復安放於盤內三日一次更迭網除如至大眠起後更宜逐日易網除沙不然沙多必燠燠久成鬱鬱則濕熱交併而諸病作矣可不慎歟

簇料早收毋致臨時失措 前言什物豫備簇料已在其中此又特言之者亦舉所重也簇繭山也飼

蠶既老自然上簇作繭而其料宜早爲收貯即如麥楷地膚子之類皆可簇蠶總不若稻草之善宜於暇日造作其法先將鐵齒耙子仰放梳去稻草冗葉截一尺二三寸長每束約五六十根縛其中身撙如傘狀用時立於箔上每束置蠶一捧即可作繭若不早爲收

盱一經臨時必致失措可不急歟**防蚊蠅之害門覆簾蔫**蔫草蔫用同於簾皆蔽門之具也蠶室務要周密門覆簾蔫大眠後時防蚊蠅入內蓋蚊則叮傷蠶膚蠅則生蛆蠶身成繭後穴繭而出不堪繅絲一年生計所關甚重豈可壞於微蟲乎**調寒熱之宜時酌火器**前言蠶母身候涼煖火器已在其中此又特言者見絲成惟在一火之功亦明所重之意也蠶室之中寒則進火熱則退火不拘早晚務調其宜此常道也大眠之後天道漸熱又値晴明蠶室覺有熱氣即宜大開窗門以通其風甚則更洒涼水於箔下及蠶老又宜溫煖如人老多不耐寒然其大要總在時酌火器使寒熱合宜常覺溫和而已**功至三九日蠶老身明**

而當簇此言三卧之蠶以爲例也三卧之蠶三眠三起二十七日而老老則身軟明亮不食葉而遊走此上簇之候也急宜撥於簇上使其作繭至於四卧之蠶四眠四起三十二日而老其上簇之驗亦同於三卧養蠶至此功將成矣**棚高三尺八炭火炙箔而頻移**蠶將上簇時先搭簇棚用竹竿横繫懸起高三尺八寸上覆葦箔箔上排前收稻草簇料每束置蠶一捧旋排旋置蠶完爲度箔下四圍用毡席或草蔫之類遮蔽以便用火每棚一間約用火四五盆總以天氣寒熱爲加減務使火炙箔煖則絲出津乾繅時頭利而不黏更令人在棚下頻移火盆不可常在一處防偏枯之患兩日兩夜其功自畢然後大開門窗撤去圍幔以通風氣而繭可摘矣**四日**

摘繭宜除外繞蒙毬此言摘繭之方也外繞蒙毬乃初營之亂絲也摘繭約以四日爲限南方地熱或三日即摘北方地寒或五日始摘亦無不可仍將已摘下之繭急宜擇去外繞蒙毬亦可作線作綿擇淨放於通風涼房箔上方可徐用繅功若不速擇則繭蛹發熱必致烝損難繅矣**六日繅絲更酌天時繭質**此下言繅絲之方也南方地熱放一二日即可繅北方地寒必五六日乃可繅而云六日者以北爲例也然天時有寒熱之殊熱則早繅寒則遲繅繭質有老嫩之別老則早繅嫩則一經熱湯絲頭亂出而不利必再放一二日使繭老絲利然後可繅是更當酌乎其宜不可以一法拘也再或繭多繅有不及七日後則蛾出而不可復繅宜用大篩子一

具內盛繭厚寸許上覆椿葉一個置湯鍋上以布單苫蓋烝至椿葉色變爲度取出薄攤晾於箔上緩繅自無妨矣此養蠶之終事甚勿憚其勞也**繅有水火二法之妙絲有紗羅綾緞之別**繅絲本人工而其所以成絲之妙非人所能知也其水絲之法一人先將繭子一捧下湯鍋內以筯撥攪盪取絲頭俟其盡出遂以筯挑起以手提住截去亂頭用漏瓢沓起繭子送入涼水盆內將清頭挂於盆邊絲老翁上此時繅人取絲老翁上清頭約十餘根爲一綸穿絲車下錢眼中扯起絲經從前面搭過絲車輥軸掏交一廻挂於提絲竿鈎中拴在軖上或二行或三行以脚踏動軖軸輪轉上絲時以目審視綸盤如絲細綸小即以左手指分清頭四五根右手從外分開絲

綸一提。絲頭自然夾帶而上。類上頻添。毫無接續之痕。是謂水絲。火繅之法。郎在湯鍋內提起清頭上軠。其踏軠添頭。亦同水繅。是謂火絲。軠下均用微火。烘其水氣。郎下仍挂於通風處。俟乾乃可收藏。但水絲光潤明亮。佳於火絲。而其中亦自有別。大抵極細者可爲緞爲綾。次細者可爲紗爲羅爲紬。相其宜而用之。則誥帛俱備矣。

貴圓緊而勻細。忌粗惡與接頭。 此又申言繅絲之要也。絲莫貴於圓緊勻細。而其法總在添頭時。務要眼疾手快。綸小郎添。綸大郎減。多少不過二三根。更宜在綸盤內夾帶絲頭。自然圓緊勻細。若或過多過少。又復從外黏貼。郎成粗惡接頭。而絲不堪用矣。

絲成而織紝可講。 此下言織紝之宜也。紝。經縷也。養蠶獲效。若織紝不

講。終屬無衣。織紝可緩乎哉。

機備而衣帛有出。 機。織紝之具也。機制甚多。大約有經有緯。有紡有絡。有提花之巧。然必備其具而後衣帛有出。以之彰身美觀。自見人道之貴矣。其法式之詳。並圖列農務門中。

一歲利益。不過三九之功。遍體文綺。實惟七日之勞。 此復由織紝。既與衣被有出之後。申言養蠶之利。不可憚勞也。文。彩也。綺。綾緞之名也。養蠶獲絲。是一歲之利益。不出二十七日之內。而其甚要加功。惟在大眠之後。七日之勞。足歲計者。焉可畏難乎。

桑蠶既明。更廣類於棉麻葛苧。風土異宜。須相地而製造經營。 此又推廣桑蠶之類也。苧。麻之屬。亦能作線者也。桑蠶之道既明。衣被自無不豐。或恐不繼。更當推廣其類。郎如棉麻葛苧。皆可爲衣。甚至獸毯鳥羽。波羅草葛。亦可製服。但風土各異。欲廣收衣被之利。必各相其宜而製造經營。其利自普矣。

欲詳織道大全。再參農務門中。 織道多端。此不過舉其大要。至於樹桑養蠶。繅紡織紝。及棉麻葛苧一切可作衣被者。造作各有至詳之法式。俱圖註後農務門中。再加參考。織道之大全可明矣。

農則樹藝一條

既知耕桑之道。更明樹藝之方。 此下言樹藝之方也。樹藝皆栽植之名也。耕桑之道。上既詳言。衣食均有所出。然樹藝不講。則宮室器具之需。果蔬

花藥之用。亦何能皆備乎。是樹藝之方。更不可不急明也。

夫材木者。民事之助。樹藝者。生材之原。 此下統論其大要也。人生需衣食以立命。而亦不能不資乎材木。故材木爲民事之助。而材木之出。必賴於樹藝。則樹藝不又爲生材之原乎。樹藝蓋可忽乎哉。

宮室器具。賴以成。果蔬花藥。因以生。 此言樹藝之所關也。宮室所以藏身。器具所以舉事。均爲日用之要。而其成也。固皆賴乎樹藝之功。至於果蔬花藥。本出於耕。然苟經栽植。倍加長旺。是亦資乎樹藝而後生也。

風土各有攸殊。大法貴相厥宜。 攸。厥。皆助語辭。風土已解見耕條內日行三道。地分五帶。其風土各有所殊。而所產之物亦異。郎如

茘龍波羅。不能踰嶺。橘柚橙柑。僅在淮地。梔子瑞香。産於川漢。茉莉桂花。盛於湖襄。以及晉之大棗。秦之柿栗。燕之欖果。各甲於天下之類。不一而足。惟貴相土制宜。以收樹藝之利。方爲大法。若執拗不通。見聞有礙。强風土之所不宜而槪爲樹藝。無異膠柱鼓瑟。按圖索驥矣。

先明物性之至理。斯有觸類之深識。此下言植物之理也。風土雖各有宜。而物性皆具至理。苟能先明。自然觸類旁通。識見深遠。樹藝之方。不難知矣。

蓋植物具倒生之形。故生性賦無覺之體。生有定曰植物。頭向地曰倒生。八物之形。皆本五行而生。各不相同。人首向天。是謂順生。上陽下陰。渾具天地之體。中又宰以靈明之性。故獨異於萬物。鳥獸橫生。

能通陰陽之氣。故有知覺。惟草木倒生。陰多陽少。故植而無覺。而其長養之盛衰。全視地力之肥磽。非以陰多質重之故乎。

頭根向下。吸乎地陰。枝梢向上接乎天陽。天陽攝其頭。根地陰滋其枝梢。上下對待。根梢益長。此申言倒生無覺之理也。上繞下曰攝。下養上曰滋。草木依土倒生。故天陽攝於上而貫於下。地陰滋於下而達於上。陰陽互濟於上下。而頭根枝梢。一時益長。實有對待之勢矣。

是以穀果含天地之象。幹枝似手足之狀。承上陽攝陰滋而言。以切指其實也。蓋上攝者包於外而爲皮殼。下滋者凝於內而爲肉核。故殼粒果實。皆含天地之象。至於一切草木枝梢分布。似人手足。而頭根無不向下。實具倒生之形。故曰陽攝陰滋。上下對待。而根梢益長也。

離土移栽。二氣剝換。此下申明樹藝之宜也。一切草木。經栽愈茂。蓋移栽之妙。剝舊而換新。二土之氣。交併一株。自然生氣盛而易於長旺也。

或根多枝少。陽不足以攝。則多枯萎。或枝多根少。陰不足以滋。則多阻遏。阻遏。生氣不升也。草木既以根吸地陰。枝接天陽。則本身之陰陽。必以根枝之多少爲盛衰。若栽植之時。根多枝少。則上無掐攝之力。而下陰不能上達。其枝梢恒多枯萎而死。枝多根少。則下無滋養之力。而上陽不能下貫其頭根。亦多阻遏而死。栽植者誠不可不先量其根枝也。

詳加裁成。

務使均平。承上言多少不均平。則生氣不盛。故栽植之時。視其根少枝多者。剪去繁枝。根多枝少者。亦宜少剪旁根。是謂裁成之道。使根枝各得均平也。蓋木依地陰以生。枝多於根。實難發育。根多於枝。尚可生活。然亦不可太多。反有阻遏生氣之弊耳。

栽木須記南向。掘根最畏西風。此言栽植之要也。居北道外者。凡木皆南向。受日陽之照。習久氣化。栽時若或反向。則陰面不耐烈日。一遇炎夏。西南多朽。故必記號南向。使無錯誤。自然易茂。又秦地西風多燥。樹根一經西風。則津液耗竭而難生。故掘時最畏西風。或以物遮蔽。亦可無妨。其各方風氣。原各不同。酌量避忌。姑以秦地爲例可也。

種貴適宜。栽亦趨時。此言種栽均不可失時也。每歲日陽一周。種與栽各有相宜之時。郎如尭杏宜五六月連肉種。桑宜小滿後種。榆宜春三月種。椿槐春秋皆可種之類。又如棗梨白果海棠。皆宜根分。春秋冬皆可移栽之類。各乘其時而經營之。其利自興矣。春栽切忌葉生。秋栽務令葉落。上僉言種栽。此專言栽者。種屬耕道。栽乃樹藝之實也。栽植之時。均以春秋爲限。但春栽宜早。遲則葉生。內氣已洩。秋栽宜遲。須候葉落。生氣始歛。二者强栽。均難生活。郎活亦不發旺。栽植者。不可不酌其遲早也。區寬則根鬚易順。幹深則風氣難搖。水滿則泥附於根土故。則物安其性。此下詳言栽種之法也。方栽之時。掘區宜寬而深。安置樹根于中。以水酌滿。就

水區內提掇三五次。根鬚皆順。無有窩拳。然後徐徐投土成泥。使泥附樹根。且所投仍用故土。不可遽易其新。使地氣不和。如此。則下之根鬚既順。發生自易。而上之體幹深埋。風搖亦難。兼泥附樹根。更無虛空穴死之弊。土不驟易。又有性適情安之美。發榮滋長。理必然也。築密則風氣不入。面覆則水澤不出。此下言栽後之要務也。既栽之後。俟泥土稍乾。郎宜周圍密築。面上更覆散土。自然土不乾裂。風不穿而入。澤不耗而出。善後者更莫妙於此矣。勤加愛護。宜防童折畜咽。凡新栽之樹。必勤加愛護。樹身宜縛以棘刺。方不爲童折畜咽。若在園外者。尤不可不加意也。勿求速生。謹戒動搖剝掐。栽後再不可動搖。試其虛實動搖。使土木之氣。相離而不屬。亦不可剝掐驗其生活。使生長之氣。殘洩而不旺。冬時沃糞以培本。沃糞宜在冬時。培補元本。則根煖而易茂。若值春暮則糞氣盦損嫩根。多生蠹蟲而枯敗矣。秋月頻澆以潤燥。栽後宜常澆灌。若值秋月。其風多燥。樹木至此。更不耐旱。故愈宜頻澆以潤之。依法自全木性。大樹亦可獲生。此統承栽植之法而言也。蓋能依上法以栽植。自能全乎木性而不失。雖有極大之樹。亦無不生矣。若夫裁栽有法。亦宜詳求其理。上統言栽植之方。此下言裁栽之理也。裁。剪也。裁栽。謂剪去木之根梢。止栽其身幹。如栽柳椿插桑條之類是也。裁栽亦有理法。苟不詳爲推求。何以能

所栽皆活乎。體本植產。依陰土而寄生。木體定植。必有所附。故依乎陰土。郎無根梢。亦可寄生。木向春榮。得陽和而伸性。日行黃道。進熱退寒。而草木因之爲榮枯。故秋冬日道南行。陽和不足。木葉彫零。生氣內歛。至春月日道漸北。陽和漸盛。生氣亦漸發。凡木値此。皆有向榮之象。蓋既得陽和。其性始伸。方爲栽之時也。栽時必定于春分。活實資乎土力。春分陽和漸盛。生機漸發。一經裁栽。眞氣內溢。與土膏相結。資生根株。自然易活而發枝。通上四語。皆言裁栽之理也。上忌帶梢。下貫橫木。此下方言裁栽之法也。上無枝梢。則風氣難搖。下有橫木。深則堅固難拔。土木自不離。而生性植矣。

栽尤宜堅築。深栽。則地陰濃厚。固易結根。尤宜堅以築之。務使土木相着。發生愈無難矣。頻澆更勿動搖。頻澆。則木得所養。津液不枯。然木依土生。靜則二氣相聯。動則二氣相離。況栽栽之木。更非常植可比。必不可少有動搖。致生木土相離之患。諺曰。千人栽木一人搖。千人之功盡廢。耗盡言動搖之為害也。可不慎歟。輕木不畏炎日。堅木須造棚蔭。此亦栽栽善後之法也。輕虛之木。如蠟梅冬瓜木之類。皆不畏炎日。無容遮蔽。若堅實之木。不耐日晒。時值暑熱。必宜搭棚遮蔭。方能遂其生性也。至於壓分均所當知。上言栽栽之要。此下言壓分之宜也。壓分者。謂將樹枝攀下。以土壓定。候至根生。然後分栽也。凡樹栽栽難活

者。俱宜為壓分。又安可不知其法乎。壓覆應用燥土。鉤丁宜深。析分各依定時。早移不生。壓覆之法。先於地下掘三寸深渠一道。後將樹上旁枝攀下。按渠內。勿令泛起。以燥土覆壓實築。若用濕土。則皮膚爛而難生。至於析分之期。必宜依其物性之定時。不可故違。即如桑條壓者。一年可分。繡球櫻果之類壓者。三年後方可分。又如葡萄黃楊月季花之類壓者。一月即能生根。自可析分。然亦有三五載後方可移者。大抵析分皆不欲早。早則洩其真氣。又難活也。桑果以接博為佳。花木以更換為奇。以彼加此。變惡為美。上言壓分之宜。此下復言接換之功也。博。猶易也。桑果花木。種各不同。而美惡

亦異。一經接換。以彼之屬。加此之身。變惡為美。桑果則肥大甘脆。花木則豔麗光媚。其美固各添一倍也。蓋二氣交併一身。積之既盛。發之自茂。接換之功。理宜如此。接必順時。根株各從其類。物之生長有時。則接博亦當順其時。蓋凡插接劈接。宜在春分前後。樹眼退青之時。靨接渡接。宜在四月小滿前後。惟桑六月三伏尚可靨接。此皆一定之時。宜順而不宜違也。然亦必視其根株之津氣。果能相合。乃可接博。即如白果接櫻果。海棠接檳子。辛夷接玉蘭木筆。接繡球。小桃接大桃。杜棃接大棃。構接桑之類。固皆美惡相類之物。自然津氣相合。接之無不活也。換以四法。性情務適其宜。四法。即上所註插接劈接靨接渡接四法也。物之性情。各有所宜。因

其宜而施其法。不越此四者。而接換之功神矣。其詳列農務門中。苞木金屬。要需栽培自當知法。上備言栽栽壓分接換之功。已盡樹藝之道。此下復特舉苞木者。以見金切於日用也。中空曰苞。苞木。即竹葦蘆荻之類。皆屬日用至要之需。則栽培寧可不知其法乎。移竹惟在春秋。身忌老幹。此言移竹之法也。竹類甚繁。皆切日用。而其移之之時。春秋為上。冬月亦可。夏月不宜。然又必取當年嫩竹栽之。自易發旺。其老幹雖栽活。而終弱。不可不知也。蕃竹要辨雌雄。植兼奇偶。蕃。生息繁盛也。奇。單也。偶。雙也。竹有雌雄。凡第一節有枝而奇者為雄。偶者為雌。植兼二者。陰陽相濟。生息自蕃矣。經雨即移多帶

故土而易長。凡竹須在雨後移栽。仍多帶故土以安其性。自然無有不活。諺曰。栽竹莫法。雨後便宜。此之謂也。數竹一本自相扶依而成林。一本猶言一區也。竹性喜聚。栽時須用三株或五株。合爲一本。自相扶依以生。而成林無難矣。圃栽先北。藉日陽之引布。拔栽先低。和天氣而漸升。圃中先栽北面向日者。藉其引布而自易發生。拔前先栽低處。藉天氣以上升而無難也。最宜隈煖。甚忌高寒。隈煖之地竹易生旺。而高寒者乃所甚忌。于所宜而去所忌。竹既蕃盛。而凡苞木之宜忌。皆可類推矣。歲伐則留三去四。務在夏月。竹生既盛。歲當伐取。然必留三年斫四年者。自不傷竹而其時又必以夏月。則蟲更不蛀也。年久則剔腐除朽。常用糞肥。竹久則生花不旺。必將腐朽根株盡去。劚熟其土。多用糞肥。自復鬯茂也。葦荻亦切日用。栽蒔自同移竹。上言栽竹之法。此下言葦荻之要也。蒔亦栽也。葦柔而荻剛。亦甚切於日用。而其栽蒔之法。自同移竹也。欲求速布。壓幹爲先。凡栽葦荻。先宜三五成叢。相去五六尺。碁列星布。次年笋生。自然長旺。然苟欲速布獲利。俟葦長四五尺。於三四月間。周圍掘渠三四寸深。卽將葦荻攀倒。用土實築於渠內。常以水灌。數日之間。逐節生枝。卽可廣布矣。更期蕃息。耘糞頻施。速布者若更期其蕃息長旺壯大。惟於平日常用耘

鋤之功。除去冗苗雜草。又每歲冬月沃之以糞。灌之以水。自然日盛不衰。再或日久根結不旺者。亦當掘去腐根。使專其生氣。必復茂矣。此爲樹藝之大畧。勿虛耕織之餘閒。此下統結樹藝之要也。樹藝法繁。此特大畧。凡耕織餘閒郎當盡力於此。斯無虛度之日。而利生無窮矣。出作入息。惟在趨時以種植。利用厚生。不越因地而栽接。樹藝既舉。材木有出。宮室建而出作入息。器具備而利用厚生。然其要惟在趨時種植。因地栽接者之自取也。若夫細密之法。併詳後農務門中。

農則畜牧一條

旣知樹藝之功。更明畜牧之要。此下言畜牧之要也。畜養牧守也。上旣備言樹藝之法。以繼耕桑之功。又固已衣食無缺而材木有資。然畜牧不講。又何以蕃其生息而爲全農乎。夫畜牧者民事之重。孳生之原。字孳也。乳也。孳生息也。佐耕桑而收餘利。繼樹藝而裕民財。裕厚也。畜牧佐耕桑以立命而收其餘利。繼樹藝以勤功而裕其厚財。所益於人者不亦大哉。實王政之大端。乃生民之要務。養體服勞。咸賴其力。卬事俯畜。均藉厥功。養體兼衣皮食肉而言也。服勞大而耕牛乘馬。小而夜犬晨雞。以及驢騾駝隻之類

皆是也立國立家皆以畜牧孳生爲重計而養體服勞咸賴其力仰事俯畜均藉厥功故孟子以亞聖之才陳說王道必及母鷄母彘之細誠敦本之論也夫欲求廣布

生息先明畜牧大法畜養如父母之育子牧守同郡縣之親民。此下言畜牧之由名以著其大要也畜主於養必如父母之育子然後其養乃厚牧主於慈愛無守必同郡縣之親民然後其守乃勤慈愛無已嘗以身測寒熱珍惜有加還以腹量饑飽。珍重寶也鳥獸奉恩命以備用於人人自當慈愛珍惜身測寒熱腹量饑飽然後能收仰事俯畜養體服勞之利也按時投食而用力更有其節應

期孕字而護胎倍多其方。凡畜養諸物雖各具覺性備用於人然其時食節力孕子護胎諸要事彼實不能自謀而皆仰賴於人若不深加體卹物類何以蕃息故必按時投食則體有養用力有節則氣不竭應期孕字多方護胎則種類自廣而利益乃能無窮夫畜牧之道雖云多端其要實不越乎身測寒熱腹量饑飽時食節力期孕護胎一十六字而已誠能盡心於此有不生息日盛而貲財日豐者蓋未之前聞矣其法並詳農務門中。蓋孳生莫速於五牸。此下言畜養之利舉一二以概其餘也五牸者牛馬驢猪羊之牝者也乃孳生之本產利之源人果能盡心於十六字之法以畜養之則年加一倍速致富饒而無難昔猗頓問致富之術於陶朱朱曰欲速富畜五牸詎不信歟

而積累無嫌於昆蟲。昆蟲蟲之總名也即指下諸物而言積少可以成多累小可以成大故即昆蟲之微亦可無嫌也雔由⿰虫斛可佐衣被之重木蜮蜜蜂亦有補助之能雔由者食樗葉之蠶也蚢食蕭葉之蠶也⿰虫斛食槲葉之蠶也三者皆山蠶而能作繭紬以佐桑蠶之所不及是衣被之重既有所賴至若木蜮作蠟蜜蜂釀蜜之類又何嘗無補助之能然則昆蟲之微亦益於人謀生者可不加之意哉

水澤之地宜修魚塘高燥之處多牧牛羊鵝鴨畜於渠潦鷄鴿養於平原因地之所產而廣其種類隨物

之所利而倍其功力。此言畜牧之道當因其地而隨其物也渠河渠潦行潦也上帝造物備用無地不有陸生牛馬猪羊鷄鴿水生魚鱉蝦蟹鵝鴨產各不同而利亦有異是宜因地而廣其種類隨物而倍其功力皆可獲息而足用即如水澤之地廣開池塘以畜魚蝦鵝鴨高平之處多養牛馬羊猪鷄鴿之屬無在非資生之利惟善於資生者自得之而已矣

飼飲收放必先察乎物性老嫩肥瘠更當達夫物情。此統論畜牧之法也物之性情不一而畜牧者必察其性達其情然後不失其宜故夫飼飲收放性各不同即如鷄鴨晝飼夜不飼牛馬晝夜兼飼馬一日早晚二飲羊間日一飲之類又有待人收放者有不待人收放者之異

安可不先察其性乎。至於老嫩肥瘠，情亦相殊。郎如鷄以當年佳，鴨以隔年勝，猪羊肥則可用，鷄鴨瘠則生卵之類。又安可不詳達其情乎。物類甚繁，不能殫述，餘仍叅農務門中。

是以聖人相土制宜，順造化以養萬物，俾物盡職，廣財用以厚羣生，苟生息日蕃，自歲計有補，而畜牧之道克盡，農業之務乃全也。此統結畜牧之要也。聖人既順命以養萬物，萬物自盡職以備人用，生息日蕃，歲計無缺，是克盡畜牧之道，而四農乃務其全矣。

農則後論

蓋一元著體，無不衣食之身；二天立命，各貿耕織之功。此下至末，總結農業之要，反覆叮嚀重本之意也。二天，猶言二大。指衣食而言。見生人所需無大於此二者也。帝降生民，一元著體，無不資衣以被，資食以養，是謂立命之二天。然衣食出於耕織，一人難兼數事，故必各貿其功，而後衣食足而命始立也。故男子不織而衣，女子不耕而食，官吏不耕織而衣稅食租，衆庶不政教而安居樂業，上下交盡其職，朝野同歸於仁。此申明貿功之意也。言官吏，則兵胥可知；言衆庶，則工商可知。宇宙之內，上自君相，下至士庶，各執一事，惟必交盡其職，自然資相為業，衣豐食足，熙皞昇平，朝野同歸至仁，豈不美哉。

雖屬民人專業，實為經國遠猷，君知農可以理天下，臣知農可以佐治平，士知農可以儲經濟，民知農可以立身家。耕夫織女，治天下之人也；耒耜機杼，治天下之具也。此下極言農業之重也。經，謂經綸；濟，謂利濟也。民，兼農工兵胥商賈而言。機杼，謂織具也。凡人之生，皆需著體以明道立功，郎皆需衣食以養其著體，無上無下，無尊無卑，莫不皆然。凡民人之業，經國之猷，一切政刑法制，禮樂教化，莫不歸本於農，而執業各有其等。大君者，統理農事者也；羣臣者，分理農事者

也；士者，修明農事以儲才者也；農者，躬親農事以生財者也。至於工之利用，兵之防衛，胥之奔走，商賈之通易，有無要皆於農事致力者也。故治天下有人，治於君相官吏，實治於耕夫織女也；治天下有具，治於禮樂政刑，實治於耒耜機杼也。倘農事不講，則財用無出，生計無資，尚安望其明道立功乎。農業之重如此。

政本之所出，民命之所關。政出於農，無農則政無本；民生於農，無農則民失命。

是以天子躬耤以示先耕，后妃親蠶以示先織，君后尚不憚倡帥之勞，衆庶敢不盡服勤之力乎。上既極言農業之重，此復歸本於君后，以見化行有自，士民愈不可稍緩其力，以總結上文之

意也。蓋農業所關甚大。君后既倡帥於上。衆庶自服勤於下。上下交修。治平有資。然後可講禮樂之功。而

上理不難臻矣。

農圃便覽

（清）丁宜曾 撰

《農圃便覽》，（清）丁宜曾撰。丁宜曾，字椒圃，清山東沂州府（今臨沂）日照縣西石梁村人。生於官宦之家，自幼讀書，屢試不第，生計逐漸變得艱難，約在三十歲後，改讀書入仕之志爲謀食求生，親自參與農業生産。其在『自序』中説，因爲早年未養成種地的習慣，所以盡心學習訪問，隨時記錄心得，又參考前代農書，抄錄幾個戚族的著作，綜合起來寫成此書。

此書約成於乾隆二十年（一七五五），同年付刻。《清史稿·藝文志》農家類有著錄。本書依照月令書的體例，嚴格按照歲、季、月、節氣的順序，闡述農業生産及生活經驗。該書以歲爲首，因四季而分爲四部，以月爲順序，依次列出相應農事安排、要求及注意事項。月或節氣之後，多附有詩詞。

全書内容涉及土壤耕作、種子處理、播種時節、作物（包括糧食、園藝及果木）栽培與管理、收穫、留種與貯藏、動物飼養、農産品加工等，旁及醫療保健、居家格言雜錄。其中農産品加工、製作和烹飪項目一百九十餘種，花木園藝專案近八十種，内容多取自經典農學文獻，但是不錄原文，爲丁氏結合親身實踐經驗的直接陳述，地域性較強。文中對大麥、小麥、穬麥留種，土壤耕作，田間管理，收穫等技術總結的較爲詳細。稻米加工，芝麻、菜籽、蘇子、蓖麻等油料作物種植，棉花打頂技術等皆有新經驗的融入。包心白菜的種植、管理、貯藏、加工技術具有首載之功。煙草、西瓜、棉花浸種處理及種植、耕牛飼養與傳染病防治等技術有獨到之處。飲食烹飪技術的總結也值得稱道。由於受到丁氏所處時代的局限，書中雜入有迷信、不稽的内容，且多浮文虚詞。

該書刊刻於清乾隆二十年，爲丁氏家刻，卷首存有王縈緒、歐陽廷珍及丁氏三序，卷末附有丁夢陽跋。一九五七年中華書局出版王毓瑚點校本。今據清乾隆二十年丁氏強善齋刻本影印。

（惠富平）

乾隆乙亥年鐫

農圃便覽

強善齋藏板

辛未暮春謝鄉重
裝訂於瀋陽

序

余乙卯冬客濟上獲睹　樹圃丁先生
農圃便覽一書爰掩卷而歎曰先生
以名門世胄平昔所講貫者固皆經
世之鴻猷乃積學工文衣裳在笥不
獲博一第以稍展其底蘊至晚年退
而蕭然書屋彷彿於墅圃之為其亦
可甚不得已者矣乃取其鄉而一再讀
之又有以知其不可忽也世之族之好矣
也至先世類皆勤勤懇懇本務是敦
迨其後衣冠不安淳樸并會漸事
奢華以田產委之他人而坐享大厦之
之福故累一傳而書聲無存者矣有每
傳而孫離孫是者矣嗟乎雖為之咎
不能半耕紈褲之萬致嗟鵝鵝聲亂
不知農圃之道致先生發去了鑒乎此而

時方先生見季吐嗟之之而又以為見之於
之不著筆之於書也爰是參三禮之
精微七月之遺旨採諸子百家之所撰
參因天乘地源異派節萬年易曉
而其之易入所以循著天下之書農子
第述律寶器也可不能先生家遊半
天下至之高之閣之海外凡所謂山林水
之寶藏奇花一切可驚可喜可愛可難
之狀處不可形之於書以傳胸中之現
置之何所於經曆書為而醒鑠不已耶
記云太上立德其次立功其次立言之言
也而與德與功并傳不朽其謂其有當
於實用而不同與好奇之過乃也先生
之言之生亦可以著其也夫

東武王蒙緒撰

序

丙戌仲春丁君瑞埜與余會於都门以
令弟椒圃先生農圃便覧序屬余為
之且為余具道　先生之為人余因喟
然曰農圃之事固有道也先王經理天
下物土之宜而布其利月令紀穀登菜
秀之文而于耜擧趾烹葵食菽更諄諄
於豳風諸篇乃知因天時秉地利盡人
工其事固非淺鮮所以賢者猶待問也
特以大聖人之說世遂謂細業非儒者
所宜道不知此鄙其志也非斥其事也
令遇果篤志于大人之學即置身農圃
中豈遂見非于聖人乎哉且士君子處
世顯晦屈伸亦視乎時耳其在上則黼

黻

皇猷安民阜物各得其所其在下則優游卒歲問桑話麻自樂其天彼風浴詠歸之賢更超于兵農禮樂之彦者道即此而存不待外求也故農圃之道其道小值農圃之地諳農圃之道其道大也　先生爲閥閲華胄自少習舉子業蜚聲藝苑富于著作屢滯棘闈晚幽棲于石梁村伴魚之暇遂成是書覩其辨别宜忌占驗災祥閒附以詩歌　先生自序謂殫心諮詢所得又曰非石梁者槩不録可見平日自足於己無慕乎外嗚呼可不謂素位而行者與古今來名人畸士不得志於時輒憤懣抑鬱不可奈何有

所著述率皆牢騷不平借以發洩其胸臆有如此之循循日用俯仰自得者哉既以示子孫又不欲自私付諸剞劂以廣其傳其用心可謂至公矣汾陽距海豈三百里余未獲登　先生之堂然有以知　先生之樂道也故不揣固陋而爲之序俾世知　先生積學工文有志建立而山林韜晦迹類於田夫園叟之爲者其道未嘗不在

瑯琊年眷姪歐陽廷珍拜撰

自序

吾子歲入家塾　先大夫為子訓詁至學稼章問聖人不如老農老圃之言輒詢之以為人當事大人之事安用此瑣瑣者為少長從宦游讀書官署不暇分予穀追　先大夫努力之後餘產無幾遽捐館

舍予兄弟卜居西石梁村數年後生齒日繁家計愈拙讀書之志易為謀食乃躬親農圃之事自愧少未習慣因殫心咨詢凡有所得輒筆之於冊或採農經花史以補咨詢所未及　先外祖松菴公外舅祖滄溟公　曾族祖畽鶴公

農書各條謹錄各而成帙名之曰西石梁農圃便覽以予皆身歷非西石梁土所宜及未經驗者概不錄也農見而悅之予詢曰此吾三十歲後二十年來措摭辛瘏之暇所記求田問舍量晴較雨瑣瑣事耳不足為君道君殆謂和

二氣冶鍊焉有益盡讀之為大人者

乾隆二十年歲次乙亥冬月丁宜曾

柳圃氏書於西石梁之強善齋

椒園丁宜曾輯

男延銓 炎 安 林 均 浦 仝較

歲 甲曰閼逢 乙曰旃蒙 丙曰柔兆 丁曰彊圉 戊曰著雍 己曰屠維 庚曰上章 辛曰重輝 壬曰玄黓 癸曰昭陽 子曰困敦 丑曰赤奮若 寅曰攝提格 卯曰單閼 辰曰執徐 巳曰大荒落 午曰敦牂 未曰協洽 申

曰涒灘 酉曰作噩 戌曰閹茂 亥曰大淵獻 安居而日暈多成風雨 從黑則穀傷大水 青則糴貴多風 赤則暑雨霹靂 黃則風雨時 農田治 數見更吉 日暈兩半相向 天下大風 日生耳 南耳晴 北耳雨 雙耳斷風雨 若長而下垂通地 名曰幢 主久晴 日沒返照 主來日晴 日沒後起青白光數道 下狹上濶 直起亘天 俗呼青白路 主來日酷熱 惟夏秋間有之 日冠如半暈 在日上 似冠 有兩耳者更吉 月暈七日內有風雨 看何方缺 風從缺

處來 月暈重圍 大風將至 暈而珥 時歲平康 月兩耳 十日內有雨水 雲如人頭在月旁 白風黑雨 新月下有雲橫截 來日雨 月望而月中蟾蜍不見 大水民流 月變黃吉 青饑 赤旱 黑水 虹食雨晴 雨食虹雨 雷自夜起 必連陰 初起猛烈者 雨雖大易過 若殷殷沉響 卒未得晴 又未雨先雷 名擱頭雷 無雨 卯前雷 有雨 無雲而雷 饑疫大起 雪中有雷 陰雨百日 雷在南 主久晴 在北為北辰閃 主雨立至 北閃三夜無雨 必大風雨

風從月建方來 萬物得所 晴雨得宜 如對方來 主米貴 於交節正時及二分二至日占之 甲子日晴 兩月內多晴 雨則久雨 妨農 隻日多驗 雙日少驗 甲申雨 主久雨 乙酉日更要緊 久晴逢戊雨 久雨望庚晴 又逢庚必變 逢戊必晴 天河中有黑雲 名河作堰 又名江猪渡河 黑雲對起 乙路相接 亘天 謂之織女作橋 雨下濶 謂之合羅陣 皆主大雨立至 若天陰之際 或作或止 又是雨將斷之兆 乾星照濕土 來日依舊雨 蟻封穴戶 大

雨將至　久雨當天明見日仍雨若天明雲徐開
見日遲則不雨久雨後若午後少住或可望晴若
午前少住午後雨必多　五鼓忽雨天明必晴諺
云雨打五更頭行人不要愁又暴雨不終日　雨
着水面有浮泡主卒未晴　日始出及入黑雲貫
之三日有暴雨　蜘蛛添絲晴弔水雨　雲起自
西南多雨起自東南無雨起自東北多風雨風愈
急雨愈連綿起自西北必黑如潑墨先大風而後
雨終易晴　壬子日值滿畢星卯辰日必雨　五

卯日候西北有雲如羣羊必雨　戊申日日入時
上有冠雲不論大小黑者雨大青者雨小　海市
現必有雨海中響名海吼南吼主風北吼主雨若
先南而吼至東北亦主雨又雲冠絲山河山亦主
雨勤稽汪出雲亦主雨此又日照雨徵也　諺云
兩春夾乙冬十個牛欄九個空又云兩春夾乙冬
無被煖烘烘乙年兩個春牛毛貴如金　杏多實
不蛀來年秋禾善　梅子少秫亦少梅無梅手無
杯秫糯稻也淵明以公田二百五十畝種秫即此

猫食青草主久雨狗食青草主久晴　天火日
忌修造凡苫蓋遇之即停工乙日　地火九焦日
忌栽種澆灌　荒蕪日百事忌　糞忌日忌出糞
動則損牲畜　諺云冬至來年麥夏至豆是家清
明芝麻小滿穀元旦占秋定不差逢水水浄了遇
火火燎花逢金收乙半土木全到家

論耕耙勝之云凡耕之本在於趣時和土務糞澤早
鋤穫春凍解地氣始通土乙和解夏至天氣始暑
陰氣始盛土復解夏至後九十日晝夜分天地氣

和以此時耕田爲得時　照邑農夫狃于習俗不
特牛具房屋田主出辦正月以後口糧牛草亦仰
給焉主人或限於財力安置未妥則耕種失時鋤
耘少數秋成因而減少且有廣種薄收之說真誤
人不淺莫如少種勤耕糞多工倍其所獲亦相當
至體恤貧佃不肯搜剔太盡又在賢主矣

開荒宜天福豐旺母倉生氣黄道已未開成日忌地
火九焦荒蕪田痕日先燒去野草縱横復耕兩三
次先種芝蔴壹年使草根爛後種五穀則無草荒

之害蕎芝蔴之於草若錫之於五金性相制也
伏內雨後清晨開荒秋後塌起種大麥亦好 田
痕大月初六初八廿二廿三小月初八十乙十三
十七十九
耕地宜乙丑己巳庚午辛未癸酉乙亥丁丑戊寅辛
巳壬午乙酉丙戌己丑甲午己亥辛丑甲辰丙午
癸丑甲寅丁巳己未庚申辛酉及成收開日起犁
以後不拘 春耕宜遲凍漸解氣始通雖堅硬土
亦可耕秋耕宜早乘天氣未寒將陽氣掩入地中

來春宜苗若遲則掩霜入地多折苗 照邑下田
停水處燥則堅垎濕則汙泥難治而易荒墝埆而
殺種春耕者成塊難耙殺種尤甚當不問夏秋候
水盡地白背時速耕速耙令熟夏種小黃稻秋種
大麥春種水稻 春秋耕地晒三兩日看地白背
即耙平諺云貪耕不耙悞了莊稼不可踈忽
儲種凡種浥鬱則不生生亦旋死故陳者勿用種雜
者生既不齊熟亦難均務本者當留心也
種田以糞多爲上宜成開日忌平閉日麥宜庚午辛

未辛巳辛卯庚子庚戌穀宜丁巳己未庚申己卯
辛卯忌丙子黍宜戊戌己亥庚子庚申壬申豆忌
卯辰申戌稻忌丑辰蔴忌寅未日然莊農無避忌
姑存其說
置場宜黃道天倉豐旺二德日四仲月初八十六廿
四爲天倉
修倉宜滿成開日
入倉宜母倉平成收滿日先祭倉神
制用禮王制冢宰制國用必於歲之杪五穀皆入然

後制國用用地大小視年之豐耗以三十年之通
制國用量入以爲出註以三十年之通者通計三
十年所入之數使有十年之餘也每歲所入均析
爲四而用其三每年餘乙則三年餘三又足乙歲
之用矣若士庶之家何敢言此然量入爲出實經
常之道當仿其遺意於歲之杪通計所入四分之
乙爲儲積而以三分爲來歲之用用之多寡視此
三分爲損益豐亦不過儉則有殺三年以後可積
乙年之粟矣無如土田有限食指日繁稱貸不免

節儉實難，始以奉勸務本者。　予再進乙說曰：白圭猗頓陶朱之術，要不過生衆食寡，爲疾用舒四語，約而言之，只是勤儉二字。士庶居家主僕俱有正業，無閒人坐食，衣食不妄費，房屋無華飾，國稅早完，交游不濫，塒圈雞豚，園圃果蔬，凡可養生爲稼穡之助者，俱當留心，收穫既畢，債負速償，通計現存糧石，作來年所出之數，謹守而節用之，紙牌賭具，絕不入門，庶幾無敗。先曾族祖野鶴公家政云：速莫速於賭博，痴莫痴於揭債，愚莫愚於苟安，險莫險於欠稅，窮莫窮於家漏，損莫損於妄費，旨

哉言乎。　治家又須防蠹，莊田多者，分身乏術，必托人料理，而鄉俗必將糧囤與之掌管，是已倒持其柄矣，此輩或係親僕，或是妾親，久知必腹素善逢迎，事權到手，即若暴富，不特衣食奢侈，且周濟親戚，縱意飲博，若稽查不勤，則內外串通，上下朦蔽，抽膏地自種，任薄瘠拋荒，存糧止是虛數，打場先講浮餘，買牲口則冒支價值，擲地畝圖開除種糧，托房屋之修補，捏佃戶之拖欠，在囤者可花費無存，在野者又望青拉賬，種種弊端，不可枚舉，及至敗露，責償無期，緩則玩視，急則反噬，家法不能制，官斷亦無益，去珠不可復還，家道因而蕭索，可不預防哉。

置產　放債當產，仁附堂久已示戒，若節儉有效，用度少寬，置買田產，誠爲佳事，必親詣地頭，相其肥磽，詢明四至，公同地鄰丈量，立契之後，方可交價，若先有典主，或價不現成，切勿交易，中人須用老年有德者，契內註明荒隔四至，寧詳勿略，杜後爭端，

修造　諺云：與人不睦，唆令蓋屋。又云：茅屋百間，到老不閒。興造不可多，僅取足用而已。宜甲子、戊辰、己巳、癸酉、甲戌、乙亥、戊寅、癸未、甲申、戊子、庚寅、癸巳、己亥、辛丑、甲辰、乙巳、戊申、辛亥、甲寅、庚申日興工。遇天火日，即停工壹日。

養牛　牛爲農之本，腴田百頃，非牛莫治，其興地利，不止代七人之力，故禁宰有律，非泥果報之說也。喂養不可失時，吾邑向無喂料者，今牛價數倍，若不加心喂養，壹經倒斃，無力置買，佃戶不免流離，主

地亦必荒蕪矣。耕種時，每牛用豆市升、芑合，磨糊
拌草喂之。犁戶牛，則將豆磨破，主人收存，每早牽
至門前，親看喂之，恐假手犁戶，不入牛腹也。春煖
出室，不可過早，夏秋遇雨，置廠棚內，免致雨淋病
瘴。霜後始入室，早必生癩。耕地卸綆，即飼以草，不
無水掠之患。水牛畏寒惡熱，更爲難畜，遇有時疫，
先看鼻頭有汗，角溫者可治。取安息香點著，牽牛
以鼻嗅香烟，再於欄中燒蒼术，可免傳染瘟疫。初
起速將貫衆剉碎，拌草飼之。牛病瀉，用桑白皮、蜀

葵根、生葛，取汁半升，灌之，或用山草驢燒灰，冲酒
灌之，或用柿蒂燒灰，吹鼻孔內，再以左轉麻繩扎
尾根。牛病嗽，用食鹽乙兩，淡豆豉汁乙升，葱白乙
把，童便乙升，和灌之。又方：芝麻壹細碗，泡透磨糊，
火紙六張燒灰存性，加銀硃三分，蜜二兩，調水灌
之。牛尿血，用川當歸、紅花各五錢，爲末，酒乙升，煎，
候冷灌之。牛吃生豆肚脹，用舊手巾燒灰，煎酒灌
之。牛毛焦不食水草，用白芷、大黃各五錢，萊子乙
兩，爲末，雞子二個，酒乙升，調灌之。牛吐涎不止，即

是瘟疫，用吳藥研汁，石灰燒灰，酒乙升，調灌之。牛
吐血，用水銀、訶子、白芷、肉蓯蓉各壹分，爲末，酒調
灌之。牛糞血，取灶下黃土二兩，酒乙升，煎，候冷灌
之。牛病癩，用蕎麥燒灰淋汁，加硫黃和塗之。瘟疫
時，用石菖蒲、葛根、淡竹葉、鬱金子、綠豆、蒼术各等
分，碾爲末，每服乙兩，芭蕉搗汁，蜂蜜、黃蠟爲引，合
水調灌之。未解，再乙服。如極熱，加大黃。鼻頭無汗，
加麻黃。鼻口出血，加蒲黃。牛過力受傷羸瘦不食
水草，用淡豆豉乙兩，姜二兩，鹽乙兩，香油乙兩，老

葱七枝，雞蛋五個，共搗爛，加黃酒調灌之。牛大者
量加分兩，重者用二劑，神效。

養猪　母猪取短喙無柔毛者良。圈不厭小，處不厭穢。
飼喂及時，則易肥。有病，割去尾尖出血，即愈。瘟疫
以蘿蔔葉飼之，或以貫衆拌食飼之。

蓄糞　以糞種田，伊尹教也。糞不可陳，故賈思勰曰：以
糞氣爲美。　人糞爲上，羊糞次之，牲畜糞、土草糠
必置存水坑內漚過方可用。拌魚滷鹹水更佳。
石灰殺草，勝於用糞，但不可多。　洗鮮魚肉、禿雞

鵞毛水用缸盛貯，投韭菜乙把，或荔枝核，則毛易爛，用以澆花。　花欲速開，以馬糞浸水澆之。　臘月內掘地埋缸，積人糞，上用板蓋，填土密固，過春渣滓融化，止存清水，名金汁，用澆花木，無不向榮。山園必當預辦。　黃豆磨破，蒸熟，晒乾為末，壅花蔬根甚妙，若炒豆末則無益。　麻粃亦好。

田祖圖神考詩曰以御田祖，傳田祖先嗇也。丙戌、丁亥、癸巳、乙巳、丁未、辛亥、甲寅為田祖忌，忌耕種。

清異録：進士于則飯於野店，傍有紫荆樹乙株，村

人祀為紫相公，則烹茶以乙杯置其前。夜夢紫衣人曰：子紫相公也，主乙方蔬菜，所隸有天使職掌豐辣，判官職主儉，皆嗜茶，早蒙賜飲，可謂非常之惠，因贈以詩，則於其家蔬圃祀之，自是年年倍收。

治食有法。　羊肉忌銅器盛。　洗猪肚用麪。　洗猪腸用白糖。　糟蝌蠬、蠬燈照則沙，加皂角半錠置罈內，可久留。　洗魚少入生油，則無涎。　煮魚加木香不腥。　煮鵞入櫻桃葉數片，易軟。　煮雞鴨投鳳仙子、山樝，易爛。　煮羊肉加核桃，則不羶。

煮猪肉封鍋口，加楮實子少許，易爛又香，忌桑柴火。　煮臘肉將熟，投燒紅木炭數塊入鍋，則不油蘝氣。　凡熟肉屋漏沾着者為漏脯，熟肉密蓋過夜者為鬱肉，皆有毒。　鵞脂熬化，即以其器盛之，則不滲漏，雖金石磁玉之器無不滲者。　瓜兩鼻兩蒂，皆殺人。瓜沉水者有毒。　乾薑化胎。　簷下菜有毒。　莧菜與鱉同食，生鱉癥。　果未成核者食之，發癰疽，患寒熱。　酒酸，用小豆炒焦，盛袋內入酒，浸或入甘草四錢，官桂、砂仁各二錢，研碎入

酒，酒多再加，或用鉛乙片，炙熱入酒，封固，次日可用。如有喜事親友饋酒美惡不齊，欲共乙處，將陳皮二三兩入酒，封固三日取用。　雞蛋入酸酒，浸亦止酸。　蜜煎諸色果，果大者切薄片，小者全用，水煮乙沸，去熟水，另用清水浸過宿，壓乾，入磁器內，好蜂蜜下鍋，文火僅化開，亦入磁器內，候七日取出果，將蜜入鍋熬水氣盡，再入新蜜，方入果浸，如此三次，則蜜透功成。大抵蜜見火，果不見火，收藏蜜煎果，黃梅時換蜜，以細辛末放頂上，不生蟣

蛋 凡糟菜先用鹽糟過十餘日取起拭盡舊糟
令乾別用好糟數之大抵花醭多因初糟醋出宿
水之故必換好糟方可久留 趕素麵必用綠豆
粉爲粰每麫乙斤入鹽三錢和如落索麫停時更
頻入水和爲餅劑揣百遍趕餅切之耐煮亦可作
餛飩燒賣皮 拌茶用蘭桂玫瑰薔薇木香梔子
茉莉蓮梅等花香氣全時摘拌三停茶乙停花收
磁罐中花茶相間塡滿紙箬封固入鍋重湯煮之
待冷取出用紙裹火上焙乾若上好細茶忌用花

香反奪眞味烹茶用活水活火活水溪河之水也
活火謂炭火之有焰者若柴薪濃烟既損水味何
昭茶德吾鄉炭貴客至瀹茗皆草火燎水煞滷冲
兌三沸之法置之不論

詩

微月生西海幽陽始代昇圓光正東來陰魄已相
凝太極生天地三元更廢興至精量在斯三五誰
能徵陳子昂 半生心計付林泉十畝園廬學輞
川爲愛幽居甘小隱偶來靜坐得長年耦耕信曰

歌成曲沽酒督僮粟當錢莫怪山中忘歲月總無
乙事擾吾天 昨非今是倩誰分老去逃禪墮舊
聞漸覺道心同止水都將世事付行雲齋厨春餅
蘆初茁老圃秋糧桃有蕢徒倚柴門無箇事偶然
得酒便成醺先祖諱旹字義人謚文簡公瘦竹集

詞

茅屋剛如斗面水開窗牖客來何物可淹留有有
有淡製新茶薄烘乾筍舊務濃酒 列坐淸談久
茶罷還須洒酒闌客醉可歸歟否否否待月穿花

看雲籠竹猶堪携手丁雁水醉春風

格言

黎明即起洒掃庭除要內外整潔既昏便息關鎖
門戶必親自檢點乙粥乙飯當思來處不易半絲
半粒恒念物力維艱宜未雨而綢繆毋臨渴而掘
井自奉必須儉約宴客切勿留連器具質而潔瓦
缶勝金玉飲食約而精園蔬愈珍饈勿營華屋勿
謀良田三姑六婆實淫盜之媒婢美妾嬌非閨房
之福奴僕勿用俊美妻妾切忌艷粧祖宗雖遠祭

祀不可或疏子孫雖愚經書不可不讀居身務其質朴教子要有義方莫貪意外之財莫飲過量之酒與肩挑貿易勿佔便宜見貧苦親鄰須多溫恤刻薄成家理無久享倫常乖舛立見消亡兄弟叔姪須分多潤寡長幼內外宜法肅詞嚴聽婦言乖骨肉豈是丈夫重貲財薄父母不成人子嫁女擇佳婿勿索重聘娶媳求淑女毋計厚奩見富貴而生諂容者最可恥見貧賤而作驕態者賤莫甚居家戒爭訟訟則終凶處世莫多言言多必失毋恃

勢力而凌逼孤寡毋貪口腹而恣殺牲禽乖僻自是悔悞必多頹惰自甘家園終替狎暱惡少久必受其累屈志老成急則可相倚輕聽發言安知非人之譖愬當忍耐三思因事相爭安知非我之不是須平心暗想施惠無念受恩莫忘凡事當留餘地得意不可再往人有喜慶不可生妬忌心人有禍患不可生欣幸心善欲人見不是真善惡恐人知便是大惡見色而起淫心報在妻女匿怨而施暗箭禍延子孫家門和順雖饔飧不繼亦有餘歡

國課早完即囊橐無餘自得至樂讀書志在聖賢爲官心存君國守分安命順時聽天爲人若此庶乎近焉　朱子　耕夫役役多無隔宿之糧蠶婦波波少有御寒之衣日食三飡常思農夫之苦身穿乙縷毋忘織女之勞寸絲千命匙飯百鞭無功受祿寢食不安交有德之朋絕無益之友取本分之財戒無名之酒常懷克己之心閉卻是非之口若依朕之斯言富貴功名長久　唐太宗百字勸　不做費力事審己量力最得便宜不放債當產斂怨吃虧莫此爲甚不買閑書蕩心妨業無益有損不結遠親終身勞費無所底止　先祖仁附堂四誡

雜錄

宋金谿陸氏家制云古冢宰制國用必於歲之杪用地大小視年豐耗三年耕必有壹年之食九年耕必有三年之食以三十年之通制國用雖有凶旱水溢民無菜色國既若是家亦宜然故有家者當量入爲出然後用度有準豐儉得中怨讟不生子孫可守今以田疇所出除租稅播種蓋屋番治

之外所有若干以十分均之留三分爲水旱不測之備壹分爲祭祀之用六分爲十二月之用取壹月合用之數約爲三十分日用其壹可餘而不可盡用至七分爲得中不及五分爲太嗇所餘者別置簿收管爲伏臘裘葛修葺墻屋醫藥賓客弔喪問疾時節饋送之需又有餘則以周隣族之貧弱賢士之困窮佃人之饑寒過往之無聊者諸田疇不多則壹味節嗇裘葛取諸蚕績墻屋取諸畜養雜種蔬果皆以助用不可侵過次日之物至有不

能餘三分者則存其二又不能二分必存壹分如弔喪以先往後罷爲助賓客以樵蘇供爨清談爲適奉親以啜粥飲水盡歡爲孝祭祀以蔬食菜羹致敬爲忠諸凶儀縟節壹切不講庶禮不廢而財不匱稍存贏餘爲可久計免于人矣居家之病有七曰呼曰遊曰飲食曰土木曰爭訟曰玩好曰惰慢有壹於此者能破家其次貧薄而務周施豐餘而尚鄙嗇事雖不同爲害壹也蓋豐餘則人望以濟今乃恝然必失人情何有隙則爭嫉孽之雖其

子孫亦懷不滿之意壹旦入手有若決隄破防而不可止者故妄用以破家多藏以歛怨皆惑也

王業本於農周自始祖后稷以農官服事虞夏至不窋失官而自竄於戎狄之間公劉遷豳務農重穀修后稷之教豳人化之忠敬篤淳於隆古未遠故俗莫美於豳周公作豳七月訓王以王業之艱難其詩曰二之日于耜四之日舉趾同我婦子饁彼南畝田畯至喜三之日建寅月于耜夏小正正月農緯厥耒是也四之日建卯月舉趾言民畢出

舍于田舉趾而事耕田畯田官餉田曰饁言同婦子者少者畢出于田老者率婦子往餉之而治田早用力齊可知也故田官至而喜焉又曰九月築場圃十月納禾稼黍稷重穋音六禾麻菽麥嗟我農夫我稼既同上入執宮功場圃築場于圃也春夏物生則治場爲圃種菜茹秋成矣則築圃爲場舉禾稼納焉露積之禾稼穀連藁秸之名先總藁秸而納之防霖雨妨穫後去藁秸而收之俾穀不濕腐穫道然也先種後熟曰重後種先熟曰穋將言

稼同先目八穀備載之其豳雅甫田則上樂田畯
息民之樂下歌大田報焉以燕饗隸小雅其詩曰
倬彼甫田歲取十千我取其陳食我農人自古有
年倬明大貌甫大也美也十千謂壹成田土地之
穀入陳舊粟也言豳公歲取萬畝之入爲公賦儲
畜之及積久有餘又存其新而散其舊以食農人
爲補助蓋自昔有年故陳陳相因如此又曰今適
南畝或耘或耔黍稷薿薿攸介攸止烝我髦士耘
除草耔壅本也后稷之法壹畎三畮廣尺深尺而

播種於其中苗葉以上耨壟草因隤其土附苗根
壟盡草平則根深而能風與旱薿薿茂盛貌髦士
農民之秀爲士者言昔既有年今適南畝農人方
耘方耔黍稷又已茂盛是將復有年故進髦士而
勞之勞之者勸之也又詩曰曾孫來止以其婦子
饁音葉彼南畝田畯至喜攘其左右嘗其旨否禾易
長畝終善且有曾孫不怒農夫克敏曾孫目豳公
來止親循畎畝勸耕也掠取曰攘不曰取曰攘者
以田官而下取田夫之食嘗之其必畏惡而不敢

獻矣故攘之攘左右不壹攘攘而嘗旨否不壹嘗
見喜之甚取之疾上下相親之甚也豳俗貞美於
饁豳風雅三舉之當是之時禾既易治易治且竟
畝如壹當終善且多不怒言喜克敏勞其敏有功
勸之也末章稼如茨梁矣庾如坻京矣求千斯倉
求萬斯箱往所儲者倉所載者箱不給矣是君上
之慶也而豳公不自有也曰農夫之慶報而息之
祈田祖報介福焉於戲風稱滌場朋酒羔羊曰躋
公堂萬壽無疆雅稱納稼黍稷稻粱曰農夫慶萬

壽無疆蓋上下交相親壹體而交相祝壹詞也楚
茨信南山善矣郁郁乎文甫田大田則忠之屬也
善之善者也其大田曰大田多稼既種既戒既備
乃事以我覃耜俶載南畝播厥百穀既庭且碩曾
孫是若種言擇種戒言豫事月令季冬命民出五
種計耦耕事修耒耜具田器是也至孟春土長冒
橛陳根可拔用覃然之利耜從耕之而穀生生盡
條直且茂大其力耕其若曾孫也民則何心以君
之心爲心大順也夫又詩曰既方既皁既堅既好

不稂不莠去其螟螣及其蟊賊無害我田穉田祖有神秉畀炎火方謂孚甲成實曰阜實堅曰堅碩美曰好稂童梁莠似苗草方阜堅好而無稂莠非穉種善人力專陰陽和風雨時不能乃蟲災禾穉者非人力所及祈田祖付炎火燔焉其於田其無遺心力也夫又詩曰有渰淒淒興雨祁祁雨我公田遂及我私彼有不穫穉此有不斂穧彼有遺秉此有滯穗伊寡婦之利雲始興曰渰萋萋滃鬱貌祁祁徐也雲欲盛盛則多雨雨欲徐徐則入土穧

束秉把滯遺棄也不盡取舉以與矜寡共焉嗚呼天澤先之公也不必先已地利公於物也不必在已斯天下爲公哉非甚盛德其孰能與於此其豳頌在芟春籍田祈社稷樂良耜秋報樂也以祭報隷頌其詩曰載芟載柞其耕澤澤千耦其耘徂隰徂畛侯主侯伯侯亞侯旅侯彊侯以有嗿其饁思媚其婦有依其士有略其耜俶載南畝播厥百穀除草曰芟除木曰柞主家長伯長子亞仲叔旅子弟也彊有餘力者禮以彊予任民以左右之者其

轉移執事者也言耕疾力趣時又詩曰畟畟良耜俶載南畝播厥百穀實函斯活或來瞻女載筐及莒其饟伊黍其笠伊糾其鎛斯趙以薅荼蓼荼蓼朽止黍稷茂止言耘疾力也又詩曰實函斯活驛驛其達有厭其傑厭厭其苗緜緜其麃實謂種子函含活生也驛驛生不絕貌達出土如射也苗厭然特出曰傑緜緜詳密麃耘也言耕耘具力而苗盛於是收穫之而穡事成焉百禮洽焉其詩曰穫之挃挃積之栗栗其崇如墉其比如櫛以開百室

百室盈止婦子寧止美有年也又詩曰載穫濟濟有實其積（積露）萬億及秭爲酒爲醴烝畀祖妣以洽百禮有飶其香邦家之光有椒其馨胡考之寧黍稷之芬曰飶椒猶飶香烈也胡考目神黍稷國大寶故飶之香曰邦家之光亦神大賜故椒之馨曰胡考之寧蓋教民美報焉載芟曰匪且有且匪今斯今振古如斯良耜曰殺時犉牡有捄其角以似以續續古之人且此振自似續嗣續也言今是之祈也匪今適然振古已然以有且有今也神其許

我乎今是之報也匪今始然古之人實然今以似以續也神其乎我乎故風雅頌具主豳豳具主重農於戲是化成之本也天道也周之盛德也 宋黃庭堅與從弟書曰十二伯母嶺後幽居今何如五哥稍完葺廬舍否五哥才力不在人後但因困頓遂潦倒如此兄弟間稍從容者便當助其甘肯吾儕所以衣冠而仕宦者豈已力哉皆自高曾以來積累偶然冲和之氣在此壹枝耳其實相去不遠每過馬鞍墳前思之未嘗不愧汗也 顏之推

云積財千萬不如薄技在身技之易習而可貴者無過讀書世人皆欲識人多見事廣而不肯讀書是猶求飽而懶營饌欲暖而惰裁衣也 牛弘弟弼好酒而酗嘗因醉射殺弘駕車牛弘還宅其妻迎謂曰叔射殺牛弘聞之無所怪問直答曰作脯坐定妻又言叔射殺牛大是異事弘曰已知顏色自若 晉衛玠常以為人有不及可以情恕非意相干可以理遣故終身不見喜慍之色 虞翻與弟書云長子容當為娶婦須還求小姓使足生子

天之福人不在貴族芝草無根醴泉無源 顏氏家訓曰愛子不均古今通病也不知賢固可愛愚亦可憐有偏寵者雖欲以厚之實所以禍之又曰讀書縱不能大成就猶為壹藝得以自資父兄不可常依家國不可常保壹旦流離無人庇廕當自求諸身耳 儉字誦云壹人立三人坐兩人小兩人大其中更有壹貳口教我如何過正大明白真善謔而有益者 任惠恭晚年益康强或問其養生之術曰讀文選有悟耳曰敢問悟處曰石韞玉

而山輝水含珠而川媚是也 有補於天地曰功有關於世教曰名有精神曰富有廉耻曰貴是之謂功名富貴 插花不可太繁亦不可太瘦高低疏密如畫苑布置方妙置瓶忌兩對忌成行列夫花之所謂整齊者以參差不齊而意態天然如子瞻之文隨意斷續青蓮之詩不拘對偶乃真整齊也

春　風多秋雨多　巳卯風樹頭空　甲子雷年豐

雹吉年豐

春三月此謂發陳天地俱生萬物以榮夜卧早起廣步於庭披髮緩行以使志生生而勿殺與而勿奪賞而勿罰此春氣之應養生之道也逆之則傷肝肝病宜食小豆韭李犬肝木味酸木能勝土土屬脾主甘春宜減酸益甘以養脾土春陽初升萬物發萌正二月間乍寒乍熱年高之人多有宿疾春氣所攻則精神昏倦宿病發動又兼去冬以來

擁爐薰衣啗炙炊煿漸積至春因而發泄致體熱頭昏壅隔涎嗽四肢倦怠腰脚無力常當體候稍覺發動不可便用疎利之藥恐生別疾惟用消風去熱凉膈化痰之劑飲食調停自然通暢若無病不可服藥春日融和當眺園林亭閣虛敞之處用攄滯懷以暢生氣不可兀坐以生他欝飲食不可過多米麵團餅多傷脾胃難化老人尤忌天氣寒暄不時不可頓去綿衣老人氣弱骨疎體怯風冷易傷腠裏時備夾衣遇暖易之以次漸減不可暴去

栽竹木花果以地無老凍自驚蟄至春分為得時若至三月則太遲矣凡樹栽深則不茂最忌西南風及火日望前栽則茂而多實擇晴明日記南北根無宿土者掘深坑以清糞水和土成泥栽於泥中輕提起使樹根與地平舒暢不拳屈四圍用木架縛穩勿令摇動俟泥白背再用水澆有宿土者先掘坑加水飲足然後下樹覆土築實澆水宜多而不可頻頻則根爛上加浮土免致乾裂伏天栽樹百無一活不可不知二三月樹生新根澆糞必死

叙

萬株果樹色襍雲霞千畝竹林氣含烟霧激槳川而縈碧瀨浸以成波望太乙而憐少微森然逼座尚書未至曳履鶯隣宮尹遥來鳴騶動壑　宋之問

春宴曲庄序　夫天地者萬物之逆旅光陰者百代之過客而浮生若夢為驩幾何古人秉燭夜遊良有以也况陽春召我以烟景大塊假我以文章會桃李之芳園叙天倫之樂事羣季俊秀皆為惠

連吾人詠歌獨慚康樂幽賞未已高談轉淸開瓊筵以坐花飛羽觴而醉月不有佳作何伸雅懷如詩不成罰依金谷酒數李白春夜宴桃李園序

詩

銀鞍白鼻騧綠地障泥錦細雨春風花落時揮鞭直就胡姬飲李白

徐步春園日風輕雲淡時嫩苔生翡翠新水映玻瓈柳色頻經眼花香暗襲衣碧桃舒笑臉黃鳥白鬧啼王荆石

載陽天氣柳榆明村落家家事鋤耕盼到春來歸日近好聽布穀故鄉聲

老至闈難未肯慵呼兒蚤起伴鴻春光陰計日寅應惜莫但貪眠說夢松先君諱士宇號薦公三山詩草

小圃載酒日經過滿目春光映綠莎桃李含情呈笑靨柳榆獻媚綴晴螺鳥穿翠條簧調舌魚躍澄泉玉擲梭莫訝老夫頻命騎忍辜皓首負陽和王象晉

春色催人白髮疎石梁溪畔結吾廬饑寒習慣心常泰婚嫁累完情自舒萬念都灰唯有酒百年若隙可無書兒孫繞膝詢前事笑指壁間壹蠹魚宜會

詞

照野瀰瀰淺浪橫空曖曖微霄障泥未解玉驄驕我欲醉眠芳草 可惜壹溪明月莫教踏碎瓊瑤解鞍欹枕綠楊橋杜宇數聲春曉蘇軾西江月

風乍起吹皺壹池春水閑引鴛鴦芳徑裏手挼紅杏蕊 鬪鴨闌干獨倚碧玉搔頭斜墜終日望君君不至舉頭聞鵲喜馮延巳謁金門

正月 是月也天氣下降地氣上騰陰陽和同草木萌動此月爲孟春孟陽孟陬上春發春肇歲華歲端月陬月 天火子 地火戌 冀忌未 九焦辰 荒蕪巳 節氣內有三卯宜豆無則早種禾有三子葉少蠶多有三亥大水 甲子豐年丙子旱戊子蝗虫庚子亂惟有壬子水滔滔都在上旬十日看又云甲子虫災桑穀貴壬子無綿戊子豐 上旬甲申五穀收丙申穀損虫食菜戊申六畜災壬申澇 日赤如血大旱日上有黑雲大旱 上旬月暈壹暈樹虫二暈穀虫三暈雷震明年大赦四五暈歲惡有災變 雷鳴人疫年歉 電人殃

甲乙雨春雨多丙丁戊巳雨夏雨多庚辛雨秋
雨多壬癸雨冬雨多四時但遇此日必雨 有風
雨三月穀貴 大霧人民多災 上甲日西方雲
黄歲惡 先得丙寅夏雨多戊寅秋雨多壬寅冬
雨多 雨卯穀貴 霜下着物見日不消五穀不
實牛馬多疫 雪至地三日內卽化歲成人安七
日不消秋穀不成 二日得甲爲上歲四日中歲
五日下歲月內有甲寅米賤 元旦至十二日每
日取長流水滿瓶稱之主十二月其日水重其月

雨多輕則少
葺室宇 整農具 修花園 理蔬畦
種豌豆此豆能療小兒痘疔用豌豆四十九粒燒灰
存性髮灰三分真珠十四粒炒研爲末油胭脂同
搗成膏先用針挑痘疔破咂去惡血以少許點之
卽時紅活大凡疔痘紫黑而大或黑壞而臭或中
有黑線此死症也當速治
種春大麥秫出九卽用冬大麥作種
種紅花根下鋤淨勿留草穢見蓓蕾卽勿鋤

種白菜菠菜
辛日鋤韭畦去敗葉以鐵爬耬起舊土作埂上水加
熟糞蓋之
晦日種冬瓜頻澆之
剝松樹
修諸果樹去昨年新發明條子及低亂小枝澆水培
之樹根四圍土俱刨鬆勿荒蕪
白蝦洗淨晾乾剪鬚尾每斤用鹽壹兩火酒化開拌
蝦量加花椒入瓶紮緊若用白糖則不用鹽

皮酒用火酒十斤餳糖五斤黄酒二十斤當歸五錢
陳皮梔子香附各二錢砂仁五加皮各三錢浸六
十日取用若自做燒酒名稀熬者與黄酒平兌藥
亦少增季春以後臘黄漸虧不得不預備也
棗酒用紅棗二斤洗淨炒胡加小茴五加皮各三錢
香附當歸各壹錢夏布袋盛浸稀熬六十斤
狀元紅用五加皮壹兩桂皮四錢陳皮當歸甘草木
香各壹錢蜜壹斤橘餅不拘多少紅麯壹兩夏布
袋盛浸大麯蒸酒十斤入罈重湯煮壹炷香

詩

曉日千門啓初春入舍歸賭蘭開宿昔談樹隱芳菲 沈佺期

青帝東來日馭遲煖烟輕逐曉風吹爵袍公子樽前覺錦帳佳人夢裡知雪圃乍開紅菜甲綵旛新剪綠楊絲殷勤為作宜春曲題向花牋貼繡楣 韋莊

軒后凝圖玉律懸羲皆授節下堯天乾坤更記頒正月宇宙爭傳歷萬年漫說陽春聯紫極廻看象緯麗瑤編皇與此日宜無外共慶神功格上天 陶望齡

詞

簾幙東風寒料峭雪裡香梅先報春來蚤紅蠟枝頭雙燕小金刀剪綵呈纖巧 旋煖金爐熏蕙藻酒入橫波困不禁煩惱繡被五更春睡好羅幃不覺紗窗曉 歐陽修蝶戀花

立春 晴明少雲歲熟陰則虫傷禾豆 風從乾來暴霜殺物穀猝貴坎來多大寒艮來風雨調五穀熟震來多暴雷氣洩不成巽來風多有虫晴主旱離來旱傷萬物坤來為逆氣米貴春寒六月大水人愁兌來旱霜疾疫又為虛邪風中之必病如夜半至無害又曜仙占天陰無風民安蚕麥百倍東風吉果穀盛 甲申至巳丑庚寅至癸巳雨主糴貴甲寅乙卯雨夏穀貴 占土牛頭黃主熟又專主菜麥大熟青春多瘟赤春旱黑春水白春多風

三元君以是日上詣天帝北望有紫綠白雲為三素飛雲當再拜陳乞得給侍輪轂三過見元君白日昇天 此時地未可耕當收拾農器若遇天氣和暖即出糞倒糞蓋壹歲之計在春而壹春尤自

正月忙起 錢糧二月開徵此時當預為打箕

插壓薔薇月季木槿折枝連榾柮插陰肥地內葉實勿傷皮外留寸許長則瘁凡插壓皆畏日喜陰

栽菜子萵苣

蘭花移向陽處使近日光不可過冷

雨水 陰多主水少高下並吉 月蝕粟賤多盜 虹見七月穀貴 雪殺麥大約春雪於麥不宜

雨水中埋諸般樹枝皆可活取直好枝如拇指大長尺許插大蘿蔔中埋之頭勿出地大長恐易瘁

勤澆之　剔諸果樹虫凡聚葉腐枝皆虫所穴但
搜去　劄蜜茬　糞該倒第二次
分植迎春花其葉陰乾爲末酒服三錢出汗治腫毒
薅葱　跌打手足骨折葱白搗爛焙熱封裹折處
澆牡丹正月止壹次須天氣和暖如東未觧切不可
澆更不可濕其榦
元旦　得辛旱麥收十分米平麥麻貴得甲穀賤人疫
遇風從東來宜蚕得乙穀貴人病得丙四月旱得
丁絲綿貴得戊米麥魚盐貴得己米貴蚕傷多風

雨得庚田熟人病金鐵貴得壬絹布豆貴米麥平
得癸禾傷多雨人死得卯酉十分收得辰雨多得
子歲稔得丑水收七分得寅雨晴匀低田收得申
仲夏水年豐得未早禾半收人安又云得癸爲上
歲得丙丁收七分　晴人安年豐三日陰和無風
雨歲美　大風主旱　風從南來大旱西南小旱
西來人愁西北大風妨農菽成北方爲水門風來
大水歲中平東北水旱匀調高下皆熟東來大水
東南歲惡　旦至食爲麥食至日昳爲稷昳至餔

申初爲黍餔至下餔申末爲菽下餔至日入爲麻有風
雲日當其時者深而多實無雲有風日當其時淺
而多實有風雲無日當其時深而少實有日無風
雲當其時者稼有敗　四方有雲黄熟青蝗赤旱
白兵　雷鳴人不安　電人殃　有霧歲饑大水
人疫　雨春旱民有壹升之食二日雨民有二升
之食如此占至七日　霜七月水　雪年豐秋水
若未交立春則麥穀蕃盛人畜安寧　雹有盜
五鼓時驗牛俱卧則苗難立半卧半起歲中平俱

立則五穀熟　本日雞二日犬三日猪四日羊五
日馬六日牛七日人八日穀九日果十日菜晴暖
則蕃風雨陰寒不吉
元旦雞未鳴時供牲醴糕饊茶果香燭祈荅
天地神祇燃爆竹放鞭炮另設肴饌祭祖先畢叙
長幼以次禮拜坐飲屠蘇酒自少而長各三杯天
明祭土地園井倉庫農器六畜所司之神乃設酒
肴餛飩合家醉飽取壹年吉慶屠蘇椒酒也辟瘟
疫謂屠絶鬼氣蘇醒人魂　五鼓時以斧雜砍諸

果樹則結子繁而不落。雞鳴時以火照諸果樹則無虫。日未出時用朱旛畫日月七星像，每遇風起，豎園內東墻下，即大風發屋拔木，園內花果無損。元日不借火，不汲水，不掃地。李樹石榴以石安了中堆根下，則結子繁。

詩

葦桃猶在戶，椒酒已稱觴。歲美風先應，朝回日漸長。自知年紀偏應少，先把屠蘇不讓春。倘更數年逢此日，還應惆悵羨他人。俱蘇軾

帝宮通夕燎，天門拂曙開。瑞雲生寶鼎，榮光上露臺。蕭慤

和風旭日遍春臺，客裡新正萬象開。剪韭擘柑稱樂土，擁裘負曝撥寒灰。羞將幡勝頻添歲，笑把屠蘇後舉杯。三度流年無恙在，浸愁蓬鬢雪霜催。先君庚戌正旦三山試筆

元宵　晴春雨少，百果盛。十四日占同八日。雨，元夜亦雨。霧主水。

元宵放燈，起唐明皇開元年間。謂天官好樂，地官好人，水官好燈。上元乃三官下降之日，故放燈。

元宵燃燈，供酒果湯圓於庭，另設牲饌祭祀祖先於家堂，長幼叙坐，施放花炮，以娛佳景。

火藥每料俱用硝四兩，其灰黃隨方變通。春雷用檾捍灰八錢，黃九錢。地花筒花用石炭灰三錢五分，柳木灰三錢五分，黃七錢，尖砂壹兩八錢。又方，灰黃各六錢五分，尖砂壹兩七錢。又方，灰黃各六錢，尖砂壹兩七錢。烟柳灰八錢，黃二兩，白烟加粉，綠烟加銅綠各二兩，黃烟加信二兩，雄黃三錢。起火柳灰壹兩六錢，黃八錢，硇砂任便。

催藥柳灰壹兩，黃八錢。月明石炭灰壹兩二錢，黃壹兩六錢。又方，石炭灰壹兩三錢，黃壹兩，雄黃壹兩五錢，朝腦二錢，粉壹錢。金盞柳木灰五錢，石炭灰五錢，黃壹兩五錢，又次節石炭灰三錢六分，黃壹兩六錢，銀硃壹錢，銅綠壹錢，粉三分。飛鼠柳灰壹兩六錢，黃八錢。又方，灰同上，黃六錢。地鼠柳灰八錢，黃七錢，尖砂壹兩二錢，牛生熟。又方，灰壹兩二錢，黃壹兩，砂同上。小鼠柳灰壹兩六錢，黃七錢，硇砂七錢。鍋花分兩節

前節用石炭灰六六錢黃六六錢砂二兩八錢後節用砂三兩二錢灰黃同上。小鍋花灰黃各四錢五分或各三錢末砂壹兩。信藥用硝四兩桑梓灰壹兩七錢或壹兩六錢炒用。烏鎗藥硝壹斤柳灰三兩黃二兩。

右方雖少儘足自樂社火所需專門有匠無庸備錄

詩

九陌連燈影千門徧月華傾城出馬騎匝路轉香

車爛熳惟愁曉周旋不問家更聞清管發處處落梅花。郭利正　火樹銀花合星橋鐵鎖開暗塵隨馬去明月逐人來遊妓皆穠李行歌盡落梅金吾不禁夜玉漏莫相催。蘇味道　端門魏闕聳崢嶸燈火城中輦路平不待上林鶯百囀教坊先已進新聲。秦觀　雪消華月滿仙臺萬燭當樓寶扇開雙鳳雲中扶輦下六鰲海上駕山來鎬京春酒霑春宴汾水秋風陋漢才一曲昇平人盡樂君王又進紫霞杯。王珪

詞

壹夜東風不見柳梢殘雪御樓烟煖對鼇山綵結簫鼓向晚鳳輦初回宮闕千門燈火九逵風月。繡閣人人乍嬉遊困又歇艷粧初試把珠簾半揭嬌羞向人手撚玉梅低說相逢長是上元時節。孫巨源　傳言玉女　紫禁烟花壹萬重鼇山宮闕隱晴空玉皇端拱彤雲上人物嬉遊陸海中。星轉斗駕回龍五侯池館醉春風而今白髮三千丈愁對寒燈數點紅。

燈聯

管絃沸月喧和氣　誰家見月能閒坐
燈火燒空奪夜寒　何處聞燈不看來
瑶笙聲徹春宵月　燈嫌月淡連天照
霓舞光輝元夜燈　花怯春寒向火開

二月

是月也日夜分蟄虫啓戶此月為仲春仲陽如月令月中和節　天火卯　地火酉　糞忌戌　九焦丑　荒蕪酉　雷不鳴五穀不成小兒多災多盜驚蟄前雷主旱　甲寅乙卯雨米貴　一朔日

風雨稻惡糴貴人災。二日晴吉見水主旱又主梅水多澇傷穀　八日東南風主水西北風主旱十二日晴百果實雨晴匀。十五日爲花朝又爲勸農日晴吉風雨主歉。二十日晴主糴平。雷初發聲在艮震歲稔巽坤主蝗乾離旱坎水

種葱水泡種透去水每早灑水頻弄候芽出種之。

種韭掘地作坎以碗覆土上從碗外落子。

種茄水泡種洗淨種肥熟地内上用沙蓋常以水潤長至四五葉移栽。

葫蘆瓠子番瓜冬瓜俱於春分節内天晴下種若交二月節則太遲苗俱要稀。

種同蒿食不盡者留結種秋社前種。

鋤菜子。

澆牡丹月内共三次。

護蘭四圍插竹防風折葉微澆之用雨水河水皮屑水魚腥水雞毛水最忌井水凡澆須四面匀灌勿得洒下致令葉黄黄則清茶洗之。

種梧桐將子拌鋸末少許或盆或地俱可種上覆土末寸餘時時澆灌令土常濕。

辣蘿蔔懸簷下至夏秋間有病痢者煮水服即止又能止嗽愈久愈妙。

詩

東風生意鬧農圃正宜勤稻種開包晒菊苗依舊分疇西畹耕雨含花暮鉏雲莫待荒三徑歸歟陶令君。柳宗元　熙熙麗日開青野漠漠平疇散碧波山鳥壹聲催布穀綠楊陰裡聽農歌。陸平泉　二月郊南柳色青淡雲晴靄動芳辰霏霏花氣偏

隨酒姗姗鶯歌解和人野舫醉乘明月渡芳洲情與白鷗馴武陵溪水深幾許笑逐桃花欲問津。曹大章

詞

鶯喚屏山鶯覺嬌羞須倩郎扶茶蘼斗帳冷薰爐翠穿金落索香汎玉流蘇。長記枕痕消醉色日高猶倦妝梳壹枝春瘦想如初夢逃芳草路望斷素鱗書。張仲宗臨江仙

驚蟄　値朔日主蝗災。驚蟄日雷在上旬春寒黄梅

水大在中旬禾傷在末旬亟侵禾西南風不收
旱菜此後種大麥勿過冬大麥作種是日以
石灰摻門墻壁下除亟蟻此時地可耕矣當督
勤耕牛喂豆起每日三合糞倒第三次此時
不勤何能促細
插栁先於坑中盛蒜壹瓣甘草壹寸永不生虫常以
水澆必數條俱發留好者三四株削去梢枝必茂
餘條削去
插青楊先挑溝深尺許以水飲足次日將青楊枝如

棗栗者截段豎埋之勿顛倒比地矮寸餘俟芽出
培之白楊移小者栽之
揷梨於驚蟄後五日取旺相梨笋如拐樣截其兩頭
火燒鐵烙定津脉栽陰地即活
栽各種子俱於驚蟄後十日澆水以糞蓋之芥菜擇
紫葉者辣蘿蔔擇平頂四五箇壹斤者水蘿蔔擇
兩頭勻者胡蘿蔔去梢
種烟烟最難生雨水節內先將種泡透用袋盛之日
蘸水掛起至此時生芽掘土作畦令土極細口含

烟種噴之覆以沙土上蓋草常洒水俟出齊陸續
去草常澆令濕勿當頂澆水恐濺泥損苗
澆芍藥自此至清明逐日澆水則根深枝高以雞矢
和肥土培花叢下渥以黃酒更茂
扦花以驚蟄為上時遲則難必活扦法取木旁生小
株可分者先就連處分劈用木片隔開土培之令
各生根次年移栽勝於種核
種鳳仙雞冠藍菊虞美人老少年秋葵石竹等草花
助皆除生意白鳳仙花盧裝壹罈好火酒灌滿

浸三七日日飲之能調經受胎打杖腫痛先飲
童便黃酒免血攻心鳳仙花葉搗如泥敷腫破處
乾則又上過夜血散即愈冬月用乾花葉研末水
調塗如無用豆腐葱白同搗爛敷之頻換即愈
吐血不止白雞冠花醋浸煮七次為末每服二錢
熱酒下經水不止紅雞冠花晒乾為末每服二
錢空心熱酒調服忌魚葷白帶用白雞冠晒乾
為末每早空心酒服三錢赤帶用紅者下痢雞
冠花煎酒服紅用紅白用白

春分　晴明煖熱萬物不成　風從乾來歲多寒金鐵
貴應四十五日民饑多災坎來米貴豆不成民多
疾艮來穀不收米倍貴水暴出震來穀熟麥賤民
安年豐巽來蟲生四月暴寒雨離來五月先水後
旱坤來多水人病瘧兌來爲逆氣春寒麥貴凶
前後壹日雷年豐　雲青爲蟲東有青雲宜麥白
爲喪赤爲兵荒黑爲水黃爲豐年無雲凶於交節
正時觀之　糞速打細速送
土接花果樹擇晴明天氣忌食腥酒用鋸截斷元樹

以利刃於樹兩旁微啓小罅深寸許却以所接條
約寸許壹頭削作小篦子先啣口中以津液助其
氣納之罅中要快捷緊密須兩皮相對外用榆树
皮搗爛封縛蘘以潤土培養接頭勿令見日透風
以棘護之去賊芽李接桃實毛梅接杏實甘
栽桑擇初芽桑枝指大肥旺者就馬蹄處劈下潤土
內開溝尺許埋實自生根壓後遇旱於旁開溝灌
之但取水氣到忌多着水
分紫薇紫荆根旁小本栽之

海棠綉毬等花屈樹枝就地用木鉤攀釘堅牢燥土
壅起身半段以熟土覆枝四五寸厚露梢頭半段
勿壅以肥水澆灌區中至梅雨時枝葉仍茂根已
生矣歷時須枝對相連處斷其半用土培固次年
新葉將萌方斷連處霜降後移栽來春亦可
栽盆蓮先將好壯河泥乾者少半甕築實隔以蘆蓆
再加河泥二三寸築平有雨蓄之俟泥曬微裂方
種蓄藕根上行遇實始生花也次將藕壯大三節
無損者順鋪在上頭向南芽朝上用硫黃研碎紙

撚簪柄粗纏藕壹兩道再用剪碎猪毛少許安在
藕節再用肥河泥次第與藕芽平勿露頭少加
水潤置日中曬泥迸裂加河水四指深候擎荷大
發再加河水交夏水方可深管子曰五沃之土生
蓮故栽須壯土然不可多加壯糞反至發熱壞藕
蘭花用日曬遂大雨恐葉墜用細繩束起如連雨移
簷下通風處
桂花移廳堂內以漸出屋恐土乘濕葉夾竹桃同
去樹裏苦葡萄草苦花草俱以潮去之去苦蒜草鋤

之

耙二麥壹遍每畝撒鹽壹斗則麥長盛或耙後至清明節內撒鹽亦好

轉瓜麻地

社 社無定日立春後五戊爲春社立秋後五戊爲秋社 晴明六畜大旺 雨五穀果實少 在春分前歲美在春分後歲惡春米麥貴 分社同日東風麥賤西風貴花風米貴南風五月先水後旱

社日吃酒治耳聾 祭土地五穀之神

種山藥先於年前開溝入春凍鮮填牛糞亂草乎溝上加土築實橫埋山藥栽於上覆糞土與溝平時加澆灌俟芽生搭之比地高寸餘以竹樹枝架起忌人糞 禁口痢山藥半生半炒爲末每服二錢米飲下 腫毒初起帶泥山藥蓖麻子糯米等分水浸研傅郎散 項後結核或赤腫硬疼以生山藥壹挺去皮蓖麻子二個同研貼之如神 手足凍瘡山藥磨泥傅之

詩

九農成德業百祀發光輝報效神如在馨香舊不違南翁巴曲醉北雁塞聲微倘想東方朔佽諧割肉歸 杜甫

天氣近寒食村居遠市朝翠低新柳弱紅潤穉花嬌聽鳥頻移榻看雲偶過橋隔村春社至曾赴野人招 張神鳶

鵞湖山下稻粱肥豚穽雞棲對掩扉桑柘影斜春社散家家扶得醉人歸 周在

千尋古櫟笑聲中此日春風屬社公開眼已憐花壓帽放懷聊喜酒治聾攜刀割肉餘風在下死傳神俚俗同聞說已栽桃李徑隔溪遥認淺深紅 李伯時

三月 是月也生氣方盛下水上騰句者畢出萌者盡達此月爲季春暮春晚春末春竊月蠶月載陽華節 天火午 地火申 荒蕪丑 糞忌辰 九焦戌 有三卯宜豆無則麥不收 三月不温民多寒熱 有暴水謂之桃花水主梅雨多 雨多宜麥 雪經日不消秋禾惡 風不衰九月霜不降 雲甚潤厚暴雨將至 雷多主歲稔雹多同

上巳有霜月內冷 甲寅乙卯甲申至己丑庚

寅至癸巳三辰三未日雨皆主米貴 朔日値淸明草木茂値穀雨年豐 朔日風人病木虫生北風自早至午米貴雷主旱雨人疫百虫生又主旱 二日雨主旱 三日雷麥貴雹同雨宜蠶水旱不時 四日雨治溝渠六日雨壞墻屋七日雨決隄防八日雨乘船行俱主澇 六日日中洗頭令人利官身體光澤夜浴令無危 七日早暮浴招財延生 廿七日浴令人神氣精爽 晦日雨麥不熟 羊脯三月後有毒虫如馬尾殺人 月內勿

食雞子鳥獸五臟五辛等物令人昏亂發宿疾飮食不化 勿食蒜及芹蒜爲五辛之壹能散氣助火傷肺損目三月八月二時龍帶精入芹菜中人誤食之爲病面青手青腹滿如妊痛不可忍服硬餳三二升日三吐出蜥蜴便瘥或云亦虺蛇蜥蜴之毒耳非龍也春夏之交遺精於菜且蛇喜食芹尤爲可証 稻宜速舂若逾立夏蹴米多碎計稻有餘欲存貯則勿舂夏月米必用甕盛置炕上否則生蛀 每日雞鳴時以隔宿冷炊湯洗托飥飯

雜厨物永無百虫之患

漢儀上巳官及百姓皆禊於東流水上 魏以後但用三日不復用巳 歲時記三月三日上踏靑履 上巳禊飲肇自古昔采蘭祓除尤稱佳事不知廢自何時迄今遂莫之舉也余家近水願約二三同好及此風日清美駕言出遊臨綠波藉碧草覽芳物聽嚶鳴娛情觴詠之中寄想煙霞之外便覺蘭亭諸賢去人不遠

種稷稻蜀秫穄穀黍將種用雪水浸過則耐旱辟虫

農人無忌諱止趁晴和天氣佈種以糞多爲上踏實風不侵則苗旺或用石砘砘之寧早勿晚

種棉花蚤恐春霜傷苗晚恐秋霜傷桃當於清明穀雨間擇中間收者待冬月生意斂藏碾子晒乾於種時以滾水潑過即以雪水草灰拌勻種之蓋種初收者未實近霜者不生秕者油者經火焙者俱不堪作種種法有三耧耩淺撒惟穴種者獲利多但多費人工法將耕過熟地仍用犁過就於溝中隔半尺作壹穴澆水兩碗俟水入地再下種十餘

粒，加熟糞壹碗覆土，踏實，地必轉熟，三四遍，種至二年，則呆枝不生。夏至前必鋤七遍，留苗務稀。

種薏苡。其仁健脾益胃，補肺去風，清熱勝濕，消水腫，治脚氣，且釀酒甚美。

種芋。南方多水芋，北方止旱芋耳。《偹荒論》曰：蝗之所至，凡草木葉無有遺者，獨不食芋，當廣種之。種芋之地，衆人往來眼目多見，及聞刷鍋聲，多不孳生，鉏治勿晚。　芋葉擣傅癰疽腫毒，虫咬，蜂蠆，神效。

揷木芙蓉。先以硬棒打洞，入糞泥灌滿，然後揷入，上

露少許，勿傷損皮，上遮爛草。揷木槿同。芙蓉能解毒消腫，壹切癰疽發背，乳癰惡瘡，用芙蓉葉或根皮或花，晒乾研末，以蜜調塗於腫處四圍，中間留頭，乾則頻換。初起者即覺清凉，痛止腫消；已成者即膿聚毒出；已穿者即膿出易歛，妙不可言。或加生赤小豆末尤妙。　經血不止，芙蓉花、蓮蓬殼等分爲末，每服二錢，米飲下。　杖瘡腫疼，芙蓉花葉研末，入皂角末少許，雞子清調塗。

澆壯，卌月內共五次。

種蓖子。蓖麻於田畔近路處，遮牲畜。凡腫毒疼不可忍，蓖麻子仁擣敷即止。　湯火灼傷，蓖麻仁、蛤粉等分，研膏，湯傷以油調，火灼以水調塗。　産難，取蓖麻子兩手各把七枚，須臾立下。　催生下胞，蓖麻仁七粒，研膏塗足心，若胎及衣下，便速洗去，不爾則子腸出，即以此膏塗頂，則腸自入。

種白菜、水蘿蔔、芹菜、眉豆、御麥、黃瓜。

糟豆腐。用絹袋過汁，做極細豆腐，切片約二指厚，用炒塩擦過，放箔上，晒六七分乾，又用淡塩湯煑壹

滚，取出晒七分乾。每二升黄豆之腐，用壹升糯米作酒娘，起出槳壹斗，餘槳並糟加香油、椒茴末拌勻，糟腐，秋後取用。

皮蛋。用新生鴨蛋百枚，將風泛石灰礦子不經水者升半，真新炭灰三升，塩七兩，栢葉些須，河水調勻，分作百塊，將蛋包好，收罎內封固，勿冒風，百日後取用。　醃蛋百枚，用塩四十兩，水五斤，和泥包之，四十日取出，另用罎貯，不用原汁浸。

比目魚必待煑熟方加塩，若早加，或用塩醃，即成粉

賦

夫何三春之令月，嘉天氣之氤氳，和風穆而布暢，百卉曄而敷芬，川流清冷以汪濊，原隰蔥翠以龍鱗。游魚瀺灂於綠波，玄鳥鼓翼於高雲。美節慶之動物，悅羣生之樂欣，幸新服之既成，將禊除於水濱。于是縉紳先生，嘯儔命友，携朋接黨，冠童八九，主希孔墨，賓慕顏柳，臨涯詠吟，濯足揮手。乃至都人士女，奕奕祁祁，車駕岬嵑，充溢中逵，粉葩翕習，緣阿被湄，振袖生風，接衽成幃。若夫權戚之家，豪侈之族，采騎齊鑣，華輪方轂，青蓋雲浮，參差相屬。集乎長洲之浦，曜乎洛川之曲，遂乃停輿蕙渚，稅駕蘭田，朱幔虹舒，翠幕蜺連，羅樽列爵，周以長筵。於是布椒醑，薦柔嘉，祈休吉，蠲百痾，漱清源以滌穢兮，攬綠藻之纖柯，浮素卵以蔽水兮，洒玄醪于中河。張協

詩

時乃暮春，時物芳衍，濫觴逶迤，周流蘭殿，禮備朝容，樂闋夕宴。謝靈運　習習谷風興，回回景雲從，

青天數翠彩，朝日含丹輝。傅玄　二月已破三月來，漸老逢春能幾回。莫思身外無窮事，且盡生前有限杯。杜甫　安樂窩中三月期，老來纔會惜芳菲。美酒飲教微醉後，好花看到半開時。邵子　三月正當三十日，風光別我苦吟身。共君今夜不須睡，未到五更猶是春。賈島　細雨迎梅濕杜鵑，飛花零落柳三眠。鶯啼燕語依然在，不信春歸又一年。幾人買棹逐春歸，嚴瀨錢江水正肥。獨我淹留春又去，坐看巢燕學飛飛。曾聽郊西布穀聲，榆錢柳眼望中明。於今綠暗風光減，添得春愁滿客城。拂羽鳴鳩自引雛，春深庭草半荒蕪。無緣留得東風住，深巷頻沽酒一壺。朱明　將近晝偏長，處處秧田饁餉忙。漫道羈人無負郭，筆耕尤自惜春光。荏苒何須記歲月，暑來寒往本無私。客窗愁與東風別，夢裡春歸自不知。生香不斷一枝春，三月殘花伴遠人。多謝東皇留別意，枇杷嘗過荔枝新。先君三山詩草　才喜新春已暮春，夕陽吟殺倚樓人。錦江風散霏霏雨，花市香飄漠漠

塵。今日尙追巫峽夢。少年應遇洛川神。有時自患
多情病。莫是多情宋玉身。薛濤

詞

櫻桃謝了梨花發。紅白相催。燕子歸來幾處風簾
綉戶開。人生樂事知多少。且酌金杯管咽絃哀
謾引蕭娘舞袖迴。晏原叔採桑子　春如酒。花如
繡。惱人天氣清明候。荼蘼下。鞦韆架。東隣嬌女。招
呼遊冶。怕怕怕。羅衫舊腰肢瘦。風情困似三眠
柳。山盟話。都成假。待伊來後採將花打。罷罷罷。釵
頭鳳　青抹遥山綠勻芳墅。踏春還共春遊侶。畫
樓墻隔是誰家。垂楊影裡鞦韆女。墜落瑶釵。高
飄金縷。傳情擬倩流鶯語。明朝酒醒好重來。東風
莫洒催花雨。踏莎行俱丁雁水

寒食　去冬至壹百五日。即有疾風甚雨。謂之寒食。實
清明前二日也。照俗以前壹日爲寒食。失考矣。祭
掃先塋。栽樹添土。　雨。年豐。
早取螺螄浸水中。至清明以水洒墻壁。甃砌。去蚰蜒
蚰蜒入耳。用蝸牛入耳自出。或芝麻炒研。裝袋枕

之。
浸糯米。逐日換水。至小滿。取出晒乾。炒黃爲末。治跌
打損傷。用水調塗。
治麥麵。用絹袋盛。掛當風處。治疔腫。麵和臘猪油封
之。　跌打損傷。白麵和高醋爲餅。包傷處。壹時壹
換。接骨如神。　折損瘀損。白麵梔子仁同搗。水調
敷。　火燎瘡。炒麵梔子仁末。和油敷。　咽喉腫疼
卒不下食。白麵和醋塗喉外腫處。　吹奶。水調麵
糊。煑欲熟。即投黃酒壹盞。攪勻。熱飲。令人徐徐按
之。藥行即瘳。　乳癰。白麵半斤。炒黃。醋煑糊敷。
金瘡出血。麵乾敷。　脚趼成泡。水調麵敷。次日即
平。　小兒口瘡。麵五錢。硝石七錢。水調五分。塗足
心。男左女右。　中暑。水調麵服。　白痢不止。炒麵
方寸匕。入粥中食。　泄瀉不止。麵炒焦黃色。空心
溫水服壹二匙。
做醋脚。先於冬月。用黃米二斗做酒。照常使麴。至寒
食前五六日。榨酒取糟。再將蜀秫二斗。磨破取米
做坯晾冷。加好麯麪三升。同糟拌勻。如發麪麪狀

入窖按實盖着候發裂紋再消下去用麩培二指厚上用糯稻糠培三指厚盖嚴秫坯要乾勿稀

詩

馬上逢寒食途中屬暮春可憐江浦望不見洛橋人宋之問　寒食江村路風花高下飛汀烟輕冉冉竹日浄暉暉田父要皆去隣家問不違地偏相識盡雞犬亦忘歸杜甫　春城無處不飛花寒食東風御柳斜日暮漢宮傳蠟燭輕烟散入五侯家韓翃　禁烟此日客魂驚弔古無端自感傷天意

到今憐介子妻凄風雨冷孤城先君蓮江作　蘭陵士女滿晴川郊外紛紛拜古埏萬井閭閻皆禁火九原松栢自生烟人間後事悲前事鏡裏今年老去年介子終知祿不及王孫誰有豈相憐郭勛

詞

家家祭掃畫船容與白馬迢遥提壺挈榼沿村到難畫難描青竹杖牛挑山色紫藤篚亂插花楨紅衫粉面爭調笑高呼低唤齊度小溪橋陳眉公滿庭芳

清明　喜晴忌雨又午前晴早蚕收午後晴晚蚕收

是日淘井取井底與地上氣味相均也故志林云寒食清明都過了石泉槐火壹時新

架葡萄

種小藍可早栽先用水浸種過夜去水置暖處日洒水頻弄仍空去水候芽生種之

種西瓜甜瓜先將地耕熟至清明前後以燒酒浸西瓜子少刻取出濾浄拌草灰壹宿次早種之種貴淺苗貴稀地貴鬆糞貴多斜枝掐去留瓜勿蚤甜瓜種用鹽水洗過取熟糞土種之仍將洗子鹽水

澆之得鹽氣則不籠死秧拖時掐去頂心

種蚕麻地須刨四遍多加糞出齊後薅浄天旱上水

種臭棘

種鰲忌重茬爛茬

鋤麥既耐旱多穫種豆又佳若穀雨後鋤熟時多仆

採馬蓮花黄草熬汁入白礬染絲

採青楊葉瀹熟晒作乾菜若至穀雨則老

做酸漿清明熟炊粟米飯乘熱傾入冷水盛以小罐浸五六日酸便可用天熱逐日看纔酸便用如過

醃成惡水矣。
做黴乾菜，將秋醃菜食不盡者，沸湯焯過，晒乾，磁器收貯。夏間將菜温水浸過，壓水盡，出香油拌勻，以碗盛，頓飯上蒸食，甚佳。炒肉亦美。
豆豉食不盡者，蒸熟晒乾，爲末，作秋間醃瓜薑料，亦可炒豆腐。若不蒸晒，必壞。
穀雨　前壹日，宿主旱。
分菊　看天氣晴明，地土滋潤，將舊本輕輕擘開，擇單莖肥芽不損根鬚者，以乾濶土栽之。地須高肥，不可雨中分栽。濕土着根，則花不茂，忌水多壞根。厨園開溝泄水，但雨過不拘何月，即以酵熟乾土壅根。或用筏箍瓦作盆，埋壹半入土內，使地氣相接，水不停積，且上盆可不傷根。
澆蘭用猪血和河水，勿用濃糞。
種小藍，可繼早藍，栽生芽，如前法。
鋤春大麥、豌豆、紅花。
種高綠豆，六月可摘。
醃香椿芽，取肥嫩者，塩醃器內，過宿，次日取晾，每日

三次至五日後，看芽俱透，置屋內，晾半乾，入罈炒揾培之。十餘日取晾壹次，否則壞爛。至白露後，便不用晾。
採臭棘芽，滾水焯過，逐日換水浸，至不苦，晒乾收。
種松，先將荒地劚去草根，用碌碡壓極實，再耬溝下種，覆以糞土，畦上搭矮棚蔽日。旱則頻澆，常須濕潤。芽出土後，棚漸漸高。四圍豎籬護之，免爲蝦蟇所食。種柏亦同，但不用荒地，亦不用碡壓，俱在立夏前三日。

修屋。佈種既畢，速查犁戶屋，有難過夏者，急修補之。蓋草用整，則耐久省工。壓脊要寬，恐轉脊草爛。務於立夏前修完。
金魚生子，多在穀雨後。如遇微雨，則隨雨下子；若雨大，則次日黎明方下。雨後將種魚連草撈入新清水缸內，視雄魚緣缸赶咬雌魚，即其候也。咬罷，將魚撈入舊缸，取草映日，看其上有子，大如粟米，色如水晶，將草撈於淺瓦盆內，止容三四指水，置微有樹陰處晒之，不見日不生，見烈日亦不生。壹二

日便出小魚勿輕挪移水動則魚尾歪。　喂魚用無油塩蒸餅清明以前忌喂食雞鴨卵黄則中寒而不子。　魚瘦生白點名魚蝨用楓樹皮或白楊皮投水中即愈魚傷熱用礶盛水置魚其中以布紮口沉井底過壹夜即愈不可久浸。

夏　日色黄主雨。月暈主風雨。多雨多雹人饑。

夏秋間夜晴而見遠電謂之熱閃當地少雨。　辰日雨百虫生更得未日雨百虫死三月占同。　庚辰辛巳雨主蝗大雨虫多。　丙寅丁卯雨秋穀貴。

庚寅至辛巳雨麥平。　壬子雨牛無食如甲寅晴便扨得過。　雹小殺。

夏三月此謂蕃秀天地氣交萬物華茂夜卧早起以順正陽使志無怒華英成秀天氣得泄畢出畢達纔長增高此夏氣之應養長之道也逆之則傷

心心病宜食小麥杏薤羊火旺味苦火能剋金金屬肺肺主辛夏宜減苦增辛以養肺心氣當呵以疎之噓以順之三伏内腹中常冷特忌下利恐泄陰氣故不宜針灸惟宜發汗夏月屬火陽氣在外當絶聲色薄滋味居高明處臺榭升山陵遠眺望平居簷下過廊衖堂破窻皆不可納凉此等所在雖凉賊風中人最暴惟宜虚堂凈室水亭木陰潔凈空敞之處自然清凉更宜凈心調息常如冰雪在心炎熱亦可少減若以熱爲熱心性煩燥則更

生熱矣飲食温煖不令大飽最忌肥膩生冷不得於星月下露卧兼便晒着使人扇風取京壹時雖快風入腠理其患最深汗身當風而卧多成風痺手足不仁語言謇澁若年歳方壯當時或可幸免至後還發若年力衰邁當時便中爲患最烈頭爲諸陽之總尤不可受風卧處宻防罅隙恐傷腦戶 夏三月每朝空心吃小葱頭酒則血氣通暢 凡製果蔬用臘雪水甚佳 凡器以肥皂湯洗抹過則無蟻糖食罐外用湯擦之 蕎麥稭鋪床止臭

虫 常燒浮萍雄黄蒼术及木瓜枝葉祛壁蝨蚊虫去濕氣 熱天留飯以生莧菜鋪飯上置京處則不餿 收鮮餚熟饌以甾缶盛懸井中 中暑霍亂中惡壹切暴病用姜汁和童便飲 霍亂腹疼用木瓜五錢桑葉三片紅棗二枚水煎服 霍亂飲熱水必死當濃煎香薷湯冷飲之梅醬粉團白糖新汲水調服亦好如無即掘地爲坎汲井水入中少頃飲之 又方取鍋底黑煤五分和灶額當火處土少許以百沸湯投土煤攪數十遍用碗

益着俟適口徐呷壹兩口即止 旅途中暑不可用冷水灌沃及以冷物逼外得冷即死急就道中掬熱土積臍中留壹窩熱尿注內再用生姜大蒜汁温水送下移有日色樹陰下更好暍死人亦用此法療治 中暑倒地氣欲絶者用大蒜四五頭剝淨再取路上熱土壹塊共搗爛以新汲井水和勻去渣灌之 瀉泄用硫黄二錢黄香四錢大蓖麻子百粒共重四錢微去油各爲末共搗成膏丸揞頂大納臍中外貼藥鋪小膏藥俟瀉止越時即

去遲則小便亦澁 水瀉發渴用糖梅姜煎湯飲 水瀉久不愈用五倍子枯礬各等分爲末麪糊爲丸如桐子大每服三十丸白湯送下 冷瀉及霍亂用胡椒碾末飯丸桐子大每服四十丸米飲送下 蠍螫人用生白礬五錢雄黄二錢籐黄生南星生半夏各壹錢氷片蟾酥各三分共爲細末草蝸牛三錢加菉豆粉同搗爲錠晒乾用時以醋磨敷或生白礬壹兩打碎加好醋三兩同熬成膏貯磁礶內用時敷之或乾姜雄黄爲末敷之或獨

頭蒜擦之、或挑蝦蟇酥塗之。　蚰蜒入耳、用蝸牛塞耳自出。　凡河澗中澡浴後、覺皮上赤如小豆黍米、摩之痛如刺、三日後寒熱發瘡、若入骨殺人、速以茅葉刮去毒、用蒲公英白汁塗之、亦可治蜂螫、塗疔腫、點瘊子。

養蘭、當炎天須竦窖得所、竹籃遮護、置見日色通風處、澆須五更或日未出壹番、黃昏壹番、又須看乾濕、濕則勿澆、逢十分大雨、忽而天晴、須移盆背日通風處、若雨過即晒、盆內水熱則蕩葉傷根。

苜蓿能洗脾胃諸惡熱毒、開花時、刈取喂馬易肥、夏月取子、和蕎麥種之、刈蕎麥時苜蓿生根。

好杏取極熟者、帶肉埋糞中、至春芽出、即移別地、行宜稀、宜近人家、樹大移栽多不茂。

剝櫸皮在中伏、晒乾、水潤打繩、堅韌可用、櫸俗名平柳、葉可爲茹、亦可煑茶。

割韭忌日中、夏日尤甚、諺云、觸露不掐葵、日中不剪韭、又忌乾土剪割、留子者、五月以後不可再剪、常薅去草、則結子成實。

收書畫、晒極燥、頓廚中、若以紙封門縫、冷不通風、更妙。晒書宜早、三伏多雨、易至䠷擱。

收皮貨、用新染藍布勿洗、作大包袱、將皮貨毛向日晒乾燥、晾冷、加艾葉或烟葉或花椒、捲入包袱、盛缸內、紙封三重、置炕上、晒時忌沾柳絮。

收火腿、魚子、甜晒魚蝦、用麥糠培甕內、紫菜、香蕈、天花、山丹之類、磁器盛、俱置炕上。

清暑香薷散、香薷壹兩、白朮、陳皮、茯苓、䬃豆炒、黃芪、木瓜、厚朴姜製、甘草炙、各五錢、共爲末、每服二錢、

熱湯或冷水調服。

益元散、用滑石去黃漂研、飛淨、六兩、甘草末壹兩、加辰砂、同研、三伏內服、免中暑泄瀉、方出抱朴子。

梅餅、用乾梅壹斤、水泡漉出、蒸去核、搗爛、再入硼砂壹錢、冰片壹分、白糖壹斤、熟糯米麪壹飯碗、同搗爲餅、或爲丸、磁罐收。

梅蘇丸、用乾梅壹斤、水泡漉出、蒸去核、搗爛、再入鮮紫蘇葉五錢、薄荷葉四兩、檀香末二兩、白糖斤半、熟糯米麪不拘多少、同搗爲丸、磁罐收。

夏月醃肉先去骨炒鹽細擦周到將肉皮打數百下
使鹽滲入置日中晒晚放凉石上壓以大石次日
擦鹽再晒至晚收入器內加鹽醃之水肉多晒壹
日乾肉做神仙肉亦妙

賦

吾將東走乎泰山兮履崔嵬之高峯陰白雲之摛
曳兮聽石溜之玲瓏松林仰不見白日陰壑慘慘
多悲風遐哉不可坐致兮安得仙人之術觧化如
飛蓬吾將西登乎崑崙兮出於九州之外覽星辰

之浮没覘日月之隱蔽披閶闔之清風飲黃河之
百派羽翰不可以插予之兩腋兮畏舉身而下墜
既欲泛乎南溟兮瘴毒流膏而銷骨何異避喧之
趨市兮又如惡影之就日又欲臨乎北荒兮飛雪
叢冰之所聚鬼方窮髮無人跡兮乃龍蛇之雜處
四方上下皆不得以往兮顧此大熱吾不知夫所
避萬物並生於天地兮豈余身之獨遭任寒暑之
自然兮成歲功而不勞唯衰病之不堪兮譬燎枯
而灼焦矧室廬之湫卑兮甚黽蝸之跼蹐飛蚊幸

予之露坐兮壁蠍冀予之入屋頼有客之哀予兮
贈端石與蘄竹得飽食以安寢兮瑩枕冰而簟玉
知其無可奈何而安之兮乃聖賢之高躅惟冥心
以息慮兮庶可忘於煩酷歐陽永叔

詩

懶搖白羽扇裸體青林中脫巾掛石壁露頂洒松
風李白
人皆苦炎熱我愛夏日長薰風自南來
殿閣生微凉壹爲居所移苦樂永相忘願言均此
施清陰遍四方蘇軾
堂前乳燕巳飛飛春去閒

扃舊板扉六尺簟將何處卧清凉除是借漁磯
蜻蜓掠水燕低飛簷溜浸堦長蘚衣縱使貧無田
負郭雨餘也愛稻苗肥先君詩
繩床瓦枕與偏
牎靜簡殘編玩物華蝶夢欲殘香散霧鳥聲不斷
樹籠霞林塘乍迸翁孫竹籬落齊開姊妹花便托
瑶琴奏清賞南薰蚤爲過山家蘇轍
龍皮寶扇
借何方玳瑁筵開下若香河朔有觴能却暑北風
無盡自生凉披襟盡脫官銜套入圖疑通雲水鄉
自是荆州真好客酒闌不動仲宣腸先祖爻節集

詞

庭下石榴花亂吐。滿地綠陰亭午。午睡覺來時自語。悠揚魂夢。黯然情緒。蝴蝶過牆去。 駿駿嬌眼開仍殢。悄無人欲出還凝佇。團扇不摇風自舉。盈盈翠竹。纖纖白苧。不受些兒暑。文徵明青玉案

天街雨洗看炎雲初斂。乍傳清柝。藤枕桃笙殘夢覺。瓊腕金環嫩約。罷浴芳蘭斜簪茉莉香霧雙鬟薄。冰紈扇撲流螢。輕點苔落。 回首燈夕傳柑花朝鬬草。光景都如昨。溽暑燕人能幾夜皓月清風

簾箔。玉塵停揮。茶煙半裊。靜裏千愁却。銀河低轉。早鴉飛過池閣。丁雁水念嬌奴

四月 是月也和氣穆而扇物。麥含露而飛芒。天子勞民勸農。后妃蚕畢獻繭。此月爲孟夏首夏朱明清和余月。姤月。 天火酉。 地火未。 九焦未。 荒蕪申。 糞忌寅。 四月内宜暑不暑人多瘴。 有三卯宜麻。無則麥不收。 月内寒主旱。 月暈主風。 雷不鳴十月虫不蟄。 虹見米貴。 朔日值立夏地動。人不安。值小滿災。晴。歲豐。晴而煥主旱。日暈主水。主風主熱。有重種田禾之患。風雨。麥惡。米貴。朔以後七八日。麥正開花。喜晴惡雨。 朔日最要緊。諺云。四月朔日見晴天。高山平地任開田。四月朔日滿地塗。丟了高田去種湖。大風雨。主大水。小風雨。主小水。 八日喜晴。 十四日晴。歲稔。黄昏時日月對照。春秋旱。東南風晴。尤吉。是日爲菖蒲生日。修剪根葉無踰此時。 十六日日月對照。春秋旱。月上遲。有雲罩。收稻。月當中時。立壹丈竿。量月影。過竿。雨水多。沒田。夏旱。人饑。九尺。三時

雨水。八尺七尺。雨水匀。六尺。低田大熟。高田半收。五尺。夏旱。四尺。蝗。三尺。年饑。 二十日小分龍。東南風分黑龍。上下大熟。西南風分黄龍。吉。南風分赤龍。旱。西北風分白龍。東北風分青龍。水。晴分嫩龍。旱。雨分健龍。水。

月内伐木不蛀。 月内腹宜煖。 立夏前種小豆枝萃大角少。

鋤地最爲緊要。更須照地留苗。呂覽云。凡禾之患。不俱生而俱死。是以先生者美米。後生者爲粃。是

故其稊也。長其兄而去其弟。樹肥無使扶疎。樹墝
不欲專生而欲族居。三以為族肥而扶疎則多粃。墝而
專居則多死。此時當每晚傳齊犁戶。商量明日該
鋤何地。登記地冊。次日徧查之。秝稀黍稷穀稻穄
早豆。務於小滿前鋤壹遍。遇疾病陰雨。即添工鋤
治。不可任其延挨。若逾小滿不鋤則蕪。鋤之則虛。
虛則早死而不實。故呂覽云。農夫知其田之易也。
不知其稼之疏而不適也。知其田之除也。不知其
稼居地之虛也。　凡五穀惟小鋤為良。勿以無草

而暫停。蓋鋤頭自有三寸澤。草去則苗隨滋茂。地
鋤熟。則連長二年。實多糠薄米美。若遲必為草蠹。
雖結實亦不多。而芝蔴尤甚。　犁戶放糧。固不可
缺雇人添工。更難少緩。亦有此時不放糧添工者。
使犁戶為他人作傭。現在田禾。鞠為茂草。不惟秋
收無望。而地壹荒廢。下次更難耕耘。所省豈敵所
失哉。　主人若貧。亦須代犁戶轉致庶地不荒蕪
而望有秋。但信行須自立耳。

種黃瓜絲瓜刀豆。

栽葱。

栽茄。王氏農書云。茄視他菜最耐久。供膳之餘。糟醃
豉醋。無所不宜。須廣栽之。

栽葫蘆。勤澆之。立苗後。壅以糞。

種芝蔴。在穀雨節。如無雨則被蟻食。先耕地熟。多送
糞。至此時遇雨即種。忌重茬。爛茬必鋤壹遍。纔長
壹節。添壹節角。以鋤六遍為度。

種旱黃豆。先將地耕過。耙平。立夏節內遇雨即種。犁
宜寬。種宜稀。鋤宜勤。否則塢花莢少。

牡丹月內開花。不必澆。澆則花不齊。如有雨任之。亦
不可聚水於根旁。花卸後。速剪其蒂。留當頂紅芽。
摘去餘朵。欲存二枝。留二芽。存三枝。留三芽。其餘
盡用竹針挑去。芽上二層葉枝為花棚。芽下護枝
名花床。養命護胎。尤當愛惜。花自有紅芽至開時
正十箇月。故曰花胎。花卸後。日澆之。十餘日方止。

採木香花薰茶。

採野薔薇花拌茶。煎服治瘧疾。

炒筍。將筍去淨皮。橫切厚片。燒鍋極熱。入香油生薑

醬油炒爭熟，加整花椒數粒，清黃酒少許。

芍藥開時，扶以竹，則花不傾倒。有雨遮以箔，則耐久。花既落，亟剪其蔕，盤屈枝條，用線縛之，使不散亂，則脉下歸於根。

醃白菜。

黑醃菜：將白菜如法醃透，取晒極乾，蒸熟，再晒乾，收貯，炒肉甚佳。

蒸乾菜：揀肥嫩不蛀好白菜，洗爭，煮五六分熟，晒乾，以鹽、醬、椒、茴、白糖、陳皮同煮極熟，又晒乾，再蒸片

時，取出，磁器收貯，用時以香油揉微，入甑飯上蒸。

醃銀刀、馬鮫、鯧魚，俟九月廿後做酒娘糟之。

塌板魚：鹽醃，去皮，水洗過，晒乾，草灰培之。

鯽魚去腸，不去鱗，用布拭去血水，置罈內，加漿酒或火酒、白糖亦可，肪脂、葱、蒜、花椒、韮水蒸之。鯧魚照此法做，秋月得鮮亦照此法做。

煮烏鯽，先以凉水洗爭，乘滾湯下鍋，煮壹滾，停住火，少刻再煮，即爛。若先熱水洗，則不爛。

詩

風雨將春去，清和四月天。桐陰摇白日，草色散青烟。興寄琴樽外，筋骸杖屨前。若爲消晝永，窻下有殘編。文衡山

孟夏草木長，遶屋樹扶疎。衆鳥欣有托，吾亦愛吾廬。既耕亦已種，時還讀我書。窮巷隔深轍，頗廻故人車。歡言酌春酒，摘我園中蔬。微雨從東來，好風與之俱。汎覽周王傳，流觀山海圖。俯仰終宇宙，不樂復何如。陶淵明

長養薰風拂曉吹，漸開荷芰落薔薇。青虫也學莊周夢，化作南園蛺蝶飛。徐寅

海上幽居小徑通，松䕺滿院足

薰風。人當病後形如鶴，談到深時飲似虹。盤餼購來漁艇上，棋枰敲入鳥聲中。留連不覺斜陽下，返照東看紫氣冲。先祖瘦竹集

詞

四月園林春去後，深深密幄陰初茂。折得花枝猶在手，香滿袖，葉間梅子青如豆。憶王孫

蜂欲分衙燕補巢，清和天氣綠陰嬌。壹陣窻前風雨到，打芭蕉。驚起幽人初睡午，茶烟撩繞出花梢，有箇客來琴在背，度紅橋。增減浣溪沙　但陳眉公

立夏 日暈主水大晴其年必旱 風從乾來爲逆氣疾凶饑夏有霜麥不利坎來多雨地動魚蝦廣人疾疫艮來山崩地動人疫穀損震來糴貴雷擊物巽來歲豐人安離來夏旱禾焦坤來人不安萬物傷兌來蝗兵起六畜災大凶 有雲大如車蓋十餘此陽水之氣必暑有暍者 南方有雲歲豐青氣見東南吉否則歲多災 宜雨但久雨則荒地 立夏到夏至熱則有暴雨

此後竹出爭禁人入園將竹仍桑條除淨恐捋採者踏筍也 此後舂稻米多碎

地可鋤矣放糧食加倍於前速鋤稷秫稌穀黍稻早豆各壹遍能多更佳

採松花遲則落

轉晚麻地

夾竹桃嫩枝以大竹筒分兩瓣合之實以肥泥朝夕灌水月餘便生白根兩月後即可剪下另栽栽後用竹帮扶勿致搖動兩月後新根茶土便不復用

菊苗長盛將上盆先數日勿澆灌令其堅老上盆則耐日色毋起根上多帶土先將肥土倒鬆填二三分於盆加濃糞壹杓後植菊秧再將前土塡滿如饅頭樣種後隔日澆以河水搭棚遮日色遇雨露揭去如久雨將盆移簷下長高尺許方可用肥仍以紅油細竹揷旁用細棕寬縛以防風雨摧折竹用油可避菊虎用棕耐風日澆必緩緩澆透不透恐盆底土熱葉即發黃若晴久土燥不可澆肥亦勿澆肥於花根邊令根傷損先將盆內土四面掘壅根上如高阜樣肥灌週圍低處量看枝葉綠色深翠即止澆糞澆水愼勿着葉壹着葉隨即黃落根邊用碎瓦礱糠螺殼密蓋防雨濺泥汚葉凡根有枯葉不可摘去去則氣泄其葉自下而上逐漸黃矣

茉莉立夏前方可去罩盆中週圍去土壹層塡以肥土用水澆灌入夏後三日方可移出露天最怕春風

拌醋看醋脚甕邊有酒鬼亟甚盛則恰好拌醋矣先將糠并壞坯并黑色者去淨將好坯取出加麩二

斗五升粗糯稻糠二斗稌礱糠四斗拌勻以手握
看手栕有汁不滴爲度盛瓦甕內上空半甕蓋着
若至七八日不發熱是過濕再加糠拌若太乾亦
不發熱用小米煮湯洒甕內候發熱將甕口加棍
撐開風路早晚將發熱者拌至不熱處候發熱到
半甕將熱坯搬出另將未熱者倒在上面已發熱
者在下面俟上面者發熱仍前拌弄候熱至半甕
即將甕內坯抄拌到底次日加鹽壹升拌勻三日
後即加湯淋出若甕大坯多發熱到半甕即先取

出拌鹽先淋否則過熱燒壞熬醋加香油甚妙不
用椒茴熬出日晒冬置屋內勿使凍壞

小滿　有雨歲熟雨大則傷麥荒地故諺云有錢難買
四月旱但竹正出筍又喜雨多　黍稷秫穀穇
該鋤第二遍　犁戸此時有未鋤完頭遍者急須
添工三日內鋤完再鋤第二遍
收萊子晒乾晾冷方收貯否則浥而不生
收金銀花陰乾貯罐內置炕上否則蛀
轉麻地送糞候下雨即種出齊後速鋤之

扳木香條入土木鈎釘住泥壅壹段月餘生根將本
生枝少剪斷仍留壹半次年移栽
嫩蒜薹劈開滾水焯過加蝦米雞絲油醋拌食
櫻桃乾用熟櫻桃十斤白糖三斤將櫻桃從蒂上去
核實糖其中餘糖拌勻放碗內過宿次早滾湯蒸
碗看糖汁起星取起用竹篩襯油紙托之炭火烘
乾冷定仍入汁浸磁罐收貯時常晒之
狀元紅用玫瑰花去心蒂并白色者攀水漉過再將
鹽梅用水洗剉碎鋪花壹層於碗內稀撒梅壹層

白糖壹層醃過宿入鍋蒸極透磁罐收薔薇同法
玫瑰糖取純紫玫瑰花瓣搗成膏梅水浸少時夏布
絞去澀汁多糖研勻日中晒
蒸蒜薹將薹切寸金段每斤用鹽壹兩醃出臭水晷
晾乾拌醬油糖少許蒸熟晒乾收或用甘草水拌
蒸亦可
蒜薹乾將長薹鹽醃三日取出晒乾原汁煎滾焯過
又晒乾蒸熟磁罐收
水晶蒜拔薹後七八日刨蒜去總皮每斤用鹽七錢

拌勻時常翻看醃四日裝磁罐內按實令滿竹衣封口上揀數孔倒空出臭水四五日取起泥封數日可用用時隨開隨閉勿冒風

糖醋蒜 嫩蒜去總皮鹽醃壹宿晾乾入磁器內蒜壹層摻紅糖壹層層層相間將熬過醋露壹宿浸之

蒜薹同

水蘿蔔五斤切條用鹽四兩醃過宿滷中洗淨撈出布包石壓出水稀撒在上曬竟日加黃酒香油椒茴末拌勻磁器盛三日可用

五月 是月也陰陽爭生死分君子齋戒處必掩身毋躁止聲色薄滋味節嗜慾定心氣此月為仲夏暑月旱月 天火子 地火酉 荒蕪巳 九焦卯 灌忌午 有三卯宜稻及大小豆無則宜早豆 虹見主小水米麥貴 雷不鳴五穀減半 砲車雲起此風候也舟人避之 上辰上巳雨主蝗 五月壬子破大水漫山過 五月不熱冬月不凍 五月寒井底乾夜亦宜熱晝暖夜寒俱主旱 月內西南風立雨 朔日晴年豐雨年歉又主

來年三月雨東風終日米大貴朔日至十日不雨大旱風雨米牛貴朔日取枸杞煎湯沐浴令人無疾 二十日大分龍古同小分龍旱以米篩盛灰藉之紙至晚視之若有雨點迹則秋不熟米價高人多閉糴無雨有雷主當地少雨 廿五六日宜陰 晦日風雨來春米貴 芒種前後貼接花果

朝菌夜有光者湯照人無影者殺人

種黃瓜蒝荽

種晚紅花入五月便種若待新花收子則遲

上旬種白菜蘿蔔數畦六月中旬可食

種晚芝麻糞必多苗必密鋤必勤

採紅花採去黃汁搦餅曬乾勿令浥濕浥濕則不鮮

刈豌豆速曬速打遇雨則生芽大豌豆熟者先摘若俟嫩莢皆熟則先熟者壞矣

收蘿蔔種去頭易乾紅者另貯若同貯必變水蘿蔔種各收各曬秕者亦可用胡蘿蔔蔓菁芫荽芹芥種俱曬乾晾涼收貯 蒝荽種碾兩半即時種之

收桑椹水淘少曬畦種之至冬焚其頂明年分植

菊苗瘦者。用汚泥水澆之。以晴雨爲則。

詩

麥隨風裡熟。梅逐雨中黃。衫含蕉葉氣。扇動竹花凉。庾子山

徑草侵衫色。庭梧生晝陰。時光臨角黍。穡事望梅霖。習靜爐薰細。醒煩茗椀深。草堂賓客散。欹枕聽幽禽。文徵仲

五月榴花照眼明。枝間時見子初成。可憐此地無車馬。顛倒青苔落絳英。韓愈

積雨空林烟火遲。蒸藜炊黍餉東菑。漠漠水田飛白鷺。陰陰夏木囀黃鸝。山中習靜觀朝槿。松下清齋折露葵。野老與人爭席罷。海鷗何事更相疑。王維

詞

綠槐高柳咽新蟬。薰風初入絃。碧紗窗下水沉烟。碁聲驚晝眠。微雨過。小荷翻。榴花開欲然。玉盆纖手弄清泉。瓊珠碎又圓。

芒種

晴明年豐。宜晚雨。芒種後半月內不宜雷。諺云。梅裡壹聲雷。時中三日雨。節內出糞壹次。再將爛草糠土打掃。置猪欄內作糞。伏前出之。稻

子早豆該鋤第二遍。黍穀穄秫該鋤第三遍。急須趕完。方刈麥。此時青黃不接。放糧食更要緊。

刈大麥。速晒速打。晒乾收。

鋤去地中白菜。晒乾作盲齏。

刈麥。麥熟時帶青割壹半。合熟壹半。蓋麥熟同時。若候齊熟。倘遇風雨。必致抛撒。刈過載歸。即晒速乘天晴打揚。麥粒。麥色既足。磨麵亦佳。且較過雨多打。以經雨則黴爛生蛾也。打不及者。用苫蓋之。以防陰雨。

麥登場後。雨過速耙稻壹遍。免致荒蕪。

種黃豆白豆赤豆米豆大黑豆。俱喜高地。

種黑豆茶豆於窪地。其存水處種小黃稻糯稻。

栽蘓子芹菜。

耕蘿蔔地。常轉方妙。故諺云。十耕蘿蔔九耕麻。

護菊。大雨時行。極易傷根。雨過用糞泥於根邊周圍堆壅半寸。或澆冷糞扶植之。否則無故自瘁。芒種節內。菊枝逐葉上近幹處生出眼。壹壹掐去。此眼不掐。便生附枝。掐時切須輕手。左手雙指拈梗。右手指甲掐萁。勿猛摘猛放。蓋菊葉甚脆。略觸即落。

山丹花大開者摘瓣蒸晒即紅花菜夏月置炕上
浮萍晒乾或陰乾爲末同鉅末雄黄末裝細紙筒内燒之能袪蚊虫加鰻鱉骨更妙萍乃陰物静以承陽故曝之不死以竹篩攤晒盆水在下承之即枯
煨笋就竹邊掃竹葉煨食甚佳芒種以後出笋不成竹可供食若天旱至此遇雨先出者亦成竹二三番者必枯故山谷云笋看上番成
煮笋用沸湯則易熟而脆若蔫者入薄荷少許同煮則不蔫與猪羊肉同煮則不用薄荷凡採笋過宿

曰蔫
糖笋將笋去淨皮十斤入極沸湯煮熟加醬油壹斤白糖斤半再嘗甜鹹相稱用文火煮時煮時停看汁將乾取出晾冷晒乾磁器收
塩笋乾鮮笋去淨皮十斤用塩四兩入鍋水與笋平蓋嚴武火煮滾後俱用文火時煮時停以乾爲度取出灰火焙乾收貯笋在鍋過宿則黑熱晒則枯
撿點陳囤吾鄉粟多露積風雨浥濕在所不免近來地無可闢人益日稠故講存糧法者甚少然雖不能餘三餘九盡如古人而勤儉節省存留粗糧以備饑荒務本者亦不可不存此憂惕也芒種前將陳囤細細撿點或重苫或揷補務期囤頂順下水不留停仍以泥封並開囤旁水溝過此則入益忙雨益勤所損多矣
夏至　在月朔雨水調在初二三米麥貴在中旬吉穀價頓減在廿日及末旬大饑　有雨年豐又主久雨無則三伏熱　十日後雷主久旱
夏至後夜半壹陰生宜服熱物兼服補腎湯藥夏

月心旺腎衰雖大熱不宜吃氷雪蜜水凉粉冷粥飽腹受寒必起霍亂莫食瓜茄生菜腹中方受陰氣食此凝滯之物多成癥塊老人尤當謹慎
割麥以後麥既要速打又須趁雨種豆而鋤地更爲緊要急須分工速鋤夏至節内將黍穀秫稻穇俱鋤兩遍此時遍數多寡係終歲盈歉不可怠忽若豆苗好鋤則不能兼顧矣　此後割韭不用糞壅　香椿自此勿擘
栽煙埂要高行要寬勤澆勿濺泥污葉

培茄多壅以糞。俟開花時摘其葉布通衢。

種菉豆小豆。

培桑開掘桑根。以糞壅之。

鋤瓜不厭數。但勿傷根。西瓜番瓜。俱用糞壅。去旁枝務勤。

蒔麻。麻鋤後。速蒔去矮細者。

刨胡蘿蔔地。

杏性熱。生痰及癰疽。不可多食。小兒產婦尤忌。收熟杏核。晒乾。俟八月內取仁任用。取早則膩。人食杏仁中毒迷亂將死。取杏枝切碎煎湯服。立解。

青梅切片去核。每斤用鹽三兩。醃兩宿。去汁。箸水焯過。晾乾。白糖培之。

蜜梅用青梅切開。去核。每斤入鹽三兩。醃兩宿。加礬醃兩宿。去汁。加蜜二兩。醃兩宿。去汁。又加蜜四兩。醃兩宿。將汁空出。入梅醬用。再入多蜜浸之。加玫瑰花更妙。七日後蜜漸稀。取果出。將蜜入鍋熬水氣盡。再加新蜜。冷定方入果浸。

糖脆梅用青梅。以刀劃成路。將熱冷醋浸過夜。取出控乾。別用熟醋調沙糖浸沒。盛以新瓶。竹衣紮口。仍覆以碗。藏地內。深半尺。上用泥蓋。過白露節。取出。換糖浸。

鹽梅用大青梅。每斤拌鹽四兩。日晒夜浸。俟乾任用。

紅梅用八九分熟梅子。單排籠內。蒸熟。連籠置日中晒乾。若再露壹夜。拌皂突內灰。即烏梅。

梅醬用熟梅。蒸爛。去核。每肉壹斤。加鹽三錢。攪勻。日晒至紅黑色。加白豆蔻仁。檀香末些須。紫蘇。白糖調。磁器收。又方。熟梅四斤。打破。加鹽壹斤。醃以無鹽粒爲度。加紅糖五斤。紫蘇葉四兩。薄荷葉二兩。輕紗罩定。日晒成醬。入罐。再晒數日。勿着雨水。

桃乾用五月桃八分熟者十斤。蒸皮縐。取出。去皮。剖兩半。去核。加白糖三斤。壹層桃壹層糖。醃至次日。用竹篩襯油紙二層。將桃排上。炭火烘。至夜冷定。仍入汁浸。來日再烘。俟收完糖汁。再烘乾。磁器收。

桃紙將桃蒸熟。去皮核。夏布扭出汁。攤漆桌上。如紙薄。日晒將乾。撒白糖壹層。揭起。盒盛。勿見風。

摘文官果。此君如栗之乍乳。而加嫩似蓮之初目而

尤甘加以房中心密若規楊栩之通體横陳室內神清如詡務支之將膚都艷誠山中之白雲亦寰宇之介士也但恨殼大而無嘗實少而僅存耳

梔子花折處搥碎擂塩內則不變色大朶重臺者糖蜜製之可作佳果麪拖油煎入糖亦妙

端午　端始也為天中節又為地臘道家有五臘元旦為天臘此日為地臘七夕為道德臘十月朔為民歳臘十二月正臘日為王侯臘　霧大水　大晴主水只喜薄陰　雨絲貴大風雨主風雨多又主

來年熟　曙時有雨東來人災七月七日有雨即解　此日勿食各様生菜果發百病　懸艾於戶以禳毒氣切菖蒲加雄黃清酒飲之繫五綵絲於臂名續命縷辟兵厭鬼令人不染瘟疫口內常稱游光厲鬼則鬼遠避　五更使壹人堂中向空扇壹人問云扇甚底答云扇蚊子凡七問七答則夏無蚊虫　取白礬壹塊自早晒至晚收之凡百虫傷以此末敷　用大蝦蟆含墨治腫毒　午時用硃砂寫茶字倒貼之袪蛇蟲　午時望太陽寫白字倒貼柱上四處則無蠅　午時寫儀方二字倒貼柱脚上辟蛇　午時於韭畦面東弗語收蚯蚓泥遇魚刺骾者以少許擦喉外其刺即消　用管衆豎水缸內不染時疫　此日用透明黃蠟二兩炭火上銅杓化開將鮮紅磨丹四兩茶匙挑丹徐徐投入蠟內壹人用桃柳條各壹枝不住手攪勻丹投盡即去火乘熱為丸桐子大每服壹丸紅痢甘草湯下白痢生姜湯下紅白相兼甘草生姜同煎湯下水瀉米湯下早晚二服二日即愈　此日

用大力子防風各等分共為細末每服五錢黃酒水各壹鍾煎空心溫服蓋被出汗治瘟疫并大頭瘋效　本日取獨頭蒜十枚黃丹二錢搗丸梧子大每服九丸長流水下治寒瘧冷痢　本日取獨頭蒜不拘多少搗爛入黃丹再搗丸圓眼大晒乾瘧發二三次後臨發日雞鳴時以壹丸暑槌碎取井花水面東服之即止　午時用小黑豆四十九粒水泡去衣入信壹錢同搗如泥丸桐子大雄黃為衣陰乾瘧臨發日早面東無根水送下壹丸忌

發物熱物魚腥生冷茶綠豆三日。渴飲溫熟水。

午時取青蒿擂自然汁合二姓寒食麵爲丸菉豆大。治瘧疾。每服十丸。空心無根水送下。

氷梅丸先於朔日。用青梅二十箇。鹽十二兩。同拌醃至初五日。取梅汁。入白芷羌活防風桔梗各二兩。明礬三兩。猪牙皂角三十條。俱爲細末。拌汁和梅入瓶收之。凡中風痰厥。牙關不開。喉閉乳蛾。每用壹枚。噙嚥津液。或搽牙上。

採豨薟草。晒乾爲末。治腫毒。每服五錢。熱酒調下。出

汗即愈。　又去地三四寸。刈取。溫水洗去土。摘葉及枝頭。晒乾。入甑層層洒酒與蜜水。蒸過。又晒。如此九遍。晒不必太乾。但取足數爲度。擣成末。煉蜜爲丸梧子大。空心溫酒或米飲下二三十丸。再吃飯三五匙壓之。或浸酒飲。益元氣。去風濕。舒筋和血。效驗多端。六月六七月七九月九日俱可採。

衣香。用零零草。排草。羊草各四兩。當歸。桂皮三柰各二兩。川芎。良姜。甘草。大黃各壹兩。甘松三兩。白芷壹兩五錢。共爲細末。量加木香。檀香末。若加藕合油。丁香。麝香。氷片更妙。

取艾晒乾。以灸百病。　霍亂吐下不止。以艾壹把。水二升。煎壹升。頓服。　老少白痢。陳艾四兩。炮姜三兩。爲末。醋煑倉米和丸梧子大。每服七十丸。空心米飲下。艾最難擂。入白茯苓三五片。同碾。即時成細末。　諸痢久下。艾葉陳皮等分。煎湯服。亦可爲末。酒煮爛飯和丸。鹽湯下三十丸。　暴泄不止。陳艾壹把。生姜壹塊。水煎熱服。　妊娠胎動。或腰疼或搶心。或下血不止。或倒產。或子死腹中。艾絨雞

子大。酒四升。煑二升。分二服。　婦人崩中不止。熟艾雞子大。阿膠炒五錢。乾姜壹錢。水五盞。先煑艾姜至二盞半。傾入膠末烊化。分三服。壹日服盡。　咽喉腫疼。嫩艾擣汁細嚥之。或用青艾莖葉同醋擣爛傅喉上。冬用乾艾。　火眼腫疼。艾燒烟。碗覆之。碗內烟煤刮下。溫水調化。洗眼即瘥。入黃連尤佳。　發背初起未成。及諸熱腫。以濕紙貼上。先乾處是頭。着艾灸之。不論壯數。痛者灸至不痛。不痛灸至痛乃止。其毒即散。不散亦免內攻。神方也。

諸虫蛇傷，艾灸數壯甚良。

澆牡丹。五日用明雄黃，研細，水調壹小鍾，澆根下，不生虫。

艾香粽。用糯米淘凈，以艾葉搥水浸過，夾棗核、桃仁、青絲、赤小豆，以箬葉包之。

詩

大火五月中，景風從南來。數枝石榴發，壹丈荷花開。恨不當此時，相過醉金罍。李白 宮衣亦有名，端午被恩榮。細葛含風軟，香羅疊雪輕。自天題處

濕，當暑著來清。意內稱長短，終身荷聖情。杜甫 清明縱上田，千載悲如灼。重午誕孟嘗，月日亦不惡。何事汨羅神，於此偏肆虐。皎皎屈大夫，甘心填溝壑。嫠婦不恤緯，親臣誼豈薄。全軀固自佳，殉國寧為錯。青門種瓜人，慚愧東陵爵。壹經日月光，九原如可作。忠魂乘蛟螭，蛟螭不敢攫。解粽投江潭，何須五絲約。 楚國將淪胥，艾且先蕭灼。善且不可為，而況乎為惡。我欲逃於酒，監史莫相虐。骨相非廟廊，襟懷宜丘壑。祿祿逐後塵，馬牛世所薦。堪

嗟六州鐵，鑄此壹大錯。聊共泛菖蒲，縱飲無限醑。晚近多孤忠，招魂不勝作。問天亦茫茫，空拳何可攫。古來有塞翁，獨能安窮約。先郁春餘集 慵向戶前懸艾葉，却從江上泛蒲尊。直教壹醉令朝過，省惹愁牽騷客魂。先君三山詩草 綉繭縈絲續命長，酒傾玉椀醉蒲觴。蓮花泛水承朝露，蘋葉漂風鬭夕陽。海外傳杯魂耿耿，先君延祀臺灣午日雅集予侍坐。江邊競渡夢茫茫。先君修禊連江城予侍觀龍舟之戲。而今剩得田家味，新麥登場不托香。笠谷

詞

困人天氣，初長沉沉，簾幙薰風透，白榆烟斂，黃梅雨歇，端陽佳候，媚眼紅榴，沾唇綠醑，客中偏有。但拍浮鵝杓，狂歌金縷，少年景渾難又。 憶向湖蓮岸柳，看龍舟參差，爭鬭湘裙，拖水吳航，搖雪芳情欲逗，別後風流，記來泚筆，不堪回首。待歸時重訪，當年碧玉，還應在否。丁雁水水龍吟

六月 是月也，土潤溽暑，大雨時行，樹木方盛，勿有斬伐，不可興土功。此月為季夏，且月。 天火卯，地

火巳。九焦子。糞忌子。荒蕪辰。白雲横斗下東方雲生俱主雨。浮雲不布臘月草不衰。北風至立雨。黑氣主雨。黑霧相連主雨。雷不鳴蝗生冬民不安。虹見米麻貴。無蠅米價平。朔日月蝕主旱風雨穀貴西南風虫傷禾秋前猶可再發秋後則無望值甲年饑。三日晴主旱霧大熟。六日晴收乾稻雨有秋水。本日清晨汲井花水貯淨甕內竟年不臭用作醋醬醃物不壞用白鹽槐柳桑枝入鍋復熬成鹽每日空心擦牙畢吐手心洗眼妙。以洗魚水澆茉莉愈茂採豨薟草。二十七日食時煎枸杞湯沐浴輕健無疾。晦日大風米貴南風虫災。

當盛暑時食飲加意調節緣伏陰在內腐化稍遲又果蓏園蔬多將生啖泉水桂漿唯欲冷飲生冷相值尅化尤難微傷即飧泄重傷即霍亂吐利是以暑月食物尤要節減使脾胃易於磨化戒忌生冷免有腹臟之疾。盛夏畏暑難以全斷飲冷但刻意少飲勿與生硬果菜油膩甜食相犯亦不至

農圃便覽　夏　三十二

生病也勿引飲過多若能省減鹹酸厚味煎煿爍物自然津液不乏不至引飲太頻。夏月老人尤當保扶若簷下過道穿隙破窗皆不可納涼此爲賊風中人暴毒宜居虛堂淨室水次木陰潔淨之處自有清涼飲食溫軟不令大飽但時復進之渴飲粟米溫湯豆蔻熟水最忌生冷肥膩緣老人氣弱當夏之時伏陰在內以陰弱之腹當冷肥之物則多成滑泄壹傷真氣卒難補復每日侵晨進溫平暖氣湯散或八味丸或用肉蓯蓉酒浸焙二兩沉香壹兩共爲末麻子仁汁打糊爲丸梧子大每早白湯下七十丸。勿專用冷水浸手足慎東來邪風勿露天夜卧勿食澤水勿食血脾季月土旺在脾勿食茱萸傷神氣勿食韭昏目勿食野鴨雁等肉傷神氣勿食羊肉及血損人神魂健忘勿浴後當風極熱扇手心則五體俱涼。天熱饌不堪留鄉居去市遠人工忙鮮味不易致饞吻又難忍蝦皮魚乾聊供匙箸若得猪肉煑熟熏過可留五日生肉乾炒復同乾虀炒熟不入湯水可數日不

農圃便覽　夏　三十三

壊。藏乾菜亦可。乾蘿須昨秋製之。

陳大小麥蜀秫蕎麥，雖極乾，六月内必晒。若至中伏，必蛀。

晒書畫衣物。

牡丹月内不必澆，澆則損根鬚，來年花不茂，雖旱亦不澆。

葡萄取旺枝如指粗者，就原架下壓盆内，實以肥土。用冷肉汁或米泔水勤澆之，白露前後截下。

梔子月季荼蘼素馨等花，六月初，折老枝，就馬蹄劈下，插沃壤中，水飲足，以後土乾方澆，勿太濕。

蜀葵花開盡，帶青收其稭，水中浸二日，取皮作繩，勿俟子老稭枯。

澆菊六七月不可用糞，用則枝葉皆蛀。每晨用河水澆灌，若有撏雞鵞毛水，停積作冷清，常澆更妙，尤須蓄土以備封培。

甜瓜美者，截去兩頭，其中段子淘净，曬乾收作種。

水雞去皮洗净，入油鍋加葱醬，燒熟，再用杉木熏之。

六月霜鷄鴨，將牲切大塊，油炒，再入水酒醋，煮八分熟，入醬葱花椒，煮熟，取起去汁，以白米炒熟爲麪，摻之，可二三日用。

熏雞。每隻用鹽壹兩，花椒些須，水煮熟，取起去汁，用杉栢末或栢葉置鍋底，以鐵撑架雞其上，盆蓋嚴，勿令透氣，以大火燒鍋，少時便住，但不可漫火入。熏肉同法。

詩

六月驕陽伏，淒清似早秋。調笙添火炙，行藥帶雲收。竹限曦光薄，松藏人語幽。笑予非釣叟，亦擬着羊裘。陳眉公

六龍鶩不息，三伏啓炎陽。寢興煩几案，俯仰倦幃床。滂沱汗似鑠，微靡風如湯。泅池憫生泯，蘭殿非含霜。細簾特半捲，輕幌乍横張。雲斜花影没，日落荷心香。願見洪崖井，詎憐河朔觴。梁簡文帝

炎官駕日照人底，燕處征行總不宜。商略人間可意處，蘄州簟竹卷琉璃。王三松

新沐朝來懶着冠，疎花和露隔簾看。不因今日爲閭樂，誰識當年行路難。田薄幸逢逈歲熟，家貧聊藉舊廬安。衙門反鎖無人扣，梧竹風清六月寒。岑嘉

州

詞

清晝綠陰如許。樹底鶯雛學語。顧影碧池中。忽成翁。 且自枕書軒曬。曬起壹杯微醉。池上落花風。撲流螢。昭君怨

風雨霎時晴。荷葉青青。雙鬟捧着小紅燈。報道綠紗廊底下。蕉月分明。 梳箪嫩凉生。茉莉香清。蘭花新吐百餘莖。撲得流螢飛去也。團扇多情。浪淘沙 俱陳眉公

小暑 值朔日二日。山崩河溢。 雨主水。此與小寒應。雨則俱雨。 有東南風。及成塊白雲。主旱。又主半月白棹風。

鋤地是目前要務。割麥後。既速鋤黍二遍。穀秋稻穇各壹遍。遇雨過。速再鋤壹遍。若夏至節內未鋤完。此節速赶鋤。勿遲。 旱黃豆鋤第三遍。去草務淨。否則搗花莢少。 夏至前所種之豆可鋤矣。旱鋤則葉蔽其根。不畏旱。 鋤穀更須勤。不厭數。周而復始。鋤十遍可得八米。初鋤留苗欲密。二遍留壯去弱。三遍擁土護根。則不畏澇。 揹糞尤爲秋

間要務。陰天鋤路旁場邊草根。糠土。抬入濠內漚之。再令犁戶。每晚割草壹大捆。喂牛驢之餘。勤掃入濠成糞。 驢馬自此出棚。喂青草。遇雨。仍置棚內。但須通風乾處。

種黃瓜。胡蘿蔔。芥菜。蔓菁。窩心白菜。蒝荽。

遮菊用秫稭。 自此至秋分。常看菊節蛀孔內有虫。用針插入孔殺之。上半月向上搜。下半月向下摸。

大暑 值朔日。民病。

此時早黍稷可穫。隨割隨𡑞。稀種綠豆。候初伏犁翻豆秧入地。種麥。勝於糞。 鋤小暑所種之豆。務於立秋前鋤完。立秋後豆大草荒。難鋤治矣。而未淨者。又必須鋤兩遍。乃主人往往有聽犁戶不鋤者。獨不思所費種糧幾何。牛力幾何。錢糧幾何。衣食取給幾何。可聽其怠惰。而不勤查。任其荒蕪。而不鋤治乎。須算計立秋前日期。設湊錢米。添工鋤治。務必立秋前鋤完。動鎌後不及顧矣。舍弟亮工犁戶鋤豆添工。千錢主認三百。亦勸農意也。可倣而行之。

初伏　三伏宜熱伏内寒多西北風主稻秕冬水堅

出糞再速抬草根糠土入濠蓋積地莫如積糞地多糞少枉費人工而種麥更須多糞不可草草了事

鋤稻每伏鋤壹遍不可省工

收蜀葵石竹種即時可種

箔遮牡丹花芽勿令曬損候日不甚炎方撤去

打棉花心須晴明日但打頂枝勿打旁枝以照邑地瘠必不能如西北方膏壤也晴明則旺相生旁枝雨暗則聾灌多空條其末長大者又當隨時打之

種辣蘿蔔在初伏五六日每中畝用種二合用糞點種勿帶蕎麥不必顛倒戶分種

採槐花蕋曬乾微炒收貯煎水染黄甚鮮青槐花無色不堪用

曬麥務要極乾初打完趁天晴速運曬二日入伏再曬壹日共曬三日若少濕必生虫摻以石灰更好

伏前五日用丁香官桂椒茴各壹兩爲末浸乾燒酒二斤閉礶内再用老姜壹斤切片曬乾入伏日將酒蒸過候冷浸姜透曬乾又浸又曬以酒盡爲度磁礶收貯冬月清晨嚼姜壹片遍身和煖

中伏　種豆已晚多不收得雨速種蕎麥蕎麥地耕兩遍止鋤壹遍亦可

種白菜水蘿蔔瓢兒菜

壅芹勤澆之

曬菜種葱種芥種俱極乾晾過宿收貯

鋤胡蘿蔔

修藜稈枝平其頂培其根

踏麴麥壹斗磨麪麩斗半約用水二十四黒碗拌入

模踏之加菉豆半升同磨更好

甜醬用黄豆五升爲細麪加麥麪二斗引漿水和軟硬得法掐成二指厚餅蒸熟冷定晰入屋内黄蒿蓋十四日取出曬極乾

做醬黄用黄豆壹升煮八分熟爲細麪加麥麪壹斗同前法和蒸晰曬濕布拭淨處暑後爲末粗羅羅過名曰醬黄用醬瓜茄并做腐乳

晰醬油用水拌新麩以不見乾麩爲度勿太濕攤蓆上厚二指用秋葉去淨露水蓋晰七日取出曬乾

末伏

澌豆豉。用大黑豆煑爛。罨篩內。晾過宿。用麪拌勻。豆濕必多用麪。方不悞事。攤蓆上。勻指多厚。攤完。再撒麪壹層。天熱開窻風凉。閉窻至第三日。用秋葉蓋豆。澌七日。取曬。簸去黄毛。聽用。亦可做十香瓜。若澌豆不隹。做豉必不堪。

秋

虹見西方青雲覆之。冬多寒。人病瘧。苦濕赤雲覆之。冬旱。黄雲覆之。米賤。白雲覆之。冬多風。黑雲覆之。冬多雨。　雹主稻遲熟。　暴雷名天收。百穀虛耗不實。　秋霜忌甲子日。主歲大凶。人多暑死。

秋三月謂之容平。天氣以急。地氣以明。早卧早起。與雞俱興。使志安寧。以緩秋刑。收斂神氣。使秋氣平。無外其志。使肺氣清。此秋氣之應。養收之道也。逆之則傷肺。秋氣燥。宜食蔴以潤之。禁寒飲。并穿寒濕內衣。肺病宜食黍桃葱。　三秋服黄芪等丸三兩。𠜉却百病。肺氣旺。味屬辛。金能尅木。木屬肝。肝主酸。當秋宜減辛增酸。以養肝氣。立秋以後。稍宜和平將攝。但凡春秋之際。故疾發動。切須安養。不宜吐汗。令人消鑠。以致臟腑不安。清晨睡覺。宜閉目嚥津。以兩手搓熱熨眼。數多能明目。腦足俱宜凍。戒温煖。　瘧疾。用常山青皮各壹錢。烏梅壹個。甘草五分。枳殼草果檳榔各二錢。姜三片。棗二枚。水二鍾。煎八分。温服。　又方。用常山末。雞子清和丸。如桐子大。每服三十九。空心温酒送下。　又方用常山草果柴胡甘草各等分水二鍾煎八分露壹夜臨發日預温服　又方常山半斤水熬過七分入紅棗半斤同煮乾去常山將棗晒乾瘧者臨發清晨空心用姜湯嚼下七枚重者服三次忌生冷葷油猪羊肉蛋麪壹切發物半月　瀉泄用蒼术厚朴姜製陳皮猪苓澤瀉白术土炒茯苓白芍炒各壹錢肉桂甘草各二分姜三片棗二枚水二鍾煎八分空心服治脾胃不和腹疼作瀉陰陽不分如水瀉加滑石壹錢暴痢紅白去肉桂加木

香檳榔黄連久瀉加升麻壹錢如濕加防風升麻各壹錢如食積加神麯麥芽山楂各壹錢　濕瀉用猪牙草醋煮九次晒乾爲末每服壹錢二分如小兒服五六分水瀉米湯下紅痢陳茶下白痢煨姜湯下裡急後重吳茱萸湯下　又方用茯苓猪苓白术土炒澤瀉山藥訶子去核陳皮蒼术肉豆蔻砂仁各八分官桂甘草各二分烏梅壹箇姜三片燈心三十寸水二鍾煎服　小兒水瀉用烏梅十枚去核黄連三分咀片將黄連入梅肉内炭火

燒出白烟爲度取出冷過研細末用米泔水調服或搽乳頭上吮乳即帶下　痢疾三日後用罌粟殼温水泡去頂蒂筋劍蜜炙黄色三錢炙甘草二分烏梅打碎壹箇蜜壹兩冲入滚水碗蓋少時服　痢疾香連丸廣木香四兩公丁香壹兩黄連壹兩檳榔四兩熟大黄六兩山楂肉六兩共爲細末水滚成丸如菉豆大每服三錢紅痢紅糖水下白痢白糖水下痢疾初起即服更妙　痢疾不論紅白用樗白皮地骨皮粗葛秫米各三錢水煎露壹

宿清晨入蜜少許温服　休息痢用烏梅肉東茶乾姜爲丸服　木槿花焙乾爲末紅痢用白者紅糖下白痢用紅者姜湯下　陳皮枳殼厚朴各壹兩飯焦五兩各炒黑共爲末每服三錢黄酒下或用麪焦飯各等分炒黑爲末每服三錢黄酒下或用陰乾蘿蔔煮水服或用鮮蘿蔔英搗汁入蜜調服　禁口痢用糞中蛆洗净瓦上焙乾爲末每服壹二匙米飲調服即思飲食　秋日勿多食薑

稻遇秋旱未至枯死者得大雨速連鋤之尚可有穫

豆角嫩者滚水焯熟晒乾眉豆同

番瓜乾晴明日摘將壞小番瓜切薄片卽日晒乾美同乾笋不壞者不佳

神仙雞用本年小雞壹隻撏毛去腸洗淨腹內入塩少許花椒數粒葱白二枝鍋內置水碗餘燒滚架雞其上厐盆蓋嚴用草十四兩細燒鍋底卽熟

賦

積芳兮選木幽蘭兮翠竹上蕪蕪兮陰景下田田兮被谷左蕙畹兮彌望右芝圃兮寓目山霞起而

削成水積明以經復於是蔽風閣之藹藹聳雲館之迢迢周步檐以升降對玉堂之泬寥追夏德之方暮望清秋之始颸藉晏私而游衍時晤語而逍遥爾乃日棲榆柳霞照夕陽孤蟬已散去鳥成行惠風湛兮帷殿肅清陰起兮池館凉陳象設兮以玉瓚披蘭藉兮咀桂漿仰徽塵兮美無度奉英軌兮式如璋藉高文兮清談預含毫兮握芳則觀海兮爲富乃游聖兮知方 謝朓

詩

日照前窻竹露濕後園薇夜蛩扶砌響輕蛾遶燭飛 陽休之

田野安吾拙襟期頗自由已滋蘭九畹未種橘千頭日月閑籓落乾坤老素秋向來飛動意寂寞對吳鈎 王世懋

秋來東閣凉如水客去山公醉似泥困卧北窻呼不醒風吹松竹雨淒淒 蘇軾

葦風荷露逼人寒午夢天高眼界寬落落與誰同此意纖纖初月上雲端 僧貫休

蘿屋無隣長閉門芙蓉秋水自成村退耕喜及筋骸健小築欣看松菊存農圃生涯共伏臘江湖身世任

乾坤更堪心跡雙清處風竹蕭疎月壹痕 張祥鳶

無數繁華過眼消半生貧賤果誰驕達時莫鼓齊門瑟懷古徒憐季子貂衣製荷輕風颯颯英餐菊晚露蕭蕭茅簷不到逢迎客明月當杯毎自邀

詞

深院靜小庭空斷續寒砧斷續風無奈夜長人不寐數聲和月到簾櫳 李後主擣練子

蛩聲泣露驚秋枕羅幃夜濕鴛鴦錦獨卧玉肌凉殘更與恨長 陰風翻翠幌雨澁燈花暗畢竟不成眠鴉啼

金井寒。秦少游 苕溪 烟草淒淒小樓西。雲壓
雁聲低。兩行踈柳，壹絲殘照，數點鴉棲。 春山碧
樹秋重綠。人在武陵溪。無情明月，有情歸夢，同到
幽閨。劉基 眼兒媚

七月 是月也，清風戒寒，農乃登穀，天子薦新。此月爲
孟秋、首秋、初秋、上秋、凉月、相月。 天火午。 地火
辰。 荒蕪亥。 九焦酉。 蠶忌酉。 雷大吼，主有
急令。 有三卯，田禾熟，無則早種麥。 朔日風雨，
人不安，米貴。南風，禾倍收。雷鳴，損晚禾。 三日有

霧，年豐。 八日得滿斗，秋成。 十五日爲中元，乃
大慶之月，當地官較籍之辰，是白帝乘時之運。道
藏經云：是日乃太上老君同元始天尊會集，降福
世界。昔有設盂蘭盆齋者，綱目特書示譏。 國家
於是節，則設厲壇之祭，蓋因民俗以均惠於幽明
仁政無遺耳。然則北人最重墓祭，爲子孫者追遠
是勤，隨時盡孝，固不可泥古禮而失永慕，亦不可
憮時日而有先後也。 雨，收乾稻，百日來霜。 十
六日月上早，主收稻；有雲罩上遲，秋雨多。雨，主麥
年荒。 是月勿食生蜜，雁獐肉，勿多食猪肉。

伐木，修樹，培葱。

澆桂花，但忌用肥。

種白菜、黄瓜、水蘿蔔、同蒿、蔓菁、瓢兒菜、菠菜。

稷八九分熟便刈，少遲遇風即落。將地種蕎麥，或稀
種綠豆，秋後塌起種麥。

澆牡丹，七八日壹次，有雨少澆。

澆蘭，三日壹次。蚯蚓傷根，皂角煎湯同尿灌出之，仍
以清水換去鹹味。如有蟻，用腥骨引而弃之。

壅芋，月初在芋旁掘土培根，則結子圓大。糞壅更好。
月內連壅二次，失壅則瘦。 掀芋葉，劈其梗，晒乾

刈藍，打靛用風泛石灰，凡風泛者以手握之如麪，不
成塊，置炕上，怕返潮；若握之成塊，乃水泛者，不佳。

藍靛燒灰，弃於道路，馬畏之，驢遇輒死，故秦有禁。

染藍，用小藍每擔用水壹擔，將葉莖細切，鍋內煮數
百沸，去渣，盛汁于缸。每熟藍三停，用生藍壹停，摘
葉子瓦盆內，手揉三次，用熟汁澆，挼濾相合，以淨
缸盛，用以染衣。或綠，或藍，或沙綠、沙藍，染工俱于

生熟鹽汁內掛酌割後仍留藍根可再割或留至開花結子收來春三月種之

種蕎麥在立秋前每中畝用種二升密則實多稀則實少種遲則收微如霜早割取晒乾爲萊或飼牛

詩

大儀斡運天迴地游四氣鱗次寒暑環周星火既夕忽焉素秋涼風振落熠燿宵流吉士思秋實感物化日與月俱荏苒代謝逝者如斯曾無日夜嗟爾庶士胡寧自舍 張華勵志 商風初授辰火微

流朱明送夏少昊迎秋嘉禾茂園芳草被疇于時秋游以豫以休 潘尼 獨坐小窗下幽蛩不絕鳴青天孤月淨滿耳是秋聲 潘女郎 清風望不及迢遞起層陰遠水兼天淨孤城隱霧深葉稀風更落山迥日初沉獨鶴歸何晚昏鴉已滿林 杜子美

詞

七月新秋風露早蓮渚未折庭梧老是處瓜花時節好金樽側人間綵樓爭祈巧 萬葉敲聲涼乍到百蟲啼晚烟如埽漏箭初長天杳杳人語悄那堪夜雨催清曉 歐陽修漁家傲 早起未梳頭偕倚高樓添些半臂掛簾鈎剪剪輕風來拂面微帶温柔 鶯老燕含羞交付輕鷗荷花十里蓼花洲對對雙雙眠水上賣弄新秋 陳繼儒浪淘沙

立秋 在六月晦旱稻遲 値朔日人多疾 値火日老人不安地震牛羊死應在來年正月 値巳酉日多晴 風涼吉熱主來年災旱疫 風從乾來暴寒多雨坎來冬多雨雪陰寒艮來爲逆氣穀不熟稻有災糴貴震來秋多暴雨人不和草木再榮

巽來凶離來多旱坤來五穀熟田禾倍收兌來秋多雨霜重 是日西方有雲吉申時西方有黃雲如羣羊坤氣至也宜穀赤雲亦吉如無赤黃雲氣萬物不成地震牛羊死應在來年正月 黑雲相雜宜桑麻豆如無此氣則歲多霜人病應在來年二月 虹見西方萬物皆貴 有雷損晚禾大抵秋後雷多晚田不收 雷雨折木主多怪異 立秋後稻秀豆花雨不厭多吾鄉故有壹處下雨壹處收之諺又云七月不得鹽必定是豐年 秋後

雲興若無風則無雨 是日沐浴令人皮膚粗燥
後七日去手足甲燒灰服之滅九蟲三尸
踏露麯立秋取稻葉朝露和白麵五升純糯米麵二
升去皮尖杏仁四兩去梗青花椒少許和成塊黃
蒿包掛衝風處四十日取用
晒皮衣毡毯立秋節內最生虫時也遇天晴卽晒晾
不厭其勤封在甕內置炕上者常令炕溫
鋤豆最爲緊要未鋤兩遍者急速赶完乃犂戶有壹
遍不鋤者主人亦聽之尙可以謀生乎當查現在

未鋤豆田條段開寫壹冊逐日親查添工速治務
必鋤完若至處暑更無濟矣
辣蘿蔔出土卽鋤至此節當定科務要細工薅薙使
疎密得宜
割黍乘濕卽打則稃易脫遲則稃着粒上難脫搗則
不粘稃用囤盛勿令浥濕黍穰不可鋪床醉卧其
上令人生癩落眉髮 禮王制庶人春薦韭夏薦
麥秋薦黍冬薦稻韭以卵麥以魚黍以豚稻以雁
祭有常禮薦者遇時物則薦黍爲五穀之長故祭

先王爲上盛然則中元祭墓麥麪夾黍糕爲供不
亦可乎 割黍後將地鋤壹遍鎊去黍茬使地力
歸於豆角既可多結又宜麥 型黍苗作苕帚
割穀穄食貨志云力耕數耘收穫如盜賊之至故熟
速刈乾速積刈早則傷鎌刈晚則折穗遇風則收
減濕積則藁爛積晚則粒耗連雨則生耳所以收
穫須及時也收穫者農事之終可任意早晚而棄
前功乎 照俗割穄多先置坡下俟乾方搬恒被
偷竊近溪河者又有漂沒之患當督速搬 犂戶

割穄必逐段報數記冊自已仍逐段查之搬時在
場點數上梁莊農原煩碎不可托大也 穄穰晒
乾梁好喂養牛驢因地不產穀蘇草甚少若穄穰
黴壞牲畜何資
塌地務早以爛夏草看白背卽耙平防秋旱若雨過
再犂轉候種麥犂轉之地務必耙細萬不可透風
出糞
拔早黃瓜藤刨起候種蒜
腐乳用細腐乾切象棋子大蒸透卽用籠盛着速以

稻草鋪蓋七日發露如長毛取出黃酒洗淨加紅麯花椒茴香炒鹽末浸以白酒娘二十日可用或用乾蒸酒浸酌加醬黃

燒茄用醬三兩油三兩茄十枚去皮蒂排鍋內盆蓋燒候軟如泥入椒鹽拌加蒜更妙

醃黃瓜稍瓜或整用或開兩片去淨子瓤細擦鹽醃過宿棄汁取晒至晚另擦鹽醃次日取晒留汁另貯至晚再醃次日再晒俱貯汁候用看瓜晒出鹽鹹便不用醃排罈內將前汁熬數滾候冷浸之

黃瓜切兩片去淨子瓤鹽醃三日取晾半日入滷醬十餘日滾水眼冷洗淨眼乾入好麪醬醃　極嫩

黃瓜整醃之尤肥美茄同法

處暑

此節當查塌地之勤惰凡帶種之豆盛則留否則塌不可糊塗留連　倒糞尤要緊處暑前三日出完糞砍秫畢即專人倒糞莝糞四遍始細白露七八日即當種大麥若糞不細能不束手況有陰雨阻隔乎　此後割韭必用糞壅

砍蜀秫　理飯帚　秫秸必連晒方乾若少濕必黴

刈檾作小束晒乾池內漚之候皮爛取檾片洗極淨晒乾潔白如雪檾杆晒乾劈成條蘸硫黃用以取火名引光奴或趁濕用草灰培換灰以乾爲度可然火　檾多者刈取晒乾來年夏月漚之

芍藥枝葉平土剪去揷竹記墩以糞壅根

拾棉花以桃開絨露爲熟旋熟旋摘攤放箔上日曝夜露子粒既乾方可收貯則絨不浥而子不腐

草束蔡腰并培其根

醃韭花於韭花半結子時收摘去梗蒂每斤用鹽三兩同搗爛入罐先別用鹽醃小茄小黃瓜醃出水晾二日入韭花拌勻用錢三四文着罐底收貯

刈麻束宜小漚清水中候生熟恰好取晒

栽葱培作葱花

曬麪夜承露水勿見霜着雨

泡甜醬用火日先將晒乾黃子濕布拭淨碾爲末粗羅羅過每斤用水二斤淨鹽四兩入鍋熬沸取出澄清候冷去脚入黃麪泡之

甜醬瓜先將苦瓜去瓤十斤用石灰白礬各兩半煮水極沸取出候冷去渣泡瓜壹晝夜取出洗淨晾用鹽醃過宿滾湯掠過晾去水氣不可日曬揀去爛者再加稍瓜黃瓜去瓤嫩茄子不拘多少每斤用醬黃壹斤炒鹽四兩將數內鹽醃瓜茄過宿次日入醬黃拌勻盛甕中淸晨盤入盆內日夕盤入甕中十餘日卽成。或將苦瓜同前法製過揀去爛者每斤用醬黃壹斤炒鹽四兩拌勻入甕四十日取瓜少帶醬入罈收餘醬或食或再醬蔬菜。

糖醋瓜用苦瓜壹斤切小塊加鹽兩半醃過宿將汁漉出煎滾候冷入瓜拌曬二三日再加好醋半斤白糖四兩椒茴砂仁末紫蘇橘絲姜絲少許拌勻數日可用。

黃瓜茄子不拘多少先用醬黃鋪在缸內次以鮮瓜茄鋪壹層鹽壹層又下醬黃瓜茄鹽層層相醃五七宿烈日曬之欲作乾瓜取出曬之。

瓜丁用苦瓜二斤切小塊加鹽八兩醃過宿漉起將滷入水半斤煎滾掠過曬半乾用好醋壹斤煎滾候冷將瓜同姜絲紫蘇嫩茴香梗加白糖半斤拌勻收貯。

糖醋茄用嫩茄切三角塊沸湯掠過布包壓乾鹽醋醃壹宿曬乾加生姜紫蘇橘皮絲茴香末拌勻煎滾糖醋浥曬乾收貯用時以湯泡過香油煠用。

鵪鶉茄用嫩茄切細縷淖過控乾以鹽醬椒茴陳皮甘草末拌曬蒸收用時以湯泡軟香油微炒。

芥末茄用嫩茄切條不洗曬半乾多着香油加鹽炒熟晾冷用乾芥末拌和磁罐收。

茄乾大茄切三片小二片河水浸半時撈入鍋內加鹽用水煮壹滾取出曬至晚仍入原湯再煮壹滾留鍋內明早又煮滾取曬至晚如前再煮以湯盡爲度曬極乾入罈收。稍瓜去瓤汁夏布拭過絲瓜去粗皮俱照上法做。又法大茄煮熟劈開用石壓乾趁日色晴先曬磚炙令熱攤茄于上曬極乾收正二月和物食之其味如新。又方茄切片曬乾用鹽醬椒茴陳皮砂糖水同少煮又曬乾再滚少時曬乾收。葫蘆切條照上法做。

茄鮝　將茄煮半熟，使板壓扁，微鹽拌醃二日，取曬乾，放好滷醬上面，露壹宿，磁器收。

七夕　西南風，無秕穀。雨，麥麻豆賤。

道書：七月七日爲慶生中會，此日地官三宮九府四十二曹同會天水二官六宮十八府七十八曹同考罪福，是日勿想惡事，況爲者乎，仙家大忌。

夜灑掃中庭，露施几筵，設酒脯時果，散香粉於河鼓織女，守夜者見天漢中有奕奕正白氣，有光燿五色，以爲徵應，見者便拜而乞富乞壽乞子，惟得乞壹，不得兼求，三年乃言之，頗有受其祚者。

本日曝衣物，阮咸云，未能免俗，聊復爾耳，正不必如郝隆仰卧，曝腹中書也。

本日取百合熟搗，新瓶盛，密封，掛門上陰乾，百日，每拔去白，摻之即生黑者。

本日取絲瓜根燒存性，爲末，治咽喉骨鯁，溫酒調服二錢。

本日采黑脂麻，莖上標頭花，陰乾，爲末，黑麻油漬之，眉髮不生者，日塗之即生，又生禿髮。

採豨薟草。

農圃便覽　秋　十六

詩

銀燭秋光冷畫屏，輕羅小扇撲流螢，天階夜色京如水，臥看牽牛織女星。杜牧

長安城中月如練，家家此日持針線，仙裾玉珮空自知，天上人間不相見。長信深陰夜轉幽，玉階金閣數螢流，班姬此夕愁無限，河漢三更看斗牛。崔灝

詞

梧桐墜，秋光碎，壹痕河影添嬌媚，錦梭擲，綵橋結，今朝天上歡娛節，嫦娥疑望，也應痴絕，熱熱熱。天如醉，雲如曬，朦朧方便雙星會，雞饒舌，催離別，別時打算開年月，自從盤古，許多周折，歇歇歇。陳眉公　釵頭鳳

西風京透梧桐院，銀河斜映珠簾卷，鈿盒蛛絲，金針綵綫，分瓜擘果年年慣。近時興致偏疏懶，緗帙無緒難拋展，兒女情多，英雄氣短，算來巧拙還相半。丁雁水　七娘子

農圃便覽　秋　十七

八月　是月也，日夜分，禀定禾熟，多積聚，凡可備饑無不儲貯，種麥毋或失時，此月爲仲秋，壯月。

天火酉。地火卯。九焦午。蠶忌申。荒蕪卯。大畫有水災，少菜。有三庚三卯，低田麥稻吉，三庚

二卯，麥宜高田。虹見秋，米平，來春米貴。此月雷主多盜。雨多，麥難種，豆不成，米貴，牛貴。朔日晴，冬旱，暑得雨，宜麥，布絹絲綿貴，油蔴少。三日內俱宜陰雨。朔日為六神日，取栢葉上露點眼，以朱點小兒額，名天灸，厭疾。十壹日卜來年水旱，侵晨或隔夜於水邊無風浪處作壹水則子，至晚看之，若没主水，露主旱，平主小水，又主本年好種麥，名曰橫港。十六夜月皎潔，來年熟；陰，來年水。月戒夫婦容止，犯者減壽，朔望各十年，晦日壹

年，上下弦各五年，庚申甲子本命二年，初三日萬神都會，十四、十六日三官降，犯者中惡，二十八日人神在陰，秋分社日並忌。月內食雉肉，令人氣短；食芹菜，恐成蛟龍瘕，發則顛狂，面青黃，小腹脹；食生蜜作霍亂；食生果子患瘡癤；食雞子傷神；食生蒜蔥萎損膽氣；食姜損壽；飲陰地流泉發瘧；勿食豬肺及餳和食之，至冬發疽；勿犯賊邪之風，及多食腥肥。自此煖足，勿令冷。

天旱至此得雨，多種芝蔴，嫩時割取，晒乾，亦以御冬，仍於其地種麥。

澆灌芍藥、瑞香，並宜豬糞。

栽韭，月初掘韭去老根，分植，當年勿剪。

芟菊蕋，每枝留頂上壹蕋，餘俱摘去。

穫薏苡，取其仁，打碎，同粳米煮粥，日食之，大有益。

採茴香、花椒。

種同蒿、水蘿蔔、菜子、油薹菜、莙薘、葱、蒜、生菜、萵苣、菠菜、瓢兒菜。

刈藜，晒乾，以板壓匾，捽去子葉，再晒再捽，以多為妙。

子炒香，酒下錢餘，治疝氣危急。

斷冬瓜梢，以存其力，撿小者摘去，以養大者，俟經霜後摘之，早收必爛，未經霜者常食，令人反胃。

玉簪花瓣拖麵，香油煠過，入少白糖，香清味美。取未開者，裝以鉛粉，線紮兩頭，日久猶芳，兼治雀斑。

稍瓜分兩片，去瓤，又橫切薄片，晒乾，加姜絲、糖、醋拌勻，磁器盛。

食香瓜，用苦瓜切碁子塊，每斤用鹽八錢，加生姜、陳皮絲、椒茴末同瓜拌醃二日，控乾，日晒，晚收入汁。

如此三次，勿令太乾，裝餅。

瓜虀　用大苦瓜，切兩片，去瓤，略醃出水，每箇用生姜二錢、陳皮五分、薄荷、紫蘇嫩葉少許，俱切成絲，箇香炒砂仁末少許，用綫紮成箇，置好醬內七日，取出切碎，磁罐收。

梨酒　用好熟梨連皮核切大片，排罈內，令滿，灌以上好火酒，封口土埋，三月取用，能潤肺凉心，消痰降火，解毒益精。

梨膏　將梨搗爛，扭汁入沙鍋或銅鍋內，文火熬至滴

水成珠。　凡酸梨換水煮熟則甜美。

梨乾　甜梨去皮，切厚片，火焙乾，亦爲佳果。

青豆　黄豆將眼著葉七八分熟時，連稭割來，摘角，鹽水煮八九分熟，撈出剝皮，用篩盛，豆灰火烘乾。

玉露霜　用菉豆粉團三茶盅，細羅羅過，先以薄荷葉窨鋪筐上，葉上鋪紙，壹層攤粉，紙上又用薄荷葉窨覆，兩三層，仍用紙蓋嚴，入鍋蒸之，水壹滾再燒三把火便取出，火候不可過，入糖壹茶鍾，糖亦用粗羅羅過，拌勻，印果，如太乾，入熟水少許。　或將粉蒸出，磁器盛，勿出氣，用時現拌白糖印果。

新棗　纔熟，乘清晨連小枝葉摘下，勿損傷，通風處晾去露氣，用新缸無油酒氣者，清水刷淨，火烘乾，晾冷，淨稈草晒乾，候冷，壹層草壹層棗，入缸封嚴，冬月勿致凍壞，傷熱可至新正，尤鮮品。

剝棗　齊民要術云：旱腴之地，不任稼穡者，種棗則任矣。棗全赤，撼而落之，先治地，令淨，有草則令棗臭。駕箔椽上，以無齒木扒聚而散之，日二十度，乃佳。夜不必聚，得霜露氣速成，如有雨，則聚而苫之。五

六日，選紅軟者上高箔晒之，降爛者去之，不則恐壞。餘棗其未乾者，仍如法晒。

蔄當澆以壓穢，以防秋風肅殺。

牡丹　剪枯枝並葉，上坑土，五六日壹澆。

嫩藕　搯碎，鹽醋拌食，可以醒酒。　綠豆粉調沙糖灌藕孔中，紮定煮熟，切片，用藕切斜片則不脫。

蜜煎藕　取嫩藕去皮，切條或片，焯半熟，每斤用白梅四兩煮湯壹大碗，浸藕壹時，撈出控乾，以蜜六兩浸過宿，去汁，另取好蜜十兩，慢火煎如琥珀色，放

冷入磁礶收。

糖煎藕。用大藕五斤，切碎，日晒出水氣，沙糖五斤，蜜壹斤，金罌末壹兩，同入磁器內，泥封口，漫火煮壹時，待冷開用。

淨雞蒸爛，風前吹晾少時，石臼中搗極細，入糖蜜再搗令勻，取出作團，停冷硬，淨刀隨意切食。糖爲隹。蜜須適中，過用則稀。百合、芋俱可照法做。藕以鹽水供食，則不損口；同油煠，米麵果食，則無渣。

醂柿。用水壹甕，置柿其中，數日即熟。或埋河沙水中，

二日取食，更甜脆。與蟹同食，令腹疼。

柿餅。用大柿去皮，捻偏，日晒夜露至乾，納甕中，自生柿霜。食柿飲酒，患心疼。

核桃熟時摘下，漚爛皮肉，取核，用麄布袋盛，掛當風處，則不膩。留種者勿摘，候其青皮裂自落乃隹。

嫩青黃瓜切條，懸通風處成乾。

瓶盛芝蔴油，以筯取秋葵花瓣入瓶內，勿犯手，密封收治湯火傷，以油塗之，甚妙。葵葉爲末敷之亦隹。

刀豆蒸晒作乾。

葫蘆老者開瓢。湯火傷灼，舊瓢燒灰，香油調敷。

煎雞。用嫩肥雞，撏毛去腸，洗淨，香油煎熟，醬油少加醋烹之。

詩

八月更漏長，愁人起常蚤。閉門寂無事，滿地生秋草。昨宵西窻夢，先入荆門道。遠客歸去來，在家貧亦好。戎昱

秋風何日勁，綠葉日夜黃。明月出雲崖，皦皦流素光。披軒臨前庭，嗷嗷晨雁翔。高志局四海，塊然守空房。壯齒

不恒居，歲暮常慨慷。張華

銀漢無聲露暗垂，玉蟾初上欲圓時。清樽素瑟宜先賞，明夜陰晴未可知。黃省曾

清秋山色淨纖纖，八月芙蓉滿鏡中。醉任嶺雲連海綠，愁禁楓葉接天紅。養魚好伴鴟夷子，飲水如無桑苧翁。江上美人期不到，吹簫獨自向虛空。蔡羽

詞

八月豆花新過雨，晴霞片片明溪嶼。牛背斜陽吹笛去，林鴉哺，啄殘柿葉翻紅樹。端正夏宵溪叟

家金錢蝴蝶浮芳醑杜影婆娑香暗度酣笑語三更共看蟾華吐　丁雁水漁家傲

白露　晴半月倒糞耕地俱善雨多瓜菜生虫半草黴黑播種失時　此後驢馬當歸棚六畜房圈及時修理不使受寒致疾　前場之地至此再轉熟更驗糞之粗細七八日後即種𪍿麥大麥蓋旱澇常多若待恰好時候恐有躭悞故如其晚也不如其早而人反謂早種長過了苗吾鄉莊農可知矣當速送糞并催犂戸拔豆角藤塌起種麥　製牛草

穫脂麻簡熟者先割束欲小大則難乾五六束壹攢斜倚之使風得入候口開以小杖微擊令子出仍攢之三日壹打五遍乃淨曬乾收其稭入米倉不蛀除夜撒之臥房內外云可辟邪單條者名霸王鞭尤能祛鬼

瓜虀用苦瓜去淨瓤百沸湯掠過每十斤用鹽五十兩勻擦翻轉加豆豉末醲醋各半斤甜醬斤半椒茴乾姜陳皮甘草各五錢蒔蘿二兩並爲細末同瓜拌勻入磁甕醃壓於冷處半月可用

十香瓜用澌過大黑豆三升姜絲壹斤橘絲三兩法製杏仁半斤椒茴末各兩半白豆蔻草果甘松五味子各些須將苦瓜切丁十斤用鹽斤半拌醃二日取出晾乾同前物料拌勻入醃瓜水八碗火酒四碗裝罈令滿扎口泥封置日中輪曬月餘取用

又方大黃豆二升煮熟以麩罨熟去麩嫩瓜茄各五斤切丁用鹽五兩醃過宿去水加橘絲壹斤姜絲嫩紫蘇各十兩法製杏仁八兩桂花五兩甘草五錢鹽十兩拌勻入罈按實燒酒灌滿泥封曬二日

取出拌入花椒茴香砂仁末各兩半再裝入罈泥封曬之

做豆豉用澌中豆簸淨十斤花椒煮水候冷洗豆曬乾再用燒酒泡壹夜掐豆看之如無乾心方加鹽料先將杏仁壹斤滾水焯去皮日換涼水浸十四日再用鹽水煮頃刻鮮姜壹斤去皮切粗條滾水焯過嫩茄六斤連皮切方塊鹽醃石壓出水曬八分乾醃透苦瓜切丁二三片嫩紫蘇橘絲各三兩官桂草果各五錢大茴壹兩小茴甘草各二兩花

椒三兩俱爲細末炒鹽二十兩同拌勻入小罈滿以好燒酒大約浮則壞堅則不壞乾則壞濕則不壞加醃嫩草麻子西瓜子甘露子核桃仁食之所嗜酌量加之鹽泥封固向日輪晒四十日取用豆豉如法拌勻入罈不用燒酒但用香油澆灌久貯不壞第非貧士所能

水豆豉用水三斤鹽四兩煎滷冷定泡淅中豆壹斤晒四十日加甜酒壹斤椒茴草果官桂陳皮末各壹錢姜絲法製杏仁不拘多少拌入再晒常攪動

日裝罈封固過年更佳

社　雨來年豐　是日令兒女夙興則壽晏起有神名社翁社婆者遺尿面上其後面白或黃切忌

社日種麥必倍收麥當早種務於秋分節内種完若至寒露則晚矣霜降後種麥更無益吾鄉有云十月朔種麥赶頭壹墒者快人不淺

種水蘿蔔十月初掘起晾四五日入窖作種栽

種穬麥大麥

秋分　是日微雨最妙或陰天俱主來年大熟諺云秋分不宜晴　酉時西方有白雲如羣羊是分氣主大稔有黑雲相雜並宜菽豆赤雲來年旱　分社同壹日低田盡叫屈主水浄田禾　秋分在社前斗米换斗錢秋分在社後斗米换斗豆　本日勿殺生用刑弔喪問疾大醉夫婦戒容止

種麥正在此時土欲細溝欲深糞欲多種欲勻以棉子油拌種則無虫而耐旱每畝加鹽壹斗最忌地蔚麥大麥種不論新陳而困塢者不可用

穫稻畢速耕多送糞種麥捽糯稻草備繩索之用

收桐子晒乾用時微炒布包少許磚地上輕輕板之簡出仁末破者再板陸續收取

掘芋揀圓長尖白者晒半乾留作種九月掘亦可芋經霜則益美但不可凍損

收蘊子晒乾收炒熟入糖煎拌芝蔴均爲佳品

分百合將根掘出取食外瓣留原根并小頭分栽肥地內三寸壹科加雞糞常澆之二年或三年壹移否則枯死春月忌分　耳聾耳疼乾百合爲末早晚溫水服二錢

移木瓜貼梗海棠蠟梅。

移牡丹，如天尚熱，寒露亦可。須全根寬掘，以漸至近，勿損細根，將宿土洗淨，再用酒洗。每窠用熟糞土壹斗，白蘞末半斤，拌勻，先下小麥數十粒於窠底，然後植於窠中，以細土覆滿，將牡丹提與地平，使其根直易生，土須與幹上舊痕平，不可太低太高。勿築實，勿脚踏，隨以河水或雨水澆之，窠滿即止。待土微乾，略添細土覆蓋，過三四日再澆，封培根土成小堆，用手拍實，免風入吹壞花根。每本約離

二尺，使葉相接而枝不相摩，風透日不晒，乃佳。太密則枝相擦，損花芽；太稀則日晒土熱，傷嫩根。若欲遠移，將根用水洗淨，取紅淤土，羅細末，趁濕勻粘花根，隨用軟綿花自細根尖纏至老根，再用麻絍纏定，以水灑之，枝上紅芽用香油紙或礬綿紙包扎，籠住，不得損動，即萬里可致也。

接牡丹須秋社後重陽前，過則失期。將單瓣花本如指大者，離地二三寸許斜劖壹半，取千葉牡丹新嫩旺條，亦用利刃斜劖壹半，土留二三眼，貼于小牡丹劖處，合如壹株，麻紕緊扎，泥封嚴密，兩尾合之，壅以軟土，罩以蒻葉，勿令見風日，向南留小戶通氣，至來春驚蟄後去尾土，即用草薦圍之，仍樹棘數枝以禦霜，茂者當年有花。

分植芍藥，相離約二尺，如栽牡丹法，穴欲深，土欲肥，根欲直，將土側虛，以壯河泥拌豬糞或牛羊糞，栽深半尺尤妙，不可少屈其根梢，只以河水注實，勿踏築，覆以細土，高舊土痕指餘，勿使土裂風入，栽向陽則茂。

種罌粟、麗春，先糞地極肥鬆，用冷飲湯并鍋底灰和細土拌子，兩手交撒，仍用耙耬，出後澆清糞，刪其繁，以稀為貴，長扶以竹。若土瘦種遲，則變單葉。

中秋　晴，來年高田熟，低田水。　雨，來年低田熟，本年澇。　月光好，蚌胎蕎麥實多，兎少魚。　無月，主來年燈時雨。

月餅，用白糖七兩，瓜子仁、核桃仁、橘餅各二兩，青紅絲、松子仁各壹兩，桂花、玫瑰不拘多少，香油二二兩，作餡子，或加生白麵四五兩，再用熟麵十兩，生麵

六兩，脂油六兩，白糖五兩，加水少許，酌麵之乾濕
以軟硬得宜爲度，作皮子，包餡少按，入爐。或用白
麵壹斤，白糖五錢，脂油五兩，滚水壹茶盅半，和成
作皮子。或用白麵二十兩，油五兩五錢，糖七錢五
分，温水合成，又作酥加入，其酥用蒸熟晒乾重羅
白麵十兩，油三兩，擦成，每麵皮壹兩三錢，酥七錢，
包住，趕開卷起，又趕三次，方勻，共重二兩，作皮。凡
熟麵不可炒胡。

詩

九十日秋色，今朝已中分，孤光含列宿，四面絕纖
雲，衆木排疎影，寒流溉細紋。廖凝　秋月仍圓夜，
江村獨老身，捲簾還照客，倚杖更隨人，光射潛虬
動，明翻宿鳥頻，茅齋依橘柚，清切露痕新。杜甫
少皡磨成白玉盤，六丁擎出太虛寬，清光千古復
萬古，留向人間此夜看。黄省曾　常時好月賴新
晴，不似今朝此夜生，初出海濤疑尚濕，漸來雲路
覺偏清，寒光入水蛟龍起，靜色當天魑魅驚，不獨
坐中堪仰望，孤光應到鳳池明。秦韜　玉宇沉沉

夜氣寒，金飈颯颯桂香殘，人憐此夜重輪滿，天與
中秋兩度看，小沼芙蓉添暮色，深杯醽醁借餘歡，
佳期勝會還能再，觧道山中歲月寬。申瑶泉閏月
中秋

詞

憑高眺遠，見長空萬里，無雲留跡，桂魄飛來光射
處，冷浸壹天秋碧，玉宇瓊樓，乘鸞來去，人在清涼
國，江山如畫，望中烟樹歷歷。我醉拍手狂歌，舉
杯邀月，對影成三客，起舞徘徊風露下，今夕不知

何夕，便欲乘風，翻然歸去，何用乘鵬翼，水晶宮裡，
壹聲吹斷橫笛。蘓東坡　榕陰覆水弄新晴，京飈
蘋末生，殷勤勸客換犀觥，蟾華今夜明。珠箔卷
縠紋平，龜魚藻影橫，壹分秋作十分清，人如月有
情。丁雁水醉桃源

九月

是月也，霜始降，百工休，農事備，務畜菜蔬，伐薪
爲炭。此月爲季秋、暮秋、末秋、暮商、季商、杪商。天
火子，地火寅，九焦寅，雞忌巳，荒蕪未。
九月物不凋，三月草木傷，霜不下，三月多陰寒。

庚寅辛卯雨冬米貴。雷鳴穀大貴。上卯日北風東風三月七月米貴。虹出西方大小豆貴朔日至九日主來年正月至九月西北風其月米貴又豫童書云凡北風其月穀賤姑兩存其說以俟詳觀。朔日值寒露主冬寒嚴凝值霜降多雨來年豐晴萬物不成小雨吉風雨主來年春旱夏水米貴虹見麻油貴人災東風半日米麥貴十三日晴壹冬多晴雨則多雨十四更靈。是月肝氣微肺金用事當增酸以益肝氣助筋血月末

十八日當省甘增鹹以益腎氣。二十日齋戒沐浴淨念必得吉事天祐人福雞三唱時沐浴令人辟兵。二十八日陽氣未伏陰氣既衰宜沐浴服袪衣補養之藥。是月勿食血脾季月土旺在脾食犬肉傷神氣食霜下瓜冬月翻胃食生冷作痢食野鴨鴉雞等肉損人神氣勿以猪肝和餳同食至冬成嗽病。月忌夫婦容止犯者減壽朔望各十年晦日壹年上下弦各五年庚申甲子本命二年二十八日人神在陰切忌。

割豆。大黑豆易熟不可等十分熟。豆葉當速收

栽蒜當在八月內若陰雨失時至九月則太遲速於月初在蒜畦中擣栽蒜瓣俟來年二月初先刨地數次多加糞再刨勻持木搠擣壹竅栽壹科栽訖常以水澆蒜大如拳。

牡丹五六日壹澆頻則發秋葉來春不茂若天氣寒更當稀澆。

摘黃熟茄種劈四瓣或六瓣晒極乾懸之。

醬茄用秋後嫩小茄蒸熟布包壓淨水晾乾入甜醬

內月餘取用。鹹醬內小茄切片炙腫毒甚效。

拌醬油凡澌中麸壹斗加豆四升磨破煮熟連汁拌麸入塩四升如豆汁不足添熟水拌以手握汁順手丫流為度貯罈內盆蓋泥封口晒用時以胡大麥湯淋出椒茴同大黑豆熬至豆皮綳為度去豆收貯。

熟柿去蒂入好麪末蒸酒浸沒封口來春取用。

酸棗取紅軟者蒸上晒乾入鍋加水僅掩棗煮沸即濾出入盆研布揫取濃汁塗器上晒乾取為末達

行和米炒鮮，饑渴甚妙。

做酒娘，用純糯米，水泡透，蒸飯，盛篩內，置盆內，澆以冷水，水流盆內，約少半盆，另貯候用。再以冷水澆飯，以冷爲度，復以先澆原汁澆飯，過酌留原汁，每壹升米之飯，加原汁兩飯碗，酌量拌麯子，盛小盆內，外又盛以大盆，盆內塡碎稻草，最怕傷風，三日來漿，常以漿澆飯，七日便熟，出漿壹半，另貯瓶內，重湯煮熟候用，留漿壹半在糟內，每斤用鹽三錢或二錢，拌勻入罈，數日糟物。大約米壹升，可得糟六斤餘，糟三斤，可糟魚五斤。

詩

藜杖侵寒露，蓬門啓曙烟。力稀經樹歇，老困撥書眠。秋覺追隨盡，來因孝友偏。清談見滋味，爾輩可忘年。杜少陵

秋聲蕭瑟客途中，河柳衰黃野草紅。獨有蓼花顏色好，霜寒臨水對西風。先君淮干雜咏

秋盡千山木葉稀，草堂瀟索對斜暉。黃花帶露籬邊濕，白鳥依人宇下飛。車馬已辭當路客，芰荷猶剪舊時衣。求羊不見來相訪，獨醉清樽賦

采薇。方九功

卧痾數月久忘機，造化何須嘆不齊。出入淤圜甘抱甕，沉酣蝶夢怕聞雞。微軀活計參苓藥，晚歲生涯松菊畦。濁酒三巵成薄醉，窗前蕉葉任情題。

西風颼颼布帷穿，壹榻蕭條怯晝眠。垂老何須千薄祿，尊生正好坐枯禪。菊開喜酌茱萸酒，霜落閒看鴻雁天。子鶴妻梅林處士，誰云猶未斷塵緣。先祖瘦竹集

詞

黃菊枝頭破曉寒，人生莫放酒杯乾。風前橫笛斜

吹雨，醉裡簪花倒着冠。身健在，且加飡，舞裙歌板盡清歡。黃花白雲相牽挽，付與時人冷眼看。黃魯直鷓鴣天

寒露　前後有雷電，主次年有水。風自東來，半日不止，主米麥貴。有風雨，主來年春旱夏水。

割豆正在此時，遲則有崩爼之患。而麥未種完者，又急須速種，又農人極忙時也，添工料理勿遲。

移竹，培竹，培葱花。

鋤蘿蔔，擘其黃葉，晒乾收。

移茉莉北房簷下見日不見霜大寒移入煖處圍以
草薦盆中任其自乾至乾極晷以河水盞許澆其
根枝葉上有白色小虱洲去冬天更勿透風氣
菊花隔日澆肥則花大色濃植在地者登盆賞玩
去荷缸水荷梗塞穴鼠自去煎湯洗鑊自新
收松柏子過時則零落又易生蛀各貯晒籠開子出
覆以稀紗免爲雀食見霜則不生
醃韭將韭洗淨控去水切二指長每韭壹斤用鹽壹
兩三錢壹層韭壹層鹽醃三日翻數次裝入罐內

原汁加香油浸之
蝠茄用嫩茄切四瓣滾湯煮將熟樹好醬上候稍鹹
取出加椒末麻油入籠蒸香籠內托以厚麸餅盛
油或煮熟晒乾用時滾水泡透去蒂中木孫加香
油醬油椒茴末炒熟
酸菜用肥嫩白菜稭少煮不可太熟取出冷透入罐
內溫小米飯清湯浸之勿太熱不用鹽纔酸便用
陸續添湯菜可竟冬食
收烟種

種菠菜萵苣
刈蕎麥其稭燒灰淋汁洗六畜瘡甚效或熬乾取鹼
蜜調塗爛癰疽蝕惡肉去靨痣最良蕎麥麵硫黃
末各二兩井華水和作餅晒乾癰疽發背壹切腫
毒用餅磨水傅之痛則令不痛不痛則令痛即愈
割棘子爲芏墻之用
刈麻頭打種晒乾收
霜降　本日見霜來年清明日霜止或前或後日數皆
同霜來晚霜止亦晚百果遇霜花則不結實

此後種麥已晚極必不收但遇久雨不得種至此
晴霽不得不種不過安佃戶之心究無益也每畝
加種半升多用糞耙地令細免凍死麥苗　麥若
未種足來春勢必種大麥以足其數當趁此時將
地塌起送糞俟春凍初解即種如未出九用冬大
麥種　此後當秋耕地將豆葉掩入地中來春田
禾自盛牛須喂料若牛具軟弱耕半亦可然必晌
午露乾方可耕若掩霜入地來春多折苗　搭牛
棚遇雨雪拴棚內　此後勿割韭　滌酒器

收雞冠花婦人白帶用白者赤帶用赤者晒乾為末空心酒服三錢紅者亦治經水不止同上法服之忌魚肉。痢疾雞冠花煎酒服赤用紅白用白

拾臭棘子

劚山藥此蔬健脾益腎最宜常食篩盛置簷風處不見日陰乾甚妙

起辣蘿蔔必待微凍後晾七八日入窖帶莖蘿蔔懸之簷下煮水治痢止嗽愈久愈妙

栽菜子勝春栽者

醉種菊土黃壤赤壤為上沙壤黑壤次之俱在每歲秋盡冬初擇高阜肥地將土掘起潑以濃糞篩過雜以雞鵞糞令肥用草苫蓋之正二月再醉壹次

腐乳用絹過細豆腐十斤切四方小塊入炒塩二十二兩醃七日另倒入別器使在下者在上又過七日取晒半乾用漿酒調醬黃成糊將腐排磁罐內每層加醬糊壹層上留二指空將醃腐塩汁再添漿酒灌滿封固兩月後開用如無漿酒用好燕酒好燒酒亦可酌加椒茴紅麴末亦好

做酒淘米欲淨洗器務潔翻糜必快盎缸須遲生水塩汁遇之即壞。昔酒每黃米壹斗用晒好麩麴麩二升若麴平常少增之。露酒用糯米四升黃米六升露麴麩壹升二合露麴勿用陳者

糟鳥蛋先將鳥蛋泡過宿擇淨晒乾臨時用火酒洗過入糟加細塩椒茴末不用香油糟蝦米同

糟魚將上好鹹魚水浸去鹹味再用石灰煮水冷定洗過晾乾再用好火酒洗過壹層魚壹層糟裝罈將椒茴細末入香油內層層澆之封固四十日取

用大約糟三斤可糟魚五斤若欲久留過夏者魚同前法洗過每十斤用糟五斤入罈半月後取起拭去舊糟另用再以火酒洗過照前糟之

糟白菜將肥嫩不虫好菜搭陰處晾乾水氣俟葉稍俱軟每二斤用糟壹斤塩四兩拌勻糟菜相間隔日壹翻騰十日後取起拭去舊糟另用好糟壹斤塩十兩糟菜三斤糟菜相間二兩日壹翻騰待熟撓定入小罈上澆糟菜汁封固

大頭菜用好芥菜洗淨菜頭劈為四瓣繩繫陰乾俟

菜揩俱軟，擇去黃葉老梗，每斤用炒研細鹽三兩二錢，分作數次，着力擦根，稍擦梗葉，候鹽入菜，仍早晚揉挼，倒并，半月後取晾十日，加椒茴末，入心以便窩起，入罈，塡極堅，泥封，置冷處，勿受地氣。

辣菜：用芥根切細條，晒乾，用滚水壹洵，即取出，酌量加鹽畧揉，再加椒茴末，熟青豆、芝麻，少入香油，拌勻，貯礶內。又將蘿蔔切細條，少鹽揉汁，澆入，即以蘿蔔絲塡礶口，盎以蘿蔔片，碗封口，三日可用。或切粗條煮熟，閉之礶中，上盎蘿蔔片，三日後可

用蘸以醋油。

芥脯：先以鹽醃芥菜，去梗，將葉鋪開，如薄餅大，用陳皮、杏仁、砂仁、甘草、花椒、茴香，細末，撒葉上，更鋪葉壹層，又撒物料，如此鋪撒五重，以平石壓之，篚上蒸過，切小塊，調豆粉稠水蘸過，入油煠熟，冷定，磁器收。

芥齏：用青紫白芥菜，切細條，沸湯焯過，帶湯撈入盆內，與生萵苣、熟芝麻、白鹽拌勻，按入礶內，三日後變黃可食，至春不改味。

微乾，菜芥梗葉百斤，用鹽二十二兩，拌勻，或盆或缸，重疊放定，壓以大石，醃數日，出水浸過，石撈起，晒乾，以原汁煮半熟，再晒乾，蒸過，置乾淨甕中，任留不壞，出路作菜極便。六月伏天用炒過乾肉，復同菜炒，可數日不壞。若醃芥汁煮黃豆并極乾蘿蔔丁，晒乾收貯，經年可食。

蘿蔔乾：以蘿蔔切骰子大，晒乾，用醃芥滷汁，加花椒小茴香同煮，再晒乾。或以芥滷煮後晒乾，拌椒茴末收貯。

淡芥菜：將菜切碎，淡醃，布包，石壓乾，少加鹽、花椒、茴末，放小罈內，按極堅實，竹衣封口，地上洒草灰，將罈口朝下放之。

草束窩心白菜。

九日　是雨歸日，此日雨，主來年熟；無雨，冬晴，雨則冬至元旦元夜清明四日皆雨，晴則皆晴。　東北風，來年豐；西北風，來年歉。　是日採豨薟草。　採木芙蓉葉陰乾，為末，以井水調貼疔腫，油調敷湯火瘡，又治各種腫毒，效驗不可枚舉，當珍重之。

謝無逸以書問潘大臨近作新詩否答曰秋來景物件件是佳致昨日淸卧聞攪林風雨聲遂起題筆曰滿城風雨近重陽忽催租人至敗意止此壹句奉寄　蘇東坡與李公擇書秋色佳哉想有以爲樂人生惟寒食重九愼不可虛擲四時之景無如此節　汝南桓景從費長房游學長房謂曰九月九日汝南當有災厄急令家人縫絳囊盛茱萸繫臂上登高飲菊花酒此禍可消景從其言舉家登山夕還雞犬皆暴死長房曰此可代之今人九日登高是其遺事　仙書以茱萸爲避邪翁菊花爲延壽客　九日詩多用落帽事獨東坡南柯子詞云破帽多情却戀頭反之尤奇特　魏文帝與鍾繇書歲往月來忽復九月九日九爲陽數而日月並應俗嘉其名以爲宜於長久故以宴享高會是月律中無射言羣木庶草無有射地而生者惟芳菊紛然獨榮非夫含乾坤之純和體芬芳之淑氣孰能如此故屈平悲冉冉之將老思飡秋菊之落英輔體延年莫斯之貴謹奉壹束以助彭祖之

術　家禮云俗節則獻以時食元夕端午重陽皆有祭而照邑俱不舉行當以時新薦之以伸孝饗考孫氏儀範九日祭文云伏以農夫之慶百穀用成稷黍馨香適當時薦謹以重九祗率常事致嚴斯格仰冀監歆尙饗　風土記漢俗九日飲菊花酒祓除不祥　韓衛公九日讌諸曹有詩曰莫嫌老圃秋容淡爲愛黃花晩節香李彦平深敬此語

詩

今日雲氣好水綠秋山明携壺酌流霞搴菊泛寒榮地遠松石古風揚絃管淸窺觴照歡顔獨笑還自傾落帽醉山月空歌懷友生李白　梧小秋添晩萸深節又當百年多此醉壹笑展重陽山報衣須倍花知鬪勝常莫疑籬色淺留緩是初黃沈佺期閏月重九　落拓滯他鄉節物驚陽九兀坐倦登臨嗒然喪其偶翩翩二妙來名出召杜右促席共論心秋氣爽戶牖玉屑繞座霏梨橘可於口嗟予棄置材安心學忍垢暫借習家池壹醉茱萸酒陶然脫衣冠傾蓋成三友布鼓過雷門頹顔無乃

畢素心類過從交澹此耐久　先君三山詩草　秋
葉風吹黄颯颯晴雲日照白鱗鱗歸來特問茱萸
女今日登高醉幾人　張謂　不須三逕追元亮何
必龍山學孟嘉是處黄花是處酒漫言秋色屬誰
家曾弗人　玉泉高會憶龍山笑語香生樽酒閒
蒼翠秋空搔首望亂峯圍合碧雲閑　重陽何事
必登高勝友招尋興倍豪非夜白衣曾送酒相將
爛醉好題糕　老至難言百事高論文載酒愧三
豪眼前花發鶴林似且把茱萸當鹿糕　也知今

日是重陽無奈龍山爲客鄉强欲登高登未得閉
門深巷月昏黄　不甘辜負此重陽典盡衣衫入
醉鄉放道柴桑風味在白頭閒對菊花黄　重陽
佛屆懶登臺好友招尋倦眼開斷續山光聯地軸
蒼茫海氣接天台方期載酒攀崖上更爲談經入
座來自笑年年虛九日逢君始醉菊花杯　先君三
山詩草　欲賦前賢九日詩茱萸相鬬豈枝枝可
憐宋玉情何限争似陶潜醉不知緑鬢變隨風景
變黄花能與歲時期登臨問處征多少笑殺高陽

拍手兒　李群玉　杜門欲避朔風侵爲訪東籬不
自禁對景都忘當世事愛花猶是少年心誰將秋
色深深染好把瓊漿淺淺斟聞道主人多獲黍梅
開還向雪中尋　木落霜繁雁叫哀重陽寂寞懶
登臺愁心每至秋深動笑口今從花下開好友形
忘談自劇主人情重酒頻來興酣不覺更籌止萬
丈雲霞海日催　先祖瘦竹集

詞

九日歡遊何處好黄花萬蕊雕欄遶通體清香無

俗調天氣好烟滋露結功多少　日脚清寒高下
照寶釘密綴圓斜小落葉西園風嫋嫋催秋老叢
邊莫厭金樽倒　歐陽永叔漁家傲　霜降水痕收
淺碧鱗鱗露遠洲酒力漸消風力軟颼颼破帽多
情却戀頭　詩酒若爲酬但把清樽斷送秋萬事
到頭都是夢休休明日黄花蝶也愁　蘇軾南柯子

冬 氷不凍爲饑爲兵有災疫地不凍其郷人流亡
南風三日主雪 雷地必震人饑萬物不成十二
月內雷主來年旱澇不勻 冬前霜多來年早禾
好冬後霜多來年晚禾好冬三月無霜蟲不蟄來
惡來年蝗害五穀人疫 十月霜凝封著木條爲
樹介宜早黍十一月樹介宜中黍十二月樹介宜
晚黍 雪盈尺來年大豐積雪歲美人和高山多
雪來年豐稔無雪來年麥惡諺云冬無雪麥不結
又主蟲生人疫百穀不成 凡雪日間不積謂之

蓋明霽而不消謂之等伴主再雪又主來年多水
雪盈尺順時益於萬物則爲瑞及丈逆令損於
萬物則爲災冬至後第三戌爲臘臘前兩三番雪
謂之臘前三白大宜菜麥又冬雪殺地中蝗子雪
壹寸蝗入地壹尺雪壹尺蝗入地壹丈主次年無
蝗災 雨同雪下謂之霰卒未得晴諺云雨間雪
無休歇

冬三月此謂閉藏水冰地坼宜節嗜慾止聲色蚤
卧晚起以待日光去寒就溫勿泄皮膚蓄藏蓄聚
務懷內德此冬氣之應養藏之道也逆之則傷腎
春爲痿厥腎病宜食粟米大豆胡桃腎燥食辛以
潤之伏陽在內有疾宜吐心膈多熱所忌發汗恐
泄陽氣常服酒浸補藥或將山藥研末銅銚內少
酒熬令香旋添酒攪勻服之助陽氣卧宜稍寒大
寒方加綿衣以漸增添不可頓多惟無寒則已大
火烘炙尤甚損人手足應心不可以火炙手引火
入心使人煩燥飲食之味宜減鹹增苦以養心氣
冬月腎水味鹹恐水剋火心受病宜養心當居密

室調飲食煖衣衾勿冒觸風寒若寒邪感冒多爲
嗽逆麻痺昏眩等疾老人尤甚冬月陽氣在內陰
氣在外老人多有上熱下冷之患不宜沐浴湯火
所逼必出大汗高年骨肉疏薄易於感冒多生外
疾不可蚤出以犯霜威蚤起少飲醇酒以禦寒晚
服消痰涼膈之藥以平和心氣不令熱氣上湧切
忌房事若恣欲戕賊至春必有溫熱之疾夜卧伸
足則遍身俱煖頭宜向西睡覺睜目轉睛可出心
氣永無眼疾 冬三月宜煖足凍腦則無昏暈之

疾 臘雪水甘寒川浸原蚕矢和五穀種之耐旱不生虫 調寒食麵作糨糊褙背書畫不生蠹 調蛤粉拂痱子立愈 天行時疫及壹切瘡毒飲臘雪水可解

冬為歲餘故冬月可就問學漢書東方朔云三冬文史足 王祥字休徵晉瑯琊人少失母後母朱氏憎而譖之祥孝彌謹盛寒河冰母欲食生魚祥解褐扣冰求之忽冰少開有雙鯉出游番孫獲之時人謂至孝所感 晉王延事母孝夏則扇枕冬

則溫被母嘗病於盛冬求生魚不得延扣冰而哭忽有壹魚踊出冰上取以進母史臣曰王延扣冰而召鱗扇席而驅暑雖黃香孟宗亦為倫輩夫為母而致冰鱗人止知有王祥而不知祥之後又有延也 王祥事繼母孝祥弟覽即繼母所生勞苦與祥俱母以酒毒祥覽先取飲之母驚覆酒覽娶婦亦與祥婦均服役卒能調和母子如壹人知祥之孝而不知覽之悌乃所以為孝也 東漢黃香事親極孝身執勤苦冬月無務而親極滋味 魏

董遇好學人來從學勿曰當先讀書百遍義自見從學者云苦難得暇曰遇曰當於三餘冬歲之餘夜日之餘陰雨時之餘 胡蕎就太傅乞裘自云畏寒太傅曰君妄語正欲作豪具耳若禦寒無復勝綿者乃以綿三十斤與蕎 呂氏春秋云冬之德寒寒不信其地不成剛地不成剛則凍閉不固

東坡在玉堂冬月苦寒詔賜官燭法酒坡詩光分玉燭星辰亂拜賜官壺雨露香

稻宜冬舂若春氣動則稻芽浮起米粒不堅舂必

多碎然佃戶跳稻多不肯晒凍米潮濕易壞又不如春舂者 陳米過夏多蛀耗則不爾 冬月以大糞澆芍藥忌澆水 拾糞 拾草

終歲勤苦至此少休農功告成宴飲為樂鄉居無可奢侈供賓實難簡褻遇有嘉肴皮置以俟間或饔足他家適口美品必詢其製法錄之積久成帙以公同嗜若云極口腹之欲也則吾豈敢

蝦皮烘肉用豬腿精肉切薄片溫水少洗香油炒半熟入多醬并醋椒茴末各少許炒至汁將乾將㷄

皮搓去糠、入肉鍋內、不拘多少、以拌乾肉汁爲度、可久留、甜曬蝦皮更佳、如遠行、攤粗麻布上、用杉木烟少熏之、

炖牛乳、用牛乳壹宋碗、細羅過淨、入雞蛋清五箇、攪匀、細火炖之、

燒雞、用本年雞、去腿翅、醃少許時、用油醬花椒末、先將腹內擦壹遍、再用醃白菜秸、鮮葱白、果栗子、核桃仁、填入腹內、肫肝亦切碎拌入、用線縫住、用鐵筧架雞置鍋內、漫火燒、鍋底半日、將油醬花椒末

擦雞三次、取用、

蒸肉、用精肉切薄片、醃少頃、以醬油、香油、醋、椒茴各少許拌匀、熟薄餅鋪籠蒸熟、若再加香油煎更美、

蒸帶肥肉、用熟米麪拌肉、

燒猪頭、先將猪頭煮熟、去骨、切二兩大塊、用原湯二斤、黃酒三斤、醋半斤、甜醬壹盅、大茴香、官桂末各壹錢、葱數枝、蒜數頭、同煮至湯將乾、加砂仁末五分、取用、

烹蛋、先用蝦米五錢、泡透、剁極碎、調雞蛋十枚、箸調打下、入雞湯壹碗、醬油、黃酒各壹小盅、生肪脂切小丁五六錢、葱花些須、調匀、入鍋、文火烹之、

醬蛋、先將蛋煮半熟、取出、用箸敲碎殼、加好醬、茶葉、陳皮、桂皮末、入鍋久煮、連醬收貯、愈久愈妙、現時用者、煮蛋半熟、去殼、加物料久煮之、

頓蛋、大碗用蛋六七枚、筯調數百下、入雞湯并水、極滿碗、加鹽花、蝦米、生肪脂、俱剁小丁、香油、同攪匀、入鍋頓之、若用糖蜜酒娘頓、則不用鹽、

芝蔴酪、將芝蔴用滚水盪過、布包搓去皮、搗爛、加粉團調成糊、入鍋熬熟、加松子、瓜子、核桃仁、白糖調之、

海蜇、用極白礬到者、切方塊、入極滚水焯過、撈出、速用凉水拔至冷透、加香油、白糖、葱、姜絲、蝦米汁、拌食、不可入醋、海蜇見醋即不脆、

熊掌、用熱淘米水泡壹日、取起、用麵糊塗包、再加黃泥重包寸餘厚、用豆稭火、或炭火、盤旋燒至泥紅爲度、取出、剝去泥、麵毛亦隨去、再用粗石磨光、洗淨、入沙鍋內、同猪蹄湯煨壹日、即爛、再加花椒、酒

鹽煮用。

西施舌先用凉水洗淨殼上泥沙、以刀劈開去殼取舌肉、洗淨再將净水入鍋、止用鹽花葱姜少許、煮沸方入舌肉、即刻取出、不可久煮。葷油醬油。

麵筋手撕大塊、先將豆油熬沸、出盡豆氣、炒麵觔至紅黑色、再加酒醋白糖醬油香油同炒少時。

蹄觔用溫水泡透、煮軟入白肉湯煮至極軟、入雞肉肉任用。　或煮極軟粘乾糯米麵、用油煠亦可。

魚膘泡軟煮熟、凉水拔冷、如未透再煮再拔、但不可

成膠。　或泡軟擇淨晒乾、油煠亦可。

燒羊肉用肥羊肉、投以核桃煮熟、加鹽醬椒茴葱姜醬油香油酒醋、文火熬至湯將乾取出、放冷切用。

鵓鴿去淨小毛、從背上割開、去胷腿大骨、水洗四五次、去貼皮血、剁爛仍相連、每鴿子十箇、用水碗餘、甜醬指大壹塊、香油壹小盅、不用鹽、入鍋燒滾、加醬油姜攪匀、煮八分熟、加漿半碗、攪匀再煮熟、又入漿少許、畧加香油醬油、拌碎纔使葱花、淡些爲妙。

製兔將兔二隻水煮白色、切碎、加原湯三碗、黃酒三斤、醬油壹斤、香油四兩、脂油二兩、椒茴末各五分、葱十枝、米豆合許、細火煮至湯將乾取用。　又方將兔剁核桃大、煮熟、在鍋內以原湯擺去渣滓、盛起、又將湯澄去渣滓、復將湯肉入鍋、加紅糖壹兩、餳糖瓜二箇、整葱二三枝、椒茴末錢餘、脂油香油醬油黃酒鹽同燒至湯將乾取用。

製犬將犬肉煮熟、加鹽醬壹盅、黃酒三斤、整葱鮮姜花椒、再煮至湯將乾、加香油四兩、醬油四兩、少時

取用。　狗肚洗淨、裝入雞蛋十個、狗脂狗腸椒茴末葱姜香油醬油黃酒、用線縫之、入湯煮。

蒸鹹魚先將鹹鯽魚或鯧魚水浸兩宿、洗淨入鍋、清水煮滾、即取出、置鏇內、加火酒六兩、白糖三兩、姜三片、肪脂香油葱白、隔水頓之。

兔脯用鮮兔肉、水洗去血水、加肪脂香油山藥雞蛋葱剁極爛、篦上鋪豆腐皮或蛋餅、攤肉於上、蒸熟

鯊翅用水泡透、刷去鱗、煮熟擇出金絲、先將豬肉如法小炒、將熟入絲同炒。

燕窩用水泡軟，撏淨，雞湯捺過，任用。

製海參先用水泡透，磨去粗皮，洗淨剖開，去腸，切條，鹽水煮透，再加濃肉湯盛碗內，隔水頓極透聽用。

製鮑魚先用水泡透，去腸，洗淨切片，同肉炒。

雞爪用雞胸肉切長條，姜絲、醬瓜、笋乾、蝦米水泡軟，各等分，先將雞下鍋，少加香油水，炒半熟，入笋絲炒熟，入姜爪、蝦米、葱白絲略炒，加鹽醋少許。

擴雞用雞胸肉切薄片，加香油、黄酒、粉團，入白鹽些須拌勻，再將雞骨煮湯，去骨，入粉條、笋絲、香蕈同

煮湯極沸，入雞肉，才熟即速取起，加葱姜少許。

膾雞將肥雞生切厚片，加香油、醬油，入鍋炒熟，再將雞骨煮湯，浸入，用文火煮滚，再入粉皮、笋片、香蕈、白果、栗子、核桃仁、葱、姜，煮熟，臨盛時用黄酒調粉團少許，入鍋攪勻。

爐雞先將雞煮八分熟，剁作小塊，鍋內放油少許，燒熱，將雞略炒，以碗蓋定，再燒極熱，用酒、醋各半盅，鹽少許，烹之，候乾再烹，如此數次，十分酥美。

炒羊肚將肚洗淨，切細條，壹邊大滚湯鍋，壹邊熬熱

油鍋，將雞盛肚，入滚湯，壹焯即取出，用粗布速搽淨，湯氣火急入油鍋內炒，將熟，加葱花、蒜片、醬油、椒茴末、酒、醋，調勻，壹烹即起，香脆異常，若遲即成皮條，不堪入口。

煮肚熟後，將紙鋪地上，用好醋、酒熱肚置紙上，以鉢覆之，少頃取食，其肚頓厚。

薰肝先將猪肝用淡鹽醃兩宿，吊起空乾，劃幾道口子，填入椒茴末，外用紙糊，仍吊起，用時將杉柏鋸末細細薰過，再蒸熟，去紙食之，若吊久，便不美。

千里脯用牛、羊、猪肉精者，每斤用釀酒二碗，淡醋壹碗，鹽三錢，椒茴拌勻，過宿，文武火煮至汁乾，取曬收貯，竟月可食。

猪頭膏用猪頭撏刮極淨，加鹽用水煮滚，去湯，另加水、椒茴、酒、醋、醬油、葱、姜、甜醬、砂仁末，燒爛，取出去骨，并眼以兩腮合包耳鼻在內，夾整葱三四枚，橘絲些，須外用布裹，石壓成塊，切片食之。

雞松用極肥雞淨肉斬極碎，炒之，取出再斬，再炒，不計遍數，務成散末，少用脂油，亦勿炒胡，再加醬瓜

醬姜醬胡蘿蔔俱斬極碎合雞斬勻香油微炒磁
器收貯
炒肉用精肉切薄片醬油洗淨入極熱鍋爆炒去血
水微白取出切成絲再加醬瓜蒜片橘絲香油砂
仁草果花椒末炒熟加葱花酒醋少許
炰鱉用大鱉滾水去粗皮再煮熟拆開葢加肉丁雞
丁白果栗子仍將葢蓋好入漿酒醬油香油脂油
各壹酒盅姜葱少許文火煮至湯將乾取用
頃刻湯用蝦米半斤甜晒白鮝或甜晒蝦皮壹斤同

焙乾為末脂油壹斤醬油壹斤姜六兩花椒茴香
砂仁末各三錢共入鍋熬熟收磁罐內用時挑壹
匙於碗內加葱花少許滾湯沖之即成鮮湯　又
方好甜醬斤半酒娘十兩脂油壹斤香油半斤炒
盐十兩花椒胡椒官桂末各三錢小茴末五錢杏
仁製過打碎壹兩共熬熟磁罐盛調美
菉豆糕將菉豆煮破晒乾去皮為麵羅過每斤加白
糖八兩糖用水少許潤開和豆末搽拌勻攤笓上
刀劃如雪糕法蒸壹炷香取出冷定供用

蜜錠用蜜四碗灰湯壹盅香油壹碗和麵切錠入油
西洋糕用上白麵壹斤雞蛋十六個白糖壹斤黃酒
少許不用水攪極勻入爐
千里糕用白麵壹斤白糖半斤雞蛋黃合成加香油
少許不用水切寸金叚入鍋煿之
麻酥用芝麻壹斤炒熟不可胡了用軸赶碎入炒熟
糯米麵七兩白糖壹斤拌勻再赶粗羅羅過再赶
再羅以淨為度皮渣不用力按模內成果勿用水
糖薄脆用白糖二十兩香油二十兩白麵五斤加油

酥清水揣和赶薄餅上用去皮脂麻撒勻入爐凡
甜食麵用上白麵重羅三次入大鍋內以木爬翻
炒熟不可胡使赶麵軸赶細羅過聽用其油酥用
蒸熟晒乾重羅白麪十兩油三兩搽成
酥餅用油酥四兩或脂油四兩蜜二兩和麵作餅或
印成果入爐
雪花酥用脂油入小鍋化開濾過將炒過麵隨手撒
入攪勻不稀不稠掇離火灑白糖末入內攪勻上
案赶開切象眼塊

燥擇栗先將糯米用水浸三十日晒乾爲末用香油糖鹼各等分加水合减香油煠出再用熟米麵白糖培之

蜜煎冬瓜用經霜老冬瓜去皮及近瓤者用近皮肉切片沸湯焯過放冷以石灰湯浸壹宿去灰水以蜜放沙鍋內熬熟下瓜片微煎漉出別用蜜再煎看瓜色微黃傾出待冷磁礶收貯煉蜜養之

山藥糕用山藥壹斤煮爛去净皮加濕粉團四兩揣如泥加白糖六兩核桃瓜子松子仁青絲再揣勻

攤籠上蒸熟

春餅用冷水和麵揣至不粘手赶成餅捲肉絲蛋皮韭菜在內生麵糊粘口鏊上熯過香油煎或用雞蛋和麵或全用蛋皮作餅捲餡亦可

水餅用溫水熱油平兌和麵揣至光滑爲度作皮子其饟止用油不用水和麵酌加果餡將皮赶二次捏成餅包饟入爐

燒餅用引漿水兩碗油壹碗白糖壹碗和麵如蒸饝饝法發過至次日赶成餅不用糁內包果餡外用雞翎掃蜜水在面上勻撒去皮熟芝麻入爐

栗子取黃煮熟搗極爛加粉團赶勻少加麵再赶成厚餅包果餡蒸食

歸元酒用當歸枸杞各二兩龍眼肉四兩南菊花兩半入黃酒二斤煮沸收罎內加好蒸酒十斤浸之

白酒用白茯苓白朮花粉山藥薏苡仁芡實牛膝各五錢白豆蔻去殼三錢酌加蜜浸蒸酒十斤

賦

悲夫冬之爲氣亦何憯凜以蕭索天悠悠其彌高

霧鬱鬱而四幕夜綿邈其難終日晼晚而易落 陸機

詩

杲杲冬日出照我屋南隅負暄閉目坐和風生肌膚初似飲醇醪又如蟄者蘇外融百骸暢中適壹念無曠然忘所在心與空虛俱 白樂天

西風送冷入瓊樓壹夜青山盡白頭斜日棹歌寒水上分明還有晉風流 吳匏菴

松明火煖敵檀槐擁褐時逢老友來小飲圍爐微雪後相將曝背話墻隈

洗君詩　蜡祭喧喧土鼓撾紛紛髽穲擁如波盛
幽恍際周王世布令行宣青帝和冰筋迎暘辭碧
虺梅珠散彩耀繁柯春光積漸來芽含對酒能忘
鼓腹歌　王韋臣　壹盞寒燈共故人譚用之病從
深酌道吾真杜子美　數莖白髮生浮世譚用之千
里青雲未致身胡宿　但使閭閻還揖讓杜甫　猶將
談笑對風塵魏防　世間甲子管不得呂岩　頓遞杯
前共好春譚用之　宜曾解嘲

詞

同雲做冷碎瓊鋪重門深鑰客來疏番銀蒜攤緗
卷甚豐貂換酒醉氍毹　風窗淅簌旅情孤悶尋
沉篆撥烟爐餘薰退霜寒在恁凄清橫笛落梅初
丁雁水翻香令　月徃霜林寒欲墜正門外催人
起奈別離如今真個是欲住也留無計欲去也來
無計　馬上離情衣上淚冬月俱憔悴問江路梅
花開也未春到也須頻寄人到也須頻寄　程正伯
長想思

十月　是月也謹蓋藏戒門閭修鍵閉慎管籥此月為
此冬小春暢月陽月　天火卯　地火丑　九焦
亥　荒蕪寅　糞忌亥　有三卯羅平無則穀貴
不寒人多暴死　雷鳴所當之鄉骸骨盈野夜
尤甚　有霧為沫露主來年水大相去二百單五
日水至須看霧着水面則輕離水面則重　癸巳
霧青為殃亦為兵　月內宜雨多霜多諺云十月
雨連連高山也是田　壬寅癸卯雨春粟貴　月
內虹見主麻貴又主五月穀貴出西方稻貴壹出
壹倍再出再倍三出三倍　朔日晴主冬晴風雨

多陰寒大雨米大貴小雨米小貴來年夏旱　朔
日值立冬有災異值小雪東風春米賤西風春米
貴太常記是日祀井照俗則於是日祭掃先塋
二日雨芝蔴貴　八日雞鳴時沐浴長壽　十六
日雨主冬冷　十五日為五風生日此日有風來
年風雨如期謂之五風信又為下元九江水帝十
二河源溪谷大神與暘谷神王水府靈官同下人
間撿察善惡校定罪福　晦日大雨米大貴小雨
米小貴來年夏旱

是月夜長內熱少食温軟之物食訖揺動令消不爾成脚氣此月勿食猪肉及腎恐發宿疾食椒傷血脉食經霜菜令人面無光 其月不得入房避陰陽純用事之月夫婦戒容止犯者減壽朔望各十年上下弦晦各五年庚申甲子本命各壹年初九日牛鬼初降初十夜酉天王降廿八日人神在陰并忌 苫墻垣 修理牛欄

種豌豆菠菜

斫茴香枯梢以糞土壅根下免致凍死

裹樹頭培花果根

木芙蓉花卸後截老條長尺許削置窖內無風處覆以乾土其根留原處以囷盛之囷實糠土免致凍損上以草苫春分後漸撤去

揀好芋種就朝陽處掘坑以粗稻糠鋪底將種放下稻草蓋之勿使凍損若少則以稻草包裹置煖室中勿放炕上

葡萄落淨葉卸架以潮潤土培根修去繁枝束成與上用草覆不可漏水

種桃淺則出深則不生喜向陽暖地澆以水

種核桃選殼光紋淺體重者掘地二三寸鋪瓦加糞上種核桃覆土踏實澆水冬月凍裂殼來者自生下鋪瓦者使無入地直根好移栽也

種白果須雌雄相望乃結實雌者兩稜雄者三稜

窖各樣栽子勿致凍損

出山藥溝

澆牡丹月內止二次須天暖日上時方澆適可即止勿傷水冬至月同

冬培和菜用白蘿蔔薄切短片晒乾將芥菜洗淨風乾五六日切寸金段每斤用鹽三兩花椒末三錢輕輕拌勻入小罐收

糟蘿蔔用白蘿蔔切指厚片鹽醃過宿懸背陰處風半乾入小罈加椒茴末糟之封固

詩

荷盡已無擎雨蓋菊殘猶有傲霜枝壹年好景君須記正是橙黃橘綠時蘇軾 娜家汀洲孟冬月雲寒水清荻花發壹枝持贈朝天人願比蓬萊殿

前雪 朱長文

詞

十月小春梅蕊綻紅爐煖閣新粧遍錦帳美人貪睡暖羞起懶玉壺壹夜氷澌滿 樓上四垂簾不捲天寒山色偏宜遠風急雁行吹字斷紅日晚江天雪意雲撩亂 歐陽文忠漁家傲

立冬

晴主小寒人吉或云主暖多魚 風從乾來天下安年豐坎來多霜人及走獸殃艮來地氣洩人病震來人不安深雪酷寒巽來冬溫明年夏旱離

來五月大疫坤來水泛溢魚鹽貴兌來米貴妖言爲災 西北有白雲如龍馬宜麻如不至大寒傷物人疫應在來年四月

此時場務已畢當修整房屋而惰農必挨至來春始修多被冬風刮損應督犁戶各自出草壓屋脊用牛糞拌泥其屋簷少草者主人買給 令犁戶將場內糠土堆起泥封不可棄濕再銹草根土堆牛棚旁冬月同取墊牛足牛得乾煖自然肥壯出糞 此後勿耕地否則陜田變爲瘠壤汜勝之云冬月耕地泄陰氣土枯燥名曰脯田二歲不起稼須壹歲休之 淸還債負完納正供

種出小栢樹畦四圍用秫稭夾籬中撒麥糠與衎齊

石榴梔子俱用苫圍

芭蕉用囷盛如收木芙蓉法

修諸果樹繁枝澆氷培之

草束窩心白菜

小雪

小雪前後用草薦蓋牡丹根下勿使透風

刨窩心白菜豎排屋內俟乾濕適中埋乾潤土內頂上蓋土勿太深蘿蔔菠菜俱可窨用苫覆頂上土則不致雨濕結凍水蘿蔔窨至來春則不堪食

醃白菜選肥嫩菜去根少晒抖去土百斤用鹽三斤醃四日就滷中洗淨每科窩起用鹽二斤醃罈內盆覆之

脆白菜選肥嫩菜擇洗淨控乾過宿每十斤用鹽十兩先放甘草數莖在潔淨甕內將鹽撒入菜丫排頓甕中入蒔蘿少許以手捺實至半甕再入甘草

數埕，候甕滿，用石壓定，三日後將菜倒過，掏出滷水，將菜排乾淨器內，却將滷水澆入，忌放生水。候七日，依前法再倒澆入滷汁，石壓，如滷不没菜，加新汲水，渰浸，其菜脆美，若至春間食不盡者，于沸湯焯過，晒乾收貯，夏間將菜温水浸過，壓水盡出，香油拌勻，以磁碗頓飯上蒸食，其味尤美。

菜蘿：用窩心白菜去粗皮葉，十字劈開，蘿蔔取緊小者，破作兩半，俱向日中晒去水氣，二件薄切作片，如錢眼大，入淨罐中，以芹絲、雜酒、醋、水、淨鹽、椒、茴

末調，令得宜，澆之，隨手舉罐撼觸五七十次，密蓋罐口，置竈上温處，仍日壹次，如前法撼觸三日後取用。

淡銀菜：用好白菜，不見水，以布拭淨泥土，晾半日，每斤用鹽四兩，將鹽分作二分，早間先以壹分入水熬極沸，將菜逐科入鍋蘸之，先蘸根，後蘸稽，壹蘸即提出晾之，恐久則菜爛。蘸完，將水冷定，午間又入鹽壹分，熬沸，如前法將菜蘸過，晾之。次早加整椒、茴，窩入小罈內，加原汁少許，封固，菜色如銀。取用勿見風。

泼製白菜：選高肥不蛀嫩菜，去黄葉，洗淨，繩掛控乾，每百斤用好鹽百兩，將菜逐科置木盆內揉拌，覷菜變色，鋪砌缸內，石壓三日，移入別缸，使在下者在上。如此轉移三次，則扎成小把，裝小罈內，按實，不可使有隙空，將滷水帶攪澄清，去脚，熬極滚，候冷，澆入菜內，泥封，七日可用。用時勿令風吹，不著滴水爲妙。

蘿蔔乾：用紅白蘿蔔各二十五斤，切條，勿太細，拌白

鹽四十兩，醃半日，滷中洗淨，撈出，布包石壓過宿，稀撒薄上，晒竟日，加黄酒壹斤、香油四兩、花椒、小茴各二兩，共爲細末，拌勻，入罈，置冷處，任用。早做多長黴，以天尚暖也。過年用者，鹽少增。

三色菜：用紅白蘿蔔兩種，切條，鹽醃過宿，就汁洗淨，布包石壓乾，稀撒薄上，勤翻，務要壹日晒乾，再將醃芥菜稽切條，并芹菜梗加入，再加整花椒、熟黑豆、脂麻，用香油、小茴末拌勻，收貯，勿令出氣。

糖醋蘿蔔：將辣蘿蔔切絲，晒乾，用白糖、好醋、花椒末、

和拌用小罈盛勿出氣。或將堅實蘿蔔切小塊
晾二日每斤用白塩壹兩醃過布揉去水再晾再
揉又晾又揉乾濕得宜每斤用白糖四兩醋壹碗
小茴花椒砂仁陳皮末各壹錢拌勻貯磁礶內靑
瓜丁亦可照此法做。

山楂蒸熟去皮核趂熱入礬末多糖培之蜜浸亦美

木瓜膏小雪後木瓜水氣少乾用滚水煮熟勿太爛
揣攤稀布掙上其細膏卽透過用竹刀刮下每斤
加白糖壹斤趂碎粗羅羅過拌入膏內攤油紙上

少刻成膏山楂同法。

木瓜切片沸湯淖過不可爛凉水抜過篩盛空乾糖
瓜相間培之廿日可用欲久留者多加糖。又方
先用滚水化白礬有溢味冷定將木瓜切片沸湯
淖出入礬水浸二日空乾入糖。

風鷄鵞鴨將牲宰淨去肝腸乾布擦淨血水勿用水
洗每斤用塩壹兩花椒末二錢內外擦遍餘塩裝
入腹內掛當風處刀口朝上不漏塩汁風肉同法
碎猪肉拌葱姜椒茴塩裝尿泡內風之。

醃肉白塩炒乾研細將肉中大骨剔去入塩極力擦
勻石壓過宿取起空乾再用塩擦石壓次早再空
再醃以去淨血水爲度取出掛起。

醃火腿用猪後腿每十斤用炒研細塩十二兩將皮
擦百餘次肉亦微擦入缸缸底以竹排架腿以便
淋滷至四七日取出晒七日將雞翎掃香油在皮
上用紙封固掛竈前烟處半月另掛別處過夏埋
草灰內置炕上。

拾壹月 是月出陽氣萌精始成毋作土功毋發蓋藏

此月爲玄明天廣寒月辜月。天火午。地火子。
糞忌丑。九焦申。荒蕪午。本月寒不降五
月雷電。虹見吉。雷春米貴。霧來年旱。雨
雪多冬春米賤。雪少來年旱以本月雪有無多
寡占來年豐荒淺深。雪經久日照不消來年多
水。朔日値冬至多主年荒而古書以朔日冬至
爲令辰。朔日三日十九廿日各神會合主有惡
風。甲寅至巳丑雨主糴貴。壬寅癸卯雨春穀
大貴。

月建屬子，壹陽方生，宜省言語，絕嗜慾，靜養元氣，爲來春發生之本。夫婦當別寢，若恣欲戕賊，至春升之際，下無根本，陽氣輕浮，必有溫熱之病。勿暴溫煖，及犯東南賊邪之風。冬至朔望上下弦晦日甲子庚申本命日，戒容止，廿八日人神在陰，并忌之。　食經：霜菜，令人面無光澤。　雉肉味酸寒，無毒，雖野味之貴，食之損多益少，惟本月食之有補。兎肉味辛平無毒，補中益氣，但不可與姜橘同食，恐患心疼。

上半月當籌計年前必用錢物，預爲奏辦。冬至以後，糧多減價。　牛早晚喂草，羸瘦者喂豆餅，修塗牛屋，勿使露雨透寒。

種菠菜、蒿苣。

培竹樹、牡丹、芍藥。

修桑樹，陳眉公云：桑必子月修方茂。

澆海棠。

修茶蘪、木香、薔薇。

賦

五行俟而競鶩兮，四節終而電逝。曡暑往而寒來兮，十二月而成歲。日月會於析木兮，重陰悽而增肅。在仲冬之祁寒兮，迅季旬而逾蹙。彩虹藏於虛廓兮，鱗介凄而長伏。若乃天地稟冽，庶極氣否，嚴霜夜結，悲風晝起，飛雪山積，蕭條萬里。百川咽而不流兮，水凍合於四海。扶木憔悴於暘谷兮，肅霜零落於濛汜。傅玄

詩

序節嚴冬暮，寒雲掩落暉。遠聞風瑟瑟，亂觀雪霏

霏。浪起川難渡，林深人至稀。山禽背徑走，野鳥歷塘飛。簡文帝　候氣窺玄籥，清齋席白茅。彤雲連北闕，春雪近南郊。窻迥簷花積，風迴苑樹交。天心如可見，暗點易中爻。周孟偁　鍾律乾坤靜，葭灰橐籥吹。炎凉多變化，甘苦幾支持。黍稷未盈止，倉箱豈萬斯。雪深關草寶，日烈補茅茨。納稅無徵役，開鬻有訓師。理機晨軋札，攤卷夜伊吾。絮纊衣堪暖，茶羹味可飴。豳風周且始，月令古如茲。醉榻安籌厄，豐筵飽慮饑。無荒銘座右，權借老農詩。宜會

詞

薄雪初消銀月端，跡跡浮竹影紅蘭，梅花夢事落孤山，禁人處，霜重鼓聲寒。　留取曉來看，斑簾低小閣，燭花殘，壹帆明月去，蒼灣，空相憶，雪痕月痕

翻　曾實軒小重山

大雪

呂氏春秋云，是月也，農有不收藏積聚者，牛馬畜獸有放佚者，取之不詰，而照俗十月朔，即撒放牲口，既少攢糞，又有剝竊之患，更有撒豬者，作踐麥田，特甚，當力禁之。　此後上大凍，修造停工，工人

兩淦。　此後用水十斤，調鹽四十兩，置冷處，浸雞肉等物。

凡人冬月不可向火太過，太過則火氣入內，兩股生瘡，其汁淋灕，用黃柏末摻之，或薄荷煎湯頻塗之，立愈。　凍瘡裂疼，乳汁調黃柏末塗之，或山藥磨泥敷之。　凡凍死，及冬，落水將死者，若用火烤必死，急脫濕衣，觧人煖衣包之，炒熱米，囊盛熨心上，冷卽換之，候身煖氣回，再以姜湯或米飲灌之。

冬至　晴則年必雨，雨則年必晴。　本日雪，盜橫行，前後有雪，來年大水大饑。　風從乾來，明年夏旱，坎來，歲稔，艮來，正月多陰雨，震來，雷不止，大雨連行，巽來，百虫害物，名歲露，若饑而中其氣，開年必瘟，當謹避之，離來，名虛氣賊風，冬溫，水旱不時，穀貴，坤來，虫傷禾，水多，人不安，人疫，避之吉，夜至無害，兌來，則秋多雨，禾熟。　是日風寒，吉。　雲迎日出，雲送日入，來歲必美。　本日數至元旦五十日者，民食足，若不滿五十日者，壹日減壹升，有餘日益

壹升。　至後丁巳日，風從巳方來，大赦。　至後庚辛日，合陰陽，大凶。　至前米價賤，至後必貴，若至前貴，至後必賤，因年近債迫，糶糧者多耳。

孝經緯云，斗指子爲冬至，至有三義，壹者陰極之至，二者陽氣始至，三者日行南至，故謂之至。玉燭寶典云，冬至日極南，影長，陰陽日月萬物之始，當黃鐘律，其管最長，故有履長之賀，淮南子云，冬至陰氣極，則北至北極，下至黃泉，故不可以鑿池穿井。　冬至陽起，君子道長，故賀，夏至陰起，君子道

消。故不賀冬。至賀禮。古無有也。其殆始於漢乎。是日祭掃祖先塋。以三光運行。冬至而訖也。是日婦人進履襪於舅姑。踐長至之義。是日取五穀果菜種。各平量壹盅。盛以布囊。埋於地內。後五十日取量之。息最多者。歲所宜也。此後天巳交九。牛有過力者。三九三次。用豆壹升爲汁。加生姜汁攪候冷。飲之。或煮蘿蔔片飼之。老牛喂料起。培韭。就畦中厚覆馬糞。若北面豎秫障。禦北風。更妙。苫蓋蒜苗菜子。

詩

北杓指玄朔。南景留嚴冬。中衢返羲馭。淑氣肩黃鐘。何大復

冬至子之半。天心無改移。壹陽初動處。萬物未生時。元酒味方淡。太音聲正稀。此言如不信。更請問庖羲。邵子

新陽氣候未全佳。尚縱寒威壓歲華。頓有椒湯共卯酒。不妨和雪看梅花。韓子華

冬深節序客邊催。紫酒醲濃且舉杯。試望五雲占歲稔。纔添壹線覺陽回。雨兼雪意蠻鄉少。香到梅枝春信來。消長應知歸有日。閉關漫擬子山哀。先君三山詩草

詞

地暖南枝。訝連日天漢迷冥。融飈捲絮。乎看皆面堆瓊。休自低垂翠幕。對霜梅笑靨冉冉香迎。銷凝向鏡池錯認月明。寥闃蘭釭照夜。更紋窗飄簌蘿夢頻驚。凍合吟肩。甚梨園謝賦能成。似花非花堪惜。漫迴憶歌樓。寄酒。酒舫迷醒。算風味讓陶家茗椀娉婷。丁雁水玲瓏玉

十二月　是月也。日窮於次。月窮於紀。星回於天。數將幾終。歲且更始。此月爲季冬。涂月。除月。蜡月。臨月。嘉平。　天火酉。　地火子。　黃忌卯。　九焦巳。荒蕪戌。　虹見黍穀貴。　雨暴作。來年六七月橫水。　霧主來年旱傷禾。　朔日值小寒。白兔見祥。值大寒。虎傷人。風雨來春旱。東風或西風。半日不止。六畜災。　上旬中旬有雪。來年桑木盛。　上酉日雨。冬春連陰雨月。　上酉日雪。來年旱澇不勻。

冬至後第三戌爲臘日。遇閏節以第四戌爲臘。

後漢禮儀志。高堂隆曰。王者各以其行之盛祖。以

其終臘水始於申盛於子終於辰故水行之君以子祖辰臘火始於寅盛於午終於戌故火行之君以午祖戌臘木始於亥盛於卯終於未故木行之君以卯祖未臘金始於巳盛於酉終於丑故金行之君以酉祖丑臘土始於未盛於戌終於辰故土行之君以戌祖辰臘　臘日掛猪耳於堂樑上令人致富　臘夜無與人言持椒潛投井中除瘟疫

癸丑日造門盜賊不敢近　八日宜沐浴懸猪脂於厠上則合家無蠅以諸果煮粥食之增福

上水日勿令人見以少水細洒薦席氈褥避狗蚤壁蝨　上亥日取猪肪脂安瓷礶內埋亥地上百日取出治癰疽加雞蛋清十四枚水銀二三錢調塗極效　廿四日五更取井花水第壹汲者盛淨器中量人口多少浸乳香至歲旦五更煖令温從小至大每人以乳香壹小塊飲水三吸壹年不患時疾　本月內勿澆牡丹

本月去凍就温勿泄皮膚大汗以助胃氣勿大煖勿犯大雪是月肺臟氣微腎臟方旺可減鹹服苦以養其神勿傷筋骨勿妄針刺勿食經霜菜早出喻芝蘇油則耐寒　月忌夫婦容止犯者減壽上下弦各五年朔望各十年晦日壹年甲子庚申本命二年初七日夜犯之惡病死廿八日以後齋戒存誠以交神明

埋雪水用甕盛埋北墻下草蓋嚴勿令雨水流入

做臘黃酒置堂屋內以稻草圍嚴勿使上凍來年寒食前榨酒其糟拌醋

收猪肪脂懸背陰處能治諸般瘡疥敷湯火瘡及六

畜瘡疥去蛆蠅熟諸般皮條不爛加倍壯韌

糟鯉魚湖鯉大者去鱗腸拭乾切大塊每斤用炒盐四兩擦勻醃過宿就滷中洗淨晾乾每斤用糟十兩盐七錢拌入罈

賦

日躔女度歲華云暮衡輕炭燥權重泉涸藏玄武於太陰蟄螣蛇於高霧日臨圭而易落晷中栻而南傃凝寒氣於廣庭凋層陰於端庫風饕切而晚作雲滄浪而晦景霰的皪於彤庭霙葳蕤於丹屏

韜罘罳之飛棟沒屠蘇之高影始飄舞於圓池終
停華於方井 蕭子雲

詩

凝寒迫清祀有酒晏嘉平宿心何所道藉此慰中
情 魏收　人行猶可復歲行那可追已逐東流水
赴海歸無時東鄰酒初熟西舍彘亦肥且爲壹日
歡毋爲窮年悲 蘇軾　羊裘不敵六飛寒狐腋難
將碎玉攢紙帳梅花清冷甚素書猶待曙光看
柳絮翻飛鶴影寒玉人怯倚玉闌干燒殘銀燭牙

床冷珠淚紛紛濕素紈 先祖夢竹集　淅瀝隨風
響翠篁繩牀輾轉欲成僵青山壹夜頭皆白況是
征人不斷腸　灞橋驢背自生春陽羨鸞龍術不
貧但得仙人指壹點飛花處處化爲銀　漫道萍
踪難自豪故人到處有綈袍尊中泉釀猶堪醉只
恐街頭炭價高　凜冽長宵夢不安客心到此更
辛酸忽思省署鳴珂者燕薊風霜另壹寒　壹夜
飛花徧八埏遙知諸弟共銜杯莫教忘却圍爐樂
翻羨江南好看梅　長夜漫漫似小年寒雞纔唱

素衣穿却疑當日袁安事亦獨何心耐久眠　寵
寒新濕稽朝餐且喜烹茶賽慧瀾錦帳羊羔從不
識敢勞廉吏買豬肝　紅襦絓約旅情牽難得青
樓買笑錢安道若憐東海友子猷肯返剡溪船 先
祖陽羨夜雪八絶

詞

臘月嚴凝天地閉莫嫌臺榭無花木惟有酒能欺
雪意増豪氣直教耳熱笙歌沸　隴上雕鞍宜數
騎獵圍半合新霜裡霜重鼓聲寒不起千人指馬

前壹雁寒空墜 歐陽修漁家傲　檢盡歷頭冬又
殘愛他風雪耐他寒拖條竹杖家家酒上箇藍輿
處處山　添老大轉癡頑謝天教我老來閒道人
還了鴛鴦債紙帳梅花醉夢閒 朱希真鷓鴣天

小寒　風雨損畜　應來年小暑此節無雨小暑節內
必旱　小寒大寒節氣內冰後水長主來年水冰
後水退主來年旱若冰堅可渡亦主水
老牲口自此置煖室中用乾穈墊足才濕便換飲
以溫水過老者喂豆餅蓄牲口老則怕飲冷水四

渴則不食草，因饑則不耐寒，故俗有凍渴殺之說。無力犂戶，飼養失宜，多致倒斃。惰農以爲損於老也，何嘗之有。用心稽查，亦愛物之仁。

澄酒。務去脚極清，入極乾潔器內，收高涼穩實處。此時天寒，凡盛酒器皿，用滾水磁瓦洗極淨，以口向下，放煖屋內，或熱炕上，遇天晴，置日中晒乾，仍收屋內，若凍凝，水氣必壞酒。

大寒。 風雨損畜。

時值歲暮，貧佃佣望放糧，但須計其來年應種地

若干，可分糧若干，如何可以自了，如何可以還帳，勻就月分按期支放，既可糊其家口，又不大致拖欠。 留心照料牲口，若此時跌膘，來春促難肥壯。

除夜。 東北風，來年大熟。

是日取長流水稱之，元旦又取水稱之，視輕重以定兩年高下。 作粉窩十二枚，蒸熟驗之，第壹枚主正月，以次挨看，如有水，則其月有雨，水多則雨多，乾則無雨，閏月加壹枚。 除夜以安靜爲吉，諺云：除夜犬不吠，新年無瘟癘；除夜惡犬嗥，新年多火盜。或因公私作鬧，驚動鬨里者，來年村中必遭橫事。 是日貼對聯，換桃符，燈後敬迎祖先，供於堂，以木攔門，宴集守歲，而勿過醉，恐次早宴起有悞祀事。 黃紙硃書天行已過，貼門額，辟瘟疫。神異經云：西方深山中有人長丈餘，人見之則病寒熱，名曰山𤢖，以竹著火中，熚烞有聲，則山鬼驚遁，故今除夕爆竹。 梁簡文除夕詩：壹年夜將盡，萬里人未歸。自是佳話。戴叔倫壹年將盡夜，萬里未歸人，全用簡文句，但顛倒兩字，而矯健過之，不

得以文人相襲爲病。吾輩讀前人書，不能不用其成語，但須自出手眼，方不拾人牙後慧。

詩

除夜子星回，天孫滿月杯。歲炬常燃桂，春盤預折梅。沈佺期

四時運灰琯，壹夕變冬春。送寒餘雪盡，迎歲蚤梅新。唐太宗

守歲阿戎家，椒盤已頌花。盍簪喧櫪馬，列炬散林鴉。四十明朝過，飛騰暮景斜。誰能更拘束，爛醉是生涯。杜甫

臘雪已將同歲去，寒梅未肯放春來。故鄉厭見椒花酒，客況

全消竹葉杯。悵望靑雲事已乖，年來踪跡付芒鞵，辛盤猶是家園味，春色偏傷客邸懷。先祖春餘集

久客驚時序，那堪歲又除，世情看野馬，吾道付枯魚，漸覺浮生夢，且安逆旅居，來年新雨露，灑及春初。先君三山詩草

春聯

斗柄乘時轉　韶陽潛應律　社酒家家醉

臺堦捧日留　草木暗迎春　春蕪處處耕

節風知歲稔　蟻浮仍臘味　辛盤得靑韭

社雨報年豐　鷗泛已春聲　臘酒是黃柑

春風猶勒柳　雨露恩偏近　自天來福壽

臘氣欲烘梅　陽和色更濃　指日得恩榮

願將遲日意　遲日江山麗　卿月昇仙掌

同與聖恩長　春風花草香　王春度玉墀

映日花光動　旭光輝晝錦　紫宮初啟坐

迎風香氣來　和氣藹春暉　蒼璧正臨春

文章負奇色　琴書全雅道　詩書敦夙好

山水契眞情　山水契眞情　山水有淸音

邱園自得性　佳氣生朝夕　心遠居無陋

泉石且娛心　淸言見古今　人和事不違

松栢有本性　達人貴自我　酒釀瀛洲玉

瑾瑜發奇香　君子愼厥初　山藏太史書

賞心於此遇　寧紆長者轍　願得湖山趣

得性非外求　眞作野人居　不知城市喧

但佳川原趣　飮酒任眞性　流水如有意

聊適羲皇情　望山多遠情　高雲共此心

地僻衣巾古　會須飽經術　讀書便是福

年豐笑語譁　愼勿厭淸貧　飮酒亦須才

野老歌無事　深心托毫素　潭影搖疎竹

家人笑著書　努力愛春華　野氣入高松

無事日月長　佳客抱琴至　小室香凝碧

不羈天地濶　好風吹月來　明窻日射紅

歲美風先應　和風披化雨　物阜占羲畫
朝曲日漸長　綵勝結長春　年豐鼓舜琴
華文春日麗　湛露飛堯酒　野老來看客
瑞色紫雲高　薰風入舜絃　家人笑著書
窗外鳥鳴春日暖　花氣襲人知驟暖
庭前花麗午風和　鵲聲穿樹喜新晴
淑氣無私盈化宇　春到普天皆錦繡
陽春有腳到茅簷　花開滿地盡文章

簫鼓追臨春社近　閒嘗臘尾燕來酒
衣冠簡樸古風存　點數春頭接過花
東風入律寒猶在　芝庭自繞臨風樹
多稼占祥雪半融　椒酒先浮獻歲花
鬱壘白書誇筆健　和平是處饒春意
屠蘇後酌得春多　高厚匪今須歲功
雲近蓬萊常五色　紅日曉含珠樹迥
日升瀛海正三陽　紫雲晴護玉階平

清樽樂泛長春酒　草色春融[illegible]綠
綠野歌逢大有年　梅花時到白[illegible]香
春回雨甸山河外　和氣滿庭薰柏[illegible]
人在堯天雨露中　春風入座泛椒[illegible]
但喜高門迎瑞讓　酒壓濁清鳴社[illegible]
不嫌門迓是漁樵　菜分紅綠簇春盤
斗酒隻雞人笑樂　興來自命花前酒
五風十雨歲豐穰　客至同觀樹外山

戶庭稱許心如水　會友讀書真樂事
心事誰憐淡若秋　栽花甘[illegible]足怡情
看山眼與雲俱遠　廬傲瓜牛存大樸
試茗心同水共清　簷迎綿襖得長春
團圞賴有兒共話　於此中得少佳趣
剝啄應無客可迎　亦足以暢敘幽情
收拾小山藏社甕　願留餘巧還天地
招呼明月到琴牀　學積陰功與子孫

經驗良方

生產無論遲早萬不可輕易臨盆用力揉腰擦肚切勿將身左右擺扭全要養神惜力仰臥安睡使腹內寬展小兒易於轉動切不可輕聽穩婆說孩兒頭已在此以致臨盆早了悞盡大事必待漸疼漸緊方是要生若疼得漫則是試疼只習安眠穩食不可亂動倘認作正產胡亂臨盆用力太過必有橫生倒生之患若小兒果然逼到產門則渾身骨節踈解手中指節跳動臍前陷下腰腹重墜異常

大小便俱急目中金花爆濺真其時矣方可臨盆房中冬設炭火夏貯井水不許多人在旁交頭接耳致產母憂疑 產後上床用高枕靠墊勿令睡倒膝宜豎起勿申直隨飲熱童便對黃酒壹盞閉目養神不可倦極熟睡恐血上壅因而暈眩亦不可高聲急叫以致驚恐用鉄稱錘燒紅入醋令醋氣入鼻以免血暈又能鮮穢斂神若無大病不必服藥 凡生產遇天寒臨盆太早去衣久坐孩兒生下不哭或已死者急用衣服包裹再以香油紙撚將臍帶漫漫燒斷煖氣入腹漸漸作聲而活倘先剪斷臍帶則死矣 產母腹疼壹陣漫似壹陣或乍緊乍漫皆試疼也若當臍而疼手按之更疼或臍旁有硬塊傷食也若在臍下綿綿而疼不增不減得熱物即稍緩受寒也俱勿認為正產 產後惡血衝心昏悶不省人事用韭菜壹把切碎放有嘴壺內以熱醋壹大碗灌入密紮口扶起病人以壺嘴向鼻遠遠熏之 胎死腹中用佛手散服之自下或不下再用平胃散壹服加朴硝二三錢

能令化下 胞衣不下是臨盆早用力過胎出而骨縫閉以致胞出不及此時不可驚惶亦不必服藥急用粗麻線將臍帶繫住又將臍帶雙紮再繫壹道以微物墜住方將線外臍帶剪斷過三五日自湊縮乾小而下累用有驗只要與產母說知放心不必驚恐不可聽穩婆妄用手取多有因此傷生者慎之慎之 小產調理并如正產不可輕忽 小產數日忽渾身大熱面紅眼赤口大渴欲飲涼水晝夜不息此血虛之症宜用當歸補血湯以補

其血若認作傷寒而用石膏芩連等寒凉之藥則必死矣。一佛手散治六七箇月後因事跌磕傷胎或子死腹中疼痛不已口噤昏悶或心腹飽滿血上衝心者服之生胎即安死胎即下又治橫生倒産及産後腹疼發熱頭疼逐敗血生新血能除諸疾用當歸五錢川芎三錢水七分酒三分同煎七分如橫生倒産子死腹中者加黑馬料豆壹合炒焦乘熱淬入水中加童便壹半煎服少刻再服 此方常服必無小産項子朝云加艾絨五分醋壹小

杯更妙 平胃散蒼术米泔炒厚朴姜汁炒陳皮三味各三錢甘草炒壹錢五分 加味芎歸湯百試百驗萬叫萬靈真神方也用當歸壹兩川芎七錢龜板手大壹片醋炙研末婦人頭髮如雞蛋大瓦上焙存性水二碗煎壹碗服如人行五里即生 死胎亦下交骨不開者陰氣虚也用此方如神 生化湯治産後兒枕痛及惡露不行腹疼等症用當歸六錢川芎四錢乾薑炒五分桃仁五分不可多甘草炒五分水壹鍾童便壹鍾煎服若惡血已行腹痛已止減去桃仁再多服數服不妨

安胎方用黃芪蜜炒杜仲姜汁炒茯苓各壹錢黃芩壹錢五分白术生用五分阿膠珠壹錢甘草三分續斷八分胸中脹滿加紫蘇陳皮各八分下紅加艾葉地榆各壹錢阿膠多加引用糯米百粒酒二杯水二杯煎腹痛用急火煎有小産疾者常食小黃米粥甚妙 安胎銀苧酒治孕妊胎動欲墮腹痛不可忍及胎漏下血用苧根二兩紋銀五兩酒壹碗如無苧之處用茅草根五兩加水煎之 紫酒治孕妊腰痛如折用黑料豆二合炒焦白酒壹大碗煎至七分空心服 當歸補血湯大

補陰血退血虚發熱如神用黃芪蜜炙壹兩當歸三錢水二碗煎壹碗壹服立愈分兩不可加減 愈風散治婦人産後中風口噤手足抽掣及角弓反張或産後血暈不省人事四肢强直或心頭倒築吐瀉欲死用荆芥穗除根不用焙乾研末每服三錢童便調服口噤則挑牙灌之斷噤則不研末只將荆芥以童便煎放微温灌入鼻中其效如神 通脉湯治乳少或無乳用黃芪生用壹兩當歸五錢白芷五錢七孔猪蹄壹對煮湯吹去浮油煎藥壹大碗服之覆面睡即有

乳或未效再壹服無不通矣 新產無乳者不用猪蹄只用水壹半酒壹半煎服體壯者加好紅花三五分以消惡露 治產後十三症用當歸三錢川芎 生地 澤蘭葉 香附醋炒 益母草 延胡索各壹錢五分 產婦冒風加防風天麻各壹錢 血暈加五靈脂醋炒 荊芥穗炒黑各壹錢 三四朝後發熱加炮姜炒黑八分參黃芪各壹錢 心腹迷悶加陳皮枳殼砂仁各壹錢 血崩加地榆黑山梔丹皮各壹錢 咳嗽加杏仁桑皮桔梗各壹錢 死血不行腹硬加紅花枳實桃仁各壹錢 飲

食不進加山查麥芽各壹錢 脾胃作脹加白朮茯苓蒼朮厚朴陳皮砂仁枳殼各壹錢 心神恍惚加茯神遠志各壹錢 胎衣不下加朴硝三錢 俱煎飲 產難及胎衣不下用川貝母七枚為末酒調服 兎腦丸用母丁香二錢 乳香 沒藥各壹錢 麝香二分半 共為細末臘月初八日兎腦為丸黄豆大辰砂為衣凡難產或胎死腹中冬用熱酒夏用熱水服壹丸即時分娩 胎衣不下用頭髮燒灰為末酒服壹錢產時先脫產婦常着衣壹件蓋灶頭則無不下之危

橫生倒生手足先出以其父名書手足上即縮回順生 孕婦臨月用榆皮焙乾為末日三服方寸匕令產極易

小兒三朝洗身用防風荊芥甘草茯苓生地銀花蟬退各壹錢 金銀器些須燉水

小兒夜哭方 點燈不哭吹燈即哭此乃受胎過熱因百日哭點燈心火安故不哭用甘草二兩燒灰存性研細以燈心節二十煎湯調服數次即愈

小兒頭上黄水瘡方用黄栢壹兩 枯礬壹錢 共為細末用

真菜油調搽梳頭油亦可

小兒水泄方用烏梅十個去核 黄連三分 咀片將黄連入梅肉內以火燒出白烟為度取出冷過研細末用米泔水調服或搽乳頭上吮乳即帶下

小兒口瘡方用建青黛壹錢 大冰片二三分 共為細末先用米泔水以青布洗過再吹入口次日再吹

小兒頭瘡方用建青黛三錢 多年石灰三錢 共為細末頭油調搽或用肥皂子燒灰存性為細末香油調搽

小兒肚大黄瘦腹疼虫積時時下痢此疳症也用青

黛研水服至愈止或用全蝎去足殭蚕炒各壹錢巴豆打紙去油五分共秤净末神麯糊為丸如菜子大銀硃飛净二錢為衣每服壹丸溫湯下

小兒瘋症用胆南星五錢遠志肉去心米泔水煮炒五錢石菖蒲五錢黄連壹錢竺黄三錢建青黛壹錢麻黄二錢麥冬去心麸炒五錢枳實麸炒三錢麝香六分共為細末用雪水或泉水和藥為丸如龍眼大以辰砂飛過為衣每服壹丸

驚瘋臉青色以金銀器熬湯調　胎瘋臉紫紅色以薄荷湯調　傷風瘋臉白色以生姜湯調　受寒瘋臉淡白青色以葱湯調　受熱瘋臉赤色以燈心湯調　感冒瘋臉紅白色以生姜燈心湯調

小兒夜啼狀若鬼祟用蟬退七箇去下半截為細末用薄荷湯調入黄酒少許食後服如觸犯禁忌而夜啼者以醋炭薰之

小兒胎毒月子內頭上赤紅痒極頭搔出血痒后大哭不睡遍身無皮其痒非常用白附子　黄丹　蛇床子各五錢　羌活　獨活　狼毒　白鮮皮　硫黄　枯礬　輕粉各三錢五分　共為細末乾用香油調濕用乾摻凡諸痒瘡皆可治

小兒身起羅網蜘蛛瘡其痒難忍用甘草調蚯蚓糞搽之

痘落眼中用牛身上虱子壹箇取血點壹次即愈或用三年老雄雞冠血調銀硃以銀簪點三次即愈

痘疹將發用小黑豆菉豆赤小豆各四五兩淘净入甘草二三兩長流水煮熟去甘草取豆曬乾晚入汁浸再曬再浸俟收汁盡逐日取豆常食甚効

若發熱至三四日痘隱隱將出未出色赤便閉者

用紫草二兩剉碎百沸湯壹大盞泡覆蓋勿洩氣俟溫量兒大小服半合至壹合則痘雖出亦輕大便利者勿用煎服亦可　痘瘡倒靨黑者用麻黄去節五錢以蜜壹匙炒良久水半升煎沸去沫再煎去二分之壹乘熱盡之避風瘡復出用無灰酒煎效尤速　將出痘時用經霜絲瓜連蒂三寸燒灰存性為末每服二錢炒糯米煎湯不拘時調服

痘瘡不起用荸薺搗汁同白漿酒頓溫服之即起但不可熱服　痘疔方見前

驚瘋用殭蚕七個全蠍壹個輕粉壹分銀硃少許共焙乾爲末黃酒調勻抹乳頭上小兒吮乳後蓋被露頭出汗愈

肚癰用拳殺小雞壹個燒灰存性焙乾爲末陳醋脚和爲丸麵箍箍住坐臍內艾灸汗出即愈

腦鬚瘡用巴豆仁半個黑田瓜子取仁七個銀硃　寒食麵各少許蜜和貼太陽穴男左女右半炷香爲度大人用巴豆仁壹粒

牙瘡用冰片壹分兒茶壹錢硃砂壹分珍珠五釐將四味入整

五倍子內外用麵裹燒胡去麵爲末敷之瘡先以枸杞根煎湯洗或米泔水亦好

汗斑用錫灰五錢硫黃五錢猪胰壹個同搗爛先以生姜擦斑再搽藥穿青布衫壹夜即愈連用二夏即除根

或用陀僧二錢硫黃四錢爲末醋調以煨姜蘸搽

雀斑用錫灰研細壹兩肥皂肉四兩猪胰二個共搗成肥皂洗臉用久自退或用宫粉五兩陀僧壹兩輕粉二錢五分麝香五分共研末每晚用雞子淸調搽久用斑退而如玉

治癬用錫灰五錢巴豆仁十二粒共爲極細末先用生薑擦癬香油調搽或用楮樹汁合猪胆調搽或用蒼术皮硝等分煎水洗或用羊蹄菜鮮根取汁加白糖搽或用馬踏菜嫩葉連根搗爛敷即止痒　槐枝葉煎成膏塗惡瘡疥癬止疼消腫生肌

頭上白硝風癬用羊蹄菜葉根搗汁調青鹽末擦之即愈或用荔枝核六錢鐵銹七錢胆礬三錢共爲細末醋調用手摩擦數次即愈

吹乳用當歸尾二錢金銀花三錢川山甲三片炒白芷八分蒲公英五錢花粉　青皮　赤芍各壹錢水三大盅酒壹

大盅煎壹盅溫服出汗或初覺即用生半夏壹個爲末葱白半寸搗泥爲丸綿包塞鼻孔內左乳塞右右乳塞左過夜即愈　吹乳成塊用鮮蒲公英金銀藤各四兩搗爛取汁黃酒冲服將渣敷乳腫處如無鮮的用乾的酒煎溫服渣搗爛敷腫處或用棉花子打碎水煎服或用槐花炒爲末每日用陳酒調服三錢即消或用龜板去兩邊燒存性爲末每服三錢黃酒送下三服即愈　或用橘皮去白炒黃爲末入麝少許研勻黃酒調二錢敷之

乳癰，用萱草根、金銀花，加鹽少許，搗爛，用酒糟和敷。

乳癰成膿，疼不可忍，用蜂房燒灰為末，每服二錢，水壹盞，煎六分，食後溫服。

臁瘡方：京丹五錢、朝腦五錢、血竭五錢，共為細末，先將黃蠟壹兩入鍋化開，再入藥末，熬三四滾，取出，置水中，先用淡肉湯將瘡洗淨，照瘡大小，將藥做餅貼之。

治下體臁瘡等瘡，用松香壹錢、乳香壹錢、輕粉六分，共為細末，用葱白、豬脂同搗如泥，先將油紙用針刺多孔，將藥攤上，再以油紙合之，貼患處，外用細布紮住，日換二次，三日即愈。

發背瘡藥：用滴乳香（箬包燒紅磚壓去油）淨，沒藥（箬包燒紅磚壓去油）　鮮紅血竭　白色兒茶　上好銀硃　杭州定粉　上好黃丹（各四兩）　上好銅綠（三錢），各味各另碾無聲，篩極細末，共收磁瓶內，勿洩氣，臨時照患大小，用夾連四油紙壹塊，以針多刺小孔，每張稱藥末五錢，用真芝麻油調攤紙上，再用油紙壹塊蓋上，週圍用線將二紙合縫，壹處貼患上，用軟絹紮緊，過三日，將膏揭開，濃煎葱湯，將患上洗淨，軟絹拭乾，將膏藥翻過，用針照前多刺小孔貼之，因藥品甚貴，又可得兩面藥力也，內服十全大補湯，有火之人減去肉桂、姜、棗，煎服，至重者用膏二張，無不取效。

楊梅，用當歸五錢　防風　荆芥　何首烏（木棒打碎淨，忌鐵器）　銀花（各三錢）　肥皂子（九個，打碎）　豬胰子（壹個）　土茯苓（[illegible]兩，去皮木，倖打碎，四兩），用河水六碗，沙銚內煎至三碗，每日空心、午飯後、晚飯前各溫服壹碗，忌鹽醬醋茶雞魚鵝鴨蝦蛋鮮物，葷則止宜土茯苓煨豬肉，素則止用白菜豆腐，他物皆有所忌，以土茯苓煎湯代茶更妙，不廿劑即收功，永除後患，不得生育。

腫毒初起，用全當歸（八錢二分）　甘草（壹錢八分）　金銀花（壹兩），水二碗、酒二碗，煎服，患在下部，加生黃芪五錢，或用茴香枝葉搗汁三四碗，日三次服，渣敷患處，冬用根，或用脂麻油煎沸，對和黃酒，溫服取微汗，或用紫莖野菊搗汁二碗，溫服取汗，或用銀硃（三分）　小棗（七個）　蓖麻子　胡椒（俱每壹個）　紅花（少許），將棗燒灰，同搗爛，黃酒和成塊，葱葉包之，男左女右，手握緊，用腿夾出汗愈，或用白芷　生礬　蒼术（各三錢）　胡椒（二錢）　葱

白七寸共搗同上，手搦出汗。先飲熱酒、姜湯，此方亦
治傷寒。或用白礬三錢，研極細末，生葱七段，長寸
許，共搗爲丸七個，臨卧熱黄酒七盅送下，出汗立
愈。治腫毒初起神效。不飲酒者，以姜湯七盅送下。
拔毒散，用生大黄　五倍子　生南星　生半
夏　生白芨　生姜黄　芙蓉葉　生藤黄　乾
螃蟹蓋各五錢　麸粉五兩　同焙乾，爲細末，陳醋調敷。或
用胆礬六錢糯米同炒黄色去米　硼砂四錢二分　同入砂鍋内熔化，
再入雄黄細末二錢，攪匀，冷定，入麝壹分，研細，磁

罐秘收。用時蒸酒調，筆蘸圈瘡四圍腫處，壹日壹
圍，瘡隨藥收，待瘡熟，針刺出膿即愈。
腫毒敷藥，用羌活　防風　大黄　黄柏　水黄連
阿膠　没藥　乳香　南星　白蘝　白薇
連翹　白芷　黄芩　貝母　蕤仁各三分　共爲細
末，用陳醋壹碗，熬至六七分，調藥爲膏，敷上，用綿
紙蓋藥，俟乾，再以雞翎掃醋潤之，不拘几次。次日
洗去，另换藥如前敷。或用黑驢蹄煅灰存性爲末　蕎麥麵
各壹兩　生草烏六錢　五倍子壹兩　食塩五錢　共研細末，合成

餅，鍋内熔黄色，晒乾，醋研爲膏，四圍敷之。未成膿
即消，已成即破。　惡瘡疥癬，用槐枝葉煎膏敷。
人面瘡，用貝母末，以小筒灌其口，即成痂。
項後生疙瘩，用生山藥去皮　蓖麻仁二個　研攤帛上貼之，
神效。　豨薟根煎湯服，渣搗敷，亦效。冬用乾
頭面上瘡，用雞子煮熟，取黄，炒取油，調輕粉搽。
蠟礬丸　黄蠟壹兩、生白礬壹兩　攪匀，乘熱丸菉豆大，
先十丸，漸三十丸，每日壹次，酒下。治瘡癤癰疽，重
者輕，輕者愈。

圈毒散　榆樹皮　寒食麵　乳香　没藥各等分　共
爲細末，無根水調，圈毒自遠至今，重者聚，輕者消。
小奪命丹　治腦疽疔瘡無名腫毒。　掃帚子　槐
子　地丁草各等分　蟾酥少許　水煎服
解毒散　川烏　草烏　藤黄各等分　爲末，醋調敷腫
毒。　惡瘡不瘥，用青布燒灰敷。
人畜惡瘡，用貝母燒灰，油調敷。
陀僧丸　陀僧　雄黄　硃砂各壹錢　枯礬三錢　共研細
先將黄蠟壹兩　蜂蜜五錢　溶化，離火，入藥末，攪匀，衆手

連丸菉豆大，每服三分，滾水下。病在上，食後服；病在下，食前服。諸瘡通用。

鼠瘡未破者，用蜈蚣壹條去頭足 全蝎十個去毒 穿山甲五錢 火硝三分 共為細末，每服壹錢，黃酒調服，隨食核桃肉二枚，壹料服完即愈。或用猪懸蹄甲燒灰存性 為末，每服三錢，黃酒調服。或用黃柏炒黑 白鴿糞尾上焙焦 各等分，為末，雞子清調塗，每日換之。

猴子用地膚子、白礬等分，煎湯洗數次，盡消。載字典

癰疽初起，漫腫無頭，皮色不變，此陰症也。用辰砂

雄黃　血竭　赤石脂　沒藥各二錢　麝香二分 共為細末，綿紙捻包，每條三分，香油浸透，燃之，烟冲患處。再服煎藥，用黃芪鹽水炒　白朮土炒　白茯苓　玉竹　當歸身炒　川芎　熟地　炙草各壹錢　連翹去心三分　白芍壹錢酒炒　金銀花五分 水煎服，如有膿，加白芷五分。

治口舌諸瘡，用黃連　青黛各壹錢　山豆根　飛礬各六分　冰片五分　硼砂少許 為細末，擦之。患在喉嚨，以蘆管吹之。陰瘡，加紅粉五分。

跌打損傷，用黃梔子三枚　朝腦上錢 搗爛，加熱燒酒白麪

合匀作餅，先將麝香壹分置患處，將藥敷之。或用骨碎補為末，煮黃米粥和，裹傷處。或用陳粉子炒焦　五倍子炒黃色 等分，為末，醋調敷上，用碎紙貼。或用葱白搗爛焙熱，封折處。或用乳香末摻極疼處，以小黃米麪塗上，用五靈脂壹兩　茴香壹錢 為末，厚摻之，以帛裹定，用木片夾之。或用小黃米　皂角　髮灰，共為末，加陳醋熬成膏貼。接骨散：用血竭壹錢　半夏八分　乳香　沒藥俱去油，各壹錢五分　土鱉焙乾　當歸各五分　巴豆煨存性，四分 共為細末，磁罐秘收，每服五分，滾黃

酒調下。患在上，食後服；在下，空心服。

破傷風　生南星　防風各等分 共為細末，姜汁或醋調貼患處，煎服亦好。或用槐子壹合，炒 黃酒煎服，出汗。至危者，用蠍子猢七個 為末，熱黃酒送下，非此不愈。或用魚鰾頭炒存性 病輕者壹錢，重者錢半，不見鐵器。荊芥穗三錢 共為細末，黃酒炖熱飲之，出汗即愈。

腫毒立消散　苦參二錢　歸尾二錢二分　黑參　連翹　荊芥　防風　獨活　黃芩炒　枳殼　柴胡　梔子炒　花粉各壹錢　薄荷六分　生地　金銀花各壹錢五分　患在

頭面加川芎在咽喉至腰加桔梗身至足加牛膝
各二錢水酒各壹碗煎服出汗
治瘰癧方杏仁連皮壹茶錘黃香三兩木鱉子連殼二錢銀硃壹錢
猫毛灰 猴毛灰俱存性不拘多少共搗爛先用地骨皮
燒水洗瘡後貼藥候將愈加麝藥中 又方猫頭
壹個猫爪四個猫衣四個黃香四兩香油半斤共熬成膏貼
喉閉用明雄黃五錢川鬱金二錢巴豆霜二錢五分共爲細末
醋和丸菉豆大礶秘收每服二丸溫茶下凡咽
喉腫疼飲食不下皆治之

牙疼用急性子 明礬等分爲末搽疼牙上随時火
酒漱吐三次全愈或用玄明粉二分硼砂半分雄黃八釐
真冰片三釐火硝五分共爲末搽之即愈
火眼方 紅花 白礬 黃連各三分 杏仁七粒去皮尖打碎
用水壹碗煎壹盅壹日熱洗三次愈 又方用雞
蛋壹個去黃加白礬小塊同入細袋中冰之
瘋熱眼方 防風 羌活 黃芩各三分 膽礬壹分 荊芥
六分 蟬退二個去頭足 用水碗半熱洗
爛眼內服二术茯苓黃連防風荊芥草薢湯藥外用

猪肝上筋膜摻白糖醃少時覆眼上臍壹時辰取
開有細虫出立愈或用甘菊壹朵膽礬壹釐當歸三分黃
連五分入綿紙加絲綿紮緊如雞眼大人乳泡飯上
頓熱拭眼 覆盆子葉汁滴眼中妙
痞疾丸用皂礬壹斤入猪肚內盛以黃土礶封口又用
黃泥將礶週圍泥過炭火埋燒壹晝夜冷過取出
打破礶將肚礬冷透加蕪荑末二兩厚朴末四兩大腹
皮末四兩枳實麩炒爲末二兩神麴炒爲末壹斤以陳荷葉熬水
爲丸菉豆大每清晨服壹錢十日之後服壹錢半

二十日後服二錢米湯送下 此方去猪肚換黑
黃牛肝不見水以竹刀切片仝皂礬入礶燒煉如
前餘藥亦同前治癥瘕二症如神
梅花點舌丹用鴨芙蓉五錢熊膽壹錢珍珠壹錢五分硃砂
雄黃 乳香 葶藶 沒藥 血竭 硼砂各九
錢 牛黃 冰片 沉香 蟾酥 麝香各二錢五分 俱
爲細末用人乳蒸化爲丸如小菉豆大真金爲衣
封固礶中勿令出氣又要晒晾免致黴壞 此丹
治癰疽發背諸般疔腫初起寒熱交作有傷風惡

疼痛、惡心、嘔吐，但未成膿者，用葱頭三根，同嚼壹丸，火酒送下，隨將壹丸放舌底化下，出汗，愈。重者三丸。

保安萬靈丹：治癰疽疔毒，對口風濕，濕痰流注，附骨陰疽，并左癱右瘓，口眼喎斜，半身不遂，通身走痛，偏墜疝氣，破傷風，牙關緊閉等症，服無不效。用蒼术八兩　全蝎　石斛　明天麻　當歸　川芎　羌活　炙甘草　荊芥　防風　麻黄　川烏湯泡去皮臍　草烏湯泡去皮臍　細辛　何首烏各壹兩　明雄黄六分，共爲細末，煉蜜爲丸，每兩分四丸或六丸，用硃砂爲衣，每服壹丸，口内嚼爛，用連鬚葱白九根煎湯送下。如左癱右瘓，黄酒送下。

各種惡毒並楊梅瘡方：用蟾酥六分酒化開　巴豆仁二十粒碎去油　黄連二錢　片冰三分　辰砂六分　明雄黄二錢　花粉二錢　甘草節二錢　金頭蜈蚣壹條瓦焙　班猫二十個瓦焙　紅娘十六個瓦焙　全蝎十六個瓦焙　麝香　血結　京丹各六分　紅花　歸尾各二錢，共爲極細末，蕎豆粉打乾糊爲丸，如粟米大，每服七丸，用葱白壹寸，分作七節，入口和藥嚼碎，以乾燕酒送下，蓋被出大汗。毒重者服二劑，忌房事、發物并酒四十九日。

萬應紫金膏：川烏　草烏　大黄各六錢　當歸　赤芍　白芷　連翹　白芨　白蘞　烏藥　官桂　木鱉子各八錢　槐枝　柳枝　桃枝　桑枝　棗枝各四錢，用芝麻油二斤，浸壹宿，火熬焦黑，以生絹濾淨渣，再以文火熬至滴水不散，方下飛過黄丹十二兩，俟滴水成珠，再入乳香、没藥末各四錢、酥合油二錢，攪勻，入冷水内拔數次，收貯。下丹時，以槐條攪油。

治風濕癬瘡膏：川烏　草烏　大黄　烏藥　官桂　白芷　連翹　白芨　白蘞　木鱉子　何首烏　當歸各四錢　苦參　皂角　白蘚皮　白附子各二錢五分　生地　白蒺藜各五錢，用香油二十兩，浸壹宿，火熬焦黑，濾淨渣，再文火熬至滴水不散，再下飛過黄丹三兩　官粉三兩　乳香　没藥俱去油各二錢，攪勻，入冷水内拔數次，收貯。

治手上蛇頭疔：用雞子打壹孔，插手指於内，過宿，愈。

農圃便覧一編盖吾　叔自江西歸數十餘年之家政也士君子時占肥遯步㒹林泉日用食息種〻得當或以治生或以悅性或以濟物或以長年花朝月夕酒闌客散之暇隨其所得筆〻于書積步爲多漸成卷帙曰思授之剞劂貽諸孫子此亦龐眉老人消遣遲暮之一務也然而智者作之巧者述焉其爲惠固已溥而所感固已

捉矣陽嘗受是書而三復焉見夫躔次必詳昏旦有辨法月令也首重農桑下逮瓜瓠則豳風也一易再易殊其等醯人醢人分其職用鹿用豕異其施緇官禮也占決耕耨挈東方呂氏之要而務去其雜龐菓餌花卉取素問羣芳之精而更加以經驗且又於先民之歌詠祖考之著述文人韻士之謳吟其有關於時令風景者靡不廣

爲捜輯以製雲錦而沁心脾固非徒敝厥芳潤供童叟披玩已也大率唐魏勤儉矇瞽艱難之旨居多記曰言〻不足長言之長言之不足咏嘆謡佚之書曰勸之以九歌俾勿壞毋亦有蘉鼓軒羲使人通變而不倦者歟夫藏之名山傳之其人古之托丹鉛以自見者往〻有千秋萬禩之想乃或遲久而始傳或遲久而不必盡傳吾

叔茲編遐邇膾炙匹不必待向郭之註莊固已家〻尸祝而人〻楷模也然則不脛而走不翼而飛布帛菽粟〻文較賒於日星河嶽之章亶其然乎亶其然乎

姪夢陽書

三農紀

（清）張宗法 撰

《三農紀》，（清）張宗法撰。張宗法（一七一四——一八〇三），字師古，號未了翁，四川成都府什邡縣（今四川什邡市）人。擅長書法，頗具才識，但是無心功名，隱寓於農，清貧自守。著有《正情説》二卷、《三農紀》十卷。張氏雖爲布衣，但頗受地方官員器重。

一般認爲該書成於清乾隆二十五年（一七六〇）。全書十卷，以『耕父耕田』代表大田耕作，『農老藝苗』代表苗圃園藝，『牧童飯牛』代表動物畜養，借『耕父』『農老』『牧童』敦促規勸之言，深入探討其根本，盡力於實際，故以『三農』名之。

該書廣收博採，内容豐富，雜錄前代農業典籍二百三十餘種，廣泛收集俗諺、方説、童言及蜀中地區特有的農業生産技術與方法等，介入張氏的闡釋，用筆通俗易懂。首先記載占課，除了自然現象的占驗之外，還依據其所專屬的月份，分别匯錄。其次爲農家月令，詳細記載了各地的物産、水利、災害、耕作、栽培、植物、畜牧、水産等内容。最後是農舍修建、器物整治、農産加工和保健養生等農家生活雜事。全書共四百一十餘節，每節專門談論一事或一種，共計描述了栽培植物一百八十餘種，豢養動物近二十種，内容較爲完備，可以補充其他古農書祇談主要作物的缺失。

該書各卷均以『小引』起例，闡明卷内核心主旨以及所遵循的通則，然後設節考證作物名稱、形態、性狀、效用，因地制宜，總結栽培管理技術，以水稻種植與管理最爲詳實。各節末尾附有『典故』，收錄相關傳説與趣聞，以增加可讀性。此外，張氏還從醫學的角度闡述了各種動植物産品的性味與功用，以助家庭食療、防病治病。由於所涉及的面較廣，所錄的材料略顯龐雜，對每種作物、飼養物的叙述較略，亦有迷信内容夾雜其中。

該書初刻於清乾隆二十五年（一七六〇）四川文發堂，後經多次傳刻，版本頗多，分二十四卷本與十卷本兩種，有青藜閣本、藜照書屋本、榮茂堂本、善成堂本等。今據上海圖書館藏清乾隆二十五年善成堂刻本（十卷本）影印。

（熊帝兵　惠富平）

致富奇書

卷壹

陶朱公先生手著

全致富奇書

三農紀合纂

善成堂發兑

三農紀叙

法也生長農家終身畎畝與鳥獸同其休息與草木共其
春秋業業小人而已時秋九日有二三農老耕父相邀登
高曠飲踞箕苔石舞掌藤陰又有一二牧童左相問答理
耕紛紛晰明耕術各執己見一牧童進而言曰今之所話
者得其人述之不枉苦談一夕矣農老曰述者非吾輩事
且不識字敢言乎耕父曰吾病且懶亦無樂趣不能爲之
我輩中或者師古翁可乎予曰不能也吾輩生於草莽之
間未嘗聖賢之書不聞高明之論弗覽山川之蹟無能粗
識其用將何以深探其本盡力於實貫苟强而致之不勝其
好名欲速之心使聞者知之嗤吾徒小人不知量也牧童

怫然曰人各有志志各不同各行其志芳亦隨之臭亦隨
之聞之王處叔云古人遭時則以功達其道不遇則以言
達其才故泰否不窮也有著者便爲發而不朽當其同時
人豈必哉而皆無聞由於無所述也予何妨述之亦吾徒
今日之幸耳予搖首曰否否非不爲也是不能也耕父勃
然曰子之田吾其治之農老相和曰子之苗吾其理之牧
童在傍笑云飯牛者我之職也衆囂囂曰留子偷閒以成
其著但限朞見效予已醉不能應辭歸家酒醒以其事告
諸婦婦曰噫危哉子難爲逃矣進取者誚退讓者非將作
欺世盜名之輩也且盖我名者損我神生我名者殺我身
一旦然何忘乎自燒自銷之誡予聞而甚慚且悔明日農

昨議昔畢集執雞攜酒賢紙抱筆相來旋廬固是以無所辭爲甚憾其素之無養也於是汲汲乎乃采俗談方說謺語童言摺收補綴近似依倣牽挽强彙自信闕見寡聞學不足以當著較而比之形似影響之間豈以區區為是敢倨然自謂使君子見而閱之終不能無憾於此徒災筆墨以貽玷於農也予歷經寒暑茲茲完稿竟日不能成叙正處疑難忽聞籬外謳聲農老耕父已來於庭矣卒然問曰著稿成否予應之曰已矣即乞飲牧童入而見喜皆壽相慶各話勞逸以盡其歡飲畢求覽稿延入著座牧童曰昔出自勉强今既聊就亦僥倖耳只此一試之可也再無銜弄誠可藏乖矣是以火其筆斷其硯以笠吾戴以杖吾策欣欣然衆將予推而出之引入田間復振從前之舊業故就其事而爲之叙云

旹

大清乾隆二十五年歲次庚辰冬至日題於鑒雒山房

三農紀目録卷之一　古課

天　日　月　星　北斗　天漢
風　雲　霞　氣　虹　雷
電　雨　露　霧　雹　霜
雪　正月　二月　三月　四月　五月
六月　七月　八月　九月　十月　冬月
臘月　山川　鳥獸　草木　人

三農紀目録卷之二　牧產水利營濟

孟春　仲春　季春　孟夏　仲夏　季夏
孟秋　仲秋　季秋　孟冬　仲冬　季冬附土旺
變應　土變　土宜　土化　方圖　序

土形　地圖　土產　西北水利　東南水利　設法澆溉
救荒附辟飢　旱災　蟲災　雹災

三農紀目録卷之三　穀屬蔬屬

墾荒　耕田　糞田　積糞　占種　種子
種法　耘苗　收獲　小麥　大麥　穬麥
青稞　蕎麥　苦蕎　鄒麥　稷　秫
黍　粱　秈　穇　稗　薏苡
大豆　小豆　菉豆　豌豆　蠶豆　豇豆
扳山豆　泥豆　穭豆　苕豆　粳稻　糯稻
稊　稗　蔓菁　芋　藷

三農紀目録卷之四　蔬屬

蒔法　治蟲　治菜生易　解菜毒　圃神　芥
白菜　青菜　蕹菜　萵苣　萵苘　苦蕒
菾菜　莧菜　茉莧　馬齒莧　蕹菜　同蒿
地膚　灰藋　蘿蔔　胡蘿蔔　薑　大蒜
薤　葱　火葱　韭　生瓜　黃瓜
絲瓜　冬瓜　南瓜　苦瓜　瓠　葫蘆
豇豆　鵲豆　時季豆　茄　蒝荽　茴香
山药　芹　薺　蕨

三農紀目録卷五　果屬

種實　栽蒔　扦枝　壓枝　脫枝　接博
過貼　澆樹　葺樹　衛果　治果蟲　孕果

轉樹　制果　辟毒果　息果　摘果　本性
果名　果徵　果害　果異　課果　桃
李　杏　棗　栗　梅　核桃
柿　銀杏　梨　柰　林檎　櫻桃
石榴　橘　柑　橙　楊梅　橄欖
荔枝　龍眼　葡萄　柑瓜　西瓜　葧薺
慈菇　菱　芡實　蓮藕

三農紀目録卷六　服屬　油屬　染色屬　樝屬

棉　苧　葛　大麻　蕁　黃麻
芝麻　油菜　蘇麻　亞麻　萆麻　蕃豆
樝　桐　槝柚　蓼藍　枝藍　芥藍

大藍　小藍　槐藍　紅花　茜　紫草
紫葵　槐花　梔子　五倍子　綠子　桑
柘　櫟　楨　茶　楮　椒
漆　棕　梧桐　皂莢　水柳

三農紀目録卷七　材屬　草屬　藥屬

歷揷　修剔　灌溉　防衛　形性　木異
木賊　梓　椿　楸　柳　白桐
楊　榆　檀　楓　樟　楠
杉　松　柏　竹　蘆　蕉
首蓿　燈心草　萱草　蒲草　蓑草　芒草
茅草　藤　艾　紫蘇　薄荷　荊芥

霍香　白芷　薑黃　牽牛子　地黃　麥冬
天冬　當歸　藭芎　枳　芍藥　枸杞
烏頭　附子　甘菊

三農紀目録卷八　畜屬　蟲屬

馬　騾　驢　牛　牦牛　羊
豕　雞　鵝　鴨　犬　猫
蠶　山蚕　蠟蟲　蜂窩　魚　鯉

三農紀目録卷九　擇選

卜居　築基　起居　修室　修堂　開門
放水　卧室　造床附櫈　廚房　竈附祀　鑿井
淘井　磑碓　倉廒　塞鼠穴　斷蟻　墻垣

作厠 修路 入宅 修方 牛欄 馬枋
羊棧 猪稠 雞栖 納犬 迎猫 養蠶
息蜂 白臘 𣗳蟲 蓄魚 造車 造舟
紡車 造斵 鑄冶 桔槹 墾荒 焚荒
堤塘 耕田 蒔種 芸鋤 收獲 留種
管薪 積禾稈 種蔬 植藥 蓄花 植木
衣冠

三農紀目録卷十 謀生修藏

夫婦 求親 納聘 迎娶 歸嫁 冠笄
理髮 整容 保産 安脤 逹生 育嬰
復洗 初剃 坐藍輿 斷乳哺 留髮 穿耳
農女附經 妝童附紋 出行 陸行 舟行 理財
券契 納雇 均財 筵會 釀酒 造醬
造醋 醃脯 衛 春 夏 秋
冬 度日 求醫 服藥 鍼灸 探病
計死 製棺 卜葬 改葬 祭祀

三農紀卷之一

古蜀 張宗法師古甫著

小引

亭之毒之曰惟天，涖之息之曰惟天。三農作則不求於天，是杜其本而自絶其機也。易首乾，書乃粒，詩豳風，周禮順時觀士，春秋必先書月，皆相天道以理庶物。欲當事恪恭於農，而使優裕，以天爲本，以日星作端，必知禪代之候以達其變，必曉晴雨之占以旋其用。

神農受河圖定星曆，始有談天之說，後世雖損益，皆祖其法。天之運也，一北而物生，一南而物死。地之平也，影長而多暑，影短而多寒。太陰當日之衝也，成其薄蝕；衆星附月之光也，因之波瀾。司之以三門，張之以八紀。其周天三百六十五度，其去地也九萬二千餘里。二十八宿，羣生之繫命；一十二次，下土之封。折中衡外衡，不名而自致；赤道黄道，殊途而同歸。當堯之作，不驗之於天而驗之於民物。

天

天者，顛也，至高無上，從一也。太初之始，鴻濛不可以象濵，消真知其終。元黄混沌，及一氣之孳判，生有形於無形。是以在上而清輕，爲積陽之精，羣物之祖。其道無私，居高治下，不言而萬物生，四時行，乘象以見休咎。渾天易云：天大地小，表裏有水，地乘而立，載水而浮。天運若車轂之運周環無端天包水水承地地乘又承天故日月星辰所以逆行而出入也天無體以宿爲體以南爲陽以北爲陰地以北爲陽以南爲陰天之晝夜以日出爲分人之晝夜以昏明爲限日未出二刻而明日已入二刻而昏此天之槩也東土無陽西土無占江北無霤江南無陰此天之度也

參詳王充方天論云天形穹窿如笠而冒地之表浮元氣之上譬覆奩以抑水而不沒者氣充其中也日繞星辰沒西而還東不入地中也〇抱朴子云宣夜亡而郄萌記先師相傳宣夜說云天了無質仰而望之其遠無極譬諸望黃山皆青察千仞之谷而黝黑夫青冥色黑非體也日月星辰載元氣而浮太虛無所根故不同也〇河圖輔云白低之後地高天下不風不雨不寒不暑民復食土皆知其母不知其父如此千載之後而天可倚杵掬掬隆隆莫知始終〇春秋繁露云天有十端天爲一端之爲一端陽爲一端陰爲一端水爲一端火爲一端金爲一端木爲一端土爲一端人爲一端凡十端天亦有喜怒之心與人相副以類合之天人一也春喜氣故生夏樂氣故長秋怒氣故殺冬哀氣故藏四者天人同有之〇呂覽云天道圓地道方聖人所以立天下天圓謂精氣圓通周復無雜故曰圓地方謂萬物殊形皆有分職不能相爲故曰方君執圓而臣主方方圓不易國乃昌〇太玄經去天以不見爲玄地以不形爲玄人

以心腹爲玄天奧西北鬱化精也地奧黃泉隱營魄也人奧思慮含至精也

占歷天清明主歲和民安朝看東南晚看西北色黃而暗者主風雨白主大風黑主陰雨青主風晨赤亦難暗晚赤主晴天中亮者主無雨四邊亮者主雨天底則久雨天高則久晴〇天開又云天目主國泰民安見於方者方慶人得見者福天雨粟則民飢雨毛則民凍

典故 說苑云齊桓公問管仲曰王者何貴對曰貴天桓公仰視天管仲曰所謂天者非蒼蒼莽莽之天也居人上者以百姓爲天〇春秋元命苞云蒼頡制字天爲雨粟鬼乃夜哭龍爲潛藏〇左傳云女叔寬曰周萇弘齊高張皆將不免萇弘違天高張違人天之所壞不可支也衆之所爲不可干也〇晉書張華爲司空時中台星坼少子韙勸遜位華不從曰天道玄遠惟修德亦應耳不如靜以待之以俟天命

日

日者實也懸象著明主陽之精也聚自然之氣而成圓體約真一之神而生光明發天之道執天之行光麗中天焰耀萬物有遲疾發斂南北之行故日北而萬物生日南而萬物死仰夏而永於火季冬而窮於次行東陸則春行南陸則夏行西陸則秋行北陸則冬日光曰景日景曰晷初出曰旭在午曰亭午在未曰昳晚曰昃西落曰反焰在天無二行度惟一赫赫流珠之狀曒曒懸鏡之形

參詳 昕天論云冬至極底天道近南故日去人遠斗去人近北天氣至故冰寒也夏至極高天運近北故斗去人遠日去人近南天氣至故蒸熱也極之高時日所行地

中淺故夜短極之底時日所行地中深故夜長○古書云天之垂象莫大於日月而恒宿之分布五星之運行皆佐日月以成天者也日之運也在天成度在曆成日積三百六十五日有奇而與天會是爲一歲三百六十五日之中隨所指而分二十四氣每氣該十五日二時五刻十五日者氣之正也一時五刻者氣之盈也積二十四氣筭之是於三百六十日之外盈五日三時矣月之行日十三度有奇故二十七日半而與天會又二日有奇積二十九日半而始逐及於日是之爲朔三十日者朔之正也所不及者朔之虛也積十會筭之是於三百六十日之內少五日餘矣此閏之所當也○淮南子云日出於暘谷浴於咸池拂於扶桑晨明登於扶桑之上爰始將行是謂朏明至於曲阿是謂朝明臨於曾泉是謂早食次於桑野是謂晏食臻於衡陽是謂禺中對於昆吾是謂正中靡於烏次是謂小還至於悲谷是謂餔食回女紀是謂大還經於隅泉是謂高舂頓於連石是謂下舂爰止羲和爰息六螭是謂懸車薄於虞泉是謂黄昏淪於蒙谷是謂定昏日出嵎峓經細柳入虞泉之地曙於蒙谷之浦日西乘景在於樹端謂之桑榆○周禮地官大司徒以土圭之法測土深正日影以求地中日南則景短多暑日北則影長多寒日東則景夕多風日西則景朝多陰日至之景則天有五寸謂之地

中天地之所合也○周禮十煇之法以觀妖祥辨吉凶註云妖祥善惡之徵煇謂日光氣也一曰祲陰陽相祲也二曰象如赤烏也三曰鑴謂日旁氣四面反鄉如煇狀四曰監雲氣臨日也五曰闇日月食也六曰瞢日月瞢瞢無光也七曰彌白虹彌天也八曰敘雲有次序如在日上也九曰隮升氣也十曰想煇光也

（古應）天氣下降地氣不升晝則日色紫夜則月色白主陰雨天氣未降地氣未升晝則日色白夜則月色赤主晴（旱）○星書云天地之氣不通則日色青而月色綠此將寒而氣未凜冽之象天地之氣交則日色黑而月色青將雨不雨而虹蜺見○日出雲氣有五色交錯赤黑相兼者天之威怒也必有大雷雹風雨逢旺相日主生萬物死囚日主殺萬物○日出時有雲帶在日中或橫蔽不見日或隨日光不散日高丈五時有雨日高一二丈有此雲氣日中午時雨澤○日出黑雲如山峯犇鳥如慧星如龍頭如蛇如蚰如靈芝如牡丹當日申酉時雨紫色雲連穿（上）下者應當日雨○朝看東方有雲隨日上下不遠應巳午時有雷雨巳午隨日者應申酉時雨申酉時隨日應戌亥時雨○烏雲接日雨即傾滴早間日珥狂風即起暮後日珥明日有雨一珥單日雨珥雙起午前日暈風起此方午後日暈風起須防紫開門處風起不汪早白暮赤飛砂走石日後晴紅無雨必風颳

日烘天晴風必揚雲日烘地細雨必多〇日黑暈主傷
穀大水日暈青雜黃主風日暈亦暑雨多雷日暈黃人
物康泰〇日生珥南主晴北主雨兩珥連風雨長而下
垂者爲日幢主久旱〇春日紅潤夏日炎蒸秋日爆烈
冬日溫平皆吉徵〇日行失度出陽道者旱風出陰道
者陰雨〇易傳云聖王在上則日光五色備

典故 賈誼書云周文王問於鬻子曰敢問君子將入其職則于其民何如對曰君子將入其職則於其民也旭旭然如日之始出也既入其職則於其民也暵暵然如日之正中也既出其職則於其民也暗暗然如日之已入也故君子將出而旭旭者義先聞也亭午而暵暵者民保其福也既去而暗暗者民失其教也文王曰受命矣〇列子云孔子晨遊見二小兒爭辨孔子問其故一兒曰我以日始出去人近日中時去人遠一兒曰我以日初出去人遠日中時去人近日兩何以知之一兒曰日始出大如車輪及至日中纔如盤盂此不爲遠者小近者大乎一兒曰日初出滄滄涼涼及至中如探湯此不爲近者熱而遠者涼乎孔子不能決〇說苑云師曠對晉平公曰少而學如日出之光壯而學如日中之光老而學如秉燭之光〇莊子云孔子圍於陳蔡太公任弔之曰子其意者飾智以驚愚修身以明汙昭昭如揭日月而行故不免也〇後漢書云張仲鸞舉孝廉帝曰何郡小吏答曰臣日南史帝曰日南郡人應向北看日曰臣聞雁門不見壘雁爲門金城郡不見積金爲郡臣雖居日南未曾向北看日〇列子云宋有農夫暴日於野美之不識廣綿纊之屬謂其妻曰吾負日之暄以獻吾君獲重賞

月

月者闕也三五而圓三五而缺隨時圓缺也初一爲朔初
三日新月出庚初七八爲上弦十五六爲望二十二三爲
下弦廿九三十爲晦月者借也升降不二盈虧惟一以準
天則合乎氣數以成運度宣天之行一毫不爽積陰之氣
爲水水之精爲月有形無光受日焰之則有光其魄圓其
色黑受日光映之則日日光不焰處則闇月中有物婆娑
樣者乃山河影也其空處乃是海水之影葢陰之統配日
以助其造化者

論辯 天官書云天三百六十五度每度九百四十分天勢南低北軒日月星辰皆右行天行速日不及天十三度日行中道其半度內其半度外日行遲日易一度月行速日易十三度故日歲一周天月三十日一周天月終曰晦晦者灰也光盡而灰追及日與月會光乃生故曰朔朔者死復蘇也日月會時火星土星同度則日食矣日食必在朔月上下弦者亡之張日望則日月分天之中以對望望時火土星在前後奪日氣月望光不得於是月食故月食在望〇天官書云月體無光待焰而光生半焰爲弦全焰爲望交在望前朔則日食望則月食交在望後望則月食後月朔則日食交正在朔則日食既前後望不食交正在望則月食既前後朔不食天率一百十三日有餘而道始交非交則不相侵犯故朔望不常有食月大十六日望月小十五日望間以有十四十七者月盡曰晦以月及日光盡體伏矣陽近陰遠也小盡二十九日大盡三十日月初曰朔與日同度弦若日弦也月半之名望前月之一半仰故曰上弦在初七初八望後月之下半覆故曰下弦在二十二三日月相

近去一遠三謂之弦月滿日月相與爲衡分天之中謂之望○宋沈括以爲黃道與月道如兩環相疊而小差凡日月同在一度相遇則日爲之食日在十月在下掩之也正一度相對則月爲之食謂之闇虛地蔽之也雖同一度而月道與黃道不相近自不相侵同度而又近黃道月道之交日月相值乃相凌掩正當交處則食而既不當其交處則隨其相犯淺深而食凡日食當月道自外而交入於內則食起於西南復於東北自內而交出於外則食起於西北而復於東南日在交東則食其內日在交西則食其外既食則起於西而復於正東凡月食則月道自外入內則起於東南而復於西北自內

出外則食起於東北而復於西南月在交東則食其外月在交西則食其內食既則起於正東而復於西○星書云閏附月之餘日積分而成於月者也以十一月甲子朔夜半冬至爲元其時日月五星皆起於牽牛初度更無餘分以此爲步占之端每月皆有中氣惟閏月獨無中氣斗柄指兩辰之間閏前之月爲中氣每晦日閏後之月爲中氣在朔日舉中氣則置閏不差故曰舉上於中置閏之法以氣盈朔虛而歸日月之餘分周天三百六十五度四分度之一日之行也日一度自今年冬至至明年冬至方一周天實計三百六十五日零三時而一歲止有三百六十日更有五日零三時無所歸著

是爲日行之餘分所謂氣盈也月行日十一度十九分度之七常以二十九日中強而與日合於朔是每月又有半日弱無所歸著是爲月行之餘分所謂朔虛也積日月之餘分每歲常餘十一日弱故十九年而置七閏是爲一章之數故日歸餘於中三閏而無氣七閏而無餘分故堯以閏月定四時成歲逢閏月之年桐增藥藕益節棕櫚半葉黃楊厄寸鳳尾艸十三以準其候○日月歲十三會每歲八節二十四氣每氣十五日二時四刻二十分每時八刻二十分上四刻爲初下四刻爲正子辰十四刻屬夜下四刻屬日每刻六十分日未出二刻半地上已明日入二刻半地上纔晦故晝多五刻春

分時日出卯入酉晝五十刻夜五十刻故晝夜同自春分始日長六分六抄餘至夏至日出寅入辛晝六十刻夜四十刻故晝長自夏至後日消六分六抄消至秋分日出卯入酉晝五十刻夜五十刻晝夜同又消至冬至日出辰入申晝四十刻夜六十刻故晝短自冬至後日長六分六抄長至春分又晝夜同刻餘爲閏三年一閏五年再閏天無餘氣氣無餘分

占應月出陽道則旱風出陰道則陰雨○月色青飢月赤旱月黑水月黃吉以其宿分占之○月望而月中蟾蜍不見者其分大水○新月落北主年荒米貴又云日落後壁人食犬食○月傍有兩珥主十日內有大水暈而

又主歲時 康平 ○月暈七日內有風雨終歲無暈天下
偃兵月暈 重圓大風將至月暈主風看在何方有缺風
從處來○雲如人頭在月傍白主風黑主雨○新月有
横雲截主 來日雨色紅雷雨青亦主雷雨有圓光大如
車輪者主 來日大風三日後應之有白氣結成圓光不
甚圓者來 日亦主風

纂故 晉書云會稽王道子庭中夜坐月色無玷嘆以為佳
謝重率爾曰意不如微雲點綴道子曰卿居心不淨
乃欲滓穢太清○世紀云堯時有草夾階而生每月
朔日生一莢至月半則生十五莢至十六後日落一
莢至月晦而盡若月小則餘一莢王者以是占曆惟
盛德之君應和氣而生以為堯瑞名之蓂莢○世說云
徐孺子年九歲嘗月下戲人語之若令月中無物當
極明孺子曰不爾譬人目有瞳子無之何必不暗也
○山圖云女狄暮汲石紐山下泉水中得月精如鷄
子人愛而含之不覺吞遂有娠十四月而生夏禹

星

星之為言精也陽之榮精為日日分為星星者因也因天
道現發以徵其徵列位布散運度綜錯各專政令庶物蠢
蠢咸得繫命精存神存麗職宜明在日月之下常明者一
百二十有四可名者三百二十為星共二千五百微星之
數計萬一千五百二十二十八宿為經隨天左旋五星為
緯右旋在地為右在天為星其本在地上應於天晝不見
其形者陽光掩之也

參詳 天官書云五星者木為重華一十二歲一周天火為
熒惑二歲一周天鎮居中土二十八歲一周天金為太
白一歲一周天水為辰星一歲一周天此參右肩之[illegible]

如奎火星之黑同舍而有四方分天而利中國五星同
色天下偃兵縮則軍旅不復盈則王侯不寧或向或背
或遲或速金火犯之而甚憂歲鎮居之而多福此衆星
之肯署七政之驅馳也五星之見也從深夜見之人見
之喜是星之喜也見之畏是星之畏也光明徹曜乍明
乍暗是星之怒也光明迥然不彰不瑩不與衆同是星
喪也光色圓明不盈不縮怡然瑩然是星之喜也光色
勃然臨人芒彩滿溢其象凛然是星之怒也○星之絕
跡而去曰飛橫飛而過曰流自上而下曰隕自下而上
曰奔早出曰贏晚出曰縮趨前曰贏退後曰縮光而明
滅不定曰動光而有鋒曰芒長而四出曰角長而扁光

曰彗同舍守變為妖星曰散寸以內光芒相及曰犯居
其宿曰守相冒而過曰陵經之曰歷月相陵曰食此論
其變也論其常則所宜無不同矣

古應 星光閃爍不定主來日風星滅不動主雨夏月星密
主來日熱星墜主大雨春墜穀不登秋墜主大水古星
自東流向西主來日雨北流向東主連日雨不斷北流
向南主來日陰而無雨西流向東主二日內有風西流
向北主來日風雨大作南流向東主旱北流向西主水
淹禾苗南流向北主霧東流向南主來日大晴又主火
西流向南主水旱災傷南流向西秋霜冬雪東流向北
主多盜賊雨久雨天陰晚見一二星者主此夜晴明朝

依舊雨久雨正當黄昏之時卒然雲開見星當夜亦難晴若夜半後雲開雨止星明主晴

【典故】〔論語讖云〕仲尼曰吾聞堯與舜等遊首山觀河渚有五老遊河一老曰河圖將來告帝期二老曰河圖將來告帝謀三老曰河圖將來告帝書四老曰河圖將來告帝圖五老曰河圖將來告帝符龍銜玉苞金泥玉檢封盛書五老飛爲流星上入昴〇左傳云高辛氏有二子長曰閼伯季曰實沈不相能也日尋干戈以相征討帝不藏遷閼伯於商丘主辰商人是因故辰爲商星遷實沈於大夏主參唐人是因故參爲晉星〇左傳今兹宋鄭其飢乎歲在星紀淫於玄枵以有時災陰不堪陽蛇乘龍龍宋鄭之星也鄭必飢玄枵虛中也枵耗名也虛而耗不飢何爲

北斗

斗居北方其星有七天地之樞機陰陽之本元所謂璇璣玉衡以齊七政者也〔星書云〕星相去九千里是爲帝車運於中臨制四方〔埤雅太玄云〕斗一北萬物虛斗一南而萬物盈萬物豐於纏夏耗於立冬隨斗隨徙而已〔鶡冠子云〕斗運於上事立於下斗指一方四寨俱成斗者受也受之能授授之能受立天之道維持造化於無窮考斗之四星爲璇璣三星爲玉衡第一星曰樞二星曰璇三星曰璣四星曰權五星曰玉衡六星曰闓陽七星曰樞光合則爲斗居陽布陰乃天之喉舌斟酌元氣轉運四時以成天道之星也

【參詳】〔天官書云〕北辰本無星不動處乃紐星則尚去不動處一度餘舊即指紐星爲北極者非也〇古之候天者自安南至浚儀纔六千里而北極之差凡十五度稍北

不已庸矜北極不直在人上也〇〔袁黄云〕北極不於坎乾而於艮丑〔宋志〕以爲艮東乃萬物成終成始之地乃人之方位與天不同〔桓譚〕謂春秋分日出於卯入於酉爲人之卯酉非天之卯酉若天之卯酉當北斗極以此觀之則北斗實在天之中中國之地微似在東南故視爲艮丑

【占應】北斗色黑主水填星入斗大飢赤色入斗主旱黑雲入斗主雨白雲遮斗來日變應申酉風雨白雲罩二星三四星主來日大雷雨〇斗下白雲皓色如水波者主來日大風〇斗中上下有雪如亂絮者主大風斗中有黑雲如魚鱗者主來日風雲變黑雲湧上者主即雨〇斗口有黑氣雜色三日後主雷雨青色應木日赤色應火日白色應金日黄色應土日黑色應水日雲氣出霞彩亦同驗〇斗下有電閃過斗者當夜雨若閃不過者應在來日〇黄雲貫斗主來日雨赤雲氣不過三日白雲氣亦主三日黑雲氣即日風雨〇斗杓三星黑氣摇動主雷雨青色主來日大雷白色亦主大雷黄雲貫第四星者主大雷雨貫三星主風〇白雲自斗中出明日午後大雷雨恬靜不摇動又主無雲雨〇北斗前四星各魁有黑雲掩於斗口者主當夜雨斗後斜三星名杓第七星名天罡罡星有雲遮蔽主五日内有雨〇四望無雲惟斗中有黑氣潤者五日内雨如黑底廣厚當時

有雨斗間有赤雲氣主旱一日赤雲蔽斗明日大熱黃雲蔽斗不廣密者主風鹿

典故

世紀云神農氏之末少昊氏附寶見大電光繞斗樞星照郊感附寶孕二十月生黃帝於壽丘○搜神記孔子作春秋孝經向北辰而告備於天乃有赤虹自上而下化爲黃玉長三尺上有刻文孔子跪而受之○吳書云吳王問子胥曰子遭楚難何以得出乎子胥曰臣自湘襄避楚王之難在於王宮不能出於宮內方員地上就地畫子午卯酉十二宮圖從青龍上發足楚兵並不見過明堂出九天入九地同大陰華或而去故逃此難吳王曰勝楚勝越子重不敗者何子胥曰吾得天罡之法吳王曰未必彼不能知乎子胥曰我先知而我致勝彼先知而彼致勝我先知之也知機其神

天漢

天漢者金之精水之氣轉運於天水氣在天爲雲水象在天爲漢天一所生凝毓而成乃元氣之英上浮宛轉起乎箕尾之間分道至天津下而合西南行至七星南而沒自坤抵艮爲地紀自乾摛巽爲天綱從北極分爲兩頭至南極從天而轉入地下過日月五星於此往來故謂津漢漢者日月界中之光其象委蛇帶天書大極圖門有宛轉形法此也

叅詳 譚書云王者有道河直如繩○漢天官書云漢星多則多水少則旱旱則天河明

占應 天河中有黑雲生謂之河作堰又謂之黑豕渡河黑雲對起一路相接亘天謂之織女作橋兩下必潤謂之合羅陣皆主大雨立至少頃必作滿天陣名通界雨若是天陰之際或作或止忽有雨作橋必有掛帆雨脚是雨將斷之兆○黑雲或如爛錦枯木或如露或遮月或月上下並應來日雷雨○日雲如綿如小魚鱗而頭南足北明日風雨俱落日後驗之如天河有大片雲止主風○天河星稀主旱是歲或火星守河也天河中星密主雨是辰宿水星守河也

典故

傳物志云舊說天河與海通漢武帝使張騫於大夏尋河源乘槎經月而至一處有城郭屋舍遙望室內見一女織又見一丈夫牽牛渚次飲之騫曰何由至此騫俱說來意並問此是何處答曰君還訪嚴君平則知之織女取支機石與騫還至蜀問君平君平曰某年月日有客星犯斗牛計其年月日正騫到天河時也織女支機石惟東方朔一人能識其石○幽明錄晉宋黃祖奉親至孝母病至危黃祖祈天天漢明開有一父老將小兒持藥自通郎以二丸藥賜之母隨服其患頓消○搜神記謝端年十七未娶於海中得大螺停之甕中每出遊還見有飲食湯火疑之於籬外竊見一少女從甕中出炊便入問之妾天漢中白水素女也

風

風者氾也持而動物乃天地之氣噫而成風爲天地之始萬物之首也故撓萬物莫過於風風之爲言萌也破萌而開甲養物以成功風常動不靜以行天道邵子云天依形地附氣其氣極緊故能扛得地在氣外有軀殼甚厚所以固得此氣也而風豈可須臾有間乎故戒寒而火見應類而洒溢習習扇和依依解湛使人寧體順物布氣爲天地之使也

叅詳 風角云風養成萬物魚八卦揚生於五極於九五九四十五則變變以風陽合日寅時候之

矩冬至四十五日立春艮　者正也風從
本宮來緯緯然和而徐至地暖四十五日春分震卦應
明庶風至明庶者物光明也風從本宮來非高非底習
習然得中四十五日立夏巽卦應清明風清明者清芒
也風從本宮來陶陶然圓緩而不散亂四十五日夏至
離卦應景風至景者大也陽氣長養風從本宮來薰然
融和而普四十五日立秋坤卦應涼風至涼者寒也行
陰氣也風從本宮來清暢而不渝四十五日秋分兌卦
應閶闔風至閶闔者戒牧藏也風從本宮來其候肅肅
然四十五日立冬乾卦應不周風至不周者不交也陰
陽不合也風從本宮來潆淨瑩爽四十五日冬至坎卦

應廣莫風至廣莫者大也風從本宮來凄涼不怒應候
則泰寧自沖來則不利故條風萬物萌明庶萬物產清
明物形乾景風棘造實涼風悉禾乾閶闔生薺麥不周
蟄虫匿廣莫萬物伏〇賓帝風經云調暢祥和天之喜
氣也拆傷奔厲天之怒氣也〇楊泉物理論云陰陽亂
氣激發而起者也怒則飛砂揚礫發屋振木喜則不搖
枝動草順物布氣乃天地之性自然之理也〇爾雅云
南風謂之凱風東風謂之谷風北風謂之涼風西風謂
之泰風焚輪謂之頹風扶搖謂之猋風與火爲颸迴風
爲飄日出而風爲暴風雨上爲霾陰而風爲曀
古應風單日起者單日止雙日起者雙日止日起者善
夜起者毒日內息者和冬月夜半息者必大凍〇西風
初起飄發以漸而緩南風初起甚緩後必漸急西風早
起至晚必靜西南急便作雨至晚轉東南必晴不拘四
時暴風起西方主秋旱霜多〇春風多秋雨必多一場
春風對一場秋雨〇凡夜間大風日出必靜謂之風護
日〇凡風終日至晚必減〇東風急雲起更急則雨雨
後東北風主雨〇夏日北風主雨冬日南風主雪〇風
從月建方來萬物得所晴雨得宜如對方來主米貴〇
春夏西北風夏來雨不從秋冬西北風天光晴卷窿秋
冬東南風雨下不相逢春夏東南風不必問天公〇汎
頭風不長汎後風雨毒夏風連夜傾平旦日又出雨過

東風臨晚來更添珠〇月暈有風鈌在何方風起鈌方
大風必揚日沒色紅非雨即風星光閃閃必定風揚海
砂雲起謂之風潮日暮暴風夜起必大雲風急起愈急
必雨雲如車形大主風聲雲下四埜如霧如烟名曰風
花是有風天〇二十五六若無雨初四初三莫行船春
有二十四番花信風梅花風打頭楝花風打尾正月忌
初八北風必定發二月忌初二三月忌清明五月忌夏
至但逢落雪起算至百二日期丙必難巳欲知彭祖忌
六月十二日前後三四霄必不爽此朝七八三日南必
有北風還九九當前後三四日內難十月忌初五三四
之後前冬至風不變臘月廿四間此是風濤篇一又古

人傳

典故 尚書金縢云周公居東二年爲詩以貽王名之曰鴟鴞秋大熟未獲天大雷電以風禾盡偃大木斯拔邦人大恐王與大夫盡弁以啓金縢之書乃得周公請代武王之說王執書以泣曰昔公勤勞王家惟予沖人弗及知今天動威以彰周公之德王出郊天乃雨反風木則盡起○史記庶女乃齊之寡婦養姑孝姑女利毋財而毒其毋以告寡婦婦不能自解以冤告天時而大風襲於齊殿○國語海鳥爰居止於魯國東門之外臧文仲使國人祭之柳下惠曰今茲魯鳥有災乎夫廣田鳥獸常知避其災也是歲海多大風○神仙傳老子將去周出關以升崑崙關令尹喜占風逆知有神人來過乃掃道老子見喜命應當得乃倖闢下以長生法授之○晉書庾亮出鎮江州以帝舅故內執朝權王導不能平嘗遇西風起輒舉扇自蔽曰元規塵汚人

雲

雲之爲言退也觸石而起謂之雲雲者山川之氣陰陽之聚也感陽而興遇陰而作合乎雨開結布太虛象乎欸由乎雷淒然而成淹然而雨杳靄從龍郁郁紛紛嵬嵬蓬蓬陰重則色深黑而風稍淺則色淺黑而雨晴明則白乃雲之本相日射之則紅而成霞月射之則炫而爲彩五色爲慶爲景爲卿三色爲矞矞者外赤內青

參議 史記云韓雲如布趙雲如牛楚雲如日宋雲如馬衛雲如火周雲如輪秦雲如美人齊雲如絳衣魏雲如鼠越雲如龍蜀雲如囷○淮南子云山雲烟莽水雲魚鱗旱雲烟火涔雲水波雨雲水氣無比類其所生以示人○易通卦驗云冬至陽雲出箕如樹木之狀立春青雲出房如積水春分正陽雲出張如積白鵠穀雨太陽雲

出參如車蓋立夏常陽雲出觜如赤珠夏至少陰雲出如水波崒崒立秋濁陰雲出如赤繒寒露正陰雲出如冠纓霜降太陰雲出上如羊下如蟠石○周禮保章氏以五色雲物辨吉凶之祲象古視日傍雲氣青爲虫白爲喪赤爲兵荒黑爲水黃爲豐年觀雲於子時各節正時無雲不吉雲氣如亂穰者大風將至視從來避之○左傳云凡分至啓閉必書雲物遂登觀臺以望而書

占應 雨晝四方有濯雨雲疾者立雨遲者雨少難至江漢雲疾者即雨○早看東方日初出有黑雲積土之狀主雨晚看西南方日入處有黑雲氣狀如累孟疊疊起者主雨○黃昏時看雲起有無初夜間看新月雲起輕重○旦看北方有黑黃雲大小南行者壬癸日必雨北方雲氣如猪向東北行者丙子日雨丙七數故應七日內北方有雲鬱鬱蒼蒼者向西北行乙卯日雨乙八數故應八日丙午未方見雲滯戊己日雨坤申方見雲氣庚辛日雨○拂曉看南方黑雲最高謂之雷信應來日巳午時中天而止應未申時東方雲頭東方止西南北亦然○早看東方雲氣隨太陽上下不遠者應巳午時雨巳午隨者應未申未申隨者應戌亥○東白無雲日出漸明將暮無雲明日天晴清晨海雲風雨時辰風靜勢蒸雲興雨淋東雲吹西當下雨臨卯時巽雲巳午不晴早見南山雨落辰間卯雲欺日陰雨之天雲隨風雨

雨止雲還雲對高行轉時日鮮日落雲接風雨添添雲布滿山雨必綿綿雲起乾上風雨不停西北雲布雷雨動聲雲形魚鱗風起堪驚東不慮晚夜愁過西亂雲紋頂風雨淒其風送雲過雲去天清日出紅雲當日雨臨日沒雲紅難定雨晴○雲走東一場空雲走西披蓑衣雲走南雨成涓雲走北黑一黑○京房易凡候雨有黑雲如羣候奔如飛鳥者三日必雨

典故 莊子唐成子謂黃帝曰予治天下雲不待族而雨木不待黃而落矣足以語至道○史記楚有蒼雲如霓問軫七蟠中有荷斧之人向軫而蹲於楚唐史盡遺灰而雲滅故日唐史之策上滅蒼雲雲水氣灰火氣盡遺灰故雲滅也○左傳魯哀公五年有雲如衆赤鳥夾日以飛三月楚使問於周太史太史曰其當王自若禜之可移於令尹司馬王曰除心腹之疾而寘諸股肱何益終不禜孔子曰楚知天道矣不失國宜矣○高唐賦敘云楚襄王與宋玉遊雲夢之臺高堂之觀上有雲氣須臾之間變化無窮王曰此何氣也玉曰朝雲也昔者先王嘗遊高堂晝寢夢婦人曰妾巫山之女也爲高唐之客聞君遊高唐願薦枕席王因幸之去而辭曰妾在巫山之陽高唐之側朝爲行雲暮爲行雨朝朝暮暮陽臺之下旦朝視之如言故立祠焉日陽臺

霞

霞者假也假氣而成形乃日之精水之氣也其形不一有五彩者有三色者有如疋練者有鋪鋪者有如連接不斷者有寸斷寸絶者陽氣之靈嶽降之神也

占應每月交節氣日晨有丹霞之氣主月內風雨順時○暮霞如火焰形而乾紅者主晴必久旱朝霞雨後乍有主雨無疑晴天隔夜原無霞朝來忽有須看其色乾紅主晴間有褐色者主雨滿天謂之霞得過主晴略有謂之霞不過主雨若四方有遊雲稍厚雨當立至○霞如潑墨來日午時大雨霞如牛卧來日辰中大雨霞如蛇形其年須知飢饉

典故 神仙傳老子之母玉女嘗晝寢夢五色雲霞光入戶結如彈丸飛入玉女口中合之有孕生老子懷八十一年○論衡云河東蒲坂項曼都好道學仙去三年而返家人問其故都曰仙人飲我以流霞方飲二盃數日不飢○漢武內傳上元夫人謂西王母曰阿環有六里之術用之可以遊景雲之宮登流霞之室○

氣

氣者造化之神天地之理也無物不具無物不有其機莫測藏之不可得而見發之不可得而據似雲非雲似霞非霞浮遊虛空動盪卷舒彷彿若有究求若無乃陰陽化育之妙

典故 王冰內經註觀氣每於夜半及清早乘天光澄朗時望之始見初出森森然桑榆之上高五六尺千五百里各有其方之發矣氣之發所應不同則有生氣新氣進氣退氣有去氣來氣㳺氣浮氣滯氣旺氣衰氣敗氣變氣約氣敵氣弱氣強氣伏氣隱氣疑氣有本氣外氣此其大畧也在人神而明之可矣○景雲齊山昏蒼巖靄合崖谷若一巖岫之氣也黃白昏埃晚空若堵獨見天垂川澤之氣也加以黃白黑埃承下此山澤之猛風氣也○太虛昏翳其若輕塵川山悉然此熱之氣也大明不彰其色若冉此鬱熱之氣也若行雲暴升嶷然叢積年

盈乍縮此巖谷之熱氣也〇高山土濕泉出地中水源山隈此雲生岩谷之熱氣也〇巖谷青埃川源蒼煙塵草木遠望氤氳夜起白曚輕若微霧遐邇一色星月皎如此白露之氣也太虛埃昏氣鬱黃黑視不見遠無風自行如雲如霧此殺之氣也山谷川澤濁昏如霧氣鬱蓬勃慘然蹙然咫尺不分此肅殺之氣也〇太虛澄淨黑氣浮空天色黯然此高空之寒氣也太虛白昏久明不翳翳如霧雨氣遐邇肅然北望色玄凝霧夜落此寒之化也太虛凝陰白埃昏翳天地一色遠視不分此凝結之氣雪之將至也

〈占應〉亦氣覆日如血光主大旱如死蛇在日下者主飢疫

黑氣如龍在日上蟠繞者主風雨青氣如蛇貫日者主蝗疫黑者主雨黃主大熟白者主兵刃拂曉看東方五色氣如錦過西者當日風雨如雲與霧起至中天而止者應三日雨〇日沒時看五色雲氣自西過東者亦應二三日雨〇赤氣起城市者主災繞繞入人家者不祥

典故 朙紀劉基遊西湖與蔡琛宋濂飲基忽舉頭望而視曰南方有邪氣必有大人出將來代元方能太平是吾輩主以基往妄逐去後明太祖興南而果臣方信基言之不謬〇唐書李靖既得紅拂女欲往太原旅店中遇異客張仲簡三人飲甚歡各敘張曰太原有奇氣吾將訪之請言州將子李世民客與靖約會於汾陽橋客遂別後見世民甚服其表未見其才二人共飲相談至歡方博奕民年長簡民見着將一子苐於中格簡曰兄居中原吾居何處民曰但有富貴同與守之簡曰寧爲雞首誰作牛後相別而去與靖曰李公子眞貴人也子富善事之吾去也〇

虹

虹者攻也純陰攻陽陽氣之動色見赤白爲虹青白爲霓色成盛者爲虹雌闇者爲霓雄虹霓分錯陰陽之沴也虹霓者日之霞光也日東則見於西日西則見於東未見日午而見者陰盛陽則色青陽盛陰則色赤演圖云斗之亂精斗失度則虹霓見雲出天之正氣霓出地之正氣陰陽物也陽氣下而陰氣應則爲雲雨陰氣起而陽氣不應則爲虹霓日與雨交倏然成質虹爲天使降於邪則爲沴降于正則爲祥

〈參詳〉月令云虹季春清明後十日乃見孟冬小雪後十日不見雨久而晚見于東則晴旱久而早而于西則雨〇

虹者農人呼之名也又爲旱龍見則雨止又俗呼螮蝀乃蝦也海中介魚似蟹雖常負雄雖遇風濤終不能解以此之義

〈占應〉虹食雨雨食虹主雨對日虹出不到晝夜虹下便雨反主晴雨下虹重晴明可期斷虹晚見不明天變斷虹早掛有風不怕東出日頭西出雨南見刀兵北太平〇虹霓沖井謂之飲井其邑有災汲其井水飲者則厲疫

典故 蒴怪録後魏明帝時首陽山中有晚虹下飲日溪樵人見之良久化爲女子其年十五六問之不言乃告浦津戍將取之以聞明帝召入宮見其美問之曰我天女也帝欲逼幸而色甚難復令左右擁抱聲若鍾聲化爲虹霓而上天〇畢與魏吾陵薛願有虹飲其釜澳須臾便竭願以酒灌之隨投隨涸便上金王滿架于是豐富〇宣室志韋皐鎮蜀嘗與賓客晏西京暴風雨餓頃而霽忽虹霓自空而下垂首于筵及其

食出盡有霞彩五色其首若驢因晛艮久方去○續
搜神記曰晉人陳濟之妻獨在家當有一丈夫若將人
碧袍采色炫耀相期于山澗間至于寢室不覺有人
道相感接地鄰人觀其所至輒有虹見不聞其人○
異苑古有夫婦二人行義不肯荒年食菜而死化爲
青虹今俗呼美人虹者是○列仙傳崔文子學仙于
王子喬化爲白虹持藥與之文子驚其怪異以戈擊
之墮其藥而覓化紫光不見○唐書侯宏實年少森
于簷下天大雨有虹自可貫于宏實曰良久沒及覺
母問有要否曰適要人河飲水飽足而歸數月有僧
詣其門毋呼宏二相之僧
曰此虹龍也後必顯貴

雷

雷者作也天地發揚之氣陰陽動作之聲能興能止可大
可小以無形而著有形以有聲而施無聲易曰天地解而
雷雨作草木皆折甲焉于天地爲長子其首掌萬物爲出
入也仲春之月日夜分雷乃發聲出地一百八十三日雷

出則萬物出仲秋之月日夜分雷乃收聲入地一百八十
三日雷入則萬物入入則除雷出則興利雷入則孕育根
核保藏蟄虫避盛陰之害出則長養華實發揚隱伏宜盛
陽之德故先王先雷三日奮木鐸以令兆民戒其容止所
以敬天也

【彙詳】雷一名霹靂者言天地怒氣也迅疾爲霆陰陽相搏
感而爲雷激爲霆也○雷天工造化神之名也有神主
之其雷有五天雷箕星主之地雷房星主之水雷奎星
主之神雷鬼星主之妖雷婁星主之又云軒轅主雷雨
豐隆爲雷師

【占應】雷切發聲格格者雄雷旱氣也依依者乃雌雷水氣
也雷初發聲微和者主季內吉猛烈者凶變○初發聲
在艮者主羅賤震者歲稔巽坤者虫蝗離主旱兌五金
價昂五穀災虫人疾疫乾大旱民災坎主水一云年吉
○雷自夜起連雨三日雷聲猛烈雨大易過若浸然泥
响卒未得晴卯前雷主雨打頭雷無雨○無雲而雷飢
疫大起○雪中有雷主陰雨百日

【典故】琴操云楚高梁子出遊九皋之澤覽漸水之臺張罛
罾罟於荆山踏曲池而疾風雷霣雹雷電晦冥之鶴翔
其前白虎吟其後乃援琴作霹靂引○孝子傳坐彌
字道綸父生時畏雷每至天陰輒馳至墓伏墳哭有
白兔常在右○論衡云子路感雷精而生尚剛好
勇及死孔子聞雷鳴則惻然不安○韓詩外傳東海
菑丘訢以勇遊天下過神淵飲馬馬沉訢去服持劍
而入淵三日夜殺二蛟龍出有雷隨擊之十日夜眇
左目○世說云郭璞嘗爲王導作卦曰公有震厄導
曰將何攘曰命駕出西數里當得一樹截如公長置

寢處災可消數日中果震其木粉碎而厄免○又云
夏侯玄倚柱讀書忽暴雨雷震所倚柱碎其衣焦燃
玄面無變色讀書如故○異苑滕放于夏月石枕而
寢有暴雷雨忽震石枕四解放不覺驚傍者莫不怖畏

電

電乃陰陽暴格分爭激射有火生焉其光爲電猶金石相
擊以生火也電爲陽動之光陽微則光不見仲春陽氣漸
盛以擊於陰乃見光是以二月始電陰陽激燿與雷同氣
雷天氣也從回電地氣也從申陰陽以回搏成雷申洩爲
電電是雷光但雷有聲電有形電光遠雷聲近是以形與
聲名之也

【占應】電閃在南主晴在北主雨電閃北辰雨立至若北閃
電三日無雨主怪異風雨○西南電閃明日天光西北

電閃雨下范范東南電閃定主風揚電光亂明不雨天晴電閃星光雨落風狂〇電不煦目主未豐民安

典故 宋書劉鎬守順昌與金人戰是冬天欲雨電光四起鎬募百人以往命所竹筒口翕吹以爲號而犯金營電一閃則奮奪電止則匿不動敵衆大亂百人間吹聲而聚金人不能測終夜自殺〇明紀羅洪先既及第自嘆曰人生如電光石火未歸三尺土難保百年身既歸三尺土難保百年墳不若悠悠歲月免于辱害題詩十首而遂去〇刻仙傳淘宏景素不開目忽一日羣弟子問其由曰凡事之不專者由心多撓心多撓者由目視也其機在目吾不開目者正養其機也衆求其驗淘不得已而微開其目只見電光亂繞滿室震彩復其目景不見

雨

雨者陰陽之氣上薄爲雨水蒸爲雲降而爲雨蓋陰陽之和而宜天地之施也陰氣上爲雲陽氣下爲雨陽緩則和

風順雨陽急則雷電暴劇陰緩則色薄而雨陰重則色深而風雲出天氣非陽應之不能有形雨出地氣非陰不能有象是天地生成之機其形圓其跡暈乃造化鎔結之象雨者輔也輔時以生養萬物空中散絲草間委露

參詳 禮記云天降時雨山川出雲時雨曰澍曰甘霖疾雨曰驟除雨曰零久雨曰苦暴雨曰劇雪雨雜下曰霰雨晴曰霽雨而驟晴曰背小雨曰霡霂三月爲榆莢雨四五月爲黃梅雨五月終爲送梅雨六月大雨爲濯枝雨六月內三伏雨農家稱爲甘澤雨又曰喜雨八月爲豆花雨

占應 雨書云四方北斗無雲惟天河中有雲三四枚相連如浴豕者三日內大雨夜半天河中有黑氣相連者謂黑猪渡河乃雨候也〇日下黑雲如覆船者雨立至〇月懸如弓少雨多風月如仰瓦不求自下日出早雨淋朧日出晏晒殺南來雁日始出有黑雲貫之不出主三日內雨〇雲起自西南必多雨雲從東南主無雨雲自東北起多風雨風愈急雨愈連綿雲自西北起黑如潑墨者必大風而後雨終易晴〇旱年若見遠處雲生自西引東自東引西者必主少雨諺云旱年只愁沿江跳〇雲起下散四野滿目若烟若霧者名風花主大雨〇秋天雲陰無雨冬天近曉忽有老鯉斑雲起漸合成陰必無雨乃護霜天也〇風乘虛而墜風多則合速故雨

大而疎風少則合遲故雨細而密〇五鼓忽雨日中必晴卒然有雨不久必晴久雨雲黑忽然明亮必主大雨晏雨難晴雨怕黃昏下到天明久雨午後稍止或可望晴若午前少止午後又雨久雨亭午見日謂皆是日必甚〇先風後雨順也先雨後風逆也雨止而風雷不止雲霧不散主禾災民病先雷後雨其雨小先雨後雷其雨大〇凡雷雨作于巳午陰生之後夜半止者草木沾之繁茂若作于子丑陽生之後至午止者草木災傷〇畢星者雨師也月離之則有雨但離于陰則雨離于陽則少雨若王子值滿畢星中已有水氣水氣之發動于卯辰此雨之兆常以戊申日候日出時有冠雲不拘大

小黑主雨大青主雨小○五卯日候西北有雲如羣羊者雨立至○東方起青雲甲乙雨霖霖南方起赤雲丙丁日雨西方起白雲庚辛雨不停壬癸雨汀汀黑雲北方迎○五卯日看天河內無黑雲氣則所管日內晴明但有雲氣往來所管日內風雨○戊辰巳巳各日六龍日早占日下夜占北斗若雲氣蒼潤如魚龍鱗狀或行掩斗主當日雨或當夜大雨斗間五色雲氣或變蒼色如日龍形而搖搖者或主日雨當夜雨○六甲日與五卯日同占○東方有雲甲乙寅卯日雨南方有雲丙丁巳午日雨西方有雲庚辛申酉日雨北方有雲壬癸亥子日雨晨有雲掩日主當日雨○月宿十精春三月

丙丁夏三月戊巳秋三月壬癸冬三月甲乙四季之月庚辛不問有無雲氣但逢此十精之日必大風雨陰雲不定或有陰雨不應者是春三月應于丙丁方夏三月應于戊巳方秋三月應于壬癸方冬三月應于甲乙方四季土旺用事應於庚辛方故此不應而彼應也凡一甲管十日雨晴若甲日晴明則此一年內多旱若甲日陰雨則此一甲旬中多陰雨此乃五行之逐面也○壬子至丁巳六日每一日各管三日雨晴其日雲氣低濃所管三日內有雨若高燥清明三日內皆晴○壬子管戊午巳未庚申○癸巳管辛酉壬戌癸亥○甲寅管甲子乙丑丙寅○乙卯管丁卯戊辰巳巳○丙辰管庚午辛未壬申○丁巳管癸酉甲戌乙亥○丙子至辛巳六日每一日各管五日雨晴其日雲氣低濃所管五日內有雨若高燥清明五日內多晴○丙子管壬午癸未甲申乙酉丙戌○丁巳管丁亥戊子己丑庚寅辛卯○戊寅管壬辰癸巳甲午乙未丙申○巳卯管丁酉戊戌巳亥庚子辛丑○庚辰管壬寅癸卯甲辰乙巳丙午○辛巳管丁未戊申巳酉庚戌辛亥○若斗光日氣應有雨而無雨者是應于各方位故也如甲爲齊乙爲東夷丙爲楚丁爲南蠻戊爲韓巳爲中州庚爲秦辛爲西戎壬爲燕癸爲北狄○子爲齊屬青州丑爲吳屬揚州寅爲燕幽州卯爲宋屬豫州辰爲鄭屬兗州巳爲楚屬荆

州午爲周屬三河未爲秦屬雍州申爲晉屬益州酉爲趙屬冀州戌爲魯屬徐州亥爲衛屬并州

典故

家語云齊有一足鳥飛集殿前舒翅而跳齊侯異訪諸孔子曰此鳥名商羊昔兒童有屈一足振迅兩臂而跳且謠曰天將大雨商羊舞急治溝渠修理堤防果大雨諸國傷害惟齊有備○尸子云神農治天下欲雨則至五日爲行雨旬爲穀雨旬五日爲時雨萬物咸利故民謂之神雨○鹽鐵論云孔子大聖也當居位相魯三月不令而行不禁而止沛若時雨之灌萬物莫不興也○後漢書云高鳳好學曝麥妻令守雞以竿授之鳳執竿誦書不覺潦水流麥妻還見麥流甚怒鳳恬然○晉書云樊英隱壺山一日忽暴風從西南起英謂人曰成都市火甚因含水西向漱之人疑謗記以日時後有從成都來者訪其事果是日火有雲從東起須臾大雨火滅○神仙傳變巴入徵尚書郎入朝得酒不飲向西南噀之詔問其故巴曰臣本邑成都大火臣以酒爲雨救之帝驛問成云雨從北來有酒氣

露

露者瞀也瞀生氣以生萬物瞀肅氣以殺萬物盛陰陽之氣神靈之精也陰氣盛則凝為霜雪陽盛則散為雨露乃天地和氣精液所凝陰陽薰蒸氣化之也政治則軒轅之氣散為甘露含天乳之純英也

占應 日出露不降散陰雨日沒露不升草陰雨霜陰無露將雨不露春夏旱露不升草久雨露至若毯○晨不見露主民困甘露生則國泰民安甘露敷于草木凋若明珠其色鮮光如水晶啗之則氣芬味清甘美若飴樹幹其色黃濃藉不固掇嘴甘如蜜此露殃也

典故 隋書云李德饒趙郡柏鄉人性至孝丁父憂單縗徒跣築室墳所其誠哀感甘露降白鵠巢廬○洞冥記云東方朔遊吉雲之地漢武帝問曰其國俗常以吉雲氣占吉凶若樂之事吉則滿室雲起五色炤草不成五彩露其露甚美可得否朔乃東走至夕而還得玄黃青露盛琉璃內以授帝帝遍賜群臣得露嘗者老者少病者痊○吳越春秋伍子胥屢諫吳王不聽而王怒胥有蒼鶻舉衣出宮大詢其故胥曰宮中生草霧露沾吾衣是以舉也

霧

霧者誤也地氣上升天氣不應為霧又云冒也騰升上溢蒙冒萬物盛陰陽之氣怒為暴風亂為重霧陰來冒陽陽不應則變蒙霧以作邪氣在天為像在地為霧也

占應 霧順氣不順為陰陽錯亂主傷禾有霧可解○大旱起霧有毒人不可冒草木着之則難茂雨後無妨○繞霧用收晴天可喜霧收不起細雨不止三日霧濛必起狂風白虹下降惡霧必散○霧在野無登見于城市居處者須觀其色以定吉凶也

典故 志林云黃帝與蚩尤戰于涿鹿之野蚩尤作大霧彌三日軍人皆惑乃令風后法斗機制指南車以別四方○玄女戰法云黃帝與蚩尤九戰不勝帝歸于泰山三日三夜霧冥有一女人首鳥形帝稽首再拜伏不敢起曰吾玄女也子欲何問曰小子欲萬戰萬勝遂得戰法○列女傳陶答子治陶三年名譽不興家富三倍其妻諫曰夫子才薄而官大是謂嬰害無功而家富是謂積殃聞南山有玄豹霧雨七日不下食者何也欲以澤其衣毛而成文章故藏以遠害今君與此皆得無後患乎○神仙傳欒巴為尚書郎正月旦朝天大霧對坐不相見忽失巴所在後問其故巴曰蜀霧還成都與親友會別也○世紀黃帝時天大霧三日帝遊洛水上見大魚以五牲祀之天乃甚雨七日夜魚流得圖今之河圖郎其書也世傳大霧三日必甚雨自此始○神仙傳淮南王聞有道之士必盡禮以致之于是八公乃往一人能致風雨立起雲霧○博物志王爾馬均張衡旦冒霧行一人無恙一人病一人死無恙者飲酒病者食死者空腹也

雹

雹者包也陽散為霰陰包為雹陰陽相搏天地之沴氣陽㬉陰脅不得入則轉為雹東方之氣雷南方之氣電西方之氣虹北方之氣雲雨雹霰雪也形如彈丸象若冰塊天地邪氣所成山川妖沴所化欻然而作瞬息以升陰陽暴戾之氣當名曰暴

占應 春主年豐宜正二月夏傷禾秋早禾損晚禾收冬主臣民災總以到方不利也

典故 博物志太公為灌壇令武王夢一婦當道哭曰吾是東海神女嫁于西海神童今灌壇令當道阻我行我行有風雨雷電毁君德也王覺召太公問之果有從邑外過○自達與友若婚翁避天怒雨雹因問曰戴禮曾子云陽之專氣為霰盛陰之氣在雨水則凝滯為雪陽氣搏之不相入則消散而下因水為霰今雨雹何也曰左傳云雹乃冬之愆陽夏之伏陰也陽夏為霰陰包為雹形如半粒其粒皆三

陰華雹三出爲霓乃炎氣蒸鬱陰遏成也

霜

霜者凝露也從地之升陰盛則凝乃造化之刑齊萬物使元氣深根固命以待生成萬物得火氣而盛火數二道遠而惡非刑以齊之則必越經而失常故天地施霜以收之

占應徹夜清明天必降露寒氣凝爲霜天氣清明又當寒冱則霜重雖寒不甚有冱霜輕故有雲氣不清明無霜○霜初降一朝者謂孤霜主歲歉連得三四朝以上者主歲熟○霜降節日見霜則來年清明日霜止或前或後日期同占農人蒔種必待霜止甚驗○霜有芒鋒者吉平者凶又云有三角者有災不殺草民愁○霜著木石錯如劍楯民困霜黑草木損傷

典故　琴操云尹吉甫聽後妻言疑其孝子伯奇逐之作履霜操以自白○淮南子鄒衍事惠王之伯奇清晨履霜有感自傷無罪乃援琴而鼓忠左右譖之王怨繫之獄衍不能自白仰天而哭五月天爲之下霜○王闢見録云昔有一富翁歲暮而放穀有鄰家孤兒皆穀時雪霽降霜候坐御石受款去後翁見其坐跡詢諸人始知孤子也即命錢粟移其家以女妻之人問其故翁曰此子嚴霜不懼坐如泰山堂堂厚福人也吾問人多矣如此輩不易得也後果貴富

雪

雪者綏也水遇寒而凝綏綏然下也陰氣之結同雲之影遇溫成雨遇寒成雪雨爲和雪爲盛乃空虚風結成形也盈尺順時益乎萬物爲瑞及丈逆令損乎萬物爲災雪花本六出遇春後則五出陰陽奇偶天地不能違造化之妙寒盛則成粒珠寒淺則爲花粉故雪寒在上高山多積寒花之地四時飛陽嶺南之處不知有雪總因日月之照臨陰陽之向背大道莫據妙理難推楊升庵云宋儒談天不知天孔子不言天深知天者也

占應臘前三白大宜麥禾冬至後三戊爲臘立春後不宜雪傷禾○冬至中有雪能殺地中蝗子雪一寸蝗入地一丈雪一尺蝗入地一丈主來年無虫災○雨雪雜下謂霰非時而降皆冰謂樹介又謂草掛白主歲荒○雪落地上凝一層如薄冰謂地甲三年者○雪落地經久不化主來年水凡雪日不積謂蒂明霽而不消謂等伴主再雪又來年多水○雪之神曰滕六爲百穀之精雪落之日起算主百二日主有雨水

典故　類賦滕文公卒葬有日大大雨雪至中羣臣請弛期太子許惠子諫曰昔王季葬渦山之尾欒水嚙其墓見棺文王曰先君欲見羣臣百姓矣乃出爲帳三日而後葬今太子曰先君欲少留而撫社稷故使雪甚馳期而更日此文王義也太子曰善○漢書蘇武持節使于匈奴欲武降武不許幽大窖絶飲食天雨雪武臥嚙雪與旃毛併咽之數日不死匈奴以爲神人○晏子春秋景公時雨雪三日公被狐白之裘而于人公曰怪哉雨雪三日不寒對曰古之賢君飽而知民飢溫而知民寒公曰善乃脱裘發粟以與飢寒者○孫了云衛君重裘累茵而行見路有負薪而哭者問其故曰雪甚衣薄飢是以哭之衛君懼色見于面自責曰爲君而不知民飢以我爲君于是開府金出倉粟以賑貧窮○録異傳云大雪丈餘洛陽令身出案行見民家皆除雪出至袁安門無有行路謂安已死令人除雪入戶見安偃臥問何以不出安曰大雪人皆餓不宜干人○[illegible]林云王子猷居山陰時大雪夜開室命酌四望皎然因詠招隱詩忽憶戴安道時在剡乘興掉舟經宿方至造門而返問其故曰乘興而來興盡而返何必見安道○拾遺記云周靈

王起見明之臺名天下去上時有仙人乘飛遊之蘭上唐醮酎時赤旱地裂六人能以歌名霜雪于是列氣一吸則雲起雪飛

三農紀卷之一

古蜀　張宗法師古甫著

小引

天無私覆垂象示人日月星辰之運中見水旱豐歉之端開起分至之節內報災虫饑苦之由乃氣數之自然令人見而知之以修人事語云治政有理以農爲本而農以課古爲先

神農以前尙矣黃帝考定星曆建立五官九黎亂德顓頊乃命南正司天北正司地三苗復亂堯命羲和正之唐虞曰載取物中更始也夏曰歲取歲星行一周也商曰祀取四時一終四時之祭遍也周曰年取禾一熟也陽出布施于上而主歲功陰伏于下而時出以佐陽陽不得陰之功亦不得獨成歲一歲八節立春春分立夏夏至立秋秋分立冬冬至每節四十五日太陽在四仲歲以三宿太陽在四孟四季歲以二宿共行二十八宿故十二年以周天天以晝夜而運過星從天而西日違天而東日行與天運周在天成度在曆成日月周于天四時備成攝提遷次青辰移辰謂之歲歲首至月首朔也王朔同日爲章七十六年爲蔀五百一十三年爲會一千五百年爲紀四千五百年爲元每歲二十八宿一周天諸宿半垂天上半隱地下俯月昏時有宿在南徐轉至將旦則初一宿在南昏所見宿此所謂昏某明旦某中也

正月

立春正月節建寅立者何冬至一陽伏于下而陰覆之未能立也自此而矯春矣盛德在木日月會于析木之次箕十度尾十八度昏昴參在中旦時名在中其音少角調而直也又觸也物觸地而出戴芒角也五行爲木五常爲仁五事爲貌凡歸爲民律衆太簇之坎出震必極乃奏出焉是以閉而爲冬出而爲春二陽卦泰天道在子虛度躔立樱之次〇雨水正月中雨水者何前此寒爲雪爲冰今東風解凍陽氣如流無能凝之自雨水後土膏脈動可以權種兩其水于穀也天道在壬危八度後四日八時入危三度躔娵訾之次

日占日蝕主年饑人災萬民歌云子丑寅逢夏旱多卯辰豐登巳午必定人不靜申未二蠶見奔波酉逢紅日光夫德戌亥連天水浸禾〇立春日晴明少雲歲熟若陰則虫傷禾豆〇立春日立竿一丈于野量日影一尺者主饑旱二尺者赤地千里三尺者旱五尺者低田收六尺者年熟七尺者年小熟八尺者澇九尺及一丈者大水〇元旦日出如血大旱有霞映日大雨大收主六日亦然〇日出有紅霞主絲貴日上有黑雲主旱〇元日晴主人樂年豐三日不見日而陰和無風者主年太美陰則澇初三日晴明主上下安初五日晴明人民樂初六日晴明歲收初七日晴明世道昌初八日晴明高田熟〇上元日晴一春晴宜花果十六日夜晴主旱水鄉

宜是日爲秋收日秋禾成百果實〇日暈丙丁日旱成巳日水上土起庚辛日凶壬癸日江河決〇春雨暘暘無水下秧

月占月蝕主災旱多盜〇月色無光人災穀不〇初八日雲掩月光主春雨多〇初八日夜參星夜在月西主水夏中一節主晴在月東或對月口主高田半收在南旱在北惡風人疫〇上元日夜立丈竿候月亭午影七尺者主大稔六尺者小稔五尺者旱三尺者大旱九尺及一丈者主水〇月上旬三暈明年大赦初一初二日暈所宿處州熟初八九至十六日暈主德合初十日暈主旱十二日暈飛虫多死二十三四日暈五穀不登二十五日暈主米貴〇上旬一暈草木不生二暈禾生虫三暈雷震物四暈人民殃歲時災五暈歲有災七八暈昏多死人

風占立春日風從乾上來暴虐殺物穀卒貴坎上來大寒艮上來大熟禾麥震上來穀果熟人民樂巽上來主小旱離上來旱傷萬物坤上來謂冲方逆風主春寒六月大水民愁土工興兌上來旱傷疾疫〇立春日西風爲虛邪民物中之必病在夜無妨天陰無風民安麥蠶收東風穀果熟至午無風主早禾主晚無風主晚禾若飛砂走石絲貴田不收〇正月一日平旦東風麥收米貴秋多雨南風爲旱風五月穀貴西風爲白骨風米貴人

災發虫北風豆收秋多雨水西北風防農傷禾發虫西南風米貴宜禾人疫東南風主旱五谷半收六月多風西北風人災苗疫禾傷苗遇大風主旱若無風夏木不收黍麥小貴微陰遇東北風大熟平旦至午無風宜早禾至暮無風宜晚禾大風大惡小風小惡風聲悲鳴人多病米貴蚕傷西北風有微雨無忌不雨民多病死春日中多風人多病夏冬時北風民多秋死終日北風大疫起民有六死〇初三日東北風雨水調匀東南風及晴旱西北風水〇十六日最喜西南風爲人門風低田大熟〇晦日風雨糴貴禾傷〇正月内東風夏米平月内和暖民安若寒而風糴貴人病月内甲日東風蚕旺

南風主旱米貴西風年豐春夏米貴桑虫貴北風澇東北風禾大熟大水東南風主旱禾麥小熟西北風主水桑賤西南風春夏米貴蚕不利西北風爲貴米風但發米價增人發大增小發小增發一場增一場月月内防之〇春三月巳卯日風樹頭空

雲占立春日東畔有黃雲如覆市皆五谷熟青凶白盜烏黑水紅赤火〇立春觀雲色青虫白喪赤凶黑水黄豐年〇元旦東方黑雲春雨多南方黑雲夏雨多西方黑雲秋雨多若赤雲主旱白雲人不静〇元旦雲若色者麥熟黄色萬物收青色虫蝗麥損半雨多民多病一日至三日無風雲大熟〇初八日雲掩日光春雨多上甲

山西方有黄雲主年豐東方有青雲小麥熟南方有赤雲小豆收西方有白雲稻收北方有黑雲大麥貴有黄雲禾半收中天黄雲黍半收不見日者大收有風半收

霞占元旦日霞主虫蝗桑少蔬果盛紅色者主絲貴

氣占元旦見黄氣其年熟白凶青虫黑水赤旱

虹占是月見主穀貴東見秋米貴西見冬霜桑貴年旱立春日見正東貫震卯者春雨夏火秋水民流

雷占正月雷鳴主疾疫應所發方〇元旦雷鳴米麥吉所發方民不安七月有霜臨春甲子鳴五穀登

電占正月見電主人民災傷

雨占立春雨四時匀〇元旦雨春旱人食一升二日雨人

食二升以漸而增五日雨大熟〇元日晴一年豐元旦雨一年歉〇上旬雨穀貴一倍中旬雨穀貴十倍〇初五日雨田大收蚕難繭初七日風雨多災初八日雨底田收〇十五日爲花朝晴則百果實夜更宜晴若雨主四十夜雨十五日無雨主春旱雨早稍不宜十六日雨歲收〇朔日值疾風盛雨主絲貴蚕敗五穀不收又云月怕初四雨二月九日晴晦日雨糴貴禾惡〇上旬先得丙寅日雨夏雨多戊寅日雨秋雨多壬寅日雨冬雨多〇上旬卯日雨穀貴一倍春甲子雨主水雙日者不忌單日忌夏至後有六十大雨〇甲申雨五穀暴貴小雨小貴大雨大貴若構渠蒲漲急稍切防若至乙酉日

更惡四府同占春兩壬子人無食主秋爛魚傷若甲寅日晴謂之拗得過

霧占元旦　霧人疫歲飢主大水初五傷穀上元主水

雹占立春　雹人多瘡痍〇元旦主盜賊民多瘡疥

霜占立春　霜主旱人民災〇元旦禾苗好主七月旱〇正月霜下着物見日不消主萬物百穀不實牛羊多疫死着殺草木謂之陰瘴

雪占立春　大雪年豐〇元旦雪主歲熟若未交春則五穀熟果蔬成若交春則不吉〇正月雪落地三日內化則年豐人安若至七日不消秋穀不成而西北之隅不與焉

占立春立　春天氣晴明百物成陰則水澇東有風來

雲積穀　賤西風旱大風人難過無風萬民安歌云陰陽一氣先造化總由天但看立春日甲乙是豐年丙丁遭天旱戊己損傷田庚辛人不靜壬癸水溢川

占朔旦　初一值立春年和值雨水棉貴穀貴〇一日得子水澇高田收四月米貴瓜麥收蠶不收得丑牛馬貴麻穀拜貴得寅先旱後雨三四月人民病得卯春旱秋雨蟲蝗生大豆收五六月人民病得辰高田蠶麻少收得巳人不安四月米貴虫生牛畜瘟得午蠶少布貴八月雨得未六畜人民病得申穀賤人疫六畜損虫食菜銅鐵貴得酉米牛絲貴布錢賤得戌少收人民災得亥田桑半收春夏不寧〇元旦值甲穀賤人疫值乙穀貴人病值丙旱值丁絲綿貴值戊米麥貴一云元旦值戊春旱四十五日值巳穀貴蠶傷多風雨值庚田熟民病金鐵貴值辛米平麥麻貴值壬絹布豆貴米麥平值癸禾傷多水民災〇旦日至食爲麥食至昳爲稷稷至餔爲黍至下餔爲菽下餔至日山爲麻欲終日有日有風有雲有雨當其時者深而多實有風雲無日當其時者深而多實有日無風雲當其時者稼有敗如食傾小敗五斗米傾大敗風復起有雲其稼復起各以其雲色占種其日雨雪若寒歲惡〇元日自平旦至午無風宜早禾午至晡無風宜晚禾一日無風大收若狂風飛揚主荒不收田不熟

三朔占　三甲朔歲中三伏大熱三乙朔小麥大豆熟三丙朔麻收三丁朔小豆熟三戊朔大豆熟三巳朔大麥熟三庚朔小麥熟三辛朔田少收三壬朔主旱三癸朔主水

得甲占　正月一日得甲爲上歲四日得甲爲中歲五日得甲爲下歲月內有甲寅主米貴

得辛占　一日得辛主小旱麥收十分二日得辛麥蠶並收三日四日得辛麥半收蠶全收五日六日得辛主小旱蠶麻麥粟半收七日八日主旱絲貴禾麻麥粟半收九日十日禾半收

得子占　甲子虫蝗桑穀貴丙子主旱戊子收惟有庚子出

狼虎　壬子棉貴冷來愁〇甲子豐年丙子旱戊子虫蝗
庚子　亂惟逢壬子水滔滔都在上旬十日看上旬十日
若無　子大人遭之恐不便
得寅占　甲寅穀貴雨在春分丙寅油鹽貴在夏雨多戊
寅秋　雨多壬寅穀先貴後賤庚寅穀貴冬多雪雨
得卯占　二日得卯十分收二日得卯低田半收三日四日
壬大　水五日六日半收七日八日水澇
得辰占　一日得辰雨多二日得辰風多先旱田半收低田
全收　三日得辰雨晴勻四日得辰七分收五日得辰大
稔七　日得辰蕎麥收水損田八日得辰先旱後澇九日
得辰　大麥收仲夏大水十日得辰早禾收半十一日五

三農紀　《卷之一　四十二

穀不　熟十二日五穀收冬雪
得申占　旬中先見甲申五穀收丙申穀損虫食菜戊申兵
高損　壬申水澇
得酉占　一日二日得酉者主大豐三日四日者民安五日
至下　日得酉者中歲民不安十十二日得酉者歲大稔
三得占　月內得三子者桑少蠶多得三卯者菽豆收得三
巳小　旱得三午大旱得三亥大水
六什占　一日雞天晴人安二日犬天晴大熟三日豕天晴
吉樂　四月羊天晴春暖人和五日馬天晴四無雲氣歲
和六　日牛天晴日月光明大熟七日八天晴上安下和
八日　穀天晴歲稔人樂若遇風雨爲災所值日夜亦晴

明一年安泰
聽聲占　元旦早聽人民聲宮則歲吉商則凶角不利徵主
旱羽主水其声如離羣羊者商聲也如牛離窌中者宮
聲也如雉登木鳴者角声也如負豕嘍駭者徵声也如
鳴馬在野者羽聲也此言呼以聽土地之音非謂他音
皆然音合乎五聽其首聲協而詳之
占水　元旦盛水一瓶至十二月晚每以瓶水稱之一日水
主正月二日主二月餘同稱水重其月雨多水輕其月
雨少
占火　元旦五鼓時束高長草把于野燒之何燒過看火向
何方到火所向方其年熟

三農紀　《卷之一　四十三

占影　初八晚立一丈竿于地看月纔有光即量其影臨其
長短移于水面就橋柱上記之以定水大小
占耕生　元旦牛俱卧其年不難立牛卧牛起歲中平俱立
則五穀稔
占土牛　牛首黃菜麥熟首青春多瘟疫首赤春旱首黑春
水首白春多風身主上鄉蹄主下鄉

典故

後漢書郎顗上疏云公羊傳云元年春王正月元年者何君之始年也正月者何歲之始王者則天之象因時之序宜開發德號爵賢命士流寬大之澤垂仁厚之恩（經典云）正月爲端月其二日爲元日亦云上日亦云正朔亦云三朔亦云三元爲歲時之元三朔者夏以平明爲朔殷以雞鳴爲朔周以半夜爲朔能遠議曰履端元日正始之初有識之上于是乎崇亂樂業耳目之觀○列子云邯鄲之民以正月日獻鳩于簡子簡子厚賞之客曰民知君欲放之故競捕將獻之死者衆矣君欲生之不若禁民勿捕捕而放之

思與過不相補也〇漢語云戴憑正旦朝賀百官畢會帝令羣臣能說經史者更相難詰義若不通輒奪其席以益通者平遂重席五十餘席

二月

驚蟄二月節建卯盛德在木日月會於大火之次星六房五度昏時弧九星在中旦時建六星在中其音角律中夾鐘鐘者聚也止也陽生于子盡于午卯正東也夾陽之中而止焉四陽卦大壯主乎震震者驚也雷始發聲蟄者始驚故曰驚蟄天道在亥室七度躔娵訾之次〇春分二月中分者何卯離夾于陽而春則過半矣天道在乾壁四度後六日十時入奎三度躔降婁之次

日占日蝕歲歉〇春分日晴明主萬物不成〇初二日爲

農家上工日宜晴明〇十二日晴百果熟但妨夜雨此日雨亦無妨若得夜晴終歲雨日均勻〇十五爲勸農日晴主年豐又爲花朝晴則百果實〇社日晴明六畜大旺

月占月蝕主粟賤〇月無光主人民災

風占二月震卦用事應明恕風至風從乾來歲多寒金鐵貴應四十五日民飢多災坎來米貴豆菽不成民多病艮來穀不收米倍貴水暴出震來穀熟麥賤人安年豐巽來虫蝗生四月暴寒雨離來四月先水後旱坤來多水人多瘧疾兌來爲逆氣春寒麥貴歲凶〇初一日風雨主稻惡糴貴人災〇初八日東南風主水西北風主旱〇春分東風年豐麥賤西風麥貴南風主五月先後旱北風米貴〇二月丑不風民多心腹病西北風發米貴

雲占春分日有青雲歲豐又云青虫白喪赤荒黑水黃豐年無雲萬物不實

虹占三月東方虹見者米貴西見者穀貴人民災

雷占驚蟄前後有雷鳴者謂發蟄雷初起在乾方民災坎方水艮方米賤震方歲稔巽坤方虫蝗離方旱兌方五金貴又云驚蟄聞雷米如泥〇上旬發雷主春寒中旬發雷禾傷末旬發雷虫侵禾〇春分前後一日有雷歲豐

雨占春社日雨穀果少實〇朔日雨稻貴〇初二日雨主旱日間宜晴夜宜雨否則桑柘貴〇十五爲勸農日晴

有風雨主歉晦日雨民多災〇春分雨六月人民災〇甲申雨穀暴貴至乙酉日更貴

霜占二月霜主旱宜連霜一夜春霜三日晴

總占初一值驚蟄虫蝗值春分歲歉〇社在春分前主歲登社在春分後歲歉

典故 國語云周宣王即位不藉千畝虢文公諫曰古者太史順時覛土陽癉憤盈土氣震發農祥晨正土乃脈發先時九日太史告稷曰自今至于初吉陽氣俱蒸土膏其動〇史記云社必受霜露風雨以達天地之氣也社所以親地也地載萬物天垂象取材于地取法于天所以尊天而親地也社其紀盛所以報本返始也〇漢書陳平爲里中社宰分肉食甚均里中父老善之平大言曰此一里事耳後得宰天下平度分亦如此肉

三月

清明三月節盛德在木日月會于壽星之次氐十六九九角十二度昏時星七星在中至旦則牽牛在中其音上大角下宮律中姑洗洗者潔齊也氣在辰未抵于巽雖有潔齊猶有待焉故曰姑洗然物之齊則未也而氣則清矣春風欝欝至是疏達故曰清明四陽卦巽天道在戊主十度躔降婁之次○穀雨三月中萌芽待雨則雨非雨穀也豈凶覡之穀雨天道在辛畢八度九日一時入胃四度躔大梁之次○此春之節氣也若春氣似夏則人泄歲必旱螟蝗生若炎風拔木似秋則金病歲必大疫五穀不登賊盜起若春深冬雪則水溢歲苦首種不實春者生也夏者大也生且不長又何大焉

日占日蝕主大水出遭旱民飢綿布米貴○清明日晴主惡雨午前晴早蚕收午後晴晚蚕收○三田晴主豐夏至後六十日雨

月占月蝕主絲綿貴米貴人飢○月無光主災

風占清明東北風桑貴未市貴東南風桑貴中市未市賤西南風晴損桑未市貴西北風中市貴○初一日風民病米多生虫北風主旱至午米貴○初七日南風主晴歲旱北風主雨年豐○十六日西南風起主大旱風愈急則急旱北風主年豐○三月風不甚九月霜不降○三月戊不風民多寒熱西北風發主米貴

雷占清明雷鳴小麥熟○初一雷鳴主旱初三雷鳴麥收○月內甲子庚辰辛巳日雷鳴蝗死○月內雷多主稔無雷多盜

雹占雹多月內主歲稔○初三日雹主小麥貴

雨占清明寒食二日雨年豐桑賤○初一雨民病疫百虫出井泉涸年旱二日雨澤無魚三日雨宜蚕水旱不時四日雨主澇治溝渠五日雨不妨農六日雨壞墻屋七日雨決堤防八日雨乘船行○一日至三日不當雨而雨主穀貴九日至十五日當雨而雨兵在外者罷三月三日雨下一日主大水下半日主旱連下三晝夜主水淼茫○十六日風雨主桑葉貴晦日雨麥難熟○巳寅乙卯甲申主癸丑庚寅主癸巳及三辰三未日雨主米大貴○辰日雨百虫生未日雨百虫死

雲占月內雲溫潤雨下萬物澤

虹占三月虹見魚鹽增價九月米貴○虹見西方青雲覆之夏多寒赤雲覆夏旱黃雲覆夏小旱穀半收白雲覆多風人疫黑雲覆夏多雨

霜占穀雨前一日霜主旱○上巳日霜月內寒

雪占三月內雪經日不消者秋禾不成米貴三倍塞北之地不與焉

總占清明有水而澤者高底田大熟雨水調勻○月內有三卯宜豆無三卯則麥不收○月內有暴雨謂桃花水主多梅雨○朔日值清明草木茂值穀雨主年豐○三

月三日爲上巳聽哇聲上晝叫者上鄉熟下晝叫者下鄉熟上下叫者上下鄉熟終日叫者大熟聲底者底田熟聲高者高田熟〇戊不温民多寒月内有暴水

典故 蘭亭序永和九年歲在癸丑會于會稽山陰之蘭亭羣賢畢至少長咸集王羲之與孫統等二十四人會蘭亭禊酒賦詩製序用蠶繭紙鼠鬚筆以書□歲時記介子推隨晉文公出離一十八歲及歸文公悞祿之推不言祿負博入山之公思及祿名不見人訪之人山合人求之不見欲焚山侍出而不之子推竟不出母子俱焚死因人因而哀之春暮之際火謂之禁桐□捜神記虞小獵見鹿便射中祿隨逐不覺遠忽見一黑門如府之問鈴下對曰崔少府也進見少府少府語充云不府君爲索小女婚故相迎耳三口婚畢以車送充充乃家母問之俱以狀對既與崔別正四年三月三月三水戲遙見水傍犢車充作開車戶見崔女與三歲兒共載情意如初抱兒還充又與金鐶乃別□續齊諧記云晉武帝問摯虞曰三月曲水其義云何對曰漢章帝時平原徐肇以三月初生三女至三日俱亡村人以爲怪乃相攜水濱盥洗因水以泛觴曲水之義起于此也帝曰若如所談便非佳節束晳曰虞小生不足以知之臣請說其始昔周公城洛邑因流水以泛酒故逸詩云羽觴隨波又秦昭王三日置酒河曲有金人出捧水心劍曰令君制有西夏霸諸侯乃因此處立爲曲水二漢相緣皆爲盛集帝曰善

四月

立夏四月節夏者假也吁棻萬物養之外也夏之爲言大也物至此時皆假大而宜也建巳盛德在火日月會于鶉尾之次軫十七翼十八度昏時翼在中旦時婺在中其音少徵徵者祉也五行爲火五常爲禮五祀爲親凡歸爲事律中仲呂夫仲呂者何三代在巳處中仲者中也謂陽當位以中故曰仲呂當陽而位總陽爲而先師焉故以立夏六陽卦乾天道在酉胃十度躔大梁之次〇小滿四月中當此之時萬物雖未盛而茂巳氣滿矣天道在西昴九度後九日入時入庚壁七度躔實沈之次

日占日蝕旱六畜災〇立夏日暈主水晴主旱日烈滿天無雲其年大旱〇初一晴歲豐若晴而煥主旱〇朔日暈主水主風主熱有重種穀不之患〇十四晴歲稔黃昏日月對熖主秋春旱〇十六日月對烨主秋春旱〇

夏丙腸腸乾死木秧

月占月蝕大旱人飢〇十六日夜立一丈竿干月當午量月影過竿水多沒田夏災人飢長九尺主三時雨水七八尺主水六尺底田大熟高田半收五尺夏旱四尺蝗起三尺人飢〇月内暈主風月内無光主大旱

風占立夏日風從乾來爲逆氣疾凶飢夏至有霜麥不熟坎來多雨地動魚蝦廣人病疫艮來山崩地動人疫損穀雷震不時擊物糴貴巽來歲豐人安離來旱禾焦人病米賤坤來人不安萬物傷兑來蝗起畜災大凶〇立夏日東南風年豐民安西風虫起人災北風泉湧人疫魚盟廣〇朔日風雨麥惡米貴初四日主十四日風主大風米貴十四日東南風吉〇二十四謂分龍東南風謂烏信主大熟〇辨晴大風雨蝗大起〇月内宜緩風雨麥秀風擺稻秀雨〇巳不風民多疫病西北風發米貴

月占立夏日有雲如車蓋十餘者此陽水亡氣必暑〇南

方有雷歲熟

氣占立夏有青氣從東南來其年豐若無則歲多災此異氣不至也大風揚砂日月無光穀敗人病老巳時東南有青雲氣年豐若無多災應在十月

雷占立夏日雷五穀收年無災疫

雹占月內雹多主秋禾傷民飢夏秋之分夜晴而見遠雷者謂之熱到主晴

雨占立夏宜雨禾茂若夜雨損麥傷蠶〇小滿宜雨前後風雨主旱蝗不收〇初一宜晴爲田家緊要日若逢大風雨主大水小風雨主小水歲惡有重疫之患初四雨穀貴五日至大日雨麥收主旱八日晚雨年豐果實夜

雨傷麥十三日雨麥不收〇二十日是小分龍晴分懶龍主旱雨分健龍主水東南風分黑龍主旱正南風分赤龍主大旱西北風分白龍主大水東北風分青龍主小水西南風分黃龍高底田大熟又云此日雨黑龍我主四十日晴〇夏庚辰辛巳雨主虫蝗大雨中多丙寅丁卯雨秋穀貴庚寅至癸巳雨麥平壬子雨牛無食甲子雨赤地千里主六十日旱甲申日雨主穀米暴長主乙酉日須妨乙卯雨主疫起

雹占月內有雹主殺禾苗

虹占月內有虹見主米貴

時占初一值立夏人民不安〇初一值小滿人災次〇是月宜暑不暑民多瘴病〇月內有三卯宜麻無則麥不收〇月內寒主旱〇立夏日蟬鳴主稻歉收夏前鳴主來年豐

典故　孝子傳何乎子事母至孝年六十有孺子之慕夏月負母于淸涼所避暑戲玩以合母悅〇國語云魯宣公夏濫于泗淵里華斷其罟而棄之曰古者大寒降土蟄發水虞于是講罛罶取名魚登川禽而嘗之寢廟行諸國人助宣氣也今魚方別不教魚長又行網罟貪無厭也公曰善過論衡云虎出有時猶龍見有期也陰物以冬見陽物以夏出出應其氣氣動其類參昴冬見心尾夏出參昴虎星心尾龍象星出而物見氣至而類動天地之性也

五月

芒種五月節芒者萌也種乃植也但五土各殊漢水以西淮流以北則巳月植江浙湖南江右辰月植嶺南卯月植

惟嵩之上早者月始晚者月終然遲則止矣再遲則失時蔽芒種惟極焉建午盛德在火日月會于鶉火之次張十六星六度昏時亢在中旦尾在中其音正徵律中蕤賓午離卦陽至午將衰夏至後一陰生故陽雖用事而陰在內反爲主則陽在外猶賓也故曰蕤賓一陰卦姤天道在康壁廿三度躔實沈之次〇夏至五月中晝六十刻夜四十刻謂之日長至至者極也時極則反雖陽奈陰何晝用是損矣天道在申井初度後八日十時入坤井九度躔鶉首之次

日占日蝕主大旱大飢人民災〇芒種日晴明年豐是日量日影以五尺于日午中竿量不及四尺一寸者瓜不

成〇夏至日暈主水 日月無光五穀不登人災于午時
暈日不及一尺八寸者禾不成〇初一日晴年豐初五
日晴主水

月占月蝕主旱畜貴虫 蝗起防火災〇月內無光主五穀
難登

風占夏至風從乾來寒 傷萬物坎來爲逆風寒暑不時夏
月多寒山水暴出艮 來泉湧山崩米價昂震來人民災
巽來主旱坤來雨水 橫流急風急波漫風漫波兌來秋
多雨霜寒〇夏至東 風秋病多南風大熱西風秋多雨
北風山水出〇夏至 後半月名三時首三日爲頭時次
五日中時後七日末 時風在中時前二日來大凶夏至

雨主水〇朔日至十 日不雨大風大旱風雨米貴牛價
高人飢若北來人相 殘米價昂東來半日吉終日米貴
西北風起主米貴〇 晦日風雨來春米貴

雲占雲若砲車急起卅 人避之此風候也〇夏至乃少陰
雲如水波吉若無三 伏熱是日午時有赤雲年豐無雲
日月無光五穀不成 人災目病〇夏至日觀雲色青虫
白喪赤凶黑水黃風 〇十六無雲主草蔵黑雲主蟹廣
二十日雲和主歲熟

虹占虹見主小水米麥 貴〇夏至後四十六日內出西南
貫坤中者主有小水 蝗災魚不滋

雷占芒種後不宜雷謂 禁雷天〇夏至雷鳴三七八 雨十日
後雷謂送時雷主久晴若逢半月有雷鳴主水 諺云梅
裏一聲雷底田拆舍歸〇五月不鳴雷五穀減半收〇
二十謂大分龍無雨而雷鳴謂震龍門其地少雨〇分
龍日農人以米篩盛灰籍之紙至晚若有雨點 跡秋不
熟穀價高昂人多閉糴

雨占芒種雨宜遲若無雨 天旱〇夏至無雨年旱若雨年
豐主久淋〇朔日至十日不雨大風大旱初一 雨主來
年三月雨一云人飢食百草一云一日落井泉浮二日
落井泉枯三日落連大湖〇初一晴明年豐初五爲端
陽宜薄陰微雨主來歲大熟雨主絲貴大風雨主田生
蟲〇二十日大分龍占同小分龍廿十五六日 沉陰主

稻收晦日不雨民多病〇上辰上巳日雨主生蝗甲申
日雨米穀暴長至乙酉日更防

雹占月內若雹主殺雞犬人民不安

霧占五月起遮霧主大水

總占朔日値芒種六畜災〇朔日値夏至米貴牛貴人飢
來年穀價高〇夏至納音屬水主災巽屬金大暑弄値
甲寅丁卯粟貴十月得辰早禾半收十一日得於五穀
不收夏至在上旬主米賤中旬年豐糴賤下旬歲歉米
貴夏至若在端午前坐定種田年若是日暖夜來寒日
怕江湖也防乾〇月內得三卯宜大小豆若無宜早豆
〇五月大種豆不下五月小種秋不宜早又云爪果晚

不了

典故 類獸六梟猛性主孳見時父母迄所多蚊虫在其而不歸翳飽其蚊吶去不令搖其父母口岸青樹其性機巧而好煅宅有一柳修治其茂乃激小溪之更川將其下煅論衡云盛夏之時當風鼓翣壓冬之月向日然爐而火終不為冬夏易氣者其著有節不為人而改變也

六月

小暑六月節易云小往大來小陰也大陽也火炎上而火所向高者先受是故西北之地積陰處春風遲而暑氣早逆六月初則身極矣建未盛德在火日月會于鶉首之次柳十三鬼二井三十一度昏時心在中至旦奎在中其音上太徵下正宮宮者中也居中央暢四方倡始施生為四聲五行為土五常為信五事為思凡歸為君居二陰卦遯

時天道在坤井十五度躔鶉首之次〇大暑六月中是時河漢以南衡廬以東其暑方盛故云大也天道在未鬼三十度後八日二時入柳四度躔娵訾之次〇此夏之節氣也若反苦雨其風肅然則金氣洩矣歲多女災五穀不熟木早黃落若夏氣寒雹毀稼則穀果枯有大水方夏天青則秋何獄焉

日占日蝕主旱穀商貴〇初三日晴秋旱初六日晴主收乾穀〇夏甲子晴主秋有六十日旱

月占月蝕主旱六畜貴〇月內無光牲價昂

風占小暑日東南方白雲兼成塊者主半月風〇三伏中有西北風主稻粃冬來冰堅〇朔日風雨穀貴所衛氣

虫傷禾秋前猶可再發秋後則無望〇晦日風米貴若遇東南風虫災西北風米貴

雲占白雲布十下東方起雲者主雨〇月內浮雲不布十二月掌不喪

雷占月內雷不鳴蟬生人不安雷大震無蝗無疫

雨占小暑雨主水東南風及白雲成塊退水兼主旱無則水不能卒退〇初三日雨主淋初六日雨多秋水〇甲乙丙丁無雨民不耕大旱又大雨秋米貴甲申日雨米穀暴長至乙酉日更防

虹占月內有虹見主麻貴米貴

霧占黑霧相連主水初三霧大熟諺云六月霧落雨到白

露

占朔日值小暑山崩河溢若遇甲日年飢六月有甲子旱晚禾歉無則禾豐六月六日蛙鳴主旱雨主水多〇朔日值大暑民病作荒小暑後未日為出徵雨又名黃梅雨〇三伏宜熱不熱則穀不結有晴有雨則禾茂若涼風涼雨禾白沒〇六月無蠅則百穀登

典故 金匱云紂六月獵于西土發民逐禽或諫曰今六月天務覆施地長養發民逐禽元元無行於歲一百之苗則民百日不食天子失道後必無福紂以妖言誅時暴風雨拔屋折木〇漢書武帝伏日詔賜諸即肉東方朔拔劍割肉日伏日當早歸懷肉去上問朔日賜肉不待詔何也令其自責朔曰受賜不待詔何無禮也拔劍割肉一何壯也割之不多又何廉也歸遺細君又何仁也上曰令自責反自譽也〇何抱朴子或問不熱之道答曰立夏之日或服立冰丸〇飛雪散及六壬六癸之符則不熱幼伯子王仲都此二人戲

以[illegible]裹熨于下日周以爐火口
不稱熱身不流汗益用此方也

七月

立秋七月節秋者揫也物自是收斂也凡物熟爲秋于此
月無物不實建申盛德在金日月會于實沈之次參十[illegible]
牛度昏時建星在中旦畢在中其音少商商者章也物
成熟可章度也五行爲金五常爲義五事爲言兆歸爲臣
律中夷則夷者傷也傷有天則故傷不妄天地始肅不可
以羸此之謂也天傷非毀天地節而四時成秋以斂之而
先其氣也三陰卦否天道在丁柳十一度躔鶉火之次〇
處暑七月中在申坤位也中央土土養火火不能固陽得
處謂處暑天道在午張六度後九日二時入丙張十五度

躔鶉尾之次
日占日蝕主大水人民災年惡帛貴〇日無光虫災歲惡
立秋晴萬物實歲稔秋丙陽陽乾穀上倉
月占月蝕人民災六畜貴〇月內日月無光令人食不入
口〇十六日月上早宜稻月上遲多秋雨
風占立秋日風從乾來暑寒冬多雨坎來冬有重雪陰寒民
來逆風穀不熟糴貴震來秋多暴雨人民不和草木再
榮巽來不吉離來多旱坤來五穀熟田禾倍收一日一
石三日三石兌來秋多雨霜〇立秋日東風人疫草木
盛南風秋旱西風大雨北風冬多雪是日涼風吉熱風
主來年災苦旱疫〇月內早禾怕北風晚禾怕南風西

北風米貴
雲占立秋日西方無雲小雨年吉其日申時西南赤黃雲
宜穀如無萬物不成牛羊死應在來年正月甘肅時
西北方有黃雲如羣羊者乃坤氣也宜穀粟若赤黃雲
不至其年物不成或有黑雲相雜主麻豆收若無此雲
氣多霜應來年二月有赤雲來年旱一云西南有赤雲
主粟若無萬物不成牛羊災應在來春
虹占虹秋前見主穀賤秋後見主穀貴〇立秋四十六日
虹出正西貫于兌中主秋旱若見西方萬物皆貴西方
青雲覆之冬多寒人病瘧歲澇赤雲覆之冬旱黃雲覆
之米貴白雲覆之冬多風黑雲覆之冬多雨〇朔日見

虹來年米貴
雷占立秋日有雷鳴主晚禾收〇初一雷鳴主傷晚禾〇
月內暴雷謂天收主百物虛賤不實雷不藏鳴民多暴
病天吼主多急令
雨占立秋雨吉大雨傷穀菜熟無雨多霜主冬至後風雨
寒凍〇處暑日宜雨不收朔日風雨米貴人不安七夕
有雨麥麻豆賤晦日雨人多災疒布貴〇庚寅辛卯雨
冬穀貴壬寅癸卯雨主旱穀貴秋甲子雨六十雨甲申
暴雨穀暴長至乙酉日更防秋壬子雨魚無食辛卯雨
主疫
霧占初三日霧起年豐

霜占七月霜早禾豆不收遲者半收
雪占秋雨雪民大飢人多死亡西北之地猶可少減
總占朔日值立秋人多病逢酉日多晴老人不安六畜從
應在來春〇朔日值處暑人民苦病八日得滿斗主秋
成〇月內有三卯禾熟無則早種麥〇七月秋主熱八
月秋主涼朝立秋涼暮立秋主熱

典故 世說云張翰爲齊王東曹掾在洛見秋風起因思吳中蓴菜羹鱸魚膾曰人生貴適意耳何能羈宦數千里以要名乎遂歸夜齊王敗人皆謂見機〇二十年 七月七日曬衣諸阮皆富居室內足于財惟籍一巷好酒而貧諸阮庭中爛然錦綺子咸方總角乃豎長竿標長布犢鼻褌于庭中未能免俗聊復爾耳〇晉書 袁宏孤貧運租自業謝尚時鎮中渚秋夜乘月泛江會宏在舫中諷詠遂聞而問其詠史之作尚遣舟迎談申旦不寐自此名譽日盛

八月

白露八月節陽收則陰凝因而名之建酉盛德在金日月會于大梁之次躔十七昴十一胃十五度斗時老生在中至旦觜在中其音正商律中南呂酉正西也爲兌氣至南則生至酉則殺南曰凱風西曰金風因與南不侖矣兌者萬物之所悅也物陽之氣助而儲之若不收則來年不生矣此爲陽之益友也四陰卦觀天道在丙翼三度躔鶉尾之次〇秋分八月中晝夜同然彼陽長此陰長其氣肅瑟自是日盛天道在巳翼十八度後十一日七時入巽軫十度躔壽星之次

日占日蝕人民病瘡〇白露日時五收吃有是日若屬火
多晴菜難茂〇朔日晴主連冬晴宜蕎望日晴主[illegible]
高田收底田水
月占月蝕年飢鹽貴魚少〇中秋無月主蕎不實蚌無珠
來春燈明雨〇月夜光主地多兔
風占秋分日風從乾來盜賊起來年多陰雨坎來歲多寒
高底田俱收艮來二麥宜十二月多陰寒震來逆風百
花虛人疫穀貴應在四十五日內巽來十一月多暴風
離來人災歲惡坤來土工起民憂兌來五穀大熟是日
東風萬物不實穀貴南風年凶北風民安年豐西風酷
寒〇朔日有風穀倍收西風穀無粃殼若大風傷禾人
災西北風米貴

雲占秋分酉時有白雲如羣羊是分氣至也主年稔若有
黑雲相雜宜豆麥無則麥豆不收赤雲主旱麥枯死惟
黃雲吉
雷占八月不宜鳴雷鳴則賊盜起八月雷不歸三月雷不
作
雨占白露謂之苦雨傷萬物蔬果生蟲穀沾之則白颯菜
沾之則味苦白露前宜雨後不宜雨若逢雙日無忌單
日損禾蔬〇秋社雨主來年豐〇初一暑得雨宜麥若
遇大風雨傷禾惟麥吉主絲麻棉貴每月初一宜晴惟
此月喜雨利種麥一日至三日陰雨油麻少麥豐〇中
秋雨主澇來歲底田熟又云主豆麥布疋芝麻貴秋雨

巳日遲不收〇月內雨多牛貴麥價昂秋甲子雨秋有
六十日雨甲申雨急穀暴長至乙酉日更防
虹占虹見秋中來年米賤〇秋分四十六日虹見西北貫
乾中秋多雨虎出賊多
霜占秋分後降霜人多病
雪占秋中雨雪人災主有妖賊西北之地恐不與焉
總占朔日值白露穀果不實〇朔日值秋分物價貴秋分
與社若同一日低田難收分在社前斗米斗錢分在社
後斗米斗豆是日赤霞來年旱果木花開來年旱〇月
內有三庚三卯麥吉稻收有二卯植麥宜高田無則不
宜麥無壬子晚禾缺收〇月大盡主水災二十四日或

風或雨主柴荒米貴〇十一日占來年水旱或隔夜或
凌晨于水邊無風波處作一水則子至臨晚看之若沒
主水露主旱平主小水

典故

雅歌詞蘇東坡作水調歌頭都下傳唱此曲神宗問
外面新行小曲內侍録此曲呈進讀至又恐瓊樓玉
宇高處不勝寒上曰蘇軾終是愛君乃命量移汝州
〇太平廣記趙知微有道術中秋積陰不解知微謂
人曰能升天柱峯玩月否少頃曳杖而出既闢荆扉
諸弟如昔門蘿援藤及峯之巔舉酒方歸而風雨宛
然〇續齊諧記弘農鄧紹八月朔入華山見一童子
以五色綵囊盛柏葉下露云赤松先生取以明目今
八月朔作眼
明囊象此也

九月

寒露九月節當兆之時秋風漸急所降之露莫不涼寒建
戌盛德在金日月會于降婁之次婁十二奎十六度昏時
虛在中至旦昴在中其音上太商下宮律中無射射者厭
也陽斂之惟恐不深無不厭焉不厭則不獻矣五陰卦剝
大道在翼軫十四度躔壽星之次〇霜降九月中時過此
而霜不降則金衰矣天道長角十一度後十二日十二時
入乙氐二度躔大火之次〇此秋氣也若秋時寒熱無節
歲有火災民多瘧疾若陰氣大強則虫敗穀戎凶乃來若
霜不殺草來年五穀不登秋氣不固則冬何藏焉
日占日蝕民飢疫布帛貴鹽價昂女工高〇朔日晴萬物
不成〇九日晴主冬至元旦土元亦晴〇十三日晴一
冬多日
月占月蝕牛羊貴〇月內月無光虫起布帛貴

風占朔日風雨來年旱亘冬中水麻貴風自東半日米麥貴
〇初九日東北風主來年豐西北風來年歉〇月內上
卯日東風北風三七月米貴
虹占虹見西方大小豆貴〇朔日見麻貴油貴
雷占九月雷鳴主穀大貴
雹占寒露前後有雷雹主來年水
雨占朔日小雨年吉大雨傷禾風雨來年春旱夏水米貴
〇九日為歸路雨大宜不主來年熟大雨主柴薪貴〇
庚寅辛卯雨冬穀貴甲申日暴雨穀暴長至乙酉日更
防
雹占九月雹不宜牛馬

總占朔日值霜露主冬寒歲來年歲稔寒暖不時○朔日值霜降多雨來年歲飢

典故 晉書陶淵明于九月九日無酒宅邊東籬下菊叢中摘菊盈把坐其側未幾望見白衣人至乃王弘送酒即便就酌○蘇集東坡十河九月望見有美堂曾少卿飲以詩戲之曰指點雲間數點紅笙歌正擁紫髯翁誰知愛酒龍山客都在漁舟一葉中○續齊諧記汝南桓景隨費長房遊學累年長房謂曰九月九日汝家當有災厄急宜去令家人各作絳囊盛茱萸以繫臂登高飲菊花酒此禍可免景如其言還家見雞犬牛羊暴死長房曰代之矣其免禍也

十月

立冬十月節冬者終也物至此皆告終也建亥爲德在水日月會于娵訾之次斗建八室十七度昏時危在中旦星在中其音少羽羽者宇也物聚藏宇覆之也五行爲水五常爲智五事爲德凡歸爲物律中應鍾天曰應中何也陽入亥止亥無所爲祗應而已止應閉塞而成冬六陰卦坤天道在乙氐四度躔大火之次○小雪十月中小者陰也時高山深谷背山之壞有雪西北苦寒處雪盈數尺江以南無之天道在卯房三度後十一日五時入寅尾三度躔析木之次

日占日蝕三冬旱太畜貴魚鹽貴來春米貴○立冬晴主吸人民吉若屬火主無雨霜一冬暖屬水主來年春雨多○朔日晴一冬暖十五六晴亦主冬溫冬丙賜賜無雪無霜○立冬日立一丈竿占日影得一尺大疫大旱大暑大飢得二尺赤地千里得三尺大旱四尺庶田收得六尺高庶田熟七尺高田收八尺勞九尺大水一丈大水入城

月占月蝕主穀貴魚鹽貴○月內月無光主六畜貴

風占立冬風從乾來天下大安年豐坎來多霜殺楚獸人殃艮來地氣洩人病震來人不安深雪酷寒巽來冬溫來年夏旱離來五月大疫坤來水泛溢魚鹽倍價兌來米貴妖言爲災○立冬日西北風主來年大熟東南風爲閉倉風主來年夏米貴○朔日風雨來年夏旱麻貴芝蘇不收十五爲五風日此日有風雨謂五信風冬日南風三日主雪○申不寒風民多暴死西北風米貴

雲占立冬日西北方有白氣如雲龍走馬者宜麻如不至

大雪傷物人疫應來年夏月東方有黃雲如覆車來五穀不熟青致凶白致盜黑主水赤主火

虹占月內虹見麻貴又來年夏米貴若出西方稻貴一出一倍再出再倍民流千里○立冬四十六日虹出正北貫坎中冬少雨雪春多水○冬三月虹出西方青雲覆之春雨調和白雲春多狂風黑雲春多雨水○小雪虹見乃天地氣不相上下歲歉

雷占立冬雷鳴凶三人災傷穀○朔日雷鳴所到之處人民殃夜尤甚○庚戌辛亥日若雷鳴主來年穀歉米貴

雨占朔日雨年內旱多陰寒大雨米大貴小雨米小貴初二雨芝蘇貴十六雨主寒晦日不宜雨雨則米貴甲子

雨主凍壬寅癸卯雨人疫來春粟貴甲申雨穀暴貴乙
卯日更防
霧占霧爲沐露主來年水相去二百單五日有水主須看
霧着水面輕離水面重起干十月主水起干十一月主
旱○癸巳日霧赤爲凶青爲殃
霜占立冬前霜早禾宜冬後晚禾宜冬三月少霜則虫不
蟄麥惡來年虫傷禾人民災萬物不成
雪占雪盈尺來年大豐積雪年美人和無雪來年歉人災
虫生百穀少成○小雪日見雪塌米折半節
總占朔日值立冬主災異若屬木水來年多風雨○朔日
值小雪若東風來春米賤西風來春米貴是日斗量一
斗若緩在斗外來春米價陡增○月內有三卯糶平無
則穀貴○十月中不寒冬多暴病一云冬不凍爲飢爲
凶有災疫地不凍其鄉否果木花開來年旱百越滇蜀
之處不稱焉何也其氣溫濕故不驗

典故

說苑云趙簡子乘敝車瘦馬服羖羊裘其友曰新車則
安肥馬則往來疾衣狐狢裘溫且輕簡子曰吾聞君
子服善則益恭小人服善則益傲今我自備恐有小
人之心也○孝子傳王祥母早喪後母憎而譖之祥
孝益謹盛寒河水堅冰網罟不施其母欲食生魚祥
解扣外求之冰忽小開有雙魚至而遊祥垂綸獲之
時人以爲孝所致○魏略董遇好學人從學遇日當
先讀書百遍其義自見從者云苦難得暇日遇曰當
以三餘三冬月歲之
餘夜與陰雨日之餘

十一月

大雪十一月節是時天下皆降雪雪降爲之瑞惟嶺南自
古無雪謂天地休咎不與焉建子盛德在水日月會于
枵之次危十三虛九度昏壁東壁在中主日修在中其音
羽律中黃鍾黃者土也子者孳也萬物麗于土生于子
其藏行固営一陽卦復天道在甲庚七度避析木之次○
冬至十一月中晝四十刻夜六十刻謂日短至自茲日始
一陽復生天道在寅貴五度後人出入艮斗四度避星紀
之次
月占日蝕人災牛疫羅貴魚鹽價昂○冬至日晴萬物不
成來年多水是日立八尺表視其晷如度其歲美人和
否則歲惡人惑晷進則水晷退則旱若晷進一尺則日
食晷退一尺則月食

月占月蝕主米貴○月內月無光主魚鹽大貴
風占冬至風從乾來年旱坎來歲稔艮來春多陰雨震來
雷不止大雨連行乳母多死巽來百蟲傷物離爲虛邪
風冬溫乳母多死水旱不時人疫穀貴夜至無害坤來
虫傷禾多水民不安兌來秋多雨一云禾熟是日風寒
吉○初一風雨宜麥北風主歲和南風穀貴西風年和
不熟若東南風及起重霧者主水人飢西北風主久陰
○晦日風雨主來春雨少月內西北風主米貴○冬至
後于西日風從巳方來主大赦東南風爲歲露若飢虛
八中之必患疫切宜防避
占冬至日觀雲色于子時至平旦若青雲北起歲稔吉

青黑雲主水白雲主災黄雲大熟無雲不吉有雲
送迎從鄉來歲美人和無雲迓迎歲惡
雷占冬至日雷鳴來春水貴
雨占月內雨多來春米價昂○甲申乙酉雨主糴貴壬寅
癸卯日雨來春穀大貴
虹占冬至日見虹魚鹽貴若見火色者吉虹出東北方貴
艮中主來年冬旱夏多火災粟貴
氣占月內有赤氣主旱黑水白疾青虫黄吉
霧占霧主來年夏旱若有重霧主水飢之患
雪占月內雪多主來年春穀賤雪少來年旱無雪不利蝗
越之地不占焉○朔日大雪民災月內雪多冬春米價平

總占朔日值大雪或冬至并主災咎○冬至朔日為合辰
得壬一日主旱二日小旱三日大旱四日五穀大熟五
日小水六日大水七日河決八日海泛九日大熟十日
少收十一二日五穀不成○冬行夏令主大旱冬日嚴
寒主來歲和冬前米價增必來春價貴冬前米價落至
來春米價高○冬至日數至元旦日落五十日食足若
不滿五十日一日減一升若有餘日一日益一升至前
米價長至後米價減落又反主貴

典故　史記黄帝得寶鼎宛朐問於鬼臾區對曰帝得寶鼎神策是歲己酉朔旦冬至得天之紀終而復始于是黄帝迎日推策○南史宋百年家貧母以冬月亡衣并無絮自此不衣綿帛嘗與孔凱還宿以被具覆之百年初不知及覺引綿定高温以被潸然悲慟○雜錄屈宮中以女工揆日之長短冬至後比常日增一線之功又易七日來復疏陽氣始于剝盡之後至來復時凡經七日但諸氏并云五月一陰生凡七月而言七日見陽長須速故更日而言月也

十二月

小寒十二月節當此之時西北寒甚方溺成水戎者啗指
雖曰秋時北方有雪然猶煖若茲日出不溫此豳風所謂
氣寒也建丑盛德在水日月會于星紀之次女十牛七度
昏時婁在中至日氐在中其音上太羽下宮律中大呂丑
者土也萬物生于子為大而丑闢其氣以廣生其大乃可
故曰大呂二陽卦臨天道在丑牛十一度躔星紀之次○
大寒十二月中于此之時天下皆寒愈寒則萬物爽暢若
寒不大則來春之物不暢條矣天道在癸牛四度後五日

三時入女度躔玄枵之次○此冬之節氣也若冬有雷
其氣不寒則陽氣閉不出將來歲若飢胎夭多傷若冬多暴
日則金賤來歲旱主火災歲之弗固安能發焉
日占日蝕下鄉多水災夏麥難收穀貴牛災
月占月蝕主水災○月內月無光主穀貴若九月至十二
月月無光主穀大貴
風占小寒大寒日風雨損畜○朔日風來春旱月內冷風
暴作六七月損禾米貴東風半日六畜災西風半日不
止主旱六畜疫○除夜東北風主年稔東南風主大水
西北風主米貴
雷占月內雷鳴主來年旱水不勻○雪中雷鳴主陰雨百日

雨占月內冷雨暴作主來年七八月損水○朔日風雨來年春旱夏多雨水漕長○上酉日雨主冬春連陰甲申日暴雨殺暴長至酉日更防

虹占月內虹見穀貴當藏不藏陽氣洩也

霧占月內有霧主來年旱傷穀酉日更驗更防○申霧二十日犂猾起

雪占雪落上旬主來年水盛○若逢上酉日雪主來歲水旱不勻

總占朔日値小寒主歲和年古値大寒山虎傷人○月內寒不降主來年夏多雷電○冬至後三戊爲臘有三番雪謂之臘前三白主麥收虫死○若冰後水長主來年水若水後水退主來年旱若冰堅可渡亦主水柳眼青來年夏秋糴賤月內萌類不見主五穀不實○立春在殘年主冬暖立春日煖凍殺百鳥卵兩春夾一冬月爆主畜多死○二十四夜農人立竿束草于上燎火于野名照田蚕看其火色可否占來年水旱白主水紅主旱猛烈年豊衰弱年歉東北風吉西南風凶及焚紙爆竹看火色大率同占○除日農家作粉窩十二枚問月加一枚甑蒸熟驗之一枚主一月以次候看如有水其月雨水多則多雨乾則少雨○除夜靜聽其聲以占吉凶夜犬不吠新年無疫若犬嘷新年火盜或因公私作鬧驚動鄉里主來年有橫事妄靜爲吉煩擾爲凶

典故　晉劉長盛時九歲母王氏病久不愈十歲父思食其韭長盛于澤中慟哭声不絕而么見韭忽聞人云此處有韭長盛收泪覘地果有韭生焉因得所愈而歸母食病痊○晉書范喬字伯孫贓父盜欲其樹有告者喬佯不聞鄰人愧而還柴焉喬遂不取人怪而問其故喬曰今蹤久之夜大寒風栗不過取之與父母相欢家慶樂耳○劉女傅魯之女師魯九子之寡母也願日休家召者子謂曰婦人之義非有大故不出夫家然吾父母家幼弱歲時祀不理吾從汝謂往監之檣房戶之守吾夕而反丁是天陰還失早至閭外止待夕而入魯大夫從臺上見而怪之使人間其故對曰妾歸覘私家諸奴孺子期夕而反妾酣歡醉飽人請公有也妾反早敢止閭外盡期而入魯公聞賜爲魯師

山川鳥獸草木人事占

有求諸遠不若求諸近有考諸難無如考諸易易曰天垂象見吉凶史以天占人聖人以人占天蓋雲雨者乃陰陽之和而宜天地之施者無物不有應也

山川占遠山清明主晴昏暗主雨小山不出雲忽然雲起主非常雨土面濕汗出水珠如汗者主暴雨四野氣蒸大雨得西北風散無雨夏月水底生苔作靛色暴雨或鯹或香大雨驟至

鳥獸占鵓浴主風鵲浴主雨鳩鳴有還聲謂呼婦主晴無還聲謂逐婦主雨鵲巢高其年少風雨低主風雨鸛仰鳴主晴俯鳴主雨夏秋雨將至鷺過謂截雨雞宿早主晴上宿遲陰雨雞母負雛陰雨雞曳翅向日風雨海燕成羣風雨淋淋逍遙叫一聲風二聲雨三四多風雨白肚作風黑肚作雨犬食草晴猫食草雨獺窩近水旱窩登岸水野鼠爬藤大水到爬處牛食草望大雨馬奔躍

雨狗向河內吃水水退豕爭窩雨魚躍離水謂稱水蹤
高許水漲許蛇盤蘆上水漲若干底頭立主擡頭稍遲
豕進涉天將雨海猪乱躍風不可已蝦籠得蟛風雨蟻
鐙封穴主水燕巢無草秋少雨蛇過路主雨
草木占草屋菌生朝出晴暮出雨菱草口嘗味甘雨鎮氣
旱桐花初生赤色旱白色水藕花夏前開水穭豆花鳳
仙花五月開水枸杞薔薇花開夏前麥花盡開皆水燈
吹花不滅晴即滅雨釜底黑然白晴黑主雨炭火見風
熄雨盛羹盂底濕主雨水浸鏒濕主雨鐘盌熱手主雨
醃菜鐔盎水响者雨茶梗豎主雨夜茶瓶洞人飲不足
陰雨炊烟不出屋雨鍾鼓聲暗雨柱礎潤雨鬪越礎潤

晴亦氣運之各別糞臭泥氣臭主雨
人占老年筋骨忽疼人煩悶難了者主雨汗流入日于足
忽痒起水泡者主雨小兒口吹水泡主雨

典故 尚書傳云成王時越裳氏來朝曰久矣天之無烈風樹雨其意華有聖人乎〇說苑岳能大布雲雨能大歛雲雨觸石而出膚寸而合不崇朝而雨〇魏志管輅遊清河時大旱倪太守問于輅曰今樹上少久風徽動林間又有陰鳥和鳴應雨即至果如其言

致富奇書

卷弍

三農紀卷之二

古蜀　張宗法師古甫著

小引

承天順時百物以成知其時乃得其基不知則不能乘其時而亡其基乃略是以察啓閉分蟄之幾循浮沉升降之變分節定候以始農功

上古飲血食毛知自神農氏出天雨粟斷木爲耜揉木爲耒始有耕種后稷定時節教民播植周公作月令準氣候知穀宜種宜穫不違其時農事大重焉

孟春

大寒後十五日斗柄指艮艮者止也周天之氣此時功成當止而告謝令他代以宣其政易曰成言乎艮立春正月節立者何自行至特以從其去春者出也出其物之藏正月者端月也取其履端于始舉止于中是時天行于丁日行于壬月行壬丙天地之氣已行泰之九五一候東風解凍凍結于冬得春而解其寒嚴之氣二候蟄虫始振蟄藏之虫今感三陽氣悉振動而醒之三候魚陟負冰春風至魚不深潛負水上遊以近冰◐立春後十五日斗柄指寅寅者津也生物之津迷雨水正月中前寒爲冰今陽氣漸升雲升爲水而欲潤物一候獺祭魚歲始而魚初上獺取而不食以祭天知報本以求廣二候候鴈北陽氣達而北歷思歸三候草木萌動天地交泰草木生萌而動以兆陽

春溥遍◐是月也天氣下降地氣上升陰陽和同天子以元日祈穀擇元辰親載耒耜帥百官躬耕命有司布農事簡稼器修封疆端經術善相丘陵坡險原濕土地所宜五穀所植以教道民必躬親之田事既飭先定準繩民乃不惑◐正月天道南行宜向南方修造天德在丁月德在丙月合在辛月空在壬月厭在戌月煞在丑

田忌吴火在子　地火在戌　蠶忌在未　九焦在辰　荒蕪在巳

農時葺屋宇　整墻堵　理蠶塹　修農具　耕耒田　糞田畝　燒荒地　理蔬畦　蘸瓜畦　移果木　接化果　修諸果木去底小亂枝　種火麻　元旦斧斫諸果樹則實不落　上辰以石子安樹丫久中或堆根下則實美　雞鳴時以火炤果樹不遠蠹　凡落蘚腐枝皆虫所穴宜剔之除蛀

月討元旦食辛可煉形助五臟　元日不掃地不汲水不借火　一日不割雞不乞大不行刑　上辰日至門外呼牛馬雞大畜物令來乃置粟豆于灰撒宅內召之　上辰日塞鼠穴絕鼠　正旦取五木煎湯沐浴令人耐老　正望百椒枝插門隨所指以豆粥插筯祭之爲祀門神　十五日作白粥膏祀蚕娘主蠶盛

秋胡傳云四德捕而後爲乾一德不備虧乾道惟恐矣四時其兩後成歲一時不具則歲功虧矣故春秋雖無事首時過則書首時天時也月王月也首時又書月見天人之理合也◐師曠占歲歲欲豐甘草先

生歲欲嘗苦草先生歲欲惡惡草先生歲欲畏旱草先生歲欲病病草先生歲欲流流草先生付草者齊若草者葶藶惡草者小藻旱草者蒺藜病草者芨流草者稜◐類極云唐有虛耗鬼竊取人財物終南山有鍾馗能捉捕其鬼刳目劈啗今時人圖形以厭元旦懸堂◐芳譜西方深山有鬼長尺餘害犯人病寒熱名曰山魈以竹著火嗶吧聲其鬼驚遁作紙爆以避是其遺也◐通志高陽氏子好敝衣食糜正月晦日巷死世人因于是日作粥棄破衣祀于巷名曰除窮又曰送窮今正二十九日掃除塵壁投之水中或遺大路◐廣輿記商人歐明者過青草湖湖神邀歸問所須有一人私語曰君但求如願不必餘物如語湖神許之出乃呼如願是一小婢也至家數年遂大富後歲日如願起晏明鞭之如願入糞帚中其家漸貧故今歲旦糞帚不出戶恩如願在其中

仲春

雨水後十五日斗柄指甲甲者物將生而浮甲也驚蟄二月節是時天行于坤日行于乾月行于甲天地之氣已行

爻之上六前伏蟄蟲今承陽氣驚出一候桃始華木得陽春氣而放浪二候倉庚鳴倉者清也庚乃新也感陽春清新氣初出而鳴一云庚作鶊黃鸝也三候鷹化為鳩即在谷鳥仲春鷹喙尚柔不能捕鳥瞪目忍飢如痴而化化者歸舊形之謂春化鳩秋化鷹如田鼠之于鴽腐艸雉爵皆不言化為其不復本形也◐驚蟄後十五日斗柄指卯卯者冒也物冒土生也易曰帝出乎震震春分二月中分者半也當春色九十日之半自大寒日至春分八十七刻半厥陰風木主之謂生氣是時日行于戌天地之氣臨于震之初九一候元鳥至即燕也春分來秋分去二候雷乃發聲四陽漸盛陰陽相搏乃衆氣出也三候始電四陽盛長氣溉而光生凡聲屬陽光亦陽所以雷來電始◐是月也安萌芽養幼少存諸孤擇元日命民社耕者少舍勿作大事以妨農◐二月天道西南行宜向西南方修造天德在坤月德在甲月合在巳月空在庚月厭在酉月煞在戌

田忌天火在卯　地火在酉　九焦在丑　糞忌在　戌

荒蕪在亥

農時修蠶室　耕秧田　造布　治糞　舂米　浣氣衣　製夏衣　收柴炭　暖蚕紙　栽花果　接花木　插枝柳　種蕎子　壓諸木枝易活

月計農人皆青囊盛百穀種相遺名獻生子　釀酒為宜春酒　二日為中和節　十五日百花競放老少遊賞

為花朝蜀人鬻蠶器于市因作樂縱觀謂之蠶市　雨水節雨盂盛之夫婦共飲令有子　春社酒小兒飲之能速言　十二日百花生日無雨百果實　上丑日泥蠶室

典故　孔注春分後五日為春社秋分後五日為秋社春社燕來秋社燕去社日燕以施生時巢入室而生孔古者以燕至日祀高禖以求嗣◐書考古禮成禮以建卯月聖之三星在期成心星在卯第三有尊卑夫婦象◐洛陽記邵堯夫在洛中春二月出遊四月天漸熱即止八月出遊十月天氣漸寒即止又有四不出太風大雨大寒大暑有三不赴公會葬會醖會

季春

春分後十五日斗柄指乙乙者物之生軋清明三月節萬物至此皆潔齊清白春風鬱鬱至此疏達是時天行于壬

月行于辛月行于 主天地之氣行于震之九二一候桐始
華雨稚諸之榮桐 主是華也二候田鼠化爲鴽鴽者鶉也
鼠陰類鴽陽類陽 氣盛陰爲陽所化三候虹始見虹霓日
與雨交之氣于此時得陽而見也◐清明後十五日斗柄
指辰辰者振也物皆振動而出易曰吝乎巽穀雨三月中
雨者天地和氣雨 芽待雨興雨非雨穀矣是時天行于酉
天地之氣行震之六二 一候萍始生萍乃陰物靜以承陽
二候鳴鳩拂其羽 揲 翼飛而翼迫其聲氣使然也三候戴
勝降于桑蚕候也 ◐是月也生氣方盛陽氣發洩句者盡
出萌者盡達不可以內時雨將降下土上騰修利堤防道
達溝瀆開通道路毋有障塞毋伐桑柘◐三月天道北行

宜向北方修造天德在壬月德在壬月合在丁月空在丙
月厭在申月煞在未

田忌天火在午　地火在申　九焦在戌　荒忌在辰

荒蕪在丑

農時理溝渠　葺牆垣　耕禾田　修室宇　造釀酒
修蚕架　理蜂窩　淘魚塘　犁秧田　浸稻種　下
秧苗　種芝蔴　植棉子　種黍子　種稷子　種御
麥　下茄苗　植豇豆　植稨豆　植黑豆　種紅豆
植季豆　植籬豆　植瓠子　植冬瓜　植葫蘆
植菜瓜　植西瓜　植黃瓜　植南瓜　植薑芽　栽
芋頭　植蒜苗　植山藥　栽藍枝　植桐麻　植梓

斷植冬青　植芙蓉　植桑秧　栽芭蕉　栽麥冬
植一切果木　易生種一切子實易芽其力[illegible]各別哉
種植藝總以不失天時宜其地利
月計三日雞鳴時以隔宿冷炊湯洗抛屋飯籬廚物遠中
患　清明前三日取螺螄浸水中至清明日以水撒牆
壁厭砌處辟蚰蜒　清明日將蒿艸纏花果樹上不生
刺毛虫　清明取井泉水造酒可留久　上巳日婦女
以薺花點油祝而洒水中花成龍鳳花卉之物吉謂之
油花卜　江淮間寒食日家家以柳插門　寒食月採
楊桐枝葉取汁染飯青色食之資陽氣　小兒戲放紙
鳶舉觀以出胸濁　清明日野祭焚紙上墳拜掃以紙

掛墓上

典故　荊楚記三月三日四民盡出踏青鬪戲百艸鄭谷詩云何如鬪百艸賭取鳳凰釵◐後漢書周舉遷并州俗以介子推焚骸有龍忌禁舉移書于廟云春中寒食老小不堪今當三日◐藝術圖北方寒食爲秋千戲以習輕趫後中國女子效之以綵繩懸木架上女坐立其上推引之謂鞦韆韋莊詩云滿街楊揚綵絲娥畫出陽柳二月天好是臨鞦花動樹女呵條亂送鞦韆○別傳夏統詣洛三月三日浴中公卿以下莅至南浮橋邊紋禊統爲在舟暴所而藥賈充望見深奇之使問舟中安坐者誰答曰會稽民徐統字仲御

孟夏

穀雨後十五日斗柄指巽巽者散也物生布散立夏四月
節夏者大也物至此假大而宜是時天行于辛日行于庚
月行于庚天地之氣已行于震之九四一候螻蟈鳴俗呼
土狗有五能不成一技一名鹿扇一名螻蛄陰氣始

之二候蚯蚓出陰物乘陽而見三候王瓜生一名落鴆乃土瓜也◐立夏後十五日斗柄指巳巳者起也物至此而起小滿四月中物少長而滿易曰滿招損今陽氣少滿而將損自春分至小滿八十七刻少陰君火主之謂舒氣是時乾陽剛有晦天地之氣已行于震之六五一候苦菜秀荼爲苦菜感火氣而味苦言其不榮而實曰秀二候靡草死枝葉靡細之草凡物感陽生强而立陰生弱而靡靡草陰至而生故不盛陽而死三候麥秋至麥以夏爲秋感火氣而熟◐是月也天子始絺命野虞出行命農勉作勿休于都驅獸勿害五穀毋大田獵農乃登麥蚕事畢后妃獻繭以桑爲均富貴長幼如一以給郊廟之服◐四月天道

西行宜向西方修造天德在辛月德在庚月合在乙月空在申月厭在未月煞在辰

田忌天火在酉　地火在未　九焦在未　葬忌在寅

荒蕪在申

農時修堤防　理水竇　整晒室　曬掛裘　伐竹木

蚕上簇　收大小麥　插秧　種秈　種豆　下晚秧

種蘇麻　揀蚕種　收山豆　鋤棉花　收菜子　獲豌豆　穫蚕豆　種菉豆

月計三夏畜雄黃能治諸虫毒　凡器用以肥皂湯洗過免虫蟻　果蔬用臘雪水浸過食之良　焚鰻骨浮萍或鱉甲雄黃黃蚵蟟薰祛蚊　蕎稈鋪牀下止蚤或焚蜈蚣或薑汁浮萍雄黃不瓜葉　夏三月桑根楮柳桃枝各一握麻葉一把煎水溫浴之去風濕活血氣浴畢以粉傅身肌膚清潔　毛革物以芫花末摻之或艾葉捲藏新甕中泥封口或花椒或藏錫器內　得白布在𪇆釘內染提勿滌晒乾包貂狐物不落毛

典故　廣類車武子家貧讀書不常得油夏日練囊盛數十螢以夜繼日◐摘抄了云吾從吾所遊舫大醉輒人源泉一日乃出能閉氣運息于夏耳◐晉陽秋云袁宏爲東都守一日謝安執宏手授一扇宏曰謹當奉命揚仁風慰彼黎庶◐嶺南記有女子夏過高廊去郡遠天陰蚊盛有田舍在焉其嫂欲其止宿吾寧死不可失節遂以蚊死露其筋焉人爲立祠曰露筋

仲夏

小滿後十五日斗柄指丙丙者炳也陽氣著明炳炳芒種

五月節言有芒之穀可播種也是時天行于乾日行于坤月行于丙天地之氣已行于震之上六一候螳螂生感一陰之氣而生飲風食露能捕蟬深秋生子林木上一殼百子本草名螵蛸二候鵙始鳴鵙百勞鳥也又名博勞惡聲之鳥乃梟類二候反舌無聲百舌鳥也能反覆其舌感陽而鳴遇陰無聲也◐芒種後十五日斗柄指午午者長也大也物至此長大也夏至五月中物至此時皆假大而極至也易曰相見乎離日行于未天地之氣行乎離之初九一候鹿角解鹿乃山獸形小屬陽夏一陰生鹿陽角解二候蜩始鳴蜩乃蟬也天而黑色雄能鳴雌無聲一名蟭蟟一名螗蜋雨後脫殼鳴于夏爲蜩莊子所謂蟪蛄夏鳴也三

[illegible]半夏生居夏之半而生以名也◐是月也祈穀實農乃登黍日長至陰陽爭生死分君子齋戒處必掩身毋躁止聲色薄滋味節嗜欲定心氣百官解事毋刑以定陰氣之成也◐五月天道西北行宜向西北方修造天德在乾月德在丙月合在辛月空在壬月厭在午月煞在丑

日忌天火在子　地火在酉　九焦在卯　葬忌在午

荒蕪在巳

農時插秧　種豆　植竹　種桃杏李核　收藏蚕種

刈苧　採葛　糞桑　摘紅花採　槐花　耘藍

收艾　採菖蒲

月諱五月雨爲梅雨　洗瘢痕即去沾衣便腐澣浴如炭汁甚異他水　蟲蠭與蚯蚓于此月異物同穴以雌雄五日候交時收取六婦佩之相愛　五日以朱索連帚結柳杞桃結却五色書文施門戶可去惡邪　五日繫五色線于小兒背名續命縷能辟凶厭鬼不染此日日呼遊光則厲鬼遠遁　五日菖蒲刻人形或葫蘆形佩之辟邪　五日五鼓時使一人向空堂中扇一人問云扇甚麼答云扇蚊子凡七問七答一夏少蚊　五日午時朱寫茶字倒貼之遠蛇蝎　午時向大陽寫白字倒貼于柱四處則無蠅虫　書儀方二字倒則柱脚上避蛇虫　五日不宜小兒坐地令生病不宜坐門限令生疸　不宜晒小兒衣令患驚　五日以白礬一塊晒一口收

存斂諸虫傷　五日用牛旁子防風等分爲末作丸五錢重黃酒下治疫神效　五日一名天中一名午日重午一名蒲節端午地臘惟五日午時天罡指艮以塞鬼門故採百艸合藥治病效驗者是也

典故　典錄曹娥女性至孝父能絃歌五月五日泝濤迎波神溺死娥女年十四沿江號哭晝夜七日投江救日抱父屍浮出◯續齊諧屈原五日投汨羅楚人哀之以竹筒停米投祀漢武中長沙歐回者見一人自稱三閭日嘗見祭甚善但患蛟龍所竊須以楝葉塞封五色線縛此二物蛟龍所畏今祭作糉子及五采線及楝是也◯鳥獸亦有識乎五月五日蝦蟇浮水不鳴七月七日烏鵲集林永不飛甲子庚申日珠蛽閉日雉知雷發處鵲背大歲巢虎知沖破狼曉驚開蛇遇巳日不過道燕逢戊日不啣泥鶴警夜雞司晨于此見鳥獸之識而人以識昧者反不若

季夏

夏至後十五日斗柄指丁丁者壯也物至此而壯盛小暑六月節暑氣至此尚未極陰氣漸來陽氣未盡剥故以小名之是時天行于甲日行于丁月行于甲天地之氣巳行于離之六二一候溫氣至溫熱之風至此而極故曰至二候蟋蟀居壁感肅殺之氣初生則在壁感之深則在野蟋蟀一名蛬一名青蛚促織是也三候鷹始摯鷙者擊也殺焉未肅鷙鳥始習擊搏迎殺氣也◐小暑後十五日斗柄指未未者味也物皆成有滋味大暑六月中暑至此而盡洩大往也小滿至大暑八十七刻少陽相火主之謂長氣天地之氣並行于離之九三一候腐草爲螢離明之極則幽陰至微之物亦化而爲明物故詩云熠熠宵行一名曰

良一名丹鳥一名夜光一名宵燭不言化者不復元形矣
二候土潤溽暑土氣潤故蒸鬱爲溽濕俗呼溽蒸熱是也
三候大雨時行前候滋而後候大雨時行以退暑熱之氣
也◐是月也燒薙行水利以殺草如以熱湯可以糞田疇
可以美土疆◐六月天道東行宜向東方修造天德在申
月德在甲月合在乙月厭在巳月煞在戌
田忌天火在卯　地火在巳　九焦在子　獲忌在子
荒蕪在辰
農時漚麻　斫芋　斫竹不蛀　晒羽毛物　種蒜
種葱　種蘿蔔　鋤竹園　收花椒　取藕　耕麥土
收早稻　插遲秧　耘豆　耨禾　稻早晚不等各

主殊藝
月計六月六日爲六神交會日取水停新淨甕中一年不
臭是日水造醬醋醃物久不壞　夏天留飯易臭以莧
菜鋪飯上置涼處可停宿不敗　凡收鮮肴饌以苦萵
盛懸井中不壞鮮肉大香油內淹過可留　食苦蕒以
益心　麈尾留紅纓可去蠹六月熱急用扇扇手足
心遍體皆涼禁以冷水浸手定　六日爲天貺日晒書
畫衣服器皿盡日而止　三伏內不宜嫁娶　夏月中
宜服六一散滑石六分甘草一分加砂糖菉豆粉甚佳
免中暑

典故東觀漢記黃香性孝于暑熱之天以扇侍于親則引
風涼[illegible]

夏不扇目致而心坏深得易妙或問先生之學可學
乎曰可止用三十年涵養工夫〇日忌釋云伏者何
金氣伏藏之日四時代謝皆以相生至于立秋以金
代火金畏火故至庚日爲伏夏至後三庚爲初伏四
庚爲中伏秋後
初庚爲末伏

孟秋

大暑後十五日斗柄指坤　坤者順也順時以行其義歸藏
萬物也立秋七月節秋非毀物乃節也天地節而四時成
秋以斂之所以節而成其物是時天行于癸日行于丙月
行于壬天地之氣行於離之九四　一候涼風至大禮作育
風今西風淒清溫變而肅也二候白露降感金氣露化白
色三候寒蟬鳴前此蟬鳴不若此時感寒風蟬鳴聲急疾
而悲憐也◐立秋後十五日斗柄指申申者身也物皆成

就處暑七月中陰氣漸長　暑將伏而潛處也是時日行于
巳天地之氣行離之六五　一候鷹乃祭鳥鷹義鳥也不擊
有胎之鳥今金氣肅殺感　其氣始捕擊必先祭古人見其
義方有食新必先薦之冊　先而祭自此始二候天地始肅
山川草木彫零以見秋義　之合三候禾乃登禾者稼之連
莖稉之總名時成熟可以　登矣◐是月也清風形寒農乃
登穀天子嘗新先薦寢廟　今百穀收斂完隙防講壅塞以
備水源◐七月天道北行　宜向北方修造天德在癸月德
在壬月合在丁月空在丙　月厭在辰見煞在未
田忌天火在午　地火在辰　九焦在酉　獲忌在酉
荒蕪在亥

農時 耕麥地 漚𣏌麻 浣舊衣 修壞牆垣 修圈閘

製寒衣 收棉花 修倉廒 植葱 植大蒜 種

蘿蔔 伐竹木 栽薤韭 種諸菘 種諸芥菜 種

秋菘 植萵苣 植菠菜

月計 秋耕宜早恐霜後撈入陰氣種植難實 宜整理大

窖房櫓以避霜害 收藏梨橘之類須帶枝或種蘿蔔或芋中仍用紙封或乾穰草包護藏瓮中勿通風可耐久 七夕日酒掃庭守露施几筵設酒醮時果香燭視織女止宜乞一事不可備求若七夕夜有白雲度者乞其所求三年勿言頗有受其祥者 七月十五日修行記爲中元大慶後漢書云佛以癸丑七月十五日寄生

于摩耶夫人腹至周莊王四月八日生故僧家十四月八四結夏七月十五日解衆盂蘭經云目蓮比丘救母後人廣爲華飾 道書云七月十五日九地靈下人間校定罪福數要云當地官校籍之辰是白帝乘時之犀也

典故 唐書郭子儀至州夜見空中駢車繡幄一美女自天而下子儀曰今乃七夕必是織女降臨願乞一賜女曰福壽子儀後貴盛年九十餘終 ○列仙傳周靈王之太子晉好吹笙作鳳鳴遊伊洛道士浮丘公人嵩山後三十年來告桓良曰告我家七月七日待我氏山至日果乘白鶴舉手謝時人而去 ○續齊諧陽成武丁有仙道謂其弟曰七日織女當渡河者悉還宮問織女何事渡河曰織女暫詣牛郎 郝隆七月七日見鄰人俱晒衣隆家無所晒袒而日中臥其故曰晒我腹中書耳

仲秋

處暑後十五日斗柄指庚庚者陰氣更物也白露八月節此時陰氣漸重露凝而白是時天行于艮日行于巽月行于庚天地之氣行于離之上九一候鴻鴈來鴈自北而來二候元鳥歸元鳥北鳥也故曰歸三候群鳥養羞爲禦食以備冬月之養也 ○白露後十五日斗柄指酉酉者萬物皆緧縮易曰説言乎兌秋分八月中自此陰陽適中當秋之半陽消陰長其氣肅殺日盛日大暑至此秋分八十七刻于大陰濕土丑之謂化氣是時日行于辰天地之氣行于兌之初九一候雷始收聲雷乃有聲之陽今八月陰中故聲收入地則萬物屬陽者俱隨而入二候蟄虫坯戶百虫坏蟄其戶穴使通明處稍小至于寒甚乃塞之陶

瓦之泥器曰坯三候水始涸水乃陽氣所發春夏盈長而生萬物秋冬氣收以漸則藏而養萬物也 ○是月也無不走不孰穿竇窖修囷倉謀收斂務蓄菜多積聚種麥勿或失時 ○八月天道東北行宜向東北方修造天德在艮月德在庚月合在辛月空在甲月厭在卯月煞在辰

田忌天火在酉 地火在卯 九焦在午 葉忌在甲

荒蕪在卯

農時 種大小麥 植豌豆 植紅花 植油菜 植胡麻

植大蒜 植蘿蔔 種菠菜 種諸菘 種諸芥 種

冬葱 製寒衣 分栽木秧苗 鋤竹園 收芋藷山

藥根 穫稻

月計初一日朱砍點小兒額名曰天灸以厭邪　秋社日晨收百草露濃墨點穴能治百病名曰天灸　秋社日當令小兒夙興早起遠灸最則有神名社翁社母洒小兒而令色黃白多病　八月四日以絲就牝辰下祝求長年

典故　異聞録中秋夜中天師引明皇遊月中曜身爆雲務間下視玉城嵯峨若萬頃琉璃田素娥十餘大詣衣乘白鸞舞桂樹下樂音清麗明皇歸編製律霓裳羽衣曲◎詩話晏元獻守南遇中秋夜日晦士君玉爲詩以人日只在浮雲最深處試捲管絃一吹開元獻枕上得詩即索衣起至夜分月果出遂相與飲樂達日◎遺事蘇頲與李乂對掌絲綸中秋夜禁中玩月備文酒之晏蘇曰清光可愛何用燈燭命徹去

季秋

秋分後十五日斗柄指辛辛者物就成而辛寒露九月節

氣漸肅露寒而將凝是時天行于丙日行于乙月行于丙天地之氣行兌之九三一候鴻鴈來賓言鴈之後至者爲賓二候雀入大水爲蛤雀黃雀也嚴寒所致飛化爲滑蛤蚌屬之小者南海有黃雀魚者常以八月化爲黃雀至十月復化爲魚大抵亦此類也三候菊有黃花菊獨華于陰故曰有應季秋土旺之時故言其色◎寒露後十五日斗柄指戌戌者滅也物盡衰易曰見戰乎乾霜降九月中陰氣更盛肅凝爲霜而降于大地一候豺乃祭獸豺知報本方捕而祭應秋金之義二候草木黃落于此深秋草木色黃搖落也三候蟄蟲咸俯而頭畏寒而不食◎是月也民力不堪其皆入室季秋務畜菜乃伐薪爲炭◎九月人道南行宜向南方修造天德在丙月德在丙月合在辛月空在壬月厭在寅月煞在丑

（曲忌）天火在酉　地火在午　九焦在卯　葬忌在荒蕪在寅

（農時）種大小麥　種油菜　種蔓菁　種豌豆　種胡豆　種紅花　穫稻　穫豆　收薑　收芋　收藷　種葱　種菠菱

月計九月折茱萸插頭髻初寒以辟惡邪　九日釀酒可醃蔬留久　九日俗以艾灸宿疾　家語云霜降而婦工成娶者行

典故　明製洪武九月命部令民每歲遇農種月俟農聚衆鳴鼓皆會田所晴力田其怠惰者老人督責之里老縱

怠惰不勸督者罰遇婚姻喪葬吉凶等事一里之內互相賙給不限貧富隨力資助◎元命苞堯爲天子季秋下旬夢白帝遺以烏雛子其毋曰扶始升高丘白帝上有雲如虎感巳生阜陶淮南云阜陶之形鳥喙也◎廣異記唐明皇重陽日獵沙丘有飛雁帝射中之帶箭西南去道士徐佑昭一日自外持傷來掛于壁書其日月且日十年後箭王到此當付之後果十年明皇幸蜀見此箭

孟冬

霜降後十五日斗柄指乾乾者健也立冬十月節冬者終也物終而皆收斂是時天行于乙日行于申天地之氣行于兌之九四一候水始冰水面初凝不至于堅故曰始冰一候地始凍土氣凝寒未至于折故云始也三候雉入大外爲蜃蜃之大者若車輪于島嶼之間吐氣樓閣大小者浩也◎立冬後十五日斗柄指亥亥者郊也刻殺萬物也

秋分至小雪八十一刻牛陽明燥金主之爲之收氣小雪十月中但雪未甚故云小是時日行于庚天地之氣已行兌之九五一候虹藏不見虹乃無質伏見隨在陰陽故陽交則見不交則不見乃伏耳二候天氣上升三候地氣下降天地變而各正其位不變則氣不通故閉藏而冬成○是月也天子始裘謹蓋藏慎積聚坏城郭戒門閭修鍵閉慎管籥固封疆命有司收水泉地澤之賦○十月天道東行宜向東方修造天德在乙月德在申月合在巳月空在庚月厭在丑月煞在戌

田忌天火在卯　地火在丑　九焦在亥　獲忌在亥

荒蕪在寅

農事種遲稻　種油　種豆　收藏民種　墐窗牖

縛薦　造牛馬屋　造牛衣　製棉衣　製被蓋

治牀炕　築牆垣　收黍子　窖諸　窖芋

起蔓菁根　壓桑條　收豆種

月占初一日爲民歲臘日　朔日祀牛神以案藏牛角

朔日祭井井之精名觀狀如美女好吹簫呼其名即去

井之鬼名瓊　十五日爲下元又爲五風誕日漁家聚

而祈禱此日應終歲風雨如期

典故　高士傳云甯以天下讓善卷曰予立宇宙之中冬則衣皮毛夏則衣絺葛何以天下爲哉○數說云邵康節與子伯溫夜侍爐忽有人叩門伯溫以鏤將與邵曰斧借也其人果借斧溫問其故邵曰數乃金短木長今夜寒將求斧斫柴爲爐數不靜理以聖推數其機勿矣○集異記翁山中歸饒於一張若死唯員歸婦日我等命孤寒勿傷生靈入援之天曉一少年問曰我何到此二老驚述其由少年泣拜曰非此大德念休矣我遠方探親酒醉二老乃我重生也十是生以養死以葬葬以祭焉故名其墳曰義狐

仲冬

小雪後十五日斗柄指壬壬者任也陽氣養萬物于下大雪十一月節言積陰凜冽至此而大也是時天行于巽日行于艮月行于壬天地之氣行于兌之上六一候鶡鴠不鳴鶡者毅鳥也似雉而大有毛角好勇鬪死則已古人取爲勇士冠鶡乃陽鳥感六陰之氣而不鳴二候虎始交于此虎感微陽而萌動故氣益盛而交三候荔挺生考本草以荔爲蠡實即馬薤似蒲而小可爲刷◐天雪後十五日斗柄指子子者滋也陽氣至此而滋生冬至十一月中日

南陰極而陽始生天地之氣行于坎之初六一候蚯蚓結六陰寒極蚯蚓交結如繩二候麋角解麋澤獸形大屬陰角支向後冬至陽生感陽氣而角解三候水泉動水者一陽所生故今動矣○是月也日短至陰陽爭諸生蕩士事慎毋發蓋毋發室屋及起大衆以固而閉地氣阻洩是謂發天地之房諸則人民必病疫○十一月天道東南行宜向東南方修造天德在巽月德在壬月合在丁月空在午月厭在子月煞在未

田忌天火在午　地火在子　九焦在申　獲忌在丑

荒蕪在午

農事植杉　植松　植檜　植柏　修池塘　晔雌尾窖雪水

造竹木器皿　修理房室　收糞草　收柴炭　製相

衣　造棉被　鋤油菜

月計冬至日井水盛盃中溢牟毛脫〇冬至陰氣極則北至北極下至黃泉故不可鑿池　穿井　共工氏有不才子冬至日死爲疫鬼畏赤小豆故煮赤小豆以禳之十一月晦以赤小豆粥祭門以禳疫後世誤傳十一月二十五日冬至夜子時梳頭一千二百以贊陽氣終歲五臟流通

典故　書考云當堯甲子冬至日在虛一度後秦莊襄元年冬至日在斗二十二度迄宋慶曆甲申冬至日在斗五度今已在箕六七度矣上距堯即差四十餘度說者求之而不得其故近有鮑泰者著天心復要一書以明曆氣朔大槩八十年一齊每歲二十四氣于時之八刻中往來無定節氣之交必有定刻中氣之交亦有定刻如冬至乃十一月之中氣定在十二時之五刻歲歲如此餘氣之定在某刻亦然朱子所謂有定之法其或得之矣〇皆書周顛母李氏冬至日畢觴謂三子曰顛志大才短非自全之道當性直不容于世惟四如碌碌當在母目下耳〇律志候氣之法爲室三重戶閉塗釁周密而緹幔室中以木爲案每律各如之內庳外高其六位加律其上以葭莩灰抑其兩端氣至灰去

季冬

冬至後十五日斗柄指癸癸者揆也物可揆度小寒十二月節此時氣雖寒而寒未甚故云小是時天行于庚日行于癸天地之氣行于坎之九二一候雁北鄉鄉者鄉道之義雁辟熱而南今則飛北向得氣之先故也二候鵲始巢至後一陽已得來年之氣鵲遂巢知所向也三候雉雊雊雉乃文明鳥雄雌同鳴感于陽而發聲也〇小寒後十五日斗柄指丑丑者紐也陽氣未伸物紐結而未出大寒十二月中時已二陽而寒嚴不甚閉藏亦陳而發泄亦不踢爽所以啓三陽三泰造化之微權自小雪至大寒八十七刻于太陽寒水主之謂藏氣是時日行于癸天地之氣行于坎之六三一候雞乳乳者育也雞木畜麗于陽而有形故乳之二候征鳥厲疾征者伐也殺伐鷹隼之屬至此猛厲迅速也三候水澤腹堅冰轍上下皆凝故云腹堅一元默運萬彙化生四時循環千古不易極之而陽九百六不過此氣之推運耳〇是月也日窮于次月窮于紀星回于天數將幾終歲更始告民出五穀種介民計耦耕事耒耜具田器〇十二月天道西行宜向西方修造天德在庚月德在庚月合在乙月空在申月厭在辰月煞在辰

田忌天火在酉　地火在子　九焦在巳　糞忌在卯

荒蕪在戌

農時收蒜種　造農器　停雪水　造柴車　收糞

插柳、焚果葉　燒荒　墾秧田　壓桑枝　壓果條

浴蚕種　振園籬　醉河淮　種蒜

月計月內癸丑日造門賊不敢近　冬至後三戌爲臘逢入臘上水日以水細洗薦蓆毡褥避狗蚤臭蟲勿令人見

臘後除日收鼠頭骨燒灰于坎地土埋之除鼠患

臘月懸猪耳于堂上令家豐熙　猪脂于廁中家無蠅

二十四日夜備酒果燈楮焚香以潤塗抹竈門謂醉司

命○二十四日五鼓時取井花水第一汲者盛淨器中量人多少浸乳香至歲旦五鼓令溫從小至大飲水一波一年不患時疾○除夜有司疫使者降人間宜以黃紙寫天行已過四字貼門上○除夜宜焚蒼术皂角芸楓香以辟不祥○除夜半于牀底點燈謂照虛耗○除夜持椒卧井邊勿與人言納椒井中辟疫○是夜祭竈神後以斧抛外看斧口向外則出外吉向內則在家吉○此夜宜一家和樂若爭論醜顏是敗亡之兆○門之神左曰丞右曰尉乃司命之神其義本自桃符○東海度索山有神曰神荼鬱壘以禦凶惡爲民除害今書此四字貼門吉○堯時祗支國獻重明鳥一名雙睛鳥形

如雞鳴若鳳落毛羽肉翅能飛搏逐惡邪飴以瓊膏後人刻木鑄金像此鳥置門以辟惡類今畫雞者取此義○黔首多疫黃帝立巫咸使黔首鳴鼓振鐸以動心勞形發陰陽之氣擊鼓呼噪以出鬼季冬先臘日大儺謂逐疫選侲子十歲至十二歲者百二十人皆赤幘皂衣執大鞉方相士黃金四目蒙熊皮玄衣赤裳執戈持盾率百肆及童子桃弧棘矢且射之以赤丸五穀播酒之持火燭而時儺以逐惡鬼于禁中○顓頊有三子死而爲疫鬼一居江水中爲瘧鬼一居林壑中爲魍魎鬼一居人宮室區隅中以驚害兒童爲小兒鬼歲臘祀宮時儺以索室中而驅黃門倡侲子和曰甲乙食凶佛胃食

虎雄伯食魅騰簡食不祥攬諸食谷伯奇食夢強梁祖明並食磔死寄生續食長奸錯斷食巨窮奇騰根共食蠱凡使十二神追惡凶赫汝軀禮汝幹節解汝肉抽汝肺腸汝不急去從者爲糧

典故 詩話賈島常除歲取一年所得詩祭以酒脯而祝曰一年勞吾精神以是補之○邵傳鄭康成年十二歲隨母還家正臘宴會同列十餘人皆美服盛飾言語閑通獨康成漠然父母私督數曰此非吾志不在所願也○華陽國志王長文守江源令收得盜馬發璞賊過臘遣歸家獄先有繫四者亦遣之過節來有赦令無不感恩誓不爲惡自不敢犯

土

土旺四時每季十八日其星角亢氐其音宮其日戊己其數五十其穀稷其蟲倮其味甘其臭香其色黃其祀中霤

其樂塤祭先心土德實輔四時出入以風雨節土蓄力其德平而不阿明而不苛包裹覆露無囊懷溥氾無私鎮正以和行稃鬻養老衰弔死問疾以送萬物之歸

土忌 戊己日燕不啣泥慮巢不堅凡宅舍土工等事宜避土日春犯損目夏犯災火秋犯瘡疽冬犯人畜不安土旺日犯者主瘟疫○土主濕氣起居宜慎六月濕熱尤宜節飲冷及濕寒之地伏陽在內陰氣外散苟失調理內外加感易生百病

效方 瘟疹疫癘發斑熱急但令卧陰土地則解拔熱毒土之妙用甚多在智者爲濕用之○凡中藥毒者土能解之大熱腸甚者以涼水和土灌之可蘇又解河豚毒蕈

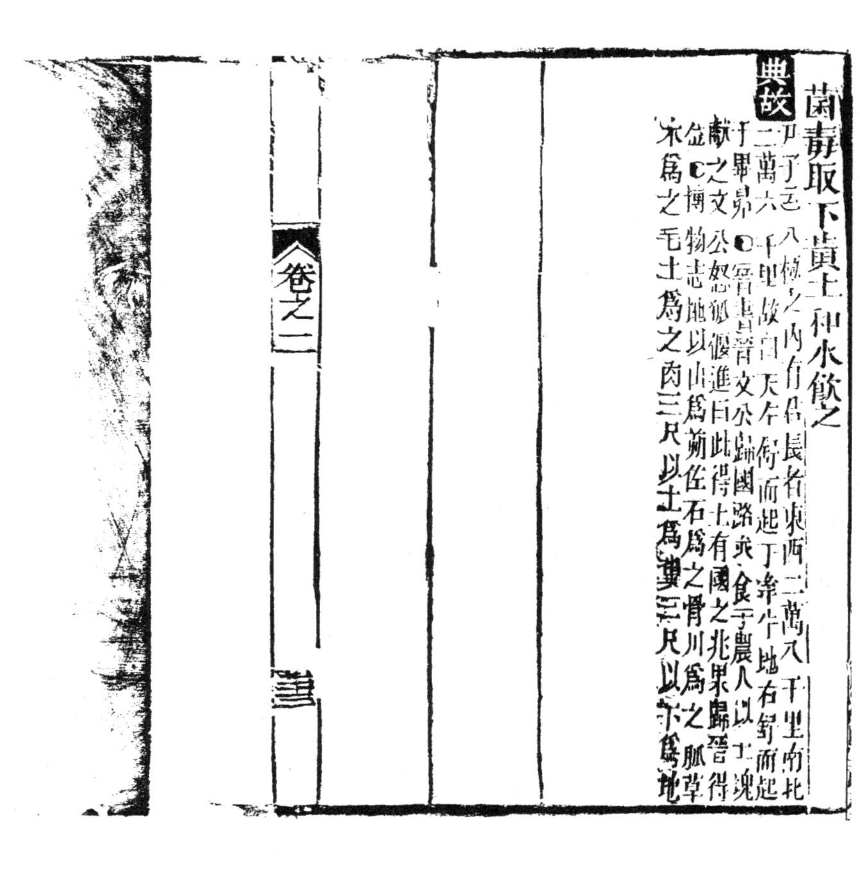

茵壽取下眞土和水飲之

典故　尹子曰八極之内有君長者東西二萬八千里南北二萬六千里故曰天午衔而起丁辛牛地右旋而起于畢昴○晉書晉文公歸國路乏食乞于農人以土塊獻之文公怒狐偃進曰此得土有國之兆果歸晉得位○博物志地以山爲肺住石爲之骨川爲之脈草木爲之毛土爲之肉三尺以上爲糞三尺以下爲地

〈卷之二　三

三農紀卷之二

古蜀　張宗法師古甫著

小引

物承天而生順地而長逆則殺之順則成之聖人作則履時象天養財任地以達方氣方產

堯遭洪水古制分絶禹平水土爲九州五牧舜分爲十二州爲職方氏掌天下地圖辨其邦國都鄙之民與其財用九穀六畜之數稗史分繫二十八宿羣國所入宿度自古迄今天度經緯所差不同大抵物之生長亦異耳物雖地長實屬天生况地在天之氣中順承天施而成物益天之氣上剛下柔地之氣上柔下剛故山高而寒水深而温也

嘗論天地之氣由日帥之廣狹之處冬日温熱由日南行至當賊日之下故温熱而不寒其所產者與他地不同朔北之方夏日寒凉雖夏日北行然朔北有當陰山之背處日光斜焰故寒所產與他地不同以此推之則寒温在日主之其生長成收亦隨日主之也各方之土宜物性不可一概而論

變應天有四氣氣有四變寒暑温凉四氣也以應四時節古陰陽四變也以和八節如春分本暖仍冬令則猶寒主驚蟄朔氣備甲而變爲節天地之啓氣所變化既變而春之暖氣始得以生物夏氣本暑仍春令則猶暖至芒種朔氣值丙而變爲陰天地之合氣所變化既變而

夏之暑氣始得以長物秋氣本涼仍夏令則猶暑至白露朔氣值庚而變爲古天地之沴氣所變化既變而秋之涼氣始得以成物冬氣本寒也仍秋令則猶涼白小寒朔氣值壬而變爲陽天地之閉氣所變化既變而冬之寒氣始得而收物矣四氣位乘中位得天度之多故東南西北不易四變值甲丙庚壬之宮天度既不齊地氣亦相異應故江北無陰江南無節西土無古東土無陽雖陰陽之偏亦造化之妙陰陽節古亦隨日之運照王天地之生成

〔十變〕地之道一剛一柔地之情一融一結融則爲水結則爲山崇泉靜深融之內有結山澤通氣結之內有融山

起西北西北之處未必無澤水歸東南東南之所又豈無山山中有澤若將平夷能引水溉則地可變爲澤田澤中有山若將區聚導泱瀉濾則澤田可化爲地高山取水設法可登而澆上卑濕惡乎汙施策可瀉而乾隨其勢因其時就其局亦不必循　執云五方各氣四域異産沃瘠殊其壤早遲別乎令

〔土宜〕周禮職方氏辨九穀以宜九州之土冀雍穀黍稷兗穀麥黍幽穀黍稷青徐穀稻麥并豫穀黍稷麥稙揚穀稻麥稷此古之穀者在今陸者穀其大麥小麥黍稷粱大豆小豆秈稑青稞豌豆蚕豆之屬水者穀其稗𥟩粳秥之屬山者穀其御麥蕎麥薏苡高粱芋諸之屬

〔土化〕周禮以草人掌土化之法以物土相宜爲之種糞其汁以漬種騂剛者用牛騂剛乃赤色土也其性剛以牛骨燒灰糞之赤緹用羊赤緹源色土也用羊墳以起之曰用麋澤用鹿其土鹹瀉水以瀉其鹹鹵也用狗貀勃壤土粉解者用狐埴黏也壚疏土用豕強檃堅土用蕡蔴輕爂土用犬各方之土以宜土化之法

〔方圖〕河圖謂東南神州曰晨土正南次州曰沃土西北戎州曰滔土正西弇州曰并土正中冀州曰中土西北台州曰肥土正北濟州曰成土東北薄州曰隱土正東揚州曰申土天地之間九州八極

〔廣輪〕周禮大司徒掌天下地土之圖周知九州之地域廣

輪之數辨五地之物生一曰山林動物宜毛植物宜皁二曰川澤動物宜鱗植物宜膏三曰丘林動物宜羽植物宜覈四曰墳衍動物宜介植物宜莢五曰原濕動物宜贏植物宜叢

〔土形〕物理論地土皆有形名而人莫察焉有龜蛇體鱗鳳貌有弓弩勢有斗升象有張舒形有塞閉容有隱真之安有累卵之危有瘠膏之害此十形者乃氣勢之始終陰陽之所極也

〔地圖〕晉書地圖之體有六一曰分率所以辨廣輪之度二曰準望所以正彼此之體三曰道里所以定所由之數四曰高下五曰方斜六曰迂直此三者各因地而制行

所以校險之數有圖象而無分率則無審遠近之差有分率而無準望雖得之於一隅之地不能以相通有道里而無高下方斜迂直之校則經路之數必與遠近之實相違失準望之正矣此六者參而考之故雖有峻山巨海之隔絕域殊方之迥登降詭曲之因皆可得舉而定矣

土產淮南子云輕土多利重土多遲中土多聖堅土人剛弱土人肥墟土人大砂土人細息土人美耗土人醜各方之土氣所生也 家語子夏云山書曰地東西為緯南北為經山為積德川為積刑高者為生下者為死丘陵為牡川谷為牝 河圖括地象曰青州其音角羽其

泉鹹以酸其氣舒遲其人聲緩荊揚其音角徵其泉酸以苦其氣慓輕其人聲急梁州其音商徵其泉苦以辛其氣剛勇其人聲塞兗豫其音宮徵其泉甘以苦其氣平靜其人聲端雍冀其音商羽其泉辛以鹹其氣駛烈其人聲捷徐州其音角宮其泉鹹以甘其氣悍勁其人聲旋 周書荊一男二女揚二男五女青二男二女兗二男三女幽一男三女并二男三女豫二男三女雍三男二女冀五男三女 宋史山林之民毛而瘦川澤之民黑而津丘陵之民圓而長墳衍之民皙而方原隰之民豐而瘦東南之民食水產西北之人食陸畜食水產者魚蛤螺蚌為珍味不覺其腥食陸畜者狸兔鼠雀以為珍味不覺羶

分埜考周官天星皆有分野兗角亢房心豫尾箕幽斗女揚虛尾青室壁并奎婁胃徐昴畢楚觜參益東井輿鬼雍柳星張三河翼軫荊 分野說壽星鄭也屬角亢氐三星于辰鄭之分星兗州之分大火宋也屬房心二星于卯豫州之分析木燕也屬尾箕二星于寅幽州之分星紀吳越也屬斗牛女三星于丑揚州之分玄枵齊也屬危虛二星于子青州之分娵訾衛也屬室壁二星于亥并州之分降婁魯也屬奎婁胃三星于戌徐州之分大梁趙也屬昴畢二星于酉冀州之分沈實晉也屬觜參二星于申益州之分鶉首秦也屬井鬼二星于未

雍州之分鶉火周也屬柳星張三星于午三河之分鶉尾楚也屬翼軫二星于巳荊州之分見周記云古城占里等餘國唯地上之物有異耳其天象大小遠近顯晦之類雖極遠國與中國無異因此益知二十八宿分野中國之九州者謬

典故

墨子會子問大輿地孰仁墨子曰翟以地為仁仁○管子齊桓公問管子曰地數可得聞乎曰民食焉衣焉死焉家焉地終不責德故以地為東西二萬六千里南北二萬六千里出水者八千里受水者八千里○淮南子盧敖遊于北海至于蒙谷之上見一士焉與之語曰唯敖為背群離黨窮觀于六合之外周行四極唯北陰之未窺今卒睹夫子于是殆可與敖為友乎若士者然而嘆曰嘻子中州之民寧肯而遠至此我南遊于岡㝗之野北息乎沈墨之鄉西窮窅冥之黨東開澒濛之光此其下無地而上無天聽焉無聞視焉無矚子遊始于此乃語窮觀豈不亦遠哉然子處矣吾與汗漫期于九垓之上雖皆而踐身遂入雲中○此說入

灣瞬落想含言上地人物介金云北地以血斗虫
水淡而清鹵人廉正貞孫而雀鬼蝶喊其水盟
宗揚波產人
石柯柳蒸

三農紀卷之二

古蜀　張宗法師古甫著

天生地成用者無用則舍利者不利則害有用者不可使之無用得利者不可令之無利然一水也萬物無不潤不得則不生百事無不成不得則不濟能用之利無涯若舍之害難已故嘉其利美彼上善〔一〕

洪荒之世書野無文大禹敷土隨山刊木奠高山大川九河道三江八四隩宅九州別始志山澤其事至于治水至于周周公命遂人主溝洫十夫則有溝百夫則有洫千夫則有澮萬夫則有川稻人以瀦畜水以防止水以溝蕩水以遂均水以列舍水以澮瀉水在禹以爲行所無事而周公以利爲本其德其功不可及矣

西北水利播河入海溝洫之修尤宜盡力固以利民亦以分殺支流不以助河之助河之無患溝洫其本也自周楚王後溝洫漸廢而河患種種今河自關中以入中原合諸川數千里之水當霖潦之時諸川所經無一溝一洫可以渟注曠野洪流盡入諸川其勢既盛諸川又會於河流則河安得不流盛則其性自悍急性悍急則遷徙不常固勢所必至也能自然山河諸處訪求故渠舊堰師其意不泥其跡疏爲溝洫引諸支流使霖潦不致泛溢于諸川則能河居民可得水利以成田則河流漸殺

河患可弭矣大水生天地間本以利人蓄聚之則生害
散之則生利棄之則生害用之則生利考古昔盛時列
國分有畫井而田疇達于溝溝達于洫洫達于澮達于
于川縱横周其地勢以取利于水何古以爲利而今及
以爲害也今三吳之地稱最在禹貢揚州域厥土塗泥
厥田下下至漢以澤國𠦂惟晉室既東南宋偏安漸興
水利而財賦遂甲西北之處土曠水夷能爲疏引水即
爲利若高下相懸以設桔槔運流之法轉水于數仞之
深高則開渠卑則築圍急則激取緩則疏引其最下者
遂以爲受水之區因其勢不可强也然其當致力于水
之源源理則流微易御田漸成則水漸殺水無汎溢之

虞田無漸激之患矣雖雨晹在天而時其蓄洩以待旱
潦者人也况西北之地旱則赤地千里潦則鴻流萬頃惟
寄命于天以幸其雨晹時若庶幾樂歲無飢豈可常恃哉
閉嘗聞諸河之不安其流者由于阡陌之壞而溝洫之不
修也古之溝洫者即後世之渠也今欲興其水利定其
疆里先因遍流畫爲大渠多者五六少者三四次因頃
畝畫爲中渠爲小渠大槩三年之中初年疏大渠會于
諸河次年疏中渠達于大渠又次年疏小渠達于中渠
其淺深廣狹各因水勢其縱横曲直各因地勢中間水
瀠特甚不通轉輸去處量疏爲塘塹出於溝洫之間旱
勞則趨平旱乾則節蓄若此可以平水患可以興水利

東南水利禹貢三江既入震澤底定吳越之間有巨區鎮
常蘇湖中含太湖而東上受杭睦軍翁天目諸山之水
下自三江瀉焉故禹敷上方決三江疏其委勢而至之
也自漢以來咸獲其利雖古人順治之道必觀其源以
遡其委也以節其流而使發源之水得以西決于無湖
下疏三江而使積聚之水得以東決于漲海自吳江抵
華亭青龍合三江之水然水路雖遥而上流迸速太海
之潮砂不得以障之也其勢烏得不平乎自唐末之水
不西入于蕪湖而東入于震澤矣宋又提太湖爲漕而
中截使湖水不得以東下是五堰既開則來水愈速湖
堤既固則去水復緩其勢烏得不蔽乎由是而三江之

水上不受湖流之衝而下有潮沙之湧于此亦蔽矣遂
使江口爲居民之業江尾爲茭蘆之區淤田村落無慮
數計湖日湧而江日廢漸爲百世患矣當自吳江以決
其堤自堤以決三江之壅使之由華亭青龍顧會諸浦
以達于海咸復古道何愚乎水之不治哉
歐陽修云水不得其治由河木泥沙無不有淤之理淤
常先下流淤高水行漸壅乃決上流之底處此事之常
也然趨高就下水之本性故河流已棄之道以古難復
是則決河非不能力塞故道非不能力復所復不久終
必決于上流者由故道淤而水不能行故也智者之于
事有所不能必則較其利害之輕重擇其利者而爲之

猶愈害多也
治水正河防記治水一也有疏有濬有塞三者異焉釃河之流因而導之謂之疏去河之淤因而深之謂之濬抑河之暴因而扼之謂之塞疏濬之別有四曰生地曰故道曰河身曰減水河之生地者有直有紆因直而鑿之故道者有高有卑高者平之以趨卑高卑相就則高者不壅卑者不滿慮夫壅生潰瀦生湮也河身者水雖通行身有廣狹狹難受水水溢悍故狹者以計闢之廣難爲岸岸善崩故廣者以計禦之減水者水放曠則以制其狂水隳突則以殺其怒治堤一也有刱築有修築有補築之名有刺水堤有截水堤有護水岸堤有縷水堤

有石船堤治埽一也有岸埽水埽有龍尾欄頭馬頭等埽其爲埽臺及捲推牽制薶掛之法有用鐵用木用石用草用筏用絙之方塞河一也有缺口有豁口有龍口缺口者亦成用豁口者舊常爲水所豁水退則下于堤水漲則溢于口龍口者水之所會自新河入故河之源也曰折者用古算法因此推彼知其勢底昂因之以相準而取均停也明宋濂云白人爲隊則力全莫敢與爭若分爲于則頓損又各分爲一則全屈矣治河之要莫踰于此胡子云茲論固然然又當因勢否則宋人回河之患可鑒已
既去泉流難以上渠者用輪股車車繳水入渠可以數尺可以丈餘能將以水逼換遁運而登數仞之上乃人九所能爲之也◐屏斗者不過因有區水急救其禾于上水不若輪股之善也輪股車者或一人或三四人者一人有一人之水分澆溉之法莫輪股爲甚◐水太深難上者以大竹內去其節長一二丈下節不去如製炊火風匣法上以抽竿底留一竅往來推之水從竅入竅出而溉◐兩壁高田中流大水深不可爲堰又難用龍股車設法常于水陡急處爲灌車隨岸深淺而造車輪盡排小竹筒上口下節曳水而上轉轉相傾于梘梘流于引水之渠渠流以溉田◐泉流深不可以車繳又流緩不可以水運須于水中造車岸上作室如笠苡牛馬推

輪輪轉機動平輪撥換豎輪輪繳車車運水入梘梘流渠渠流入田◐彼面高山有水此面高山有田下有深壑須于彼高山中梘水湧溢法須用大竹筒去中節令通埋于彼高流處引水于筒中以筒接續而曲屈于此高山處透其筒口出水若湧泉然任其澆灌◐水者天地之氣也在內爲氣出表爲水蟻集窩者有水山陵之水也草滋青者有水沙漠之水也土黑壤者有水平原之水也鑿井泉者先識焉有鑿之不得者有鑿之深者有鑿之淺者有涸者有不涸者有涸而及時發者有發而溢者有發而不溢者若地可鑿泉須用桔槔溉車取以澆禾

故

緣聽予云孔子見大水必現焉曰大水紊而無爲也
似德浩浩乎不屈似有道其赴百仞之谷不懼似有
男圭量必平似法盈不求槩似正發源必東似志〇
溝洫志鄭國韓之水工韓欲疲秦無令東伐乃使國
間說秦令鑿涇水自中山西到瓠口爲渠以溉田元
既而許覺秦欲殺國國曰臣爲韓延數歲之命爲秦
建萬世之功遂成之爲鄭國渠〇漢太始二年趙大
夫白公奏穿秦渠傍引涇水注渭名白渠民歌曰而
于何所池陽谷口鄭國在前白渠起後舉鍾爲雲決
渠爲雨涇水一石其泥數斗且溉且糞長我禾黍衣
食京師億萬之口〇袁黄去百主以鄭國爲敵而謂
愈于神禹李悝以溝洫爲墟而爲過于周公遂使聖
人經世之必大壞于私智白專哀哉就其一方之善
者觀之孫叔敖起爲坡而楚受其利鄭國開涇渠而
開中沃野李水鑿離堆于成都首系引汾水于蒲坂
文翁穿湔口而蜀民富溉史起引漳川而鄴世大治
曰公穿涇渠于谷口見寬作輔渠于六輔鄭莊通滑
渠于長安莊熊羆龍日子馮翊召信臣造鉗盧于南
陽桑弘羊復輸臺于內郡馬臻開鏡湖于會稽張闓
立曲阿于丹陽劉義欣治芍坡于壽春裴延携發沈
渠于蕪部李襲稱引雷陂于江都長孫祥決白渠于
雍州孟簡開孟瀆于延陵范仲淹築通堤于通泰旁

三農紀　卷之二　三十五

人之迹甚有是多者若然天下之
勢富因地而利導之斯可矣

三農紀卷之六

古蜀　張宗法師古甫著

小引

水旱難卜蟲雹莫測是等之災變來出意外曰然遭
逢睢目受困雖曰天道亦當盡其人事

堯有九年之水湯有七年之旱天災流行聖世不免而德
政既修卒不至于民病故周禮大司徒以荒政十二聚萬
民一曰散利散其所積二曰薄政三曰緩刑四曰弛役五
曰舍禁舍山林川澤之禁六曰去幾關市不幾察七曰眚
禮凡有禮節皆從儉省八曰殺哀凡行喪禮皆從降殺九
曰蕃樂閉藏樂器十曰多氏十一曰索鬼神求廢祀而修

三農紀　卷之二　三十六

之十二曰除盜賊遺人掌之委積以待施惠廩人掌九穀
數以待國之匪頒司牧以土命施惠

救荒書考云天災流行國家代有熾雲漢之旱飛正觀之
蝗人固無如天何礪遣周急減賦紓貧已司徒之征發
廩人之粟天亦無如人何歷觀古今變故大抵三代而
上時有荒年而無荒民三代而下時有荒民而無荒政
春頒秋斂國富公儲挹槍崇墉民多私積不曰旱乎而
無以瘠告不曰飢乎而不害閭是故懷山襄陵天自水
耳而鼓腹含哺堯天不知有水桑林不雨天自旱耳而
兆民允殖湯民不知有旱故曰時有荒年而無荒民者
此也斂窮盡藏萬室垂罄剝盡機杼一孔不遺專尔且

有啼飢號寒之苦況凶年乎是故關中告歉則漕江淮之粟以濟之然能行于此不能行于彼河內被火則矯使者之節以賑之然可用于暫而不可用于久故曰時有荒民而無荒政者此也但救荒無奇策去人之自所以為災而災自息矣後世之為災者未易更僕數也釜分玉粒一衣繻尚方則食已荒于貂璫穰雞不足顧鼠無厭則食又荒于貪吏魏戍未斂孫龍方增則食又荒于冗兵軒雀贅員爛羊竊祿則食又荒于冗官是必先有以去之而後荒政可圖也圖之如何亦必責之仁賢守今而已

淸荒法聞六年以穰六年以康十二年以飢是天地數運之反故聖人先知而預防之所以教民以勤以儉以節以材廣其積蓄多其蘊藏而九年水七年旱民以為常而不知病迄後運數漸弱人心漫逸日尚紛華于宮室車馬衣服飲食玩聖之美冠婚喪祭往來餽送之奢只圖粉飾面目一時之快好則正有割肉醫瘡之咎有斗斛之粟者竟以石費先徵飢于日前一旦歲不大有其將何支乎以此識之非天之飢人實我自飢之也在上者雖有救濟之善政平糶糴之良制常平倉之設義倉社倉之舉為政者行權一時以快人耳目正如醫者之頭痛治頭足疾治足其若病之原何不若白于未病先防也雖曰太倉有粟粟非我有施與聽諸含經卿御號

人懸命未若自慮之為當也免眼飽腹飢之嗟于樂歲之際須勤須儉毋妄期因循量入為出計日度用餘升合之粟于空落之際不知不覺之間當飢荒至而防其飢則命一家之人念茲在茲凡耗費者悉盡去之競競業業幾之者急忽之者謹舍之者取小之者大輕之者重去之者存以及于水旱蟲荒之歲一二有備勞之者逸苦之者樂憂之者安斯驗矣

典故 李悝云平糴必觀歲上熟其收自四餘四百石中熟其收自三餘三百石下熟自二餘百石小飢則取百石中飢則取七十石大飢三十石上熟則糴三而舍一中熟則糴二下熟則糴一使民適足價平則止小飢則發小熟之所斂中飢則發中熟之所斂大飢則發大熟之所斂一遇其飢糶而不貴而民不散取有餘而補不足○唐劉晏云王者愛人不在賜與當使之耕耘紡織常歲平斂之荒則蠲救之毋旬月具州縣日兩豐歉之狀豐斂有端則當討官取贏先合蠲貸民未困而奏報行善治病者不令其危憊善救災者勿使至累絀少則不足活人活人多則闕國用國用闕則復重斂矣又有僥倖吏[illegible]好強得之多弱得之少雖力鋤在前不可為禁此[illegible]為二害災沴之鄉不過所善者糧耳其他產猶在蠲[illegible]出之易以雜貨因人之力轉于豈處或官自用則國計不乏多出枝粟恣糴用散于村閭下戶力農不能詣市轉相沿遞自免阻飢以為二勝○漢耿壽昌過邊郡築倉穀賤增價糴而利農穀貴減價糶而利民名為常平倉○脩長孫平食民間毋秋出粟麥二石以下分富差輸之當新委社司校檢以備凶年名曰義倉○宋朱熹設社倉使民歲以中夏受粟于倉冬則加粟什二以償歲小不收則弛其息之半大祲則盡弛之期以數年子什其母則惠足以廣○陸象山云社倉固為善矣然年常豐則其利可久苟非常熟之田一遇歲歉則有散而無斂來歲再歉其何賑之莫如下糴一倉豐時糴之使無價賤傷農之患闕時糶之止富民封廩騰價之訣折所糴為二毋存其一以備歉歲若今積穀之法亦社倉之遺制所積者祗[illegible]上空言一遇荒歉撤窮民仰室嗟嘆○劉晏為轉運使常以厚直募善走者置遞相望覘報四方物價雖遠方數日皆達使食

貨輕重之權悉在掌握入賤出貴國獲利而四方甚貴甚賤之病●宋遵知道州時天下旱蝗並起乘民未飢募富者得錢數萬貫分遣糴米于他方使物價不增又使民採薪芻官爲收置以爲首糴官米至冬大雪收以元價易薪芻與民官不傷財民甚蒙利●富弼知青州河朔大水民流就食擇所部民出粟益以官廩得公私廬舍千餘散處其人以便薪水河渡之利有可取以爲生者聽流民擅取之其主者不得禁死者爲塚埋之各日聚塚明年麥大熟民各以遠方受糧歸前此救災皆聚民城郭中爲粥食之蒸薰而爲疾疫待哺數日不得粥而仆其名救之其實殺之也弼之立法簡易後當爲式●滕元發知鄆州歲方飢乞淮南米石爲備時各處大疫元發召城中富民約曰今流民且至無以處之則疾疫病及汝等矣吾得城外廢營地席屋以待之衆民曰諾爲屋數千間一夕而成流民至以此授地井竈器用皆備以兵法部少者炊壯者樵婦者汲老者休民至知歸●黃震嚴知開州時大水無饑而有賑議極貧者穀一石次貧者穀五斗賑時編號執旗魚貫而進雖萬人無敢譁震嚴自坐門小棚中執筆點名視其容貌衣冠于極貧者暗記之不暇糖點盡見真態●宋熙寧中兩浙虫蝗米價騰貴諸州皆榜禁增價時趙抃知

越州獨榜令有米者只固增價糶之于是商米輻輳其價自減●撫州飢黃震奉命往救荒期會富民耆老以某日至期大書閉糴者籍強糴者斬八字揭于市米價即平●五代間淮南飢周世宗以米貸之或曰民貧恐不能償世宗曰民猶子也安有子倒懸而父不爲解者豈責其償也●秦書晉薦飢使糴于秦秦伯問百里奚可與之乎對曰救災恤鄰道也秦于是輸粟于晉自雍及絳相繼命之曰泛舟之役●漢書云河南失火武帝使汲黯視之還報曰家人失火比屋延燒不足憂臣過河內傷水旱萬餘家臣以便宜持節發廩粟以賑民請伏矯制罪上賢而釋之●宋張詠知杭州時飢捕獲販鹽者公悉寬其罰吏執不可曰此若鹽禁益嚴則饑夫聚而共爲盜患益甚矣待秋成時稍當禁以法繩之境內卒以無擾●范堯夫知慶州饑莩滿路公欲發倉廩穀濟之州縣皆言俟奏請得旨而後發范曰人生七日不食則死何可待報諸公但勿預吾寧獨坐罪●唐員半千爲武陽尉歲旱勸令發倉賑民令不從半千悉發之太守怒因于獄會薛元超持節渡河讓太守曰君不能恤民使惠出一尉尚何罪釋之

辟饑

神農嘗草定性有上品服食不飢之說方書不載法在奇異以爲神劑仙丹木之可餌者柏葉松脂苓之可餌者黃精天冬麥冬萎蕤皮之可餌者榆麵桑白木耳是故搜辟飢之方以爲意外不測之備

計方稻米一斗淘汰之百蒸百曬一日食數粒任意飲水

瘦米法米一斗九蒸九曬一斗止成二升緩時造就又且不蛀急時備用一人能負二斗可敵一石此法簡易

蠟米法白米二升洗淨曬乾用黃蠟四兩鎔化將米入蠟內勻拌毋令焦枯每食一匙嚼之三五日不飢若欲食得核桃一兩食而解之禁食別味他物

千金麪麥麪二斤石蜜一兩茯苓一兩乾薑生薑甘

草花椒各一兩共研爲勻拌麪末石蜜爲餅入甑內蒸●宿陰乾爲細末收用每食一匙七日不飢

辟穀方芝麻去皮紅棗去核糯米各一升共爲末煉蜜爲丸如彈子大食一丸可度一日飢

蘄州丹芝麻炒去皮三合黑豆三合炒去皮白茯苓三兩去皮甘草去皮二兩生薑貫衆各三兩桃仁二十粒杏仁一兩五錢去皮尖半生半熟共爲細末任食其草

煉豆方黑豆一升貫衆一斤剉如豆大量水多少同煮熟去貫衆留豆曬乾日食五七粒食艸有味

服氣法或奔遁無人之鄉及墮墜谿谷空穽之中四顧回絕便須服氣閉口舌抖攪上下齒取津液咽之得五百

六十五咽便定漸習乃可至千自然不飢三五日小疲極過漸轉輕復得水飲更妙再昔云伏氣不服氣服氣須伏氣是也抱朴子云初儉少時行徹墜空塚中見一大龜數數迴轉所向無常張口吞氣或俛或仰乃試隨龜所爲遂不復飢竟能咽氣斷穀

典故

高僧傳一僧居山中嘗采栗麥柿核桃之屬搗爲作塊曬乾收藏月餘曬一次積久至多趾州人莫知其故遇飢人皆避亡惟此僧獨留食此○閩見錄楚一老翁每造飯令鍋焦勿食收停久積家人竟不知其故後遇飢年取而煮食一家免亡○傳家記一農種芋曬乾勿損種藷山藥爲粉築室壁後遇年飢取而食之得免○與志泰一翁生一子不知儉子欲遊翁曰我有病得餅渣末可愈其子要吸收升餘途中遇大水數日糧乏食之得免歸告其故翁喜曰我何嘗病耳乃醫子不儉之疾也子即服其爲

旱災

旱爲長暘不謂暘而爲旱者以其爲災也旱之爲言乾者萬物乾傷而不得水也水干土則爲旱旱之爲言悍也陽驕蹇所致也修德取肥蟻不爲之兆行仁道赤豬不爲之應風伯不必訟雷公不必鞭而桑林之禱應矣

禱方周禮司巫若國大旱則率巫而舞雩左傳龍見而雩雩者爲旱求也通典孟夏後旱則先祈岳鎮海瀆千北郊雨書云土龍致雨甲乙不雨命爲青龍東方小兒舞之丙丁不雨命爲赤龍南方壯者舞之戊己不雨命爲黃龍中央壯者舞之庚辛不雨命爲白龍西方老人舞之壬癸不雨命爲黑龍北方老人舞之如此不雨二處闔南門置水其外開北門取人骨埋之如此再不雨命

巫祝而曝之又不雨山神積薪擊鼓而焚之

按古法令坊巷以甕停水插柳枝泛蜥蜴命小兒呼曰蜥蜴蜥蜴興雲吐霧降雨滂沱放汝歸去

典故

晏子春秋齊大旱景公欲以祠靈山晏子曰夫靈山以石爲身以草爲髮天久不雨髮將焦身將熱彼獨不欲雨乎祠之無益祠河伯可乎晏子曰夫河伯以水爲城以魚鱉爲民天久不雨百川將涸國民將亡矣獨不欲雨乎祠之無益公曰余何曰避宮殿暴露與山川河伯同憂其幸而雨乎公乃出野暴露三日乃雨○東漢書周暢爲河南尹夏旱人禱不雨因取葬城邊客亡骨骸萬餘時天大雨○唐書顏真卿爲監察使使河隴時五原有冤死久不決天大旱真卿辨獄而雨時人呼之爲御史雨○友持云天旱祈禱不雨邪有術人能捕能而躁之乃召至旱如故官怒巫命擒之巳遁去惟遺囊有書云一日天旱二日國旱三日人旱蜴爲天旱亢陽肆囚下上低旗黎民不困時爲國旱君道織災德涸仁枯貪風暴氣降于其時爲人旱邪傲甘政吏賊其行下畢人心操之爲險天旱求諸仁仁治而時豐國旱求諸德德潤而澤流人旱求諸政政清而俗阜今貨避于上刑黷于下百姓怨嗟結爲狼戾者所謂人旱也邦守不清其政而建龍乞雨是猶乘舟遇海于何可冀乎○集異曾般熾燄人乃作造化嘗怨哭人殺其父于諸州城南作一水人舉手指哭哭大旱三年十者曰般所爲也賈物謝之禱其指卸曰其哭大雨

虫災

虫之爲言蝗者謂其腹首背有王字形也又腹有犯字者考其虫有四食苗心曰螟食苗葉曰螣食苗根曰蟊食苗節曰賊詩謂之螟春秋謂之蝝又謂螟譖螽或毛或羽或介或羸其形不一有久旱生者有久雨生者有江水中生者有土礫生者有因風生者有就霧生者起于一時滅于傾刻因風墮水見雩人土天意人事隨之也

勅蝗蔡邕云蝗乃鰕魚子所化也蝗魚生子於江中遇大

水沉澱帶魚子而浮水退留子于上乾久得日雨蒸熏而化蝗生蝗之處土色先變出時預有一二苗生報信土人識之者刁此地鋤土焚之或連土溺水中可除害○楚蜀間有艸生虫名臭巴其虫身扁而氣臭生于艸之節包內其艸形如蒼開淡紅花結實如包包內生虫稻穟時包開虫出飛入穟土穟得虫氣盡白秕無實農人須識之連茹拔去不容虫生

捕法蝗飛成羣或竹箔蘆席豎高數丈令人順風以金鼓鳴喝左右後三面執火撲烟攻逐虫前趨飛見箔席截路俱止停息箔席急將倒地捕之或焚或埋或溺殺其蝗

典故 漢馬援爲武陵太守郡連有虫蝗賑貧羸薄稅歛蝗悉飛入海化爲魚蝦○宋趙林守青州山東旱有蝗自青州入境遇風退飛不能害其禾忽大風起虫退飛墮水而死○唐開元山東大蝗姚崇奏出御史爲捕蝗吏分道殺蝗捕得蝗十餘石盧懷謹曰天災安可人力致之以殺多必戾和氣崇曰昔楚王吞蛭而厥疾瘳孫叔敖斷蛇而福乃降捕殺蝗有禍崇請當之不以累公也蝗乃乞息○宋祥符中蝗甚上出死蝗示大臣翌日有執政袖死蝗以論請率百官賀王曰蝗出于災災除幸也有何賀焉言未畢蝗飛蔽天旦日使百官方賀而蝗若此豈不爲天下之人笑乎

雹災

雹者暴也天地之沴氣也乃炎氣薰蒸鬱逼而成害禾稼大妨于農又云妖孽之爲多出深山險岩之中其形若未有小如丸大如彈中藏土石毛渣之物苗逢即枯實遇即敗所過之方一掃盡空亦有如磚如拳者壞房損苜草未遭之得日如秋但有其方限不能越界耳

避方雹起于一旦之間故云暴者是也其雲不同雨雲忽一片生于天邊其色黑黃而暗風急雷速轉眼即至土人呼名硬雨又云冷子又云水彈子泰晉之間甚多他處亦間有之土人多供香僧每遇雲色惡知有雹番僧持咒驅之甚至雹不得施棄之山澗之間者之藏經云楞嚴經可驅雹尊勝經亦可遏雹鍾[illegible]相擊雲頭亦可

逐避

典故 宋記有樵夫行山中見蜥蜴從窟出下飲于井旋入旋出往來不絕樵夫怪而擊破其窟見中積水丸數升方行五六里許忽大雷雨雹隨至大抵蜥蜴之物形若龍見陰陽故氣相感應如此○地圖云齊之一山有泉若井其味深莫測春夏間雹從井出邑人每于冬時以柴塞之因此號爲柴郡○書考云魯昭公四年大雨雹季武子問于申豐曰雹可禦乎曰聖人在上無雹雖有不爲災日在北陸而藏冰西陸朝覿而出之則冬無愆陽夏無伏陰春無淒風秋無苦雨雷出不震無災霜雹

致富奇書

卷叁

三農紀卷之三

古蜀　張宗法師古甫著

小引

萬理得於天，非地不能賜一靈賦於人，非物不能生物，因人而生人，受物而成，兩相得與爲三。

太古時無粒食，飲血茹毛。神農氏始嘗艸別穀，以教民耕藝。軒轅氏教以蒸饎。周官有五穀、六穀、九穀之名。詩人有八穀、百穀之詠。素問云：五穀爲養，麻麥稷黍豆以配五臟。周禮職方氏辨土九州之穀，地官辨土宜種稑之種，以教稼穡樹藝，皆所以重民命也。周禮太宰以九職任萬民，曰三農，平地農、澤農、山農。三農生九穀，黍稷秫稻麻麥豆粱

苽是也。說文云：穀者，善也。穀以養人，較蔬爲切要。爾雅翼云：粱者，黍稷之總名；菽者，衆豆之總名；稻者，溉穀之總名。三穀各二十，蔬果各二十，是爲百穀矣。汲冢周書云：凡地必爲之圖，以齊其物，別其善惡，度其高下，利其陂溝，受其農時，修其等列，務其土實，則是矣。

墾荒

先以利刃刈剎草木，排列首尾，整齊，令乾，趁天晴風順，發火焚之。或種油蘇，或種芝麻一季，使艸根腐敗，然後鋤去根柢，縱橫犂耕，人牛兩便，不致損力，種蒔無蕪害之患。物理論云：芝蔴之于艸木，猶鉛錫之于五金也，性可制耳。

耕田

田未耕曰生已耕曰熟初耕曰塲再耕曰轉生者欲深而猛熟者欲廉而淺春耕宜遲遲者取春動寒氣漸解地脉治通秋耕宜早早者趣天氣未寒將陽和之氣掩在土内來春苗茂春氣透土脉通可耕堅土强地黑壚土輒土磨其塊刈草草生復耜及逢小雨復耕和之勿令有土塊以待時所謂强以弱之杏始華榮輒輕耕弱土望杏花落後復耕草生有雨澤耕重蹦之土甚輕者馬牛踐之所謂弱以强之

糞田

土有厚薄田有美惡得人之功可化惡爲美假糞之力可變薄爲厚以生生之土歲歲種之不得糞助土疲氣衰則生長難茂農夫必儲糞以育之則土力精壯而收穫必倍此子輿氏所謂百畝之糞上農夫食九人也然土壤氣脉其類不一肥沃磽埆美惡不同而相治之法各有其宜黑壤性美矣然過糞不有實得土以解之則苗茂而實堅磽确性惡矣仗糞力滋培則苗長而實收土性雖異須治得其宜惡可植而美齊民要術云美田之法菉豆爲上小豆胡麻次之悉皆五六月穊種六七月犂掩刈之每畝倍收其與蠶矢同較熟糞勝

積糞

一積地糞如積糞地多糞少枉費人工須于秋收場上所小穰穢等並須收停一處每日布牛馬欄内三寸厚經宿便溺成糞收聚除積堆積每日亦如前法至春可得糞三十車餘移于場廠翻篩極細每畝用五車勻攤收子可勝于常者六畝〇一草木茂盛時芟倒就地待日曬半乾負積所處掩罨腐爛政記云仲夏之月利以芟草可以肥田又將所耘鋤之草掘穴深瘞田中漚化亦可肥田又可除草江南三月草長刈以踏秧田歲歲若此故土力常盛吳地剷山草茅皮治糞歲積不歇〇一冬時收腐葉敗草雜枯朽根壞亥及棄槀堆焚之令烟出勿見火久鬱成糞灰勿移用便溺澆灌趁天晴翻覆再灌〇一禽獸之毛羽甚是肥膩若能收積之爲糞勝于他糞百倍骨角收積爲法治灰亦過常糞〇一溝港内淤泥以撈撩上岸日曬凝定

成塊同大糞和用比常糞力倍〇一魚塘近宅停水處内有淤泥其性清涼甚宜蔬宜于春初放乾水運岸上曬乾入糞甚佳〇一農居之側必置糞屋低檐以辟風雨飄浸屋中當鑿深池甃以磚石須用石灰封固勿使滲漏凡掃除之土灰化穢秕落葉積而焚之沃以肥液積久乃多梭出篩去瓦礫碾爲細末以備播種〇一廚棧下深鑿一坑以磚石細甃不致滲漏上蓋以木板棚架留以便所每穀殼灰化漚潰其中滌器肥水與滲漉泔淀漚自然腐爛一歲三四出灌蔬澆芋飲桑更茂〇一欲討蓄糞須用一人一牲駕車一輛諸處搬運得一人拥一挖于各路撿收拾矢日久月深積少成多

占種

欲知來歲宜穀冬至日平量諸子種用布囊盛之埋陰處冬至後五十日發起量之息最多歲所宜種〇種農樹藝法云五時見生而樹生見死而穫死師曠云五木者五穀之先欲知五穀先視五木擇其木盛者來年多種之萬不失一〇古書云禾生于棗或楊大麥生于杏小麥生于桃稻生于柳或楊黍生于榆大豆生于李麻生于荊或楊五木自天生五穀待人生五穀候于五木故生而樹生也靡草死麥秋至草木黃落禾乃登故曰先死而穫死也蒔種各有攸敘能得時宜不違先後之序則相繼以生盛

種子

凡子種浥濕者則難生生亦尋死若種傷濕浥者生虫子種雜糅不純者苗生早晚不齊復減難熟宜存意擇揀美種及純色者貯之及種時先半月之前晒乾極燥令馬就穀處踐之令馬食擻口不遭蚜蝗又法以十二月三九中臘雪水漬之耐旱少虫〇上旬種者上收中旬種者中收下旬種者下收良田宜晚種薄田宜早種良田非獨宜晚早亦無害薄田種晚必不成苗田宜强苗勁禾以耐風雪澤田宜弱苗疎莖以求華實譜𥡴云黃土宜禾黑墳宜麥赤土宜粟汙泉宜稻因土性之宜

種法

漫種先計地畝之寬狹溶土之肥瘦然後定其子種之大小或豆或麥務要布種均勻以筐盛子夾在腋下右手抖而颺之隨撒隨行齊民要術云凡種要牛遲緩行人促以足踵隴底欲土實易生也惟土廣石磽處宜之〇一耬種法以木造似斗形上大下小中藏一機在內撥子下有三竅順腳下子上口添子耬前三犂犂地三行耬腳隨犂落子牛行人搖量畝計子不致苗有稠秘之患今農造囊砘車隨耬種子後循隴碾過使根土相着功力甚速惟平夷處宜之〇一點種先審田之大小酌子種之多少以灰糞拌和子種均勻以牛淺耕成行種人以左手腕提糞子以右手撮子糞勻點犂溝中或七八寸一科或尺許隨足掩土蓋之此法易于耘鋤不畏暴雨凡山陵陂坳難耕處

須以右手鍫土左手點子當將子種盛袋繫頸上垂于胸前隨鍫隨點苗生稀稠得宜式易耘鋤〇一瓠種法以瓠鑽多竅子盛瓠中隨行隨搖而種之須稠秘得所以犂捲過覆土既深暴雨不致掽撻且耐旱便耘〇一區種凡出城近邑高危傾陂皆可為區田糞種水澆以備旱災區長丈餘廣三尺鍫起宿土以雜草火燒之免虫患蓋以糞土將子納于區上候苗生視稠秘去留旱以水澆澇以溝引治蔬蓏者宜〇一芽種法以子先用水淘洗頓瓠中上覆以濕艸三日後芽生然後下種先以熟畦內以水飲地摻芽種後篩細糞覆之以防日暘此法苗易生齊艸又不主惟治圃者宜之苦有虫蠹以苦參根泡水燒石灰水發酉

寸上

耘苗

耘以小鋤爲良勿以無艸而暫停及時鋤苗且滋茂又且耐旱而實堅若惰而遲耘必爲草蠹苗不滋茂實不堅重耘耡之功助苗之長大矣

收穫

實時至即黃收穫不宜過老太老禾則折節豆則色裂若逢天雨功損其半必趂天晴芟收不致雨淋濕浥實亦隹美蒙亦鮮明

麥

麥圖經云苗似韭如稻高二三尺春深抽莖直上五節空

三農紀　卷之三　六

心方穗實藏殼內芒生殼外生青熟黃穗左右分倉一穗每二十倉一倉包三粒共六十粒若其年三粒者上收二粒者中收一粒者下收又有倉不及數者曰荒有兩岐者爲瑞秋種夏穫種有早中晚三等品有有芒無芒兩樣色有白赤紫粒有圓長扁其類甚多各地化氣說文云天降瑞麥象芒刺之形如足行來故字從來從夂冗書云白迦師錯字典云作䅘詩云貽我來牟來象其實夂象其根也秋種厚埋謂之麥俗稱小麥者粒形也麥者脈也食之可以養其脈也

耕麥地注天生意云中伏中五更時趂露未乾陽氣在下耕之人得其涼牛得其快先在地所壹或種黍豆大荳

之屬候苗開花結角犁翻大地勝于着糞此之謂種埸法

種麥宜白露前後逢上戊爲上時逢中戊爲中時逢下戊爲下時種須揀成實無雀麥野豈者宜篩簸去草子及秕蛀者得糊子泔拌過則無虫而耐旱大抵土欲肥耕欲深耙欲數種欲勻以灰糞盖之喜霜雪愛雨苗出數寸得雨乃佳若初種得大雨則子脹撻難生小雨爲妙諺云月雨麥收若三春微雨入夏微風此麥大有之年

芸麥鋤麥惟春初間惟樓種點種者可鋤麥未起身時以三寸利刃鋤鋤去豈豆雀麥將土壅盖麥苗留心過春雨倍長苗將苞時以水灌更佳

穫麥護麥者防露傷也若天下砂露用森麻散拴長繩上

三農紀　卷之三　七

須凌晨令兩人對持其繩于麥來拽去砂露則不傷麥

刈麥麥半黃帶青時刈一半合熟一半蓋麥熟同時不比他禾熟有先後若候齊熟一遇風雨必拋撒刈遇趂晴即收須當加苦蓋趂晴急宜旋刈旋收旋打揚收起即未淨候所收打遍將揩再打大抵農家之忙莫過麥蚕若遷延遲時秋苗亦誤耘鋤故老農云收麥如救火

貯法太平御覽云麥之生蠹由溼也萬物之宸皆有化止麥之化區以灰法于中伏內曬極乾趂熱收藏覆以石灰則不生中又法和以蚕矢辟蠹或艾葉蒼耳剉碎同收若小濕必生虫忌乙丑巳卯戊申巳丑日收貯必蛀凡麥吐穟收槳時劈開麥實有紅虫如虮者在稞嚻間

過三日不見矣

本性　麥味甘而氣溫素問云麥穀心鄭玄云麥有浮甲屬木許慎云屬金火旺而藏許以時鄭以形素問以功性麥俱四時中和之氣兼寒熱溫涼之性受風雨霜暘之化繼絕續乏爲利甚溥穀中之至貴者也春種至夏亦收然不及秋種者但有小毒耳秋種亦有南北之異南方甲濕冬來少雪春時多雨麥受甲濕之氣又夜華食之生熱腹痛難消且江淮宜魚稻河洛宜羊麥地氣使然也故形同而性殊北者固佳陳者更良　麪味甘氣溫養氣不足補五臟　麩味甘氣寒可慰風濕　浮麥益氣除熱止自汗骨蒸　麵粉可去熱除毒　麪筋解

熱和中素食要品油煎則熱　麥苗解酒疸消虫毒麥中黑穗名奴王天行熱病

效方　小兒痘潰不能着蓆睡卧者用夾蓐鋪麩縫合藉取性涼而軟治以麩淘淨其麩此誠妙法也

中暑者以生麪調水服之又止衄血吐血

典故　援神契云王者德至于地則嘉禾生傳云天地之精上爲日月下爲五穀蓄穀者民之所天而天之精華在焉神農作天錫嘉禾九穗九得三十五穗夏異本同秀殷同本異秀伊尹稱禾之穗而管仲言其嘉禾君六百里之禾爲童信□職瑞說云王者盛德而嘉禾上禾者仁也其大盈倉一稃二米□古覽云得時之麥稠長而莖黑二七以爲行而服薄穗而赤色稼之者重食蛆先時者暑雨未至胕動蛆蛸而多疾其次羊之者致香以息使人肌澤且有力如此者不蛸以節後時者苗弱而穗狠薄兔而美芒

大麥

大麥圖經云莖葉與穬相似但葉微大莖微粗色深青而白粉傳芒長穗大殼粒相粘未易去脫止堪碾作粥食造酒爲麪爲醬飼牛馬其良大麥者麰麥也大稱取象禾未熟而先熟爲穀之長故得大名牟亦大也粒大于穬各種而形類

種蒔　小麥不過冬大麥不過年此方言也極寒極溫之地多種于春宜于稻田豆地收後耕種或漫或耬或點隨方隨人勤怠但冬則寒鳥籍田打耗予種宜速種爲最陰陽書云大麥生于杏二百日秀秀後五十日成生于亥旺于卯長于辰老于巳死于午惡于戌忌亥子日刈穫貯同小麥

本性　大麥味甘而氣平涼寬中壯血爲麪久服髮不白治河小便大麥芽味鹹氣溫孕婦忌服食米汙則乳滴食麥芽則乳收

效方　冬月手面破瘃者采大麥葉煮湯洗之

典故　物理論云粟木木氣過金而熟麥本金氣逢火此登此在天之氣屬陽也槐李少陰而華遇濕土而肥杜菊罷採金而開逢寒水而謝此任地之根屬陰也是知天氣始于少陰百穀始播終于厥陰百穀始藏地氣始于厥陰萬物發生終于寒水萬物歸根故云當時者生失時者死○幽瑞圖云嘉禾者五穀之長也玄者異本而同秀伊者同本而異秀○漢書云范丹有時絕粒窮居自若妻子以捨拾自資見常捨得麥五斛鄰人尹臺遺之一斛夫兄不得通後知即令僮送六斛還吉麥曰雖皆不肯受

穬麥

穬麥圖經云葉莖長大如穄麰麥穗叶左右子結枝傷芒岂

包粒收其子可爲麪爲飧麪能耐食和蜜可爲糕豊歲刈苗飼牛甚良易肥故俗稱爲油麥山東河北秦巴多種之穬有一種一種類大麥而粒小穬不連殼麪連殼大麥與小麥遂類燕麥與穬麥稞類其功用不同而形亦異宜山種不畏風寒穬者野壙之義其形粗穬也從廣者言其易種廣收也

植蓺種宜耕熟土秋冬種但冰寒之處在春動土融時種之亦佳

本性穬味甘而氣温暴食似動氣久食令人多力

劾方送行者以麪炒熟蜜和食耐饑

典故 晉書云月出征令兵腿囊河沙袋藏炒麪遇危險地方裂其囊去沙可跳凋僅行絶糧則袋麪可以度飢

白濕可以止渴

青稞

青稞粟類麪而深青穗類穬而子離殼苗青實圓故曰青稞以其形實而名之也關中一種顆粒微小色微青東種以飼牛馬汴洛河北之處一種黄稞似小麥而粒大皮薄多麪可舂以粒食磨麪爲飧麪和蜜拌作路糧又釀酒甚佳

植蓺種與大麥同若冰寒之地宜三四月種六七月收原土温和之上而植者少爲其梗多實少也

本性青稞味甘氣寒益脾潤肌

典故 壯閣編云元和大珍国貢碧麥形大于中華之麥麥異白碧色香名種食之體身可以禦風□五代史名

麥青麥類麥出月腸地廣志云穬麥似大麥出涼州道志云燕麥三月種八月敗蘭麥似小麥而粒狀大產秦廿謫涼州地

蕎麥

蕎圖經云葉綠三小大莖赤梗空四稜生節枝生左右開小紅花四瓣黄蕊顆纍藥密結實兩縣稞三稜嫩青老黑赤有蒼色者苗之妙異于衆禾在半長莖半開花半結子半收實至老不衰失時而穫則孫爲祖祖將生孫一名荍方土記名烏麥一名花麥其形弱而翹易故曰蕎曰荍者苗長而花實盛也磨麪如麥故入麥品也

植蓺伏中耕耜土極熟秋後以灰糞和種之八九月收春種者六七月收難據其種之時惟憑其種之方温平之

處食之多令人病至于西北極寒之方以蕎食爲天味極美可麪可餻可羹可粉南人以實蒸熟開口又晒乾擣米食

本性蕎味甘氣寒實腸益氣苗味酸寒禁人以濕枯卧病

厲灰汁入染色退油膩煉絲帛能制半夏麻苧毒

典故 南史曹景宗自嘆曰我少年時在鄉里遇蕎紅稻黄雜死正肥騎快馬與年少輩數十騎弓弦作霹靂声如餓鴟叫平澤中逐麞我助射之渴飲其血飢食其胃甜若甘泉漿覺耳後生風鼻頭出火此樂使人忘死不知老將至今來揚州作貴人轉動不得路行膈車幔小人輒言不可閉置車中如三月之新婦此邑邑使人氣盡

苦蕎

苦蕎圖經云葉青多枝葉如蕎而尖花帶綠色結實若蕎

其色老而不黑稍尖而稜角不精其味苦澀黃色山拔處廣種其收實多蕎豐年飼牛馬甚良荒年可救饑
苦蕎種收與蕎同但蕎乃嬌嫩之物不耐雨淋淋則生芽宜趁晴打撲收晒貯藏秋菲者或拌以油菜子或間麥同種及蕎收而麥菜亦茂不害其便爾獲其利磨麪可爲餅餌但氣味苦惡蒸使氣流滷去黃水色若豬肝和蜜餹食甘美

本性苦蕎味苦氣寒有小毒涼血清燥多食傷胃發風動氣

効力苦蕎皮黑豆皮菉豆皮决明子菊花作枕至老目不暗

典故貨殖傳歲在金穰水毀木饑火旱六歲穰六歲旱十二歲一大饑呂祖謙荒政論先王有積著之政上也脩李悝之政次也所在積當有可均處使以流通移民移粟又從也或無焉設糜粥最下也古人慮之詳矣還當自慮苦蕎乃下下之穀于可產之地當歲歲積以爲意外之物設遇飢歉可能活命甚于葛此本酩之美

御麥

御麥圖經云葉幹類蜀黍高六七尺六七月開花吐穗節側生藂葉腋生苞苞微長鬚如紅纓絨狀苞內包實如搗揷形五六寸許實外排列粒子纍纍然如芡實大有黑白紅青之色有粳有粘花放于頂實生于節子結于外稭藏于內亦穀中之奇者其經進御故曰御麥產于西域曰番麥麥者言磨麪如麥也粒可果可釀酒南人呼爲包果楚人呼爲苞麥河洛人呼爲玉粱戎菽是也

種藝種宜山土三月點種每科須三尺許種二三粒苗出六七寸耨其草去其苗弱者留壯者一株三月蒔八九月穫穫歸苞以木架透風令乾宜在室中閉戶塞窗敲之不致耗濺再晒乾收貯

本性御麥味甘氣寒滿腸下氣多食令人冷滿

効力小便淋瀝御麥根煎湯服

典故搜神記一人在山中縛得猿子將歸猿母自後悲鳴隨至其人縛子于庭樹老猿搏頰求哀竟擊殺之猿母悲鳴自擲而死破腹腸寸寸斷裂一古者聞而如之嘆云人爲求生物爲生其間觸鬣兩相爭毋猿因死兒猿死殺發惡心啓善心求其彰而痊之自此退人事以訪道

稷

稷一名穄實可供祭也令人以稷呼粟呼穀以糜以粲呼稷釋文云穀之有浮殼者爲粟粒實圓者爲粟孔子曰粟之爲言續也粟乃六穀之總稱又古文作㮚象穗在禾上之形春秋題辭云粟爲金所立爲陽之精故西合禾爲粟也鄭康成云粢稷也祓祭祀之號稷曰明粢則粢又稷矣古者以粟爲稷粱黍秫之總名今之言粟者古爲粱矣後人專以粱之細者爲粟粗者爲秫以不粘者爲粟以別秫也齊民要術云粱秫稷黍之總名今河洛稱之曰穀江淮稱之曰粟粒曰小米曰金米曰黃米顛倒五混莫指其實神農五穀者麻黍稷麥豆是也周禮六穀者黍稷稻粱麥菰是也又九穀者稷黍麻麥稻粱菰大豆小豆是也西陽

雜記九穀者黍稷稻粱三豆二麥是也粟爲陸穀之總名稻爲水穀之總名穀爲粟稻蔬果百穀之總名今以一禾而兼稱粟穀之名正家亥之禾別陰陽之不分耳陸稑書黍稷辨云稷之爲言粟無疑矣因與其志雷禮一言而解今古之惑訛稷者叟也叟從禾詩云叟叟民相言進力治稼也稷乃另種穄如人尾其稷字象田中垂穗之形苗高三四尺似蜀黍稈差一而有節細而矮葉若小蘆而有毛穗似蒲而有穗粒粒成於兆人日食不可缺之糧也成熟有早晚苗幹有高下性質有強弱滋味有美惡其種甚多呼名不一有精不精之別須順天時量地宜用力少而成功多任情反道則勞而無報

楢蘇士欲肥耕欲深耕欲細子須成實者簸去秕缺以滕雪水浸之仲春之雨爲妙小雨初按濕潤之氣大雨候按乾先相後種種後旋以石砘砘令土堅則苗出旺盛遇天旱苗出土仍砘春種宜深夏種宜淺早禾晚禾宜兼種防歲有所宜　下云閏年宜晚禾大宰宜早早田拔多于晚早田淨而易治晚田蕪穢難治且早穀米實而多晚穀米少而虛　苗行宜疎疎則總大來年任麥

耘鋤鋤無度數以多爲妙第一遍曰撮苗二遍曰定科去其密者弱者留其壯者第三遍曰擁本鋤既深擁其之以護根則耐旱第四遍曰復壟俗名添米凡鋤以小鋤爲良苗出壅則深鋤不厭數周而復始勿以無草而怠功鋤非爲去草養取土熟而實多糠薄而米美鋤得十遍可得八米春鋤起地夏鋤除草春鋤不得觸濕六月以後雖濕亦不妨

刈穫食貨志云力耕數耘收穫如賊盜之至故熟須刈乾須積刈早則傷鐮刈晚則拆穗遇風則收減濕積則稿爛積晚則粒耗連雨則生耳所以收穫不可緩也

本性稷味淡而氣微寒養食資益氣和五臟通氣血壯顏色陳者可益壽北人常食日用不可離者淮水治聾亂泔酸水洗皮膚瘙癢煮稈皮治小兒疳利粟糠和藥可薰痔漏稷奴利小腹除煩熱

効方日錄王季偽道嘗診脈云三年死求于日者亦如言

又卜之匪吉一日獨步地間遇一士相語甚投道以實告士曰我有接命術可能行乎先于地掘一穴木蓋土填留竅得三十年稷米爲飯食併去五味如是于月自可免死道如其言至丁卜之死日竟無事又延百日出形反少人問而求其故曰得異人如是方也

典故　周禮地官曰舍人掌粟入之藏註曰九穀俱藏爲王神農之教曰有石城十仞湯池百步帶甲百萬而無粟弗能守也○管子金粟云野與市爭民金與粟爭貴又曰猶諸侯畝鍾之國也故粟十鍾而錙金程諸侯山東之國也故粟五釜而錙金○而子且金生而粟死粟死金生金一兩生于境內粟十二石死于境外粟十二石生于境內金一兩死于境內則好生金平境內則金粟兩死倉府兩虛好生粟于境內則金粟兩生倉府兩盈○宮覽得時之禾長稠長穗大本而莖殺其葉圓而薄糠其米多沃而食強若此者不風先時者莖葉帶芒以短衡穗鉅而力奪秳米而不香後當者莖葉帶芒而末衡穗闕而青零多秕而不

浦。簡論孔子與原憲粟憲貧清自守辭而不受孔子云何不以粟與鄰里鄉黨何以辭爲

秫

秫字解云稷之秫者爾雅名衆（唐本草）以稷糯者爲秫篆文象禾體柔弱形故稱秫爲糯是也兆方以此釀酒而汗少于秸黍秫則稷之秸者有赤白黄三色可熬餹可餐饘半粳半秸煮粥甚良

植藝耕耡及種鋤收穫與稷同

本性秫味甘而氣微寒釀酒則熱若常食擁五臟動風迷悶人小兒不宜多食同鵞雞鴨肉食或與鮑食成癥癖秫者肺之穀也故能去寒熱利大腸大腸者肺之舍而肺多作皮毛熱也

典故 晉書陶淵明爲彭澤令不爲五斗粟而折腰掛冠歸作歸去來辭種秫釀酒以自飲嘗言五六月北窗下臥遇凉風暫至自謂羲皇上人。世說神放隱居南山豹林谷學行高古性頗嗜酒躬耕種秫以自釀所居有林泉之勝貞元召至闕固辭還山每飲酒曰空山清寂聊以養和

黍

黍苗似蘆高三四尺結子成枝而疎散外有薄殼如稷子而光滑有粘不粘色有紅黄黑白米似黄米而稍大惟黑者今祭禮以爲稷說文云黍者暑也當暑而生暑盡而穫六書精蘊云黍從下黍衆子散垂之形故其名不一赤曰虋白曰芑黑曰秬又云秠一稃二米曰秬關西人呼爲糜冀北人呼爲粢江淮人呼爲黍楚人以菰葉裹成糭謂黍爲五日祭三閭之遺製又秬鬯一卣則黍之爲酒尚矣今古以

黍稷混稱而不能其核皆由于指稷爲粟穀而五穀六穀九穀之中又添一穀如算法之實位添一子乘除不準實位去一子而因歸不合以粟穀爲稷而粱得粱之實黍得黍之實矣律呂議古之定律者以上黨秬黍之中黑之以生律度衡量後人取黍定之終不協律或云乃秬乃黍之中一稃二米之黍也北黍得天地中和之氣而生蓋不常有有則一穗皆同一米粒並均勻無大小故可定律他黍則不然古人先得黄鍾而後度之以黍不足則易之以大有餘則易之以小約九十黍之長中容千二百黍之實以見同徑之廣以生度量權衡之數而已非律生于黍也欲求律者亦求之於聲氣之元而毋必之秬黍則得矣

植藝宜高潤土耕耜極熟或漫種點任地宜之三月種五月熟四月種者七月熟五月種者八月熟但稷苗大而黍小宜較秫頗稠熟即刈之刈後趁濕即打則稃易脫遲則稃着粒則難脫白者亞于稷赤者多粘正秦人之稱糜者

本性黍味甘氣微寒不粘者可食粘者久食生熱發瘡疾昏五臟令人好睡人勁絶血小兒多食令久不能行猶犬食之足跼屈孫思邈云黍乃肺之穀也肺病宜之不可合蜜及葵同食醉臥穰莖令人生癘

[illegible]五月令云三月三日黍麪和菜作羹飯可辟疫氣

典故 王制庶人春薦韭夏薦麥秋薦黍冬薦稻韭以卵麥以魚黍以豚稻以鴈[illegible]爲也。韓子云孔子[illegible]令

魯起衆爲長溝子路以私粟饋衆作溝者而餐之孔子使子貢覆其飯責之曰魯君有民子爲而餐之○晏子飛部騶見晏子曰臣不能養今見母以養其子晏子即分倉粟府金以遺之辭金受粟○仲況王無功在河渚明自課奴伏臘而養鵝鴨蒔藥草自供服食養性遊北山東皋著書自號曰東皋子

粱

粱狀如蘆而內實葉亦似蘆莖粗高丈穗大如帚粒若椒米紅黑色米性堅實種有粘不粘色有黃白青亦粘者可釀酒可造餳可餻不粘者可造麵可餚米可粥飼畜其莖可織箔編簾夾籬供爨稍可爲帚殼可染酒廣雅云禾穄粱也廣雅云蘆穄一名荻粱一名蘆粟一名稻黍一名蜀秫一名高粱因形穄黍故有多名也考周禮六穀九穀有粱無粟可知粟乃陸穀之總名矣自漢以後始以大而芒長者爲粱小而芒短爲粟今則又通呼爲粟而粱之名隱矣今穗粟之芒長大穗粗粒而有紅白黃毛者皆粱也這志石解粱與粟遼東有赤粱青黃有黃粱莖囊有竹節青粱江東有白粱漢沔有泉粱粒圓形小祀者稷非誤矣

植蓺種不宜卑濕地二月種者爲早三月種者爲晚早得子多晚得子少種或漫撒苗生三四寸鋤一遍去六寸鋤一遍七八寸再鋤以疏稠留強者去弱者並者相去尺餘一株諺云苗稀穗大子圓粒堅高至丈餘再耘耨且耐旱不畏風雨博物志種蜀黍年久生蛇粱乃勁禾也喜風而蜀多川山多風而故以宜種之抽曰蜀黍

刈穫穫時不宜過老須粒帶微嫩四青五黃收之造米不糙無溢滯味先刈其穗稍束爲把架高棚待乾敲子曬乾入貯

本性粱味甘氣微寒白粱和中生津青粱益氣補中黃粱益脾養胃諸粱宜人爲飯甚佳乃穀之美者

效方齊雜經云青粱米一斗赤石脂三斤水漬置炊處二日上青白衣搗丸如李大服三丸不饑

孟詵云青粱米以苦酒浸三日百蒸百曬藏之遠行一餐可度百日若重喰之四百九十日不饑

九月九日取粱根名龍爪陰乾燒存性治產難橫生酒調一錢

典故呂覽得時之禾與時之稼約莖相若稱之得時者重粟之多量粟相若而舂之得時者多米量米相若而食之得時者忍飢是故得時之稼其臭香其味甘其氣章百日食之耳目聰明心意叡智四衛交強殉氣不入身無苛殃○東坡稼說蓋嘗觀夫富人之稼乎其田美而多其食足而有餘其田美而多則可以更休而地力得完其食足而有餘則種之常不後時而斂之常及其熟故富人之稼常美少秕而多實久藏而不腐今吾十口之家而共百畝之田寸寸而取之日夜以望之鋤耰銍艾相尋於其上者如魚鱗而地竭矣種之常不及時而斂之常不及熟此豈能復有美稼哉○列子窮有飢色客有言於鄭子陽者曰列禦寇蓋有道之士也居君之國而窮君毋乃不好士乎鄭子陽遺之粟列子再拜而辭使者去列子入其妻望而拊心曰聞有道者妻子皆佚樂今有飢色君過而遺先生食先生又弗受豈非命哉列子笑而謂之曰君非自知我也以人言而粟我也且以人之言此吾所以不受也其後民作難殺子陽子列子曰受人之養而不死其難不義若死其難則死無道也死無道逆也除不義去逆也豈不遠哉○沈存中枕中記開元中呂翁經邯鄲有盧生同止一人方蒸黃粱翁取囊中枕以授盧生曰枕此當適如意生但記身入枕穴中幾登第高龍人相出將入相錦衣榮軍數民未且而妻賢孝子孫繁衍[illegible]

年五七粱盡無此十久帝遂悟時呂翁在偏問諸黃粱猶未熟

秈

秈形與稻同種出本異猶粢之荆鶬鴰之鷄鴨也乃時穀之屬山產之未也故字從山粢與稻同但粗長實與稻同但長糙米有赤白爲飯香美釀酒濃釅可熬糖可炒米山原之地皆可種之早種早熟晚種晚熟六十日可穫水原頗少陸地占濕者皆可種此穀中之至美者

種甄耕耜土熟每秈三升得糞五石每畝三升量地肴子宜稀稠得所每科只不過五六粒多則苗結難發少恐子生不齊苗生宜密耡至三四寸時耡之六七寸又耡尺餘再耡耡不厭多多耡則子圓實堅苗中去其稗梯

壅其叢根未將變幹時天若少旱引水灌之即去其水久停茂而美○又法春以肥土耕耜極熟治畦下種苗生去草待生五六寸就土掘爲叢分一科移他田中栽之相去五六寸一科每科以水飲苗甦即耡或以糞水澆之多耡傷筆此法爲麥地菜地恐遲而設若此治之實美而佳亦那田就空之法耳或山或平皆宜

刈穫秈子難脫宜先刈其穟收歸穫敲如穫粟法如路遠刈向田中留七八日日晒夜露可打可拌但耗損耳

本性秈味甘氣溫澀益氣天生五穀所以養人得之則生不得則死惟此穀得天地中和之氣有造化生育之功非他穀可比故人藥在所不廢

效方辟穀方白秈米一斗擇堅實者　刈造酒蒸米法七七熟蒸曝晒乾先以糯米二斗造酒　酒熟取酒醉窄極乾將酒醉拌蒸米暮浸日晒以醉盡　爲度將新淨罎貯米每用以一撮京水泡之可飽一日　飲食任意

典故　宋史真宗三秈乃美穀甚利生民止以可種違使就閩取其種三萬斛分給諸道種使民種之○吳越春秋許晛云春種八穀夏長而養秋成而聚冬蓄而藏天有四時而生不救種一死也夏民無苗二死也秋成無聚三死也冬藏無蓄四死也雖有堯舜之德無如之何○東海郭坤葬于山仰哭大饑米于地群鳥爭食數如此鳥聞哭聲莫不驚嗟因得此明閩後復試其實乃偽孝子也

䅉

䅉苗葉似黍抽莖三稜穗若粟而分岐狀如鴈爪粒如黍實而細茶褐色稃甚薄可米可麪可釀酒可煎餳荒年可濟饑餵飼牛馬甚良

稗

陸稗禾中之卑者故字從卑粱莖穗如黍耐旱少虫忠稃黃茶褐色粒黃而圓如黍粒可米可麪可釀酒可炊饘粥年可濟饑冬月可飼畜五穀不成不如稊稗時之以備荒年宋史云曹彬有芳林精稗之稱

植藝春耕熟土三月內或漫或點或　山或平地皆可蒔苗生薅耡草盡淨至三寸七黃時刈　穫

本性稗味甘氣寒健脾養胃閒弘景云烏稗可代糧汁發地斬刈皆死

典故　蜀光紀遺流竄兵亂民逃避山　來宿居茨食一也得

而食□救荒說唐天復隴西亢暘五穀枯死民多徙亡山中竹放花結實似民采之舂米而食以活人民今五穀種而不加勤穫而不知畜蓄豐年受饑凶年餓死

薏苡

薏苡圖經云葉如黍莖高六七尺夏末抽莖莖節傍生枝枝稍開花結實色青白下圓上尖散顆零落如小豆大有粳糯之別舂米爲飯甘美可釀酒一名芑實一名解蠡其葉似蠡食而解散又似芑黍之苗故有解蠡芑實之名一名贛米乃堅硬有贛強之義一名屋菼苗初生蓬蒿赤黑也救荒本草云回回穀西番黍始自漢馬伏波征交趾餌之載入中國薏遠白也苡者車前葉也合二草之美故名之

置熟薏苡勁禾也宜山地種與高粱苞麥同其耘治候熟收實刈秸留根次年宿根復苗結實但苗弱子稀不若另種者佳

本性薏苡味甘氣微寒益脾潤肺清熱勝濕炊飯作麵食之良根能殺虫利水孕者忌食

効方蚘虫久不除者以幹取甘糜食之可効

典故　漢書馬援征交趾衆十卒皆病甚憂之遊于世間遇一老不一草而鼠卒士病者服之輒愈深奇之詢其士人名曰薏苡服其實則強健耐饑載入中華而植其勢之

豆

豆圖經云苗高一二尺葉圓而有尖色青上有毛一本分枝枝毛秋開小花有白有紫成簇結莢長寸餘多者三四粒少者一二粒實滿莢充貧蒼者門乃穫種有早中晚形有大小圓扁色有黄白赤黒斑褐可醬可豉可腐可芽可搾油可炒果爲餹末其製用甚多角名莢葉名藿莖名萁實名豆釋名曰未俗作菽菽乃莢穀之總名篆文未象莢生附莖垂下之形豆象子在莢中之形廣雅大豆菽小豆荅錄云始生泰山平澤其葉可收以飼豕牲其莢殼可以餵牛馬其萁可以炊飲食

占步宜下步所宜先以諸豆平量盛囊内冬至日埋陰地後十五日發取量之取最多者種之大豆保步易得可以備凶年小豆不保步而難得也

播種種宜芒種前後太早則葉盛太遲則苗弱漫種難于耘耡而結莢多點種易於耘耡而實粒圓點種者每科相去八九寸許每穴只宜二三粒多則苗不秀有芽種者有區種者肥地宜稀薄地宜密早種宜稀晚種宜密月內有三卯宜豆忌種西南風申酉日

鋤豆苗生開毛葉兩瓣即耡一遍易長且短苗生西五寸鋤一遍壅其根苗七八寸鋤一遍葉蔽足耐旱開花時又壅勿以無草而止鋤農訣曰豆耘開花子圓滿莢若秋雨淋霪葉繁起蔓其苗或蓬或倒難花難實急刈其豆之嫩顛掐其藉葉令日薰風透不致浥鬱種書云夏至種豆不用深耕豆花憎見日則黄爛而焦

收穫宜葉落莢枯方穫宜五六莖一束取歸高架如梯

形緻緻排列任其遲早敲之且鮮美不蠹

藏則發之难久持貯者惟豆易干腐蛀皆因濕浥而生宜曬不宜于日遇大日則皮裤肯裂宜半陰半晴曬之不時翻攪令乾收貯免蛀污

性 豆味甘気溫益気和中久服令人身重或炒熟或若熟性凉造豉性極冷作醬生瘡性平牛食之溢马食之凉一体之中数变炒豆同猪肉食壅気致死小兒忌之十歩者無妨服草麻子及厚朴者並忌食炒豆犯之殃

効方 張子辟穀方黑豆五斗揀淘淨蒸三遍曬乾去皮利麻子三升浸蒸三遍去皮并研末糯米三斗煮和搗爲劑若拳大入甑蒸一宿服之至饉如渴飲麻子水之麻

湯亦可勿食一切 博物志云救荒取大豆調勻生熟挼令光暖徹豆内先日不食以冷水頓服訖一切魚肉蔬食不得復食渴飲凉水初小困十日後体力强健不思食漢左慈方

劉景先辟穀方大豆五升淘淨蒸三遍去皮大麻子一升浸一宿蒸三遍令開口取仁各搗末水和成團如拳大入甑内蒸從戌至子止寅出晒乾爲服以飽爲度毋食一切物第一頓饑七日第二頓饑四十九日第三頓三百日第四頓永不饑不問老少令人强健容貌紅白永不憔悴渴研大麻子湯飲之更轉滋潤臟腑若欲重食物用葵子三合研末煎湯令服取下藥如金色任食物 甄權云每食後摩拭豆吞三十粒令人長生初食似覺身重一年以後似覺身輕又益陽 李守愚每晨以井花水吞黑豆二十五粒謂之五臟穀至老視聽强 陶華以鹽水煮黑豆常食之能補腎益乃腎家之穀其形類引之以鹽所以妙也

典故 呂氏春秋云得時之豆長莖短足其莢二七爲族多枝數節競葉繁實大菽則圓小菽則搏以芳稱之重食之息以香如此者不虫先時者必長以蔓浮葉疏節後時者短莖疏節本虛不實○魏書曹丕即位召其弟植曰聞子有七步才爲我吟之植不及七日煮豆燃豆萁豆在釜中泣本是同根生將心何太急

小豆

小豆 圖經云苗高尺餘許葉本圓而末尖一莖生三葉一枯十有微毛秋開小花黄白結角一二寸内包実七八粒有

紅白綠黄数種実稜菜豆而大可糜食可炒食可爲餻可泡爲粉作索盪井可飼畜齊民之要穀也 董仲舒云菽是大豆有二種荅是小豆有三種今之赤豆菉豆豌豆白豆皆小豆屬也 本草云粟小而赤黯者入藥其餘不堪 大菽河洛多種之凡種土中頂実而生者菽也 大豆也種土中留実而生者荅也小豆也小者言棵粒之細也雖曰菽穀其種各族小豆不能保芨而难得也

種藝 種宜夏至前後太遲則苗难長易生草艱于耘耡又恐霜臨風凛不及結実種太早則葉蘩蔓葛鬱浥不花不能結実土不宜肥耕不宜深宜點種非種漫種

秋耐 薅草長作除苗出二三寸耡一次去壯留弱者

若每科只留一株四五寸又鋤七八寸耘其根勿使風
搖
收穫待葉落莢枯三青七黃時拔而塔之架欄閒風乾敲
實篩可飼畜秸可然火
本性小豆味甘氣凉調中養臟合魚鮓食成消渴作醬同
飯食生口瘡人食之足重驢食之足輕李時珍云形小
色赤者乃心之穀也其性下行入陰分通小水藿可止
小水若麻黃能發汗根又止汗物理之異如此
劾方五行書云朔旦十五日用赤小豆十四粒麻子七粒
投井中可辟疫又云五月初七日新布囊赤小豆置井
中三日取出男吞七粒女吞十四粒竟年不病元旦面

東以韲水吞赤小豆三七粒一年無諸病立秋日面東
以井水吞赤小豆七粒一秋不染痢一時記云十二月
二十五日夜煮赤小豆粥一家人小食之在外之人以
留其分俟其歸食謂之驅疫粥婦經止而忽又來因
房事所觸名曰漏胎用赤小豆芽爲末水調方寸匕日
而止

典故 歲時記共工氏有不才子冬至日死爲疫鬼畏赤小豆故後人于是作赤小豆粥以厭之□漢楊惲自書云田家作苦歲時伏臘烹羊炰羔斗酒自勞家本秦人能爲秦聲酒後耳熱附缶而呼烏烏其詩曰田彼南山蕪穢不治種一頃豆落而爲萁人生行樂耳須富貴何爲

菉豆

菉豆圖經云苗高尺餘許葉青小而有毛秋間開小白花
莢長二三寸嫩青老黑較赤小豆莢微小有色鮮粒大者
皮薄粉多有色暗粒小者皮厚粉少可作粥飯可釀酒可
造粉爲餌作糕蘯皮作索爲食中美物生白芽爲蔬中佳
品可飼牲畜肥不生疥症乃荅之類留實生也原古以色
命名曰綠豆今人以菉書也一名植豆義取其穀之宜種
者也
種藝時宜薄田不宜太早不宜太遲漫種者芟荒于草黷
種者芟鬱于科其年李不蛀此豆有收又忌卯日下種
刈麻後植早種者爲摘菉旋熟旋摘其莢遲種者爲拔
菉待齊著熟拔歸敲
本性菉豆味甘氣寒連皮解毒去皮熱忌杏仁反榧子殼合

魚鮓食令人肝黃成渴病
劾方一切暑熱煩燥菉豆煮粥食之

典故 集異錄士貧種菉豆耘草忽有蟬飛集其首而鳴以爲異卜卜者曰菉豆者收其老而遺少昔宋祁除中書即時有飛蟬集冠之兆今科必發後果應

豌豆

豌豆圖經云叢生有鬚葉如蒺藜兩兩相對開花如飛蝶
狀亦有淡紫者亦有白者生莢寸餘許子如藥丸梧子大
有六七粒及八者嫩青老黃蒼斑色收子可炒食可造
粉可爲麪粒可以喂飼牛馬其强莖可喂畜爾雅翼云戎
菽月令云[illegible]豆千金方青小豆別錄云青斑豆麻累淮豆
通志云回鶻豆種出大宛稱名胡豆今以雜豆呼爲胡豆

謏宋留實至芽苗葉氣豹宛窩可經霜雪因得其名自設
之中早熟可久藏以備荒白豌豆苗蔓葉花莢同豌但形
壯大花莢粒俱白考古本有今種出西域粒狀若大豆色
白而圓其嫩苗葉可茹莢可煮食子可炒食可爲粉製
索片同豌造用亦同
植蓺八九月浸種熟地中或種稻地或種豆地中春初得
水溉茂臨夏莢老蔓枯耙穫敲實曬乾收貯
本性豌豆味甘氣平調榮衛益中氣多食發氣病綱目云
豌豆屬土故其所主病多脾胃元人飲膳每用此豆去
皮同羊肉治食補中益氣
効方痘丁紫黑壞臭或有黑線此爲險症豌豆四十九粒
燒存性頭髮灰三分珍珠十四粒研末以胭脂爲膏先
以新針破丁用口咂去惡血以膏少許點之即紅活
典故 宋書岳忠武常曰我有一馬日食豆草一石終日若馳不覺其困日食五斗者則疲矣可見大賞必有大報凡事任其量也

蠶豆

蠶豆圖經云方莖中空葉狀如匙本圓末尖面深青背白
青豆莖厚一枝五葉三月開花如蝶紫白色結若連綴如大
豆頗似蚕形莢青老則莢黑實黃色如指尖大中陷不滿
所若四方亦有赤色者可煮食炒食可爲麪爲粉喂牛馬
甚壯苗可肥田枯可然火葉可飼畜莢狀若老蚕形故名
蠶豆王禎云謂其始熟故名之天平御覽云漢使張騫得

種于外故有此豆也
植蓺秋八月種潤濕地或于九月點刈稻叢中或挖穴點
子以糞蓋之五月收實與蚕同收
本性蠶豆味甘氣平快中和胃菜可醒酒
効方凡手足背生瘡年久難療者口嚼蚕豆敷妙
典故 蜀荒記二人負豆避山中一人負金避山中負豆者貪其金以蚕豆易之得豆者有食而生得金者無食而死其人得生復負金去

彬豆

彬豆形小粒細形如野豌搖狀莢長五六寸蕃密甚多粒
似茄米而微大每莢一二粒苗高五六寸名彬取其象義
也此方産之穀西北多蒔以爲粥食生芽作蔬蔓可飼畜

實喂牛馬甚良
植蓺春種秋收惟土廣處可蒔果桑園空落土亦宜植宜
陸土耕熟或耬種或漫種苗生鋤草淨至莢老蔓枯穫
本性彬豆味甘氣溫潤膚快肌開胃寬腸
効方凡小便赤黄不利者煮粥食
典故 廣記秦修霸橋一鄉老助彬豆三百石與工匠爲粥監修者戒以爲誰不明日盡皆黑驢運至而完其數衆駭服

扳山豆

扳山豆宜種山坡地故名扳山喜引蔓乃苔屬也苗葉如
飯豆形畧同而色淡綠蔓長如豇豆結莢如菉豆實比菉
豆而畧長得色點綠可麪可粥可煮食飼畜甚良

植蔬春種肥熟地宜勻苗生耡候莢老燕蕣肥田者不必耡至伏中開花結莢犂翻甚于蚕矢可種菜麥若留飼牲者亦不必去草隨草滋茂子熟收割喂之甚佳

本性抜山豆味甘氣涼行血下氣乍食令人脹滿

典故 明紀天飢流賊乱民逃匿山中貿豆充飢遺之明年小八宋其莢煑食之豊年乃王賊之豆凶年爲可珍之穀也

泥豆

泥豆嵩植泥中菱豆之類乃菽之屬因其性而得名葉似稆豆形若小豆不堪旱植多蒔早稻田中子若小黄豆大土黄色亦有灰黑色者可磨可豉可醬可芽飼畜甚良乃方産之穀

植蓺早稻半黄時漫種田中經一宿放水乾苗二三寸刈稻留豆苗去水耘耡八九月熟連秸拔收

本性泥豆味甘氣温下氣通腸養腎益脾

典故 有客諸觀三農紀摘嘴然嘆曰子之書徒災筆墨其植蓺不外齐民要術其栽培不外王禎農書其形性不外本草綱目其集不外羣芳空亦猶談性命者不過剿程朱之涵餘工文辞者正于拾漢史之贅牙又何奇觀予乃農夫無廣見博聞所缺畧甚多未嘗審問明辨予唯唯者酌其稿再三年乃出

稆豆

稆豆苗小葉小形若葛開黄白花結莢实黑最小昔小野生故名鹿豆又名盧豆其苗肥茂故得稆稱農人收而蒔之名薹豆可蒸食可作粉可肥田每畝炒熟一斗甚于餅渣蚕矢亦方産之苗也

植蔬三四月種耘耡苗老莢熟穫之肥田者花開莢成犂翻浥爛種菜麥倍收

茗子

茗子方産之蔓苗耳留实生芽起蔓小葉排列对生深表方莖紫花亦有紅白花者韋延遍布結莢寸餘子如蘇子而大黑麻色不堪食用本草云野豌豆（廣雅云大巢菜苗生原濕地嫩時可茹大者（詩疏名薇）乃野豌之不实者小者即蘇東坡所謂元修菜也可采作蔬食可晒乾作羮食先以酒烹之否則令人心跳頭暈蜀人呼爲茗子取其葉蔓繁茂之義蜀農植以糞田甚于蚕矢麻渣他处少産乃方苗也

植蓺稻初黄稍時漫撒田中至明年四五月收穫若糞田者花初開犂浥種麻種禾甚壯盛有薄田不起者苗者以糞拌點之或收種者或拌白豌豆雜種之收穫落子篩之各別初種後苗生忌水臨春時以水飲茂

典故 或問以苗肥田而禾茂实盛有道乎予曰有道盆風也見其形不見其色雷也聞其声不見其形鹽之于水誰知其鹽膠之于墨誰知其膠正所謂空空色色之道人日用在其中而不覺

粳稻

粳與秔同乃稻不粘穀之總名也（本草）以晚者爲粳熟不知晚亦有糯者博物志云粳乃穀之至硬者得漿易化粳者硬也堪作飯秥者糯也堪作酒令之釀酒爲糯是矣爲飯者乃不粘稱反以呼粘是以粳爲粘也北人以稷稱穀

蜀人以稻稱穀隨方言謬矣葉似麥先扁而後圓成幹六節中空約二尺餘抽莖吐穟散稃实各分如黄瓜子而皮有皺糙紋遇午花開殻闔过午花收壳合嫩青老黄而堅種有水陸南方上下塗泥多宜水粳北方平澤多宜陸粳種有早中晚三等有白黄赤黑各色有大小長短有芒無芒異族米有堅鬆赤白烏紫大細圓長之殊味有香否軟硬名别性有寒温異賦南𥝩稻名不一其形隨水土所化而苗莖粒米更变春秋題説云稻之爲籍也含水盛其德也太陰含水漸能化也

治秧田揀肥腴土於冬開鋤起引水凍过去水則土脉活春來易治以灰糞水澆之不生虫不長草浸後晒乾耕

翻再耕相濃熟方可下秧則子不陷又易生発或以青草或以灰糞厚鋪于田內𣿬爛治熟方可下種或于冬間收乾敗葉厚布田中趁日風焚之則土煖而苗茂又且少草老農云秧是半年春業農者豈可忽乎

浸種早稻宜清明晚稻宜穀雨粒長色紅雜者不堪作種須取粒圓实純者作種篩去稗稊粃孚用瓦器盛浸塘水晝浸夜收禁入流水芽若未吐以草𤍣之浸三四日微見白芽如針尖狀令長二三分候天気晴明攤鬆晾去水気宜侵晨水定風和然後下種蓋以草灰至八九日秧青引水浸之毋令缺水老農云丑日不下秧

墾田秧長三四寸時宜于夜靜鋤薅草火照遊田畔燈焚

其飛蛾免致遺卵於秧間以絶後來虫患

耕稻田治田之法各処工宜天候不一總在过春暖花開犁翻犁平或上灰糞或將田中去年秋種苗禾犁翻或納青草鋪撒田間漚塌至七八日俱爛再耕相者三仝

水泥相合

插秧芒種前後三時內插者爲早宜正前拔秧須拴手拔出就水洗净去根上泥揀去稗草須根齊葉順用草束小把量田畝拔秧用小筐簍負于田勻布壠把後混水插之但秧不可久留留久則煩鬱苗難茂田水勿令清清則土気冷落苗久不発插須得六株爲一叢六棵爲一行宜淺不宜深納離五六寸許足不宜頻挪舒手只

插六叢挪一遍逐旋插去務整齊以便耘耨

糞水未插田曰秧既插田曰禾初插田苗微黄至数日变青以糞把于禾棵中搜鬆禾根苗易茂取其把斷横根則直根下行能盛隨去稊稗

耘稻田糞後数日或灰糞或餅渣爲末撒田間細細耘之遊秧放乾水將田泥溜塗謂之熇稽不入水候土乾爲之擱稻然後引水浸田謂之還水直至稻成熟方可去水若遇天旱急將田鋤一遍勿令開裂候天與雲聽其有雨遍澆糞水待雨勿令水缺則禾発不歇

起禾平日收灰于棚中收便溺浸透日晒乾仍治爲灰遂日晴晨有露清晨持灰遍撒于苗葉上得雨洗下入禾

叢中苗即起

振禾稍已將熟瘠田苗而不依肥田偃如風推恐收穫不及在田間綜錯宜以竿厭順伏致免參差難刈之患

收穫江淮楚蜀之處稻黃時在田中旋度旋拌收制長尺桶形四方上濶下狹口寬四尺餘高尺餘名曰拌桶刈稻隨把鋪田成行过午一人執稻幹拌向桶中以箔圍半或兩人和拌不用箔圍一人束草遇雨亦可刈候晴方拌亦有用圓桶者一人拌者功緩二人拌者其功速但子粒耗落河洛之処稻熟刈縫束把收归停廠乎後方敲子貴復另刈另束江淮收稻上雨下水刈一束架竿竟莲归廠落其子者之四方高卑寒温各熟不一時各

穫不一法有處築場圍以木爲架者編制倣門式深丈許高六七尺十月收稻積其上夜間就内安卧不惟燥可避寒兼以夜能防盜逢春徐打落其实入倉可以久

留

留種稻熟時選揀穗之佳美粒之圓实與土之得宜者向田中選摘其稻收以徐于質内每穗去頭尾存中間節胡下勿脫皮又勿过老恐種变米易須晒乾治淨藏若可木器内若藏瓦器内則米步难生若浥濕則苗出尋死老農云肥田不如損種將此色穀種植二季又選彼色種植八季年年换種易田而植不特稻也諸穀皆然

本性粳米味甘生凉熟熱南人日用之食北人食之痼冷北方十月收粳天氣寒凉物從氣化故也太抵南方赤粳早粳性熱北方白粳遲粳性凉新者熱陳者良和血脈益五臟壯筋骨合炎黃作粥食持精強智常食乾粳飯令人不噎然南人食麥麵而燥煩北人食稻米而痼冷非穀之不宜人乃人之不宜穀也如南人所是南方秉離之氣稻午時開花亦火之賦如北人所産北方秉坎之氣麥子時開花亦水之賦是以物各從類而親也米泔水清燥凉血和氣血益精神止飢解渴炒米湯益胃除濕不去火毒合人作渴幹燒灰淋水解砒毒

效方小兒初生三日應開胃氣碎米濃煎汁如豆許與兒

飲之二七日又可與哺慎不得與雜藥

典故

唐書李百藥七歲能文父與友陸義等讀徐陵文有刈琅邪之稻語不得其事百藥曰春秋鄅子籍稻杜預註在琅琊客大驚○家語孔子厄于陳蔡七日不食告糴于野人得米一斗顏回仲由炊之有塵墨墮飯中回取而食之子貢以責孔子召回曰子炊而進飯吾將祭先人對曰有塵墨墮飯中置之則不潔棄之則可惜回即食之不可祭也○莊子子輿與子桑友霖雨十日子輿曰子桑殆矣兩人無糧遂囊飯而往食之

糯稻

糯稻釀酒之穀也稻者溉穀之總名舀象人在田間之義字林云糯者粘穀也杭不粘穀也然糯其類以粘不粘爲異耳周禮有稻人漢有稻田孔子云食夫稻今俗以飯杭呼粘大失訛矣形苗葉莖穗實與粳杭同但葉織黃不若

稉秔之青緑実色有赤黄紅白形有大小圓長有芒無芒米亦有赤白圓長齊民要術云穤有九格雉木大黄馬首虎皮火色是矣今隨土化水变形殊粒異其名秠秠稻花午開賫合得陰之精有至七開七合者日中甚香故農云穀怕午時風穤者懦也秙者粘也其粘穤可釀酒可為粢可餻可餳可炒其造用甚多考周禮以稻為佳蔬蔬者菜可如也稻苗乃草難作蔬論亦不知當時稻又屬别蔬物又不知古文錯訛恐後人誤釋之耳職之者細心加詳考焉莫于就說因訛而渴禮予非其職不敢以妄議

植蓺齊民要術云凡下地停處燥堅垎濕則淤泥難治而易荒墝埆而刈種春穜者殺種尤甚故五六月暵之以

擬大麥如水澇不種尤九月一轉春種稻萬不失一下地不問秋夏候水盡地白背時速犁耙耮頻翻熟二月上旬種為上時三月種為中時四月種為下時漬種令開口樓耩掩種之即再遍耮苗長二寸許耙耮而鋤之鋤欲速每經一雨輒耙耮苗高尺許四月雨耨之科大如概者五月間霖雨時分拔而栽之一注水區難于引流殺水者求水又乾求乾又水至夏則溢至秋則涸法以黄泥和草為泥糊取稊八九莖以糊丸根晾微乾式入水不沉不浮以當為度如是量畝丸之散秧丸于水區中如插秧式令匀近秋水降禾下不深水沉連土得養出穗結實與種插者較

詳考四方天地気候迥異擇其宜者時之秧田宜肥禾苗宜稀可以耐旱秠乞插田易茂倘遇旱过時秧宜植以大叢若得秋日嚴和則全收逢霜亦稜半淮南子云江水肥而宜稻秠稻者蓄陂塘以溉之宜堤閼以止之秠時先放水十日後曳碌碡于遍地既熟然後下秠留苗生五六寸拔而使栽七八寸則耘之耘畢故水瀹之欲秀用水浸之苗既長茂耨拔以去稂莠農收穫当及時江南上雨下水收稻又用籾杆笼架乃不失遺刈早則米青而不堅刈晚則子零落而耗傷又恐風雨敗壞稻之蓺穫不得一概而言抱朴子云南海晋安有稻一歲九熟西域天竺土溽熱一步四熟拾遺記東有融皐

五穀多艮有旬日之稻異物志冬夏再秠二筅志雷州十一月下秠揚雪耕耘次年四月熟浙江一歲兩秠廣東二插其秧江西稻田中復插其稻荆楚大半兩秠蔵蘭雜記新昌有令田不宜旱禾夏至後始插秧秧成稞放乾田水經烈日曝土坼裂如碎腐狀更妙至七月盡八月初得雨纔作土蘇醒而禾不茂若于此時無雨然後汲水灌溉若日曝未久而逢雨水則苗冷瘦不能發秦之寧夏二月漫秠耘耨畢然後引水溉蜀中旱秧水插山陰會稽田灌以鹽滷水或壅鹽草灰不則難收寧波台州近海所禾犯滷潮則死故作堰惟拒之嚴州塗禾多用石灰台州用蚌蛤灰得糞則苗茂不実此乃各

方之異

本性 糯米味甘氣寒釀酒則熱久食糯米令人身軟小猫犬食之足曲不能行牛馬食其蘖足重孕婦雜肉食令子不利合酒食令人醉难醒小兒病人大宜忌之発痘可作飯食爲粥食止消渴泔水消鷄鴉毒稈穰藉韡鞵

去寒濕

効方 糯米一升浸一宿炒研爲末山藥一兩爲末勻和每用半盞得胡椒末少許入沙餹二匕沸水調服大有滋補久服煖精此上品方也

典故 世說陶淵明爲彭澤令忩在三百畝悉令吏種秔稻妻子固請種秔乃使二百畝種秫五十畝種秔○晉書孔羣好飲酒嘗書于親舊今年田得七百斛秫不子麴糵事士丞相謂云蝍回爲恒飲酒不見酒家覆

瓿布日月糜爛曰不見糟肉而更堪友○韓子齊桓公飲酒醉遺其冠耻之三日不朝管仲曰此非有國者之耻也公何不雪之以政公曰善因發倉賜貧窮論囹圄出薄罪処二日而民哥之曰公胡不復遺地乎

稊

稊苗如稻葉而深綠稻苗葉邊有黍稊光滑而無毛根下帶紫抽莖初如粟穗老則分散結子如黍茶褐色每斗可得米三升可米可麪救荒書曰鳥禾爾稚云遂言稊者禾之稊可與伯仲也淮南子云蘇離先稻熟而農夫耨不以小利防大穫

稗

稗救荒書云生水田及下濕地苗似黍八月抽莖如粟穗出穟分散如鴈瓜狀內有細子如黍粒而赤其稃甚薄其味粗澀可米可麪歉年可救荒黔志云䅟一名犹爪粟一名鴨掌稗李時珍亦爲不粘之穀不實之禾孰不知犹爪者杭也鴨掌者粘也可釀酒可熬糖黔方言䅟而賤稻爲稻之穫有豐歉苗招虫蠹也范勝之云稗堪水旱蒔無不熟又特滋茂艮田畝得二三十斛

種䅟春耕田極熟如下稻秧法亦有旱種者亦如插秧法但秧宜堅而淺惟稗宜深而斜節間生根耨亦如稻同收穫亦同

本性 稗䅟米味甘而寒補中益氣

典故 魏武使典農種之頃收二千斛斛得米三四斗釀酒甚美釀炊飯不減粟米藁一畝可當稻藁二畝宜擇其梂長粒大者種之蒲遇水旱宜多種○列女傳老萊子逃世耕于蒙山楚王親至其門曰守国之孤願

見先生老萊曰諾妻曰妾聞之居乱世爲人所制能免于患乎妾不能爲人所制委而去老萊子隨之隱山中采草實而食收其毛而衣自是終身不見

古蜀　張宗法師古甫著

小引

代穀以濟饑者繁矣有時生者有不時生者有土產者有不土產者莫若取諸便年稔則采以佐穀歲歉則收以濟饑亦不累于地又不困乎穀一舉而兩便

蔓菁

蔓菁一名蕪菁一名九英菘一名諸葛菜爾雅云須蕵蕪詩云采葑采菲毛萇註云葑須也孫炎云葑一名蓯方言訛云葑蔓菁也楊子雲云蕪菁蔓菁也陳楚謂之蘴齊魯謂之蕘關西謂之蕪菁魏趙謂之大芥皆一物也根長而

白形若胡蔓當霜後轉軟蒸煮任用稍似芋魁含有膏潤頗近穀氣莖粗葉大而厚潤夏初起苔開黃花四出如芥葉渾同雲薹人久食菜蔬無穀氣即有菜色食蔓獨則否四時皆可食春食苗夏初食心秋食莖冬食根時二之家能蒔數百本亦可終歲足蔬子可笮油燃土甚明

心蔬種宜七月初每畝用子一二升法以先薙草雨過即犁若無雨先一日灌地令透次日耕作畦種覆土厚一指得砂土高者為上故墟壞牆尤佳苗出後芸小者為茹若不欲移植取次芸出大者令相去尺許若欲移植候苗長六七寸擇其大者移之先耕熟地作畦起土隻蔬苗其上壅土浮虛根大倍常每畝種根可得五十石每三石可當米一石是一畝可得米十四五石則可三人卒歲之粮也子陳用鰻鱺油浸之曬乾種可少虫患收子者當六七月種至四月收若春種者亦即生薹與秋種者同熟然根小並稜子少者供食者正月至八月皆可種凡過水旱他穀已晚但有隙地即可種之以濟口食若得地方一尺五寸植一本一步叩一十六本每畝得三千六百本每本得子一合共得子三石六斗比油菜子可利多二三倍十月終耕出蔓菁根數曬過冬月蒸熟甘而有味和羊肉煮甚美春生苔為蔬中上品四月收子比脂麻易種油燥熟炒搾比麻油香美其子九蒸九曬為粉可塗帛

本性蔓菁子味苦氣溫常服利上下氣潤五臟解麪毒令人強健

效方辟穀方蔓菁子熟時采之水煎三遍令去苦味曝乾搗末每服二錢服水小久服延年夜可讀書三月三日采蔓菁花陰乾為末空心井水下　抱朴子方蔓菁子三升煮熟曬乾為末併晨井花水服方寸匕無所忌服一年能夜視物一頃禳時疫立春後遇庚子日煮蔓菁汁合家服之不限多少一年可免時疫

廣志云五臺山深谷居人每人歲種三百六十本一日食一本不妨絕粒○後漢書諸葛武侯行兵所止令軍士獨種蔓菁取其纔出土可生啖一也葉舒可煮食二也久居則肥以滋長三也棄不合惜四也歸則可得而采五也根可食六也故合田日武侯蔬諸葛菜是也

芋

芋圖經云王芝芋者吁也芋魁之狀地輿、若蹲鴟若鴟之蹲生也蜀山之下沃野有蹲鴟至死不饑史記云歲生十二子閏生十三兒芋屬甚多各種不同而俗呼亦異不過以水旱傍之旱芋山地可植水芋澤田可種葉如荷長而不圓當心出苗者爲芋頭四面附生者爲芋子秋後掘食之葉莖亦可茹食惟蜀産者大而圓他土産者形長芋不開花時開者至秋抽莖開黃花傍有一長蔓護之如牛蓮形皮上有微毛如鱗次裹之其根可煮可煨可果豐年藥飫可飼豕甚于穀實博物志云聞桐鍋聲則不生子

植蔬揀肥潤土耕極熟三月內擇壬申壬午壬戌辛巳戊、

申庚子辛卯日植將芋芽向上勻種候生三四葉高四五寸至四月移栽芋性喜早宜近水沙土區深可二三尺許行欲寬可風透水欲深深得根大春宜種夏種難生秋宜壅不壅則瘦鋤宜頻澆宜數霜降宜振其葉須鋤開根邊土加以肥泥壅根使力回于根則愈肥大范勝之云區方深各三尺下實豆萁尺有五寸以糞着上如萁原一區種五本要勻再以糞土之芋成萁爛皆長三三寸南方多水芋北方多旱芋芋宜二尺一科每畝爲科一千一百六十科收魁若子每科二斤每畝爲斤三千四百二十斤以救饑數倍于穀

芸芋宜晨露未乾及雨後耘鋤令根傍土虛則茂若對日芸鋤則苗萎七月在芋四圍掘土壅根加以灰糞則土鬆結子圓大霜後起之水芋不耘鋤但宜田中加以河泥麻滓

擇種十月揀根圓大長尖者就屋簷下掘坑以礱穅鋪底將種下內以草苫蓋之勿令凍爛至來春三月取出埋肥地生芽移栽芋多窓種即因園所植亦須慎擇有種青色多肉者味最劣有毒芋魁一名小毒若食先以灰者後和醬者次易水者熟可解篘麻乃堪食野芋大毒殺人芋三年不采成梠葉根相似誤食者用土漿解或豆汁糞清灌之

求性芋味甘氣平滑寬腸胃充肌膚小兒禁食滯胃氣難化有風疾服風藥者禁食服餌家宜忌爲其性滑也

同魚肉者食補中益氣簽古者補人

典故 傍宛青碑之所至凡草木無有遺者獨不食芋葉蔓陂上其芳驗也○漢書隴西卜劉陽隱居玉屋山見一神蟲蜂所禁噬鼬肢欲裂其咏行人蟲嚙破芋幹以傷處就齒摩之長久腹消痛愈○秦書秦破趙遷卓氏之蜀夫婦推輦行諸遷虜少有餘財爭與吏求近處之葭萌惟卓氏曰此地狹薄吾聞汶山之下沃野下有蹲鴟至死不饑乃遠求遷致之臨邛即鐵山鼓鑄運籌賈易富至敵國

藷

藷海人云甘藷南方名番藷本草名朱藷葉青莖赤引蔓葉本大末圓而尖其根形圓而長本末銳皮赤肉黃白質理細潤巨者如盂亦有大如碗者小者如指生啖之氣如桂花熟間之臭若蕷 徽州撲地傳生一莖至數十百莖節

節生根一畝種數十石勝種穀二十倍海人以當穀可生
食蒸食煮食煨食可切米曬乾收貯作粥食可磨粉可餻
餌可釀酒其製甚多蔓可飼牛馬根養猪易長嫌根中之
至長者
種藷藷宜高土砂地耕熟以土起畦作壟二三尺以根栽
狹間過旱汲溉以水遇澇急引泄水苗蔓延猶加土糞
掩之每生藷根若步逢水害旱災至七八月中氣候不
及種藷五穀即宜剪藤種藷以救饑至于蟲蝗爲災惟
藷在土蝗食不及縱令莖葉皆盡尚能復生遇蝗信到
時急耕土遍壅蝗去滋生更易天災物害不能爲損耕
宜步前壅宜大糞春分後下種若地非砂土須柴灰和

牛馬糞入土中使土脈散緩與砂土同重耕起要極深
將藷根每段節三四寸長覆上深半寸許每穴相去七
八尺橫二三尺蔓生既茂苗長一丈留二尺作老根餘
剪三節爲一段插入土中大約二分入土一分留外即
生隨長隨剪隨種隨生蔓延與原種者不異凡栽須順
栽若倒栽則難生在外者生枝在土者生卵約各節生
根即從其連綴處斷之令各成根苗每節可得卵三五
枚三月至八月俱可種但卵有大小八九月始生卵冬
至乃止始生便可食若未須者勿頓掘令居土日漸大
到冬至後須盡掘出不則敗爛矣
用地凡藷二三月種者每株用地方二步有半而卵遍焉

每畝約用藷三十六株四五月種者地方二步而卵遍
焉每畝約六十株六月種者地方一步有半而卵遍焉
每畝約一百六株七月種者地方一步而卵遍焉每畝
約二百四十株八月種者地方三尺以內所得卵小矣
畝約九百六十株密疏略以此準之九月畦種生卵如
著頂如棗核擬種
藏種八月揀近根卵堅實者陰乾以軟草裹之置無風和
煖處勿令水凍乃南土收種之法霜降前取近根藤曬
令乾于竈下掘窖約深尺餘寸先下穅秕三四寸次置
種于內又上加穅秕蓋三四寸以土覆之乃北土收種
之法又法七八月收近根老藤入木箱中至霜降前置

草篅內以穅秕蓋向陽近火處至春取卵種植各土寒
溫不同須宜其地而藏之可也
本性朱藷味甘氣平補虛益損功同薯蕷初食覺滿久
服則快但忌與醋同食

典故 廣志甘藷生朱產海中人不業耕稼惟植甘藷秋熟蒸曬切如米貯以充飢名藷外客俱牛豕得災以甘藷若粳粟然飲以甘藷酒海中人壽百步緣食甘藷故耳○閩志洋人自海外得此種海人禁不令出洋人取藷縷入汲水繩中因得渡海分種遂開中耳○甘藷有十二勝牧人多一也色赤味甘諸上種中符爲蔓綖可也益人與山藥同三也过地傳生剪莖竹種今步一莖來步遍畝四也葉蔓附地隨節生根風雨不得浸損五也枚當米穀凶年不得災六也可充邊責七也可釀酒八也乾久收貯屑可旋作餅餌勝用餡蜜九也生熟可食十也用地少易灌溉十一也春夏種初冬收枝葉極盛草穢不容但須壅土不容耘耡無妨農工十二也○王象晉云凡人家有階地但只數尺仰見天日便可種得石許此救荒第一

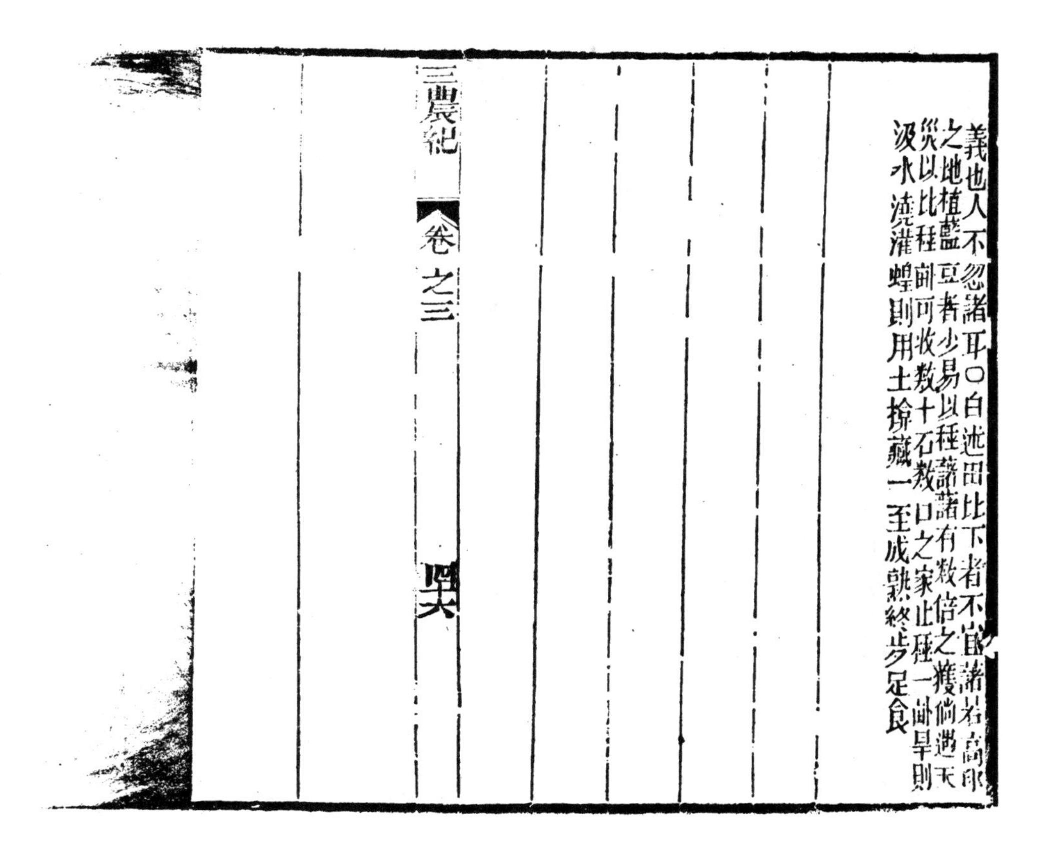
義也人不忽諸耳〇白涖田比下者不宜藷若高耶之地植藍豆者少易以秬藷藷有數倍之獲倘遇天災以比秬畝可收數十石數口之家止秬一畝旱則汲水澆灌蝗則用土掩藏一至成熟終歲足食

三農紀　卷之三　四六

致富奇書

卷四

三農紀卷之四

小引　　古蜀　張宗法師古甫著

天地生成自得其情各具一理正以正輔邪以邪從氣味相和一類親從是以陰陽分而萬物育聖人法天知其自然故易云乾道變化各正性命

神農始嘗草別日穀教民耕藝黄帝初治烹飪使人火食周禮職方辨九州之穀地官辨土宜種藝穀蔬熟穀以養命菜以輔穀天之水旱不時五穀不登菜茹亦可以療饑

藝法

凡種菜必先燥曝其子地不厭良薄即糞之鋤不厭頻旱

即灌之用力既多收利必倍蔬宜畦蓏宜區

畦種

地長丈餘廣二尺未種先幾日斸起宿土雜以蒿草火燎之以絶虫患并得爲糞臨種益以土糞

區種

長廣可丈許治極熟臨種時以熟糞和土拌勻納于區中候苗出視稀稠去留

芽種

以子水淘淨頓甕中覆以濕草三日後芽生長一二分然後下種先以熟畦內以水飲地勻摻芽種復篩細糞土覆之以防日曬此法菜既生齊草又不生

治蟲

凡菜生虫用苦參根浸水潑百部水亦可或撒石灰

治菜易生

菜子三伏中曬乾過須雜麻莖內心播之可速生曬一年即長一寸曬過二年即長二寸若幾許年即長幾許寸芽譜云用鷄子一箇擎一竅去黄白納菜子于內紙封固與鷄伏日滿四十九日令其數足播濕地須臾生長

解菜毒

受諸菜毒服小兒溺可解或甘草或貝母為末湯調服即解之

圃神

清異錄唐進士于則客遊于野見紫荆一株甚茂則烹茶爲賞置一盃祀之夜夢一紫衣人曰吾主蔬菜之屬性嗜茶好詩早蒙賜飲可謂知己之遇因贈以詩酬之則記于其家蔬圃祀之自是年年收倍

芥

芥圖經云青芥葉如菘而有毛紫芥葉莖紫赤白芥莖空柔脆花白子白可入藥剝穰芥葉形絲胡叉有南芥刺芥旋芥馬芥石芥花芥蔓芥皺芥皆菜之美者芥類幾多心嫩者爲芥藍食之脆美花黄四瓣如芸苔而小結莢一二寸子如蘇子色春抽苔可蔬食製乾能留久方士記名臘菜其氣辛味辣有芥然之義字說云芥自界也發汗散氣

界我者也。埤雅云：望梅生津，食芥墮淚，五液之自外至者也；慕而涎垂，愧而汗出，五液之自內至者也。芥性辛烈，食者不得過啖，一介不與，一介不取，故字從之。

樹藝：擇肥熟土，治畦，寒露前下種，苗生，糞水頻澆，四五寸栽成區，鋤耘，澆以糞水，易茂。亦有春種者，五月子熟。但各處氣候不一，須因其宜而蒔治之。

製食：茂時收摘，著沸水焯，入鹽少許，趁熱入器內覆口，次日即可食。再入以香油、鹽、醋，其味辛美。又晒乾可久食。或以芥子末拌入，甚辛美。法：芥末法，芥子焙乾研末，沸水調，器中覆焖，火上薰片刻，又覆地上，其味辛辣，可調蔬肉，辛美甚佳。

本性：味辛，氣溫。溫中下氣，豁痰利膈。李時珍云：但味辛而散，不可久服，耗人真氣。

効方：目翳：芥子一粒，輕手挼于目中，少頃，以井花水雞子清洗。　女人月閉，踰年寒熱往來，腹滿腰臍痛：白芥子炒二兩，爲末，每食前服一錢，熱酒下。　兒乳癖：白芥子研末，水調，攤膏貼之，以平爲期。

典故：漢書：夏侯勝曰：人患經術不能明，若能明，取青紫如俛拾地芥耳。□宋書：蘇易簡對太宗曰：物無定味，適口者珍。臣止知虀汁爲美。臣憶一夕寒甚，擁爐痛飲，夜半吻燥，中庭月明，殘雪中覆一虀盂，連茹數莖。臣此時謂上界仙厨鸞脯鳳胎，殆恐不及。屢欲作冰壺先生傳，因循未果。□後漢書：張仲余爲廣陵太守，輿與奉爲右廉仲宗擢奉爲金爲禮，仲宗不受。奉以襄盛投仲宗芥園中而去，仲宗復齎至廣陵而還寒

白菜

白菜：圖經云：葉青白，嫩，有種白莖扁薄者，有種白莖圓肥者，至老無渣。備心而生，春深開小黃花，結角如芥，實者去白子大而灰。有種名黃芽白，莖扁葉束心，帶微黃，表裏升長，以初出有黃色，故名之。南方留畦過冬，北方寒冽入窖。白菜者，名其色也。爾雅云：菘。埤雅云：四時常見，臨冬晚萃。凡菜臨冬霜而能茂者，俱有松之謂。

下蔬收子不宜太老，宜帶微花去稍角，留根角，每角亦去其稍，留中取子，生苗佳，否則變形。三伏加糞與土和，秋初作畦堰，穴相去七八寸許，填熟糞于內，候五六日，脊子三四粒，點之。苗高三四寸時，每穴止留美者一科。再擇其去苗之美者，當際根尾下鬚，移栽他土，肥畦，須根端苗正，相離八九寸，或一丈一科。糞水頻澆，馬矢護根。將皆綾束菜腰，勿合散展，如是則茂而美。夏亦可種。但生虫不耐久。每根有重十餘斤者，有重一半斤者，乃物理土宜故也。

本性：味甘，氣溫。快中，除煩，解酒，利水。煮食，畏病足者有禁。夏種者發瘡風，壯盛者勿論。

効方：漆瘡作癢：生白菜搗敷，或煎水洗。　酒醉不醒者：白菜子二合，研末，井水調，二服即效。

典故：類聚云：羅瑗好賓客，盛修飲膳，嬴儲滋味，不問餘產。居常惜食菜羹而已。□開見錄：楊愔性儉，每蔬惟七異林菜果而已。□升庵集：或問楊慎曰：朱晦庵之學後可與王陽明之學並乎？曰：朱之學猶膾炙，王之學猶菜羹也。人情食膾炙久而思菜羹，食菜羹久而思膾炙，後必五相覬也。

青菜

青菜葉大苗高青莖可愛有種色粉而光青者有種色紫而莖細者有扁莖桔莖二本深春抽苔苔高七八尺開花結子與芥不異春中采之可醃可乾通志云春不老王頭云馬面菘青者色名也凡菜見霜叟味惟此菜不遇霜味苦澀一遇霜味甘美故云冬不聰菘

種藝七月擇肥土作畦種子苗生長三五寸移栽相去尺餘一科糞水頻澆勤鋤土鬆勿令乾燥采外葉爲蔬留心令發至春入將苔時刈之可造乾菜黒蔬水醃菜能留久

性味甘氣寒和氣血快腸胃熱可潤肌生能豁痰子能

降氣葷素堪食古人傷寒後禁食恐耗虛耳

効方小兒肌瘦不時發熱青菜煎水洗 胸膈不快炒青菜子爲末薑湯調服

典故齊書江泌性仁孝每食菜不食心以其有生意惟食老葉耳○雲山錄二人絕世養性山中四十年一日作二獵者往求食以菜粥與二獵者云惟無魚肉恭酒相款乎將各粥頃之其人大怒蹴案二獵者踰嶺立前峰大呼曰予入山中四十年養如斯性態耶其人物悟而慚甚

菠菜

菠菜圖經云莖葉脆中空葉綠膩軟厚傷出兩尖苗出兩尖根亦長數寸春末起苔尺許開碎白花花有雌雄雌者結實有刺如蒺藜子條雄者則否纔葉可茹可蒸苔脆美可製乾留以食方士訛洞根菜廣志云赤根菜食經云鸚鵡名象其形呼其產也始出自西域波稜國今訛爲波稜呼者乃聲之轉也

種藝種時將子水浸二三日撈出控乾停瓠覆草候芽生揀肥地作畦勻種之宜末旬下種勤澆可以旋食秋社內種者至將霜厚加馬糞辟水寒可充冬蔬此菜必過月乃生即晦日下種與先種十餘日者同生春種者多虫雄者苗多弱雌者苗多茂擇雌者留種亦間留雄者一兩利

本性味甘氣寒開胸膈下氣邪熱止渴服丹石人最宜南人飯魚稻食之病冷北人無忌與鯝魚同食發霍亂

効方消渴飲水日至石餘者用菠菜根雞內金等分爲末

每二錢日三服 大腸澀滯及病痔者常食菠菜自然通利

典故唐書太宗時有尼波羅國獻菠稜火食能益食味○淵源錄汴信民常言人皆得斷菜根則百事可做胡康侯聞之擊節美賞其說○列女傳廣漢汲敘夫婦將産奴讓兄盡有只留園地足一日種菜得金一器妻曰本言讓金乃先興所有此獨非其有耶敦曰固吾意也遂以金遺兄

萵苣

萵苣圖經云葉如萵筍而皺澤白潔嫩斷之有乳老則起苔花黄如初綻野菊成攢旋開結子花罷蕚斂子上有毛臨末採落食經云生菜不離園宜生挼食脆美唐書今改春餅生菜名春盤異物志云紫苣和土作器火煅如銅名千金苣本草云宜廣種花果蔬間中遠蛇虫蛾可采葉長

可采苦以供食用春菜之最者莫若此也

植藝百露下種九月栽花初放時采其子先擇肥熟土治作畦水飲足以子勻撒之上用細灰糞蓋苗生水頻澆長三四寸移栽成區相去六七寸一埊常灌勤耘春種者亦佳

本性味苦氣寒益心和血止煩渴 熱有宿冷者勿多食無者不禁

效方彭乘云苣有毒百虫不敢近 蛇虺觸之目瞑不見人 受其毒蕒汁解 虫入耳萵苣葉搗汁滴耳中自出 乾葉雄黃爲末麵糊丸如棗核曬 生油塞耳 沙虫蝕 萵苣葉搗汁塗

典故 唐書李白冊御菜溪邊一赤鯉躍鹽中食之遂孕生自白以詩題酒壚嘗自題云青蓮居士謫仙人酒肆人間三十春湖州司馬何須問金粟如來是後身後人稱爲詩中神仙

萵筍

萵筍圖經云葉似白苣而尖長嫩多皺色微青斷之有白汁四月抽苔高二三尺葉生當苔刈之名曰筍郭县筍外皮內肉嫩脆可生食可煉食可鼂可素其味清美醃醬貴宜人人可愛廣雅云千金菜豈虛譽

植藝種同白苣栽宜肥潤土頻澆糞水生筍長大但質糙苦不若筍良

本性味甘氣涼清心潤肝爽口利膈

效方身搔痒難已收葉煮湯洗之

典故 晉書皇甫謐有從姑子梁柳爲城陽太守或勸之餞日柳爲布衣時過吾家送迎不出門食不過蔬菜今送之是貴貴而賤賤非心所安○華陽國志有一女浣于遯水邊有三節大竹流于女足推之不去聞有兒聲持歸破得男養大有武才遂雄夷狄後以氏竹爲姓

苦蕒

苦蕒圖經云葉綠帶碧狹而長六七寸苦起爲莖老則中空斷之有白汁苦高三四尺花如萵苣旋開一花結子一叢花收藥斂子生白毛隨風飄落即生北方至冬而凋南方者冬夏常青爲少異耳

植藝三四月肥土治畦種子苗生常澆深三四寸移栽他區排伍成行

本性味苦氣寒益心和血忌與蜜同食作痔脾胃虛寒人不可多食惟暑月宜蔬

效方中沙虫毒及河澗中洗浴 皮膚赤熱刺痛如豆黍寒熱發瘡入骨殺人先以苦蕒刮去毒後苦蕒葉搗塗

典故 鶴林玉露云百姓有菜色正緣士大夫不知菜味也吉成叫青口清詒吳隱之爲廣州守青操愈厲食不過菜與溪魚而已

菾菜

菾菜圖經云葉青莖白似白菜狀而短小四月開細白花如葉莢而輕虛土黃色內有細子葉作煮食微有土氣芳譜云胡菜老圃云厚而菜又云土菾廣雅云菾菜老莖葉燒灰淋汁洗垢衣澡淨濯白服勝皎若玉貌

植藝春時治種苗長移栽糞水頻澆茂南方秋種植畦過

冬臨春鋤澆苗更茂

本性 味甘苦氣寒補中下氣開胃通腸婦人宜之但氣冷不可多食患腹冷

功方 痔漏下血 若莛子芸苔子蒝荽子蔄苣子蔓菁子萊菔荆芥子大葱子各等用鯽魚一尾去鱗因開入藥在內縫合入銀器中土下合炙火煉熟放凉爲末每服二錢米飲下

典故 晉書茅容耕于野避雨危坐郭林宗見而異之遂與言林宗宿容家殺鷄爲饌林宗以爲已設既而供其母自以草蔬與客同飯林宗敬服起拜曰吾友也

莧菜

莧圖經云苗初生如蓼藍狀有紅有青有花葉如白果葉者老則起苔開細花成穗穗細而子扁黑與青葙子同嫩時煮食無滓極柔膩一家言食莧須宿食味更佳新煮略有土氣埤雅云覽方士記云莧有五色葉莖高大易見故名莧易決五爻莧陸夬夬傳曰青泥殺鱉得莧復生今人食鱉忌莧其以此乎

種藝 熟工作畦以細糞成土面劚治與土和候清明前後下種再以灰糞薄覆苗出去草淨清糞水頻澆旋食旋扯其苗稀栽更勝采芽復生茂六月生虫食之殺人復種秋中可食

本性 味甘氣寒除邪去寒熱子可明目赤入血分白者入氣分五色者殺虫毒射工多食動氣冷中忌與鱉肉食

成鱉瘕

功方 蜂蠆螫傷莧葉挼擦之可解 漆瘡痒毒莧洗之 小兒□擘白者用白紅者用紅以莧梗燒灰米泔洗後敷灰

典故 解人頤康節邵先生養性歌云紅莧菜白鹽炒只要挼得肚皮飽若因滋味妄貪求雖多饋餉討煩惱〇皆出記蘇東坡平居每食蔬一盂肉一片有客則蔬二盂肉一盂人議其吝鄙黃魯直曰予嘗非吝乃儉以養德

茱莧

茱莧方士記名千穟穀農人呼漫穗子有青紅二種葉莖枝梏略與莧同但質糙味淡不若莧美苗葉飼豕易肥摘即復生子繁多如粟米而扁炒食香同脂麻粘餹餳甚佳可碾麪爲饍荒年充饑故有或之名

種藝 揀肥土種子苗生移植糞水頻澆勤鋤茂老刈收其子以備用

本性 味甘氣凉疏氣鬱血宜忌與莧同

功方 暴痢紅者用紅白者用白搗汁和蜜湯飲

典故 豫章記宋宁種蔬三十畝時雨之後挼行圃曰天生此徒助我冑俎充我腸腑此外無他味

馬齒莧

馬齒莧圖經云柔莖布地葉對生比並圓整如馬齒秋開細花結小實中細子如葶藶子狀苗煮熟晒乾可作蔬大者爲純耳草小者爲鼠齒莧小者節中有水銀每斤可得八兩名木汞煉家珍之苗衣𦿆乾得槐木爲架晒易枯煉家書名五行草五方草九頭獅子草廣志云長命草

言其耐日晒也馬齒者象其形也
〔植藝〕取子春深漫種園中落土易生鋤草淨茂時收以水焯晒乾爲蔬
〔本性〕味酸氣寒殺虫去惡瘡化毒六月六日采之晒乾元旦煮食免疫
〔効方〕李絳手集唐武相元衡苦胫瘡百藥罔效有史者上一方以馬齒莧擣爛敷之　雜物眯眼采馬齒莧懸東壁陰乾燒爲末點眼少許從眥出　骨疼痛不拘風濕及女人月家病乾馬齒莧一斤濕一斤五加皮半斤蒼朮四兩其擣碎煎湯洗澡急用葱薑擣沖熱湯三盌飲之于煖處取汗痛立止然後用藥調理　班痕馬齒莧煮水日洗之

典故 〔石匣記〕許遜舉孝廉爲旌陽令慕道以晉室亂棄官師吳猛猛以木汞生鉛煉鼎丹之法授許至太康二年八月二十一日於洪州西山舉家二十二口拔宅上升

蕹菜

蕹菜〔圖經〕云幹柔如蔓中空葉若菠薐菜及鏨頭開粉白花如牽牛花狀結實如梧桐子大黑黃色苗可旱可水蔬隨暈素南方編葦爲筏作小空浮水土種蕹子內長成莖苗皆出葦孔中逐水上下始產海外洋人舶上甕藏移入中土故取雍加草名之
〔植藝〕春深治地作畦撒子苗生糞水常灌去草淨蔓成采食或蒔陂塘淺水處更茂

〔本性〕味甘淡性寒行血養氣醒脾解熱多食成冷病
〔効方〕產難蕹菜擣汁和酒服卽見效

典故 釋典云佛說戒殺茹素原無異端他道若人能戒殺則心慈而性念善茹素則氣清而腸胃厚無瘀無貪固不由此

茼蒿

茼蒿〔圖經〕云葉綠形如刻缺微似白蒿苦一二尺花開深黃狀若單瓣菊花結子繁衍嫩作蔬佳美微老則不堪啖茼者取其同于蒿也〔詩〕云呦呦鹿鳴食野之蒿人見鹿食而健是以收種圃爲蔬也
〔植藝〕肥地治畦春社秋社宜種澆以糞水苗茂
〔本性〕味苦氣寒調脾清水多食動風令人氣滿

〔効方〕遍身風疥及疥癬者煮水洗卽已

典故 宋君文節張知爲相蔬食布衣或曰子太尚吝也曰我一介一家若我一儉一家儉儉所餘以及其窮族之人免受饑寒不負朝廷厚恩不負祖宗積德也

地膚

地膚〔圖經〕云一本叢生每窠數枝團團直上有赤有黃葉若柳而狹小深綠七月開小黃花結子生青似初起眠蠶之形最繁嫩采茹食煠之日乾以備冬蔬八月藉幹成以草束其腰至老益之可爲帚〔方士記〕地葵又名地麥〔本草〕名益明又名落帚獨帚白地草處處有〔農諺〕云千頭子千心娘南人呼爲王帚北人呼玉帚秫種云名不過〔爾雅〕之荼汁

[illegible]種子肥熟地中苗深移植嫩可采作蔬老收子入藥莖可掃地作帚篠

本性味苦氣寒去熱除風助脾益氣精入服輕身耐老療治浴去皮膚風濕搔癢

功力補氣益力丈夫陽事不舉用地膚子陽起石服為末蜜煉治丸服　凡物傷睛現努肉地膚子　煎湯頻洗頭風痛不省人事者地膚子同薑搗爛熱酒沖服取汗出自效

典故莊子孔子阨於陳蔡之間七日不火食藜羹不糝〇家語仲由曰昔者由也事二親之時常食藜藿之實為親負米百里之外親歿之後南遊於楚從車百乘積粟萬鍾累茵而坐列鼎而食願欲食藜藿為親負米不可復得也孔子聞之曰由也事親可謂生事盡力死事思者也

灰藋

灰藋圖經云葉尖形若刻缺面青背白心紅葉有細白灰食時晒蔫揉去灰沙梏高數尺秋開細花如簇中有黑子蒸曝取仁可炊飯及磨粉食救荒書云結子成穗者味甘散者味苦生樹下牆邊者有毒廣志云金鎖夭謂其葉有紫紅綿稜也方士記云胭脂菜本草云鶴頂紅乃苗之紅心者俗名灰藋菜老則莖可為杖扶人

植藝清明後種畦中苗長栽之茂乃易生之菜

本性味甘氣涼去毒除風色白者謂蛇藋有毒同肉食生瘡以灰揉衣去油膩

效方白癜風紅灰藋五斤茄根莖各三斤曬乾燒灰水淋入牛脂二兩和勻煉膏塗搽

典故墨客揮犀云羅可沙陽之碩儒性度寬宏嘗有竊其園蔬者適遇見卻避草間以俟其去由是相誠無犯〇白玉蟾云薄滋味以養氣去嗔怒以養性處卑下以養德守清靜以養道

蘿蔔

蘿蔔圖經云葉長尺餘形若蕪菁亦有若花芥者春中抽苔開小花有紫有白結莢寸餘子如麻子大赤黃色圓而微扁根有大小形有長圓色有紅白生沙壤者大而甘產瘠土者小而辣根葉可生食可熟食可菹藿豉醬醋鹽餹乾臘製爾雅云葖蘆萉爾雅翼云蘆菔一云蘿萉廣志云土酥一名溫菘食經云花菘廣雅云芭葍齊人名菈蘧秦人稱蘿蔔春日地錐夏日夏生秋日蘿蔔冬日土酥古之

蘿萉中轉為蘆菔後世轉為蘿蔔子名萊菔取其能制麪毒是就文而起義耳

植藝頭伏下種宜砂土耕耕極熟得生地種之更良子疎者佳先以熟糞勻布畦內以灰糞拌子勻撒露間細土覆之苗生三四指擇其密者去之至葉五六寸勻其間者旋勻旋食稀則根大須厚壅頻澆可常種常食鋤不厭頻惟忌帶露生虫摘其心以土掩覆且大而肥美八九月揀良者截去根鬚栽畦中離尺許一窠頻澆五月收子作種其子中陷形稜種蒔良不去鬚者名滿園花子圓而滿只可入藥若種之則根小味辛葉平不起筅農云少種一畦蔔減得十畝勞

本性味辛甘氣溫平快氣利膈去痰消穀同羊肉煮食効抵人參與鯽魚煮食大補熟者多食滯膈動氣生薑可解服地黃何首烏者白髮二性相反化氣滲血故也

効方宋書云王荆公患頭痛道人傳方用生蘿蔔汁一蜆仰臥隨左右注鼻中　張杲云饒州民李者病鼻衄甚危醫以蘿蔔汁無灰酒飲即止蓋血隨氣運氣滯而血妄行取蘿蔔下氣也　見說云一人好食豆腐中毒百方不效偶聞人家以蘿蔔湯入豆腐釜中遂不成遠飲蘿蔔効　范濟畧云中州一代巡久嗽微一老醫年七十餘亦病久甚劇不得已而應命行村間扣民家求飲以湯一盞與飲之覺快再求飲覺嗽止因問其何湯答云乃蘿蔔乾煮也醫求村人餽數升服數日病瘥及見代巡與已病同出前蘿蔔渫飲服數日病愈代巡服其神醫以實告　清異錄鄭居易計部言其家自先多留帶莖蘿蔔懸之簷下至有十餘年者每至夏秋月有痢疾者煮水服即止久者更佳

典故 經諸書云李䎸名𤀹避難入石甕中賊以烟薰垂死摸得蘿蔔一束嚼咽汁得復甦■見閒錄云子瞻嘗經營不合子弟住店毋年止合種火田于乳蘿蔔壺城馬面猛可致干霜■剥微志并州有人狂病上要中見紅裳少女引入宮中其小姊合歌云五靈樓閣時玲瓏天府由來是此中欄帳門戰說不盡一九苞貢火君宮遇一達者解云少女者心神也小姊者脾神也火者毀也魔亷言苞貢者蘿蔔也能厭猶毒故歌大吾宮者此乃犯蘿毒也以藥并蘿蔔𩟄之而瘥

胡蘿蔔

胡蘿蔔元史云自外地移入中土葉嫩時狀如鶴䴉而青黃根長五六寸肌膚細膩色赤黃心如木春深苗高抽莖二三尺莖生白茸氣若蒿臭開碎白花攢簇如傘蓋狀子似蛇床稍長褐色有毛可生食煮食可鹽可乾可救荒

植蓺種宜伏內擇肥熟土作區勻種之將土礙實勿令浮虛苗生去其並密者相去四五寸根可肥大

本性味甘氣溫補中和脾元人和五味羊肉製補中益氣甚于諸味

効方年老虛羸者羊肉和胡蘿蔔煮食雞豕肉亦佳有益無損

典故 金幼孜北征録云交河有沙蘿蔔長寸許味辛而微苦氣若胡蘿蔔食之可以充飢

薑

薑圖經云苗青色高一二尺如初生嫩蘆而稍闊若箭竹葉兩兩對生根嫩白老黃無花實至秋社前後新芽頓長如列指狀采食無筋芽微紫秋社後次霜降後老而有筋性畏濕怕水惡日故秋炎則無薑宜蓬陰蔽之可生熟食醋浸鹽醃糟停蜜煎可蔬可果可調和可入藥春秋運斗樞云璇星散而為薑說文云薑作彊禦濕物也字說云薑作彊可禦百邪

植蓺沙土縱橫熟耕厚糞廣鋪種宜三月作畦闊廣二步短長隨之作壟壟相去一尺深五六寸壟中安一芽薑蓋以糞失土壅再覆以腐草苗生有草即鋤漸加細土

覆之墊令高不得去土爲芽上生芽長後掘傍土腰看老薑可食耘不厭頻宜造棚或插竹荻蔽日頻以牛糞浸水澆之茂

收薑不宿故土宜九十月于高亭所挖深窖以穅秕合埋以作種至來春煖開窖取出去其敗者將薑積堆下襯以草用水澆濕外塗以濕牛糞或混漿傍留一竅頻澆水自芽生寸餘然後分栽植畦

本性味辛氣溫通神明辟邪惡散風寒去痰濕留皮涼去皮熱生熱熟和中月令云九月二十八日禁食又九月多食損精力促壽又令人三春患目舌云秋不食薑爲辛走氣瀉氣故禁夏月火旺宜汗散之故不禁姙婦食

小薑令兒盈指多食乾薑令胎內消病痔者兼酒食立發癰人多食則生惡肉夜忌食薑夜則氣斂反開發則逆天道疾醫云七淋蘿蔔下淋薑薑棗辛甘藥中合用不獨專于發散能行津液而和榮衛若早行山谷宜取薑一片含口中不犯霜露霧濕及山風瘴氣相感志凡醃薑瓶內入蟬殼雖老無筋又云核桃二枚槌碎安罈底則薑不辣又云以熟栗末摻上則薑無渣

効方蘇秀方云治痢生薑切細好茶一兩在意呷之便瘥熱痢留皮冷痢刮皮取薑能助陽茶助陰二物相和消惡散毒此蘇東坡治文潞公　咳嗽上氣乾薑炮皂角去皮子蚶者紫色桂心刮去皮等分共搗末煉蜜和作丸

乎丸如梧子大每咳發服二丸禁食葷膩葱殺其效加減此劉禹錫方每治人不出方或詢其各曰凡人患咳多進涼劑若見此方必不肯服故出葉見效　婦人產後用力垂出肉線長四五尺觸之則痛引心腹欲絕時遇一道人云老薑連皮三斤搗爛入麻油二斤拌勻炒乾先以熟絹五尺摺作方結令人輕輕盛起肉線使屈曲三團納入產戶仍以絹袋盛薑乘熱熏之冷則更換熏一日夜縮入大半二日盡入此魏夫人秘傳怪病方

典故 別傳荊州劉表子琮候司馬徽徽鋤菌左右問司馬君否徽曰我是也左右見其貌陋罵曰死傭何等田奴自稱是耶徽歸刈頭著幘出見乃琮起拜則徽曰吾甚羞之此自鋤園唯卿知之耳○神仙傳慈有道術相識于曹孟德前坐以百錢置袖中須臾得蜀姜獻之即遁去

大蒜

大蒜圖經云葉若蘭莖若葱根若水仙八月分瓣蒔則當月便生苗莖獨顆根白葉青采莖可茹至次年春深抽苔可生食熟食可醃酢能留久設不抽苔苔生花花中結實亦成小蒜可食可種每根囊包或四六瓣者或十餘瓣者或獨顆者可醃可浸可搗碎入鹽醋和蔬肉食辛美殼紅者辣殼白者味少遜廣志名葫孫緬云始自張騫得種于外地中國止有小蒜名葛爾雅註云葛山蒜也澤蒜也乃其生于山石水澤也字林云令中蒜也

種蒜地耕極熟廣加灰糞蚕矢宜秋季治溝每瓣相去三二五寸許再以糞掩之上加腐草密蓋肯遲頻澆糞水注

月蒜起朵之作蔬則粒大而實滿至小滿拔其根則連顆而起過小滿則根敗難收簇束不令日晒懸透風處自乾種宜戊辰辛未戊申丙子辛丑癸巳日一法八九月治畦稠種候來春先以上鋤熟每畝糞數十石再鋤勻以木棚插一竅栽不拘以水灌之活出苦時以水溉極

本性味辛氣溫有小毒通臟腑達孔竅去寒濕除惡消癉化種解暑遠嵐障辛能散氣溫能助火傷脾損目伐性昏神有荏苒受之而不知者故煉形家以爲㷊而禁食義取薰烈之味生食增恚熟食生淫有損性靈故絕之

月令云三月勿食

効方泄瀉暴痢及禁口小兒大人以蒜搗貼兩足心亦可貼臍中　鼻血不止用蒜一枚去殼搗泥作錢大一豆許左血貼左足心右血貼右足心兩鼻出血兩足心俱貼　足肚轉筋以蒜擦足心即服一瓣水下　痃癖取瓣合皮截去兩頭吞服數片各丙炙　腫疼以濕紙貼尋瘡頭用大蒜十顆淡豆豉半合乳香一錢細研瘡瘡頭大小以麪造圈圍藥填藥末于內二一分厚着艾炙之痛至癢癢至痛以百壯爲度

典故 爾雅正義云黃帝登蒿山遭蕕芋毒至于危急得食蒜乃解遂收植之〇高士傳閔貢世稱節士周黨之性清潔自以弗反也黨見貢食無菜遺以生蒜貢曰我欲損煩今便作煩耳受而不食召敬不至隱居安邑夫客于沛時人仰之

薤

薤圖經云始生廬山平澤有形圓如獨蒜者有形長若葱頭者其味少烈數枝一本葉似葱而有稜二月起苔開小紫花小滿前後出其根顆可煮可鹽可醋故內則葱薤實諸醯以柔之今人因曰薤本 文作䪥又韭類也常辛之蔬廣雅名鴻薈其體光滑露不可佇古人所以歌薤也物理論云凡山生薤土中有金植薤栽與蒜同時宜肥熟土作畦每顆相離五七寸以茸草蓋或加灰糞去草淨春中抽心苗則根顆肥大小滿前掘出爲束懸透風所

本性味辛苦氣溫溫中散氣活血行滯生則辛熱熟則甘美種之不蠹食之有益老人宜之養生者資焉三七月

勿食生薤損目

効方小兒疳痢薤白生搗如泥以粳米粉和蜜作餅蒸熟熱食　人或奄忽而卒者此皆中惡也以薤汁灌入鼻中便省不效難救　吞釵環薤白晒萎煮熟切食一大束即隨出

典故 後漢書龐參爲漢陽守郡人任宗者有忠節參到先候之堂不敢入但以薤一本水一盂置屏前抱小兒當戶參參思其微言曰水欲吾清拔薤欲我擊強宗抱兒孫欲吾開門恤孤也

葱

葱圖經云莖白葉青中空而圓高尺餘初生曰葱針葉曰葱青衣曰葱袍莖曰葱白葉內涕曰葱苒通志西域山有葱嶺番 生葱名有噴葱屋葱冬葱慈葱又有山葱沙葱

葱㮴葱蒜葱其種不一本性味　莫一生熟可食廣雅云蘁
蔬也禮記云爲君子擇葱　絕其本末草木狀云乳外
直中空有葱通之象食經云葉　伯又名和事草諸物皆宜
之義

植蓺葱子黑色三瓣狀有皺紋　收取陰乾春治上調畦種
之去草頻澆待苗高四五寸　鋤溝栽之宜晒葛去殼鬚
疏行秘排鷄豕糞和粗糠壅之不拘時翟時云三月別
小葱六月別大葱冬葱暑種　則茂種宜甲子甲申巳卯
辛未辛巳辛卯忌西風九焦

本性味辛氣温通竅理絡表邪　散寒忌與蜜同食殺人合
棗食病瘡合犬肉雉肉食病　血服地黃常山者忌食正

月多食令人生游風冬食令人易病四月每晨空必服
葱白酒調氣血冬至日收葱　莖汁盛葫蘆埋入庭中至
夏至日開發盡化爲水以清金玉各三分自消暴乾若
泥可休糧久服成仙名金液漿

効方時疾頭疼發熱連鬚葱白二十莖和米煮粥少許醋
熱食取汗即解凡傷寒初起一二三日者用此　金瘡葱
白連葉炒搗爛敷冷即易縱　血出淋漓即血止痛住翌
日見水無痕　胎動下血病痛搶心葱白煎濃汁飲之
未者即安巳死即出未效再服一方加川芎用銀器粳
米煮粥食　中惡死或先病平居寢臥奄然而死皆中
惡也急以葱　刺入鼻中男左女右六寸鼻目血出

即醒或刺耳中鼻出血即生如無血出難救此扁鵲秘
方

典故
漢書龔遂爲勃海守令民畜五鷄五榆白本非三
前薤五十叢葱一畦化順民賣刀買犢三年富庶●
詩話杜甫十餘歲時夢人令采文于康水乃往求之
見我冠童子告日爾乃文章典吏下謫爲唐詩宗雲
詰巳降可于豆壟下取甫果得一石上有金字云詩
子本在諫方国今夜惘之靈聚熟声振扶桑享不福
後因佩人　歸而飛火入室有声日邂逅饑吾今
汝文而不貴甫自此後詩思衰退○南史呂僧珍出
身甚微以販葱爲業逮貴兄子求官
珍日汝等自有常分但當速歸葱肆

火葱

火葱圖經云葉青莖白衣赤外直中空似大葱而小秋種
冬萃茹食細美無辛葷氣故一茹素者食之四月收根皮赤
肉白如葍可醃可醋名火葱者根加火炕烟薰植而方茂

食經云芝蔬取其味美也南人呼爲葰臨冬茂也

植蓺種宜停火烟所秋中治畦　植相離五六寸一灰糞土
掩之苗出鋤去草以糞水頻澆茂至初夏收根

本性味辛氣温表邪除寒和中快氣

効方傷風鼻塞取葱塞竅中即巳

典故
唐書西域山葱嶺悉生葱季嗣業討勃律
通過葱嶺見其異移于中国以爲珍蔬

韭

韭圖經云長苗青莖細葉若麥冬狀莖名韭白葉名韭青
秋開白花成叢子小黑而紋扁可入藥首春黃芽散美故
諺曰春初早韭爾雅翼云物久則變韭變爲見鄭玄云散
道得利陰變爲陽故葱變爲韭　本草爲草鐘孔一名陽起

草得陽氣即生出芳土記名嬾菜一種永生禮記歩遺本
韭字象葉生土形而久生故謂之韭取音象義食經云葷
蔬也
〔種藝〕子熟陰乾留春治畦種美土內子市賣者以銅鐺盛
水於火上微煮須臾便生芽者可種不則乃裛鬱者不
堪用地欲高土欲熟糞欲勻畦欲深二七月可植先將
土掘作穴取盌覆地上從盌外落子取韭性向內生也
不得外長忌向日剪及剪過以灰糞蓋之常媷令淨諺云
觸露不掐葵對日不剪韭大抵一歲不過五剪留種者
只不過一二剪耳收子種者第一翻割去之主人勿食
鷄糞尤佳韭至五年根滿蟠蚪不茂至三年則根交加

葉細莖紫宜擇高腴土分栽之忌濕浥掘起韭根去老
留嫩剪去鬚稍每直行相離五六寸排栽一節約五六
莖許又離空復排栽廣行相去八九寸易于鋤耨苗高
三寸便剪栽時宜穴中加以熟糞冬覆馬糞不致寒凍
宜正月上巳日去畦內陳糞北人至冬移栽土窖中蓋
以馬糞煖即長芽高可寸許不見風日其葉黃嫩謂之
韭黃又有冬中以瓦覆韭叢蓋以馬糞北面豎籬障禦
風寒至春去糞揭瓦長二三寸食之香美
〔本性〕味辛氣溫生則辛可散瘀散血熟則甘能溫中補腎
春食香夏食臭多食昏神暗目禁與蜜同食合牛肉食
生熱病後十日內食之即發冬月食動氣醉者酒後忌

食養生書云五月食韭損人韭子甘溫暖腎固精
〔效方〕嬰兒初生以韭汁少許灌之即吐出黃水下惡血永
無諸病　肉器盛過夜者為鬱肉屋漏沾者為漏肉有
毒宜擣韭汁飲之良　五日向韭畦面東勿語收蚯蚓
泥遇魚骨硬者以少許擦喉外其骨自消謂之六一泥

典故 詩解意太子問周周顒云菜何味最佳曰春初早韭夏末晚崧臣嗜之以為佳蔬耳●魏書高肉名巧思絕世世居京師有地園可種韭患無水澆乃作轆車令兒童轉之而園水自覆與出更入其巧自部●說苑鄧有五丈夫俱負缶入井出而灌韭終一日一區未完鄧析遇下車教之為機重其後輕其前命曰桔槔終日溉韭百區焉

生瓜

生瓜圖經云蔓本也較黃瓜而頗粗色綠而黑縱有白紋

界之微凹體光而滑膚實而韌可生食可熟食或醬醃菹
可久留美于諸瓜故得名曰菜瓜食經云稍瓜至稍則結
大故名稍也
〔種藝〕正月作穴預著糞填實候糞性發過掘鬆種之苗生
去草淨隨地布蔓毋翻藤踏蔓生實壯盛
〔本性〕味甘氣寒解煩利水苦者有毒殺人小兒禁食禁與
酥酪食
〔效方〕酒病子炒研末為丸服

典故 齊紀韓虞儉弟兄早孤並有孝性家無以営葬並種瓜半畝朝采晚生遂辦葬事人以孝感致

黃瓜

黃瓜圖經云蔓生葉若木芙蓉五尖而澀者細刺加鍼芒

莖五稜亦生白細刺開黃花花多謊結瓜者即隨花出小時如小粟粒至老變爲黃色故名黃瓜結實青　脆嫩多汁有長數寸遍體生刺有青白色可生可熟可醃菹祭法春秋皆用瓜（廣志）云胡瓜（敘事志）云遼東瀘江之種爲美

（種藝）二月下種相離尺許鑿穴著灰糞和勻每穴八分點三四子生苗揀壯者止留一二株餘悉摘之每晨以清糞水澆遇旱早晚並澆蔓生作架令透風日勿令葉濕若謊花太多不實以雞骨碎若釘插根蔓即結古云種宜戊辰又法以盆盛肥土將子入內常晒洒以濕水夜收停煖處候生甲移栽畦中蓋以草蓬頻澆待苗生四

五葉連土移植相離尺許區土更宜實恐雨濺污葉萎而難茂候苗活天晴鋤耘不失其當又法預先將畦劚數遍以土熟爲度加熟糞一層以耙耬平或先將子種以布袋包裹水浸懸煖處或入熱糞堆中五六日芽苗得天晴點畦間掩浮土一指厚每晨以清糞水澆候芽長待上移栽若蔓太茂以竹刀刮根踏間以大麥一粒納中則瓜頭大安鋤根則瓜苦踏蔓則瓜爛翻藤則瓜衰凡種一切瓜皆倣此法

（留種）初生一二瓜者不佳取三四者留之每本只留一枚（老圃）云收子取生數葉者謂之本瓜母子並留至極熟時摘下切去兩頭收中間子洗淨晾乾收停竹木器內勿令浥濕凡藏一切瓜子極倣此

（本性）味甘氣寒解煩止渴小兒勿多食

（効方）一切火症熱毒取老黃瓜一條上開刻一孔去瓤入芒硝令滿懸陰處待硝透露如霜掃收留用目病以人乳和點餘病敷之

（典故）後漢書施延家貧母老竆力供養常種瓜自給以行其志○（列仙傳）服閭來往海邊見三人于祠中博賭瓜顧閭使擔瓜有數十頭令瞑目乃土方丈山

絲瓜

絲瓜（圖經）云蔓生莖綠有稜而光葉若黃瓜大而無刺深綠色開黃花花以鹽漬可點茶結實色綠有長短有肥瘠只可煮食老則瓤絲可滌器子黑而扁（廣志）云蠻瓜廣雅

云布瓜一名天羅絮因老絡多故名（種藝）二月下種三月移栽宜造架高長若棚使透風見日向陽背陰

（本性）味甘氣寒行絡活血除熱解毒（名醫宗會）云行氣血多用絲瓜象人經絡借其氣以引之也

（効方）痘瘡初出或未出多者可少少者令稀老絲瓜近蔕三寸連皮燒存性研末沙餹水調服　經脈不通及變爲枯血者乾絲瓜一個研末白鴿血調爲餅晒乾復研末每服二錢酒調下或先服四物湯　乳汁不通以絲瓜連子燒存性爲末酒服二錢覆被取汗　腦疼絲瓜藤近根三五尺燒存性每服一錢酒下又鼻中常流臭黃水名控腦沙有虫食腦或用之以愈　骨

本經 爲薯蕷方士記名士藷一名兒草廣志云玉延食物云修脆山海經云景山北望少澤其草多藷避唐代宗諱改爲薯又避宋英宗諱改爲山藥

雄藷春間以地掘二三尺深許以腐草收葉填半土着糞土春社前後取宿根多毛有白瘤者竹刀截成二三寸長塊竪插穴土仍以糞土覆與穴平旱澆苗生或以竹木作援高四五尺旱宜頻澆法宜每年易入而植

喜牛糞麻秕惡人泄猪糞

修製須以布裹手刮去皮以水浸滲少入白礬末經宿洗淨則涎自去如欲晒乾盛罷篾筵透風處不得見日至又乾五分候全乾收貯或入籠微火烘或蒸過後晒易

乾可入藥

本性味甘氣溫理脾補腎諸虛有益南產者性涼實者食勝根補益

功方虛弱者用山藥研末入銚內着酒旋梳旋添令香攪勻之空心服

典故 廣記蘭陵蕭靜之掘地得一藷肥澤而紅烹食之貌少力強遇道者顧日子神氣如是必服丹餌摘其脈日所食者肉靈芝也壽等龜鶴■三輔決錄張中尉嗜身不仕所居逢蒿沒人食山藷士諸放形骸于雲水之間無関榮辱

芹

芹圖經云春仲生苗葉對節生似蘄芎莖有節稜白中空氣芬芳開細白花白芹取根赤芹莖葉俱堪作俎者芹古作靳一名芑靳食物云楚葵生于水澤者爲水英呂曾味之美者雲夢之芹雲夢有蘄州蘄縣爾雅疏云此地芹故字從斬詩云思樂泮水薄采其芹

插栽作畦種子苗生移栽濕澤地頻澆水五六月開花結子落土自生

本性味甘氣涼養血調氣和醋食但多食損齒三八月忌食生芹恐應蜴遺精于葉誤食則面手青紫腹痛須服硬餳二三升吐出惡物瘥

功方獅犬傷用水芹根搗汁和香油服日三七日止

典故 晉嵇書夜云野人有當芹之朱而美子欲獻之至尊雖有區區之辛亦巳疎矣

薺

薺者野蔬也有沙薺大薺梗有毛者名菥蓂味欠佳雖是野蔬喜生園中不勞人工可以助穀古人爲蚕生不薺菜食以薺蚕故以薺名又名若芹師曠謂若薺先生即此也

本性味甘氣平和肝養血食能明目凡人夜則血歸于肝肝乃宿血之臟三更不睡則朝旦面黃神恍因血不能歸故也若肝氣和血脈通則魂自安而目明矣攻功業者必于三更時瞑目少睡令氣血好和不推之病沉者至三更難眠而明日頭疼

功方花鋪席下遠虫蟻及蚊蚤月令云晴明日未出時采薺莖陰乾夏作燈杖則蚊蟲不敢進

典故 東坡集薺味極美天然之珍甘而牛味外之君則臣每八珍皆可厭也天生此物亦爲幽人山居之祿不可

苦瓜蔓生莖有稜葉若葡萄形開小黄花結實有長有圓遍體疣瘰瘢痕如蟲蟆狀嫩燥老膩若老極瓜裂分瓣瓤變紅色遠望之若花然其子形若鱉狀而扁小其瓜生食解熱伏中和肉煮可經日且遠蠅廣志名草荔枝方士志謂錦荔瓜芳譜癩葡萄乃蔬中護瓜也考古未入蔬中以爲玩賞物耳

植蓺春初治畦生秧秧開大葉移栽先挖穴尺餘深壝以草糞掩以肥土方栽之頻澆糞水宜避烟塵則蔓茂每穴止留一科或竹木作架棚引蔓須掐去傍枝止存正本待八九尺作其蔓延結實壯大

本性味苦氣寒解熱消暑清血疏氣有冷病者禁食

功方眼熱瘡疼葉煮水頻洗葉治熱痱且妙

典故 吳陽姚翁仲善種瓜菜灌灑以供衣食人或餉之無所受其瓜潔如此○道學傳褚玄遇與人其居常取水酒掃每種瓜瓞人來取以如其味

瓠

瓠圖經云扁蒲就地蔓生苗葉花俱如葫蘆但色微淡結實長一二尺嫩可煮食有粘如人肘有大過兩圍兩頭相似內瓤白觀製條曬乾爲蔬老則不堪食

植蓺春初就土治穴相離五六尺許入糞拌土合勻二月上旬以子三三粒點于穴內頻澆苗生開大葉去弱留強一二株鋤其傍土勿動根頻以糞水澆苗生蛾以羊骨引之

本性味甘淡氣寒除煩解熱壓金石毒患冷氣者禁食苦者有毒食之令人吐可入藥療浮腫

功方年久爛瘡用殼燒存性油調敷之

典故 賈誼新書梁大夫宋就爲邊令與楚界鄰兩亭皆種瓜梁人勤而灌瓜茂楚人窳而稀灌其瓜楚令以梁瓜美而楚惡夜竊搔之而瓜有焦者以梁亭請剔欲報宋就日是構禍令人夜灌楚瓜楚亭旦而往視瓜已灌矣察之則梁亭爲也楚令大悅以聞楚王王曰梁之陰讓也謝以重幣而交于梁王

葫蘆

葫蘆圖經云壺蔓本也楚瓠有絲如朋藥圓有小白毛面青背白開白花實小時有白毛漸長漸退有甜有苦有斑白兩色塊雅云蔬頂短大腹曰匏細而合上曰瓠似瓠而肥圓曰壺可削條作曬可蜜煎作果可素可葷及老小者作盒盞長柄者作瓢壺亞腰者盛藥餌冬盛酒不寒夏盛酒不溫匏之爲物槃然而生用之無窮舉無棄林

植蓺廣蒔者與瓠同法若作匏者臘月晦日種之者佳但不宜鋤根一法正月內掘地作坑數尺墳以腐草敗藁一層如此數層再以麻餅棉枯一層向上一層以肥土墳尺餘坑方四五尺每坑只下子十餘粒待苗長尺許揀肥好者四莖每兩莖相縛一處仍以竹刀刮去半邊以物壓住以牛糞黄泥封之如接樹法裝待生做一處只留一頭取此兩莖亦如前法四莖合作一莖長大只留一莖結葫蘆只揀正大者留一二顆餘俱去之依此法實極大長頸者如前法治如欲將長頸打結待葫蘆

生長趦嫩時將根下土撥去一邊却輕輕用快頭掘入巴豆一粒在根裏仍將土掩根俟二三日迎根藤葉俱萎皺欲死任意將葫蘆結成縧環等式仍取出根中巴豆照舊培澆數日復鮮如嫩候老收

本性 味甘氣凉利水道定消渴甘者無毒苦者有毒不食惟佩以渡水治蠱滿功奇

効方 眼目昏暗七月七日收葫蘆白瓤絞汁一合醋二升古錢七文微火煎減每日取抹背一水滿者苦葫蘆瓤捻如豆粒以麪裹煮一宿空心服七粒 至午當出水一斗二日水自出不止大瘦乃瘥三年内忌鹹物此聖惠方也

典故 神仙傳一老翁賣藥于市費長房見而異之遂拜求長生之道翁曰子可入壺中我教子翁人招長房隨而入之其中別是天地人間之景授一符能縮地伏魔禱瓷遊與人間

豇豆

豇豆圖經云蔓本也答之屬也葉本大末尖如赤小豆葉開花白紅兩色若蝴蝶狀莢有白青紫斑駁數種兩兩並垂短者七八寸長者尺餘大者若小指小者如筯子如腎形有紅黑白之異一種苗矮者狀如小豆莢不堪蔬粄子爲粥甚美秦晉之地多植之以助食用廣志云豇𧿹者義取並生也

植蓺穀雨前後下種六月可食收種便蒔八月可食蔓長可造架引之不喜肥土宜灰壅一種收實者治與小豆同

本性 味甘氣温補腎健脾生精益髓但病瘧者忌補腎不宜食

効方 中鼠莽毒者飲豇豆湯即解

典故 楚書龔舍遊園中見蜘蛛四面索網羅于豆架間飛虫獨之不能脫而受死長嘆曰吾生亦如是耳在宦終羈也豈可掩藏于是掛冠而去

藊豆

藊豆圖經云蔓本發枝對生一枝三葉本圓末尖開紅白花狀如小蝶莢隨花出有白青紫數色莢長二三寸生葉下名葉下藏有種莢泡者形如龍爪蠍纍十餘莢成穗白露後更繁衍嫩則煮食老則收子亦可煮食子有赤黑斑白白者可入藥方土記云沿籬豆食物云蛾眉豆言其形也餘秋豆言其時也乃菽屬芒種前藊豆花開其年多水農人以爲徵驗

植蓺仲春下種籬邊苗生去淺或作棚架引蔓宜壅以灰糞

本性 味甘氣温和中理氣去濕清暑解酒毒河豚魚毒一切草木毒盧廉夫教人煮豆汁浸晨入鹽食之有益

効方 毒藥墮胎及服草藥傷娠者曰扁豆去皮生研末米飲下若胎氣已傷未墮者或口禁自汗手強頭低似乎中風九死一生者醫多不識作風治必死無疑 瀉痢用白扁豆花方開者擇淨勿洗以滾湯淪過和猪脊脂肉一條葱一根胡椒七粒醬汁鹽醋拌勻以淪豆花

和麪包作餛飩蒸熟食

典故 符子云公子重耳遊國中見蜘蛛布網于豆架曳繩執豕而食之曰此虫有智其德薄矣而猶以智密其網曳其蟬執豕而食之況乎人之智不能廓乎天之綸甫羅地之網以供方丈之御是不若一虫之智也

時季豆

時季豆乃菽屬也葉似菉豆而色淡嫩可茹食花白如粉蝶狀結角長二三寸如蛾眉豆而小肌膚滑潤自根手稍纍衍生角其色淡碧子鮮紅色亦有白者每角中或三五粒早于諸豆可種兩季故名二季豆又名碧豆云其色也有種秋實者臨秋方茂

植藝二月下種五月采收熟子復種七月采有種晚者三月下種壅肥潤土不宜深穴厚蓋苗生頻澆插竹木引

蔓秋結實與藊豆同

本性味甘氣溫調榮養胃補氣和血子色形若腎可益真火助元陽本草畧而亡正孔子嘆史無真文

効方思慮過度心腎不交虛火炎上者和粳米煮粥食之甚佳

典故 一婦人六月摘豆角有蜘虫垂絲着衣其夫怪之問于余曰乾雀噪而行客至蟢虫集而婦孕男余子遠遊必至一也果然

茄

茄圖經云葉若蜀葵梗生芒刺蒂亦有刺花無謊開紫色尖瓣黃蕊亦有白者結實有紫青白三色形有如罌瓶如鎌柄如荷包有圓如卵有長至大餘老則變金色子若蔘

子而黃可煮食可醃留廣志云落酥食經云昆侖瓜一云小菰來自進羅者名彭亨又名海劾南滇外產細茄并其類姚向云嶺南茄一植數載成樹用梯摘實老而實小代之另植

植藝春擇土作畦下種溫水澆之苗生兩三葉帶原土棃移擇獨根強壯者相離二三寸一苗勻栽常澆糞水至六七寸高先治成畦畦中作穴相去尺餘移苗帶本上栽之頻澆此物喜肥愛潤結實鮮美諺云茄栽開花每科以硫黃着根下則結實佳美忌牝豕遊下則不實法以箕撈之則復結須知摘葉棄路間令行人踐踏令實繁各方氣土不同總之百日成功又法正月預以糞和

灰土實埴作一坑候上發過熱篩以盆盛土種諸子常洒水日晒夜收煖處候生用時分種肥畦常以清肥水澆之上用低棚蓋之苗深茁本上移植

本性味甘氣寒朱丹溪謂茄屬土甘而降火熟食厚腸胃北人食之無害南人不敢常食產婦不宜病氣人禁食秋後茄發目疾

効方久痢不止茄根燒灰石榴皮燒灰等分爲末沙糖調水服 趾腫不能行走九月收茄根懸簷下逐日煎湯洗之

典故 水經石頭對西察浦長百里有茄子浦□智覆李序為鄱陽令有園種茄初熟隣人盜而鬻市追奪爾前于亭命傾其茄于庭笑謂隣人曰吾盜矣汝茄肯初熟摘其大小盜鬻乎遂服伏罪□高僧傳一圃僧擷

昔有長老舒步於園所觀其藝圃僧問曰禪何以參乎
師曰明明在草頭即將茄子參可得祖師意圖倡首此
下參三年一日告師曰弟子悟矣師曰何處悟
來曰自師示以茄子參今唱捧竪指拈梓皆悟

蒝荽

蒝荽圖經云莖青而葉柔細有岐開細花成簇如芹淡紫色四五月子熟如麻子狀亦辛香子葉俱可用生熟堪作食說文作葰其葉柔細而根多鬚綏綏然故謂之葰始自張騫得種于西域故名胡荽因石勒名胡改作香荽今謂蒝荽者取莖葉藥散之貌

植蓺種宜晦日晚撒子頻以清糞水澆則易茂六七月種者可冬食有春時沃水生芽者其苗小蓏鬱蒸生者有其色鵞黃

本性味辛氣溫辟魚腥遠飛口鬼注蠱毒利諸菜令人口爽久食耗人精神多忘華佗云服氣口臭䶦齒足氣金瘡者禁食其根損陽滑精發痼疾同斜蒿食令人汗臭又難產服藥有白朮牡丹者忌食

効方痘疹不快以蒝荽煎湯微微含噴項背至足勿噀頭面又掛苗于房中以禦一切穢惡　產後無乳以蒝荽煎湯飲　生黑子日以蒝荽湯洗

典故 詩話有士京作其荽采葉而吟曰可惜春時節依前獨自嘆無端隱恨念乖葉留心間吟罷一美少年踰牆笑曰何吟之苦即愁緒千端豈如目偷頃刻之權少年曲爲調赤氏又吟云誰家少年兒心中暗藏其得意頃刻事猶恐有同知少年問吟答云張碩配神女文君遇長卿逢時兩相得聊足慰多情忽騰身而去間無所見猶若夢然

茴香

茴香圖經云宿根深冬生苗作叢肥莖綠葉線縷莖有節傍生枝五六月開黃花若蛇床子而色黃子如麥粒輕而細稜夏月莖葉可袪蝇辟穢臭肉得之止惡臭氣醬得之可回味故有茴香之名本草云懷有種時蘿形似茴子其味左矣

植蓺宜向陽地以糞土和子種當年苗長收子至十月斫其枝以糞蓋根來年更茂七八月收子晒乾

本性味辛氣平理氣開胃煖元補腎可入食料多食損耳

効方腎邪氣冷力弱者以茴香六兩作三分生附子一個去皮作三分第一度將一分炒黃留一宿出火毒去附子留茴香爲末每服一錢空心鹽酒下第二度將二分炒黃出火毒存附子一半同茴香爲末如前服之第三度將三分炒黃出火毒全研爲末如前服之

典故 洞冥記金日磾入侍自合香以薰衣服帝見悅之宮人敎以惜其媚〇齊書王敬則微時戲遊園中茴下有虫如烏豆者集其身摘去皆流血敬則惡之卜于道者曰此封侯之瑞也後果驗

山藥

山藥圖經云春深苗生莖紫葉青三尖厚而光澤蔓延丈餘立夏後開細花成穗淡紅大類棗花秋生實名零餘秋熟落根下狀如雷丸皮色土黃而肉白煮食甘而滑美冬採根扁者名佛掌薯長者名牛尾薯一科有重至七八斤者皮黃肉白肌薄有毛但青黑者不堪用神農

硬者七月七日取絲瓜根燒存性爲末溫酒服神效

典故 晉書桑虞園種瓜初熟有人踰墻盜之虞以爲園垣多荆棘恐致傷乃使爲之開道及偷負瓜將出見道通利乃送所瓜謝罪○今方諳云年飢有人得敗絹布瓜煮食從此陽萎無復人事故古人以多食爲戒今之僞君子假道學者以絲瓜乾爲末入枯凡下而類食之萎陽舞妓以欺人自云身心不動有涵養同守

工夫

冬瓜

冬瓜圖經云莖粗如指有毛中空葉大而青開白花實生蔓下長者若枕圓者若斗皮厚有毛初生青綠及老則青皮上白如塗粉肉瓤子咸白故曰白瓜廣雅云水芝一名疏蓏冬可食故名冬一云始產東海曰東瓜

植蓺冬瓜須傍陰地作區圍二尺深五寸以糞和土熟正月晦日種又十月種區雉雪區上潤澤肥美勝于春種八月斷其稍揀實小者摘去止留大者數枚經霜乃熟藏宜高燥處禁鹽醋及䊂歸鷄犬觸犯所宜與芥子同安置可經年不壞瓜蒂涔曲及貼肉者雌瓜也候極老勿浥濕留作種

本性味甘氣寒益氣除滿行水消煩有熱病者宜食陰虛及患寒疾久病者忌之霜降後方可食否然反生病九月勿食老人小兒禁之

効方明日悅顏延年難老冬瓜仁七升絹袋盛投三沸湯須臾取出晒乾若此者三度苦酒浸二宿晒乾爲末日服方寸　澤面悅容白瓜仁五兩桃花四兩其爲粖食後服方寸匕日三服欲白加瓜仁欲紅加桃花服三十日面白百日手足俱白加橘皮更妙

典故 唐書明皇問李白日我朝與太后孰愈白對日太后之朝政出多門在人之道如小兒市瓜惟揀肥大者我朝在人如淘沙取金耳○三十國記涼天水守史稜暴死五日而甦云見涼光殿無一物皆生白瓜纍纍及秦史殲滅一涼小字白瓜

南瓜

南瓜圖經云蔓生莖粗空葉大如通草葉而澁綠有毛開黃花作筒可采食結實橫圓而竪扁亦有柄如葫蘆亦有真如枕膚起凹紋白色界之嫩青老黃瓤絮如蜜色子扁曲微白可煮食荒年救饑可飼蜂可喂猪南人呼南瓜北人呼北瓜一名蜜瓜名其味也

植蓺熟土掘起作穴如種西瓜法三月下種成苗移栽相去六七尺一穴每穴只可點于一二粒相去五六寸許苗生糞水頻澆結實不宜塌土以磚石擱之則味甘美不則味淡或瓤中生蛆

性味甘氣冷養脾寬膈多食令人病瘧同羊肉食之壅氣

効方皮浮虛以皮燒存性爲末每酒調服

典故 後魏書楊愔曲選多以言貌取人時尚書典選似貧人買瓜惟取大者○集異傳云一婦性至孝家甚貧夫出死婦養姑甚謹時年遭蝗飢穀貴婦惟種南瓜一畦婦采食極棠以其瓜奉姑又擇其可貨者易米以養蠶亦不害稼實亦繁中有二瓜堪熟婦懷歸剖之內子盡暴黃金時人以爲孝感所致號其名曰金瓜

苦瓜

忽也

蕨

蕨山蔬也爾雅名蘩詩云陟彼南山言采其蕨時雲云可供祭祀周禮采之三月出芽拳曲長則展葉如鳳尾嫩莖無葉采收以灰湯煮去涎滑曬乾作蔬可葷可素根可搗粉可盪可蒸可救饑年此山根之大有益者

製粉根紫者掘出洗淨搗碎入清水桶內淘揉粉莖去查以細布濾出小滓合澄瀉黃水再入清水合澄待白凡易澄滲水留粉取粉鋪箔上曬乾色黃名曰蕨粉

本草味甘氣寒滑去暴熱利小便令人能睡

效方虫蛇螫傷蕨根燒存性香油調敷

典故 本書武王伐紂伯夷叔齊義恥食周粟采蕨于首陽山歌曰登彼西山兮采其薇矣以暴易暴兮不知其非矣○晉書齊王東掾張翰謂西子曰天下紛紛未已我本山林無望于時久山易通山蕨飲明亘孟炭

致富奇書

卷五

三農紀卷之五

古蜀　張宗法師古甫著

小引

一太極生生而化萬太極萬太極成成而歸一太極自然而然乃和氣所發性無不善一物有一身一身一乾坤受其正者美失其正者不美

上古之民以果蓏養腸自神農出天雨穀黃帝分甘類居稷治其蓺周禮職方氏辨五土之物甸師掌野果蓏場人樹果蓏珍異之物歳時之觀素問以五果爲五助五色五味應五臟禮記內則列果品之數古書云欲知五穀之敢否但卜五果之盛衰然果蓏可佐五穀熟可以食乾可以

脯豐歉可以濟時疾苦可以備藥輔助養生之物也

種實

地不厭高肥土爲上鋤不厭數土鬆爲良須各按時節下種種時必將子于日中晒乾于細者宜種淺而上蓋糞須擇晴明日若遇雨難生三五日得雨良旱宜頻澆桃杏之類須擇味美實大者作種待熟至望前卜向陽輭處寬掘穴尺餘用糞和土塡平放核向上排定加糞土蓋之至春芽生候成小樹帶原土移栽

栽蒜

栽時以大蒜一枚甘草一寸或百部末一撮先置根下永遠虫患根間少塡鍾乳石結實甘美栽宜望前茂而多實望後則實少若樹根無宿土者宜鋤穴以清糞水和土成泥漿樹栽泥中輕提起樹根與地平則根舒伸而不拳屈栽後三五日方用水澆勿太乾乾則根難行勿太濕濕則根易腐勿露孔竅則風易入四圍宜木架縛穩禁勿動搖無不生活栽後以荆棘圍樹四邊則人畜不能損氣蹊而又可避寒暑春分和氣將盡栽不得夏至陰氣既盛種不得但壓枝必在秋分移栽必在春分惟鑿根不拘時節耳栽宜中材樹今年鋤根半邊現根留半根半邊在土鋤開者掩土至來年雨水節或吐水芽時令擲移栽澆水以杵築實息足踏

扦枝

三月上旬取直美嫩枝如拇指大長三尺或扦大芋或蘿蔔蕪菁中種之三年成樹全勝種核者凡插樹先以熟土劚熟成畦以水滲之正月間木芽將動揀肥旺枝餘拇人者斷長尺餘每條下削成馬耳狀又先以小杖插刺成孔深欲與條過半然後以條推入以土壓實每穴相去尺許常澆令潤搭棚蔽日至冬換作暖蔭次年去之候長成高條移栽惟插枝者若遇天陰過雨活多

壓枝

春間屈樹枝就地用木勾攀定身半斷以土覆枝露稍以肥水澆灌至梅雨時枝葉仍茂根鬚方生壓時剗枝蹠相連處斷其半用土厚封次年新葉將萌力斷連處霜降後

移植

脫枝

擇佳果于秋分中用牛糞和土包其木之鋑瞭處如盃大上以稭苧片密縛定重則杖撐柱之常用承澆任其發花結果下來年夏間發一包視生根者梅雨中斷其本理土中花實晏然不動一年後土中生根仍截去近根者二三尺許遂爲完木又法以罐去底或以竹筒劈破將美樹嫩枝投合其中出稍尺餘許將枝下斫半留半遂納土于中合縛竹筒筒上枝之衛以草束今年治來年春分以刀斷其枝連筒栽之澆無不生歲

接博

凡果以接博爲妙取速肖之義枝必擇其美條向陽者不宜背陰枝條接必難成須知各從其類如梅接杏桃接李櫟接栗赤梨棠梨接實荊桑棱桑是也若形象不似花實不時者難云其活接必以細齒鋸一連厚背小刀利刃一把須得心靈手穩又要任機乘時宜春分前後十日爲上或取襯青條爲期然必風和時暄方可以接蓋欲得陽和之氣也一經接博其氣交通以惡易美其法有六一曰身接須大宜高接先鋸截去元樹枝莖作盤砧高及肩以刀際其盤之兩傍微啟小鑿深一寸先以竹籤探其罅之淺深却以所接條約寸許十斷削作小鑿形先噙口中假精液以助其氣禁食醒酒則難活縛中要快捷緊密須與肉相封插訖以樹皮封繫內寬外緊用牛糞和泥斷酌封裹仍用寬甕盛土培養接頭勿令透風日日土乾則酒以水芽生非接者之芽盡去之培土上露接頭二三孔以通其和氣若逢天陰則易生二曰根接貼小宜近地鋸斷元樹身去五寸許以所取條削鑿形插入如身接法培以上以荊棘護之三曰皮接用小刀于元樹身八字斜劃之以小竹籤刺其淺深以所接枝條皮肉相內插之封護如前法候枝條發生去其元樹枝莖四曰枝接若皮接之法而差返五曰靨接小樹爲宜先于元樹橫枝上截去留一尺許于所接條樹上眼外方午寸刀尖割皮肉至骨倂揭皮肉須帶芽心生意處揭下口噙少時取出印濕痕子橫枝

上以刀大依痕刻斷元樹壓處大小如一以接之上下兩頭以桑搆皮封繫緊慢得所仍用以牛糞泥塗護隨樹大小酌量接之六曰搭接將已種出芽條去地二尺許主稍削倂馬耳將所接條倂削馬耳相搭接以人唾貼連封繫壅如前法黃山谷云雍也木犁子仲由元鄙人宗法云古人因螟蛉而有接博因接搏而有騾騸是以胎不姙核不生

過貼

凡過樹之壓條接換俱不能者乃用過貼法卽寄枝也先移栫相近幾相同花實相似之小樹補其傷可以枝相交合處以刀各削其半皮與膜對合以麻皮縛固泥封嚴密

日久相生去其元枝

澆樹

樹初生芽時則下生根此時不宜澆糞水候嫩條生成放頭花時只宜澆清糞水花大開時又不宜澆倘遇天旱宜澆以清水若結實時澆以糞水實即落實大無妨大約花果忌濃糞須用停久令糞和清水澆之新糞只宜臘月亦必和水三之一用肥宜審時正月須水與糞等二三月水生嫩芽下生新根若澆則傷根未發前者不妨五月雨水時澆根必爛六七月發生可輕澆八月忌之曰露雨至必生嫩根見糞必傷能依月令澆其樹茂正月鏝樹下土以通陽氣二月鋤樹下草三月須離樹五步作畦溝以利水旱則澆之水則瀉之

苴樹

凡小樹嫩弱不耐寒者宜于臨冬時以綿軟藁草將身包裹以麻皮縛定泥封加以穰秕護其根免凍損

衛果

凡果樹于元旦日未出時用朱旛一幅畫日月七星圖像每逢風起豎園內東牆下即逢大風園中花實無損諸果樹花盛放時一遭霜即無實凡逢三九內有雨入春百日內必有霜預先于園中多積亂草敗葉遇天雨初晴北風寒必此夜有濃霜須焚草葉于上風頭使烟氣觸花果令霜氣不得爲害

治果蠹

凡果樹蠹出宜着意看之用鐵綫作鈎以去之又以雄黃硫黃作烟薰之王楨農書云用桐油紙燃焰塞之于虫未出時凡敗葉腐枝皆虫蛆窩窟宜盡去之果樹下常鋤令草淨若有草則引虫蠹亦分上氣樹下切勿有坑坎恐雨後漬根朽葉黃宜令平滿此也面高三五寸爲妙入髮懸樹上鳥獸不敢偷食也遠蚍蜉元旦子時將草一把縛樹上則遠虫清明三鼓以草縛樹不生戴毛虫二月以核木針塞樹上虫穴或以百部末塡穴或樹間有虫窾蛀穴以硫黃末或芫花末塞之有蟻以清油引之或以羊骨引之可除其患

孕果

元旦及端午日以斧雜斫諸果樹又法以春社日以杵舂諸果樹根下則實繁不落果不實者亦用此法凡果有不結實者可鑿本木方寸許以他木結實者如鑿方寸許以塡之則結實元旦及端午日雞未鳴時以火炤諸果木樹下則當年結實繁盛且無虫蠹

騸樹

凡樹老不結實以石鐘乳爲末揭根間皮大肌外封膚則來歲結如初

劁果

木未吐芽時將根旁掘開將鋸心定根截去惟存四

瀝亂根以土覆築實則結實肥美

辟毒果

初開花時惡麝香薰觸則實損落宜于園中種蒜韮葱以辟之若有所觸須于上風頭以硫黃燒烟薰解

息果

凡果今年結實來年必歇枝如果樹十株止開花時止留五株餘花悉摘去至來年又摘其今年結實者年年易換則本不傷而常得果

摘果

樹初結果護至熟時以兩手斧摘則歲歲結實美盛或令小兒女子采之大忌孝服孕婦僧尼竊摘永難求茂若被人盜食多招禽鼠相害

本性

凡木産北者耐寒産南者喜暖産高山者愛燥産卑濕者愛濕早茁者發于陽照之時晚華者暢于寒涸之候北移南而盛南遷北則變如橘踰淮為枳荔種南則無核荔枝之屬盛于南方棗柿之類蕃于北上梅李桃杏當春夏之際即登盛棗柿栗橙俟秋冬之候方俎豆此物性故然天力不可以強致

果名

梅杏之屬為核果梨柰之屬為膚果榛栗胡桃之屬為殼果松柏之屬為檜果棘實為棗杼實為橡橡實為棍榴實

為任

果徵

諸果不實為荒桃李多實來歲必穰又老農云猴糧盛則狗糧衰

果害

果忽生有異常者根下必有毒虫當穴食之殺人凡花六出者必雙仁有毒果落地有惡虫緣過者食之病心漏凡果未成核者食之發疝及患寒熱

果異

山海經南荒有三尺之梨北荒有七尺之棗東荒有三尺之樝木蘭皮國有五尺之瓜藕門答刺之瓜一茄一種五歲

儋州之荷四時作花屯羅島之麻實如蓮藕暹羅之稻粒盈寸高番之藤枝可以扶老容梧之蒙堪作棟梁雜俎云粵中氣候多燠四時常花殘臘花已發盡而桃李蘭桂之屬悉紛然盛放

課果

木奴千無凶年自長自生不費衣食不憂水旱能廣植多種不為無凶歲歉年之患亦且有久遠之利

桃

桃圖經云枝幹扶疎葉狹而長二月開花有紅白深淺單瓣千葉之變爛熳芳菲其態甚媚木少花盛多繁實甘不甚耐老有金絲鐵線日鳥以其色名者也有早秋霜[illegible]

其明名者桃有胭脂絳絲日月鴛鴦美人方餅以形名之也有樹矮花繁實大色紅名壽星可以玩當進斗極

云玉衡之精化爲桃乃西方之木五木之精始生太行山谷典術云桃之精生鬼門故取之以壓邪桃乃易生之物花早而實繁故字從木兆十億曰兆言其多也

種桃擇向陽地爲穴納糞于內連肉全埋穴頭向上春深芽生帶土移栽能移栽數次實大味甘種術云將核刷洗淨令女子盛粧種之他日花美味佳種書云桃接桃成金桃李接桃成蜜桃梅接桃成脆桃諺云白髮種桃言桃三李四梅十二年雖年已老其利可得老農云種桃淺則易生深則難生故桃根淺不耐久而易枯須于

初結時斫其樹復生又斫再三若樹生虫即斫令復生則其根深而盤固至年久花實如初桃長三年花實五年便自結實細小十年輒枯爲其花繁實多本少泄甚而皮緊故也于四年後用刀自樹根豎劃其皮布至稍處令膠出可延數年須伐之使另生新條又法先種一行稀留空所待于三年空中另種一行如此伐老生新新茂伐老

衛桃實太盛則多墜宜以刀斫其枝幹數下乃止社日搗臼根土持石壓枝則實不墜若生虫以猪首汁候冷澆之若生蚘者名蚤須得多年[illegible]藥懸稍其虫自落

占應桃實盛主歲小麥收

木性味甘酸氣溫除鬼祟益顏色肺病者宜之多食生癰食未熟者病癥瘕食後入浴成淋及病寒熱與鱉肉同食患心痛服朮丹石者禁之花能下三尸仁可化瘀血雙仁有毒桃梟乃自枯枝上之實臨冬不落者能殺鬼殄方大清方術云三月三日收桃花浸酒服去百病美顏

家塾云三月三日收桃花陰乾末至七月七日取烏雞冠血塗面可瑩潔　方士書云三月三日收桃葉搗取汁七升醋一升同煎至六七分服之下諸虫　抱朴子云桃膠以桑灰汁漬過服之可愈百病久服遍體生光絕穀　要術云東向桃枝于五月五日正午時面東斫成三寸木人着衣帶中能補心虛健忘耳目聰明又

云戊子日取東引者三寸枕之並用尤妙

莊子云插桃于土連灰于下童子不畏而鬼畏之以此觀之桃性畏鬼邪之木○風俗通上古有弟兄二人荼與鬱律度朔山上桃樹下簡百鬼妄禍人則縛以葦索執以食虎今歲畫桃符懸門○列仙傳張陵與諸弟子登雲臺山絕崖有桃樹大如臂陵曰得桃實者告以要道諸弟子無敢視者惟趙升從上自擲桃樹得桃實滿懷而歸陵大奇之○晏子春秋公孫接田開疆古冶子事景公勇而無禮晏子言于公饋之三桃曰三子計功而食公孫接田開疆援桃而起古冶子又言其功二子反其桃慚而自殺古冶子曰恥人以誇其言不義也亦反其桃自刎而死○韓子魯哀公賜孔子桃與黍孔子先飯黍而後食桃公曰以黍雪桃耳對曰黍乃穀桃乃果敢以貴雪賤○漢武故事東郡獻短人帝呼東方朔朔至短人指朔謂上曰王母種桃三千歲一實此兒不良已偷之矣○韓子昔彌子瑕有寵于衛君遊于果園食桃而甘以其半啖君君曰愛我哉忘其口而啖寡人及彌子色衰愛弛得罪于君君曰是固嘗啖我以餘桃○說苑孟嘗君欲入秦客有東[illegible]曰臣過淄水上見土偶人方與木梗人語木梗謂土偶曰今天雨至子必沮故事

曰我沺乃反吾故耳今子東園之桃也刻子以爲梗水潦至必浮子泛泛不知其所

李

李圖經云枝幹如桃而黑葉亦如桃而綠花小而繁白二月開放先花後葉爾雅翼云李乃木之多子者故字從木子鹽鐵論云李曰壹吏補云李直方常第果品以綠李爲首群芳譜云李爲嘉慶子者東都之産地名西京記云漢武帝修上林苑遠方各獻名果惟李有名朱黃紫綠青綺羌燕猴及于車下青房合枝之屬其類近百實有大小圓扁早晚之分味有甘酸苦濇之別色有青綠黃赤紫朱縹綺胭脂青皮紫灰之殊形有牛心馬肝柰杏水李離核合核無核扁縫之異樹可耐久雖經二三十年枝枯子亦不細故素問以李爲東方果也

植藝管子云三沃之上宜李種核如桃杏法不如栽條之速利耳春取美樹下近根條小者栽之李性爽宜疎須南北成行率兩步一棵太密則聯蔭實不佳樹下草宜淨不宜耕耕則土肥而無實宜土堅而瘠瘦根下藏以牛馬畜骨則甘美諸樹皆然以梅接生子甘紅以木樹接則實美奇

嫁李元旦日或元宵日以磚石著李枝岐中令實繁或夜以火炤之當年結實美盛或十二月中以杖敲樹中正月晦日復敲可令子兒又法以寒食醴酪火著㮇樹間妙

占應宫書云李實繁主小豆

本性味甘酸氣温有小毒乾者去痼疾却骨中勞熱肝病者宜之生啖生熱發瘧瘦虛人禁食不可合雀肉合蜜合漿水食臨水食沉水者有毒

効力痘出有毒李花桃花杏花梨花共爲末每一錢白湯下

典故漢書李廣將軍恂恂如鄙人口不出辭及死之日天下知與不知皆爲之流涕時人云桃李不言下自成蹊故阮籍有詩云嘉木下成蹊東園桃與李○晉書王戎年始七歲與諸兒戲道邊李樹子多折枝群兒競走取之唯戎不動人問之答曰樹在路旁而子多必苦者也取之信然○韓詩外傳東方曼倩與友人行道中乞飲不知家者姓名時見博勞鳥飛集李樹上曼倩曰此主人當姓李名博也呼當應室中忽有人李博者與出相見即取飲之○晉書王戎家有美李售恐人得種鑽其核成爻顯蔑所歷九州人讓其德惠相率致賻數百萬辭不受夫能辭數百萬而不受而乃剝一果之種此非人情必當時好惡言之謗耳○晉書何曾性儉家樹好李帝求之不過數十王武子因其出率少年將斧詣園飽啖畢伐樹而出人謂晉風薄尚一味之果且不誅子君而况非禮之事乎

杏

杏圖經云葉似梅微紅差大圓而有尖二月開花未開色紅開時色微紅至落純白結實生酸熟甜品類不一形似梅者味酸如桃者味甜名有金杏白杏沙杏梅杏柰杏木杏山杏赤黃杏金剛杏蓬萊杏始生晉州山谷南人呼爲甜梅篆文象子在木枝之形典術云杏乃東方歲星之精乃遠木也可致鬼神風鑑云杏[illegible]凡處令地運昌旺

植藝管子云五沃之土宜杏擇味美實大熟時帶肉種之

春芽生即移他土行須稀宜近人家不宜移栽栽則難茂其木大花多實繁根淺難持須用大石壓根若久不結實以女子裙帶掛枝上其年即結桃接則果紅大梅接則脆美本木接則耐久

占應占書云杏花實多其年豆收大麥熟

本性味酸氣熱多啖生痰生食發痛小兒產婦禁食仁苦氣溫潤肺滋腸雙仁者有毒

劫方秘書云婦人無子二月丁亥日取杏花桃花陰乾爲末遇戊子日和井花水服之効　小兒臍風杏仁研敷臍効　犬傷杏仁嚼敷犬肉不消者煎汁服以下爲度

典故莊子孔子遊緇帷之林休坐杏壇之上弟子絃歌鼓琴美曲未半有漁者下船而來鬚眉交白被髮揄袂行原以上距陸而止左手據膝右手持頤以聽曲終召子貢子路不曰彼何爲者也曰孔氏曰何治曰服忠信行仁義飾禮樂選人倫曰有土之君也曰非也漁父曰仁則仁矣終不免其身孔子聞而求問之遂言八疵四病以誠○濟陽記董奉居廬山爲人治病得愈者命植杏五株數年成林今猶稱董先生杏○後周書張元性廉潔其鄰有杏樹數株枝越籬果熟落元籬內悉以還其主

棗

棗圖經云木皮黑粗葉細小而深綠背微白發芽略遲五月開小淡黃花蕊細結實生青漸白至微見紅絲即堪啖熟則純紅棗稱甚多方與記南方者堅燥北產者肥美埤雅云棗莢屬也大爲棗小爲棘棗性高故重棘性底故並草木狀云木蜜爾雅云還味言味十美也本草云百益紅有益百病也方術云雷擊棘木作符篆可驅鬼神五代記入其木可刊文字見于梨桂

種植要術云旱瘠之地不任稼穡者栽之則任矣棗核性堅芽難生揀味實佳者大樹傍生條一二尺高者移栽相離三步一行初種者本年芽未生勿劃去諺云栽棗三年不算死

修棗元旦日未出時以斧背斑駁椎之名曰嫁棗不椎則花不實斫則實萎而落又花大放時以杖擊其枝間振去繁花則結實繁大

晒棗棗全赤即收摘而落者爲上半赤而收者肉未充滿乾則色黃而皮皺將赤味亦不佳全赤久不收則皮硬復召鳥鼠耗　晒棗治一大塲鏟令淨收河砂于內令日

曝熱鋪棗于間以擲聚壘久之復散一日再三夜則令聚待晒乾篩去砂收棗芳譜云先治地令草淨若有草能令棗臭架箔椽上以無齒杷聚而復散散而又聚日以二十度爲什夜逢陰亦不必聚收待霜露氣可速成如有雨須聚而苫蓋至五六日撰其紅軟者至高廚暴之晬爛者去之否則恐爛餘棗其乾者晒曝如法

藏棗方熟時乘清晨連小枝葉摘下勿損傷於透風處晾去露氣簡新磁一口無油酒氣清水刷洗淨火薰乾眼涼乘青稈草晒乾候令一層草一層棗入甕中嚴封可致來年尤鮮

製棗食經云治乾棗須鋪箔上晝晒夜露擇去胖爛曝乾

收之切開曬乾者爲棗脯熟蒸去滓皮者爲棗膏蒸熟者爲膠棗加糖蜜拌蒸則甜加麻油和蒸則潤將紅潤乾棗入釜內以水平煮沸漉出盛傚盆內細研用生布絞取汁塗盤上曬乾其形以油爲棗膏候乾以手摩刮下爲末收停每用一匙投湯盌中即成美漿合米炒食最宜

占應占書云棗盛主來年禾豐

本性味甘氣平堅志强力補中益氣熟者過食疾齒生者多啖腹滿中滿齒疾者忌食小兒禁食同葱合蒼朮臟腑不和同魚肉食患腰腹疼痛瘦精異錄云白益一損者棗也劉楨云棗核中仁常服之百病不手

三農紀　卷之五　十五

効方凡服身藥汁香棗肉桂心冬瓜仁松白皮煉蜜爲丸一和臟腑紅棗去核緩火逼熟焙乾爲末量多少入生薑少許白湯下一典術云咒棗能治瘧須執棗一枚向日咒云吾有棗一枚一心歸大道優他或優降或劈火燒之念七遍與患者食之

典故
東方朔傳武帝時上林獻棗上以杖擊未央殿前呼朔曰此來叱來先此篋中何物朔曰上林棗四十九十上曰何以知之曰呼朔者上也以杖擊兩楹者兩木也兩木乃林以大不者棗也叱叱者七七四十九枚也因以知之○晏子曰秋齊景公曰吾聞東南有棗焉華而不實何也晏子曰昔秦繆公乘龍治天下以黃布晨人棗至於海而投其布故華而不實公曰吾佯問晏子對曰嬰聞之佯問者亦佯答也○云仙傳李意期居一土窟內冬夏單衣但飲水食棗或二月一出或一年一出後入山不知所終○東陽記信安縣有懸室阪晉時有樵夫王質旦至石室中見童子四人彈琴而歌童子以人也核與含之頃便予今歸質敢多斤相漼然朽盡既歸去家已數百年矣訪其觀舊零落無復識此○高士傳胡昭與司馬懿爲布衣交有同郡周生欲殺帝昭泣以示誠生感乃止研棗樹共生盟而別後見帝終不言○春秋繁露云握棗與錯金示嬰兒嬰兒必取棗而不取金故物之于人也小者易知

栗

栗圖經云栗如杼櫟樹亦相似木有大小二種四月開花長條青黃色農人收花爲繩留火風雨不滅苞生外殼如蝟其中着實或單或雙或三四粒實殼紫色仁上有紅黃膜肉外黃內白八九月熟殼開花落故大禮戴云八月栗零則苞自裂而實墜說文云栗象花實下垂之狀呂氏春秋云果之美者箕山之栗梵書名篤伽原生山陰五果之中惟栗屬水水滄之年則不熟漢書云燕秦有千樹栗其人

三農紀　卷之五　十六

與千戶侯等其木堅耐入土水可經久作神主益子孫遂門闌遠盜

植蓺要術云栗可種不可栽栽雖活易尋死初熟離包即收埋濕土中路遠者合砂以囊盛之久停及風日枯者難生窖者至二月微吐芽種之即生既生近三年內冬須以草莫裹之至春漸解其裹樹高三五尺取生子樹接之或以橡樹接亦可實大而佳兆方難植南方易生物也

藏栗衍義云栗欲乾莫如曝欲生收莫如潤沙中藏至春末尚如新栗栗性喜蛀于霜後取生栗投水中去浮者餘漉出晾乾合將河砂炒乾候冷取新罈甖入一層栗

一層沙欲九分滿用箬札定上畧加黃土封之禁酒氣至來年不壞霜後取沉水栗一斗用鹽一斤調水浸栗經宿漉起晾乾或盛竹籃或裝麻布袋掛背日通風處日日搖動兩三次至來年不壞蛀

本性味酸氣溫厚胃益腎楔粒活血生食難消動氣熟食帶氣爆乾火煨者良小兒多食難消患風疾水病者忌食爲味酸故也

效方李時珍云風乾者勝於日曝火煨油炒者勝于蒸煮細嚼連液吞咽有益若頓食至飽則傷胃蘇子由詩云老去自添腰足病山翁服栗舊傳方客來爲說晨與晚三咽徐收白玉漿 金傷獸咬人嚙小兒疳瘡馬汗毒

俱以栗嚼敷

典故宋書王泰幼穎悟年數歲祖母嘗呼諸侄散栗于床羣兒競皎採泰獨不取問其故對曰不取曰當得賜中表咸異之○先賢傳先武詔嚴遵詣行在遇蜀都獻栗上賜各以手所及取之遵獨不取上問其故遵曰君賜臣以禮臣奉君以恭今賜無所王是臣所以不敢取也○梁書蕭琛嘗預御筵醉伏上以棗投琛乃取栗擲上中面御史中丞在席上動色曰此中有人不得如此臣有說也琛曰陛下投臣以赤心臣敢不報之以戰栗○宋史楊延慶母死葬畢廬于墓所母存日嗜食栗乃于墓所種栗二樹經年其枝連理三年合抱生栗人以孝感所致○列子宋有狙公者養狙成羣恐衆狙難馴先誑之曰與若芧朝三而暮四足乎衆狙皆起而怒俄而曰與若芧朝四暮三足乎衆狙皆伏服而喜是以聖智籠羣愚亦猶狙公以智籠羣狙也○秦史秦飢應請發五苑棗栗可以救荒

梅

梅圖經云形類杏 枝葉畧同其幹枝交加多成女字形先彖花而華臘月開白花五瓣花謝生葉果生青熟黃若杏實狀但核異五月 實熟收製焙乾爲烏梅 取汁可入染色者金銀器去垢又 可入藥鹽醃者爲白梅實可糖可醋造藏以充果飣熟可 箋汁爲漿說文云梅者媒也媒合衆味古人取以調羹爾雅云杏大北方爲梅古文作 果乃杏屬反杏爲梅始生漢中山谷今江南江北無地不勝

植蓺核種肥熟土 苗生長三尺許移栽移傷條則速利若移大樹則去枝稍大者盤根沃以溝泥無不活以桃接則圓脆以杏接則耐久化書云李接桃而本强者其實毛梅接杏而本强者其實甘山坡不任㮳穡者宜收熟實點之十二年樹成結實且耐久梅熟時以杖敲落收

實火炕烟薰以乾爲度又以稻草灰淋水潤蒸過則肥澤若久枯者亦用此法每生果三十斤而乾十造白梅梅微嫩時摘下哏汞鹽醃透碎其核日晒以乾爲度多能鄙事梅花半開時清旦帶蒂收摘每花一兩炒鹽一兩納瓶中不可手犯以紙密封至次年取出置蜜于盞取花兩三朵滚湯一泡香美異常辛癸集拆梅花插鹽中開美態可見物性之相知梅譜云梅有五種綠萼照水玉蝶紅梅苦練接梅則色黑爲墨梅紅桃接梅則色亦爲朱砂梅此乃高人韻士玩賞之屬農天無識其妙不敢續尾

占應占書云梅實多其年秫收農諺云樹無梅子手無盃

本性味酸氣溫生津斂氣安邪和中多食損齒傷筋相反
志云梅同韶粉食則不酸不軟齒食 梅齼者嚼胡桃肉
解
効方刺入肉難出白梅肉只嚼之敷即出又治初痘休息
痢及霍亂烏梅肉建茶乾薑爲丸每服三十妙

典故 朱史林逋隱居孤山徵辟不就構巢居閣繞植梅花吟咏自適苟徉湖上或連宵不返○宋書趙必連以久膺補官辭不受植梅數百株各其居曰梅花主與其弟若助刻苦讀書日吟咏于其中○說苑王貢希衣時題梅花詩云而今未問調羹事且向百花頭上開呂蒙正見而美云此生已安排狀元宰相也○荊州記云陸凱與范曄善自江南寄梅花一枝詣長安與曄並贈詩云折梅逢驛使寄與隴頭人江南無所有獨贈一枝春○芳錄鐵腳道人常赤足走雪中興發則明誦南華秋水篇嚼梅花滿口和雪咽之吾欲寒香沁入肺腑常令清快○宋書武帝女壽陽公主臥含章殿簷下梅花落公主額上成五出花拂之不去皇后留之自後有梅花粧○東方朔傳朔有生徒三人俱遊乃見一鳥一生曰今當有酒一生曰其酒必酸一生曰雖酒不得飲也三生皆到須臾王天出酒郎安樽于地而覆之訖不得飲乃問其故出門見鳴飲水故知得酒飛集梅樹故知酸酒集樹旋折故知不得飲也

核桃

核桃圖經云樹高丈許春初生葉長一三寸兩兩對生厚而多陰三月開花成穗斂掉水浸可蔬結實似梨狀秋末枝下漚去外膚收取內核々殼堅硬上有皺紋敲開內仁二辨中隔黃膜仁形陷泡上有紫膜膜之色黃白膏潤本草云羌桃方與志云胡桃始自漢張騫得種於羌胡北產者佳南産者差等 其木一堅緻造器甚良

植蓺揀殼薄無紋者收作種擇地二六深五六寸入糞土盌下鋪一瓦片種一枚覆踏實水澆之自生用瓦片者使無定抵異日好移栽也法以實熟者埋濕土中常澆水使芽生方種宜孫母一穴一枚每穴中先安一牛脊骨一節着實于骨盌中令芽在上以土覆之後結實肥大但移種易活難長惟點種者佳于元旦日或開花時以斧順斫出汁則實不落

收採秋季果熟時或摘下或杖敲積堆微漚去皮取核爲果曬乾停透風處可久宜常晾恐濕浥否則油膩仁黑不堪食用

本性味甘氣溫益水滋金多食動痰動氣同酒食令人路血素有痰火及積熱者禁多食藥性註云留皮可消滿

去皮可潤血微合鹽食則佳

効方風寒無汗發熱頭疼核桃肉連鬚葱細茶生薑各等分水一盃煎七分熱服取汗 眼目昏暗四月內取風落小桃每日午食飽以無根水吞下數粒仰臥響鼻中有泥氣效 食物醋心嚼核桃生薑湯下 宋洪邁痰疾上遣使令胡桃三枚生薑三片臥時嚼服即飲湯三呷再嚼胡桃如前數即靜臥如占服之旦而疾消除 溧陽洪輯少子病喘甚危急其妻夢神人授一方服人參胡桃輯急取蓖湯一蜆殼許飲之即喘定又剝皮服喘復作仍連皮服信宿而愈

典故 晉書劉滔書云胡桃生西域外剛樸內柔甘似古賢者故以爲貢○神仙傳樊夫人與劉綱俱有道術十

明名曰詰滕庭有胡桃樹一株各定其樹下一桃典之相鬭博良久各還其樹○宋書司馬先下鬼寺戲核桃令姊破姊不與去令姊敲之其姊問何以破曰自敲耳姊責曰小兒時豈可以說誑曰此戒之終身不敢賒大

柹

柹圖經云樹高大皮黑枝繁葉大圓而光澤四月開白黃小花結實生青綠熟黃紅形有大小圓扁尖直有朱柹椑柹着蓋牛心蒸餅八稜鹿心鵝子之稱大者如桊核扁者木鱉子而堅實圓謂之柹盤采之烘淋作果造製可以致遠酉陽雜俎云柹有七絕一壽二實三無鳥雀四無虫蠹五霜葉可玩六佳實可啖七落葉光大可以臨書稱乃朱果也故字從朿韓詩謂之蚍卵張仲殊謂之絳蠟梵書謂之鎮頭迦乃北方滋甘果也

樝執實生者為椑柹(本草)謂烏椑草木狀云漆柹又名赤棠椑乃柹之小而卑者實大如杏生青熟黃綠用石人宜食之青者搗碎浸汁謂之柹漆可染罩傘葢扇諸物以美枝柹接其味佳美廣志云軟柹一名稬棗小梬也肌細而味厚其木類柹葉長實小生青熟成紫黑可接柹又種實小圓如指頂者接柹尤美冬初以軟棗椑柹下種待長後我連接兩次者無核三稜者為圭花書云桃枝接則成金桃

製柹柹雖紅熟澀味猶存摘下置器自然澀除味甘如火烘成淋柹用水一瓮置柹于內口封熟亦有鹽藏者又有灰汁澡三四次去汁着器內入食造柹餅擇大而美者刻去皮捻扁日晒夜露至乾納甕中待生白霜一名白柹一名柹花烏柹者置炕上以火燻熟而成造柹糕糯米一斗淘淨乾柹五十枚如乾煮棗泥法去核和拌之蒸熟食甘美造柹酒糯米合柹蒸熟入麴藥亦同造酒法水酒火酒皆宜

本性味甘氣寒潤燥生津去熱化痰柹霜治喉舌最良生者多食引痰乾者多食動風同蟹食腸疼作瀉食柹飲熱酒令人易醉或心疼欲絕

劾方痘入目白柹日日服之　解桐油毒以乾柹餅食之　胃弱食難消化面起黑暈者用乾柹二斤酥一斤蜜半斤酥蜜煎勻下柹煮十千沸以磁器貯之每日空心食三五

典故　東觀漢記韋順仁孝有柹生屋上徙庭中遂茂時人以為有感和氣而生○世說鄭虔家貧好學書若無收亭停柹葉數屋肆書青歲久殆遍○山堂四考潘山禪師典仲山遊行烏舍一紅口噬前仲山以水洗淨典潘山分半而食之

銀杏

銀杏圖經云樹高大材至速抱葉若鴨掌有刻缺面綠背淡白二三月開花成簇青白色三更子時旋花旋落人不能見結實繁多狀如小杏色青經霜乃熟黃臭爛收臨水淘去外腐肉收其內核色白形兩頭尖中圓大而扁二稜者為雌三稜者為雄殼中仁黃綠色炮之可果其木耐久

肌理白膩術家刻作符長能致鬼神堪與銅為羅盤以定子午扎人呼為白果南人名為靈眼宋初始入貢故稱銀杏

種蓺 蓺宜雌雄並植或雌樹照影于水邊可結實若不結實者或以鑿孔納結子水一塊泥封之即結 致富書云春以子種肥土生二三尺可移栽老山 農云插枝潤土亦活獸食糞出者收種易生且茂

本性 味微甘氣平生食降痰消毒熟則滋血爽氣但多食動風 三元延壽書云白果若喫滿千粒必殺人小兒尤禁食須去心 杏令人病疳同鰻鱺食診軟風

效方 小便頻數者白果去殼七生七熟頓食之取效 方手

足皴裂瓷器生白果夜夜塗 赤白帶下元氣虛憊白果蓮米芡實各五錢胡椒一錢五分為末用烏骨雞一隻割將去臟裝藥入內磁器盛煮爛去藥空心食

典故 一統志雞犄亦入從高宗南渡過昆山折白果一枝插地而祝曰若此枝復活吾于此卜居焉其枝果活先茂倚因居焉後成大樹繁枝繆屈一樹如乳者凡七八十顆相傳為子孫棡世徵兆之樹時人乃異之為遇有樹

棃

宋圖經云樹似杏高丈餘葉亦若杏微厚大而硬色青光或毛加珫點二月開白花若雪故吉人為陽去白雪者是也上巳日無風其年實佳花瓣圓鋪者有生果甘美決皺者生果酣堅色有黃白青紫形有大小圓扁錘直熟有秋夏味有酸甜名或呼產地或稱色象梨者利也甘美利於口也廣志云快果本草云吹乳果譜為蜜父又名果宗爾雅疏在山曰樆人植曰梨五季紀云馮道始製剖刷以木鑄文字劃書圖勝手他木也

植蓺 擇味美樹頂者果熟收全埋潤土至春生芽苗成至春分移栽多移更佳至冬附土刈之以火燒頭二三五年茂若榾生及種而不栽者則結子遲每梨有十餘子惟一二子生梨餘皆成杜又法于春分前後十日取田梨筋如拐樣截去兩頭火燒用器烙精脈卧栽十地可活梨性喜接味美無渣取棠杜如臂以上者接之大者三四枝小者一二枝取美果向陽嫩枝貼之若路遠取貼

枝枝根下燒二三四寸可三五日猶生所接之枝生苞須用箬護裹恐遭象鼻虫為害

藏梨 初霜即收于屋下掘窖底令無濕潤入梨在中不許覆蓋便可經夏摘時勿令損傷但梨身頗有微痕即爛須揀去之 綱目云梨就樹上以囊包裹過冬摘任物類相感志云梨與蘿蔔相兼收或削梨蒂插蘿蔔內藏可經年不壞 三輔云產處取甜梨去皮作厚片火烘乾謂之梨花充饋食果凡味酸者澀者換水煮味甘不損人

本性 味甘氣寒涼潤肺消痰降氣胃寒人禁食

效方 傷寒溫疫已發用梨皮甘草各一兩粳米鍋焦煤各一錢共為末每服三錢白湯下日三服效 反胃轉食諸

物不下大美梨一枚丁香十五粒刺梨入丁香重紙包裹濕煨食　長樂集一士人懨懨無聊往醫診曰子三年當發疽須士人懷憂去乃偽衣詣茅山願執薪水役道人留置弟子列久之道人巧命診笑曰子病來上以實告道人曰日啖梨一顆如無生梨以乾梨煎汁飲並滓食病自當平士如其戒經一歲復見老醫診脈息平和驚曰必遇異人不然豈有痊理士告以故醫拜服

典故 文士傳孔融年四歲與諸兄食梨輒取小者人問其故答曰我小兒理當取小者○唐書肅宗常夜坐召穎王及三弟等同坐地爐時李泌之絶粒上自燒梨二顆以賜之穎王等請賜以爲他年故事上許之穎王曰先生年幾許顏色若童兒信王曰夜抱九仙骨日被一品衣一十日不食千鍾粟惟餐兩顆梨上曰天生此間氣助我化無爲○唐書武后時秋出梨花以示宰臣皆賀惟杜景全獨曰陰陽不和相奪倫瀆則爲災故曰冬無愆陽夏無伏陰春無淒風秋無苦詩今草本黃落而梨花復續陰陽也○廣類賦侯穆有詩名因寒食郊行見數少年共飲于梨花下穆長揖就坐衆皆哂之或曰能詩者飲以梨花爲題穆信口而成衆皆閣筆

柰

柰圖經云葉似梨而尖小二月開白花成攢結實白者爲素柰赤者爲丹柰青者爲綠柰夏熟爲柃子秋熟爲楸子有冬熟者祭法曰夏祀用白柰秋用赤柰西京雜記云上林有紫柰紫柰綠柰綠花山海經名橚陽華之山有橚其實如梨食之甘美柰字象子綴于木下之形也

植藝 冬取樹下小稿枝條栽滋土至春芽生雨水移栽易生壓枝脫枝更妙以蘋果樹搆接佳美

製收 果熟收納瓮勿令蠅入六七日待爛以酒淹痛拌如粥再拌濾去皮子澄去清水傾布上以灰滌引汁盡劃開日晒乾爲末可以治果能致遠家塾云每百枚取二十枚搥碎入水煎熱候冷納器中入此八十枚浸之蜜封瓮口以浸着爲度可留久

本性 味甘酢氣寒多食寒脾反滿病人尤忌

效用 熱痢腹疼者以柰取汁和生蜜飲

典故 孝子傳王祥事後母甚孝庭有柰始著子使守視晝驅鳥雀夜驚風時雨忽至祥抱樹至曉母見惻然而感○典略楊脩幼時家有柰樹實落于地群兒競爭惟脩獨坐不顧其季父睹見之曰此兒將有大人風

蘋果

蘋果乃柰也西北產者最豐樹身聳直葉林檎相似果似梨而圓滑生青熟紅或半紅半白光澤可愛流香數步味甘鬆未熟者若棉過熟者沙爛惟八九分熟者最廣志云西方收切片爲脯數十斛以爲蓄積名蘋婆糧充食以代穀

植藝 春初分樹根下小枝條植土中以潤爲準即生檎楱楸擷接則佳

收藏 秋果取累熟者收水窖中至夏月味尤美秋月切作片晒乾食亦佳又云凡果連枝葉留寸餘大香油瓮內經久出油如新

本性 味氣與柰同不過別其大小色象稱名之異耳

典故 南岳夫人傳魏夫人名華存季冬夜有真人降夫人設酒殽味玄雲紫柰

林檎

林檎圖經云葉似梨樹不高大仲春月開粉紅花結實若柰而差圓六七月熟淡紅可愛稱爲花紅甜者早熟脆美酸者晚熟較脆色有水蜜金紅五色果可脯乾研末點湯方土記名蜜果本草云冷金丹通雅云始生渤海間其味甘能召烏謂之來禽又名林禽

植蓺兩水前後取根下條栽頻澆易活以柰接更美相感志云林檎生毛虫以蠶蛾埋樹下或以洗魚水澆之生蚟虫鑽樹以樹線釣之着百部末或埋貓狗尸于下不生蛆虫凡果樹皆然

藏收便民圖云桃杷楊梅林檎等果用臘月水薄荷葉一

握明礬少許入甕內投果于中顏色不變味更清涼

本性味甘氣溫下氣消竭生食發疽多食膨脹得嚼其核即消

効方清異錄云林檎百枚蜜浸十日取出別入蜜五斤丹砂末二兩拌攪泥封一月出之陰乾或飯後酒時食一枚甚益名冷金丹

典故 唐書高宗時王季謹得五色果以木柰以貢上上大悅賜爵文林郎今人因以爲文林果○名妓傳云令饌客示以林檎有中使卽袖歸云宜進于上守令樓欲撤飲時官妓作酒糾在傍立自守令日此物芳脆手插必損何能入獻使還果潰棄之矣守令嘉其識召妓厚賞之

櫻桃

櫻桃圖經云木蔭不高春初生葉團尖而細齒門山花繁若雪氣馨如蜜結子一枝數十顆如珊瑚博物志云大者如彈丸生青熟鮮瑩深紅者爲朱櫻又名紫果紫而肉內有細黃點者爲紫櫻黃者爲蠟櫻小而紅者爲櫻珠諸果之中惟櫻先熟禮記謂之含桃月令謂之荆桃爾雅謂之楔呂氏春秋鶯鳥所含故謂含桃呂氏本草謂麥英一鬼谷子謂崖蜜櫻者實小而可愛故字從嬰也

植蓺春初分樹下兒條栽潤土中頻澆卽生須知陰陽向背核種亦生不若植條之速利

護功熟時須張羅網以驚鳥雀更置蒿簾以障風雨若經雨虫自內生人莫得見須以水浸良久虫自內出

本性味甘氣溫美志云精多食令人吐召濕熱病喘嗽者

忌食小兒更禁

妨方面生班點者櫻枝浮萍牙皂白梅和煎洗

典故 漢書惠帝出離宮叔孫通云古者春嘗果今櫻桃可獻願出以獻宗廟上許之獻諸果自此始○唐書李希烈死其子不發喪謀誅諸將自立禾夫有獻櫻桃者希烈所強娶竇氏女請分攜與陳仙奇因以蠟帛丸雜果中也所謀仙奇大驚率兵入斬之○唐書李林甫採蕭穎士名欲見之時穎士居廣陵卽讓寮請入見子故事省林甫刻不識遽見大惡卽令拆去穎士作櫻桃賦以刺之○花史張茂卿頗好聲伎一日櫻桃花開攜酒其下曰紅粉風流無踰此君悉屏伎妾

石榴

石榴圖經云樹不甚高阿附幹自地便生作叢葉綠梗紅夏間開花有大紅粉紅黃白四色有酸甜苦三種千葉者不結實單瓣者旋開旋實花殺成實圖若毬頂有尖瓣

大者如盃小者如卵皮色斑點經節則實白裂而如蜂窩有黃膜分隔子列排牙白者如水晶紅者如寶珠淡紅潔白者味甘深紅者味酸廣雅名若榴廣志云丹榴一名金罌一名金龐本草二天漿始產塗林安石國漢張騫使西域得種入華故名安石榴也

植蓺榴子可植不若植枝易尚春生芽時拆嫩枝長二三尺者以火燒折頭環屈爲一窠掘穴納內留枝稍尺餘塡以牛馬骨土覆之築令堅性喜肥瘠以濃糞澆節生當花實時至午對烈日澆之佳

嫁榴不結實或結而復落者須以石塊安枝杈中或壓根即結實可不落

留榴　時揀美者連枝摘下安新磁缸中以紙密封十餘重之至春取出猶新

本性味甜氣寒潤燥多食生痰損肺黑齒服餌家忌之味酸者能斂氣殺虫陳者佳

功方疔毒以鍼刺四畔用石榴皮着患處麵圍灸之以疼爲度仍納榴末覆上急裂經宿連根自出

衄血榴花爲末吹鼻血自止又敷金瘡出血

典故　廣志一婦畔者殺鷄餅如食而死姑女訴官官不能辨臨刑婦折榴一枝向天泣寃祇曰妾毒姑花死若枯是証枉榴復生已而花果更茂時人哀之立谷以表○北史齊子德王延宗納李祖牧女爲妃帝幸李宅妃母宋氏詩獻夢嬰帝莫知其意問于魏收答曰石榴房中多子王新婚欲子孫衆多耳帝喜賜以美錦○花中嘔州東山僧樵者點起逐二鹿入石門內有鷄若人烟見一翁曰此[illegible]中樵者云歸別乃來與榴花一枝出復再訪而亡○博異記崔元徽遇數美人陶氏李氏石氏緋衣少女名石醋醋又有封家十八姨來石醋醋曰諸女伴皆住苑中常求十八姨相庇名處士每歲日作朱幡圖日月五星則免崔許之其日立幡忽東風大起苑中花木蕭然不動方悟美人乃衆花之精

橘

橘圖經云樹高丈許枝多葉繁臨冬不凋葉若楨而深綠光澤幹生芒刺而葉青四月開白花清香結實生青熟黃實大如杯包內有瓣瓣中有細核味甜者爲蜜橘味酸者爲盧橘乳橘形扁者有黃橘芳橘形小者有朱橘綿橘砂橘形大者有穿心橘皺膚者有荔枝橘早熟者有預黃橘秋花者有冬橘輕彥直作橘譜三卷別種十四以詳其大義橘從矞矞者雲色也橘實皮赤黃剖之郁紛有似矞

雲之象故得名也春秋斗運樞云璇星散而爲橘呂氏春秋云江浦之橘漢上之菴所以致之漢書云江陵有千樹橘其人與千戶侯等

種蓺考工記云橘踰淮化枳西北少產東南盛焉熟時擇美者作種連皮埋肥潤土中春深生芽苗高尺餘移栽相離三步一株冬間須以濃糞壅培則花實並茂可厭脫得速利宜接貼則甘美

治橘蓀漢陽十月以薪草博樹爲木奴着裘遇旱以米泔水灌之瘥死鼠則實倍相感志云橘見尸而實繁涅槃經云如橘見鼠其果實多多能鄙事云培灌橘以羊灰和羊糞壅之冬生實十一月內將根造作盤滸尤大實三

次至春澆水二次花實更茂忌見猪糞正月內修其冗枝折幹枯悴者以利刃斫之至木平齊又刪其枝之卷葉細看蛀孔以竹黃塞之將杉木釘封其穴花開時收聚草葉煨荊葉之實不生蛆或以猪腸截分寸餘懸枝上亦不生蠹或收山間大螞蟻養于橘根下可遂虫患樹下不得荒蕪宜鋤去草淨爲妙

收藏便民圖云十月將橘入錫器內或以芝蔴雜之經久不壞橘柑之屬藏菉豆中更妙若近米即壞多能鄙事云鋪乾松毛中不近酒處多不爛以白糖充實壓扁名橘餅

本性味甘者潤肺酸者聚痰生痰不益人蜜煎糖充乃佳

醬淹作菹多食生痰同蟹食令人患頭作疝花收三蒸入茶清香

效方男女傷寒一切雜病嘔噦手足逆冷者以橘皮四兩生薑一兩煎服一卒然失聲者橘皮五錢水煎徐呷卒然食噎者以橘皮一兩水半盞煎熟服女人產後尿悶者此方神效

典故 孝子傳盧陵王靈之喪父母二十年鹽酢不入其口庭中橘樹隆冬三實○吳志陸績年六歲見袁術術出橘績懷三枚拜術橘墜地謂曰陸郎作賓而懷橘乎績云欲歸以遺母術奇之多贈○晏子春秋晏子使楚楚王進橘置削晏子並食不剖王曰橘當剖對曰臣聞賜人主者惟瓜桃不剖柑橘不剖君無教臣不敢剖非不知也○兩怪錄巴人家有橘園惟一橘如三斗盎異之剖開有二叟鬚眉皓然相對戲象棋叟云橘中之樂不減商山但不能深根固蒂爲人摘下語畢忽不見

柑

柑圖經云樹高丈餘枝青葉綠四時不凋其樹亦棱但身無芒刺性畏水霜實亦如橘圓大味甘生青熟黃比橘皮稍厚紋理稍粗而無苦味實易腐敗韓彥直云柑別種有八古今注云柑形如榴者爲壺柑方土記云黃者頳者謂之胡柑左傳云甘心快意字從甘者言其味悅人口色悅人目氣悅人鼻聞悅人耳乃透人之甘果也劉基爲柑者言異心有喻也廣雅云瑞金未經霜味酸一經霜後始熟味甘以味名也從木者誤矣柑乃治馬之物一種金甘生南土樹亦棱不高大結實大者徑寸小者若指頂形長而皮堅秋冬熟生深一熟金色味酸甘芳香又名金橘一名給

客橙糖造蜜煎皆佳橘譜云西北人不識景祐中始至汴溫成后嗜之遂貴一種甘之至小者名金豆木高尺許實如櫻桃生青熟黃形圓而光溜皮甘味清可蜜漬一種佛手柑樹似柚而葉尖枝有刺結實若人手指狀長近尺餘皮若橘柚而厚皺光澤生青熟黃香氣襲人置衣筒中雖枯而香不歇可糖蜜製裹果攪蒜雀蒂香更充溢皮洗葛苧衣甚奇一種香櫞一名枸櫞乃橘甘屬也實大如木瓜皮若橙而光澤乃朱欒之尖者置衣笥中經旬猶香可蜜煎國有雀巢方開花結果

植蒔收實美頂生者熟時去皮分瓣擲植潤土中春生苗去草淨冬加糞蓋以蔽霜水待苗長二三尺許移栽成

行澆培修藏已宜知橘接以枳橘甚美

本性味甘氣寒調中解熱多食令人胃冷生痰

功方産後肌浮甘皮爲酒服效

典故 從後漢書引[illegible]繇陽令嘗餉一奩甘其子年七歲取一枚綰奔付外卒四私以校與兒繇若見怒䟤卒何故行賂于吾子也以私而廢公竟以枚出人皆懽服○梁書呂僧珍性恭慎當禁中盛暑不敢解衣每侍御座屛氣鞠躬果食未嘗動筯嘗醉渴取一甘食武帝笑謂曰卿今日便是大有所進祿外今月給錢十萬文○述異記南康郡康望山頂有果休成刻豎齊如人功也甘熟時有三人造之食至飽懷二枚以示[illegible]回旋半日迷不得歸聞空中語云放雙柑乃聽汝去懷者恐怖擲地轉盼即見歸路

橙

橙圖經云樹似橘有刺實似柚而香大者如盌經霜始熟面帶皺紋色若鸎瓶欒刻缺如兩断實可薰衣可芼鮮可

中菹醢爲醬虀可糖製蜜煎可和湯待賓客可解酒速醒韓彦直云橙種有五方土記名棖子廣志云金毬南方草木狀云鵠殼理雅云柚屬也大登而戚故字從之列子云吳越之間有木焉名櫾樹碧而冬青實丹而味酸食其皮汁已憤厥之疾人淮北化爲枳乃地氣之不同也

植蓺實熟時收美者種潤土中苗生一二尺移植成行培治如橘相法能接換實美

本性味酸氣寒多啖發虛熱傷肝同獱肉食患惡心頭旋

皮消食下氣和鹽止惡心療酒病

功方寬中快氣消宿酒去胃風橙皮二斤生薑五兩甘草一兩檀香五錢共末和餅鹽湯下

典故 唐書天寶其奏云 音聞江南爲橘江北爲枳益以地氣有殊物以因鄰朕近于宮內種甘橘橙柚數株結實乃與治南蜀道所進無別一裏陽記李衡爲丹陽守欲治家妻[illegible]不聽密遣人于龍陽洲上作宅種甘橘橙柚等各千樹臨死勅兒曰汝母惡儉不以官財治家故窮如是吾洲上有千頭木奴不責汝衣食每歲上一疋日足矣及相成每歲得絹千疋

楊梅

楊梅圖經云樹若荔枝葉若龍眼結實如楮實無皮其肉生核上生青熟有紅白紫三色紫勝紅紅勝白五月熟或蜜漬糖製鹽藏火酒浸皆佳方土記云朹子異物志云火實如彈丸正赤五月中熟其味甘酸博物志云地有章名則生楊梅潛確類云楊州人呼白者爲聖僧亦乃方果也

植蓺性喜山土實熟收核浸糞池內一月取出入潤土中

至明年春中苗生待長尺餘二月移栽多留宿土易活至三四年生子冬間離根三四大開溝以水糞壅結實大而肥相感志云桑接味甘擇本樹佳者接亦美滑樹樹間生癩以甘草釘之即去生蛀虫用百部末塞虫自死

本性味酸氣溫逐痰止嘔仁可除疝多食生熱久食傷齒忌與生葱同食

功方風虫牙痛楊梅根韭根桑上垢等分搗勻貼兩腮上共虫自目角出一頭疼不止楊梅爲末搐鼻取嚏效之一

典故 南史王虛之性孝庭中楊梅隆冬三熟時人以爲孝感所致○梁書任昉爲新安大守郡有二頭生楊梅舊爲太守所采昉以冒險害物即時停止○見聞保楊德祖年九歲孔君平詣其父設果有楊梅孔

擀末之曰此君家果也即應聲答曰未聞孔雀是夫子家禽

橄欖

橄欖圖經云樹似木槵高大端直枝皆高聳棗如櫸柳二月開青白花結子狀如長棗青色兩頭尖先生者居下後生者漸高深秋方熟其核兩頭尖而有稜內開三竅亦有三角四角兩瓣核者蜜漬鹽醃可久藏廣志云青果南方草木狀云忠果芳譜云諫果乃方果也產百越沿海浦島溫煖處木作檝撥皆得魚魚遇若死便不能動故四兩臥可伏千斤流魚

植蓺土宜處核落即苗隨栽易茂但性畏寒宜于冬時以昔草縛梗至暖時去之易茂果熟時以木釘之根皮肉

內納鹽少許一夕自落

本性味酸甘氣寒開胃理氣止渴解酒生食煮食並生津香口凡食此果去兩頭多食致上壅白露後食不病痁

效方小兒初生落地以橄欖一枚燒研末入硃砂五分和勻嚼生芝蔴一口唾和藥紿包如棗核大安兒口中含咂一時頃方可與乳食除胃臟毒合兒少病出痘稀

典故 自述一日春時與友朱韻清遊邑章山程夫子院導人設茶果有橄欖韻清日可能識此味乎予日不知也韻清日不見夫蘇東坡詩云但得微甘回齒頰已輸崖蜜十分甜予日已開諸蘇吟予可能曉王元之何乎皮肉苦且澀歷口復乘遺良久有回味始覺甘如節我今何所喻喻彼忠臣辭直道逆君耳斥逐投天涯世亂思其言噬臍焉能追道人日一人言味二人言得此番神機衲不理會衆大笑

荔枝

荔枝圖經云木性畏寒而根浮樹耐久經數百年猶實高數丈日徑尺至合抱桀類木棲四時不凋材質堅勁二三月開青白花狀如冠之𤢖綏結實喜雙纔生苦初生松毬核如熟蓮子殼有皺紋羅點聚粒貼狀初青漸紅殼裏肉色淡白如肪玉味甘多津夏將中一樹食然俱赤蚤可食收製可久留蔡君謨譜云再枝又名離枝品目總三十有三南方草木志云此木結實時枝弱而蒂牢不可摘采必以斧劙其枝故以名也惟產閩粤巴地乃方果也

植蓺三輔黃圖云土產南北異宜荔枝移丁庭者無一生焉偶有一枝稍茂終不花實土宜處落核即生移栽便活初種五六年時臨冬作棚遮蓋或以草纏桔方四五

十年始花實但根柢浮淺須知固培樹不耐寒一經霜枝葉便枯至春重發新芽得肥頻易茂

采收夏中果熟人未采百虫不敢近纔采摘鳥雀蝙蝠羣然殘傷故采者必于日中而衆采之一經麝香花實俱落盛熟時彼地皆燕會其下多食覺熱以蜜漿解之或以殼浸水服

本性味甘酸氣溫平健氣生液益智通神多食生熱

效方痘不快荔枝煎湯飲　血氣疼荔枝燒存性半兩香附炒一兩共爲末鹽湯下　凡癩癧荔枝核四十九枚陳皮九錢硫黃四錢共末鹽水和麵糊爲丸如菉豆大痛時空心服九丸良久再服不再三其效如神凡氣

精者服益效

典故 唐類函漢永平年南獻牛荔枝十里一置五里一堠晝夜傳送唐羌上書云上不以滋味爲德下不以供膳爲功切見交趾獻荔枝龍眼等南土炎熱惡虫猛獸不絕於道至于觸犯死亡之害然此二物升殿未必延年益壽諸郡勿復受獻○潛確類書閩中云梅花白而卑杏花白而繁梅實小而酸杏實大而甘梅花可謂閩有則不在乃如天下之美有不能兼者梅花優于香桃香優于色荔枝無好花枝則無美實○杜陽編曰居易爲忠州刺史爲荔枝圖寄朝中親友圖序荔枝生巴峽間樹形團團如帷蓋葉如冬青花如橘春榮實如丹夏熟朶如葡萄核如枇杷殼如紅繒膜紫綃瓤肉潔白如冰雪漿液甘如醴酪大略如彼其實過之若離本枝一日而色變二日而香變三日而味變四五日外色香味盡去矣○芳譜蘇東坡云閩廣人盛稱荔枝爲最或以西京葡萄或以吳越楊梅宋正牛詩云五月楊梅已滿林初疑一顆價于金味方河朔葡萄重色比瀘江荔枝深古人亦有譽而方之矣○唐書楊貴妃好食荔枝南海勝蜀產每歲荔枝熟時七日夜至上京味色多變人馬俱斃百姓苦之故杜牧有詩云一騎紅塵妃子笑無人知是荔枝來

龍眼

龍眼圖經云樹似荔枝枝葉微小臨冬不凋夏初開細白花生青綠熟青黃七月熟實大如彈丸肉薄於荔枝白而有漿甘而如蜜實極繁作穗如葡萄其性畏寒白露後方可摘食果品以荔枝爲貴品藥以龍眼爲良廣志云海珠彙統志云編水園方士記曰自海人云永彈子苗木狀云蠛泥芳譜云驪珠生南海山谷方產果耳

植蓺漢武帝云百交趾移來龍眼難以生活僅一株稍茂終無花實 產宜之方不易而生茂其樹畏冬須蔽其土草縛其梗木大如股方咸根下宜加土厚培脫換者

造製龍眼荔枝摘下以梅滷浸一宿撈出晒乾以火烘核乾爲度以竹籠砦葉裹之 成朶者以爲龍眼錦荔枝錦果熟時收其肉以蜜作煎嚼之如糖霜名曰龍眼煎荔枝煎

本性味甘氣溫益神和血安智養氣小兒不宜多食食多生熱

效方思慮勞心者飲以龍眼醴漿 狐臭者以龍眼核六枚胡椒三才七粒爲細末汗出擦之

典故 宋書宦先者居睢水間釣魚爲業嘗於溪畔好種龍眼荔枝其實葩大後不如其終○關中志楊爵妻一日貴顯婦逆蹤以生龍眼夫人不識南果速充噉婦日當去允食夫人日聞之龍眼殼可益氣健脾吾家屢空不能貸耳今得之療宿疾歸告夫爵爵曰正藥性耳

葡萄

葡萄圖經云蔓本條長春苞萌生葉似括蔞葉大而有五尖蔓藥赤色莖傷生鬚三月開小花成穗黃白色旋着實九月熟方士記云蒲桃廣志各國所產字從艸匍匐始生隴四五原整塢山漢書云可造酒人脯飲之則酩然而醉圖者名草龍珠長者名馬乳白者名水晶黑者爲紫艷造酒綠色芳香甘烈味兼醍醐根有羅紋可作器甚奇

植蓺春間截取嫩枝壓肥土中頻澆易活或以肉汁灌或以糞水澆待結實引架上剪去繁葉子得雨露可肥大冬月以草護之最忌人糞澆以米泔水最良根莖俱通祥以水澆根至朔而水浸物類相感志云將麝香入

其皮作香氣以甘草刺其根立萎每畊地種葡萄兩行
相離二三四尺遂掘溝如行深三四尺冬時收蔓埜在內
被以草苴護之至春起架引蔓發生收實澆以糞水中
間空地亦可蒔穀陳眉公致富奇書云傍棗樹合大
將棗樹近根鑽一孔引葡萄蔓入過孔中長尺餘候蔓
長滿孔然後斷去葡本截去木稍結實大如棗而甘美
瑣瑣葡萄產西域實如胡椒可快痘中土亦有產者一
架間生一兩穟
本性味甘氣原强志生津西北人食之無恙東南人食之
生病延壽書云葡萄架下不宜飲酒恐虫溺毒人
功方胎氣沖心葡萄實煎湯飲即止根葉亦可◐渴煩葡

萄搗汁入磁器熬稠入熟蜜少許收停點湯飲◐目中
熱翳赤白障取蔓中水前過吹氣取汁滴目即去

典故 山堂肆考唐高祖賜葡萄于羣臣侍中陳叔達執而不食上問其故對曰臣母病渴求難得欲歸奉□父類聚云大苑以葡萄爲酒富人藏至萬餘石久者數十年不壞故劉禹錫詩云醽醁成丁日酒味敵五雲漿□漢書云張騫得之西域六帖云李廣破大宛得種歸張芳詩云聞道乘槎客相携到漢庭向原嘗目葛先自入藥經人藥者乃蘡薁子也其形類葡萄但味酸而實細張騫得者一種李廣得者一種各有種也

甜瓜

甜瓜圖經云蔓生葉大數寸四五月開黃花六七月熟質
脆瓤黃子若稍瓜皮色青綠段經長五六寸大不過圍牛
其味甘于他瓜故名甘瓜可薦盤乃云果瓜其味脆美曰
梨瓜草木狀云大曰瓜小曰瓞蒂曰瓤附曰環蒂曰□其

形異常者勿食有毒殺人
種藝瓜譜云二月上旬爲上時三月中旬爲中時四月爲
下時預將生數架便結瓜者爲本瓜母子候熟帶自落
截去兩頭留中段取子淘盡晒乾作種種時以鹽水洗
子合熟糞種仍將洗子鹽水澆之則不籠死種瓜穴宜
深四五寸大如斗納瓜子向種大豆各四粒瓜生數葉
將豆苗掐去鋤勿合草生但鋤不可傷根候蔓拖時掐
去本心合再土不又加熟糞培下動加澆灌以土壓蔓
恐風翻翻則瓜萎勿踏蔓踏則瓜爛若生蟻置羊骨其
傷引而去之
李性味甘氣寒止渴解煩多食動宿冷患足疾者食之難

瘥雙頂雙蒂者有毒食多宜飲火酒蒂名苦丁香白者
勿用
功方風痰入腦驚癇涎湧瓜蒂炒黃爲末酸虀水調服欲
取吐加蝎梢錢半病濕氣腫滿加赤小豆末三錢有虫
入犬油五六點雄黃末一錢甚則芫荽半錢立吐□一
髮禿不生甜瓜塗之 □臭甘瓜子爲末蜜丸每旦
漱後含九◐而生靨七月七日取甜瓜七片一直入北
堂面南立逐片拭之靨久自滅

典故 家語曾子鋤瓜誤斬其根曾皙怒以大杖擊其背曾子仆地有頃而蘇孔子聞之告門弟子曰參來勿內也孔子使人請于孔子曰舜之事父母小棰則受大杖則先參委身以待暴怒殆身陷父於不義不孝孰大焉□史記邵平者秦東陵侯秦破爲布衣種瓜長安城東瓜美故世稱爲東陵瓜□吳越春秋吳夫

羞爲越所敗遁去得白生瓜饌食之問左右曰是乃冬有瓜近道人無取何也對曰盛暑之時人食主瓜起居道傍遺子復生故人惡食之○梁書郭祖深執敗遺儉有姥者餉以瓜祖深報以疋帛富人效之皆利祖深鞭而絢衆朝野惮之○自述夏伏中芸豆歸妻奉一瓜誤食近蒂苦甚妻問曰甜瓜何苦蒂乎愚曰子乃農婦焉知造物之妙所以古人云甘瓜抱苦蒂美棗生荆棘利傍固有刀貪人還自欺妻嘆云真先覺者也我輩農愚貪葽憂耶

西瓜

西瓜圖經云初生三甲中間生葉成苗苗長成蔓葉尖多椏缺面青背微白葉莖皆生細毛開黃花多謊實生花下漸長形有大小圓長瓤有紅白黃色味有甘甜酸淡子有黃黑赤皮有青緑白斑嫩時瓤堅子白及老瓤鬆子黑扎產者荚子形刻劃紋爲食瓜剖食甘美解暑止渴純黑純赤者爲子瓜可剥仁作果蜜製薦茶方士記云寒瓜世人以子多爲多子甕外地呼瓜子爲駞卑兒始出西域故名西五代蕭翰被回紇得種歸瓜之美者不若燉煌之產杜預云瓜州產大瓜狐入其內首尾不見

植蓺瓜熟揀顆大味甘瓤佳者收子晒乾停竹木器內作種勿入瓷皿中則難生生亦多死留種者子毋出人口則形變而味減植宜沙鬆高陽地不宜卑蔭土瓜記云西瓜喜牛糞始自入牛糞中移入中國先以牛糞布地耕極熟畊而作瀉水路勿令滯水後作穴相離四五尺一窩和土糞壅之周圍留鬆土種子于清明前後將子先以燒酒浸片時取出灰拌味佳每穴止容三四子相去五六寸許不得復移老圃云種宜稀澆宜晚糞宜多苗短時作綿兜每朝收螢蔓長六七尺須掐去頂心令四傍發枝至蔓節處以土掩壓恐遭風翻欲實大美味須每科揀大壯者止存一顆餘皆摘去若觸麝香則滿圃盡落宜間植韭蒜葱以辟

逐虫郭璞云瓜中黃甲小虫名守瓜虫食瓜嫩心葉苗難茂宜于五更時以火照田開歷遍虫自投焚又法以樹枝連葉一二尺長插向田中清晨虫盡宿收而抖之或埋或焚

藏瓜瓜半熟時待蔓埋入土穴中勿令損可致來年食經云瓜劃開曝日中少頃食頗涼物類志云瓜近糯米及

酒易敗以猫踏則瓤砂

本性味甘氣寒除煩消暑寬中下血扎入食之無害秉壯也南人食之成思秉弱也胃寒者忌之食瓜過多以瓜水飲或以仁煮湯飲或食花亦消麝香少許水調服妙

名山藏任汝寧居令園戶獻一瓜甚大以異之曰聞之瓜果異常者下必有毒物往觀令抉根下有蝶蚣數十瓜遂棄

効方目病以西瓜晒乾日日服之効

典故 孝子傳焦華父病思瓜食時仲冬求弗得忽夢一道人云送瓜明于以成孝于念華拜受覺瓜存手奉父食病痊○六帖云滕曇恭年十五歲母患熱症思食寒瓜土俗不產訪求無獲俄偶一桑門曰我有雙瓜分遺其一抱歸舉家驚異○唐書高宗子爲武后忌鴆殺孝敬立雍王王諱弟一不自安乃作黃臺瓜詞命樂

八歌之曰種瓜黄臺下瓜熟子離離一摘使瓜好再摘令瓜稀三摘猶尚可四摘抱蔓歸○齊書鄒原平以種瓜爲業遇年大旱川瀆不復通縣令劉僧秀欲不瀆水與之原平曰普天大旱百姓俱困豈可減溉田之水以通運瓜竟含夫步自他道○晉書皇甫謐年二十遊蕩常得瓜輒進叔母任氏叔母曰孝經云三牲之養猶爲不孝子今年餘二十目不存教心不入道無以慰我因感激流涕謐遂感激折節從學○不見聞錄呂蒙正微時讀書龍門一日行洛水上意欲得瓜無錢其人遺之後貴顯爲相買洛下園地起亭以饐瓜爲名不忘貧賤也○清異錄唐陸贄隨帝遊梁有獻瓜者帝欲授官陸贄曰爵位天下之公器也不可失也彼以奉瓜者授而亡軀命者何勸

葧薺

葧薺圖經云生淺水中二三月出苗一莖直上無枝葉狀若龍鬚草肥田生苗高二三尺若葱其本白蒻秋後結根大者如栗臍生聚毛纍纍下生入泥底野生者黑而小種

生者皮薄色淡紫肉白而實大軟脆南人呼爲地栗方土記云鳧茈食經云烏芋本草云黑三稜廣志云芍古廣雅云茨菰一物多名因形色土俗之各呼耳

植蓺正月留種待芽生埋泥缸內二三月復移水田中勻種至小暑前後移栽壅以豆餅及糞冬至前後起之凡耘耔與稻同

本性味甘氣微寒消堅除熱作粉食厚腸胃又可濟饑亦可和肉煮食

効方誤吞銅物及錢環葧薺生研汁飲即化水　赤白痢端午日收葧薺入瓶中以火酒浸黄泥封口遇患者以二枚空心食原酒下　女人血崩以葧薺一歲一粒燒存性研酒服　遠方之地家多畜蠱以毒外客收利人中之則死但蠱家聞有葧薺則不敢下

典故 異聞集一巧宦欲行已邑私恩製劍鑄銅冊每日十朝獨早醮以葧薺拭其跡日久字消役○集異錄一人寄貨遠方快快閒步道亭見一老携一小兒泣行客怪問故曰欠人債以子鬻還客憫以金償債大婦感來拜寓所驚曰我處土俗蓄蠱致利凡養蠱家不痛辨觀客已中毒矣客怖曰奈何婦云吾家有葧薺食之可自無害

慈菇

慈菇圖經云生淺水中春深生苗青綠莖如嫩蘆有稜中空甚軟每叢中十餘莖葉形若燕尾前尖後岐內根出一兩莖稍粗而圓上分數枝開小白花四瓣而圓蕊內紅黄色根實大者如杏小者如栗色白而瑩滑采根製可啖南

人名藉姑方上記云白地栗苗一名燕尾草一名剪刀草又名芽楂草一歲生十二子故名如姑之慈子也

植蓺冬時拆取嫩芽種田間來年四月移植沃澤中冬采其根以灰湯煮熟去皮乃不麻唇刺喉可製粉霜

本性味甘氣寒有毒除熱消毒久食發足氣病後食損齒失顏色卒食令人乾嘔姙婦大忌

効方産後血悶攻心欲死者及産難胞衣不下者搗一升取汁服之效

典故 西湖記蘇東坡知杭州修西湖堤以利民恐歲勞費資不能致久募民植水果于西湖澤中歲收其利以備修堤自是利與而民不擾也賴以水○明紀歲荒賊擾水淹蝗蝝野無禾蔬近湖民采水果以度命竟以得免

菱

菱圖經云落地易生種塘陂者爲家菱延浮水面葉扁有尖面光若鏡一莖一葉兩兩相對如蝶翅五六月開花黃色背向日落實漸向水中乃熟有種無角者皮色微青老黑有種皮嫩而色紫者食之佳嫩可 剝食老可蒸煮食曬乾剝米爲飯爲餻爲粥爲粿可代糧其莖亦可曝取造飯能度荒年實落江中謂之烏菱冬收爲果生熟俱佳方士記謂水栗廣志謂沙角秦人謂薢茩楚人謂菱武陵記三角四角曰芰兩角曰蔆花開紫色晝合宵炕隨月轉移猶葵之隨日升降也

植蔆陳脅食云重陽後取老菱浸河內二三日發芽撒水中葉儎時有萍荇相雜即撈去夏月以糞水澆葉則實大冬時收其實治食

本性味甘氣寒安中益臟和蜜餌可斷穀

劾方鼻時出血葉搗汁飲效

典故 呂覽杜赫叔事莒白以爲不見知居于海上夏食芰芡冬食橡栗莒公有難將死之人曰不知固去是知臣不知無別也赫叔曰吾將以愧後世人主不知其臣者也○國語屈到嗜芰有疾召宗老而屬曰祭我必以芰及祥宗老將薦芰屈建命去之曰天子不以私欲干國之典也

芡實

芡實圖經云生澤中春深生葉貼水大如荷皺紋如穀蹙沸面青背紫莖葉生刺莖長丈餘中有孔有絲嫩者剝皮可茹食五六月開紫花向日故曰雞頭芡房結苞苞外生刺若蝟狀花在苞爾雅云頂如雞喙肉有斑駁裹子纍纍如珠璣殼內白米如魚目蕃茂以種有粳糯之分方士記謂雞頭實埤雅云雁喙管子云卵蔆莊子云雞雍韓退之云鴻雍本草云鴈子俗號水流黃乃水中果也

種藝秋熟收子入蒲包包之浸水內春撒淺水中待葉浮水面移栽淺水每科相離二尺許先以麻豆餅拌勻河泥種時以蘆榦插記根所候十餘日後每科用河泥壅之

收藏秋時收實蒸熟向曝日中取仁可舂粉新者可煮食長須連殼一斗用防風四兩煎湯浸甚軟美經久不壞

本性味甘氣溫生陽養陰淮南子云貍頭愈癙雞頭已瘻

小兒不宜多食令難長

劾方思慮過度勞傷心腎芡實米一合粳米三合煮粥日服

典故 漢書龔遂守勃海令勸民種水果秋冬檢果實菱芡○藥書魚弘爲司馬迺職西上道中乏食綠路采菱芡食以給所部　錄張樞遊宮上自蘇洲洲多菱芡見二三碧携手吟詠逝行于翠上久之乃化爲翡翠飛去

蓮藕

蓮藕圖經云葉圓如盤色青花紫六月開花花心有黃蕊長寸餘花褪蓮房成菂菂在房如蜂子在窠至秋子黑堅如石秋冬掘根可食白花者佳可生啖花紅者只可煮食爾雅云花已發爲芙蓉未發爲菡萏中者晨昏開闔其

葉蕸其莖茄其本蔤乃莖下白蒻在泥中其根藕兩體
併發不偶不生其實蓮其子菂菂中薏凡物先華而後實
猶此華實並生百節疏通萬竅玲瓏亭亭物表生于淤泥
而不染所以李稱而周愛也蓮水芝也澤芝也藥名荷花
各芙蕖一名水芸一名水花名水芝又名水旦藕名玉
玲瓏品物之貴者

種藕管子云五沃之土生蓮種藕之法先以好美壯河泥
晒乾至春時將塘令乾先鋪腐草或敗薦于塘再填河
泥揀壯盛藕有三節者身無損痕者順種于上大者一
枝小者兩枝須宜藕頭向南藕芽向上以硫黃末捲紙
條如箸柄粗纏藕節後用泥次第填至三四寸厚勿露

藕芽日中晒淤泥來裂方可少加河水至芽長方可深
加則當年藕成一月一節有孔有絲大者如臂可生啖
次者可爲粉花下者味佳忌生糞恐發熱傷藕大忌桐
油又云蓮實熟時堅黑收實向瓦上磨尖頭令皮薄擲
池中頭重向下自然周正又皮薄易生數日便芽不磨
難生

製食藕豆粉拌砂糖灌孔中白紙扎定入釜內蒸熟斜切
片不脫香美多能鄙事云初出新藕以沸湯焯過入水
浸待冷即漉出控乾勿一大盌用蜜六兩浸去滷水別
以蜜十盌蒸令琥珀色入藕令冷收之食美蓉五六月
采之可爲蔬藕埋陰濕地可經久致遠以泥裹不壞

製粉取藕不拘多少洗淨截斷去粗皮浸三宿換水撈出
以磁缸內造畚中研爲漿以密羅篩漉無渣令粉沉水
清即瀉去水收沉者攤布上置灰烘乾水晒如遇天晴
一日晒乾可碎遇陰雨則勿碎來日又晒名藕粉食益
人

本性味甘氣寒平和血益氣除煩解毒節可止血產婦忌
生冷惟生藕宜食取其能活血也蓮實交心腎厚脾胃
去殼去心作粥食良生食動氣藏器云石蓮子入水必
沉惟鹽滷煎可浮此物經山海間百年不壞人得食之
令髮黑難老

服食百錄云七月七日采蓮花七分八月八日采藕八分

九月九日采蓮實九分陰乾共爲末煉蜜爲丸久服不
老千葉者服之羽化不飢絕穀方石蓮肉蒸去心爲末
煉蜜爲丸梧子大每服三十丸此仙家方也

效方塵芒入目藕搗汁絹濾滴目中　催生用蓮花一片
書人字吞之　勞心費神者蓮子炒去殼留心爲末
加朱砂龍眼湯下

典故

花史平安王于懋七歲母病求蓮于佛以蓮花薦供懋䀮曰若是阿母蘇後佑其花竟如故七日果得更茂視興中生根鬚其母愈○閱遺興暖藏時海中有人乘一隻紅蓮長丈餘偃其上手持一書自東海浮來我國爲霧所迷東方朔曰此太乙星也○花史唐興國大人任氏女少年一日有老仙者持衣令浣之女旋濯之溪邊每一漂衣蓮花應手而出○不史宋元嘉六年賈道子行則上見芙蕖所蕊開花有声得舍利子白如珍珠亦照擬累○事類合元和中蘇昌遠居吳中有女郎素衣紅面相與贈以玉

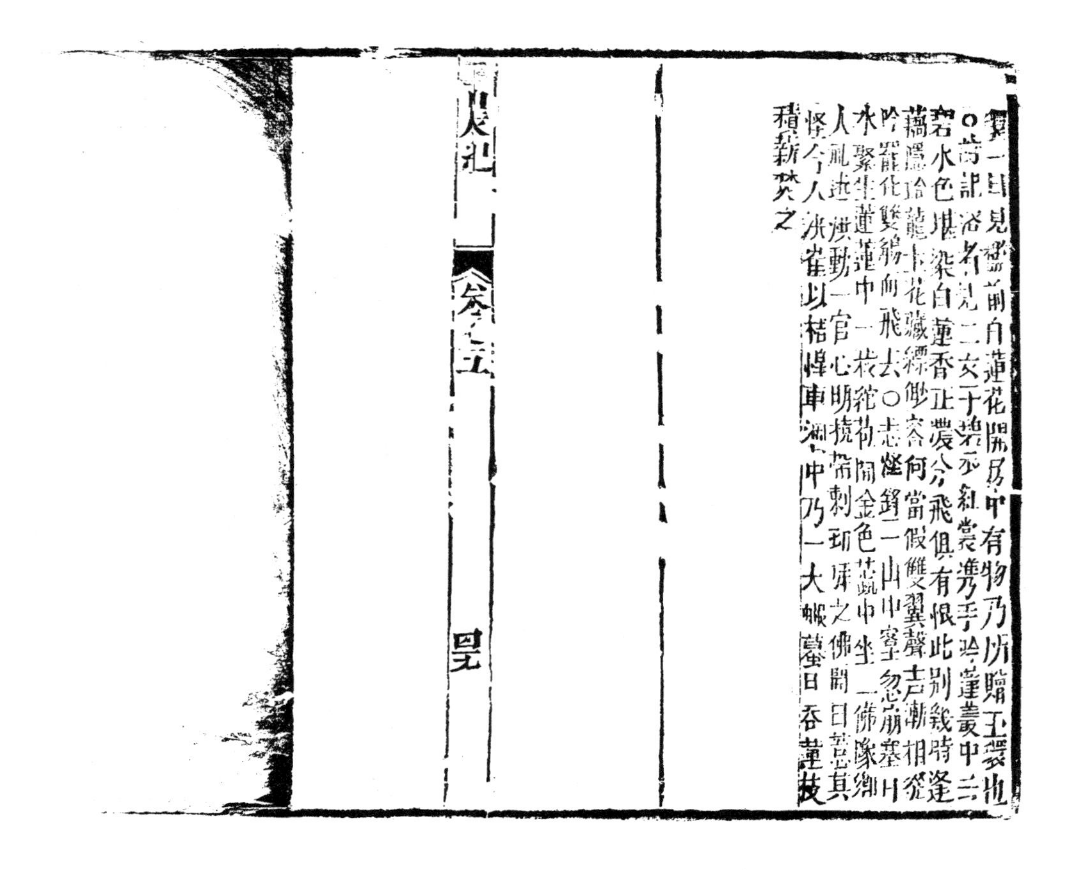
舞一日見牆前白蓮花開房中有物乃所贈玉簪也
○詩話浴者見二女子碧衣紅裳携手吟蓮叢中云
碧水色堪染白蓮香正濃分飛俱有恨此別幾時逢
藕隱玲瓏玉花藏縹緲容何當假雙翼聲苦漸相從
吟罷化雙鴛向飛去○志怪錄一山中寺忽崩墓外
水聚生蓮蓮中一花花苞開金色蕊中坐一佛像鄉
人祇迎撫動一官心明搉常刺斫碎之佛聞曰菩其
怪今人淡雀以枯悍車潮中乃一大蛾蟲曰吞蓮肢
積薪焚之

致富奇書

卷六

三農紀卷之六

古蜀　法師古甫著

小引

天地之生物也其機神成物也其巧妙惟聖者爲能紃而用之致而享之不失散布之利氣煬發好生之德流故所謂治化而人應之也

上古佃漁而食衣其皮羽先知蔽前繼而蔽後自神農始有絲麻方製葛布黃帝垂衣冠而天下治蓋取諸乾坤寒得衣而免凍暑得衣而免暴民命是賴或取諸花取諸皮取諸穰而後績之紡之經焉絡焉而成布則利美便用若捨植失法將取不時方信乎詩吟愴悅心憂而致嘆于烝

民

棉

棉種出南土一種可活數歲始自元時入華中年年種之弱莖如蔓高者四五尺楷似木葉三尖若楓形綠如牡丹入秋開黃花似秋葵而小亦有紅紫者結實如桃三稜青皮頂尖爨鼻呼爲花桃至熟則裂吐絨若鵞毳用以絮布甚輕煖子可榨油滷可糞田予飼牛馬易壯枯可炊爨飼畜林邑名貝吉桂州名古終草木狀名木棉圖經云莖乃吐花名棉花似木者爲貝吉似草者爲古終梵書謂之睒婆又名迦羅婆方上記江花出楚地其花强緊絨二十斤而得五比花出山東其花柔細二十斤而得四浙花出餘姚其花中織紡二十斤而得七更有數種一曰黃蒂其穰帝黃色一曰青蒂其核青細一曰黑核其核絕黑一曰寬大衣其核白穰浮比四種二十斤而得九惟黃蒂者稍强緊餘皆弱細中織紡有紫花者浮細一核大二十斤而得四甚朴雅人多珍之西域志云棉産五色其種更奇所傳不廣但得花少耳不若浣作之儉也

棉瓤種宜日沙土兩合七次之惡下濕土拾棉畢即劃夫秸遍地布糞隨深耕之須三翻隨掏平不致風乾秋耕兩三遍春中兩過耕一兩遍大抵糞多則先糞少則隨種下糞糞須熟麻餅未甚佳棉種初收者不實近霜者不生惟中間收者佳必經日晒乾又不宜過晒陳秕

蒸濕及經火炕者皆不堪作種臨種時用水浥濕過半刻淘去浮者取沉者種之苗必茂又示則雪水浸耐旱用鰻魚蒿汁浸不生蟲種不宜太早恐春霜傷苗又不宜太晚恐秋霜殺桃大約在清明穀雨中宜之種有二法漫種者用子多難以耘耕樓種者易于耘耕但用種亦多惟穴種用種少而人工多以熟地耕過就于溝內要一尺掘一穴澆水一大盌候水入土然後下種四五粒以熟糞一盌蓋覆其土用足踏實凡種者須用石砘砘實若土浮虛芽難出出恐萎

耘耕一去草穢二令土浮附根三合苗得遠行耕必七遍以上又當在夏至前苗宜稀耕宜密三耕方定苗糧一

宍止留粗旺一株斷不宜並留兩竿而長後有條柴特旺者名雄花不結實然又不宜無間留一二株多則去之地中不可雜種他禾恐乎地氣又不宜稠稠則青鄙不實且易生虫稀則能肥肥則易蘩而少收凡君子立苗有行故速長強苗不相害故速大正其行通其中疏爲冷風則有收而多功又云樹肥無使扶疎樹磽不宜專生而獨居夫苗其弱也欲孤其長也欲相與俱其熟欲相與扶扶疎且不可况過逼耶若數寸一株長枝布苗株百餘子畝二三百斤豈不力省而利倍

打摘棉高七八寸摘去沖心蘇令四傍生枝半尺以上者摘去心毋令交枝相揉若如此則花多實密大抵摘心

在三伏中各摘一次不宜逢雨暗恐蘢茸灌而空條最宜晴明庶旺相而生傍枝如有未長大者隨時打摘

收穫花既結桃待桃開裂絨露爲熟旋熟旋摘攤于箔上日晒夜露待子乾方可收停則絨美而子佳若桃開絨遭雨霧露透收以焙乾則絨敗而色官難于紡織造布不堅作綿不煖收花亦少

製造采花曬乾用鐵鋌去其核收中時者留作種餘任用鋌下淨花內棄枯擇去之鋪箔上用鞭一次以弓彈之極熟爲度隨其製用如紡織者選潔白長絨者捲爲條大如食指約長四五寸許爲棉條收停密僅須紡條假條毋令風吹紡車有竹有木有高有底有竪有平紡鋌

有鐵有木其製不同而出紗則一南方有紡車容三維若各方能做其製而效尤易爲力但北方風高紬紡不易宜穿地窖深數尺造屋其上簷高地二尺許作窗以通日光人居其中就濕氣運紡使緊細若逢陰雨蒸濕不妨移就平地南方難紡朝夕就露日中陰雨亦紡工勤者四日得斤精細者五日得斤北土廣過咊于織南土精織募于蕀若以北之棉效南之織南之棉效北之蕀利當更倍

織布織布之機有平機陡機高機底機腰機其造不一其織不異南方用糊先將縷入經車成紝次入糊盆度過竹木作架兩端用綷維竹帚痛刷候乾上機謂之刷紗

南力之佳者也北方風塵易起當治窖修廊簷下作窗合可開闔以避風塵于中經刷織紝遇輕陰無風塵不妨移之平地布之名不一曰文成文縟鳥鱗屈眴白㲲緤布貝布斑布皆棉之屬南海所織工出細字雜花卉貝吉布校布之巧者有折紋團鳳碁局字樣等製又有斜紋雲布以絲製錦帷絨少者佳作衫可抵葛苧爲褉可當褐裘污可洗濯裘可縫補不寒不溫大益生民一

本性味甘氣溫煖膚活經子油可去熱毒

方霍亂腹疼新紗三錢炒鹽煎湯飲不用避亂以小兒藏巖窟中將棉用甘草水泡晒乾塞口內亦能止聲又遠虫毒

典故 南越志云桂州出古終藤結實鸞毳核如毬瑚治法其核紡爲絲棉染爲斑布林邑國出日月花中如鵝毛抽績紡爲紗布外地不養蚕不執葛苧惟取婆羅本于巾自絮紡爲絲織作幅三婆羅龍緞方輿志云平緬出婆羅樹大者高三丈結實如棉紡棉線自擅又有交廣樹大者抱其枝似同其葉如月生大秋開花似山茶花黃蕊花片極厚爲房甚繁每一人二托結實三如君實中有白綿綿中有子呼爲攀枝相各人棉○張七澤潯雜佩云木棉一名曼枝木高數丈樹類梧桐花類桃而大花深紅類山茶責夏止開滿樹望之爛然如綴錦花謝結子大如酒盃絮吐于口茸茸如細毳舊云海南人織爲布名貝吉今王以充細褥取其軟而溫未聞治以爲布者潯陽亦多有之但十人未嘗來取隨風飄落耳○王象晉云今棉之利通宇內且功力視苧葛九省緒苧麻日以錢爲紡棉四日而得斤其利遠他出矣

苧

苧古作紵圖經云苗高六七尺葉如楮葉或青或紫皆白有短毛花青如白揚而長夏秋間着細穗一朵數子穗白

色子熟茶褐色根黃白而輕虛一科數十莖宿根在土春來自生收其皮緒爲布輕細可爲夏服稱之曰緒胚故云麻縷古者布先以苧始苧者助也義取可緒布爲衣以助人也

植蓺收子作種頭麻者作餘不堪用霜降後收子晒乾以砂土勻拌盛篚內遇種時以水試之沉者佳種宜春濛砂土爲上兩合土次之斸土三四遍作皇潤半步長四五步成畦種之隨用潤土半升苧子一合可勻撒軍以箒掃苗生草即拔去蒿間不利足但乾以水澆約苗高三寸擇肥土作畦移植了生者三五年方可刈苧已盛時宜于周圍掘取明科移栽則本科長茂或三五年移將根科最盛者間此一畦移栽彼一畦此畦既盛又攤不用者此更代滋生無窮月月可栽但得土潤爲妙根不宜收室下停露地即用苫益若根見星月即死昕吉人甚用上以糠粃糞宜大糞和水最忌猪矢日根以人截作半尺臥栽每穴二三尺各離尺五一泉次年方若再刈若歲久科根盤結宜分植若欲致遠密裹封固禁見天日

刈苧每歲可刈三剩每畝地可得三十斤少亦不易二十苗頭次見根傍小芽高五六寸即可刈大苗彤刈小苧便茂即二次苧若小芽過高大苧不刈不惟芽難旺便損小苧大約五月初刈一鐮六月半七月初刈二鐮八

月半九月初刈三鐮諺云二苧見秧三苧見霜刈後即以細糞壅之旋用水澆須以夜或天陰若對日則皮生繡痕在堪績紡

剝麻片刈倒時隨用刀從稍分開剝下皮即以刀刮去白瓤浮上粗皮自脫得其裹如筋者煮之得麻春夏和暖時與常法同冬月溫水潤濕易爲分劈頭苧堪作粗布二苧稍柔細惟三苧堪作細布將所剝麻皮縛作小本要于外或在房上或在架間日晒夜露三五日自然潔白但值陰雨須倚于屋內透風處晾若經濕浥即上黑王堪人績

維治績者麻皮一斤而[illegible]一斤次者得上兩又次者三斤

而得二斤織布柔韌潔白亦是本色絺繿日晴夜露數日便緒成繿待織成布後煉白當用治葛法治之刈後以苧煮熟水洗剝之不復勞而再煉依此造布柔白簡且韌細紡成繿用乾石灰拌合夏二冬五春秋適中拌去別用黍楷灰蒿草灰汁煮熟待冷于清水中濯洗淨然後用繿簾平鋪水面攤繿于上半浸半晒過夜收起濾乾次日如前繿極白可以織布

本性味微苦氣微寒去瘀生新解毒郁熱

効方毒蛇傷者取苧搗和酒服三錢以渣敷之毒從竅出將渣棄水中即不發若傷處有竅是雄蛇無竅是雌蛇以針挑成竅敷一毒箭傷者苧根搗敷即解一治金傷

婦人產後煩悶血暈兒枕痛腹痛者苧湯飲再搗苧貼腹上一胎欲墮腹疼不可一者苧根三兩白銀一錠酒一盞水一大盞煎去渣不拘時作三次服凡一切胎漏下黃水及血者青服之效

典故 國語文伯母少寡德性貞潔文伯退朝而朝其母方績○列女傳孟子學而歸孟母方織問曰學所至孟子自若也母以刀斷其機曰子之廢學猶吾斷斯機也孟子懼遂勤學不息○國策有與曾參同姓名者殺人人告其母者乃三母不信在後又告其母方投杼而逃

葛

葛圖經云春生苗蔓引蔓長三五丈根外紫內白俟三夾面青皆淡蔓葉嫩時有白細毛秋開經紫花叢穗叢成莢長曬乾可爆食救飢採子若鹽梅實以根粗者可製粉作羹食又可入藥詩云旄丘之葛兮何誕之節兮苦者蔓青葛蔓緣不堪入績只可毒魚葛者絡也蔓亦也言藤蔓善絡而各引也覃木狀云織布細曰絺粗曰綌乃作夏服草人然云鷄齊方土記名黃斤爾雅翼云鹿藿字典云以可煨食藤可作布花醒酒

植藝宜山坡僻壤地收苗植之或取實種成蔓以便采取葉根幾年可以當糧根粉堪爲羹日用千人

采製夏月葛成蔓嫩而短者連根采之謂之頭葛如太長根有白點者不堪用可截去七八尺謂之末葛葉下多藏毒蛇采者見葉嚙跡者宜慎之采後挽成綑以灰水煮爛熟將指甲試剝麻不粘青爲度須于流水捶洗極

淨忌見日色宜陰乾露一二宿尤白績葛紗宜皆陰處天潤細分爲絲入篚收停績接勻勻藏之蒲筐然後紡而成軸經織爲布洗葛紗及布須得磁盆忌用木器洗後只宜陰乾一見日曬採梅葉入水洗潔白堪佳

本性味甘氣浮發表解肌止渴消毒

方天行時氣初覺頭疼內熱脈洪者用乾葛四兩豆豉一合水一升煎半斤入生薑少許頓服取汗一中鴆毒者甘葛汁飲之可解一酒毒甘葛花爲末水調服

典故 世說諸葛武侯與司馬仲達治軍渭濱克日交戰仲達戎服蒞事使人視武侯獨素輿葛巾白羽扇指麾三軍隨其進止仲達嘆服曰諸葛君夜明士矣吾輩愧甚不若也○閨中志呂柳微時夜讀妻績稱時志怠其妻績而宮斷日君之學猶妾之績也怠則念分而志不專其成功也難若立志堅固純一不已自然見

敷補白北道君子音書在助素清貧卒其子西華冬月着葛民綠裙遵逢劉孝標慓然矜之三嘆廣絕交論譏其舊友之不義

大麻

大麻圖經云莖高六七尺枝疎葉俠而長狀如益母草一枝七葉或九葉五六月開黃花即隨結子似蘇子而大北産者大南産者小爾雅名漢麻爾雅翼云青葛一名好麻草木狀云藍麻方士記名線麻其用如絲也廣志云火麻言其衆長朋生協茂同榮也一名䴙麻謂結實多而果多也異物志云外土出麻織布浣洽汚火焚如洗絜可作燈信耐久麻之雄曰枲雌曰苴花曰荂實曰蕡府字從兩朮在广之形周禮朝廷事之籩俱蕡春種者可剝片然實有

小毒秋種者不堪剝片實可炒食可造油然燈皮可造風可爲繩可績爲布詩云東門之池可以漚麻土古製布先以麻始孔子曰麻見禮也

植

蒔地宜熟耕厚糞每畝用斑黑麻子三升二月上時四月中時五月下時太稠難鋤太稀生枝難剝片收子者且稀五穀近路邊植之可避牲畜麻宜留五寸時以小鋤密勻一遍太稠則細太稀則粗留苗去苗須得其當至苗高尺時可加蚕矢灰糞旱以流水澆之井水宜少洒以殺其熱氣或以青糞水澆之宜天陰若遇日恐葉焦枯或麻餅爲末和灰糞遍撒麻由中以帚之毋令沾葉卜以水澆之水足即止麻既放勃拔去雄者未放勃拔則不生子

收治麻幹上生白膩時即可刈用利刃平土刈之薄攤輕爲小束先掘一直池堅築勿令漏水預以水養池至漚日瀉去宿水下鋪麥草一層然後入麻稈于池内又用蒿麥草一層以磚石排壓之令二高約五六寸許至于日對時必池水起泡三在六須不時點檢待水泡花發當于中抽一莖從頭至尾撏之皮與稈離則是時矣若是不離又少待其時緩久必漚敗花收而麻腐爛不可剝用得其時急起岸所束堅立場垣逢暴雨則麻瑩晒乾後入安收停剝其麻片者農云漚了一二益茶誤了一池麻

本性實味且氣温潤益通結行血下氣拔麻子難去殼囊盛浸沸湯中至冷取出懸井内一宿勿着水次日取晒乾即于新瓦擦去殼簸取仁粒粒皆完

効方下月建卯日以麻子十斛搗爭拌丹可辟疫或水缸內可一實仁一升羊脂七兩白蜜一合黃蠟五兩和搗蒸食之可辟穀一子去殼存仁二升七豆一升去皮炒香爲末蜜拌日日久服不饑

典故 博物志云虎嘯生風龍吟雲起磁石引針琥珀拾芥桂得葱而軟樹得桂而枯戎鹽可以壘卵頭擴可以王孟添得蟹而解麻得漆而涌其在于物之相關感也○別傳康對山不附權勢信人歸家日與恶人爲侶一日間中教村中子弟云君子常親之小人常在上遠之雖賦性偏曲猶蓬處麻叢不直而自直矣不勻

漆

緣葉圓若蓋開黃花結子面平中有隔外各有尖子如大麻子而墨有微毛刈作小束漚池內漚之爛去青皮潔白若雪爾雅作蕡一作蔄其麻可織毡被可爲衣席履牛衣耕繩畜索汲綆褥氈筆毫

植蓺三月實種耕熟土苗高三五封耕草淨令苗高待嫩刈之爲束入池水中漚爛去青皮剝麻易脫

本性實味甘氣平益肝潤肺明目去翳

劝方一切目疾黃子一升去殼爲末豬肝一俱切片醮藥焙爲末每服三錢陳米飲下或以醋糊爲丸服

典故 瞿塘記來矢鮮者易以蓖褻坐褥及成稿蓖粉碎執筆之指豔磨爲肉結

黃麻

黃麻名色也葉如棚梗青黃色開黃花成纍其子黑色古人訛爲巨勝者此也剝其麻可績布可爲繩索造履甚良製紙亦佳

植蓺三月下種苗生糞水澆之宜稠秋初刈之剝麻爲種者宜稀

本性味苦而氣涼去脾中濕痰治腎內結熱

劝方小便澀赤者以黃麻根煮湯飲

典故 智囊明永寧公主嬪令工部賀盛瑞造席殿羣房以楸梘橫穿于杉木櫬膈中間之蓆用麻繩連合及蓆訖內官果來取木木根堅固蓆後連合遂舍之去賀以席木作工班室席作席卿家服其東

古蜀　張宗法師古甫著

小引

造化不泄天機有造化則天機自泄矣以造化而泰天機則天機亦難密秘將天機而象造化造化原是見成故曰天德無私

伏羲鑽木作火神農嘗草木汁然以繼黃帝治賞曾爲熘周禮司爟掌火之政令季春出火民咸從季秋入火民亦如之尚書大傳曰燧人以火皇以火繼物火陽尊故托燧皇于天左傳鄭子云炎帝以火紀故有火師而火名核汁實液得作膏油以然燈以蠟脂和膏油作

燭夜乃一日之冬天地之小歸藏也故歲暮家景色古人巧翻造化格物窮思取汁于草實木核而爲油以油助燭以燭生光以一潑墨乾坤倏然而變爲懸鏡人間拾遺記燧明國不識四時晝夜有火樹名燧木屈盤萬頃有鳥名鴞喙樹則燦然火出聖人感焉因取小枝以鑽火

芝麻

芝麻圖經云實貫也莖四方高五六尺葉木圓而末朧亦有末三丫如鴨掌者開白花形如牽牛花狀而小亦有紫者節節生角角長寸許有稜五六者七八者子扁而細小其多寡任房然芝之稀苗則莖孤苗稀則叢生其實白色者曰油麻脂麻漚□以多膏命名也色黑者名胡麻芝麻臣

勝縢洪以服食延年命名也稱方莖以莖形名稱犬虱者
以實形名又隋大業中更爲交麻考陶弘景云八穀之中
惟胡麻最良沈存中云漢使張騫得種外地得之種乃弧
麻非胡麻也胡麻華中原有之穀後世未考混稱誤註以
同音謬釋耳苗名青蘘又名夢神服食采爲蔬食潤五臟
稗入米倉遠蚜狐梗豎房門內逐鬼除夜以莖散臥牀辟
邪除惡藝黎荒土可腐草木根核

種藝山土初墾者艮若種熟地耕相極熟加糞田中三月
爲上時四月爲中時五月爲下時每種必審子慎畝稠
稀得宜須以砂土拌子風定撒之忌西南風及辛亥寅
未日宜甲子壬申丙子壬午日六月三卯種之吉又宜

夫婦同種則茂

耘鋤苗生二三寸耡一遍勻其苗每科宜離尺餘並者去
之苗高四五寸密耡芸根七八寸再加耘耡總以多耨
爲佳

收穫採熟者芟作小束每五六束自倚一攢頂合足開令
風透候角裂口開或簸或幅鋪地輕取麻束以杖敲子
落淨仍如前攢立候三四日敲收以淨爲度

本性味甘平氣溫涼黑者久服延年白者可取油解熱或
毒粃可救饑可喂魚周禮墾土用黃可肥田抱朴子服
上黨胡麻三斗淘淨蒸熟日晒水淘其沫如此者九度
去皮簸淨以炒香爲末白蜜棗膏爲丸如彈子大每服
溫酒下一丸日三服忌魚犬肉生菜服至百日除一切
痼疾一年身面光澤不饑二年髮白轉黑齒落復生三
年水火不能害五年行及奔馬若欲下飲葵汁孫真人
用胡麻三升蒸三遍炒香爲末入白蜜三升杵三百下
丸如梧桐子大每旦服五十丸人過四十久服明目洞
視集腸如筋

效方偏痛風寒芝蔴炒焦熱搗酒飲微取汗　預解痘毒
生芝蔴油一盃水一盃旋旋入油內用柳枝攪稠如蜜
每臨臥服一二匕大人二合三五服小兒減半大便快
利出痘獲吉蔴油重便各半盞服效　漏胎難產血乾
澀者香油半兩蜜半兩同煎沸溫服　耳聾者日滴三

四次塞出即聽　家塾　且臘月油久藏不壞燃燈炤
蚕辟虫熬膏甚良搽髮黑光不臭不生蝨虮初壓出者
爲生油再煎煉者爲熟油熟自只宜供食不堪爲用如
鐵自火出爲生再煉爲熟也

異　神仙傳魯女生服胡麻餌朮絕穀八十年除日行三百里走及麞鹿○漢明帝永平中剡縣劉晨阮肇二人入天台采藥迷路某女條名邀家出以胡麻飯及山羊脯食之

油菜

油菜圖經云形微似白菜葉青有微刺春　菜苔可以爲蔬
三月開小黃花四瓣者如芥花結莢收子亦如芥子但灰赤
色出油勝諸子油又熬消造瓶其則燃燈光亮塗髮黑
潤餅飼猪易肥上田糞苗根浸葉又名黃蔴言子可出油

如荏蘇也一名胡蔬始出自隴氏胡地一名蘇蕓產地名

名蘇漠滄居士云寒菜言其耐寒也埤雅謂苦菜名

其味也

樹藝種宜肥熟地耕耙極細上以灰糞宜寒露下種苗生采稠密者沸湯焯入瓮漚黃名曰黃菜曬乾可以食苗起鋤地鬆以糞水澆之茂栽植者宜寒露時勻種子于肥熟地中苗長四五寸另移栽他地相離六七寸一株苗青楜一遍灑以糞水再另一次苔起摘焯為蔬堪美入甕漚黃曬乾可以藏蒸熟變黃色為鹽苔菜初苔摘過發枝繁茂過春不宜摘收穫倍于漫種點種者須以畝計子以子拌入灰糞中照地大小一人掘窩約

六七寸遠一穴一人點子候長三四寸去弱留強者大二株培之再以蔴餅末浸水澆山種者高山峻嶺春夏時芟草伐木排留火路開遂風道待乾趁天晴風順焚之燼後以菜子撒灰中穫宜半青半黃時芟之候乾隨高低平險收採子于簾籃內以搥其顆顆其殼盛布袋中須趁晴急收子比熟者子大而微黃出油少差有種芥類名蔓菜子其葉苦味辛子為末水拌烟熏入蔬肉堪美甚于薑椒出油亦佳

收穫宜角帶青則子不落角黃子易落對日芟收易耗須逢陰雨月夜收艮打時宜以紙糊簸箔或以水濕之免致漏遺

本性味甘氣涼潤膚理通否固有清熱之妙解毒之功

效方百虫入耳油滴之其虫出　乳癰用根葉研爛敷再即消

典故

博物志油水氣煎盡無烟不復沸則還冷可內手攪之得水則烟氣散卒不滅○博物志積油萬石自然生火武帝始中武庫火積油所致○國策貧女謂富女曰子之燈幸有餘何愛餘明之在四壁者幸以分我○說苑楚莊王晏群臣忽燈滅有引美人衣者美人絕其纓王命在坐皆絕纓而後上燈○宋書顏竣公一侍卒持燈他顧然公鬢髮以袖揮之而作書如故少項回顧已易其人公恐王吏鞭之亟忽曰勿易之渠今已解持燈矣

蘇蔴

蘇蔴圖經云白蘇南呼為蘇北呼為任形方莖圓葉有尖

四圍鋸齒色有紫白青秋開細白紫花成穗作房實如蔴子赤白黑黃榨油黃白色製煉涂帛紙遮塵敝雨甚柔軟光澤漆竹木滑美生油可燈人蠟可燭油能柔五金八石煅煉家珍之夜晰得燈光明如月之蘇故名之荏者可任其事而為之以繼日也

樹藝三月下種成苗移栽宜稀或植田塍路畔植須相曲斜入土不喜直伸秋熟芟影枯乾敲子收以淨為度桓可薪炊初穰莖可腐竹根草茭

本性味辛氣涼氣香氣食物本草云葉作羹殺一切魚肉毒子炒熟[illegible]之蔴均為佳品

效方夢中失精[illegible]服方寸上[illegible]

出血蘇葉同桑白皮搗貼即瘥

典故 蘘葫高示出獵遇雨問谷那律曰油衣若不爲府對曰以瓦爲之則不漏上因此不復出獵○異物志南方有魚多睛照紡績則暗照晏樂則明謂之饞燈北方有茬子出油照晏樂則暗照紡績則明謂之蘇油

亞蔴

亞蔴方土記云莖葉頗似荏蔚開藍花葉如柳而緊茁綠葉青形畧芝蔴結角四五稜子形若角蘘米而細可搾油油色青綠然燈甚明入蔬香美皮可績布秸可作薪餅可肥田蘇恭云出兗州威勝軍漢使張騫得種外地以弧盛入中土故秦晉呼之北方芝蔴少植多種亞蔴以亞蔴作芝蔴故以胡爲弧矣考本草名亞蔴其稱名亞于胡蔴也已分詳切矣先以方土音譌再加以著述者筆墨誤有孰

之多非肯辨豕亥之謬哉此以小推大以今度古作史品評者不知有幾許之誤如三豕之訛非子夏之辨巳亥以就原文讀之則晉載之謬莫以釋矣故孔子嘗嘆史無真文何況後世乎

植蓺春深種肥熟土宜稀苗生耘耨草秋熟割秸樹棚晒乾杖敲子以淨爲度

本性味甘氣溫解膚熱滌風潤經燥凝痰

劫方遍身搔痒莫巳以秸葉煎湯洗瘡初發熱以子微炒煎水洗之

典故 事類康覽勤孝家貧不能燈鄰居有燈不能遠穿壁引其光讀書○高僧記破山僧有與師坐禪房師忽云大殿佛燈油涸燈子於山對曰巳添油濆類矣良半者怪其妄遂視之果然咸以爲神師命出搽

蓖蔴

蓖蔴圖經云春生苗莖中空有節葉若瓠葉或赤或青凡五尖莖高六七尺秋間極中抽出花穗纍纍黃色每枝結實數十顆上有軟刺如蝟一顆內包三四子熟時破殼子大牛岵皮有白黑紋亦有白紫紋形微長而末頭上小白點遠視之若牛蜱然中有仁嫩白可入藥可榨油然燈可入由色一名篦蔴言其實形如牛蜱也南方志云南方有種名博落回者生山谷似蓖蔴子但兩頭尖有毒有種名曼天赤利子形頗似有毒殺人

植蓺春種宜稀或移栽以糞水頻澆或植道畔可禦牲踐禾至成熟收實

本性味辛氣溫有毒不堪食有吸滯引通之功服蓖蔴者終身不得食炒豆犯之者滿脹死胃熱六畜舌下不能食點肛門即下血

劫方產後胎胞難下以蓖蔴子三七粒搗膏貼足下即下急去之復以貼頂上少時又急去之神妙若不急去則召害

典故 見聞一人家居山中其宅多蛇虺欲移遇一翁曰烏聚虫集非靈地不能宿也林云蓖蔴辟虫蛇蝎毒物可宅移廣種蓖蔴蓖生葉茁蝎集自必去如言果遁

蕃豆

番豆乃落花生也始生海外過洋者移入百越故因此名初時爲果今湖田砂地遍植不害嘅囊其葉色綠圓而中

鋏根鋪地開黃花結角插土中成莢故名炒食可果可榨油 色黃濁餅可肥田

種藝宜沙土鬆浮土耕耙熟春中連或漫或點苗生耘草花開時不宜耘恐未成莢去蔓掘土取實水淘曬乾

本性味甘氣溫潤脾滋膚補胃益氣

劾方凡刺傷竹傷久不撓者以豆嚼敷之

典故 自記吾徒黃家大翁者童子時挾書過市一老人戲曰子能對否曰對●賞一果老人曰鷄鴨脫殼長不思即對曰日落豆落花生黎奇稱服

楂

楂圖經云葉如茗稍長而厚凌冬不凋但味澀苦不堪入茶開白花結實如小桐樣殼內有子分辨或三五粒或二

四粒可榨油然燈百越產者味甘可入葅荆楚產有味苦可然燈潤髮不染灰餅作炊宿火勝炭能毒魚楚近池塘山海經謂之員木南方油實也通志云南方山土多植其木堅挺可為杠乃南方油實木也

種藝白露前後收實則易生采其美者掘地作小窖勿過深用沙土和實窖中次年春分時開窖畦種生秧高尺許雨水春分時移栽頻澆即生性喜黃壤惡卑濕春種每穴須多粒十生一二須稠稀成行生三年始花結實又法白露收子即種肥熟土苗生三年移植須將林下治淨易收拾且實美

收穫實未熟熟落則損核又費人工油難停久宜旋落旋收收實晾透風處半月則罅發取子如欲志去殼攤晒三四日即盡開去殼揀子曬極乾治油老農云寒露摘後治油則多過時則少

本性味甘氣涼養血滋膚潤膝澤表

劾方肌膚搔癢如蟲行者收葉煎湯洗或以油搽妙

典故 海人云渡海者以楂油和飯食則海怪不敢犯燃燈更妙餘油有妨

桐

桐木實之有油者圖經云三月開淡白花五瓣紅蕊黧黃滿樹望之若積雪狀花初開時天寒花謝後漸溫花後生葉三尖大如掌深綠梗微赤實大而圓如鴨卵狀中藏子三五顆或二四顆不等硬殼白仁或其味甘美食之令人

吐子可出油熬煉制器光澤入漆制衣熟油器成紫色艙舟不離和石灰為泥堅固耐久然燈甚明但氣臭不堪燈烟苦燥可以製墨俗稱名罌桐爾雅與名荏桐草木狀名罌桐言其形也方士記云虎桐言其毒也古書云桐實稀穀賤桐實稠穀貴農人下之

種藝種桐之法宜兩人並耦一人持桐油一瓶待種一鑱一人持小鉏一把將地劃起即以油少許滴穴中隨以桐子種穴內將土覆之次年芽出耘耡首一年生猶未茂三年成叢五六年則樹衰即以栗栽剌之二三年栗生更茂但味甚滞者種桐三年桐為利近速欲圖久遠種千年桐種黃栗俟秋熟子落冬收擇高厚地掘土

爲窖下用粃穀穅鋪底將黃栗放下上以草蓋定用土覆候來年春治地成畦約一尺二寸成行分種一豆使二物並長二三尺即將山地斫伐燒過治熟先以桐苗種後植此黃栗苗約濶五尺成行移苗栽之次年耘勦此江南江東之山農善子此二木奴也山地不堪禾者須種以桐每掘一穴着桐子一枚苗生毋令荒蕪成林芟草蔓令淨

收穫霜後敲落收泡漚去外売存內實水淘淨晒乾治油可貨但油而多僞以簍圈如皷而者佳餅爲薪勝炭壅田遠虫以餅還壅桐根則結實繁多

本性味甘氣臭吐痰解毒消熱去濕

効方凍瘡皮裂桐油一鈀髮入一撮熬化收存每以溫水洗令軟敷　解砒石毒以桐油一盃飲之吐

典故志異集越有人家妖邪弄攏諸方莫驅一日夜鈥油以桐油代完其怪不至次復貴油怪又來能覘怪者問其故怪云惡其燈氣之臭其家又復燈以桐油怪遂去○蜀劫流賊嘗掘人墓壙塼至于石灰和桐油小石築成壙者攢劚不能損其土石者盡皆敗壞

樢柏

樢柏圖經云樹高數仞葉似杏而微薄嫩紅老綠霜後變赤望之如火樹然五月開細黃白穟花結實偶而並房嫩青老黑冬熟叱黑売分瓣內吐白子一種葡萄柏穗聚實大而瓤厚一種鶯爪柏穗散而売薄其木易茂耐老合抱者收實可爲油可然燈入蠟治燭梳鬢變白成黑潛燎毒若炭壅田殺虫南方草木記云烏桕葉可染黑實可治油方土記鴉桕言鴉喜啄食也秦楚人呼模子川黔人呼勞子取其木可能剤刷也

種藝實熟收種來年苗生長二三尺春中移植宜稀長成樹以生子桕枝換接之樹茂子繁宿有老樹劚根斷見天日則生條易茂亦可移植木大如盃可接一兩圍者亦可接忌近塘邊若葉落水中令魚黑且有傷或春間將樹枝一一扳轉作心毋傷皮此乃轉搏之法生子與接者同若地遠無從佳貼者宜用此法他果樹亦然

收穫秋熟收實連枝剃之須留指大以上枝餘小者悉盡剃之令樹無繁枝可茂將剃下枝上實淨取之晒乾去

黑売留白子治油若實少不滿一笮可作餅入他餅共雜笮之笮下盛油器內置一草帚候油冷定桕油即凝附草帚不雜他油桕樹上生蠋似山蠶而角又如雀晃虫而不毒漁人取老虫醋浸抽絲作釣線廣人育其虫成繭製紬浙志云部土但有桕數株至平膏油足用臨安之俗田畔有桕者爲熟田其田主歲收實可納賦如是祖輕佃者樂種如無桕植畔收租頗重爲之生田江浙之處凡高山大道田畔宅邊無不植之

本性味甘氣降下痰利水消毒蕩滯

効方小便不通根煎湯服水腫徐徐服即效勿過下

典故後漢書關雲長困許昌保玄德妻日行君臣禮凡大事必稟命夜東闈坐以待日讀春秋左氏傳不息其

行實爲德當令人視之嘆曰眞天地間大丈夫也更敬服自是無誅殺之念因得辭去遁玄德方倚杭夫衣止燭故史云秉燭待旦雲長之大節○南史竟陵夜集賦詩約四韻刻燭一寸蕭文琰曰何難之有乃與江洪等各立韻響絕而成○世說王介甫常見舉燭因言有日月燈光明佛燈光明品得配日月也呂吉甫曰日昱乎晝月昱乎夜燈光昱乎晝夜日月所不及其用無差別介甫亦爲然

小引

張宗法師古甫著

生成之道神造化之理其間之機括發動自有由來是以有由而有因有因而有果由自無成果因有生根中根外不息不絕乃天形地理之德運湯有木正而樹植與周禮職方氏變五土木歲時之觀植書云木奴子無凶年于利益大貴猶物之情順物之性晰產明土宜再加以溉培因其利而利之其得矣

桑

桑圖經云木高大葉青綠而有光材可作器根可染皮可造紙桑乃東方神木蚕食可吐絲詩云蚕月條桑說文云其字象形故加木于下而別之字解云桑音若興衛久桑乃箕星之精爾雅云女桑桋桑檿桑山桑緗日云白桑雞桑子桑其種不一略舉其資者有二焉一曰荊桑一曰魯桑荊即桑之芟枝者魯即桑之摘葉者摘桑葉肥厚而多津幹豐枝柔根固心實其木多壽但少椹宜接搏宜插枝宜壓條芟桑葉薄尖枝幹堅硬其木不耐老多椹子易生宜栽宜插易茂年久心腐生蠹且而枝枯芟桑飼蚕其絲堅韌摘桑飼蚕其絲纖柔芟桑宜小蚕摘桑宜大蚕樹生黃耳黃衣蚕食召病蚕事畢餘桑收採荒年可濟饑霜落者收取可與牲畜食且耐寒宜肥壯桑之爲物尚矣古人[illegible]

宅樹之以桑而老者得以衣帛黎民以爲王道如
椹熟擇葉茂椹稀者收黑顆剪去兩頭取中實爲最水淘
洗收子沉者晾乾治地極熟作畦以灰糞拌子勻種治
實畦土以草薦上鋪水澆之三五日視桑子生芽摘去
草薦不用頻澆若畦間生草以手耨去桑苗中有獨强
者盡拔之此乃薄葉多椹者至秋時苗高五六寸須移
栽肥壤上每本相離尺半許每根下加以毛羽渣取根
岐柢多者爲上獨根者去之臘訖澆以糞水至冬中以
棄草燒苗來春條茂擇盛者植之○農桑輯要云春間
揀枝葉茂盛者就馬蹄處劈下得潤土開溝尺許理枝
鋪葉實自生根布葉土太乾則不生太濕則皮腐取潤爲

桂壓後過旱于傍開溝灌之但取水氣到爲准不壞濕壞
及土肥虛荆桑魯桑俱宜苦山地土脈赤硬處宜植荆
桑須五步一株春分前十日爲上時當發生也十月小
陽春木氣長生也亦宜當得枝芽櫬青植萬不失一桑
有三宜時宜和包宜固壅宜厚大抵栽要晴明假陽和
之氣暑月宜于園中種禾麻爲蔭惟十一月不種不植
要言云臘月內掘深濶坑約尺餘入土糞和泥漿將
桑條埋定栽定又向上提起則根舒暢復土壅于地平
次日築實飲以水切禁動搖類法夏桑條或姮指如肘
大者儘可栽掘出有獨根定柢者勿用法將條浸糞水
內一宿掘寬深穴穴內填以土糞方栽須令根鬚伸直

不得曲於當知大之間省失之則難活活亦後有半枯
之次穴內填土壓根方用水澆澆後令將木搖動幾許
以茨棘護之忌牲畜踐傷十日以澆晴雨量之待芽生
葉發乃止桑根下埋龜甲免蛀壞以鍾乳石耐老着辦
蒜甘草亟虫
壓法選葉茂枝盛者春分時以長枝拔下用別地爍土壓
之則生根次年斷斷移栽甚于子種者
接法兩水前後擇桑本如肘大者約去土三四寸許剔斷
乃破頭開取美枝如筯者長六七寸削馬耳插入皮中
用構皮縛定以牛糞包纏處勿令泄氣自活種書云桑
接構葉美大

鋤桑桑土宜肥宜熟不宜荒宜耕不宜近根犂一不着處劚
土令起斬去浮根以土糞蚕矢壅之或十一二月以濃糞
汁灌餘月以清糞水澆旱日不宜鋤
療桑若生黃衣以龜甲埋入根柢治之桑有虫名桑生急
覓其穴灌以桐油即死或以杉木尖塞之
修桑凡摘桑子蚕事畢將冗枝枯幹髡去但髡時不可留
鬚角夏至後開掘根下或入蚕矢或入主糞培壅來歲
葉茂
摘葉會桑宜摘葉樹高者用梯摘庶不傷枝遠者强者所
之于回腕處枝楂既順精脈不出葉必茂盛高枝不用
梯須置桑几如橙下列桃登級折其易摘葉又不傷樹

斫枝 荊桑宜芟枝用利刃刃如鐮形一刃一斷不復重斫重斫則枝裂難茂刃下帶皮則原枝枯損審其枝之茂者徵留長弱者短斷之除去一切枯植冗枝若蠶老桑剩須于小滿內外盡斫之毋留留毋越時來歲不茂

換桑 芟桑之條葉不如摘桑之茂當以摘桑接芟桑大抵子種者不如壓枝以壓枝再加之以接換則更久而更茂壓枝栽植傳轉無窮可以久利

本性 味甘氣涼葉可瀉肺除熱皮可定嗽瀉燥椹可解金石煩渴柴可丹爐煆煉桑寄生與山海經萬木類也大抵五嶺以南歲少霜雪處有之有益血安胎之功

勅方 宋中宗嘉祐十二年得此法目復明如故以青桑

葉陰乾燒存性每用一合于器內煎二分傾出澄清溫熱洗若冷以重湯頓熱洗至百度正二月初八日三五月初六四月初四六十一月初二日七月初七日八月二十日九月十二日十月十三日十二月三十日應日洗其目○病兒注尸注變動莫測令人寒熱恍惚默默以至于死復傳親人用桑白皮燒灰三斗甑內蒸透以沸湯四五斗淋之淋凡三度極濃澄清取三斗漬赤小豆二斗一宿曬乾復漬以灰汁盡乃止將豆煮熟或羊肉鹿肉作羹進此豆飯以飽為度病微者三四斗愈重者七八斗愈病去時自覺痛痒淫淫若根本不盡再治服○益壽用扶桑丸采嫩桑葉數十斤流水洗去蔕曬乾為末巨勝子減半為末煉蜜丸如梧桐子大每服百丸白湯下服至百日體生珍粟此是藥力所行旋則遍身光潔服之半載精力轉生服之一年百病不生久服不已自躋上壽

典故 元命苞黃帝元妃西陵氏始養蠶採桑儽祖始勸農事月大火而浴種夫人副禕而躬桑○周禮天子諸侯必有公桑蠶室后妃齊戒享先蠶而躬桑以勸蠶事○史記邯鄲女羅敷者采桑于陌上趙王登臺見而悅之欲奪敷乃彈箏作陌上歌以自明歌曰使君自有婦羅敷自有夫王知其不可乃止○列女傳齊宿女采桑于東廓閔王遊廓百姓盡觀惟宿女采桑如故王怪而問之對曰妾受父母命教采桑不受教觀大王王曰此奇女也聘迎之○東觀漢記蔡順性至孝王莽亂人相食順拾桑椹異器賊問其所以曰黑者供母赤者自食賊義之嘆服而去○先賢傳司馬德操蠶月躬采桑後園龐士元助之因與語世與龐其言若神遂移日忘發德操于是重之○列女傳魯人秋胡納妻往事于陳五年乃歸近家見一婦采

桑胡托桑陰曰力田不如見少年采桑不如見貴郎吾有黃金一餅相與婦曰躬苦力勞奉養父母豈用人金胡乃歸奉金上母母命呼婦婦乃桑間婦也數胡罪而投河○異苑永康有人入山見一龜欲歸龜便言曰將子不得良時為君所得人怪之載出夜泊越里纜舟於大樹舊中樹呼龜曰勞乎元緒奚事爾耶龜曰我被拘繫方見烹臛雖南山之樵不能潰我桑曰諸葛元遜博識必致相苦令求如我之徒計從安出龜曰子明毋多言禍將及耳樹默然而止至建業孫權命煮之焚柴萬車語猶如故諸葛恪曰然以老桑乃熟獻人仍說龜樹共言孫權即使伐桑煮龜立時而爛○後漢書申屠蟠閉門養志蓬室依大桑樹以為棟○宋書范仲淹知襄城俗不事蠶織鮮有植桑者因民之有罪而情輕者使植桑于其家多寡隨其罪之輕重後按其所植榮茂與除罪自此民得宜利公去襄人懷之不忘

柘

柘 圖經云葉厚而光澤青綠而圓尖其枝條青黑有刺如者錐狀及老身黃無刺多兜痕花白簇而細結實如楮

生青熟經其木可經水土葉嫩可飼小蠶及老韌碎不若
桑飼催蠶繭律書云柘絲爲琴絃其音清明勝于凡絲一
種檿苦者不堪飼蠶鄰子云季夏取火于桑柘爾雅云宜
山石地故字從石一名樜其木處生多茂今注名柘實
曰佳鳥性喜食之相感志云柘木以僘灰和醋塗之一宿
作間道雲水紋考工記云弓人取材以柘爲上也詩大雅
云其檿其柘

種蓺子熟收種苗生移栽有種不結實者刺少葉茂根傷
生條春初移植石磽土中頻澆即生木如盃者斸斷行
根當年生條遍地便于栽植亦便于采葉

木性味甘氣涼除風去熱

効方海上明目方用柘木煎湯按日溫洗自寅至亥宜正
月初二二月初三三月不洗四月初五五月十五六月
十一七月初七八月初二九月初二十月十九十一月
不洗十二月十四依日洗之神效

典故　戰記北燕馮跋云桑柘之木有益生民此上少可令百姓樹桑柘凡家百二十株樹成飯蠶利于國家○齊書沈瑀爲建德令教民每丁植桑十五株柘十五株植栗女丁半之人咸樂植頃之成林

櫟

櫟圖經云葉厚而青皮粗質勁三四月開黃花如栗結實
帯刺刓如斗若荔枝含牛吐顆圓而尖殼中仁如老蓮肉
名橡斗名櫟毬盛實房曰鑿首詩云山有苞櫟結實者名
杍不結實者名棫秦人呼爲櫟徐人呼爲杼京洛河內人
呼爲櫟越人呼爲橡齊人呼爲樸樕楚人呼爲梛樹蜀人
呼爲青㭎實可浸磨造腐農家收實造酒染人取斗作色
豊年子飼猪易肥凶歲可救饑材大者可作屋料枝小者
可爲薪炭其灰冬至後下從上灸夏至後上從下灸灰可
煮絲葛苧枯木生黑耳可爲蔬食其佳葉飼山蠶爲繭取
綿織紬其堅固霜後葉曰根落其年穀漸貴自稍落其年
穀漸賤盡落者價平周禮職方氏掌山林宜皂物杼橡之
屬評材者以爲無用之物也吁

植蓺宜山坡石磽高阜土惡卑濕實熟收停濕處或以砂
合不蛀點種者藏土窖中春芽生以雞斜鑽竅相離三
五尺每竅只宜一二粒槌封竅口不懼童耗當年苗高

尺餘留草並長次年苗長臨冬焚之易茂漫種者用猪
血塗染勻撒地蟻蟲成堆生茂木如肘時伐之年餘成
林爲㭎楸樸樕愈伐愈茂林葉飼山蠶一過遍林盡黑
名曰黑樹即伐之令生不伐木必枯

木性味苦澀氣寒涼黑耳可去脹刮毛炭汁能消滯除積

効方目病翳久不瘥者用木耳炒存性木賊去節等分爲
末茶調服

典故　莊子古者禽獸多而人民少于是民皆巢居以避之晝拾橡栗夜棲木上故命曰有巢氏之民自註或問曰櫟飼志記乎乃不材之木也予曰櫟昔爲無用之物今爲有德之材以此可見大道莫利矣設蠶與蠶同出上古與桑並美大抵造物因好事者誹謂目久故施其蟲以伸其屈予敢以散材而舍之乎

積

可四經云葉厚而圓面青背淡臨冬吏茂五月開細白花
甚密九月結實以木椑子釁蘂浦枝生青熟紫木肌白膩
異地志云冬青欺對生如桂但桂枝硬冬青枝柔以此別
之其花甚落濕地冬青花不開黃梅雨未來樹可放蠟蟲
以造以花又名白蠟樹〔乃木記〕名冬青〔詩云〕羅拱之楨剛
木也〔山海經云〕泰山多楨〔字說〕云太陰之精化而爲楨冬
夏常青甘若有節採實名女貞〔詩解〕云萬年青

補敘實大收種來春即生如治桑條法生三四尺移植宜
縱横相去丈餘歲歲糞壅鋤耕則茂旺可以養蠟養一
年停一年久則木不盛采蠟後斫去枝幹分發肆隨即
就壅以糞冬月再壅又明年亦復修理培壅第三年可

放蠟更三年仍剪去枝如是無窮蠟樹譜經三年停三
年

本性味苦辛氣涼葉可去熱除濕實能補水濟火

效方延年益壽冬至日采女貞實九蒸九曬爲末煉蜜爲
丸如梧子大晨昏服

典故 白述去著三農紀丁樹考求典故載籍缺交古人只
罰不求人知樹因致嘆而長吁吾于吾墓所植以爲

鵑爾 茶

茶圖經云樹如瓜蘆葉似梔子花如白薔薇而黃蕊使香
實如栟櫚蒂如丁香根如胡桃自一尺二尺至十尺巴其
峽山有合抱者有株生有叢生有兮兮桒圓葉有白梗未叟

其類不一生長不等〔蘇志〕云山氣早寒冬行多雪故萌天
晚〔爾雅〕曰檟廣州記曰皋盧茶經云一曰茶二曰檟三曰
蔎四曰茗五曰荈郭侯云早采爲茶晚采爲茗楊升菴云
茶即荼字顏師古云漢時荼陵始轉途爲宅茶之名始于
漢茶之稅始于唐盛于宋元大興其引由以爲代諸州水
旱之賦至明與西番互市茶馬茶乃一木葉耳上爲朝廷
賦秋之助下爲生民日用之資其利甚溥始得名于王褒
著茶經于〔陸羽〕丁謂述茶錄毛文錫撰茶譜蔡宗顏題茶
對盧仝詠茶歌品題甚多聞之唐人尚茶其品益衆雅蒙
頂石花露芽穀芽爲第一枇蕸龍鳳團爲上供蜀之茶則
有東川神泉獸目碑之碧澗明月夔之真香功之火井思

安黔陽之都濡嘉定之峨嵋瀘州之納谿玉壘之砂平楚
之茶則荆州之仙人掌湖北之白露長沙之鐵色蘄州蘄
門之團面壽州霍山之黃芽廬州之六安英山之五東岳
州之巴陵辰州之溆浦湖南之寶慶茶陵吳越之茶則有
湖頤渚之紫筍睦州方山之生芽淡州之白鷺雙井之白
毛廬山之雲霧常州之陽羨池州之九華丫山之陽坡袁
州之界橋睦州之鳩坑宣州之陽坑金華之舉巖會稽之
日鑄皆產茶之有名者其他上產亦多猥雜加艮瓜櫨槁
櫟山桑椿葉寄生以亂茶味欠清美飲之令人召患扎立
未聞有產乃南方嘉樹也

陸羽茶經藝茶欲密法如種瓜三尺可采陰崖綠林紫者

爲上綠者次之語云芳冠六清味播九區煥若積雪曄若春敷調神和內倦解鏳除益氣少與輕身明目凡采茶在二月三月四月之間其日有雨不采晴采之蒸之擣之拍之焙之穿之封之茶勁乾矣茶有千萬卤莽而言如胡人鞾者蹙縮然封中牛臆者廉襜然浮雲出山者輪囷然輕飈拂水者涵淡然如陶家之子羅膏土以水澄泚之又如新治地者遇暴雨流潦之所經此皆茶之精腴有如竹籜者枝幹堅實艱于蒸擣故其形籭簁然有如霜荷者莖凋葉沮易狀貌故厥壯委萃然此皆茶之瘠老者也自采至于封七經目自胡鞾至于霜凡八等

種藝喜陰惡濕不喜種栽收子宜寒露前後采即種易生若致遠以濕砂土拌和盛筐內不空不蛀種宜斜坡走水處和糠與焦土種之每窠須得子數十粒覆土厚一寸出苗勿去草旱宜澆得小便和水灌佳以糞矢壅更茂三年後可采凡種宜三五尺一窠初生苗不宜去草與草並長成樣可采宜鋤去草淨不宜荒蕪采茶宜清明時采爲最穀雨次之已後俱老茗耳

製造治茶宜潔或用蒸法宜以瓦器淨洗或用炒法宜以鍋洗淨微蒸微炒候色變取出攤淨箔土去熱氣以手揉盤抖擻不計數畢入鍋焙乾脈箔上不宜見日再以乾者篩去細渣入至熱鍋內下以木炭火令句每鍋不過半斤以手急攪不拘次數茶上生白霜爲佳入磁瓶內填實以箬固封錫瓶亦可勿令泄氣忌銅器油汚物○采茶箭以曲刃刀連食指拇指案之采者每芽留新葉一瓩名曰留水口若不留再生不茂若留多則新筍亢亂茶若不采久必黃萎宜歲歲采之故稱爲瑞草也采入焙炒茭攤箔上揉三抖三左右轉揉若此攤炕上焙乾收存入竹包填實爲民間日用飲湯又遠行交市域外

收藏茶味清易移喜乾惡潤愛涼畏鬱宜孤忌雜此詳當矣

烹茶烹法有五一曰擇水二曰簡器三曰忌混四曰慎溢

五曰變色若不珍重茶味損矣

本性味苦氣寒滌煩療渴神農經云茶茗久服令人有力悅志博物志云飲真茶令人少眠陶洪景云芳茶輕身換骨昔丹丘子黃山君服之志林云茶與韭同食令人身重同鹽食令人乏嗣

效方氣虛頭疼芽茶爲末前作膏置磁盞內覆蓋轉以巴豆四十粒作一次燒烟薰之碾乾乳細每服二分半別入細茶濃煎食遠服效○赤白痢以陳細茶八兩濃煎汁頻服效久痢亦效○二便閉細茶芝麻共搗末滚湯下即通

典故異苑剡縣陳氏少寡宅圃有古墓子欲掘母止之每飲茶輒先祭之夜夢人致感云吾雖潛朽壤豈忘翳

桑之報及牒下庞中獲錢十萬似久埋者惟貫新耳
○茶譜胡生者以釘鉸爲業居近白蘋洲傍有古墓
每因茶飲必奠酹之忽夢一人謂之曰吾乃柳惲也平
生善爲詩而嗜茶感子之惠教子爲詩胡生辭以不
學于意言之當有致矣後以詩名○茶譜一僧病且
久遇一異人曰蒙山中頂茶春分先後候雷發聲乘
擷三日而止若獲一兩以本處水煎服即祛宿病二
兩當目前無病三兩可換骨四兩成地仙僧因之山
頂築室以俟及期得茶兩餘服之病瘥形容反少後
入青城不知其終○宋書張詠爲崇陽令民以茶爲
業命拔茶植桑民以爲苦其後榷茶他縣皆失業惟
崇陽桑已成爲絹歲百萬疋民思公惠立祠報之○

三農紀卷之六

小引　　古蜀　張宗法師古甫著

天地之心人也人之心機也以天地之心而參天地之化育化育亦天地天地亦化育是以有形生于無形無色出于有色天地萬物之盜萬物人之盜人萬物之盜聖人所以格物也

伏羲則河圖而畫卦列八方定五行神農嘗百草變五味分五氣別五色然色不乎五行出于萬物黃帝取之以製衣冠成文章之世乃因物而化物般般奇造生焉點綴繪畫爲華美世界聖人不合野史取中爲文質彬彬

蓼藍

蓼藍染色草也一名澱一名靛色染九次乃佳故曰染形似蓼葉青梗赤開淡紅花成穗如蓼花狀子亦黑色如蓼實苗高二三尺許味苦辣不堪入食通志云蓼藍染綠色帛最宜

種藝清明下種肥熟丁中苗生糞水頻澆苗高植畦相推五六寸一株去草淨以麻餅末布根灌以清糞水葉茂刈收入缸打澱若染綠帛綠藍色者用生葉汁半熟葉汁半留種者不刈枝至秋後實熟收子來春種

枝藍

枝藍形如蓼藍不花實間有花紅靛色無實以枝栽土中

則生葉此蓼藍葉大而皺幼色深青而圓梢赤有節節開
發葉葉可出澱味辛不堪食
種藝宜兩合土土耕相極細驚蟄前後粗地成溝相去尺
餘將藍枝三五莖鋪溝中以土掩訖又隔五六寸鋪藍
枝待苗高三四寸加以蔴餅末散根下然後用大口鏟
蓺提成畦以避水浸遇旱以流水飲過便止伏中摘葉
梗入缸沿澱再加以蔴餅末令葉盛秋中芟苗入缸沿
澱留種者將芟枝摘葉入缸留莖枝切去稍以藤束定
二捆須整齊兩頭以黃泥漿漿之入窖內下襯以穰秕
上覆以草苫禁風霜過透冬歲種者芟後以草厚蓋畦
上至來春生苗耘土鬆加糞收葉沿澱同二季畢根滿
土踊不堪再用宜鋤去可種他禾

芥藍

芥藍南人謂之芥藍其形如芥北人謂之擘藍葉可擘食
葉大如菘根大如芥實大如蔓菁子三月開花淡黃色四
月結實每畝可收子三四石葉可爲蔬又可沿澱染帛苧
綠色勝他藍通志云大藍形如芥染青碧苧最宜榆莢落
時可種藍法
種藝春時布袋盛子浸之出芽勻撒畦中以灰糞蓋待芽
放葉發以水頻澆至三四寸移苗分栽成行灌沾夏月用
糞水澆葉根候苗茂葉厚離三四寸割之將梗葉入缸
打澱是爲頭澱原根仍用糞水頻澆如前法果臕收爲
之二澱三澱亦如之種無時收根者須于四五月少長
擘其根葉漸擘漸長至八九月全收之土須熟又宜浮
虛土鬆者用灰糞和之疎行則本大而子多子可窄油
葉根可疏消痰化積能解熱毒毋本約去一尺即乾枯
之後根復生葉試並劚去大根稍存入土細根來年亦
生可經數年不壞

大藍

大藍葉如萵苣而肥厚微白似擘藍收子春種畦苗生去
草淨頻澆清糞水長三四寸移栽熟地畦中一莖一窩成
行相離五六寸一窠兩後併力栽之勿令土燥乾即宜鋤
鬆令土堅須多鋤爲佳如土瘦加以糞水澆至秋刈收沿

澱

小藍

小藍如大藍但莖赤葉綠而小種宜秋及臘月（通志云
六月種冬藍臨種時耕耙地熟爬平撒種稀直耙三四次
至苗生三五葉即鋤有草再鋤五月收割留根再生候長
割收沿澱

槐藍

槐藍葉如槐一名木藍莖如草決明七月開淡黃花結角
如豆五六月收沿澱（通志云染青色）槐最宜秋後收子于
來春沿熟土作畦布種以灰糞薄蓋之苗生去草淨頻澆
苗長二三五寸雨後併力栽之灌以糞水葉茂苗盛芟之沿

治澱用藍如蒨開白花桃藍如槐開黃花諸藍各種不一出澱則一也須知隨方土寒温下種大抵葉有皺紋方可采收治澱約葉百斤可著礦灰一二斤入大缸內水浸缸水變黃色撈去梗滓以木耙打轉粉青色變至紫色澄清去水成澱另盛他器如入停還以原水養之若見生水則腐敗打澱時缸上浮花收曬乾爲青黛可入藥又繪家珍之

本性味辛氣寒能治積熱風痰解蠱毒蟲蛇傷

効方中風痰氣厥絕心頭尚温喉內微響用靛水一盌温而灌之即能出語神效

典故 宋史承熙中久旱上詢其故或對天數或對王誠一綠衣少年越次對曰刑政不修故也上召綠衣以問狀對曰某所守臣犯贓法當配左右以親不配暴所守臣犯贓不當死左右以嫉妄死之上納其言天大雨綠衣者甚蒸公也○南部新書杜黃裳請藩陽宅潘母問來座綠衣少年何人曰補缺黃裳母曰此人全別必是卑人後果爲相○慈應註一耕夫植藍得金一錠喜歸告妻妻曰聞之橫來之福享之召咎嘗失之其人記字標棗水灘後漁者網之爭分訟于官入公庫後果子狀選賞金狗還以奉父母認其記乃當年棄金也○日記一士子欲京試製新衣妻出對云風吹藍靛花香士不能對後得選對人廷出出聯云雨擦紫袍胭脂氣上以妻對對之上大悅得高魁

紅花

紅花圖經云紅藍花博物志云張騫得自西域葉若小薊嫩時可茹五月開紅花如大薊花花下作球彙多刺亦有少刺者球內結實白顆如小豆大可笮油然燈苗嫩時煎汁醋拌可作蔬食花可治胭脂染繪

植蓺八月耕熟地鋤成行龍春穴下子以灰糞掩之鷄矢更妙初生苗二三寸鋤之至來春復鋤土鬆去草淨五月花吐越球內出絲清晨帶露采絲留球復生花采又復吐收淨爲度采下花絲微搗去黃汁以清水浸一宿撈出濾乾捻作薄片曬乾收用勿近濕潤處所及倚牆壁則黑朽不堪用若逢天陰雨復浸原水不致敗須得日急曬之

造製紅花搗末入布袋內用清水洗泡去黃汁以清爲度取出紅花盛磁器內著藜炭灰水滴揉成團入缸中如下醋法淋下汁以盆盂盛之于其時用烏梅濃汁少點緩緩而沉漿待澄去其清水留漿名爲臙脂每斤不過得漿盃而已以便染緋若欲久留以棉帛染漿入內陰乾臨時聽用

本性味辛氣温消瘀通經養血活肌

効方護痘不入目以胭脂漿時時點　女人六十四種風兼血氣雜症以紅花浸火酒早晚服久自瘥

典故 漢紀欒照師鄧泰供給酒掃泰曰當精講義何勞相近照曰經師易得人師難求欲以素絲之質附近朱藍○侯鯖錄歐陽修知貢舉每閱卷坐後覺有朱衣人點頭然後其文入格嘗有詩云文章自古無憑據惟願朱衣暗點頭又云清夜夢中嘲服處朱衣暗裏點頭時

茜

茜圖經云染色草也根紫莖紅葉綠冬生苗蔓延數尺嫩

者方莖中空有筋外有細刺一節數寸每節五葉葉尖而圓糙澀面青背緑秋開白小花結實如小椒子狀中有子生青熟紫黑根莖入礬者染羽毛色如玫瑰〔内經〕云藘茹〔詩〕云藘茹在阪〔雅翼〕云染絳草〔方土記〕茅蒐地血〔草本狀〕云牛蔓風車草〔通志〕云血見愁〔本草〕云過草龍古名蒨入血所生可以染絳〔史記〕云千畝之茜可與千戶侯等

種藝黑子擑肥熟土中苗生芸以灰糞待蔓老根大秋後芟之晒乾收藏

〔本性〕味苦氣寒經滯崩漏吐血虛煩蠱毒可解損傷可療

〔効方〕〔内經〕治枯病藘茹如鯽魚紅藍花爲末作丸鮑魚湯下

効　經閉茜草一兩酒煎服一日即通婦人五十經水

不止者作散血論茜草生地阿膠柏葉黃芩水煎服入小兒髮灰一撮効　解痘毒發熱時煎茜草根入酒少許服可無患

典故　〔漢書〕馬融教授諸生常有千數坐高堂施絳紗帳前授生徒後列女樂弟子以次相傳鮮有入其室者○〔明紀〕王陽明講良知精切人問良知是何等東西白乎黑乎答曰不黑不白乃是個赤的○〔明紀〕王振弄權周忱廬振及已振作居第令大度其齋閤造城壇茜紅錦遺之不失反寸振悉從中賛之

紫草

紫草〔圖經〕云苗似蘭香莖赤節青春開紫花結實亦有紫白者根色深紫可染紫色皮可入蠟油亦朱可愛根可入藥〔山海經〕云藐〔爾雅〕云紫莨〔雅翼〕云紫其〔本草〕云紫丹〔方志〕云雅咽草初生砂山谷中因色命名也

桶熟黃白輭土爲上高沙土亦宜喜高惡濕秋耕土熟至春耬耩地逐壟下子良田每畝用子二升半薄田三升下訖撈之或以轆碡鎭壓苗生拔草淨九月子熟刈之候乾聚打取子帶潤收草每一把隨以茅束之四把爲一束當時斬齊顚倒十重許爲長行置堅平地上以板石壓之令扁兩三宿豎頭置晒之勿令浥方收密室棚棧上下悉牛馬及人溺又忌烟薰火炕令草失色若令久停者藏客室高棚閉戶塞窓泥封其空竅毋令風入以泄其氣則草色不變深秋子熟傷劇其上連根取就地鋪齊少乾輕振其土束之切去虛稍染紫

〔本性〕味苦氣寒解血分熱毒利九竅氣滯

〔効方〕解痘毒紫草一錢陳皮五分葱白三寸水煎服痘毒紫草二錢雄黃一錢爲末胭脂汁調銀簪點之效

典故　陽山翁自嘆曰容路奔走冲雪冒露匹馬生愁或阻風而孤舟含悶凡事窮通自有道在不必哭于窮途人生貴適志耳遂隱碭山谷而種藐

紫葵

紫葵〔圖經〕云葉頗似葩而淡緑花如木槿而微大莖高七八尺結實如指頂大頂皮薄而扁子若蕪荑仁易種可變色樣惟紫葵收晒可作染色紙家珍之餘雖奇美不可作色又稈水浸剝皮可績布枯稈燒灰熾火耐久花入香炭塹內引火耐燒〔花譜〕云葉染紙所謂葵箋〔史記〕葵能自衛其足陽草也天有十日葵與婦終故葵從其癸又葵爲百

承長乃冬葵邦染葵

種藝收子宜多秋中鋤地下種冬有雪輕撈之勿令飛去使地保澤無蟲災至春删去細小餘在地糞水澆可經色種種立竿以扶其莖怕大風雨開花采之破蕊晒乾可作染色莖其梗來歲宿根可發一法陳葵子微炒令爆咤撒熟土遍踏之朝種暮生遲不過宿

本性味甘氣滑涼能宣凝通滯可疏結散毒

効方生産困悶冬葵子一合搗水煎服少時便産衣胞難下者加牛膝一兩加紅花可下死胎

典故左傳仲尼云鮑莊子之智不如葵葵猶能衛其足○韓詩外傳曾藍女相從績中夜泣曰人問其故曰我司馬得罪于宋出奔于魯馬逸食吾葵是歲失利一于由是觀之禍輝相及○列女傳曾漆室見君老大子幼倚柱而嘆曰昔有客馬逸蹊葵使吾終歲不飽今河潤九里漸濡三百里魯有患君臣父子被辱吾獨安所避

槐花

槐圖經云葉細色青王叕排生枝緑枵靛本極高大材實重堅五六月開黃花秋作實結莢中子如豆古今注云槐之爲言懷也來人于此也周禮云面三公三槐位焉又云老槐生火莊子云老槐生丹爾雅云槐春秋說題云槐乃靈星之精淮南子云槐之生季春五日兎目十日鼠耳更旬始規管子云五沃之土木宜槐乃婆娑樹也人家宅前多植之以召祥

種藝莢老收子季春水浸生芽和麻子種當年生苗刈麻留槐秧堅竿繩定勿令風搖來年又以地鋤熟仍移槐子三年可栽收花宜正苞未開時采之晒乾作染色半開者只堪入藥

本性味苦氣涼治肺中積熱皮止涎往痒

効方梁書庾肩吾常服槐實年七十餘目見細字鬢髮皆黑其法十月上巳日收槐采及五實者納黑牛膽內百日後空心服初一服一粒二日增一粒至十六日以後日減一粒

典故金匱王武王問于太公曰天下神來甚衆何以待之曰樹槐于王門內有益者入無益者拒之○左傳鉏麑諫公患趙宣子使鉏麑殺之晨往寢門闢矣盛服將朝尚早坐而假寐麑退嘆曰不忘恭敬民之主也賊民之主不忠棄君之命不信有一于此不若死也觸槐而死○隋書緖回以[illegible]及卒其子世雄廬墓庭有槐樹甚茂及世雄居喪樹遂枯服闋還宅復榮京師聞之旌表其閭楊其居爲累德里○晏子春秋云齊景公愛槐令日犯者刑傷者死有醉而傷槐者且加刑焉犯者之女謁晏子云聞明君不爲禽獸殺人今以樹木之故殺妾父孤妾身害政損義隣國聞之愛槐而賤人可乎晏子復言于公公罷令出犯槐之囚○見聞錄王晉公祐手植三槐于庭曰吾子孫必爲三公已而果然

梔子

梔子圖經云木不高大葉如兔耳而厚緑春榮秋茂入夏開白花皆六出含黃蕊甚芬香陶隱居云其花剪刀六出刻房五道結實如訶子狀生青熟黃中藏小仁可染黃色有種木不結實者又有種葉小樹矮者花惟人出者香盛本草云越桃一名丹木賦作鮮支一名林蘭梵書謂簷蔔花蘇詩云六花閒佛會文昭吟云欲知清淨

身即此林間是晨開昼夜現身說法令人警心

氏珍之

梔蘗芒種收嫩枝帶花若浦潤上頻澆即活來一道土移裁或以土壓傷枝候生根移栽不宜過肥肥則起白蟲秋後收實晒乾若浥則子黑不堪作色子亦可種生若種茄米法但見效緩耳貨殖傳云梔茜千株可比千乘之家

本性味苦氣寒解煩熱利燥結生用清三焦火熟用降曲直炎

効方小兒口瘡梔子一枚開孔去子填以硼砂火燒存性為末敷

典故 高僧記一老僧種梔千株日于其間常自笑或問子笑者何曰聞之生為我酷形為我辱智為我毒貪名圖利之人不知酷辱之苦而以毒為快也吾聞此花朝開午盛暮衰香不過三日與人生一開也吾思吾身桎梏于世故笑之○自記一日友人扶杖者執一梔花曰玉梅淡吟云禪友何時到遠從毗舍園妙香通鼻觀應悟佛根源此花何通禪乎予曰凡陽生花五出所以冬至之後有梅凡陰生花六出所以夏至之後有梔六者陰數也陰以根陽佛之教以寂寂者靜也自然之道靜故天萬物生故六所以有當通禪之說

五倍子

五倍子圖經云葉初生如椿色紅有茸四五月梲開穗花葉上結實嫩青老黑從小漸大形如雞子果有直圓稜角形七八月平收用米湯和灰拌晒乾收存染家炒黑人皆製皂色烏毛墨羽甚奇生入蘇木汁可助紅色本草名蚊合売丙聚蟲也又名五倍言其性有五部之功也烏倍者治色如烏之黑而倍也

梔蘗植宜山坡取自生木苗植之俗名林伏其材虛孚入上耐久木不高大多伏于林間也

本性味苦氣澀能濟骨止世却風熱制靨

効方久痢熱痢不止者五倍子一兩半生半熟枯礬半兩為丸白痢水酒下水痢米湯下久痢乃宜初痢不宜但性澀耳

典故 雜異云二人獵山中見果生樹葉上奇而收之不雲求長者識焉一老曰此果生葉上內有蟲果老則蟲蝕化蛀而飛可染皂可入藥自此得名

綠子

綠子一名焦粒名其果也木名烏槎象其形也叢生材不

盈丈尖葉深綠枝上有刺四五月開小白花結實纍纍如茜子大生青熟黑甚繁收可染紙作綠色冬時剝其皮人皆前屏布面于霜夜露宿見日收之其色華綠

植蘗子種林園即生長尺餘遇春兩移栽易活植垣邊可御牢馬盜賊九十月收實白皆未晒乾可染本性味苦氣涼去積熱蕩否寒

効方小兒積停烏槎子一五七粒吞之妙或入雞卵食能下蟲

典故 拾遺記堯時有巨槎浮于西海上光若星月二年一週名貫月槎掛星槎羽客棲其上

小引　　古蜀　張宗法師

太極生化各俱一性各有偏長當審用偏長以備羣長乃當其材而知物之性也達者能任其材各得其所用則得行天地之道矣

周禮職方掌埴樹木十年之計樹木得其養則長失其培則消物之情也間不容髮而雨露萌蘖斧斤牛羊所關于樹藝良非細故其術圓勿助勿亡之心法（蘇東坡云植樹大者不能活小者不能待惟擇中材而帶土礎者惟佳凡移樹于霜降後鋤掘轉成圓垛以草索盤定根土復加鬆

土填滿四面水澆實次年春時移至合種處寬作坑穴安頓端正然後下土至半用細木捧斜築根垛底下須實上加鬆土高于地面二三寸得所埒培壅太高易露大根為限若本身高者以樁木扶縛庶免風搖天晴勿朝澆水生意動則已若路遠不能便種者須遮蔽日照曬則難活北方植樹以磚石砌圈圍之高三四尺下空涵洞洩水此法甚妙鄉間以棘刺縛圍于根免致動搖

楮

楮（圖經云皮斑葉無椏開花不實者雄皮白無斑葉椏結實者雌（爾雅翼云葉有瓣曰楮葉無瓣曰構葉生澀毛三月開花成穗若柳花狀秋年能充饑收淘拌粉蒸熟可為

[illegible]結實如楊梅生青熟紅半生半熟時可蜜煎作果紅熟淘子名楮實子字說云本作柠楮乃構也一名穀詩云其下維穀楚人呼乳為穀其木有白汁如乳故以楚音名也博物志云楮膠團冊願金石之漆葉可飼畜子可入藥皮績可緝毯又造紙堅柔蔡敬仲取樹膚及敝布魚網為之今以穀皮竹造者多矣

植藝實熟收種熟地中即生收實淘子曬乾同麻子種臨冬留麻取煖來春火燒芟其苗待另發至二年苗成可芟收皮抄紙宜十二月四月次之餘傷木本根傷發苗移栽可速利

本性味甘性平寬益氣補陰葉除風去濕

効方白翳三月三日采楮嫩芽陰乾為末入射少許每以黍大入目眥內其翳自落〇兒身熱食不化眺葉煎湯浴〇頭風白屑構木作枕六十日以易所枕木久白愈

典故（家語太戊之時道缺法抑以拔天孽桑穀生朝七日而拱大戊恐懼側身修德而是本枯朽〇東觀漢記黃門蔡倫典作尚方作紙所謂蔡倫紙也蔡侯紙用故麻名麻紙木懷名懷紙〇雜異云者數十者夢一老翁曰古以苔造今以竹造至于桑皮者盛美矣了何不收楮瓤乎及覺如言收造果佳後張華之羅紋高帝之畸蠶中常氏之蔡倫鄒光玉版烏絲襴蠟箋皆取其法

椒

椒（圖經云樹不甚高大枝間生刺刺扁而大葉青對生形尖南刺堅而滑澤夏初開細黃花結實生青熟秦產者皮皺色紅顆粒均勻味香烈可入

粒大小相似皮厚色紫味辛烈可入藥方書名華椒言其與胡椒別也一名大椒爾雅翼云檓一名蓎藙始生秦嶺秉玉衡之精受五行之氣名椒者取其氣有淸滌之和而善于理也

〔種藝〕粒熟收黑子和牛糞內塗壁間待次年碎糞種高燥地苗生去草淨冬被蓬苗長一二尺春分時移栽相離三步一株雨過便栽栽時令人自言叫罵盜采可護不然反枯萎忌水澆上以蘇糠灰糞若旱久可少澆三年後換新枝方結實以人髮纏根根下或下種白芷生菜以辟蚰蜒凡蔬果香者皆用此法

〔采收〕中伏紅熟淸晨待露摘采忌手捻須知陰一日曬三

日則紅而烈遇陰雨則薄攤當風處頻翻若掩則黑而不香秦人云采收鋪地上蓋以箔待果粒有露珠則可曬味佳藏以新磁傍燥所不致敗味走色黑了可筆油香美

〔本性〕味辛氣溫除邪寒凝滯補命門眞火殺蟲魚毒本草云閉口者有毒受其毒者麻仁湯解之辛然閉氣飲以冷水五月食椒令人多忘

〔効方〕養生篇臘日令人持椒臥井畔毋與人言納井中除疫一歲○川紅椒去目及閉口者炒出汗搗末地黃自然汁入磁器中熬膏和末調所爲丸如梧子大每空心酒下八丸服却病延年和藥時勿令婦人雞犬見

〔典故〕說苑黃帝之宮塗椒以椒取其煖又取多子之義故王椒房又曰椒風○崔寔月令進椒柏酒椒乃玉衡之精令人身輕柏是仙藥故進酒以年少者爲先

漆

漆畀汁也〔禹貢〕云厥貢漆絲說文云下從水象漆如水滴下也漆者水名也樹似稷身似楠皮葉如椿花若槐實若牛李其木朏白心黃作材易朽乃木中之有液者黏黑可飾器汁入土千年不壞乾者可入藥有人聽之身痒見之目腫近之發瘆畏乎其架也

〔種藝〕于熟時收種待苗高一二尺于春時擇晴移前成園或植空落處至盌大收汁

收漆野生者樹大汁多種者木至盌大方割至秋霜降時

用利刀鏇皮勿斷須留割路若割斷則木枯收時先放水然後以竹管揷入皮中納其汁液須曬乾生水收用〔山農〕云漆無定色割之時已點桐油入內再貨而又點難以求眞識者須以物蘸起細而不斷斷而急收便塗于竹板上陰之速乾者佳訣云微扇光如鏡懸絲急若鈎撼成琥珀色打著有浮漚

〔本性〕味辛氣溫殺蟲攻積受其毒而生瘡者以紫蘇湯洗或浴以活蟹湯即解嚼花椒塗口鼻可避毒

〔効方〕婦人血氣不調乾漆炒烟盡牛膝末各一兩牛地汁一斤入磁器漫火熬爲丸如梧子每服一丸至三五丸酒飲令通○凡蟲積雞子一枚開口去黃留青入生漆

一錢二分令病者張口吞之下嚥即效

典故 莊子拄可食故伐之漆可用故割之人皆知有用之用而不知無用之用也○後漢書樊宏父重種梓漆漆欲作器物時人嗤之積以歲月皆得其用向之笑者皆求假焉貲至巨萬

棕

棕圖經云其材難長初出如白芨狀漸長聳散岐裂成材木直無枝身赤有疊節痕至頂發莖莖青而扁稜生刺葉柵形集如車輪遠望之昂昂如傘狀四時不凋春三月木端中出黃苞初生如魚腹孕子蘇東坡云采之可蔬漸出苞成花穟黃白色結實纍纍如兩豆相聯生黃熟黑甚堅葉莖連皮裹之一月生一皮每長一層爲一節其皮絲毛綜錯若織形解縷可織履笥盂薦稍簑笠摩紩繩索之屬又即書作刷帚木可鏇器作杵葉可繫物帚地子可入藥一種小者無絲可作帚傳曰慈毋之怒子折葼笞之其惠存焉宋草云梲櫚雅云栟櫚通志云夜叉樹山海經云石翠之山其木多椶欆者取鬃鬣皮中毛如馬鬣也

種藝 實熟時所下力捶石上或木扬落其子于肥潤林間即生春移植頻澆易生高二三尺須剥根皮易長成林每歲兩剥其皮每剥只五六片不剥則木因剥多則傷本

本性 味苦澀氣涼皮可透經通絡實可禁痢止泄

功方 凡血症衄崩漏痢棕皮燒灰存性少加枯礬末酒調二錢牛服見效

典故 後漢向子平隱居不甘談易王損益卦嘆曰吾已知富不如貧貴不如賤但未知死何如生耳見安事畢斷家事情勿相當如我死也于是戴桐笠步芒屨遂肆志遊五岳名山亦當死耳○

梧桐

梧桐圖經云其木葉缺苔花直身青膚理細性緊皮可爲麻紉絞繩索四月開嫩小花如棗花狀墜中如雨花初開赤王旱白王水夏中結子殼長三四寸許五片合成老則開裂如箕各曰橐鄂子綴其上多者五六粒少者三四粒大如豆皮皺色黃堪啖生熟佳農八梅之取皮爲麻博物志云花餌豕易肥遁甲書云梧桐葉能知日月正閏生十二葉一邊有六從下數一葉爲一月年有閏葉生十三葉小者則知閏何月也不生則九州異君雅翼云櫬桐一名麻桐青桐王象晉云妍雅華靜賞心悅目王逸子云禾有梧桑松柏秉氣純美異乎羣類莊子云鵷雛發南海于北海非梧桐不棲非竹實不食也

種藝 實熟采種苗生待長成圍盡芟之入水泡青膚腐剥皮爲麻堪堅芟後加糞水澆來年長三四尺高至盈盃大又伐剥麻

本性 味甘氣利皮可通行肌膚子可養髮止斑

功方 眼見諸物禽獸飛走乃肝膽之病青桐花酸棗仁元明粉羌活各一兩爲末每服三錢

典故 呂氏春秋成王與唐叔虞燕居剪桐以爲圭曰以此封汝虞喜以告周公周公請封虞王曰戲也周公曰臣聞天子無戲言遂封叔虞于○莊子云鍾聽之枝策也惠子之據梧也精太州暢神六洲則

薇故二子之嫉或枝策而立昏或據梧而晝瞑也〇
華陽國志侯繼圖倚大慈寺樓偶飄一桐葉上有詩
云拭翠歛娥眉爲鬱心中事搦管庭除書故作想思
字此字不書石此字不書紙書向秋葉上願逐秋風
起天下有心人盡害想思死天下負心人不顧想思
意有心與負心不知落何地後數年繼圖卜任氏爲
婚始知字出任氏〇論衡季子長爲政欲知囚情刻
梧桐像囚形鑿地爲陷臥木囚其中囚罪若正木囚
不動若有冤木囚動出
人之精誠着木人也

皂莢

皁莢圖經云皂角木高大葉似槐瘦長而尖枝間多刺样
枝甚鋒開細黃花結實秋熟向陽者莢大可洗垢滌汚向
陰者莢小可入藥木爲薪炊釜鐵自碎一種樹無刺葉圓
尖結實壯大名肥皂入香料洗浴可汚馥膚潔日新近出貝
珍之易林云莢果屬離得秋之氣故所能華故也

三農紀　卷之六　五十三

植蓺收子種熟土中苗生二三尺移植釆角時以篾箍樹
用木尖之一夕盡落樹不結實鑿孔入生鐵片數枚渥
封當年卽結
本性味辛氣溫通竅利關能吐痰可敷腫疼與鐵相感以
錢碾皂角則錢碎成空以釜爨皂角則釜爆片自落
修製皂角一斤煮熟去黑皮及子和白麪入排草令香各
一兩檀沉丁茳各三錢細辛羌活各一錢爲丸如彈大
浴身去垢
效方傷寒初得不分陰陽以肥皂莢一枚燒赤爲末水調
服之陰病更妙〇炙蜂螫皂角鑽孔貼叮處艾灸孔上
三五壯卽安

典故 神仙傳右親騎軍得風惡疾勢不可救遇異人授求
皂角燒爲炭蒸一時久日晒爲末食時濃煎大黃汁
調一匕飲之旬日後入山不知所往〇娘書李夫人
初見漢武帝以香浴體帝見之悅後宮人悉效其妝

水柳

水柳圖經云葉與柳同其條枝柔長一年一芟可筐筥籮
筲之屬草木狀云大者爲炭復入灰汁中可煑鍜成銀清
明日以柳枝補磨可止醬醋潮溢雅翼云檉詩云其檉其
椐一名檟一名雨師天將雨葉先起風以應之亦占木也
植蓺天寒後以條植潤澤土宜密排至春吐青卽活三年
成林待高三五尺芟之去皮爲織器
本性味澀酸氣升發表布陽清熱解毒
效方凡瘡自始至終不拘危暗采水柳煎湯浴皆效合患

三農紀　卷之六　五十四

者少飲之竇氏云義取三陽初動先賜春和得龍雷之
氣展天地之生發也

典故 南華支離叔與滑介叔觀於冥伯之丘崑崙之墟黃
帝之所休俄而柳生其左肘其意蹶蹶然惡之支離
叔曰子惡之乎滑介叔曰亡予何惡生者假借也假
之而生塵垢也生死爲晝夜且吾于子觀化而化及
我我又
何惡焉

致富奇書

卷七

三農紀卷之七

古蜀　張宗法師古甫著

小引

一物有一物之理物物有物物之理格一物之理物物之理格萬物者天地之子一氣生生無不肖之固培深根無伐化無違時必豢必和

周禮職方掌山林考工記取材木子輿氏云斧斤以時材木不可勝用范勝之云種樹以正月爲上時二月爲中時三月爲下時節氣有早晚地氣有南北物性有遲速若必以時拘之是不達物情也老農云種樹無時雨過便栽多留宿土記取南枝是乃種樹要法凡栽一切樹木先記陰

陽勿令轉易大樹髡枝小樹不髡枝先爲深坑比原坑寬大納樹訖水沃之着土令加薄泥四面排搖良久使根舒直然後下土仍以水澆透至次日土少乾然後堅築深理勿令搖動栽後忌手捉及六畜觝突◐大凡栽樹皆要當萌動生意時如棗雞口槐兔目桑蝦眼各有其時◐栽樹傷動水根則生首鮮宜大開根外固土稍用繩約纏匝束用板襯扛舉雖拱把易生如今年欲移先于去年開斷木之四周謂之轉垛木大者先三年每年輪開一方乃可移凡果木宜疏每株相離一丈二尺爲適中

壓插

春秋時以樹嫩美條枝屈于地于枝附須斷其半用土封

之候萌開生根移植頻澆即生

修剔

于葉寒落時其枝之冗繁及散逸大者斧鏟小者刀剪盡去之宜裁痕向下不受雨漬自免心腐若樹無顛頂者取直生向上一枝留之枯朽摧拉須盡除伐不引蛀蠹以防盛枝欲求木身直從其不足每年以刀剔膚氣行則傷痕身滿而漸復水之已長而萌發未已枝幹易于轉屈者攣挽之若枝大鉗而屈折者以瓶皮寬繩綁綰不宜太緊恐刺膚氣脈不貫

灌溉

水上生萌氣下行新根灌之則根腐凡灌宜晚涼之候一

切糞水擣豬雞鵞鴨湯禁近根恐生蛀虫冬時臘前宜遍灌之以助來春發育糞宜久宿雜以清水審其宜乾宜溼不得一槩頻澆

防衛

諸果畏冷而橘柑畏熱松梨喜乾而柳檜愛溼木揷桂而枯着海螵蛸而斃得鍾乳石而旺生蛀以杉木尖塞其孔清明日以稻草纏樹上不生蟊毛虫

形性

凡物闓者為陽孕者為陰得陽之剛者為堅貞得陰之柔者為蔓附 ◐ 木下土直曰根旁曰柢木為華草為榮不榮而實曰秀榮而不實曰英木幹曰枝枝曰條斬而復生曰蘗木樹叢曰林衣兩材交陰曰樾斜斫曰槎髟斬曰蘖癘虺偃癭腫而無枝葉曰瘣 ◐ 樹皆有皮惟紫荆無皮木皆有理獨門柏無理木皆中實而娑羅中空竹皆中空而賨藤中實綸組紫菜海中之草珊瑚瑯玕海中之木

木異

木之理紋有字樣山水鳥獸者有化石者有忽飛去者飛來者有歡歌悲鳴者化影現形者有結實異常者不時花果者有突生突枯者其吉凶兆地氣災祥之感

木賦

草木之性賦乎少陽其氣在皮若壞其外絕其膚必枯其斬伐猶生故少陽之氣行于夾空也

梓

梓圖經云木似桐而理白葉小花紫詩義謂楸之疎生子者為梓齊民要術云生子有角者為梓一名杍角細如箸長近尺臨霜葉落獨角不落梓為木中之王植林則衆木皆拱造室則諸材不震制琴瑟則聲韻堪佳本草艮于梓故書以梓名篇禮以梓人為匠又刻書曰繡梓鋟梓古者五畝之生樹桑梓二木下墻給蠶食器用故詩云維桑與梓其木質堅固可以立成得陰陽正氣故字從之是以喻為子道者是也

植藝春斷其根壅溼上即生取以分植子可種生成條春中移植根傍可亦可栽

本性味辛氣逼可退熱去壅

効方一切瘡毒采葉煎湯浴効

典故 說苑伯禽與康叔朝成王見周公三見三笞伯禽訪于商子曰盍相與觀乎南山之陽有木焉名喬二子望觀見喬竦然高而仰反以告商子商子曰喬者父道也盍相與觀乎南山之陰有木焉名梓二子往望見有梓然實而俯反以告商子曰梓者子道也二子明日見周公入門而趨登堂而跪公拂其首勞曰安見君子乎對曰見商子公曰君子哉○干寶搜神記宋大夫韓憑娶妻美康王奪之憑怨王囚之遂自殺妻陰腐衣王與登臺自投左右攬衣衣不勝手遺書帶云願屍還韓王怒令理二冢相對經宿忽梓生二冢根交枝連有鳥如鴛鴦各棲其樹朝暮悲鳴感人

椿

椿圖經云樹易長材高大質堅理細有縱紋色赤葉幹皮俱赤春發芽頂生若簪嫩時香美采作蔬可食結莢本草

名鳳眼草禹貢爲杶爾雅翼名櫄似樗材可爲弓幹一名櫄莊子云斷其櫄以爲公琴馬融廣成頌云珍林嘉樹建木叢生椿梧桔柏柜柳楓楊椿者壽木也從春者義取賦陽和之氣得開泰之象乃秉南極之木

植藝春時微吐紅芽鉏根下小嫩條移植水澆即活本性味苦性滯子可清頭目根可止洩痢

効方鳳眼草燒灰淋水洗頭經一年目如童子加椿皮灰更妙正月七日二月八日三月四日四月五日五月二日六月四日七月八日八月三日九月三十日十月二十三日十一月二十九日十二月十四日照日洗之

典故 莊子上古有大椿八千歲爲春八千歲爲秋而彭祖乃以久特聞衆人匹之不亦悲乎

楸

楸周憲王云楸有二種其樹高大皮色蒼白斑點小則身生刺大則枝間生刺刺名丁皮可入藥有一種質紋雲水材堪稱器齊民要術云白色有角曰梓無子曰楸埤雅云楸有行列莖幹喬聳凌雲高華歸秋葉落故字從之得宮商之令是以樂工取材爲器其音清和楸屬之中有榎爾雅云葉小而散曰榎葉大而散曰楸早脫葉曰楸早秀華曰榎草木狀云楸與梓本同末異

植藝實熟收種熟土中成條移栽易生或于樹下取傍生者植之

本性味苦氣利消熱理氣

効方芳譜云一人患背發遇老醫用立秋日未出土時采楸葉熬膏敷瘡毋石膏作小丸服盡遂愈又可治一切瘡瘍

典故 董仲舒木有三時草名一歲椿榎楸所謂木從三時也芋黃茄菖芋茂芑舉茨所謂草名一歲也○淮南子曰木撰者爲本發者爲末禽獸大者爲首小者爲尾末大于本則折尾大于首則不掉故食其口而百節肥灌其本而枝葉美

柳

柳圖經云性柔脆枝條長軟葉青而狹長春初生柔荑粗如筯長寸餘開黃芽鱗甚細碎漸次生葉至晚春葉長成花結子如粟細扁而黑上帶白絮如絨隨風舞飛着毛爪即生虫入池沼隔宿化爲萍垂柳八柳三春柳可玩賞王象

晉云楊槐榆柳北方之材木人多植之垂柳爲楊者據小
說隋煬賜姓也柳者留也湯生物也秉日之木故卯月而
青古者春取火于柳占書云元旦折柳枝插門上以辟百
邪
植藝宜溼潤上植宜大寒後擇粗大者斷五六尺長下鑽
一竅以杉木拴之出兩頭各一二寸許掘深坑二尺餘
入柳栽實以防搖拔先于坑中置蒜一瓣甘草一節避
虫常以水澆芽生留壯者四五枝餘盡去之椿頭塗泥
不令日晒初活未准三年始信生種弱小者幹鋪溼土
留枝掩上自生老農云植柳莫待高過馬底覆瓦
本性味苦氣陽嘔血吸血以絮爲飲爛痘蛆生以葉作席

効方反胃柳生蕈菰木耳煎湯温服足多汗以柳花襯足
下三三五次即解

典故

三峯集李冈未及第時行占柳下聞有蟬止聲因問
之曰吾乃九烈柳君也已注染子衣利第無疑得藍
袍當以棗糕祀我未久及第口世說桓温自江陵北
行往觀少時種柳皆十圍慨然嘆日樹猶如此人何
以堪攀枝折條泫然流涕口齊書陸慧曉與張融並
宅其間有池池有一株柳何點嘆曰此池便是醴泉
其柳使是交讓

白桐

白桐圖經云葉三尖徑尺最易生長皮色粗白木質輕虛
造匣箱避烟塵遠溼蠹二月開花如牽牛花而色白紫爾
雅云榮桐華而不實故曰華桐賈勰云冬結似子者乃來
年華房也蔡邕月令云桐始華桐乃木之後華者也木之一

榮者多矣獨以桐名榮者爲三月華故也解之故云周書
時訓曰清明之日桐始華不華歲有大寒益陰氣微則寒
可知矣詩云其桐其椅一名泡桐一名琴桐桐者通也能
通天地之氣也故造樂器者同之造琴以生山石間者爲
最材取孫桐其音清明周禮云龍門之琴于宗廟奏之
植藝春初掘根理潤土中堀頭頓澆即生樹伐後遍地生
苗可移植諺云家有一千桐一生不受窮言其伐而易
長茂
本性味淡氣逼消腫除溼理血調氣
効方腫從足起者削桐木煎汁漬之並飲少許效

典故

搜神記吳人有燒桐以爨者蔡邕聞其聲日此良
桐也因削材爲琴而尾焦琴有聲焉口國史補李勉

好琴自斷桐爲之多至數百張
貯有響泉韻磬者自保于家

楊

楊圖經云浮甲早于衆木白楊發芽時有白毛茸及盡展
似梨葉而稍厚大淡青色皆有白茸蒂長兩兩相對遇風
則籟籟然有聲青楊葉比白楊葉稍長而色綠但楊性耐
旱不喜水與柳異其飛絮作萍與柳同古今注云圓葉弱
蒂微風則大搖一名高枝一名獨搖楊乃陽木也遇陽而
茂逢陰而衰故其葉得風而動戴霜而落虞衡志云江東
人通稱楊柳柳葉細長楊葉圓大自是二物
植藝曰楊伐去本遍地隨根生苗春間雨後移栽易活凡
楊于春將欲栽時以地排溝深尺餘寬一尺長短任宜

先以水飲溝叉日與枝如鐮柄者斫下截二尺長段於
掛溝內露出溝二三寸加土與平築實頻澆候芽長至
五六尺高擇術者削之爲薪叉易長及長大可作材用
若種十畝歲不乏柴
〔本性〕味苦嗌氣沉可化否而除凝白皮可塗顏絲葉可却
風
〔效方〕腹痛堅如石者白楊東枝粗皮避風細剉五升淋許
絹袋盛渣還納酒中再飲日三每一合
典故 陸佃昏困失時則魯木之不如故詩陳風日東門之楊其葉牂牂東門之楊其葉肺肺

榆
〔榆〕〔圖經〕云木高大未生葉時枝上先生瘤累累成串及開

則爲莢生青熟白形圓如小錢狀故名曰榆錢甚薄中有
仁莢開後方生葉似山黃莢葉而長尖觸潤澤葉生莢落
故云萬物生時榆莢落萬物死時麥芽生二物得天地消
長之氣爾雅名樞廣雅名零陸璣云榆類十餘種葉皆相
似皮及理異周官春取火木也詩云山有樞隰有榆古人
擬材可作舟
〔植藝〕莢落收作畦種之合與草齊長明年春附地割除覆
草放火燒之發一根數條止留大條直者一株餘悉去
之三年後可移栽若采葉戕心難茂宜更犁之白土薄
地不宜穀者宜純種榆易長若栽田畔防鳥雀擷穀叉
樹影所及東西北三面五穀不植宜于近北墻植之三
年結莢五年材可椽十年可作器十五年可作車轂
〔製用〕榆錢可羹可蒸餻餌可釀酒瀹過曬乾搗羅爲末鹽
調勻曝曬可作醬〔本草云〕榆仁作羹糜令人多睡〔月令〕
云榆皮去粗皮取瓤剉乾磨粉可作粥皮末水調合香
料粘滑勝膠漆汴洛人以榆皮溼搗粘瓦石作不碓
〔本性〕味甘氣滑利關通滯除淋消痰
〔效方〕斷穀不饑榆皮檀皮爲末日服　臨月易產榆皮
焙爲末臨月日三服方寸匕胎死腹中或母病欲下胎
榆白皮煎汁服二升
典故 魏志鄭渾爲魏郡太守乏材木課民植榆爲籬○韓詩外傳楚莊王欲伐晉令曰敢諫者斬孫叔敖曰臣園有榆樹上有蟬方奮翅悲鳴飲清露不知螳螂之在後也○南華鷦鷯上高城之危而巢於高榆之巔城

壞巢折淩風而起故君子之居世得志則蟻行失志則鵲起○〔皇行傳〕陽城貧居隱條山歲饑屏跡不過鄰里屑榆爲粥講論不輟有奴都兒化其德亦方介自約或哀其餒與之食不納

檀
〔檀〕〔圖經〕云葉若槐嫩時皮青澤老則皮白起鱗肌細膩體
重堅乃強勁之木材可爲車詩云無伐我好檀一種望水
檀至夏不生葉忽然葉生當有大水農人候之以古其種
有香檀白檀紫檀黃檀之屬說文云亶者善也善於作柄
以製物故字從之
〔植藝〕冬分栽傍小條掘根見日次年即發苗雨後移植子
亦生
〔本性〕味苦甘氣爽皮能殺蟲葉可解肌

〔効方〕救荒斷食檀白皮爲粉食

典故 莊子孔子周流於緇維之上門人讀書孔子絃歌鼓琴檀樹下匡維惡而伐其樹剪其跡

楓

楓〔郭璞〕云木高大葉似白楊圓而岐秋後色丹生脂而香入土千年化爲琥珀二月開白花旋着實成毬有柔刺大如鴨卵八九月熟曝乾燒其脂爲膠〔述異記〕云南中有老楓生瘿瘤狀若人形遇暴雷驟雨瘤長爲之楓人故云老楓化爲羽人越巫得之刋鐫鬼神可致靈異其葉善搖故草木狀名攝攝乃楓之名所由也風能變化其木有靈是以楓從之

種藝貪熟收種肥熟土中至春生苗一二尺許種之

〔本性〕味辛氣香止風去穢

〔効方〕金瘡傷筋骨者楓香末敷○骨節疼楓寄生煮酒飲染瘟以楓脂燒薰辟穢氣患家宜常焚

典故 述異記黃帝設蚩尤于黎丘之由擲其械于大荒中化爲楓木之林○顏眞卿云張志和母夢楓生腹上後生志和立性孤峻篤志隱淪自號立貞子結茅會稽東廓竟陵子陸羽問與何人來往答曰太虛作室而其居明月同燈以爲照與四海諸公未嘗離別有何來往○自記汝幼時夢一老人曳杖來邀遊觀廣寒但見綠雲窈窕明霞縹緲中有樓雉疊起環拱嬛嬛姍姍之樹詢其名老人曰自可知久之轉步尋跡忽一童子清謳趨道攜壺漿而來詰老人呼予就飲童子曰我歌以壽子酒拍掌呵呵云子乃傍牛者謫居與世緣依將根本忘了分須回還老人曰毋遺忘別歸覺今未年著三農紀於楓于字解云楓葉厚技柔遇霜則葉丹可愛漢宮中多植之故稱帝座爲楓宸又曰丹宸方覺昔年夢中所詢之木又揆童子之歌今五十餘餘年矣噫

樟

樟〔圖經〕云木高葉小如柟而尖長背有赤黃茸毛四時不彫夏間開花結小子肌理細膩有紋質氣芬香故名〔博物志〕云老樟出火勿近入家甬可入藥木作履除足氣追牀榻卧令人生風舌書云葉貫門辟天行南都賦云楈枒栟櫚柍柘檍檀結根聳本垂條嬋媛其功抵覦山符章或者以是名之乎

種藝取傷生小樹春秋時雨後移植暨木狀云豫章二木生七年可辨

〔本性〕味辛氣香理氣辟疫殺蠱逐鬼

〔効方〕中惡鬼氣卒死者樟木燒烟薰之可甦○凡一切怪

病服藥不効者以樟木火煎服

典故 吳記建昌邑人李公懋入朝高宗問樟公安否奏以枝葉扶疏歲寒獨茂○醫案孫思邈一日玩木工鉅木木乃樟也一人腹痛急懇求藥孫隨取與之用薑湯調服即愈酬一以米雞孫戲咀云鉅末薑湯下斗米一隻雞旺我十年運有病早來醫今爲話柄

楠

楠〔爾雅〕云柟其樹童童然歲寒不彫形若幢蓋枝葉森秀無相礙得如避害生山南向陽之處故字從南葉若女貞而長開黃赤花實似下香色青木偉幹端直氣芬香細理性堅耐居水土不宜作柴令人病風爲其香開竅也子赤者材堅子白者材脆質有羅紋寫水惟憶紋奇異乃文章木也〔西京賦〕云木則樅栝椶楠梓棫楩楓嘉卉灌叢蔚然

鄧林

植藝實熟收種蔭潤上中即生待苗高一二尺春時移植頻澆

本性味辛氣香開結消滯

効方停耳出濃楠木枝火燒研以綿杖繳入

典故 格物論金山有木名楠其木直上向葉不相如兩木相對一年東榮西枯一年西榮東枯自相讓

杉

杉圖經云葉莖幹直上聳扦聶葉扁排生有刺狀若鳳尾四時不彫臨冬更茂夏月結實甲如小桃開花白者材虛赤者材實質輕宜潤理起羅紋入土不壞可遠蟲甲作盂夏中盛食不敗爾雅翼云樧通志云檆象其葉故爲杉象其材故爲樧臨霜不彫歲寒不變伐而復生剪而又茂不榮不枯品爲木中高士

植藝上肥處易長忌水浸荒蕪山坡須先種脂麻二季來歲芒種時用尖橛一把揷穴勿將轉原土將杉傍生嫩苗分采揷下築實離三五尺成行排密則易生每年耘鋤勿雜他木或種麥粱稷以當耘鋤高三五尺則止耘禁牛馬踐踏易茂白露時收杉毬晒盛箭竟中令毬乾打落子了如茄米狀而微小擇黃壤土鉏起以草葉鋪面火焚之再三然後作畦將子勻撒畦上以細土糞薄掩之頻水洒苗生臨冬作篷以避霜寒至來年暖時去之畦中耨草淨至冬又蓋苗至一二尺許芒種後白露前移植畦邊生及獨根者難長須得畦中叢生根者易茂成林伐而又生萌蘖分萌蘖傍栽而復揷之轉易無窮

本性味辛氣利快氣止痛殺蟲去濕

効方柳州救死方元和十二年得腳氣夜半痞絕脇下塊大如石且死搐搦上視家人號哭滎陽鄭洵傳杉木湯服半時頓大下三行氣通塊散方用杉木節一大升橘葉一大升大檳榔七枚碎之無橘葉以皮代之童便三大升共煎一大升半分兩服一服得快即停後服此方者多効

典故 詩集潘紫巖遊山中見杉而題曰何代移來得許長想渠曆晉復經唐慣于巖畔諸風雪不與人間作棟梁二寶七仙同守護千松萬檜自低昂向來諸葛祠前柏相與當爲伯仲行◐白記漢水參扶九精繪畫嘗寫一孤杉于几弔即題云亭亭孤立峙青霄一任枯榮不改操獨自抱貞無傷色吟思雲水向風嘷扶九天我書了題各行其意

松

松圖經云始生泰山磥砢多節盤根樛枝皮粗厚潤四時常青望之若龍鱗葉三鈒者爲栝松七鈒者爲果松又有赤白鹿尾之松喜生深壑巖崖閱生千年下有茯苓上有兔絲脂入土千年化爲琥珀黑玉玉策云千年松四邊枝起上抄不長如偃蓋其精化爲青牛青羊青犬壽皆千歲採脂可然燈收棤可製器伏生餌藥得仙佺服脂永壽說文名寀爲白木之長故字從公史記云秦封爲大夫此木愈老愈美不殘冬秋有茯苓象其壽延於衆木故

加公也
植藝白露後收子晒乾至春分用水浸十日治畦以松子漫種畦內或拼點上覆以細肥土搭蓬蔽日頻澆當令潤澤苗高二三尺至秋後去蓬十月夾籬以蔽北風畦內漫撒糠麩覆苗令稍上厚二三寸至穀雨後手爬淨澆之次冬復如前法二年後三月帶土移栽先掘穴穴中用水和泥漿以樹栽內雍土令滿下水築實次日看有縫處那細土掩之常澆令濕只畦邊獨根者難長凡移植遇三候春社以前松柏杉槐一切樹木皆宜植宜黃壤土最忌傷根根若斷者烙鏴鎔過不令汁出否則難生

本性味澁氣厚葉可延年子可鎮精博物志云松脂茯苓棗仁棗肉等分食後服五十丸令不饑
効方辟穀方松脂十斤桑柴灰淋汁一石煮五七沸撈入新汲冷水中旋復煮凡七次乃白爲末每服一二錢米粥飲調下日三服至十兩不饑一年以後盲明夜視久服延年松葉切碎陰乾搗末每晨以無灰酒下二錢久服難老絕穀不饑初服覺難久則自便

典故先聖本紀許由欲觀帝堯因帝坐華堂匹雙闕君之榮願亦得矣曰予坐堂森然有松生于膝雖而雙闕無異於迴鸞之榮豈爲予哉知所以取榮哉○宋書顧歡好學而家貧夕則然松脂讀書後名顯天下

柏

柏圖經云始生泰山性堅緻有脂而香木徑直皮薄肌細葉青枝長四時不彫歲寒更茂孔子稱之三月開細絨花結實若毬狀如小鈴多瓣中含子遇霜降則實裂瓣子大如麥材質有山水雲彩紋理無紋理者堅滑芬香老者入水土年久難朽葉脂服之可求壽爾雅翼云掬六書精蘊云萬木皆宜陽而柏獨西指蓋陰木而有貞德者西方木也故字從白埤雅云柏之指西猶鍼之指南也其木堅直可作棟梁材有乾剛之性故古人任之
植藝九月收實晒乾取子候來春以水淘取流者者濕地二三日淘一次或淋候芽發劇土調畦水飲以子勻撒覆細土半寸再以水壓下二三日澆一次常使土潤勿過濕乾既苗生堅矮籬護之恐爲蝦蟇所食常澆均

清糞水待苗高一二尺移栽畦邊獨根者難長取其中苗者栽易茂又法剪苗上嫩枝種濕土亦活成條移栽
本性味苦辛氣馥葉可辟穀實可養氣脂可益年
効方柏子沉水者爲末每服方寸七漸增三五合欲絕穀則恣意食取飽渴則飲水久服延年○春季采新生嫩枝葉三四寸許并花蒸陰乾爲末煉蜜丸如小豆大日未出焚香面東持八十一丸服一年却百病延壽十年服十年可延生

典故東方朔傳漢武燕未央前殿雨新止上呼問之答曰驗後欄間有鵲立枯枝頭向東鳴上建視如朔言問何以知之朔曰以人事言之風從東來鵲尾長易風而立是以知東向鳴霜雨生枝鵲苦枯枝濕是以知立枯枝上上悶人笑○古書土泉父不以命終絕世不仕立室墓側旦冬當至墓側一柏悲

小引

古蜀　張宗法師古甫著

天地者萬物之體也萬物者天地之用也體而用之用而體之體用互得各自生成自然之道因雜相盜而變化矣

周禮有艸人藥經有艸木古人之制作虞衡無遺物是以百姓日用享之太極之英華散而萬殊無物不賦賦陽者剛賦陰者柔人因其賦之質而制用就其賦之情而栽培咸歸造化之妙物亦有願需于人間不負生于雨露亦物之天幸誰肯甘向西風悲嗟作不偶無聞而湮沒于巖林

竹

植物之有竹非艸非木不剛不柔小異虛實大同節目譜記云竹之品類六十一種黄魯直以為竹數甚繁所類恐不切詳欲作竹史不果說文云竹乃冬生艸也故字得倒艸書旨四時不改柯易葉其操與松柏相節等質之萌曰笋竹之節曰約竹之篾曰筤竹之衍風體夭曰笑小曰篠大曰簹篔曰筱枝曰箹膚志云廣人以竹絲為布甚柔美蜀人以竹製麻織履可判篾編笆為籬籓斷材為柱為椽為舟楫為桶斛為弓矢為筍匣盆盂為筩席枕几為筆管藥譜曰可服食汁可療病筍可作蔬籜可封瓶嫩竹可造紙根可製器葉可為薪其用恆多費可枚舉難悉載十得農生詩人吟題能發樸

參詳竹譜云實竹產滇廣即無心竹也高節竹產蜀中即篠簜竹也無節竹空心直上名通竹簹竹一丈四節質竹一節近丈篔竹高半百尺肉薄可作柱簹竹大至數圍肌厚可作棟簝竹可為桶斛簩竹可為舟楫筸竹可作簫笛越竹高丁尺絲竹細若針鳳尾竹葉若鳳尾龍頭竹根如龍頭公竹葉同芭蕉龜竹身紋刻畫思摩竹笋自節生扁竹方竹藤竹舩竹弓竹月竹季竹雙竹孤竹桂竹桃竹棕竹丈夫竹慈孝竹茅竹毛竹荊竹苦竹甜竹水竹蔥竹斑竹籃竹籠竹人面竹相思竹柯亭竹白甲竹滿者可以錯甲謂之篦簩竹澀者可以織席為

桑竹勁者可以弋矢謂之箭竹柔者可為繩索謂之蔑竹黃者若金碧者若玉紫者若珠黑者若墨赤者厚而直白者薄而曲斑者有斑形點者有篆紋勞竹節有苦刺簩竹籜生毫毛竹類甚繁產地不同呼名各異聚一二以言其目

圖考竹者著也古者削竹記事刻竹書言乃至重之物也竹種雖多不過二種以根之曰鞭生曰叢生鞭生者根有節節生笋笋生成竿竿旋落籜旋生枝枝有節節有葉葉必三三枝必兩兩六十年生花結實枯死實落土復生六年又成竿叢生者笋生竹傍依母而發笋生高過竹方落籜生枝枝生葉不華不實四時青茂鞭竹多

生笋于春叢竹，多生于秋二種，最喜上行惡卑濕。淮南子云竹以水生不可得水也

植鞭竹種鞭竹宜舊笋已成新笋未行風土記云五月十三日爲竹醉日宜植黄山谷云宜辰日一云用竹本命日正月一日二月二日之屬每月二十日亦可種竹無時雨過便栽惟冬月各半月難活蓋天地閉塞無生氣也

植菀植宜向陽地先劚土鬆臨時用馬糞拌濕不宜作泥糞最忌豬糞蔴餅勿用足踏以鋤築土鬆則鞭易生種竹處當積土令高則雨潦不浸舊茅茨來土壅則根鞭地脉易生老農云栽時令小兒笑笑哭哭于傍則茂而

旺竹有雌雄有近根節有雙枝者爲雌單者爲雄選雌者于西南鋤根栽東北隅謂竹性西南乃嫩根生機之處所謂東北老根種亦不茂然物理亦不逃陰陽之妙也

移栽移時先于本根離一二尺劚斷傍枝仍以覆土須澆候雨後移栽即活移時須尋西南根勿劚斷照舊栽植以架扶之但竹中有樹木勿去雖風雨不復倚斜猶犬屍埋根傍生笋更茂若埋邊傍可引竹○種竹有四法密疎淺深是也密種者大其根盤每顆用五六竿一堆根密自相約持疎種者離三四尺種一顆土虛易于行鞭淺種者入土不甚深深種者栽雖淺却用糞土厚壅一法擇大竹去上段留近根三四寸通其節以硫黄填實倒種之第一年二年生小笋隨去之至三年生笋若舊竹甚有過之者

鋤園法將園地分三段今年盡伐竹一段鋤去根必來年引鞭發笋明年又伐鋤一段再年又伐鋤一段三年畢盡其土換移成新日竹茂而不枯以馬糞糠粃舊苦草壅之

療竹竹到六十年便開花輒枯死結實如稗一竿生花相連滿園皆然于初花時擇一竿稍大者截去近根二三尺許灌以犬糞汁即止

種叢竹須以新生笋成竿微吐苞時取雌者以斧斷根削

去上梢留五六尺長將小杖通其內節栽宜勢斜兩竹交加又中用篾縛定竹內灌水令滿毋使乾枯生笋爲度窠中塡以馬矢腐草勿足踏勿著豕糞蔴楷又云鋤爲溝將嫩竹連頭埋並稍在臥潤土中節節生笋

伐竹伐竹有二要一要留三去四二要公孫不相見子母不相離隔年竹可伐也伐須知時竹之滋澤春發于葉夏藏于幹秋蓄于笋冬歸于根故冬日伐竹經日一裂五月以前伐竹則根紅而鞭爛盛夏伐竹不蛀于林有傷七八月伐亦可又云伐竹忌血忌日損林又云血忌日伐竹不蛀月令云短至伐竹取竹箭臘月伐竹做器免蠹凡辰日癸卯庚午伐竹林不蛀損林

譜笋引竹生笋將猶犬尸理于彼處雖數丈亦生凡竹發
笋一番兩番生者可成竹至第三番生者只可供食凡
笋生連宿不長稍帶黃赤者即攀而供食留亦難成于
上番黃山谷詩云根雖辰日據笋着上番成是也笋可
乾可鹽醃蒸煮炮酢為入所好藥性云笋快大腸無益
脾胃俗謂之刮腸篦凡煮新笋以桑葉雜煮則無苦味
而脆美

禾性氣清味淡根通絡實益壽箸却風葉除熱笋發痘疹
止嘔汁消痰蛀止血

効方大熱大渴不止小便赤目紅脈數竹葉百个石膏一
兩煎服之效

典故 呂氏春秋黃帝令伶倫為律合日上六夏之陽沅谷之陰取竹于嶰谷兩節間長六十九分而次之以為管○集異馬均大巧人有竹作人語時天旱人皆酒興此竹人語天須臾大雨○水嘉記張鷹隱居竹林中為屋王右軍聞而造之鷹辟竹林不與是時人號為竹中高士○姓先賢傳孟宗性孝母病欲食新笋宗入林號泣冬笋為之出以洪時人以為孝感所致○蘇東坡激劉器之同參玉版和尚至則燒笋而食器之發笋味勝間何名東坡曰玉版也此老師善說法器之乃悟其戲為之大笑作偈云不怕石頭路來參玉版師卿憑錦揀子與聞笋龍兒

蘆

蘆澤生草也莖葉似竹長丈餘無枝開白花作穗若茅花
狀根若竹根而節疏草木狀云色白皮薄者葭也蘆也葦
也短小于蘆而中空皮厚者菼也薍也荻也萑也最小而
中實者蒹也江東呼為蒹蘆又謂適芳皆以初生得名詩
疏云初生曰葭未秀曰蘆長成曰葦花名蓬蕽笋名虇可
煮食鹽醃桿可薪可箔可離可蓬一種名苫者莖被屋可
經久古者為廬以安身藏物葉莖可苦故加艸以名之也
墨子云竹為律管葭莩為灰可以理候

植耕春深取勾萌種濕澤處即生花絮沾濕地亦生不

采蘆莖橫埋濕土節節生枝易茂

味性味微苦而氣寒利竅通淋能解河豚毒

効方水癥者取笋搗爛以黃酒飲效　中肉毒及藥箭傷
者取根搗汁服効

典故 經務集浙民歲輸丁錢絹細民生子即棄之虞九文聞而惻然訪江浙有荻場利溥為世家浮屠所私合有司藉數以聞請以代丁錢符下口民勸呼鼓舞始知有父子生聚之樂○孝子傳閔子騫生母亡父又

繼生二子母與騫絮衣以蘆花父察知出繼母騫告父曰母在一子寒母去三子單遂止母聞感而慈愛○吳越春秋伍子胥避楚難至江不能渡忽蘆中出一老人乘小舟而渡既登岸再問姓名曰蘆中人○姓陽志姜詩性孝母明龐氏賢家貧不得名母命詩出龐龐出母庄思食生魚江水嚴波水得魚采蘆薪以献母鄰人成稱其孝勸母留之後舉詩為孝廉嚴為孝婦其名母成之也善師舜父母者古今惟一善母也○宋歐陽修少孤母守節自誓親教讀書以此當紙以苫荻作筆後顯名○通志雁門山嶺高鳥飛不越惟有一缺雁來往向此中過故名雁門山中多鷹隼雁至此皆兩兩隨行含芦一枝鷹憚芦不敢近

蔗

蔗圖經云蔗生艸也叢生莖似竹內實理直有節無枝長
者六七尺短者三四尺根下節密而上漸疏葉若蘆而大
聚頂上扶疎四垂秋後可去皮斷食味甘美故名甘蔗又
作秆藨王灼作蔗譜有四一曰西蔗作霜色淺一曰昆侖

蔗卽紫色紅蔗也一曰杜蔗嫩綠薄皮味醇厚專作霜飴竹蔗也一曰荻蔗白色卽芳蔗蠟蔗也可作餹又有扶風蔗一丈三節見日則消遇風則折又有交趾蔗長丈餘取汁曝之數日成飴自古食蔗者始爲漿後作爲飴爲石蜜造汁者竿汁過槽木槽入石灰汁點熬成飴爲黃餹曰酒霜露者爲白飴蔗楂焚烟能瞎人目楠煎餹能獲利但碍穀耳葉如蘆可苫屋遮風雨以安居羣庶

種蒔宜砂土耕極熟穀雨前後治溝以蔗桿埋溝內芽生五六寸鋤之長尺餘根下壅以灰糞蘇餅末芸培成畦一旱宜潤澇宜乾勿令畦溝內注水二三尺許剥去根傍裏葉令長長又剥葉又云赤蔗一年一種白蔗一種兩載

收藏至大將降霜時趂晴明儘根芟之去葉稍留幹入藏窖內窖闊如梁横狹直長深五六尺下以艸柴襯底順藏蔗稈上蓋以艸葦方掩土勿令透風水浸不則心紅腐朽着酒氣則敗壞

本性味甘氣寒脾家果也素問所謂甘溫能除熱若煎熬成飴又助熱不宜多食飴甘溫潤肺鹹病骨病禁食黑者去滯白者潤燥同鯽魚食成疳疾同葵菜食成流澼與笋食成瘕與酒食生痰與榧子食足軟

効方折撲痰血在內黑餹熬焦酒服　禁口下痢沙餹入兩烏梅一粒水煮時侍服　痘不落痂白餹調白湯日頻服

者也方志士下壬老則無子傳位大臣出家學道咸仙弟子以龕懸樹上獵人射之流血于地出三甘蔗日炙出一男二女卽善牛與妃也故佛以蔗爲姓○野史盧絳中痞疾夢白衣人已食甘蔗卽痊見售蔗者絳攜囊乏惟有唐山一冊遂贈數挺嘗而疾之痊○野史宋神宗問呂惠卿曰何艸不庶獨于蔗從庶何也曰凡艸植之則正生此蔗獨出也甘蔗以剉生所謂庶出也○俚說頭陀之爲虎頭將軍每啖蔗自尾入或問其故曰漸入佳境○王灼謂唐人曆中有僧邪者騎白驢登繖山結茅居書寸紙繫錢緡遣驢負至市識者取平直掛物于驢縱歸一日驢犯山下民蔗苗請償于僧僧曰宋未知種蔗糖爲霜利當十倍試之果信自是遂傳其製

苜蓿

苜蓿圖經云春生苗一科數十莖一枝三葉葉似決明而小綠色碧艷夏深及秋開細黃花結小莢圓扁旋轉有刺數莢累累老變黑色內米如穄子可飯可酒農家夏秋刈

苜蓿苗冬春鋤根製碎育牛馬甚良葉嫩可蔬爾雅翼云木粟葛洪云懷風草雜記云光風草郭璞云牧佰方志云連枝草光明經云塞鼻力迦種出大宛漢使張騫帶人華中一年可三刈易茂艸也隔一宿而長盛起久之目也隔十宿援茂快人之目也故名苜蓿復芟之不歇其根深耐旱伯盛産北方高厚之土卑濕之處不宜其性也

種蒔夏月收子和蕎麥種刈蕎苜生來年只可一刈三年後更茂每歲三刈留種者止一刈五六年後根結宜墾去另植法當用每畝分三段今年鋤根一段明年鋤一段至三年鋤一段去一段長一段不煩更種每犂得種一畝一歲足用宜捕鼠除蠹其苗可茂

本性味甘性平健脾寬中清熱利水子可壯目葉可充饑

忌與蜜同食

効方煩燥溺少絞汁服

典故 元史世祖命民種苜蓿各社植之以防年凶葉與子可以濟飢並根可以飼牲益于農家○西京雜記樂遊苑中自生玫瑰樹七下多苜蓿在其間常勵七然照其花彩○唐書薛令之爲東宮侍讀官暑簡炎題壁云朝旭上團上照見先生盤七中何所有苜蓿長闌干玄宗見之續云啄木嘴距長鳳凰毛羽短若嫌松桂寒任逐桑榆暖令之見詩謝病以歸

燈心艸

燈草圖經云叢生莖青圓細長直無枝至稍半開細白花結子初秋收莖剖皮取瓤虛白若線狀可作燈炷可裹燭信故名燈心草 爾雅云虎鬚草織蓆甚煖草木狀云碧玉

艸冉家采根葉伏硫砂白瓤可溫目鏡乃澤生草也

植蘇冬鋤根起去老留嫩擇肥盛澤田相去五六寸栽一窠至春苗生以麻餅末土糞壅之至秋茭收瓤來年宿根更茂再年鋤去另植

本性味淡氣涼清心火利水道研拌以米粉或入茯苓易末

効方長燈方浮萍死松六月派遠志黃丹蛤粉等分爲末每油一斤入末一錢可延一月 穴箋云端午日以燈艸對日念天上金雞吃蚊虫骨髓膚七遍點燈遠蚊下滿云用淨盞着燈心爲燼啓亮入密室中閉門謹封背燈點坐反觀自影中光霞色黃者吉紫者上吉五彩皆大吉白匆赤血黑凶凡光光明者徵黑暗者禍兆須以來法辨之有驗

典故 唐書狄仁傑未策時宿寓有少婦來曲之仁傑傳一帖于燈上焚之美言勸歸大宗試雯曰天上迎狀元有二旌書云美色人人愛皇天不可欺詢其故果○異聞錄楊楨讀書于昭應文刻院久聞窗外歌庶清雅啓視之一紅裳女子徐走簾外吟云金殿不勝烈月斜石棧冷誰是相思古人裳帷明影積出拜相與談而楨之宗代親族無不知其姓名告今典籍莫不精詳形容嚴莊舉止朗明惟一青衣嬰兒相件去潛視之自隙出入乃紅罐中一燈也○釋典蘇東坡荊曹溪觀傳燈錄忽燈花落燒一僧字郎題云曹溪夜岑寂燈下讀傳燈不覺燈花落茶甌上一個僧

萱草

萱草圖經云也生莖無附枝繁萼攢連葉四垂如水仙葉而大花初發若黃鵠嘴開則六出蘇子由詩云卻然黃鵠

嘴芳譜云黃如蜜者清香可作蔬于菜者殺人一名黃花一名金珍博物志云忘憂萱草東皆云甘棠令人不惑萱草令人忘憂風土記云花名宜男姙婦佩之生男述異記吳人謂之療愁花通作諼蘐萲作蕿孟郊云萱草女見花不解壯士愁苗可薦殂根可療疾花色可以爽口時人尚之

植藝雨中取勾前栽初覺稀至來年自然稠密又法鋤根根向上種則出苗甚茂歲七收苞微蒸晒乾妝藏

本性味甘氣快利膈通凝根可散聚

効方中丹藥毒者根搗汁飲 遍身水腫根葉晒乾爲末入席下塵食前米飲下

典故 詩話孫恪遊洛下見一女子摘萱草吟云彼見恪詩與居數載長南康此地因游寺見猿思歸

覡同劇草寺向山山與白果方長我懷抱赤至瑞州陝山
寺邁遊其寺袁氏持碧玉環語僧曰此局院中舊物
也今將收之忽有猿數十從高松躑袁氏惻然題辭曰
無論造化幾湮沉因恩情役此心不如遂伴歸山
去長嘯一聲煙霧深題畢化猿躍樹而去恪驚異問
僧乃方悟青此寺中養一猿開元中爲力士過此見
其慧黠以束帛易之獻上湯爲安史之亂不知所之
環乃繫猿頸者物也

席草

席草澤生草也狀如燈草三稜及鬼芘莔𦿐上夏莖端開小穗花結細實並無枝葉可織席可爲蓑衣說文云莞可爲索三稜草也山海經云石龍芻一名龍莚生水澗可養馬埤雅云龍珠懸苑圖經名縉雲草方志名革續斷詩疏云方賓古今注名龍鬚草者又種席帶草圖經名棕心草埤雅名西王母帶其帶細而中實而堅爲席甚固可織扇編枕堪作

種蒔宜澤田春生芽分栽如插秧法植之止以麻餅未和灰糞每年刈二次曬乾收製勿見雨

本性味甘氣寒根利水道苗去熱痿

効方穴饕云端午日收北方氣吹筆尖上寫三五寸黃紙帖上欲深淵默潛五字置之床席可辟蠹或入衣領內然蠹性不向北行亦理故施之

典故
山草古今注孫典答問曰世稱黃帝煉丹于鑿硯山
乃得仙乘龍上天群臣援龍鬚七墜而化爲龍鬚草
有之乎曰無也龍鬚一名縉雲草故世云以之妄傳
耳今東陽縉雲亦織席名西王母席可復是西王母乘
虎而遺其鬚也○述異志穆王養八駿于西海鳥食
龍穆草而益其力故能騁天下而不疲○孝婦與
一屍家貧無所堆惟種帶織葉易貿養翁姑○謹以
終其志君子作傳褒其

蓑草

蓑草叢生直上無枝葉若龍鬚而細小甚堅勁耐風雨喜生黃土春生苗及秋約長二三尺許帶露嫩芟收曬乾可造雨衣爲襏襫故名蓑又名莎方上記名蓑草結露又可爲繩索履屩故有蓑之名也

種蒔雨後掘根植空落處壞處去他草禁放牲畜歲歲采收便于籐竹麻縧

本性味淡氣平可調滯理凝

効方手足筋縮伸者燒灰存性酒服

典故
列子齊景公遊牛山而泣曰美哉國乎七芊七若何滴
去而死乎使古無死者寡人將去斯而何之據從之
泣晏子獨于傍笑景公雪泣而顧曰今日之遊悲衆
皆從泣子獨笑何也對曰使賢者當守則太公桓公
常守之矣使勇者常守則莊公靈公常守之矣吾君
方將被蓑笠而立乎畎畝之中唯事之恤何暇念死乎

芒草

芒茅屬也根若荻而粲春生葉若劍有鋒似蘆而頗小秋深葉內抽莖七生節而中實開花淡紅色如樹纓狀收葉可造履古人謂芒鞋者此製之也左傳云雖有絲麻無棄菅蒯曰華爲菅黃華爲蒯皆芒也莊子云芒乎易乎葉伺年馬健壯霜後芟莖可爲籬葉爲薪易炊材居環種爲籓可禦盜入窰爲火煆磁輙勻圖經名莽艸郭璞云芒出百爲繩索履屩之物

種蒔春植根于曠上來歲生茂葉可薪可苫莖可籬或植閭里三年當墻山農宜之

本性 味甘氣涼通淋快膈

效方 小兒外歸以葉燒薰凡一切無告

典故 列女傳楚狂隱居王聞楚在賢聘之其妻采蔬歸見戶外有車馬跡曰隱者原以保身快以貧賤爲樂也飽不過食肉倭人不過云帛爲身而憂人回豈不危乎妻遂逃楚狂隨遁結草爲廬收木實而食止姓名

茅草

茅圖經云漫生坪坡葉若莽而細根小如蘆而有節春生苗長者二三尺餘三月結苞開花亦如莽花而形小有紫白二色若持茅狀故加艸以茅名初出土曰茅針花曰茅秀葉曰茅管故易大過藉用白茅葉嫩時芟作繩索是以詩云晝爾于茅宵爾索陶爾雅翼云菽根名茹易云收茅連茹方書取之入藥亂由家取之鎮魔嫩葉可織履飼牛

馬甚壯葉老苦屋經風雨故號苦艸爲薪燒窰煅磁堪佳是云司窰艸形細而長名絲毛艸湯取之以禱雨周取之以承祭離騷云時續分其變易兮又何以淹流蘭芷變而不芳兮化而爲茅

直耕植山坡處禁牛馬勿踐踏年年收穫

本性 味甘氣溫通經止血

效方 鼻血不止採根煎水入鍋底煤一撮服即已

吐血者以茅根藕節側柏葉煎湯少入酒服

典故 史記湯時大旱七載太史古之當以人禱湯曰吾爲民耳請自當遂剪髮斷爪身嬰白茅以爲犧牲禱于桑林以六事自責言未畢大雨降□左傳齊侯伐楚曰爾苞茅不入王祭不供無以縮酒寡人是徵□自記老友度日大閒紀而及于茅曰小小艸耳何必記籍予曰聞之文中子云蔽廬可以蔽風雨西蜀亭南陽廬雖陽窩皆茅居也古之人之人不以居懷而以德懷之也

府蔓本也性喜上而升故云藤非倚不能故屬蔓支種類甚多形色不一皆何木發樹而生蟠曲而上質秉乎巽性秉乎艮故有連絡之形堅者根可製器爲盆盂爲柄持柔者莖可造用爲楚席爲冠蓋爲履屐其繫縛編織亦製皆可稜舉

植耕春取嫩小栽植樹傍頻澆活依木而長故云種藤植植弱緣樹作根藤既纏裹樹即難長

本性 藤類甚多治其性悉走經絡活血快氣

效方 筋骨疼者不左轉藤浸酒日日飲之

典故 先賢傳蔡君仲性孝所居井枯樺歲久欲易之爲母年上不敢易□忽生藤繞之名扶之有鳥巢其巢其上□隱逸傳元袁和麓主高峯千丈崖巖頂有藤一枝蜿蜒蜒其上蟠結成龕若修藏之處故號棲雲

三農紀卷之七

小引　　古蜀　張宗法師古甫著

天地之功用至大而神非人所能竊勝惟聖者惟能體發其神以成其功始見其神之妙功之大不然天地有間萬物困窮

伏羲以前尚矣不可稽考淮南子云神農嘗百草滋味一日而七十毒世紀云黃帝使岐伯嘗味草木定本草經醫方以療病內經云病生于丙治宜毒藥周禮草人以時採毒藥以療民病李杲云失其地則性味少異失其時則氣味不全當野生者勿植當植生者勿野不則失其性味宜

之以上採之以時製之以法不違其性則自然味足氣佳人方有効口孔志約云動植形生因地舛性春秋節變氣殊功差離其本土則質同而效異乖于採取則物是而時非名實既虛寒溫多謬施於君父逆莫大焉

陶弘景曰按上品藥性亦能遂病但勢和厚不爲速效歲月常服必獲大益病既愈矣命亦兼申天道仁育故曰應天一百二十種者當謂寅卯辰巳月法萬物生榮時也中品藥性療病之辭漸深輕身之說稍薄却患爲速延年爲緩人懷性情故曰應人一百二十種者當謂午未申酉之月法萬物成熟時也下品藥性專主攻擊毒烈之氣傾損中和不可常服病去即止地體收殺故曰應地一百二十五種當謂亥子丑之月法萬物枯藏時也兼以閏之盈數焉

艾

艾本草云春宿根發苗成叢白莖直上苗高一二三尺葉四布狀若蒿分五尖上復有小尖青而白背有茸而柔厚秋中葉間出穗開細花結實纍纍枝中包細子霜後始枯來年再生子亦出苗廣志云荊州產者歲歲子生收葉置寸椀上灸之氣透于背說文云艾可灸病久而愈佳故字從之子輿氏云三年之病求七年之艾是也神農經云醫神可療病也師曠云病艸能古年字說云艾灸一灼謂之一壯壯者以壯人爲法老弱者量力減之博物志云削冰令圓舉向日以熟艾承其影可得火艾有兩義艾者愛也隨

林之可湯液能療百病艾者碍也灸有宜忌妄投之百害生焉病字從丙丙者火也上古之民飲水啖茹白火食之後情欲縱橫病多發于火故古人四時取火去舊迎新欲民受五氣而却病灸者以火攻火是以火濟火也且不見木燧柳觀天象取火于木益烈山澤爕木于火火乃無質有象可泰可否煉土以火爲藥火乃氣之神也素問諄諄再三審問明洗于氣運經穴色脈之際苟有一失則碍人命故命各曰艾以其音合人之所慎用也

植藝春中苗生分栽三月三日采嫩者陰乾可入藥五月五日采老者陰乾可爲灸劑艾秋收子春種生苗移栽花家蒔以接菊

製用茯陳[illegible]入湯[illegible]以醋炒黃得米粉提易末或加茯苓亦妙炙家日乾揉塵入石硫少許更久更佳作餅色揉去青渣收白綿用

本性味苦而氣微溫可升可降入足太陽少陰厥陰

典故 格物論雀欲奪燕巢雀銜艾葉置燕巢中燕輒去○博物志艾情三年燒之津液下流成鉛錫○張茂先魯誌之効○歲時記五月五日鷄未明時采艾有似人形者攬而收之造以炙病甚效是日采艾作人形懸于戶上可禳邪○徐氏書一婦患求一老醫治之日此非湯餌可療得炙攻之患者夢二豎子云明日必絶吾之道炙其在膏吾之巢炙其帶吾逃去矣次日果炙在脉及帶脉其病頓失

紫蘇

紫蘇本草云方莖對節分枝葉圓而尖四圍有鉅齒形一種葉密紐花刻若剪成狀肥士產者面背咸紫瘦土生者

面青背紫秋開紫白小花成穗作房若荊芥子大而色微曰亦有微黑者爾雅名桂荏紫背赤也血之色也蘇者舒也氣之運也紫乃雲之瑞氣蘇乃月之始生其味辛可以理氣其色赤可以行血得佐使不勞而成功如獨用則名多益善利去便止久服耗人真氣恐害生于恩也譬如武侯之治蜀權用韓申之法以安民民安即去是可暫施而不可久用也若愛其快利正如秦併天下不知勝殘去殺故不能久傳而速亡用得其當則霸道即是王道用不得當則主道還是則之也

種蒔春中種子平貭壤土苗生三四寸移植嫩葉可作蔬三五六月芟其苗以火煨其頭則葉經久不落一枯子熟

刈作蓬珀乾收子備用

本性味辛氣溫行手太陰足厥陰經入氣分藥可理氣入血分藥可行血乃發散藥也子可利膈禁與鯉同食

典故 宋書仁宗命翰林院定湯飲議以紫蘇湯爲第一以其性能隆膈浮氣也注棧云但不知久而耗真氣一

薄荷

薄荷本草云宿根春生苗莖方色赤綠葉對生初出葉長而圓頭多尖人家種薗以代茶通志云蘇州產者佳陳上良本經名菝荷甘泉賦名宲菇字林名芳苦于金方名蕃何雖字書各異其音頗同也薄者輕屬也輕者清屬也清氣因乎重濁之開欲升而莫升非荷負之力不能士達渺茫所以龍潛非雲不能興虎伏非風不能起物各有從也

夫不觀之夷吾受困非叔牙之薦孰能知用子儀落魄非太白之遇誰能識舉治病猶泊國也用藥若用人也不可不知焉

種蒔春生苗三月分植潤士至五月待嫩采之陰乾凡采時陽夜以糞水澆之或雨後刈收其性涼味辛不則失之

本性味辛氣涼升而陽乃氣分藥也能行高巔及皮膚引諸藥入榮衛行手太陰足厥陰經作蔬久服令人虛汗難巳老弱者禁之

典故 風俗通薄荷者猫之酒也桑椹者鳩之酒也犬者虎之酒也芮者魚之酒也食之能醉

荆芥

荆芥本草云方梗細葉似獨肅葉而狹小淡綠黃色秋後開小花作穗成房如紫蘇房房內細子黑黃色處處有之本草名假蘇陳士良云假蘇別是一種葉銳有香氣野生似蘇故呼爲假蘇者是也荆者禁也禁止之義古者采荆作籬以蔽風雨芥者界也取疆界之義凡物守其界則治越界則亂天地間自然之定理也子與氏云行王道必自經界始以一藥而名者言治風不能越經犯絡也其味辛辛味金金能制木木主風風無制則失其界有拔木揚波飛砂走石之勢得金制之則自盡其職遂四時布五運行六氣萬物各得其所夫何不見諸天道然東風逆起不已得西風即止其是之謂與

種藝擇熟肥不受水渥者以子勺種之苗生去草淨糞水澆之五六月刈收曝乾將穗別藏

本性味辛氣溫氣薄浮而升乃陽分中藥也入足厥陰經行氣中風痰穗炒黑入血分作蔬入食薰五臟神一切無鱗魚河豚蟹鱔及驢肉皆忌

典故 方書一人忽行間吐血劇地衆皆駭然一老人命以地漿飲入口即止翹尊其故曰大抵服案有荆芥飯黃鱔故得此暴症也

藿香

藿香本草云宿根厺生苗方莖枝對生密婆作莖葉微似桑而小薄梗中空有節節生枝枝生葉枝葉生生頂成穗開曰細花結實黃而小處處有之考藿本藿字榮敷魏崔乃因名與圖屬荆州南嶽加艸以□其逸也香者云其氣味也楞嚴經謂兜婁婆華嚴經謂哆摩羅跋光明經謂缽怛羅涅槃經爲迦算香釋者皆註藿者乃去穢之涔艸也味辛性溫氣香其辛可以拂溫可以揚香可以散故其功可安中州鎮神宇上中下焦不調順先氣血夫理而亂者可以再定矣如龔遂治渤海吳惠化桂林事本易壑庸人自擾施之得情一通則簡

種藝子可蒔宿根春生苗分植澆即生耘草淨以糞水灌根一植可數歲待苗葉盛時刈之以沸湯煮熟根微曬置透風處陰乾爲束

本性味辛氣溫薄而浮可升可降行手足太陰之經與豬

肉同食令人胸膈不快

典故 楞嚴經壇香爲壇前能去穢今釋家拜祀晨昏爲末作炷焚之以當爐禮微文張說謁交生焚以香待謀說出文章署十日吉文章謝是香無黍

白芷

白芷本草云葉粗對生婆娑紫色潤三指許花白微黃入秋結實薄小秋後苗枯根長尺餘小大不等白色枝幹去地五寸一處四條生者爲喪公藤采者勿用臞仙神隱書云白芷可避蛇楚辭云茝字說云茝香可以養鼻可以養體徐錯云茝初生根幹爲芷茝取乎此也說文云晉謂之囍齊謂之茝楚謂之籬泰謂之葯又有茝蘼淮南子玉秋茝破風其色白象乎乾也其氣芳味平肺也凡芳香之氣

好發揚而快爽無表不到故令清淨而遠穢濁召祥氣以辟凶咎詩人以蘭蕙詠時人以芳芬稱故得有香之名也有德者必有香香者乃自操之氣也能知止則香可久矣

種蒔秋熟收子至春擇肥熟土清明後下種苗生去草淨或壅麻豆餅末和灰糞土之耘鋤土宜鬆秋末掘起凡四條一處若去之能殺人洗去土以石灰勻拌晒乾色鮮白且止蛀鋤收時以蒜香鼻香油敷手不致氣傷人

本性味辛苦氣溫香而輕乃陽藥也行手陽明經引藥同升麻則入手足陽明亦入手太陰經

製用入藥微焙勻黃精同蒸一伏時曬乾去黃精

典故 堅夷志臨州一人被顛仆身青昏死過道人以新汲水調白芷末灌之覺腸中㨖㨖然黃汁自口出腥穢逆人焉解消

薑黃

薑黃本草云春生紅芽一莖獨起無枝無幹莖上生葉葉青色綠色帶微黃黃蔓高三四尺其葉莖若薑但形大潤長根亦若薑色深紅黃春生秋凋不結花實采根名薑黃可入染色根下生鬚鬚結細珠如蟬子色青白乾則皮有皺紋名鬱金又名馬蒁蒁馬者鈔之本草云三年老薑所化又將鬱金另立一種孰不知乃一物之生者根與珠耳薑黃味太陰肺鬱金象肺下繫心之所以入太陰經也著述者況易見聞之物而失其考此言之難矣至於山産海生之故異域稀類之類不詳者不知幾許在既運令日月有度大小有數聖功生焉神明出焉或者以此義名乎李時珍云此物若出漢時仲景必寶之

種蒔春中植子苗生去草作架任其引蔓臨霜蔓乾采果去殼晒乾

本性味苦氣寒有小毒行手少陽達足少陰經乃氣分中藥也

製用宜酒浸蒸熟焙乾或炒香搗頭末用

典故 醫案柳素喬多酒色病二便不通及莖求治李時珍用練實茴香用山甲牽牛子三服而平詢其故曰乃濕熱壅塞精道阻其前後故通利藥無效此理惟李明之治下焦陽虛用天眞丹深得補瀉兼施之道之妙今五已法之又得其神

地黃

地黃本草云春生苗莖有細黃葉鋪地深青而厚上有皺紋毛澀不光高者尺餘葉可作蔬宜露散後采勿損中心收花晒乾可充冬食花開如芝麻花而斑點紫紅色亦有黃者作房若連翹實如小麥形褐色者黃蘿蔔狀粗細長短不一至秋回苗圖經名地髓爾雅翼名芑郭璞云江東呼芑者以深水爲佳故艸從下浮水名天黃沉水名地黃半浮半沉者爲人黃李氏取趨下之義也地者坤也坤也陰陰屬血黃者土之色也土臟胃胃統血生用則從其類入陰分領血錦源其熟則化黑黑乃坎色坎主腎腎乃生血之母爲先天胃乃統血之宗爲後天將後天化質以生先天眞一之水眞水定眞元火定矣言人深得其旨假草本

而本草失眞則工巧之術咸歸茫茫亦猶談道而道喪矣
經而經亡也嗚呼

種埶春深芽生移植肥熟土中成行相去尺餘一窠苗高
有艸卽鋤去或以糞壅成畦宜高埠禁水浸至秋後根
成挖起蒸晒擇去鬱金烏晾

本性味辛微苦氣溫而厚行血中之凝氣宜太陽少陽太
陰之經鬱金苦寒氣厚純陰獨孤入陽中太陽之經李
時珍云可入手臂治痛

典故 范石湖云嶺南桃生蠱行厭飲食以致人死則陰役其家初忠者覺胷腹痛次日刺人十日則主任腸中凡中其毒者以升麻膽礬吐之若腹痛急用鬱金末米湯下卽利惡物此李巽巖爲雷州推官鞫獄始得此方

牽牛子

牽牛子本草云苗長作蔓生有白茸斷之有乳葉青有三尖
秋中開花不作辦如蕹花狀碧色有蒂累之生青枯白其
中子深黑如紅花子而天一種蔓生柔刺微紅無茸葉圓
有斜尖花深碧帶紅核外有白殼殼內有子二三四粒稍
粗而色白草木狀云金鈴艸盆甑艸狗耳艸以其形象名
者也藥性云白丑黑丑以其色性名者也閒嘗考牽牛子
之性能達右腎命門走精道其精道在兩腎間此竅若阻
百脉俱閉諸病作焉此竅若通百脉俱爽神氣暢和焉李
瀕湖云冲動陰蹻則百脉皆陽煉家在此安爐定鼎接命
亦是此竅命亦是此大抵其功用若牽牛星然能回轉氣

之名而寓義于其中欲人之致其知以格物也

植埶宜黃壤砂土耕極熟作溝闊二尺兩溝作一畦闊四
尺其畦微高而平埂勿令水浸浸則苗腐根爛春三月
收根初長二寸者栽溝內以熟糞厚蓋平溝每畝約得
根五十斤土蓋訖卽收經冬爛草鋤而候芽稍出焚其
草令芽再發自春至秋凡五六耘禁鐵器一年滿畦古
者以葦簾爲壇壟種植其功苦勞秋來陰乾聽用

本性生者味甘氣寒而厚沉而降陰也入手足少陰厥陰
經及手太陰經○熟者味甘微苦微溫氣薄沉也陰中
之陽也入手足太陰厥陰經並忌蘿蔔葱蒜諸血若犯
之者男傷營女傷衞能白髮可之

修製擇取沉水肥大者少加縮砂仁末合薑汁美酒拌勻
入木甑瓦釜內蒸令久熟取出曬乾如此拌蒸曬九次
畢色黑爛如漆泥味若飴收磁器內忌見鐵器

典故 朝野僉載被鷹傷腳地黃葉點之卽愈○抱朴子韓子治用地黃葉嚥五十歲老馬復生三駒活百三十歲乃死○崔元亮海上方二人患心疼甚根臨終戒其家人死後當剖病本從其言得一蟲似壁宮壯置竹節中每遇物皆餇之後以地黃葉食之隨爛壞山此得有是方

麥冬

麥冬本草云葉青如韭有縱紋且堅韌長及尺餘四季不
凋初夏開淡紅花若蓼結實圓而色碧根黃白色有鬚在
根根若連珠大如豆長寸中大兩頭尖圖經云虋冬字說
云冬草之茂者曰虋根有鬚而藏土內者曰冬草木欲云

不死草階前草名其葉也璞曰韮禹餘糧名其實也爾雅
翼云齊謂之愛韭秦謂之烏韭楚謂之馬韭越謂之羊韭
讀藥性賦惟麥冬之味生脉者賢之其質澤其性平功能
潤肺清心心爲白脉海源理而派治內經云高肓之上中
有父母七節之傍中有小心存之有福逆之召咎小心者
志也神靈之宮室氣血之所依非臟非肉乃先天之原化
生之機煉土謂之元氣黍家謂之性海儒家謂之太極醫
家謂之命門此乃大氣造化在持太虛者須臾不可離也
古之孫真人補天元真氣深得其死內鬱上有一位真人
之妙

種耕春采根植黑砂上相去三四寸一窠有草耨之令土

鬆每歲以糞水澆三次或壅餅末根可大秋未采之留
珠云鬚微蒸晒乾

本性味甘氣平而薄陽中微陰降也入手太陰經氣分藥
也胃弱者勿餌

修製沼水泡去心不生煩爲末宜焙乾少服搗即碎凡用
以酒浸良

典故 延壽書孫子遜云服麥冬人參五味子可補天元真氣脉夏服能回脉勿令火克乃養生之要陰符經云食其時則百骸理

天冬

天冬本草云春生苗如筋大長三四尺不發葉紫色稍有
倒刺近夏莖開成蔓有逆刺眞如蓬蒿長丈餘夏開細白
花亦有黃紫者秋結黑子如豌豆大在枝傍亦有伏後無
花暗結子者其根數十條一撮大如拇指圓實而長膚黃
紫肉白以蜜煎可作果圖經名顛棘名顛葪名天刺名其
形莖有刺也名萬歲藤名婆羅樹名浣衣草名其蔓之形
也博物志葉滑莖生逆刺者名絲體綏根入湯可浣縑素
白服食方有一窠八十條者名仙苗餌之可千歲天門者
乾位也冬者北之令也乃金水相生北一西四之道是以
服食者多壽吾開之知易者通神知醫者入妙凡天下之
物莫不是易之理凡天下之艸莫不是藥之用不爲二豎
所淩六賊所虐所謂從乎本艸則用入正所以用天也故
曰立天之道以定人

種耕宜黑壤土取春采苗根栽之相去二尺餘一窠澆以
糞水耘草淨來宜秋後須留一二根以代發生不勞再
植子亦可生但晚成耳挖出根去皮心微蒸晒乾

本性味苦原氣平而薄陽中之陰也入手太陰足大陰經
氣分之藥也脾胃虛寒者禁久服

典故 神仙傳赤須子嚴天門冬齒落更生○廣記太原日始服天門冬壽三百餘年

當歸

當歸本草云春生苗莖葉綠三尖開花如蒔蘿淺紫色子細
扁而黃根黃微黑古今注名文無爾雅名山蘄花葉似芹
故有芹名說文云山產者薛李時珍云女人要藥有思夫
之義正唐詩所謂胡麻好種無人種正是當歸又不歸之

意也人生於地懸命於天氣 清而血濁陰降而陽升各得
其所則治不得其所則亂乱 則太陰不静不能鎮土土必
移土移則不能制水水必汎 水汎則不能伏火火必發火
發則風隨而起之一元失真 萬象離形矣 此天地元會運
之說也知此義者扶陽必先 養陰使陰以濟陽補陰必先
育陽使陽以理陰陰陽五生 不偏不倚故内經所謂承乃
制亢則害也欲人知用之得 當而陰血歸原自然而然之
中化生元氣以灌百脉也

植藭秋收子治肥畦勻撒待 苗生去草净臨雷降時用草
棚遮蓋或移苗于煖處不令凍殺至來年三月作畦植
之相去尺餘一窠趂而後 插易活或以 水澆苗生耨耘

三農紀 卷之七 四十二

壅以灰糞麻餅末秋後鋤 根去苗曝乾

本性味苦氣溫而厚味薄可 升可降陽中微陰入手太陰
足太陰厥陰經血分藥也

修製血病以酒製有痰以薑 汁製

典故 古今注牛亨問下董子 曰用離贈以芍藥名可離將
別故贈之亦猶相召故 贈之以文無名當歸也 一 二

藭芎

藭蒼本草云葉香甚若芹而微 狹有子又若胡荽葉而微壯
叢生細莖秋開碎白花如蛇 床根下結果如瘦蒖蔹丁狀
瘦黑黃色大者指圍小者如 栗圖經云香果名其形氣也
胡藭名其産地也光明經謂 之闌莫迦朱丹溪謂之鞠藭
名馬啣者名雀腦者以形名 也産関中者謂西芎謂京芎
産江南者爲撫芎産蜀中 者爲川芎産天台者爲台芎字
説云小如蛇床者爲蘼蕪麋如芹者爲江籬考窮乃古國
名是此艸初産之地土加草以别之弓者華未登萬然形
象也故加草從之其味辛氣溫性秉平陽愛動而不愛静
動得其聖則營爽衛暢百脉以和可以濟静不知自然之
道若祇徒其動動則搏本木煩勢必生怒運威以起無名
之火火生于木禍發必克明此義者須知配合主輔可以
建功立業有濟于用也益大矣如王陽明得龍溪而有濟
扶耿楚侗先卓吾遂成掯敵雖一艸也木也而用亦貴有
駕馭之木以施之

種藭秋收莖去稍留中梗三五寸許約五六百枝一束藏

三農紀 卷之七 四十三

溫煖處或架火抗上庵年春深栽之宜由間鞭竹向陽
土先一年將竹齊伐與地平侯乾火燎合燼春中用小
鋤寸寸鋤之趂穴斜栽一枝每相去五六寸許節土發
苗生根苑艸净九十日采之 去苗留根火坑炮乾人竹
箱中藏之

本性味辛氣溫氣厚味薄浮而升陽也乃少陽本經引藥
入手足厥陰經 乃血中氣藥也單味久服令人暴亡 一

典故 左傳楚子謂蕭人曰有麥麯乎有 山鞠窮乎河魚腹疾其奈之何

枳

枳本草云木如橘而小葉如橙多刺春開白花至秋成實
草木狀云枳乃灌木也樹不高大而庳也實小皺而采者

爲枳實實老而青黄采者爲枳殼禮記云橘逾淮化枳今江南橘枳皆有惟江北有枳無橘枳從只止也只可助他藥成功而止不可過服以耗元氣乃病實脉盛者之味耳若虚羸者切妄施也治病如治國治乱用刑治治用德用藥若用人太平用德撥乱用才欲求致治非刑不可如去頑患太公之誅華士如去晦患孔子之殺少正卯是以操縱在手殺釋由機正所謂運用之妙在乎一心故兵者凶器也聖人不得已而用之用之當可以戢乱藥者毒物也聖人不得已而用之用之當可以却病是以無恩而大恩生也

植藝與橘同法歲歲修培勿令蠹枯采宜夏收實之嫩者

切兩瓣陰乾爲只實秋收實之青者切兩半爲枳殼烘晒乾勿浥

本性枳實味苦性寒氣厚味薄浮而升微降陰中陽也○枳殼味苦微寒沉也陰也但實主血主下殼主氣主高氣血弱者禁之

典故 晏子春秋晏子使楚楚人欲辱之晏子與楚王立語縛一人過王前而行王曰何爲者曰齊人也王曰何坐對曰坐盜王曰齊人故盜乎晏子曰江南有橘取而樹之江北乃爲枳所以然者其地使然也

芍藥

芍藥本草云春生紅芽作叢莖上三枝五葉苗高一二尺春末開花白紅紫數種結小實如指尖大古今注云有草木二種草者花小而色淺木者花大而色深花譜載三十一種根之赤白隨花之色安期生所服金芍藥者花白根白爾雅翼云制食之毒莫良于勺故得藥名詩云伊其相謔贈之以芍董子云可離故將別贈之以花王觀芍藥譜云猶綽約美好貌古者教童子以舞勺柔其體也故字從之象其枝葉花迎風而嬌夭如舞勺態也藥之義大矣昔伏羲仰觀俯察近取遠求育物畫卦鬼哭神泣此參贊之藥以治造化者也女媧氏煉五色石以補天斷鰲足以立四極聚蘆灰以治滔水此生成之藥以治天地者也神農制頳鞭鞭草木一日而嘗百草遇七十毒辨物品之性味合疾病之所宜炤乘百世此立命之藥以治生民者也黄帝于其臣岐伯作内經鬼俞區作靈樞更相詰難以五行

主運以三品拆藥按周天數以定度審脉察腧究物理之攸歸窮診後之妙術務使草木咸得其性鬼神無所遁情此仁心之藥以治三才者也仲尼氏作春秋刪詩書定禮樂著孝經君正民安此治平之藥以治世界者也葛淇陶洪景孫思邈之流培元益精補氣養神自有至無自無至有延年久視此保命之藥以治身者也仙佛各流諸子百家探情微而參謬誤考其同異增其品目擇其去取鉛翰昭章定尋言之得失丹素綺煥備庶物之形容養命養性利己利人此盡人力之藥以治補天下者也吾聞之學書則紙費學醫則人費

植藝植根宜八月至十二月向陽地相離二尺一窠宜根

宜勿屈水澆勿齧花鏡云正月栽者到老不開宜以總
矢和灰糞培根渥以黃酒則淡紅化爲深紅關罷剪枝
冬宜澆以大糞汁大約得二十三年采其根本艸云山
産者得其土力人方有功但今射利者以山産收植禍
人不淺故爲吾山農輩試言以戒

本性味酸苦微寒味厚氣薄降也爲手足太陰引藥入足
太陰足厥陰血分藥也

典故劉淼昔一人獵山中遊于中條山見一白犬入地化草掘根歸植之明年茁生葉放花開乃一白芍藥也○維揚記韓琦守廣陵圃中有芍藥盛開內有黃腰者四名金帶圍有時而生者應兆出宰相時王珪王安石皆在選中而缺其一忽陳大傅升之來玆遂同是賞後四人皆爲相○開元遺事唐明皇春晏數百蝶舞芍藥花門今人網之乃皆金玉也方知蝶乃金玉所化也

枸杞

枸杞本草云春生苗葉如石榴而嫩薄莖幹五六尺作叢
六七月開小淡紅紫花隨結實生青熟紅圓若櫻桃筆談
云秦隴蘭以西亦成樹材可作柱皮如厚朴葉厚根棋其
子甘美可噉曬乾果緊紅潤一名繼杞葉若枸條若杞兼
二木名也天精地仙扨老者名服食功用也羊乳甜菜地
節名苟可蔬也土母枸仙人杖名幹可扶老也字疏云苟
杞根名地骨皮詩云集于苞杞仙經云老根能化狗形服
之令人壽其子色赤赤屬心心乃卦離離爲少女其子性
入腎腎卦坎坎爲中男其味甘甘屬脾脾卦坤坤乃老母
○嬰兒有姹女有黃婆爲媒則夫婦配合男女媾精天地
絪縕萬物化醇又名曰枸狗屬戌戌宮藏戌土又名曰杞
巳納未未在坤鄉丹書云欲取天上寶先聚地子財服食
者自知固密久久漸結刀圭百脉暢和自然而然六六之
宮俱生春矣昧昧者離家千里苴服若妄服乃如未入助
苗愛之者害之也正所謂君子得之固窮小人得之輕命

植蓺葉厚而長者是枸杞葉硬而有刺者是白棘味辛苦
麻不堪人服植者分根下偶條移植易茂子種成苗高
尺不移種如樹桑法子至紅熟時采收微蒸曝乾收藏
苗蔬有須以苗植如栽非法割而又生

本性皮味甘性寒升也陰也入手太陰足少陰經○子甘
平而潤滋金補水益氣生精所謂精不足者補之以味

典故續仙傳朱孺子幼事王玄真居大若岩一日汲水于溪見二花狗逐之入枸杞叢中掘之其根若二犬狀烹而食之身輕飛于崖上雲擁而去

烏頭

烏頭本草云其莖四稜類野艾而澤其葉分岐類地麻而
厚其花紫尖瓣黃雜長苞而圓其實細小黑色如桑椹
子狀五行志云西國生獨白艸敷箭射人即死陶弘景云
山野生者夷人五日采煮汁塗矢射人物十步即死名射
罔西陽雜記雀芋置乾上反濕濕上反乾烏頭者象烏鳥
作頭皮黑也川烏者名其産地也爾雅云堇又名其苗葉
也根生二岐者名烏喙又名菂子始生岷山采植之美者
作繭種不肖者爲烏頭得醸製之法去毒可入藥療病烏

者月中烏也爲天禽烏爲靈禽能報吉凶欲人之知所趨
也

種蒔冬至前後將地耕熟作畦橫植烏頭于畦上相離十八寸圭形排植每畝約二千頭餘春生苗去草淨至十月掘出根乾毋着糞則背焦生根只可入烏頭用不堪爲附子種

修製童便浸三日濾出又用米泔水浸三日六易出以薑片甘草黑豆水煮熟切看開中無白心則熟不則再煮去皮臍切作兩瓣以滚水浸洗七日逐日易換新水畢取出根切片炒黃攤地上宿去火毒煮忌見生水殺人

本性味辛性溫大毒氣厚味薄陽中之陰浮中沉無所不

至爲諸經引用之藥受其毒者以餹飴黑豆汁解之三

典故酉陽雜記雀芋鳥觸之則墮獸觸之則殭建寧烏勾山有艸名㪚然雍草鳥獸惡中其毒者食此草以解一

附子

附子歷考載籍各說不同乃氣運迭遷產明會典載四川歲貢天雄附子產蜀北綿州彰明東壩其他處不植植亦烏頭也種出川西西山麓土擇烏頭之實者販向產地植之栽培修治成頭如芋魁狀大者爲天雄約四五兩重一枚三兩者次之二兩者爲附子一兩餘者次之前子乃頭小而差其性差等漏藍子乃籃中可漏虎掌乃屈卷不豐木鱉形小而扁悉屬一植而未培治者服之令人喪明天雄者實之最也天者健也雄者陽也壯也秉健壯之性有斬關奪將之氣退陰回陽之力起死反生之功能御命門以指元陽先天不可思議功德大抵以功命名也附子名次于天雄一名自辯其性可升可降爲十二經引用之藥入補氣藥行氣分以追復散失之元陽合補血藥入血分以滋養不足之真陰助發散藥開腠理以逐追在表之風寒補溫煖劑達下焦以袪除在表之痰濕故名附子者不可獨用須得佐馭之善無往不利言其性能附他藥以成功也古人常服補劑今人少服之生煩燥太抵古今氣運不同人物稟賦有殊活人者須曉天地之氣運談理莫離乎數推術須沿其理

植蒔種乃烏頭產川西西山麓土須取黄壤砂土產者佳

選無痕斑焦皆頂平身圓尾正肥大者爲種八九月耕地極熟或以田中先種末豆之屬待放花結莢耕翻田中以助土力至十一月初旬將地作壠以烏種圭角植之畦上每顆相離八九寸一株每畝可植二千餘頭穴中下以麻餅圭糞河泥忌見畜糞至來春生苗每頭止留一株餘芽須掐去至苗深五六寸去草淨每莖以竿扶之勿令斜倚可壅成高畦苗長掐去傷芽散枝勿令開花此時須掘開傍土視根上有乳子乳頭用利薄刃刀削去乳頭再以火鍼烙之掩復原土每修左留右修右留左如此修製周而復始者再三不令子生夏伏內然取根治淨每斤得井鹽半斤以附頭入甕內勻布一

層撒鹽一層齊甕口爲度蓋之待醃至三日翻一次鹽
透生水須撈出于箔上晒少乾復入鹽鹵中若此者幾
次須切兩開視之內無白心者乃佳若有白心則又醃
以透爲度宜向日中晒之令乾若遇晴暖日則皮皺而不
附肉若遇陰雨復納原水鹽內不致不壞候日晒之停
八以本汁養致遠者以桶盛

修製生用則發散須用陰治之法去皮臍取東流水煮黑
豆汁浸五六日以無鹽味爲準日中曬乾收存熟用則
竣補以童便浸三日米泔水浸七月一日一易浸日多
更佳以薑片黑豆甘草煮熟以切開無白心者佳去皮
尖切片曬乾收存

三農紀　卷之七　五十

本性味辛性溫大毒之物氣厚味薄可升可降陽中之陰
土中下無處不到爲十二經引藥得乾薑能制惡腐卑

忌豆豉黑豆可解毒

典故增修錄滑台風土極寒民食烏附婦啖芋栗乃地氣便然也蜀志此物不常或美種不茂或秀而根不充或醜而腐或賺而狀若有神物爲之者閱大常時于神園中忽有極大者傷附王又云附妖收之夜半沉泫中以牲酒祀之則召雨人若知召碆

甘菊

甘菊本草云葉如金鈴而尖更多枝椏幹嫩則青老則紫
花開正黃色小如指頂外尖辨內細蕊梗細而長味甘而
本氣香而烈實如葶藶而細種之可生一苗可供蔬其他菊
葉味苦或有毛惟此菊味甘故名甘菊陶淵明云紫莖氣
香者爲真菊苦而艾氣者爲苦菊博物志云甘者可食苦者
勿食菊記云菊之無子者爲牡菊燒灰撒地治鼃蛇本草
云真菊菊譜曰家菊芳譜云茶菊崔實云女節女華女莖
菊之花名也風土記云治薔日精菊之花莖名也更生周
盈延年節華陰威朱嬴帶女含蕊根莖花實之異名也霜
降之節惟此草茂九月律中無射候時之草也又呼回峰
華歡地微之草埤雅云菊本鞠鞠窮也月令云菊有黃花
至此而窮盡也宋劉泉紫范至史著菊譜三十餘種神農
經列其菊爲上品名山記朱孺子服之乘雲升天神仙傳
康風子服之永壽得仙菊乃艸屬與萬卉同發于春獨華
于九月此時肅陰用事肅殺凜嚴萬象斂形惟一氣質之

三農紀　卷之七　五十一

菊遍于陽微之際而續其德普天率土盡沾黃黃之榮于
此時而訪之牡丹許死山林問諸芙蓉理名江湖傲骨之
梅此時而落魄草棄自救不暇古人謂勢窮見節義菊其
庶幾矣評品者以菊爲隱君子稱而吾以爲大丈夫名夫
不觀之諸花皆有謝而零落惟菊則全而生之全而歸之
可見其操矣菊者鞠也鞠躬盡瘁死而後已惟孔明一人
服之得其效于載之下百姓誰不愛哉

種藝宿根春生苗待苗生二三寸栽高阜地喜肥澤澆以
清泥水在其枝幹至九月開花開時收曬乾勿壓嫩葉
可作茶飲又可作蔬

本性味甘微辛性平氣厚味薄入足太陰手太陰經浮

陽中之陰也黃者可却痰益胃白者可去風明目紅者可行血理滯野者名苦薏禁湯飲

典故 風俗通南陽郡水有甘谷谷中水甘美其上有菊水從山流下谷中飲此水者上壽百二三十歲○仙書茱萸為辟邪翁菊花為延齡客故假此二物以消陽之戹故都人重陽日皆置酒高會就賞菊花○鍾會菊花賦圓花高懸準天極也純黃不雜后土色也早植晚登君子德也冒霜吐穎象勁直也流中輕體神仙食也

致富奇書

卷八

古蜀　張宗法師古甫著

小引

天地二元之理氣二五之精華靈者賦人蠢者賦物于蠢者之中得性與靈親者從而施之假以益生助成三極造物之妙不可思議

伏羲服牛伏馬以益生民周禮職方氏變方圓六畜以識物情使其豢抆但鬃鬣有鬣之養角有角之抆毛有毛之為羽有羽之飼畜于水者須識水畜于山者須知山飛者得其靜潛者得其動物理云飛者棲木食木故其羽猶木走者棲草食草故其毛猶草飛者喜風走者喜土在水者不瞑在風者在地者瞑走之類上睫接下飛之類下睫接上各有其類遂其情無廢時失時之愆則物自滋盛矣

馬

馬說文云馬子象頭足鬃尾形馬者鶩馬也故字以王為馬許愼云馬者武也乘畜也梵書謂阿溼婆馬者準也能準人事乘必得中兩分力平隨意可御易取諸隨其性敏能致遠以利天下春秋說題云地精為馬十二月而生應陰紀陽以合功月度疾故善走考異云陰合于八八九七十二為地主月月數十二馬應月而生梅誕生云秉火德而生火生于木火不生木故有肝而無膽七者木之精氣是以木藏不足食其肝則死在辰屬午在卦屬乾在宿屬星爾雅翼云牡曰騭曰騷曰騩牝曰騇曰騍曰騲驪仙馱後經去勢曰騸周禮云八尺以上者為龍七尺以上者為騋六尺者為馬曲川云東海有一龍產飛兔飛兔產馬伯樂云馬有行及千里者有五六百里者有三三分龍骨附身故稱為龍駒是以龍之化生也故性動而力健牧者貢曰駑取其厚重也產西北者多良產東南者多劣馬云疋者李石云猶綢布也名貫而已古今注云自識其駒非其駒自齒殺之馬乃乾畜乾陽主外故以絡首服之以相制之北方陸地以馬耕駕任于馬者重多故可帚可革尾可織綱編巾食杜衡善走食稻藁足重食鼠糞腹脹食雞矢生眼骨食烏藥則斃食地黃葉則壽以蝠虫烏梅拭齒則不食得桑葉乃解懸鼠狼皮于槽櫪則不食遇海馬骨則不行以猪槽飼則生病石灰塗槽則落駒繫獮猴于廐丙辟馬瘟此物理之當然

相馬伯樂相馬經云先除三羸與五駑乃相其餘天頭小頸一羸也弱脊大腹二羸也小頸大蹄三羸也大頭緩耳一駑也長頸不折二駑也短上長下三駑也大髂短脅四駑也淺髖薄皮五駑也相馬經云眼欲如懸鈴而大上唇欲急而方鼻穴欲大耳欲相近而前豎小而厚頭為王欲得方腹為城廓欲得張脊為將軍欲得強伏波銅馬相法云汗溝深長膝本圓起口中紅而光者千里馬生下墮地無毛者行千里尿舉一足者行五百里

鬬筋豈者千里膝如團麴者千里一云蹄圜如麴○又
云頭高則健面瘦則竘耳小則肝小能識人意鼻大則
臉大能快強行目大則心大而猛烈膁小則胃小而易
養腕堂大見筋十二條者稱良馬三山平四足柱者任
重舉蹄輕快不起塵者善走勁馬望大而就小弱馬望
小而就大至肥欲見骨至瘦欲見肉白額入口名榆又
名的盧乘者召凶回毛在目下名承泪不利主人曰內
生烏白喞壽短脊如竈兩邊生回毛名騰蛇妨主馬之
眼光照人全身者其年最少光愈近年愈大㵄伏波云
大抵馬之力在德不在色若以色取則失之矣
牧養務惟馬爲最其性惡濕利居高燥須傷其好惡順其

寒溫量其勞逸順其饑渴馬經云食有三芻飲有三時
朝飲令少晝飲禁多暮飲隨之惟秋冬乾草不可缺飲
但飲一次可也飲後宜驅騁使精神爽快○凡草宜擇
新草細剉篩簸石土凡料春夏宜小便浸大麥或莽蕎
菉豆蠶豆豌豆豇豆之屬取其清涼或以麥麸水浸
去白小料草冬宜熟料煮豆以助其溫令者無穀氣鋪
地廟治再入新汲水淨淘可喂夏月不宜熟料一日須
三次早午晚是也如馬瘦不起膘以[illegible]皂角煮豆熟
去衆皂留豆飼之○每日清晨水草畢宜出廄繫高樁
梳刷毛鬣候抵十八廄復飼飼畢又移拴外廄臨晚飲
水畢牽遊一二百步入廄續飼○春末宜放山野令芻
精神㗖以豬膽汁皮毛易悅以苦參湯洗鬃尾或百部
湯汁洗之○夏初小便浸料和芒硝飼深夏毋羣居臨
午洗于流水浸四蹄不致暑熱○秋末淨除廄污薰燥
蚊虻晨宜早飼晚宜遲飼白露前後禁晨放食野草此
時有小蜘蛛網絧在草遺尿若誤食此草𣦵尿入眼即
結彈露內生一虫如線大寸長名瘧精令馬病童者當
曉受其症者以雞冠血點眼其虫自出取之○冬宜置
居密廄勿令受雪霜常須曝日毋傷于寒○凡養宜勤
加䕶點不持步症亦易作出乘宜鞍屜相等勿大小
硬薄恐及相傷水草畢方乘初行宜緩禁熱行飲水至
十休息帶鞍徹飼臨晚飲宜汗乾卸鞍須留嚼少飼待

息定去嚼勿近風脫鞍先令飼以草方飲水器宜淨潔
然後着料雞鳴時須草料飽飼方加鞍可乘則行有餘
力且不生症愛物者宜知之(知生養云)馬生駒數月繫馬
母于山半令駒在下盤旋母子哀鳴相應力挣而上乃
得乳漸移漸高駒亦漸登其駒長大蹺蹄若砥
療治造化權輿云乾陽爲馬故蹄圓起則先前足臥則先
後足從乎陽也是以病則陽陰勝也古人以物理修方
其性剛急症多在表病則形必顯者象其作形視其口
色因症以療治但馬腸細胃燥又不可治須豬膽汁潤濕三
焦故其矢零落彈丸此所以異也人畢知藥能治病而
不知調護先乎藥而治也治之者先識病源知其所犯以

調散氣後調藥必效　若中風者散之就宗要表之受濕者滲之復熱者清之凝者散之散者歛之結者消之寒者溫之涼者溫之濕者清之太過者瀉之不及者補之引之導之綏之急之，治其外必兼其內治其內必兼其外不使陰陽偏薄得氣血調勻榮衛暢和不可不知也

摒急方凡諸病鳳仙花連根葉淨洗熬膏搽眼令出汗則愈宜收停便用〇凡不孕者狗首骨燒存性和水加酒吹〇傷水亂髮薑鹽各等分出黃水後用胡椒皂角瓜蒂末加麝香少許入竹管吹鼻內外兼治一切結症〇料結水結用蘿蔔子末和水吹〇尿結用車前子牽牛子末蚯蚓汁以汗衣洗水吹〇糞結用皂角大黃麻子末米

泔水調吹又皂角承皮硝水調入香油少許用猪尿胞將前藥入內以竹管揷胞將縄細纏固又以竹管揷入糞門中用手着一捻藥入內即通〇後寒薑茴各半酒水調灌〇喉喘毛焦麻子炒末雞子清調飼〇小腸氣不代赭石到寒末陰陽水調吹〇諸瘡槐花炒黃半水半酒少加香油吹外敷薑葱猪胆汁貼患處又方生芝麻雞子清調和吹〇谷破傷蝦蟇一個枯白礬其搗貼患處留眼出氣或煤炭末油調敷〇患眼者銅綠輕粉硃砂等分用黃連熬汁以前三藥知爲錠用時以新汲水研汁點搽目

本性性急肉辛能強腰　脊白者宜之腸味美肝有毒肉不宜熱食味甘　有毒發下肉殺人　目身黑頭白身背瞎者禁食受　毋着飲酸酒可解或鼠矢十四粒爲末小調服汗氣最惡病陰囊者碎之

方治醫案云昔有人與奴俱患腹痰病其奴死剖腹得一白荷亦目仍活諸藥納口中無恙有人乘白馬觀之馬尿山玉縮遂以尿灌蕾化水其人服白馬尿愈凡腹有肉癥者以馬尿同酒一噎食者服亦妙反胃伏梁癥瘕虫積肉塊者亦宜久服

典故　史記伏羲時龍馬出于河背有五十五陰陽點一六居北二七居南三八居東四九居西五十居中于是仰覌象于天俯察法于地中覌方物于八始畫八卦因而六十有四而交字之端見矣〇韓子云桓公伐孤竹春往冬還迷失道管子云老馬之智可用乃放老馬于前後隨其跡乃得路〇韓詩外傳田子方出

見老馬于道問御者曰公家畜也罷而不能用故放之子方曰少盡其力老棄其身仁者不爲也贖以束帛窮士聞之知所歸心焉〇戰國策汗明見春申君曰夫驥之齒至矣服鹽車上太行中坂遷延負轅不能上伯樂遭之下車攀而哭之解紵衣以冪之于是俯而噴仰而鳴声造于天然後知己〇晉記司馬休之奔廣固慕容超欲害之休之不如齊所乘騶馬忽達驚不食注目視超休之試從之還坐馬又驚鳴因試騎出門便奔馳數里顧望所往已有兵至遂南奔獲免〇左傳秦晉戰十韓晉惠公乘小駟慶鄭曰古者大事必乘其産生其水土而知其人心安其教馴而服習其道今産異産以從戎事及懼而變將與人易乱氣狡憤陰血周作張脉僨興外彊中乾近退不可周旋不能君必悔之弗聽及敗馬還濘而止〇家語定公問于顏回日子不聞東野畢之善御乎對日善則善矣雖然其馬將必佚顏而東野畢之馬佚兩驂曳兩服入于廐公召顏回問之對日以政知之昔者帝舜巧于使民而造父巧于使馬舜不窮其民造父不窮其馬故舜無佚民造父無佚馬今東野畢之御也升馬執轡御休正矣步驟馳騁朝礼畢矣歷險致遠馬力盡矣然而其心不已以此知之〇淮南子云大馬爲草駒之時跳躍揚蹄翹尾而走

人不能制齕齚足啗喫齕骨蹶踏足以蹴虛陷每及至圉人援之良御教之掩以衡帆連以轡銜則躐歷險超塹弗敢辭也故其馬之不可化而可駕御教之所為也馬聾虫而不可以通氣猶待教而成又況于人乎

驢

驢說文云臚也臚在腹前其力在前北人呼曰衛取其善走而行快也一名蹇驢其形長頰廣額磔耳修尾鳴聲長大可能應更有肝無膽豎鬣圓蹄域外志云有獸名盧食草木葉吐柔絮人取之為緒作布如華中之蠶是也鐫鸞詩云鬣鬛懸門出兔疾書驢掛壁止兒啼應歲而產形有大小色有黑白青偽能駃騠致遠善行陸惡泥淤懼津渡食少易喂其性劣偏多許僻騳教貴善西北以兩驢代耕

駕皮可韋胥代尚其品唐宋名士亦多乘遊飼牧與馬同養藥症與馬同治但性賦與馬異耳

相法宜面純耳勁目大鼻空頸厚胸寬脇窄臁狹足豎蹄圓起走輕快臀滿尾垂者可致遠聲大而長連鳴九聲者善走不合其相者非良物也

本性性劣肉辛動氣發痼疾孕婦利病有瘡者禁食腦髓味美其禁尤重𩑺下肉毒

方治唐書許胤宗奉御調治反胃竟不能療忽一衛卒服驢尿得痊次日奏知但宮人反胃者同服初服二合食止吐半晡時再服食乃定服不可過多病深者七日當奴凡幼年反胃者并可服之

典故 遊錄于荊公居□山出卽乘驢一人隨之或止松石之下或田野之家或入寺遊行未嘗無書或騎秀老玉亭公方假寐秀老私跨驢入法宜起乃曰驢為跨吉驢偷請贖罪公罰松聲詩一首立就其文稱善□柳集黔地無驢有跨者散之野虎見龐然以為神蔽林間窺之鳴則虎駭以為噬已然往視無異能益習其声近之終不能搏稍近益狎衛胃驢不勝怒蹄之虎因喜計曰技止此耳跳躍大㘞于是乃斷其喉盡其肉

騾

騾本文云驘乘畜也異父別母假類而產騾字從累乃陰陽錯累之物氣血參差之畜其形大于驢力健于馬其勁在腰孕歲而產色與馬同但脊有駒紋腿生斑痕有肝無膽豎鬃修尾造化權輿云其類有五牡驢交馬產者名騾騾者佳牡馬交驢產者名駃騠騾者佳有牡牛交驢產者交

馬產者名駝駒有牡馬牡驢交牸牛產者名駏驉其性頑劣難為育馴惟騾與駃騠頗易善養須善為教馴可任重致遠可乘可耕駕皮可韋飼養與馬同染症當以純剛藥味治之偽其稟賦故也

相法騾性頑劣取純者良頭須乘而肥身向須善而有肉目須大而和緩耳須豎而無黑稍肉支欲端四蹄欲圓崇尾欲垂皮毛欲潤行走欲輕動止欲穩者良最忌者面無肉而耳軟目陷悶而偷視

本性性健肉辛動風發瘡痼疾大禁與酒同食致暴疾姙者禁食

方治產難者騾蹄燒灰酒調服鼠屎麝香少許服

典故 拾遺記周穆王時國獻駮騾色赤斑武帝飼以廣門廄東方曼倩曰此帝之下者常閒而放之野後野人見自天屬地有雲氣來繞之變爲赤龍入雲去○呂氏春秋趙簡子有兩白騾甚愛之其臣陽城胥渠夜款門而謁欲得白騾肝治病簡子曰殺畜以活人不亦仁乎是遂殺白騾取肝與之○丹述予反里叔子讀時珍本艸以騾有鎖骨不孕致問予曰牝有鎖骨不孕何是牡交而不孕者何夫不見諸水族博則化於實矣實種不生大抵其氣不純故也不見夫騾初行則銷騎然則速行出則情力加倍以此推之是偏于氣四也豈能孕乎古之人因蠓蛉而接木因接木而孕騾巧千奪造化之薩而易物理之妙非特物也而人亦有之者猩胎而盧照孕而神可見理之難據者猜之有由亦天地綜錯變化之道類聚羣分之象也

牛

說文云牛件也牛爲大牲可以件事分理其方象頭足二封及尾之形曲禮謂之大牢乃豢畜之至大故得牢名內則謂之一元大武元者首也武者足跡也肥則跡大猶史

記稱爲四蹄荒書謂犫膚拆娜文選云郭椒丁㯉牛中之良名牛者成也以力養人成就三極故星度起于牛萬物從乎牛也易云服牛引重以利天下牛坤畜坤性順主內故穿鼻以服之隨人以成事爾雅翼云四足爲毛爲獸應月而生博物志云九竅者胎生在辰爲丑在宿爲牛在卦爲坤性緩而和厚力大而州重牝曰牸南曰犢牡曰牯月犢牝曰牸曰牸肘後經云去勢曰犍曰犗無角曰㸬曰犢牧者喚之曰勤勤取其力之可引重也其形歧蹄封肩戴角缺齒耳聾以角聽聲目內少神而腹多胃能同焦還草其先肩旁燥鳴則生黃因厲氣而結涎蛐氣和則生不生黃馬不病畢矣

衛牛 北人呼犢曰黃牛黃者言可祀地也又云犎牛與水牛別也不喜浴也其形環目豎角肩負肉封頸下裙垂尾長若帚其聲遠大色有黃黑赤白斑駁蒼褐其性耐寒熱暑宥立水中當浴可耕可車可負可任引致遠角可治器皮可革韋骨可器乳爲酥佳

相法 寧戚相牛經云頭小腳大首長身大角立目圓省高臂底食毛不分立齊足可耕○牛經云牛眼近角者良眼大者吉目中有白脈貫瞳者快而有力胸欲圓面濶有中央欲得下膝欲圓尾根欲大腕下欲肉蹄欲豎緊○又法頭欲瘦小不宜多肉面欲長正不宜短促耳欲豎厚不宜遠角角欲去目近不宜後同又欲方短不宜

細紋鼻欲軟大不宜硬小口欲方大不宜尖小齒欲白齊不宜疏胎毛欲短也不宜稀長前足要直而濶後足要曲而開脫欲小而瘦前後無帶者吉尿射前者快尿直下者良糞如螺旋者有福母牛乳紅者善產子乳黑者必產子牛產犢犢向外卧者不吉向內者吉一夜下糞三堆者一年一子下糞一堆者三年一子○又去面短者壽促眼赤者有八目不有旋紋傷主目有綠波者召官災角下生亂毛不吉耳後有旋遭盜毛長稀惧寒肚下有橫毛使即倒行前帶至耳早死尾稍亂毛拳曲壽天○角相去尺餘者名龍門牛畜之獲福外踶坼包內者主召吉額有黃花者召吉慶胸前有答白如拳者主

穀豐毛如鹿斑者主令退頭白尾白者名喪門牛主遭凶頭脚俱青獨角白者名黄旛牛主災害

水牛南人呼㹀曰水牛其性好浴也曰青牛云其色也不耐寒暑大腹鋭頭其狀類豕角若擔矛可與鬬虎力大性緩色有青蒼亦有白者名可耕可駕角可造弓弩皮可爲甲冑骨可治簪鈕惟北地氣和暖近江河處畜之

相法農父口授訣云水牛眼要壞大瞳要光明耳要緊小去角近者耐暑角要長細大過于身者有壽曰要齊易肥齒要鐵捍力大頭見筋者快鼻扁而長者壽皮欲急而細毛欲粗而直頸大胸寬後足開四蹄柾者有力蹄外拆向内包者召福坼内空者善耕頸下白帶無者良

口内白如積雪黑如遍漆紅加噴血者并吉若有厲紋者少吉牯牛頭㹀牛者吉㹀牛頭牯牛者良絶青者吉白色角蹄黑者吉九齒者壽長發者壽頷上分水毛中者壽餘與相旱牛同法相旱牛惟洛人相水牛惟楚人間之察齒以定其年審餘而丞其歲

牛務考之上古以人耕相自劉過始以牛犂代人耕牛之爲物一牛可代七八人之力助農益民者廣矣農者畜養須知寶愛當惕其性情調其氣血慎寒暑體勞逸度飢渴節作息安煖凉能若此則牛之精神爽快筋骨舒暢皮毛澤潤至老不衰可以延年每早先令飲水後方食艸少病易壯老農云艸力亦精神○春時净除牢内勿致穢氣蒸鬱且汗汁浸漬易召外患須夜夜以蒼朮皂角焚之春乃耕作之月新草未茂宜潔净藁草細剉拌麥麩豆餅稻糠棉子之屬飽飼方可下耕○夏耕甚急天氣炎熱人牛兩困除巳收放外至夜復飢飼至五更或以水浸菉豆蚕豆豌豆或小便浸苦蕎大麥乘日未出則凉而腹飽力倍于常必先于五更飽飼然後耕耜當午勿令熱甚喘急宜于陰凉處休息勿因農忙一時以竭其力待息定喂以草豆旱牛須牽水中浸其蹄濯其角水牛令浴于塘助其精神不致困之北方日嚴暑甚宜夜以避其晝炎須夜半以豆草飼飽耕至日出放于凉處候喘定飼以水草日逸夜勞不受鬱煩之氣○秋

深草盛耕緩但多蚊虻須清晨飽飼至日昃將暮蚊虻叮吶若于水草日中或放水邊或牧山坡令閒遊舒情晩須牢内積草爲烟薰以避蚊蠓○冬來天氣寒凉須將牛處温煖之所毋令凍餓宜牢外圍護或遣土室或藏地窨或被牛衣宜煮粥以啖之煮豆以飼之又當預收豆楷桑柘諸葉搗碎積米泔水和剉草麩糠棉餅飼之每日宜牽出外閒遊令動舒以和氣血凡有氣血者莫不渴思飲飢思食乃物之情也然牛之飢渴待乎人若藁梗不足以充其飢水漿不能以濟其渴又從而驟其體膚凍其氣血露其毛尾困其筋骨役之勞之又加以鞭之箠之盡力竭勁氣喘汗流之亦甚矣困亦極矣

耕夫急於休息或托以收曳或寄于童輩不知苦勞或放於邊午已疲見水即之七竅空踈以致生病或放山林筋危力困顛蹶僵仆往往相藉利其力而害其生者過午矣

癆瘠造化權輿云坤陰爲牛故踶必起則先後足臥則先前足從陰故也病則立陽盛也性緩氣厚病多在裏惟胃居四莫揹其的症難形外至于人得知之時已着沉重不知延及許幾牧養者須不時點檢水草審察行臥聽其喘息數計回焦少有異常則有病凡牛腹中不時鳴動如少鳴則患生或食草而少止或望天或暗喘倫鳴乃是病兆亦然水草亦然耕三輊則相傳過經而自

痊傳不過經則症作焉治難期其必愈也在主者歸之命運醫者委之時氣胥失之矣何也由于平日水草失飭炎寒失惜勞苦失慎也牛之病不一治不過補瀉寒溫藥不過升降表利結熱則鼻汗而喘宜主之以生利積寒則鼻乾而不喘宜主之以發散溺血則傷于熱宜五之以涼血藥傷水者宜引導結草者宜消磨倘逢天行時災重加利劑宜辟疫之藥常黑欄中或移藏他處深山廣林之內或者可以偷生須當盡其人事然後再言天公可也

察午生死訣目中光焰人全身者吉焰人影至膝者半吉齊人胸者凶只見人面者死在旦夕鼻汗如水者吉知延者凶角心處溫者生冷者死牛截溫者易治冷去四吉者難治當曉揭尾細察尻穴穴內瑩淨無帶點者吉若有赤暈紫痣者屬熱黑辨烏點者屬寒蛟矢蛭痕雲形霧障者乃病隱於內未發于外宜慎察之

仙急方水結大黃蚯蚓芒硝等末入豬胆汁半水灌〇草結大黃皂角朴硝麻子仁或入柏根皮蜣螂末灌〇便血當歸黃芩桃仁只殼末灌〇溺血車前滑石牽牛甘草末急流水灌〇喘毛焦香油蜂蜜豬脂加酒末煮熟灌〇食草不快鯽魚生姜砂仁食言濃煎汁灌〇八瘦不起大黃水蛭藜皂角嚼〇凡畜牛宜製辟瘟丹乳香蒼朮細辛甘松川芎降真香早晚于檻內烈火焚之

疫氣遠避若鄰疫以逐邪散川芎藿香藜蘆丹皮元胡白芷皂角朱砂雄黃麝香爲末吹鼻日三合噴三五次妙染者可愈未染者可卻當以赤小豆入水合牛飲或灌苦參汁妙既染症先用菉豆泡磨漿和搗烏雞湯去羽毛灌或用當歸大黃黃連爲末取鴨血和灌如諸藥不效者巴豆去殼五錢大黃四兩共爲末蚯蚓二兩研和用急流水灌之

本性 性緩肉甘平牛肉滋血養氣黑身白首者有毒水牛肉補胃益神獨肝者殺人赤目黃目及目閉者禁食疫死并夏月卒死者勿食中其毒者以甘草水飲之可解水洗人垢飲令吐亦解煮肉者以絲瓜葉楚棉根皮核

桃符八煮肉去瓦新磚死入者煮肉以熟去之法　佳
方治完紀云高山樹上城頭墜下以及陣戰滚木壘石炮
傷者將生牛腹劈兩畔入受傷人在內須臾時甦　醒傷痊
此方乃元人驗出也

典故 莊子楚王聘莊子爲相莊子應之曰子見夫犧牛乎衣以文繡前以芻菽之牟牽之中及其牽入大廟雖欲爲孤犢豈可得乎○唐書李密嘗乘一黄牛破以蒲韉將漢書一帙掛牛角上一手捉牛靷一手翻書讀之尚書令越公楊素見於道從後按轡躡之既及問曰何處書生耽學若此密識越公下牛再拜自言姓名又問所讀何書曰項羽傳越公奇其志○淮南子寧戚飯牛車下擊牛角而商歌桓公聞之歌曰南山矸白石爛生不遭堯與舜禪短布單衣適至骭從昏飯牛薄夜半長夜漫漫何時旦桓公聞之曰異哉歌者非常人也命後車載之歸○逸士傳堯讓天下於許由由逃之巢父聞之洗耳於池下流子飲之文方飲牛乃驅而避去恐牛飲其洗耳下流○莊務集治平間河北諸路以地震民無校負或賤賣耕牛以苟歲月錢知滄州令發帑錢買之明年震息民歸無耕牛賈勝漁出牛到元直錢與民民不失所

犛牛

犛物志云一名犏牛邊人云各一種犏牛身壯毛長頭若犦形若犢色有黄白黑斑大者重四五百斤土人解食以當飯呼爲柴牛肉可乾爲末作餱糧收乳可造酥一種犛不及犏之多肉毛白者扳可置紅作纓絡餘色者可刮毬爲毡擣碣褐氍毹之俱皮可革爲鞢鞍爲鞽鞍人畜之取乳造酥收毛獲利其物以當稼穡寒熱不枯華中
酥油取法得哺犢母牛隔開牛日不令乳須人以手擠牛乳于木桶內畢用蓋密封固搖弄不計其數計良久乃北澄收浮面一層結者煮爲酥塊色白微黄名爲酥油乃品之最上者外地人稱馬思哥其渣名乳腐又名醍酸皆澄渣造者食之甘美耐飢羊酥兒曰不黄次之馬酥色黄味酸又次之外土以馬酥釀酒味甘而微酸忌與膾同食與醋相反中華宜夏月以瓶盛藏埋土中不致敗臭

本性 性緩肉甘滋血益氣酥益精養神可耐飢渴老弱人甚宜又能炙諸骨角能腐

典故 立中記大月支及西胡地有牛今日割取其肉三五斤至明日其肉瘡得合不割則牛亦不壯反生病○莊子庖丁爲文惠君解牛曰臣之刀十九年解數牛而刃刃若新發于硎彼節者有間而刀刃無厚以無厚入其間恢恢乎其有餘地○百述有農老而快翁者與予嘗牧牛于溪邊予亦牧而過之坐柳蔭談曰今之相牛者昧昧言牛者茫茫不知今之牛經乃古之牛經乎予曰聞之牛經自黄帝始後甯戚傳百里奚漢世薛公得其書後魏高之生得薛之書傳晉高祖其後王愷得之而秘其書竟絶于世今之所談相牛者乃後世爲之杜撰也

羊

羊 說文云祥也象四足頭尾之形孔子云牛羊之字以形舉也爾雅云未成羊羜絶有力奮古禮用羊乃柔獸跪而食乳內經云風生毛羊乃毛獸也博物云六九五十四至時時乃四月而生九竅四足歧歸鬣角鈌齒口少神腸薄縈而曲胃多能回焦還艸出矢勺凡在卦屬兌在宿屬金在辰屬未易生繁而性燥外柔而內剛愛聚羣居詩云誰謂爾無羊三百維羣食勾吻而肥食仙茅而肋食　仙鬱謂

而溪食躑躅草而死牧曰羖曰羝牝曰牂曰䍧多毛曰羖
羱胡羊曰羱 羭無角曰羦曰羜子曰羔羊後經夏勢曰羯
白曰粉黑曰羭兩則謂之三歲毛曲體謂之少牢古今注謂
之長鬚主簿涼州背有封西域如驢大大秦國有地生羊
羊臍種土中聞雷而生與地連至秋及長驚以木聲臍斷
乃食艸若收 孜飢死牧至秋可食臍內復 有種可種又云
漠人種角而生江南吳羊 頭身相等而足短江北夏羊頭
小身大而毛長土人一歲兩剪其毛造氈氍毹衣之俱刮
柔以與瑣瑙褐羯嗉瓔呢 之屬用灰以骨占灼謂之羊卜
南番以皮去毛作紙 吳人采飾爲燈 北人割製爲裘 三人
以毛造筆 遇狼則羣而又叢 見虎則觸而自投 亦物之性
凡牧者喚曰 綿綿 取其綿 然也

牧羊性惡濕利處高燥 作棧須高常除糞穢宜巳時收
之未時收之 凡羊以十二月正月產者可作種 十一月
二月者次之 餘月不宜 大率十口一羝 少則不孕 多又
亂羣 羝取無角者良 逃與記云 無角爲羖 有角者喜相
觸 傷胎 牧老云 母羊生 每羊十年 一千羊牧宜遠水 須
三日一飲 飲後驅行 勿使停息 春夏放宜早 秋冬放宜
晚 早露艸 不宜占唇 易病 且無疵 羊成羣擇其肚大者
立爲主 凡出入令其倡先統率 羣羊各從而不亂 羊及
千 日須春間收糞土地 一頃耕熟 至三四月 種雜穀豆
與草 長至深秋 收晒乾 收貯高燥處 至冬雪雨以喂

喂之 皆出牧每歲得羔 可居大羣 可鬻販 又可剪毛
皮 收乳 治酪 其利甚溥 惟近山有嶺處者宜之 南方者
草魚塘宜 修羊棧于塘岸上 每晨以羊矢掃塘中 以飼
魚草魚之糞以飼鰱 此一舉而羊魚之利兩收 將羊糞
子處所煮豆拌鹽食草 日日飼之 勿多飲水 一月即肥
療治羊 食熱物病腹滿不能轉草者 水洗眼鼻 濃汁合淨
研 以食鹽擦舌 凡染疵 白礬豆汁鹽芒硝水和灌便瘥
或苦參汁吹 染疥羊 鼻角雄黃末挾棧中 又以塗角
雜黃熱藏吹鼻令嚏
本性 性剛 肉甘 補氣血 益虛羸 與參耆同功 但必能損益
肺能發風 併有孔者殺人 腎可益腰 肝可明目 乳酥養

神 黑頭白身 獨角者禁食 服地黃補劑者皆忌 有宿疾
虛熱者勿食 同豆腐食 蕎麪食發病 同醋食傷人心 入
八角茴殺人 煮銅器有毒 冊者煮羊肉以杏仁入內易爛 入
胡椒蓽撥加竹鰂肉助 夫凡羊蹄跗背間兩岐中有竅
藏臭 卷毛食者宜割去之 百病無忌 中毒者飲甘草湯
則解 骨哽者用砂糖一匕 銅青一匕 和勻 滴麻油一兩
點茶調下 令吐 如不吐 兩手伏地 清水一盤 以雞翅
羽攪喉中便吐 肉生五六月熱而斤餘 過食則飽脹
方治誤骨刺咽喉 鈍頭骨可化鐵 小兒誤吞金銀銅鐵 羊骨
燒存性爲末 米飲服 次則便出 治一切目疾 膽中收
取入大豆一二合 懸當風乾 每服二十一九粒

一切目疾胆入蜜爲蚺花丹作丸服更妙

典故

論衡解廌者一角之羊也性有罪能辨屬直皋陶治獄其罪疑者令羊觸之○墨子齊莊公之臣王国甲與中里徼者訟三年而獄不決使二人共一羊盟齊之社二子相從以羊血灑社讀王國甲之詞已畢中里徼之詞未半祭羊起而觸中里徼齊人以爲有神○莊子臧與穀二人相與牧羊而俱亡羊問臧奚事則挾書讀問穀奚事則博簺六拃二人事業不同其亡羊均也○列子云楊子之鄰人亡羊率其黨以進之楊子曰亡一羊何追之者衆卽反問獲乎曰亡之矣曰奚亡之曰岐路之間有岐路焉吾不知其所以所之故返也○莊子履生如牧羊後者鞭之單豹岩居水飲行年七十有嬰兒之色而虎食之張毅高門懸箔無不趨也而內熱以死單豹養內而虎傷其外張毅養外而熱死其內皆不能鞭其後者也○漢書蘇武使匈奴匈奴欲降之武不肯降使牝海上無人處牧羝羊乳乃放漢節而牧羊○高上傳宋勝之少孤不慕者得歸武在海上廩食不至掘野鼠艸芰而食之利通明易理以信義見稱丞相孔光聞而辟之日大所樂者非我之願乃去遊太原從卿越牧羊以琴書自樂○自逃寻太破蓑翁一日供羊飲酒李嘗爲雅語云羊食草糞丸者乃燥火也何其均勻乎子爲言之子曰妙哉問也天下事各有因果一毫莫爽方其人腸時一口一咽此其因也乃槽相而出亦均勻者此其果也則人在母腹中方結胎時其天時地利與父母之精血編全于後來形而窮達邪正早已定矣吾之喻是乎非乎進酒一瓶以啓再問

家

豕一名猪說文云豕字象毛足首尾之形禮記謂之剛鬣古今注謂之參軍又名黑面郎君詩云出此三物以詛爾斯註云豕犬鷄謂之三物也又易云載鬼一車註云猪也杜詩云家家養烏鬼峽中養猪非祭鬼不用飯載云烏金洪州有人養猪致富故号之易繫辭云坎爲豕性趋下喜附首在宿爲室在辰爲亥其性貪好食不潔而嗜穢濁鍉總聽声断曰古風爭棲必兩牡曰豭曰豣牝曰彘曰豝曰豶子曰豚豚曰腯肥肘後經去勢曰豶末子曰么牧者與曰約槃取其衆聚而歡也博物志云六九五十四至時人王豕故四月而生生子頗多食物甚寡最易畜養長喙大耳九竅四足蹄鬃岐蹄形有大小色有黑白花蒼皮可造鼓骨細勁少肉多膚薄青兗徐淮者耳大燕楚者皮厚粱雍者足短豫產者味短遼東者頭白嶺南者黑白花耳小是短圖經云五月戊辰日以猪骨祀灶所求如意臘月以豕耳懸梁上令人家豐足豕血可厭魔豕脂可遠蠅亦厭穰之物也

相法喙短扁鼻孔大耳根急額平正腰背長臁膛小尾直垂四蹄齊後乳寬毛稀者易養喙長則牙多不善食氣膛大食多難飽生柔毛八難長耳根軟不易肥鼻孔小翻食者皺蹄曲不易壯前後不開後尾相合者難長三齒莫爲種白色三足者召咎前後兩冠白者少古黑膚白花黑毛白胸凡黑白雜嘴雜足者並勿畜黑皮白圭鳥紋入鼻通黑通白者可飼作種者生門向上易孕乳頭勻者產子勻產後兩月而思孕不失其時一歲二生其

豚

豢養豚生雄者一月去其勢雌者兩月勢其巢勿使子母同圈畜賢而不食若廣豢者常造一大圈上爲蓬蔽下用板櫬中分小圈止容一猪一槽難十也換易肥俗云揓猪草巧圈乾食飽若養數猪飼須下少斉人持權工

圈外毋一槽着糟〇杓輪而復始令極飽若剩糟復加麩糠散于糟上令食極淨方止善豢者六十日而肥小者宜牧放毋減食近山林者宜收橡栗之屬採嫩葉野蔬煮以豢之近湖水者宜收浮萍澤菜之屬煮以豢之陸地平原宜用田一坵厚糞熟耕種瓜莧諸芋之屬菜楮榆梓葉煮豢收蓄云豆葉搗爲末和糠糟拌勻泔水泡豢禁豢于星下說文云食于星下則生息米冬宜膚草葦以煖膚則歡食易肥一猪須得火磨二升炒搗爲末食鹽一斤同煮糟內和糠飼之易肥又法貫衆三斤蒼朮四兩芝蔴一升黃豆一斗炒熟共末和糠糟飼飲以新汲水如食不快羅蔔葉食之

療治染症以梓葉食之宜常采切碎入糟粕中飼不拘治症亦易長遇疫以川芎藿香藜蘆丹皮虎頭骨元胡索細辛白芷蒼朮朱砂共末吹鼻內令嚏三五次病者可愈未病不染或以紅砒胡椒爲末飯丸如梧子大刺耳入丸腫腐效又禳書云養龜于糟桶問則免疫三註云人疫染人畜疫染畜染其形似者豕疫可傳牛牛疫可傳家當知避焉

本性性燭肉甘爲世常用暈食神虛多食動風生痰虛胃痿陽得皂角子黃　桑白皮高良薑有一味入其中煮不發風動氣人舊離饑易熟入楮葉味美凡白花曰蹄黃臁息米及牝者並禁食發痼病內和蕈食面生點發風疾和蕎麪食脫毛髮和白花菜食發痔和胡蒜葉食爛臍和斗肉食生虫和羊肝鯽魚黃豆食滯氣和龜肉食殺人肉傷者燒骨爲末水調服受毒者以芫荽汁或韭汁可解若肉成積用草果仁山查可消

方治風痰迷竅心癲志邪取心血一合甘遂三錢朱砂一錢共末爲四丸空心煮猪心湯一服瀉下惡物爲度不瀉再服

典故　漢書梁鴻家貧牧豕于上林苑中曾讀書悞遺火延及他舍以豕償之其王猶以爲少乃曰願以身居作備〇符子朔人獻燕昭王一大猪曰非大匠不居非人食不飽今一十年矣謂之家仙王乃命宰養之如不勝其体燕相曰突不烹之王乃命大宰膳之一家見夢于燕相曰造化勞我以豕形食我以人穢吾患其生久仗君之靈得化吾身始得于脅津之伯時燕相遊于魯津之伯有赤龜負璋以獻〇高士傳姜岐少

伕父奉母孝恬居守道讀書易春秋母死葬礼畢遂隱居以畜豕爲事民從而居後舉詔不受以年終〇後漢季浮與彭伯通書云毋以自伐爲功高音遼東有豕生子白頭異而獻之行至河東見許豕皆白懷慙而退若以子功論于朝廷則爲遼之豕也

雞

雞爾雅云大者爲蜀蜀子謂頪未成雞曰連小曰荆雞曰鷩古今注謂燭夜曲禮名翰音梵書謂鳩七咤運斗樞云玉衡星散而爲雞春秋說題云雞爲積陽南方之象故陽出雞鳴以類感也徐鉉云雞者稽也能君時雞者幾也靈鳥也能知天地之機當太陽轉地子位而鳴傳物志云雞鳴時節家樂無憂演禽書云食以晝趣不食無功之祿在宿屬昴在辰屬酉在卦屬巽始生朝鮮乃卵生之物也八

翼二足二翼喙 尖爪分首冠足距有嗉而無外腎觜膍而
缺小腸無膀胱而不溺有囟心夜能夘栖肝後經云去勢
曰鐵曰閹出卵殼雛身柔毛暫生翼羽是以陰內而陽外
故能鳴不能飛也秉火氣而生故卵伏二十一日環喙脫
元而出但喙未斷骨強剛內有黃未收見風必紗何也黃
乃屬陰陰一分不盡不生故也 凡鳥之孕卵在脊若魚子
狀胞如膀胱形得火氣致開胞之上 殼而子入中入故再
經云意所到處便是孕者嗅曰昭昭取其能唱曉也骨可
占年使知日兩鳴能應時 蔬畢術云焚羽可以致風 五行
書云焚雄雞尾有膏中所求必得大清外術云養蠶之家
雞輒其去山海經云祀鬼神以雄雞故曾郊以丹雞祀日

以祭朝声赤羽去魯侯之苦青史子云東方牲也雄祀門
戶祀戶古人取雞能辟邪亦世之靈物也產朝鮮者尾長
江南產者足短蜀產響鬭無屋楚產垂高二三尺齊有鬭雞
見類爭雄海有石雞潮至即鳴 南都志云有長鳴者山海
經云有攘火者 俗者形高鵝者 形大其色有赤白黃黑青
蒼褐斑 之屬其羽有偏毛柔毛 雜羽之形其冠有單雙斜
疊之象頭有帽者頷有瘿者其 瓜有黑白黃紅之異其骨
有烏白之分其肉有香否之味 風俗通云雞王禦死辟邪
物也

相法目如鵠喙若鴿首小而正 淺足細者佳雄宜頭高
冠豐九距超 束尾長啼声悠 穩雌 宜頭小眼
大頸細光長足矮者為極佳

飼養造化書云雞一雄五雌卵 無雄者只卵停水盆中向
午日少昭伏之可生雛或告 灶以釜煤書十字于卵伏
之亦生雛凡卵黃有白點者 可生雛無者不能生凡伏
窠須依步所鵲巢向方安置 日出伏者多雄日落伏者
多雌霜降以後伏出者可留 種不生榮歲夏秋者不宜
伏卵至十八九日溫水 盛盆 內着卵于中生者浮而動
因者沉而停或以 燈光試之 卵亮者生暗者因雞初出
殼候齊二三日離窠禁飼熟飯 臍肉生膿死勿對焚柳柴
令目育雛出窠冷水洗爪耐 寒以烟薰身耐暑夏秋毋
早放生癆燈宜緣地為筑筑 外著栖可免狐狸之害致

富書云園中築小屋下懸一 簾令雞宿上或於墻內作
一籠入以草鋪巢令雞販抱 其內傷極蜀 黍前許以蔽
蔭至秋收子可飼園內用細 章引交加栽整亮動搖以
辟鷹鳥又法擇地四圍環筑 為屋中分為兩垣墻下各
置四大栖作休息所法宜先 左垣者粥澆地上覆草何
日即化蚓垣右亦然驅雞于 左食盡至右如此轉輪則
雞易肥生蛋不 絕又方麻子 和穀紗熟飼雞日日生蛋
不伏肥法以 油合麪捻成指 尖大塊日飼數十致或造
硬飯同土硫黃每次半錢許 喂數日即肥
雞治中毒者麻油灌之或茱萸 研末吹若遇爽急用臼蘂若雄
黃甘艸為末拌飯飼之 熏 瘡凡亦小豆皂角蔡蘆末

本性性動肉甘雄者壯血姙婦宜食雌者補虛方書云頭可治蠱皮可補人破漏風疾骨蒸者禁食小兒勿多食烏骨白黃色者佳斑點者發風疒黑身白首六距四距者殺人死不伸足口目不開掌有八字紋者禁食鐵鷄能鳴者有毒四月勿食抱鷄合人生癰和鯉食病疽巳與胡荽同食與葱食成虫痔肉得醋易腐得韲味佳和大蒜食腹疼鷄卵小兒多食生虫痟太平御覽云元旦吞烏鷄子一枚可以練形岣嶁書云元旦夜半面北吞烏鷄子一枚有事可以隱形凡肉骨硬者野苧搗丸彈子大魚骨魚湯鷄骨鷄湯下中肉蛋毒者醲醋飲之一方治風俗通卒得鬼刺排悟殺雄鷄以付其心上　傷寒

時氣熱極發狂者用鷄子清口糖一七芒硝三錢凉水下　女人下寒以鷄子爲孔去清少許入石硫三錢胡椒七粒火煨存性爲末酒調服

典故

幽冥錄晉宋處宗得一長鳴鷄愛養甚至棲籠置窻間鷄遂作人語談論極有言致終日不輟處宗因此言功大進○荀悅視孺子之驅鷄而見御民之術孺子之驅鷄也急則驚緩則滯馴則安夫如是血已○史記孟嘗君人秦欲遁齊至關關法鷄鳴出客時鷄未鳴孟嘗君客之居下者有能爲鷄鳴遂發傳出也○莊子羊溝之鷄三歲爲妹相者視之非良鷄也然而府以勝人者以狸膏其首也○國策蘇秦說韓曰今事秦秦必求割地地有盡而求無已諺曰寧爲鷄口毋爲牛後有土有人而甘爲牛後之名賢者不爲也

鶩

鵝爾雅名舒雁一名蒼鴚家畜水禽也鵝者峩冠高首也鵝者餓也腸直便蛋糞常食難飽烏經云性頑而傲鳴則蜮沈虻爲之辟蠱爲之藏鸀鵝伏卵隨日光所轉夜敬應更能禦盜季衛公云鵝靑脈火孔雀辟惡鵝可驚鬼本草云口脊食草蒼者啖砂埤雅云鵞之行也自然而有行列故爲暎禮曰出如舒鳧形若雁狀如鴻舉止雍容有曠然之貌是以王有軍喜之得月乃金水陰數伏三十六日脫卵而出身有柔毛漸生翼羽扁喙連爪八竅二足無際有外音鳴聲喨大致者喚曰呪呪取其聲清厲也飼宜湖澤寬曠處俗語云家有萬石糧方飼長頸項古人不居畜者謂具耗食也雖陶朱致富有鵞亦取乎水養之利云相法首方目圓胸寬身長翅束羽整喙齊聲遠者良晉書

云乖胡綠眼黃喙紅瓜者鬬善

飼養選一歲兩伏者作種一雄三雌須廠屋下多著細草爲窩先刻白本卯形一枚着窩內以誑之生時尋即取伏時大鵞蓐十卯小者減之若數起者不任爲種貪伏者須五六日與食令起浴鷄伏者宜一鷄換伏鵝初出七日禁問金鼓紡車搗舂聲大吠豕曰竹爆忌見孝服産婦初飼以擂米磨碎得嫩菜切細拌勻和清水喂之水濁即易恐淤塞鼻孔雛難生六七日方大水浴不宜久留急驅岸日晒片時收籠內半月然後可放然鵞鴨雛最痴宜防鷹鳥鵞鳥遇穴臥老不生卵肥法治一小屋止令容一鵝勿令轉動側門以本棒鐙定只令頷出能食

每日嘤三四　多食宜聚豆煮熟拌以麸糠十日

（本性）鴨肉甘生五六月者肉佳过則骨硬者湯不見氣蒸者肉美醃者味佳　最発瘡毒痼疾多食発霍乱白者調臟熱老者解臟毒　服丹石者宜之卵宜醃味往肉硬骨亂者以大蒜塞鼻孔自出

方治女人枯病白鵞血調酒飲之晋一同人三二十其痨病腹中疙瘩至三二死刺腹敗塊眥匆柄後刺曰鵞柄化水

（典故）晋書乱陰道者好養鵞王羲之往觀甚悦道者曰爲我寫道德經当舉群相奉羲之寫畢籠群而歸○西京記浄影寺一鵞每聞講經便入堂伏聽講聞泛説他事則鳴翔而出具如者六年初一日哀鳴展翅不止片人堂而絶○農字記唐天宝末清流沈朝家養鵞死其非悲鳴不食啄敗鷹覆其母又啣芻草向母前若祭狀良鳴數声而絶亦絶沈氏奇之因呼爲孝鵞塚焉○晋書史懷有雑鵞善鳴潤女養之鵞非女不食苟飰苦求得之鵞懷不食仍送懷又數日晨起失女及鵞夢聞鵞向西至二水惧見女衣及鵞毛脱水边後因此以名其亡爲鵞女溪

鴨

鴨者家畜水鳥也禽經謂鴨舒緩不能飛名舒鳧曲礼一名家鶩又名匹鶊春秋爲綠頭鴨清異録謂減脚鵝（匯典云）鴨自呼其名故名之尸子云野爲鳧家爲鶩古者以鶩爲贄取義不能飛翔也如庶人守耕稼而已（爾雅云）爲翌鶩禽二足八竅有骨無嗉而翅偏喙純爪秉木之気木数三三三而九三九二十七日啄卵脱壳而生故字鳥從甲甲属震二陰一陽陽弱而陰盛故雄者鳴啞雌者鳴朗出艸砂七穀稗無不食牧者唤曰適適取行止舒鴹也物異志云鷊南取毳毛爲衣被絮賦性不喜陸居宜近湖澤者畜之其收則也廣矣

（相法）曰中五齡者生蛋多三齡者次之俗云黑生千麻生萬惟有白鴨不生蛋形有大小高矮色有黑白黄蒼褐花有冠首紅嘴赤足者雄者頭毛光綠尾有卷羽鳴突声啞雌者頭小色暗尾羽伸直声高明亮（爾雅云）凡鳥翌右掩左者雄左掩右者雌（格物志云）凡羽者䧶毛焚灰入水浮雌毛焚灰入水而沉

（飼養）取春生蛋以鷄伏之雛出先將米糜飽飼之名曰塡嗉然後以粟飯切青菜和水喂水喝即搢恐淤塞鼻孔如此半月放水中浴片時驅岸少晒入籠飼之有炒糠麸伏者有炒米伏者又馬屎伏者五月五日不宜放栖此日只宜乾喂一日不可與水飲則生蛋不已鴨宜一雄五雌生蛋時毋雌雄雜食以土硫和穀喂則生蛋不已

（治法）凡雛発風頭施以磁鋒刺其爪掌即愈中毒者朴硝水啖之蘆根汁亦妙鵞亦此方

（本性）性舒肉甘補虚劳消水腫老者良黄白雌者味美白自者毒病足及腸風下血人禁食毋與蒜與鼓與鱉卤與胡桃食殺人六月禁食抱蛋落時肉肥可醃製佳美

久者住産婦小兒禁食須知貨者魚苗初食
陰故不孕骨硬者𩊠醋熬膏丸彈子大含口
內　化
方治胃寒痛　者肉桂砂仁白蔻入肥鴨內煮極熟和以鹽
醋任意食　不必飯一飱痛失　女人積血者以白鴨血
飲之効

典故　魯連子云陳無宇謂門客曰昔荊來伐陳無一人何因之寡士也對曰君車衣文繡上不得以爲緣鶩鴨有餘食上不足以救稗堂上有酒池上不得以啓則者死所輕死者士所重若不以所經與人而欲得人所重不亦難乎○漢馬援云沆伯高敦厚周慎謙約節儉廉公有威吾愛之重之效伯高不得猶爲敕謹之士所謂刻鵠不成尚類鶩者也○自述化化兒問禽獸何以頭向天草本何以根向地乎子曰聞之動者之物其性本諸天故頭順天而呼吸以氣植者之物其性本諸地故根順地而升之以津凡動之物取氣于天而乘載以地凡植之物取津于地而生養以天所以本諸天者其性溫本諸地者其性寒鳥而足而飛得乎天者多獸四足而走得乎地者多本天而堅得乎天若多草細而柔得乎地者多惟人形豎而剛方得天地中和之氣也

犬

犬一名狗字說云狗者叩也吠聲如叩物狀陸佃云爲物苟且故謂之狗韓非子云蠅甚苟狗是矣曲禮云羹獻古祭用之禮記汪跣云小曰狗大曰犬卷毛有懸蹏者爲犬孔子云犬字猶畫形也犬者脊也有親脊之義見王人則搖尾而迎遇暴客則憤嚙以拒首戴龍會骨故有變化之說長喙善獵爲田犬有人水捕獺者有土山捕鹿者短喙善守爲守犬有畜以召告者畜以來祥者其色有黃黑白青蒼斑文倮花褋許氏云多毛曰狵長喙曰獫短喙曰猲高大曰獒肘後經去勢曰猗曰猗病狂曰猘廣雅云殷虞晉獒楚獷韓盧宋鵲皆名犬也齊人呼犬爲地羊風俗通云以色黃者爲黃羊外地産者形大如驢巨口深毛形小如猫豎耳帚尾牧者喚曰天天取其暢爽而悅人也博物志云七九六十三三主升升主犬故犬三月而生在宿屬婁在辰屬戌在卦屬艮狼遇而跪豺見而親虎食而醉食本觜子則死亦物之性也造化書云馬喜風豕喜雨犬喜雪血能厭邪秦德公始殺犬磔四門以禦蠱皮可辟濕肉可祀灶性窮極守故不改其節惡極戀主不二其心若負福背義之人不如一獸之操也

相法眼大珠圓鼻乾孔透耳緊目深頭團腦正項骨尖起腰小膊直尾卷口內横紋多者良舌生痣者猛須下孤鬚者勇卵生毛者力身毛細密者強㲮毛獅者召祥純黑純黃者宜家黑身白耳犬之士白身黑耳犬之至貴身黃尾自王秦雙足白者召吉青斑者識盜四眼者辟邪白虎紋者利家白身黑睫毛者益主聲吆大者主慶眼淚聲泣夾尾因頭及純白者禁畜主召咎蹏紋不過節者壽天春産者病獨夏産者召蠅秋産者毛臭冬産宜畜

飼養與不宜過飽每早晚與食不宜缺食食胡椒生瘙外𢻳斑汁以白糊飼小狗食鹽飯則足攣促每晨以洗面

水洗其足

療治染症以菽豆黑者苜草汁灌之或以麻油靛汁飲之

若被大傷者犬恐傳其害以水芹搗汁麻油和飯飼之

可解

【本性】性溫肉甘 益氣補陽陰虛者禁食不可炙食食後禁

飲茶死舌不出者殺人皮可却寒遠濕受犬肉毒者以

杏仁搗汁飲即解物志云犬有寶牟有黃為有墨麂有

玉魚有珠犀之通天獸之鮓答皆情聞結者陳氏遺書

云波斯人得墓中人心堅若玉開見山水青碧如畫有

女窺覿焦爛潛溪集云臨州行禪觀者寂後火焚惟心

成五色光如佛像非石非骨形高五十如刻此皆志居

于物神凝氣結故也非丹也非舍利子也乃病癥也有

情之無情也

牙治痘初發兒惡陰壞症犬蠅七枚研碎水半酒冲之

去滓服冬蠅藏犬耳求之必得 世之毒者莫過猘犬

嚙人則害日中冲其人影犬毒傳射人當知避其影若

天陰則無拘矣偶受其害者取水芹搗汁和麻油頓服

之可免

【典故】述異記晉機付洛陽商一快犬名黃耳戲語曰我家絕無書音而能馳資否犬搖尾作声應之以竹筒封書繫犬頸出尋路南走答家還復犬死機不忍弃遣同葬南村呼為黃耳塚口風俗通李叔堅家有犬作人行家人云當殺之叔堅曰犬馬喻君子效人行何傷頃之犬戴冠走家人大驚曰慎觸冠墮掛之耳犬又云壯前黃犬家人亦驚曰見如皆在田中大助幸吟不煩鄰里祇有何靈驗曰犬自累死家卒無

界之異口宮氏養犬各有善相犬者其歸背之貨相人弄而得口民人也其鄰畜之數年不識鼠以告相者曰志在麋鹿下不在鼠也欲鼠則桎之其鄰桎其後足則大捕鼠遂之山林取野獸不遺口列仙傳寗人邦子者好放犬犬走入山穴隨之出山頭見宮殿甚嚴遇故妻主洗魚與邦子一函藥發而魚子也若池中一年化為龍邦子後還山見犬色更赤有長翰隨孫子遂留山上口春秋後語貂勃常惡田單丁朝畢名而問之貂勃曰然跖之犬可使吠堯非貴跖而賤堯犬自吠非其主者且公孫子賢而徐子不肖然而公孫子與徐子鬪徐子之犬攫公孫之朋而噬之若乃去不肖而為賢者犬豈特攫而噬之哉單乃在貂勃于王

貓

貓捕鼠獸也圖經云家豹格物論云蒙貴唐新侯有艮猫

呼為烏圓陸佃云鼠害苗猫能捕鼠故字從苗禮郊待牲

迎猫謂其食田鼠也又呼為子以自聲取其名言能除鼠

有執予防禦之義者古昔華中無此獸鼠害不故設田獵

後得捕鼠獸于苗方以其產地名也四陽雜俎猫洗面耳

必客至人家三保大保家猫保物燈保身犬為人家籬外

守將猫為人家閫內艮相賞食則受之不與食則自求之

呼之應聲而至吻之含點而去覺無桀寵驚恐能可作猛

可馴玩善逼人意覺有脊鼻視愛之貌故喚曰媚媚其形

豹類虎柔毛利爪身輕眼疾自掩泄溺有毛如獅者色有

自黑黃黎若褐銳頭去勢曰淨習能畫地識可偶以下食

上旬食鼠頭下旬食鼠尾晴隨時變鼻端常冷鼻息常能

廣雅云惟夏至一日煖乃陰屬之獸故孕六十日而產鼠

屬子子乃一陽初動而是陰所以鼠見之而伏一乳數子

互相勾謫入相猴者見則移相虎者見自嚙老自咬見物
各有性也
相法面圓面威目大而光身短声雄尾細而長節短而尖
生立尾常搖者遠鼠口腭橫紋九坎者佳七坎者次之
身上毛紋四足及尾俱足者謂之纏过者隹頭下花紋
名欄截有卦文形八字形脊召形交纏过較道者良狐
色足者召祥眼內乌紋入者賴目常淚者不祥面長鼻
鈎面生橫紋嘴禿鼻深高聳喜嚙雞鴨腰長者走人家
露爪者能翻瓦耳薄者不耐寒牙黑者好雜食口內有
壓響者好夜遊是大頭紋不交者不辟鼠黑足踦者不守
家虎內牛毛者在屋上屎身有旋紋者飼主凶猫睛定

時哥猫睛定時有其方子午卯酉一線長寅申巳亥棗
核様辰戌丑未盡見光
飼養造化論云女猫思孕須窓外持竿高挑箕篩則孕猫
即至或以思孕女猫覆灶前將制帚擊斗視灶神而求
之亦孕猶大月產者易生小月產者難育宜乳一月出
窩百二日離母摩其脊則病生揣其腹則變作各有宜
忌也猫不耐飢喜常食又愛宿食俗云朝喂猫晚喂狗
見者不宜早肷飼宜魚鼈肉喂之易長食鱉肉則變食
牛肉則盲食薄荷集則醉飼者宜猪肝一具水焯切片
焙乾入胡椒甘草末少許拌飯飼
病治染病製乌藥煎入咬損傷者飲蘇木汁熯火疲瘥用
淚鼻乾者硫黄末少許入猪肝口飼甘草煎水浴毛焦
綏梳乾
本性性烈肉甘補陰益血
方治瘰癧者用猫肝連胆焙乾得子除日為丸夜半服效
典故 桔神綠竇王甚中畜一猫一日曾大雨戲水稍程而
長餓前前足及湯忽出罷大至化狂去亡一未傷孝子
可東王遂家猫六同日產子以子易孔沛以為常時
人呈之以為孝感所致號日生外寺孔平上家馬遂
畜一猫同日產子其一母猫染病將死且孔子明鳴
其彼棲乳之音
一易猫鬭起若聽狀走相即彼二子于巳子嶲

古蜀　張宗法師古甫著

小引

天地發機萬物化生有諸氣必著諸象得諸受必施
諸用形　形而神神而形形神之妙化工之巧
禮載典繇越史記池魚蟲人以從天至于羽化虫鱗在
天所與乃氣運之流行隨爲溜之生成得其性則盛失其
情則衰任天施治因時救宜始可以求益矣

蠶

蠶吐絲虫也字從朁象其頭足形並蚰者取其繁也形有大
小白烏蒼斑之異首四足而身八足蠶者續也聚而不散

俗書蚕字取義天虫謂人力不能強致也內經云燥其虫
性陽惡濕畏雨好晴能動而不能鳴能食而不能飲自卵
出而云蚢蚢長謂蠶蠶老爲繭繭蛹呼蛹蛹化蝶號蛾蛾
生子名卵卵出蟻曰蚢卵紙曰連遺矢曰砂再生曰蠶死
而不朽曰殭有三眠四眠者有再出復出者博物志云蚕
神物也亦有胎生者與母同老蚕三化先孕後交不交者
亦產子子復爲蠶皆無眉目周禮註云蚕乃龍精所化與
馬同氣蚕四月死五月再生蚕盛則馬病故禁蠶蚕博物
志云燕辟戊巳蝠伏庚申一歲三蚕則桑朽馬耗史記始
自西陵氏養蚕爲絲于蜀故號其地曰蜀曰蚕叢飼有桑
柘兩樂繭有黃白二種繅有小火兩治繭之抽線曰絲不
抽而煮曰綿為繪為錦染蒼染黃在其主之
百蠶死備五廣一入二屋三桑四箔五簇須知三稀下蟻
宜稀上箔宜稀眠時宜稀更曉三光白光宜飼青光厚
飼黃光以漸住飼再加八宜方眠宜暗眠起宜明蚕小
并向眠時宜煖蚕大並起時宜明宜涼向食時宜風宜
緊飼加葉新眠起宜忌風宜緩飼薄葉用以十體天寒
須溫天熱須涼飢則皮皺須速食飽則皮青須緩食眠
須分抬蓖飼起須就飼不宜葉太稀飼不宜葉太稠緊
飼須未眠之間慢飼宜飽眠之初

擇種選向陽簇中繭勻美者堪作種須曉尖緊者雄多圓
齊者雌多　蜀人擇種搖聽繭蛹聲哈哈者雌吒吒者雄

相兼而收置透風箔上排鋪三七數足蛾咀蛋自出先
出者爲蟲苗後出者爲蟲末中出者爲正蛾若拳翅禿
眉赤腹無毛黃者及先後出者勿用止留同時出者令雌
雄相配自辰至申厥氣方全方拆去雄將雌勻布帋上
令生卵生足令蛾䟦三五日去蛾以新汲水浴連去溺
西北處以布作連蓋淹以辟炎勢他處夏秋時將連背
算鉤掛以卵向內不致風磨蚊吶收清涼所勿致日炙
烟薰至冬收藏窖窨忌冰麝片腦氣芋物宜臘月八月
以桑柴灰稻草灰淋汁以浴連畢用竿高懸中庭以受
陽和氣待乾收藏

生蟻到桑柘芽已吐自辰巳間將連取出舒展令藏溫煖

処或蚕女抱負第三日出連舒展若此者再色變自出
蟻未出之前預將淨室一間卜日安定勿令南風吹入
須開布三箔上承塵下隔濕中停蟻前三五日以柴灰
火烘室內候蟻生停之
下蟻蟻浸晨乃生生足將蟻四約抖聚以鷄羽輕輕拂掃
箕內箕須帋糊育五七日可上箔下蟻將空連稱足便
曉分量蟻三兩可鋪一箔老可三十箔畢桑着蟻若蟻
出潤澤快爽其蚕可收乾枯焦凶者其蚕難收
凉蟻初生以至起眠全要蚕室煖凉得宜蚕婦須着單
衣試之若身覺寒便添火若覺熱量去火一
明日于巳午時捲起箔簾以通陽光過南風

扯風則捲南蚕至大眠天氣漸炎須得室中清凉至起
眠後飼罷三頓葉此時擘開窓帋令透風日不得頓驚
生病再後大開窓簾門罨一甕旋添新水以生清凉若
逢風雨恒寒仍將窓簾放下
起眠蟻巧也黑色漸漸加食三日擘分如棊子大忌落
于箔上變白飼宜加變青飼宜厚加復變白又宜慢食
宜少加變黃須減飼純黃宜停食謂之正眠自黃而白
白而青青復白白復黃又是一眠每眠俱如此候加減
禁戴露葉雨水葉風日乾葉採歸澳葉須採葉歸置淨
可飼宜常停三日桑以防淋雨縈処撥開眼去熱氣乃
飼候日晝日值無意若飼得頓數多者早老得絲多頓數少

者遲老得絲少自蟻三眠俱用切碎葉飼自三眠後可
用囫葉若遇雨陰以灰水洪箔下処出濕冥氣然後飼
葉蚕快而無恙候十分眠方可注飼後十分起方可投
雨若候不至十分則老來不齊反到損
拾者何去其箔間之殘葉燠天也不去則生眠之蚕欠
在燠底濕熱蒸熏化為風蚕若是拾分勿推聚受蒸老
為游絲薄繭蚕乃軟弱之物不經操觸小時人多惜愛
乃其老多不加愼重
助飼蚕至三眠後天氣晴煖至午中用甘草水洒葉次以
綠豆粉或粳米粉糝之令飼每箔可用十餘兩隔一日
如此一頓不特辟蚕熱毒且收絲益倍缺桑依此法飼

之可風飢一日存
齊老三眠後十分眠起一晝夜可飼三五頓次日倍頓漸
加葉又宜拾分約五七日即老老則身亮若頭有二三
刻未亮者老氣未至且綏筱留一刻半刻者正得時宜
速簇過老繭薄太嫩絲少宜及時
上簇少飼者易辨簇率多者有壅塞之咎須在室中制架
鋪箔盛筐以布蚕便于飼育分拾若蚕老分拾去桑便
遺矢厚加桑一層取稍蒿平勻鋪上華蚕食畢自擇枝
為繭俟三日抽去箔纔泥煩待六七日採繭又室中為
簇者豎布稍稿遺老蚕于間閉戶令蚕底而成繭各方
施治不同

收繭堅緊者抽絲細勻薄晦者抽絲粗瘕摘小繭去游浮
散絲勻布箔上眠若繅不及恐出蛆化蛾將繭入焙箱
用木灰火烘之使蛹枯爲准法以聽繭內蛹聲不動者
是也火烈則焦火弱則蛹難枯須得其宜慎之
繅絲王禎精取勻圓柔和者爲上有水火之别水絲收少
而價昂爲錦美火絲收多而價賤爲細隹去繭外游蕩
浮絲除空袋瘦蛹等繭然後可繅火絲游以釜盛水炊
溫入繭收絲頭貫筒輪小車引大車撥轉環旋要知抽
添火候及不上頭者另处爲綿水絲法以繭入溫湯釜
內撈上頭者入清涼火盆中然後輪抽即定繭數或頭
斷或絲淨方緒不得加減不上頭驟口者另处爲綿綿

其出蛾蛹口者爲最繅撈者次之繭衣浮絲者下之法
用蕎炭水浸三日入鍋緩煉勿翻弄令熟勻以清水漂
洗晒乾爲綿或碾絲造細或裝衣襪褥甚綏
原蠶再生晚蠶也復生夏秋者此時蚊蠅甚多潛藏暗害
設帳幬以衛之宜一日一飼其法皆同但晚蠶不中繅
絲扯撲綿纊天可入藥周禮禁原蠶鄭康成註云蠶生
于火藏于秋與馬同氣物莫兩大禁者取其害馬也淮
南子云一歲兩收非不利也禁者爲其殘桑也陶弘景
云殭蠶末塗馬齒即不食以桑葉拭之即食以此可見
蠶與馬同氣也李時珍云馬與龍同氣故蠶有馬首龍
頭北方重馬故禁南方無馬故一歲再至二三出者先

王仁愛介物不忍一歲再及湯鑊張宗法云不特害馬
殘桑再鑊且妨于農事
禁忌初採熱葉樹生黃葉天落黃塵葉露水葉雨濕葉西
照日逐面風炙煿羶腥氣煤烟矢糞氣酒醋蒜韭生薑
芫荽蠶豆氣苓麝片腦氣芋麻桐油氣哭涼歌唱音樂
聲遠行汗人來生人孝服新産狐氣醉酒羸穢受刑
人並忌宜常焚檀楓柏檟以辟其害蠶若食烟熏葉黑
爛死冷露葉白蠕死舊乾葉首大尾小腹結死雨水葉
黃水死寒傷者白漿死熱傷者走竄死倉卒開門受賊
風者紅蠕死犯蚕辰者翹移不聚受毒惡者色變不食
占桑貴賤二日得辛蚕收三日得辛蚕全收四日收五日

六日半收七日八日絲貴八◐一日得子蚕難收得午害
蚕得巳傷蚕值甲桑貴◐正月五月雨蚕難收◐二月
二日宜晴宜雨否則桑柘貴三月三晴蚕收諺云
三月三日晴桑葉同錢秤◐寒食清明兩日雨桑賤清
明日喜晴午前雨晚蚕成午後雨早蚕◐立夏雨損蚕
◐端午雨絲貴
本性陽味鹹蛾能壯陽殭治風癇矢知濕者去切繭炭
醫金瘡蛹益精血焙食甘美癬疥者勿食
方治小兒風癇殭蚕炒爲末竹瀝薑汁飲
要致古今注程雅問天駟化虫何云女兒曰大古有遠征
者家女思父嘆曰孰能父歸嫁之家馬絕繮去迎父
歸馬見女輒奮父聞之女俱實告父射殺之晾反玉
庭女以足蹙之日自取屠剝皮蹴然捲女去幾而間

化爲蚕絡繭今世人以蚕爲女兒謂古之遺言也○
續齊諧傳吳成張成值起見一女立宅南角名成日
此地是看家蚕室吾即是神也歲正月十五日作白
粥泛膏于此祀之必得蚕日倍成如言大得利○唐
類函唐使入西域越隽國割取牛兩子時俱食經日
而生如故唐使者向之國人問華中有甚者曰蚕服
者甚且奇也有虫焉名蚕外若栗出虫若蟻食桑葉
長指大長寸餘結繭抽絲爲綿織錦綉國人許買入
買見其實受帛歸○漢書武帝好方上東方朔諫曰
臣曾上天人帝問臣下方人何衣臣曰衣虫天公大
怒以臣謾言使使下問還報曰虫蠓髯髯類馬色邪
邪類虎厥名蚕天公乃出臣今以朔爲許願使人上
天問之土日欲以踰
我上方土也由是罷

山蠶

山蠶燦生虫也齊人呼爲㭴蚕名木名也山蚕名其在野
爲繭也考爾雅名蠋又名蜺烏廣志云蠋類五色老來爲
繭出蛾浮於草末隨性而化藿蠋五彩而香槐蠋五彩角

三農紀　卷之六　四十一

而臭今之㭴蚕者蠋類也化于㭴橾性不居人家不食桑
柘自飯橾葉不居箔簇露宿野作宅遇雨藏葉下辟日潛
樹蔭當雷首伏幹逢風力㧍抱新其物性神突皮其長也
身長三尺于角崢崢首喙類龍馬色類豹虎有聲嗷嗷能
鳴作見着吐舌以退走食充飫定老自成繭繭大如鷄卵
而直外色蒼黑蒼內瓢黃白消蛾收蛇者綿爲絲造織成
帛古之曰山紬又曰繭紬辨紋邪邪亦有絕色者古純
素雅爲世所重考古未聞乃天地和氣應運而出之瑞虫
也

牧放時有春秋兩牧繭成收置透風所時至出蛾蛾形若
蝶快身斑茸羽有二扁能飛令雄雌相配自辰至申斯
分收雌入荊箱令生外卵魚子吹而色灰列界去蛾收
置靜處毋令烟熏風淋至未歲春放將外維懸流水所
令受寘生動之氣或天氣寒以火綬之外變色擇林繫
箔虫自出縲樹食葉隨其所食虫老葉盡自成繭于枝
幹方揣收又以此收繭出蛾以線繫蛾雄雌于橾枝自
外自出以能收繭不如春放之美

防備牧者造蓬敞于橾林間每日不時巡逐鳥雀以免啄
螞蝗林間異草異葉恐悞食毒傷亦後繭成易收雅與
工烏今飢去勿驚傷犯之來日集蛇

本性性陽味甘能變化可益陽老虫煨食香美蛾去羽可
食

三農紀　卷之六　四十二

方治人不孕者收雌雄蛾各八十一隻焙乾末煮黃酒尤
平大每服一錢酒下夫婦並服効

琴致

拾遺記員嶠之山有水虫作繭長尺許他五色織絲
爲文錦入水不濡入火不焚堯時海人獻之○杖絲
七法龍門桐高百天而無枝斬爲琴野蚕絲以爲一乘
○西京記公孫宏聽賢良有鄒長倩者贈以素絲一
襆爲書以遺之云五絲爲䊵倍䊵爲升倍升爲紃倍
紀爲總倍總爲襚此自上至冬自微至著士之立功名
貴以後如之勿以小善不足修而不爲也○自記深
春與友李力書進巢鳳山見山虫集獻曰此山虫出自
何時是何名乎予沉思良久雅異有蠋乃桑蚕野繭
也爾雅釋由乃樗虫蚕也蚢乃蕭虫蚕也棘繭
虫固食木名也博志云柘同桑並有名繭蚕絲可作
琴絲南海產楓蚕絲可釣魚百越產鵂蚕綿可作抽
西戚十縮生蚕爲翟可作帛山虫織絲未著其說盛
于當世乃秦晉所生飯食爲衣大益生民昔以樂爲
敬林今天工施虫以助其德吾與君白此功莫消滅
啓悟人移可以此仿逼而　仰古

蠁虫

乃蟲擠背出也考　其始自元興今民間放寄以獲利其蟲
號稙擠蠟不食不飲承日月精華納天地氤氳博物志云
一九一十八八至風風生虫虫八月化其形若虮微時色
白及老赤黑緣枝結花收採冶煉潔白若玉明名曰白蠟
本草云白古可入藥　配油造燭祀天地神祇甚恭球器光
清春深枯枝間有房色赤黑蛻殼抱垂宛若稙之結實狀
如雀甕螵蛸之類各曰蠟士殼內盡白然若細砂狀一見
內包數千百子時至悉化爲虫緣木蟻行至秋爲蠟其虫
能有能無乃造化之妙亦神物也
寄種寄遊樹次年冬仲春夏液重寸餘如餡狀味甘雀鳥喜
啄宜勤加護守若經啄液枯包虛不堪爲種三日取液

細包如豆漸長若莢寶大立夏採之寄稙牧老云作種
者包外有虫二層收蠟者包內有虫一層
寄放夏至前三日從樹上連枝剪下去餘枝留寸許須令
抱木或數顆十餘顆者作総放或單顆亦連梗枝剪之
稀晾七日候小滿時以稀穀浸水半子時許濾取水剝
下虫顆浸水中一刻即收起用箬葉虛包大者三四顆
小者五六顆作一包用稻草繫束之弱雜紮雜內遂陰
兩頭雜可延數日若遇逢大氣時溫熱其子多並出宜
速放寄蠟或箬包顆或桐葉包角開孔留上木兩包繫于
稙枝之下最着樹強弱寄顆太老太嫩者不宜如樹會
圍者只宜可寄顆無許多則集蹟少則稀空樹之大小

倣此候七日虫歧定梗寄後數日常防鳥雀啄攫常助
驅逐天漸暖虫漸出若樹下有草蔓恐虫附緣不復上
樹又恐蟻蟻爲害宜淨除草蔓爲度寄放者原收彼行
顆以寄此樹亦有寄而無虫不蠟者無有不寄而自生
者忽然遍樹白花不曉此虫何來真神物也莫測其妙
採蠟樹間若凝霜狀謂之蠟花須曉老嫩嫩則不成蠟老
不可剝大約宜在處暑後立秋前剝取之謂之蠟渣或
就枝剝或剪枝剝須先洒水以潤之可易剝取
製蠟將剝下蠟花投沸湯中鎔化傾入細囊濾別釜中別
釜以法沸湯漉淨稍去渣乘熱投鎔入套又法用細布
囊漉入甑蠟下布七甑內安一器盛其鎔汁甑釜下加
火蒸化汁落器內取收取冷成塊潔白如玉肋碎之紋

理燦爛
息樹有稙樹寄者有樹椰寄者他樹未聞其寄樹不是明
與木氣依待壯旺時寄之可傳一年再寄若老樹寄後代
成去其枝使令生新枝待木盛而又放寄若不息而復寄
可則樹必枯萎宜加倍栽以固其根本不可不慎
本性氣平味甘補肺鎮心堅表固腎殺蟲遺精治瘡生肌
方治久嗽者白蠟末　釀者豬心肺食效言杖等血不攻心
中白蠟同火酒飲

白蠟或問小虫多而濕化蠟虫乃何類乎予不能答其問問寄者諸衛甫子云凡有血氣之虫合乘云角何不虫記何者蠣蛤片草者皆雌者跳者而用鼓怒而角上大之性也蠟虫無一窍無怒也問蠟亦不虫

有主鳴僞鳴翼鳴股鳴翔鳴蝕虫不能鳴也虫有外骨內骨蜡虫無骨也虫有卻行反行連行紆行蜡虫非其行也天地生物莫測造王之巧化乃異虫耳口述異集楚民張九者撲厚一日有老人臨廬九甚敬也以蜡蜜數斛云可救貧民法去九如教竟三年無慶一日老人又至問曰往者遺物當收利何其不耶命九示已山林界明曰樹樹白花老人云其種其法可公天下其德者享忽不見

蜜蜂

蜂昆虫也內經云火生曰說文云尾垂鋒故謂之蜂論衡云蜂毒虫也秉陽火而生周禮云有毒者蠭蜂者蛊也喜營聚廣蜂有禮範謂之蘋禮記云蠭則冠而有禮爾雅翼云北方土燥多居土南方土濕多居木近其房輒羣起是以國策三蜂起也爾雅云醜螸方言燕趙謂之蠓螉又名蚴蜕有蜜者謂之壺蜂蜜可餔食房煉爲蜡入油爲燭蜂之爲物有食其食無食其飢苦樂同一是其仁也往不迷路蠭能治毒化蘗成漿是其智也不辭風雨不憚日露始終無貳是其勇也化書云蜂始生五都山有君臣之禮雄者尾鋭雌者尾岐相交則退黃嗅花以鬚代鼻採花以股作抱相蜂釀蜜三日而成南國史云蜜蜂採他花俱用雙足抹二珠惟採蘭花則背負一珠以獻王物應篇云人家蜂盛則家昌抱朴子云軍出遇蜂備伏藏之賊亦徵兆物也窠之始營先造一臺如桃王居臺上生子于中子復爲王歲分其族而出或鋪若扇或圓若貫擁王而去王之所在不敢混飛如偃若失其王亂嘈潰遁而死蓋王之無毒猶君德也造窠若臺猶建國也子復爲王猶分定也擁王

出入猶衛王也王所在不螫猶遵法知信也王死則潰而衆死猶守節操義也取與得中猶什一而稅也造房層疊猶井田疆界也蜂王無螫大異羣蜂無王則衆死二王即分封有老王遜出者有少王辭出者出則均挈其半未嘗多寡從王出者不復回若飛止必環衛其王悉隊伍行列整肅得其處各執其事分半採花留半守營候次差發少者有罰多者受賞每日三朝採蘭花以貢王鳴呼蜂乃一化物小虫猶能知事君盡禮特已忠誠而人不若者惜哉

召收春暖花開蜂將分時先必喧飛候天氣和明合壺書吉自力分若高飛則近飛底必遠人以竿高懸蜂笠召之三面撒水揚塵阻其去路蜂自避入笠中收之漸時歇定將笠裝布袋懸空處至晚後停桶內桶有荆竹織者有木造者有塊成者隨方蓋另居所不得子母對面出肩不然又憤羽而遠遁

留蜂元旦辰或竹篾暨雙勝星竿蜂桶橫直長短徑入大門內展開拖而出外繫掛臨近樹身主春蜂分出則宿此不致遠遁

鎮蜂春深蜂勢要分之際一人恐難收留至外拾一石或磚死片置桶上勿令人知即止又俟來日

論蜂飢造化論云蜂歲春生黑蜂名相蜂又名將蜂王乃相蜂所成也相蜂但能釀蜜不能採花若無相蜂不能成蜜至秋則相蜂盡死若不死羣蜂盡飢諺云相蜂過冬羣蜂盡

空

防護春分時將薪舊桶洗晒以蒿火烟薰去其浥氣用蜡塗抹仍合以生糞糊封安置向陽處蜂自至安蜂處所須除塵網于秋夏間須常開視恐遺蟲蛀若處當加席箔蔽其日雨寒月以草薦圍護其桶冬時常開看桶內有蜜則已若無宜將飯豆者粥和蜜或赤諸南瓜煮亦可飼免受寒餒常掃蜘絲以土灰布地止蟻蟲須防山蜂土蜂木蝶草蝻

留蜜留種者不割宜割者至四五月百花正開時割之若近秋割則天氣漸寒百花少開蜂所擾者難需三冬宜慎之割宜乘夜間蜂伏時割後須淨洗桶內勿令遺蜜

粘蜂足翅仍合封固

藏蜜割下蜡脾用生布絞濾淨去滓入新器中禁入生水停放器日久則潰取少熬甚妙

煉蜡出蜂者爲蜡片合去蜜滓入沸湯內熬用布幅或棕皮包定乘熱扭絞淨爲度或箄押下置水盆滴蜡汁于內乘熱投繩入套待冷蜡水各別收停

本性氣陽味甘補中潤燥忌與葱同食蜡性固蜜收治人油製燭則夜炤得光

方治螞蟥傷膚蜜塗即效○博物志白髮摄去燭脂治入者再出則黑

典故左傳邾人出師魯公卑邾不設備而禦之臧文仲曰國無小大不可易也君無謂邾小蜂蠆有毒而況國乎○孝子傳尹伯奇性孝繼母欲譖之取蜂去毒繫衣上伯奇前欲去之母故態使大呼父見之伯奇死○高士傳姜岐括居守道隱居以畜蜂爲事漢舉賢良不就以壽終

魚

魚乃水禽也內經云寒生鱗魚者育也生發不窮魚者舒也其能如如隨上變形從流成性水久自生游不瞑目得霧能飛風將至而動水將涸而躍識天機知行藏明順逆有悠揚自得之貌名多類廣肉甘味美古人欲養漁獵求利取設百方漁經云治生有五拚魚爲先鯇鰱鯔鯉可以池飼天文志云尾河有魚星主魚方士記云南山有魚風生魚子輿氏云數罟不入汙池魚鱉不可勝食東方朔云人至察則無徒水至清則無魚也

畜魚古今注云魚子曰鯤如黍米狀凡魚在穀雨前後隨微風雨嘯子於淺流間若風雨太甚到次日黎明時方嘯見水有魚緣波起躍即是嘯子之候漁者收以網羅以形色變種類或從風方定之漁經云一翻水發一翻魚收卵置潔淨盆內止容水一二指深置向林樹花蔭處不見日不生日太烈不生三日魚苗生形若針尖須常令水動搖不則停注死用卵黃嚼盆水內一日三飼多飼飽傷少飼饑傷如此者七日夜先治小池移苗于內飼以麥麩稍或豆末池水熱則魚泯用大糞清解之漁翁云鯇苗形頭方身長鯔苗形首小體圓鰱苗形頭齊身扁凡頭水苗者均勻易長二水三水者次之四水

五水者皆大尾小參差難長魚經云草魚收子于江
于小池長萃池尺許移廣池飼以草九月可食謂之鮮
爾雅翼云鯇魚食草口濶而扁頭似鯉而身圓謂之草
魚鱧形巨口細鱗食鮮之湛渣聞煎炙油葷則目青鯿
形目赤口小頭圓身壯惟食淀渣冬寒聚集牽引爲蓋
漁經云凡魚購子于沿水波及洄岸者千年得水即生孕
魚若大其一歲長若大聞之魚苗初生漁者以鴨卵黄
先飼之豫受寒毒故貨于他方塘池不孕
治塘須于正北處宜深諸魚衆喜聚飼草亦宜此方一目
當雨飼冬可減飼池間糞渣堆積恐水生泡熱急宜淘
除無且易長

禁忌塘內禁漚麻魚病汎食鴿糞魚斃吞楊花則溺白糞
多則頃大忌橄欖苦彈皂莢蒜草苦葛巴豆及楂餅鹹
生石灰皆令魚死鯉池亦同禁忌飼魚草禁刈湖畔蒸
有鱧卵鮎卵在內鱧即烏魚背黑有花斑七圖能自咬
其子鮎一名鯷即鮧也大首方口背黑無鱗唇生肉鬚
二物乃魚中虎並大能食池魚
療治魚遊夏則洸急攻去毒水引新水入池多採芭蕉于
新來水處搗汁令池魚吸之以解毒或將小便傾池內
或着以園中新糞汁並可解魚身生白點者名魚虱其
魚雖肥或以楓皮樹皮投池中即除或以新磚入園中
浸一日晒乾投池中即除

本性性快肉甘和蘊酢骨軟味美蒸者東往魚有百揹惟
能補目魚頭正白如連珠至脊者無腮者無腸膽者頭
似有角有目合者不宜食禁同雞肉食或受毒骨硬者
橄欖煎湯飲
方治除曰烏魚煎水浴小兒令痘稀○女人崩漏胎漏魚
膠炒黑爲末酒服

典故

左傳僖公將入棠見魚蔽陷伯諫曰凡物不足以講大事其材不足以備器用則君不舉焉公曰吾將略地焉遂往陳魚而觀之僖伯稱疾不從○莊子莊周家貧往貸粟于監河侯侯曰我將得邑金三百金可乎周忿然曰周昨來見道中有呼周者顧車轍中有鮒魚焉問曰我東海之波臣也君豈有升斗之水活我哉周曰諾我且南遊說吳越之王激西江之水以迎子可乎鮒魚曰君言此不若早索我于枯魚之肆○說苑陽晝謂子賤曰吾少也賤不知理民之術有釣道二焉夫投綸餌迎而吸之者陽橋也其爲魚也

薄而不美若存若亡若食若不食者魴也其爲魚也味厚子賤曰善○能南下季子賤治單父三年巫馬期易容貌往觀其化夜見漁者得而釋之期問焉曰子漁訟得魚也今又釋之何漁者云季人不欲取小魚也得小魚故釋之期歸以告孔子孔子曰季子德至矣○孔叢子云衛人釣于河得魚其大盈車日吾下一鮒之餌其魚過而不視又以豕之半則吞矣子思曰噫魚貪以餌死士貪以祿亡

鯉

鯉水中禽也神農經云鯉最爲魚之主鯉有神能飛乃魚
之主貴者脊中鱗一道至尾三十六鱗爾雅云擇魚以鯉鯉
篇古今注云大者爲鱣赤鯉也兖人以赤爲赤驥青爲青
馬黑爲玄駒白爲白騏黄爲黄雉是也易及中孚詩物靈
沛能徵祥兆可助孝行喻之可以治民養之能以致富老
而懷珠其羽赤樂而遊藻其形奎寧林云三三五爲九老陽

之能變者也二三爲六老陰之能變者也龍八十一鱗鯉三十六鱗龍能顯隱在天之能變者鯉能神化在地之能變者大抵得乃六之數有變化之理以鯉名者從此義也

〔淮南子〕云欲致魚者先通水水積而魚聚

〔畜養〕漁經云卜土厚形肚地能引水瀦瀦處鑿作一池約地十畝許召來水于生旺放去水于庫墓須兩水道作柵以防走竄宜池內間作島嶼九所植芭蕉薊荷練樹以蔭魚樹木芙蓉以辟獺下砌拎瓏空洞先納螺蝦以活其水然後求懷子牝鯉三尺者二十尾牡者四尾邵子皇極云水生者牝大牡小出生者牡大牝小于二月上旬庚日納池內勿令水有聲卜生門放入魚必生四

月納一鱉于池六月納二鱉八月納三鱉古今注云鱉者守魚之神魚滿三百而龍爲長必飛去若納其鱉則魚不復飛自相周旋于池中至明年得魚長一尺者半萬尾盈尺者三萬尾三尺者萬餘尾至再年得一尺者十萬尾二尺者十餘萬尾三尺者四五萬尾將二尺者二千尾留作種其餘皆貨說苑云竭澤以取魚非不得魚爲明年無收魚也再來年不可勝計須築舍守之多方設法以避獺鸛害

提魚法春深將塘水放至底惟停水五六寸深令日晒池溫魚煖三五日復引水入塘魚且易長可肥秋日亦宜塘至五七年後盡淘其泥令日晒乾畜魚壯盛禁燈與

鰱鯿同法

本性性爽肉甘利水安胎惟發風熱風疾疽瘡瘰塊者勿食禁忌與鰱鯿同〔抱朴子〕云礜石㘗生魚口入沸湯游戲瀺灂不死

〔方治〕禁口痢得鯉重一斤一尾如常烹製煮熟置患者鼻內嗅之欲食連湯隨意盡飲妙一彪滿者用鯉斤尾剖腹入食鹽三錢皂礬一兩泥封火煨存性爲末每酒服三錢效

〔典故〕水經云鱣鯉出鞏穴三月上度龍門得龍否則點頭而還〔王〕來年復度〇〔列仙傳〕晉人涓子釣于河澤得鯉腹中符遂隱宕山得孩風雨後莫知其所處〇晉書王祥孝養生母繼母不慈多方譖之不怨母欲生魚時天寒水凍解衣剖水求之忽躍雙鯉以之歸母因感而慈〇史謂太公望釣于渭濱得魚腹中璜王刻文文王獵遇師之以興周業後封于齊壽二百餘〇晉書單于左賢王豹妻呼延氏祈子龍門俄一魚頂生二角軒影署躍鱗至所所久乃去其夜夢旦見魚化人執物如卵形光彩非常授日此日精也台服之吉而吉豹日吉徵也生元海〇宋書三引之好釣常垂綸二石頭經過者不識之或問得魚賣不弘之日亦不得得亦不賣日夕載魚入上虞郭經新故門皆以二兩頭罷門而去〇列仙傳子英者舒鄉人善捕魚得赤鯉着池中飼之生角長翅作人言云我迎子子上吾背部大雨騰去去

致富奇書

卷九

三農卷之九

古蜀　張宗法師古甫著

小引

太極生化各專氣令天道成地道平人道立則星辰神煞在五行中分取圭尅刑害沖絆是以吉凶出焉禍福無門唯人自召易有趨避之説當盡其人事以俟天命

太古巢居穴處與禽獸同其息比遠後物相爲敵遭爪牙角敵之害有巢氏出搆木爲巢教民居之以辟噬嗑之患黄帝治屋宇以蔽風雨周公定八宅以明向背宅爲人本否泰從之是以聖人納民于亭自晉唐歷代始起龍穴砂水之説年月日時之擇審吉凶明去取此八頌所以相沿五由稱爲碩慮者也

卜居

地理之説因手敘形法家亡六舉九州之勢以立城郭室舍氣勢之始終陰陽之所極也理甚幽微難以診憑不過橐籥乎形之起伏度量乎氣之行息就而親之以應其靈氣是故有叢居者散居者舊居者新居者遷而更居者倣而依居者彼居而塞者此居而通者山居巖穴者陵居宿窩者水居舟楫者行居帳幕者益成敗有數氣運虧盈雖有智巧不能違其命也欲知其地者先觀草木之枯榮欲知其人者先觀交遊之賢否故孔子云豐仁爲美青烏子稱

正望之却月覆舟運拿之勢者昌鷄棲者殃大抵龍勢求活潑砂水取環繞陰結少功湯結垣平水關須緊固太塒又不宜案遠明堂濶大發福亦大牙旗草筆須聳外案凡直向得前案相護積向取下砂揖衛右是龍必有是穴有是穴必有是向與砂水弄其倫者若強爲假借大失匹偶欲求泰也難矣其術有多端惟求生氣籍載于宮獨取有情雖云地氣實王天理禍福之來善惡所致

宜忌博物志云居無近絕溪群塚孤虫之所此則死氣陰匿之處也山氣多男澤氣多女平氣仁高陵氣犯叢休氣癡故擇其所居居在高之平下中之高産好人〇淮南子云水氣多瘖風氣多聾林氣多癃水氣多傴石氣

多力下氣多瘇險氣多癭谷氣多痹丘氣多狂廣氣多仁陵氣多貪暑氣多夭寒氣多壽〇下書云卜居以土厚水深居之福壽土欲堅潤而色黄水欲味清而甘美輕土多利重土多遲清水音小濁水音大湍水人輕遲水人重〇地鏡圖云凡辛日得雨止明日平旦及昏黄覽之所見白光者五氣也黄光者金氣也赤光者銅氣也青光者鐵氣也黑光者鉛氣也紫霞彩扇者乃聚靈之地〇宅書云左有流水謂之青龍右有長道謂之白虎前有汙池謂之朱雀後有高陵謂之元武不得此局須種杭李于東種梅棗于南種梔榆于西種杏柰于北東栅益馬南棗益牛前樹槐乃富貴後樹榆遠鬼邪東忌杏北忌李爲淫邪樹西忌柳爲刑戮木宅種芭蕉王召怪異〇地勢坦平者居之吉左下右高居之大利後高前下居之召祥左右不足居之自如前後不足居之召咎前高後下居之有厄左高右下居之[illegible]〇七宅不宜居當衝口處古廟壇社爐冶處故軍營[illegible]木不生處正當流水處山脊沖突處大城門口處向獄門處百川口處大路口處居之並召咎

典故 列女傳孟子與母仉氏少寡舍近墓孟好嬉遊爲墓間事母曰此非所以居吾子也乃去舍市傍其嬉遊乃賈衒賣之事又曰非所以居吾子也復徙舍學宮傍其嬉遊乃設俎豆揖讓進退母曰此可以居吾子也遂居之〇偶記馮猶龍云吾鄉世家卜居城市者已轉卜居鄉村者還存城市不如郊廟郊廟不如鄉村前書已先見矣張東海世居草蕩既仕宅城中爲便闡而悔曰吾子孫必奢後言果驗

築基

基者本也屋者末也達者務本本立道生當合理氣配合陰陽賓主得宜高低得所向背有倫然後堅築高墳以作不拔之基不則其本亂而未治者否矣爲基既成布治得所然後論屋高低迴避直橫上下門樓墻垣須求名士卜日修造雖有茲基不如乘時也

宜忌取土宜生氣土倉天歲月德德合母倉方宜天歲月德德合三合母倉日忌癸卯乙丑乃土公死葬日戊午日黄帝死日及戊巳土日不宜動土

典故 宋書顏延之性朴質世居賽巷不喜修造其子竣起第延之曰爾好爲之莫令子孫笑汝拙也〇明記王恕欲起第致書于家人云底者高高者底狹者寬寬者狹家人莫解恕少子云底者高基也高者底房也

狹者寬墻也寬者狹恒
也其言告子如喜曰是

起造

凡人處世多在事前忽跡事後點檢慎二分有一分受用如地形乃造化生成人不可必之物既得卜之則爲人用而作爲在我須盡人謀且宅說紛紛惟黄石公之法簡易以卦爲主以星爲客得宜者吉失宜者因配星裝卦各有所曰知所趨避可以獲福得地得宮福壽永長失地得宮人物亨昌得地失宮富貴有傷失地失宮災禍莫量秘旨云宅有東西宅震巽坎離是也有西四宅乾坤艮兌是也東不可犯西西不可犯東須各成一家若誤犯者召咎故曰平爲福居之安如卜宅坐向已定以坐爲体以向爲用

須知向上定房之層進屋之高底以占吉凶

東四宅震上起延年生氣禍害絶命五鬼天乙六殺〇巽上起天乙五鬼六殺禍害生氣絶命延年〇坎上起五鬼天乙生氣延年絶命禍害六殺〇離上起六殺五鬼絶命延年禍害生氣天乙

西四宅乾上起六殺天乙五鬼禍害絶命延年生炁〇坤上起天乙延年絶命生炁禍害五鬼六煞〇艮上起六煞絶命禍害生炁延年天乙五鬼〇兌上起生炁禍害延年絶命六煞五鬼天乙〇以上遊年將一何加向上橫排竪看木星所屬[illegible]開門門上橫排竪看七星所屬以定房如開乾門是[illegible]四宅即乾六天五禍絶延年看在何方古吉星房宜高大或起樓或開門得生炁天乙延年是吉星若排到五鬼禍害六煞絶命是凶星房宜底小不可開門起樓〇宅有動有静匕則不育動則主生何以爲静如震兌坎離止有四合頭則無一二進房者是爲正四静宅相宅只以排定之法斷不用巧番八卦故曰静宅不育何以爲動宅如震兌坎離開門又房室重重至于三四進者氣動則生是爲正動宅訣曰正四則用巧番八卦假如坐北向南一宅三進者開正門離位就用大遊年歌中離六五絶延禍生天順起至坎房見延年止又從坎延年房士用大遊年歌中坎五天生延絶禍六順起至離門上亦是延年武昌金金生第

二層房文曲水水生第三層貪狼木故曰動宅主生其坎兌震三宅倣此乾巽艮坤開門只有四合頭是爲四維静宅相宅只以排定之法斷不用接續相生之法故曰静宅不育何以爲四維静宅如乾艮巽坤四維開門重重至于三四進者如門開東南巽方就以大遊年歌中巽天五六禍生絶延起至離房上是天乙巨門土土生第二層武曲金金第三層文曲水水生第四層貪狼本故曰動宅主生其乾坤艮三宅倣此初起造時先以向坐定或造静宅或造動宅排定何房吉星何房凶星遇吉則房宜高大遇凶則房宜底小門樓墻垣預先布置妥當斟酌的確然後起工不致有失自可納福凡造

屋宇以行墻足爲最重其定磉上梁次之大抵動土猶
人之受胎也行墻足猶人之初生也上梁猶人之冠笄
也

宜忌動土起修宜生氣土倉天歲月德德合三合顕星母
倉方吉忌月厭月煞太歲土瘟土旺方宜日毋倉天德
月德德合歲德三合天恩日動土忌戊午癸卯乙丑戊
日

典故 詩彙明嘉靖問費氏嘗搆別業乃宋柴侍郎之故居
費修建一日卓午有釋衣抱帶士題于壁云我昔猶
君昔公今勝我今盛衰皆有數
不必苦勞心公視之俄不見

修室

許口牛造必得壽考舍居就廣木必有歡室宜吉位基欲

堅厚務須合式室爲衆屋之主須間架相當不宜廣大如
坐室得貪很木宜河洛三水數生之不宜二七火數泄氣
忌四九金數尅體材宜青莪樹忌自枯木神壇樹接木爲
柱杞柳自朽松楊生蟻桑木不宜作材多主召咎梓木爲
棟鐵室不震須得名士擇期循龍生向合福造主斯得矣
呂氏春秋云室無高高則陽盛而明多室無卑卑則陰盛
而暗多明多則傷魂暗多則傷魄人之魂陰而魄陽苟傷
明暗則害生焉此居處高下使之然也

宜忌宜天德歲德月德德合三合母倉顕星吉日忌尅龍
害向傷及造主刑冲破害厭煞忌日凶時

典故 檀弓晉獻子成室晉大夫發焉張老曰美哉輪與歌
于斯哭于斯聚國于斯口居書村黄裳召虛保衡論
曰臣宅子弟多與惡人遊盡察之保衡曰凡居官廉
雖大臣無厚蓄凡爲富仁好賑恤不作守虜能聚財
必剝下損人者致之若子孫善守是天福不道之家
矣不若恣其不道以歸于人也黄裳驚服口世說裴
叔則營新宅甚麗與兄其遊兄必欲之
而口未言叔則知其意便推與兄住

修堂

堂乃室賓其數應于須用偶數王一家和樂治弗華美令
人貪婪中庭樹植不吉畜養召咎和氣溫香主家大發潔
塵凈埃主有高賢蘇齊嚴密內有德婦若塵綱門窗侯望
增吻臭穢故氣主遭敗亡老少有倫內外有別飲食應時
起居有常大召福慶口陽宅有九凄一屋宇潔淨二戶
嚴三堂上有三四十年舊樟兒四有三代故舊親友來
五送破衣人出門六早起七無夜飲八不來借道不接

豪勢輕俠口宅有五虛令人貧耗五實令人富昌門大內
小一虛也墻垣不完二虛也井竈不一處三虛也地多房
少四虛也庭院廣潤五虛也宅少人多一實也宅大門小
二實也墻垣週完三實也宅地相停四實也宅水轉流五
實也

宜忌與修室同若修方當作別論

典故 唐書裴度治第東都堂名緑野堂野服蕭散與白居
易劉禹錫把酒論文日夜盡歡不問人間事口說苑
智伯爲室美士茁夕焉智伯曰室美則美矣臣意亦
有懼也高山峻原不生草木今草木勝人臣懼其不
安人也口百抄一臣宅子弟善營第宅成甚雅一日
親友奉酒于堂而慶之請其父題一堂名曰誰堂
衆莫解以爲字咎其父曰堂雖新終轉主人不若造
德以自處居故題者今歲吾子孫耳

開門

門者用也室者體也體貴用牛體用合和載福載祥一室
之診所王在門門爲宅兆所以古人云寧卜千房不開一
門何也蓋門爲衆房之細領係一家之興衰須門房相當
迎避得宜星卦配甚得法須知向迎繞水環山秀峯奇折
當避直冲尖射砂水道路惡石山均崩破孤峯枯木斷橋
神廟古塚名曰乘煞入門主凶水爲朱雀忌悲吟端急聲
斜割反背勢主退吉來凶又忌屋脊冲門不祥倉口對門
召冷退門若向門凡事難成墻頭對門多召是非搗石停
門須妨離散門向水坑人主破亡門對大樹家召瘟㾓交
路夾門人口災妖衆路冲直老人有妨門甃新塘子孫有
殃樹柳青青家不發祥積蛋壘穢難許其昌門集亂石主

三農紀　卷之九　八

患目障若對大石赤火黃瘟雜石交加患召風痲而向空
地有財難聚探頭山乘常患賊盜擺腳砂臨須防淫亂口
門晝開夜合防奸破邪造宜堅固單扇者爲戶雙合者爲
門宜兩畔一般木色同樣不可蛀窩節痕首重各槽門須
要放寬二重三重任人意爲須乘屋造門不宜濶大宋經
云上戶門六尺六寸又云高五尺七寸濶四尺八寸總要
合魯班尺式財本二字不可犯病離義官劫害六字可能
獲吉若門限下土自高乃發祥之兆无色潤澤道路整齊
內見掃除外見培培大聲哄壯雞鳴時節不輕出入不易
送迎其家必昌

宜忌造宜天歲月德德合三合母倉顯恩明吉日忌執破
平收㓕煞空日更修者須以修方論庚寅日門大夫死
日造安並忌〇春忌東夏忌南秋忌西冬忌北子午方
爲鬼路忌開門向忌直冲端射名穿心煞並主召凶門
墻毋開窗牖召飛禍塞門宜閉日伏斷日

方治春午角上上置戶上令人家吉又宜奩撒簷下辟蚰
蜒〇執月在天星方取土和薰艸柏葉塗門生上方一
只可遠盜〇社壇上宰官自取土塗泉門盜賊不入境
入家取以塗門戶遠盜續博物云門畫鬼頭書聻字謂
陰司刀鬼名逐瘟鬼也

典故　專心賦注楊松筠與友遊過一家門友曰此家王出
三貴曰其一責耳初貴必毀製門戶更新〇字非今
之治果如其言〇古歌集百里奚少貧出游于諸侯
妻無以自給乃西入秦爲太子後奚爲秦相妻訪知

三農紀　卷之九　九

未敢言奚坐堂上作柴所賃澣婦自言知音因援琴
撫絃而歌曰百里奚五羊皮憶別時烹伏雌炊扊扅
今日富貴忘我爲歌罷奚撫然而
問之乃其故妻也遂相識焉

放水

天井者屋之陽基之陰也若大地之湖海焉可納可放山
川融和一有其滯害患生之大凡形方者爲上折半次之
直者不宜一字者忌之停水召災告栽花主淫亂植樹有
忌欄杆不吉積瓦石損目堆糞渣病疫以潔淨爲吉以平
正爲良水有放有收須得其旨放者實所以收也收者實
所以放也在內者重乎放在外者重乎收收者收其正氣
放者放其邪氣議者甚繁不若從乎直切放水宜放天干
勿犯地支故曰水從天上去又云山上龍神不下水水中

龍神不上山甲庚丙壬乙辛丁癸放八干水是也忌放地支水丙有寅申巳亥四隅聚凶折放水有前後天井必自後歸甲宮達前取天干之位曲折而出若直流主財不聚若不由中宮為水真根是謂元辰必須從天井中心安土圭所謂井中放水也放水渠宜通疏無穢氣吉水路沖門子孫忤逆水若倒流女主男家不分八字久必絕乏水從門出其家貪耗人个水形畔分不吉去宜曲折之玄以會外水者是渠內宜畜金龜龜經傳云家當畜龜飲食之亦能導氣有益于衰老且渠久不淤又召靈氣天井中宜以栃盛五金八石瘞中能令召地靈

宜忌宜天歲月德德合母倉恩明黃道忌戊巳執破厭煞

空亡〇開門放水忌宿鬼柳奎星翼虛危昴女牛

典故　宅書楊松筠嘗遊日夕過一衕衖者留宿飯夫婦甚敬其家屢空楊欲致其享度或無力不能營口我教汝至易之勢舊水從何方放去何曲何而不之可以致富其人信然如法治之果發爲人因號口救貧

卧室

終身經營衹早得半壁之房一日苦勞惟落得三時之息當卜吉位安置卧室須宜潔凈雅緻致受靈氣則舉事如意若穢濁醒臭乃受故氣故氣亂人所爲不成所作不立雖陋室蔽寥亦宜令其潔爽又致召祥夫婦偕老子孫昌盛若藏罡而褻畫艷詞淚葉致召不倫風聲子孫悖逆須知臨夜早歷生子聰明補設整齊其家必興養生錄云凡坐卧之處勿令有隙細孔穴致風得入傷人最重宜夜以宅角若木葉之可辟穢遠濕

宜忌宜安天乙延年生炁及長生帝旺臨長方須與本命相合相生祿貴恩福不可犯刑冲破害剋身休囚處

方治清明日取戊上土和大毛塗房戶內孔穴虫蟻鼠豸水不入方書云以虎骨懸戶上三年爲夫婦服王生合子屾嶁書云房中置大鏡一面最昏炤之可令人宅又不干惡邪

典故　列女傳孟子入室其妻不知衣未蓮孟子退而出王其妻謂孟母求去孟母責孟子曰將入戶声必楊將入室日必下子失禮也孟子留之口音書何自白少至壯無声樂孌倖之好與妻常見正衣冠相侍如賓酬酢既畢使出一歲不過再二口漢書張敞爲妻畫眉長安中傳傷畫眉有司奏敞上問對曰臣聞閨房內夫婦之私有過于畫眉者上愛其才弗責也

造床

天以冬而育生化人以夜而養精神一日之間足根無線如逢轉于夜纔息身方寄床必求安焉利焉而後可造者擇吉若木來多果樹取一材兩擬陰陽合向作枋王子孫藩盛不宜白枯木無果樹兩色節痕蛀跡材不宜檀楠楓桑氣發木忌破頭楔牛前箭墨線畫跡並主召答養生篇云卧床宜高高則鬼氣不干令人多壽史記龜策云南方老人川龜槽床足三十餘歲後移床龜於故能行氣精可可令人壽

宜忌造安宜天歲月德德合三合母倉夫婦本命合取祿馬並生旺定成危日忌建破平收四發厭煞空亡及年

命刑冲破害𤯝云 心昴奎婁箕尾參色宿逢日總不寧
造安不犯此星宿夫婦和樂子成行口設造帳帷宜水
土閉日可遠蚊虫閉破成收

方治博物志芸草置床遠蚤虱焚驢糞辟蚊虱方書黃荊
葉艾葉鰻魚骨鱔骨雄黃其末以紙捲條燒辟蚊蚋以
青鹽水洗床帳簟枕可永絕臭虫或焚蜈蚣或焚羊角
亦可絕

典故後漢書焚英有疾妻使婢拜問英下床答拜陳實怪問曰妻者齊也供奉祭祀禮無不答 明記楊大人年十八寡止一子教而顯孫亦貴壽八十餘將終囑日吾子孫凡有不幸夫亡者莫我傚也衆孫請其故日人莫不有情也守節者逆人情也守而不嚴無如勿守我昔時晝則理家鬪有遇夜至難寢時將百錢散房中摸拾數足復散以繼晷其不可已處以錐股令痛止其紛飛之念其痕猶存我心非鐵石焉能全志皇天后土共其監之語畢泪下且不然看我床稜盡屬齒跡衆孫拜查服

附睡

睡之道黑而陰覺之道白而陽故莊子云知其白守其黑
氣逆入陰蹻而思睡入陽蹻而思覺閉之神滿不思睡睡
者乃神倦耳倦則神不固而夢生內經云夢者乃陰陽強
弱所感是以至人無夢神固也思者多夢神感也大抵夢
者神之流慮之注乃機之先兆故周禮有三夢一致夢因
思慮而致二觭夢奇怪之夢三感夢涉無心感物是也養
生篇云臥側而屈覺正而伸先睡心後睡眼向北則神不
安近火則傷目當風患頭風臥莫言笑莫覆頭莫仰面莫
開口臥時以食指拭鼻孔七次則邪惡不干可斷惡夢睡
咸式三云夜神咒可辟惡夢咒曰波𠴨婆演帝又夢之鬼名
奇伯呼其名則無惡夢人言睡則靜吾言睡則濶能靜者
至睡時或放物件或身伸曲或面裏外到覺來不怍不迷
此之謂之覺路此之謂之戒慎勿以睡而放其心其歲子

宜忌千金方云每逢庚申日不睡守之久則能絕三尸令
人名吉守法宜于巳未夜半亥時起至子丙夜半丑時
止每歲六守其日

方治凡人迸夜魘者切勿燃燈又勿急喚須緩緩呼之睡
面卽醒若不醒卽咬足跟及足拇指徐徐喚之少頃或
以葱尖刺鼻孔或皂角末吹鼻內或菖汁或韭汁或香
油或小便得一味灌之可效

典故晉書有人問殷浩何以將得位而夢棺器將得財而夢矢穢曰官本是臭腐財本是糞土所以將得而夢也時人以爲名通 宋書廖德明幼時夢題字云宜教卽後登第改秩以宜教階宰闕思前夢不欲行朱晦翁聞之曰人與器不同器之成毀有一定之數惜人不然有朝爲盜跖而暮爲舜者故其吉凶亦隨而變今子赴官力行好事必前夢不驗也德明拜而受教至正郎

厨房

黃帝治屋宇而設厨以停灶竈之供百燔食之後一日三
飧皆聚水火厨爲養生之所動關泰否不可不慎也宜擇
方爰日庶幾無犯常須掃除塵垢蛛網毋叠薪積草亦須
令器用潔淨器物整齊可以致祥

宜忌宜天德月德德合三合母倉定成開日忌丙丁建破
日新造者無忌

方治博物志云夜藏飲食于器中覆之不密鼠欲盜之不自至環器而走涕落器中人食之黄症遍身如蜡狀方書云得猫骨燒存性至除日子時服効

典故 列女傳周餕爲東女將時出獵遇雨止李氏家數十人饌具精腆夜不聞人聲餕異窺之止一女子因問焉知之父兄不許女字絡秀曰吾家單寒何惜一女焉知非福乎已歸餕生三子長顗次嵩少謨俱貴顯絡秀曰我屈節爲爾門妾計門戶耳不與吾家爲殺吾何惜餘年顗等敬詩曰是季不遂大振

竈

上古茹毛飲血燧人氏鑽火始炰肉而燔至神農方食穀實加米于燒黄帝作灶饒火食成始治灶焉灶之爲物也五行俱全形合造化象軀乾坤爲五司之首福禍悉憑一家司命其造作也須知其詳宜于月財方除地面濁二五

寸收下面净土爲灶或以新磚造須取黄土入新汲水和泥禁用壁泥污土宜相雜以猪肝和泥或犬肝更佳召媳賢以井花水並香草和泥令子孝灶前無禮主家破對灶罵詈召災禍向灶伸吟家不利望灶哭泣家不慶女人跛坐召不祥勿踐踏灶土勿灶火焚香勿釜中揚水主口舌刀刃斧鉞等置灶令家不安勿糞土停積灶前勿庭前安灶凡人家鍋釜過夜須刷洗潔净内着以水切不可熬空令人心焦亦不聚吉生灶鷄主昌火逸主富午夜宜絕烟火乃后帝交會之時宜辟之吉若遇釜鳴莫以怪論乃甑氣虛冲宜揭去蓋則已如不已女作男拜男作女拜禳書云釜鳴鬼名婆呼其字不爲災反召言祥鳴自内者吉

宜忌宜天歲月德德合母倉天恩生氣大明定成开忌丙丁建破平收日

方治亭部土作泥塗灶辟水火盜賊〇除歲日取富家田中土泥灶召財〇七月丑日取富家庭中土塗灶可致富勿令人知〇生蟻伏斷月粥穴可遠

典故 列學記客有過主者見其竈直突積薪在傍謂主人更爲曲突遠徙其薪主人嘿然一日失火鄰里救之得熄是殺牛置酒謝灼爛者爲上十賓之不錄言曲突者人謂主人曰向聽客言不費牛酒終無火患今論功而請賓曲突者徙無恩澤焦頭爛額者爲上客耶主人悟而賓之〇范曄後漢書梁伯鸞常獨止不與人共食比舍先炊當呼伯鸞及熱釜炊也童子鴻不因人熱也滅灶更燃之

祀

予云智者不惑問知敬鬼神而遠之謂亦不能獲福媚亦

不能致祥但人孝德莫報惟誠焉以祀之聊亦盡其念耳禮器記曰灶者老婦之祭故盛于盆尊于瓶圖纂云五月戊辰日祀以猪骨所求如意凡祭須以净水時果鮮花香燈祀之

宜忌宜六癸日三元社日月日德德合黄道忌建破平收寅月

典故 風俗通漢陰子方好施善祀灶臘日晨炊而灶神見再拜受慶有黄羊祀之其孫貴顯家凡二侯牧守數十自後常以臘日祀灶以黄羊

鑿井

始自伯益鑿井而飲汲水而啖桑綆寒漿冬溫夏涼養生之莫大者也治得其宜則泉流而甘食者獲福以木宮生

□□□破之勿傷來龍毋開虎口處忌 宰室前庭內禁
井畔樹花果勿越勿跂主不吉以 鉛錫鎮水味清美以
朱砂停中却病延年畔植桑 莫不吉時疫在宅內若有忌
令宜若在垣外或百二十步遠或衆姓鑿穿皆不忌水之
淺深在地勢味之甘苦屬土脈論勿執泥

宜忌開宜開日忌三六九十二月動土忌建破平收閉日

典故韓詩外傳魯哀公穿井得土羊問于孔子曰水之精爲土土之精爲羊其肝必土殺觀之果然○朋紹篇寬州若無水插世徵命鑿得百五十萬見石上從拱手曰勢不可井此徵曰過石而將必出泉再其屑而出之孔二乔土賞一金玫力過石數亟泉果沛然因署名清淵城

淘井

蘭移鮑肆難保其臭絲髮素塵莫期其潔恐浸潤爰引必

當常鼎以去其舊染之汚然井安可以不淘也夏月毋淘
井井水熖人無影者多致傷人凡古井廢井不可遽下拋
朴下云深井多有毒氣以雞毛試投井中毛直下則無毒
若迴四邊不可入或以生雞下井試之亦可

宜忌修淘宜壬午戊戌壬吉又五月淘井却疫忌卯日三
六七月若欲淘井先以水酒其井上令土者飲雄黃酒
數盃又以酒澈井畔待井時下淘無咎

典故國語季桓子淘井得一土缶中有羊使人問于孔子曰木石之怪夔山之怪魍魎水之怪龍罔象土之怪羊○博異志蘇咸有井畝青龍嘗之影戲弱人一日龍出行兩鏡化美女不陳仲弓寓告曰我乃敬元穎也自漢亂陷井中畢君能極介事如意弓應諾命不淘井得古鏡一枚背題字云背䞣公鑄袁則之鏡也

安碓

黃帝爲碓象乾坤轉旋雍伯 作椿因陰陽升降脫麦抽裏
精粒化未使人得而克口塩 放以養生命古者取生旺延
年生氣方今人惟小祿位悉 以坐山爲主 碓頭禁冲擊人
我宅墓忌安置來龍方土偕 與外運忌安耗位反此召咎

宜忌宜庚午辛未甲戌乙亥 庚寅庚辰定成開日忌建破
危平收日春不作磨夏不止 作碓碾搾同吉

典故論衡云天門在西北日月星辰隨天而西移行遲天耳譬如磨石之上行蟻蟻行遲磨轉疾內雖川行外猶俱轉○漢書紀沙穆遊學無資糧綌服客傭爲吳祐賃舂祐與語大驚遂訂交于杵臼間○後漢書梁鴻家貧尚節介同邑女名孟光者貌醜而賢鴻聞而娶焉始以裝飾入門日而鴻志光乃更推髻著布親井臼後偕隱至吳依大家皋伯通廡下賃舂妻具食舉案齊眉伯通異之舍于家乃知梁夫婦也

倉廒

神農藏穀而有倉之設周因之地官倉人掌粟入之藏耕

三餘一耕九餘三積穀儲粟一家生命係焉終歲勞苦納
馬水旱凶歉賴焉安得不盡人事而卜之使豐盈而無虛
耗必求安貼而後經營不經云先將一木安向北方却婦
左边執斧向內斫入或大小高底長短宜按二黑使鼠不
耗蟻不窠材忌楊柁松柳爲棟柱久久生蟻○卜建倉所
先要登局坐觀水城審地勢正向要合甲庚丙壬若造近
九所占生氣延年天乙長生帝三方吉室成後造者兼用
修方法任屋簷下滴水論中宮取甲庚丙壬向宜慮向實
不可與屋相對水不宜流破財方如甲祿在寅財在辰是
也財方 木宜來不宜去忌匠作將墨鐵脚门中又忌在墻

厨喫食客倉門時勿着草鞋入内宜赤足緘口依此復吉

宜忌選宜天歲月德德合母倉滿成開日忌月煞月厭破空執破平日〇竪宜乙丑己巳庚午丙子己卯壬午庚寅壬辰甲午乙未庚子壬寅丁未甲寅戊午壬戌天歲月德德合三合母倉滿成開日忌月厭煞空執破平滅敗耗空廒絕日〇蓋倉宜富財天歲月德德合三合母倉成開日忌九火午日平日月厭煞空日宜匠作赤足上梯忌着鞋忌言元不則招鼠雀耗〇整倉宜天歲月德德合三合母倉滿成開日推四六月不用滿日泥倉宜建閉日匠作宜緘口勿言〇穀入倉宜天歲月德德合三合母倉天倉富財福滿成日忌建破平收開日〇開倉宜天成月德德合三合母倉滿成開日忌壬申戊寅庚戌丙辰戊午甲申乙酉春丑辰子秋未冬寅春巳酉夏申子秋辛卯冬庚午建平收破閉日並忌甲不開倉西方

窨窖宜忌亦同

古驗倉中貼壁穀尖向上者主穀貴

典故 漢史宣曲任氏遇秦敗獨窖藏粟楚漢相拒滎陽民不得耕種米石至萬錢而人皆金玉盡歸任氏〇聞見錄貞宗中年大旱吳蜀南山此處依山傍河得水漑未大熟越歲大水漂泥此地居高不能淹禾大熟居人皆盈倉以粟易貨人物皆富一老曰天以二向及人惟我處無害召禍未必天倫禍下衆因地勢莫隨將有不測奇禍何不以所粟濟人居人訛其知明年遭火焚物盡灰秋發疫所居十餘家俱病亡惜此老家無恙得全三子嘆云天所以不生蟻吾氏者由于不負積而昭也

塞鼠穴

古詩云 無穰下蛳鼠有大介稷讀之令人心難已若有彼方遠跡 小日塞穴不豐之間有覓之之志天文爲虛星

廣雅鼫鼠 獸別名耗子七古貓除避害

宜忌塞穴 宜壬辰庚寅除滿閉伏斷日忌執破空亡

方位季處 土斷鼠法月旦日取神后土泥居泥倉四角及塞鼠穴一年鼠絕迹神后正月起申二月起酉順行方術云正月上辰日以鼠骨焚其穴永無 鼠患亭部土泥倉四角隅遠鼠金貓辟鼠方椿葉冬青葉絲瓜葉粳等分爲末 逢四季燒焚鼠遠遁

古驗忽家 鼠出外家無鼠迹主啓城市舟船鼠竄外主災在膝爲崖主水在口嚙穀穟主歲歉

典故 博集有一人以巳生歲值鼠胃不畜猫家無完物曰門齒閉暴戶其人徙居他州後來居者有鼠如故能其人以五六貓闔門撤瓦灌穴羅捕殺鼠似丘鳴呼彼以飽食無禍爲可恒也哉〇蘇自鼠賦蘇子夜坐有鼠方齧使童子燭之聲在橐中允而醒之中有鼠死童子驚曰鼠方齧而遽死覆而出墮地乃走蘇子嘆曰異哉鼠之黠也蓋擊而不可穴故不齧而齧以致人不死而死以形求脫也

斷蟻

性知君臣 心公智樂故字從義賊力等身兼智兼弱可制吞舟之鯨能潰千丈之堤若不先爲防辟尤恐一人引衆結窩爲鎮 召濕若鼠敗穀腐粟除避其毒悔何及焉

宜忌宜火 閉金開滿日伏斷受死月煞封其穴即止

古驗蟻聚 主霜道若門主賊郭形歲大水對穴主大雨纔

樹移遷 主遊

典故 古今注牛亨問于董仲舒曰蟻云玄駒何也曰河內人見有人馬數百萬騎皆大如黍米遊動往來從晨至暮家人以火燒之皆以蚊蚋馬皆成大蟻故今人呼蚊蚋曰黍民呼蟻曰玄駒○纂異錄元之夜讀書見武士數百升床將射花盦上又有數百人曰玄蠡湯鑽硯池得魚數百千而歸明日觀之乃蟻穴也○韓子齊桓公伐孤竹行山中無水隰朋云蟻冬居山之陽夏居山之陰蟻壤寸而有水乃掘之果得水也

墻垣

始自黃帝 維修周公墻乃居室之表有內外之分親疎之別爲宅之至重者可以禦奸可以兆視有圍墻護墻適應泰否有間墻女墻治分彼此有照墻隔墻設關吉凶若鼎新造修者須以居事畢然後爲墻切忌先造三事難成宅亦不旺毋以棄物隔墻來地主召虎賊寧楊焦山云遇雨淋傾倒急宜修理或籬荆障遮待雨旺修補勿因循怠玩

爲召咎之由隨即修理者不必擇日時凡若亦有宜忌○凡墻式宜坐向長左右兩肩之吉左右長坐向短居之凶前狹後寬居之吉前寬後狹居之凶人家墻垣整頓主宅旺人宜秋月水土造和造築堅固

宜忌宜天成月德德合四合黃道天明吉日建閉日忌獻戰井室煞大墻咸平破日○塞門閉路墳宜伏斷閉日忌平閉破日

典故 漢史蕭何宅居窮僻處不治墻垣曰吾令後世賢效吾儉不賢毋爲勢家奪○唐書李景讓母鄭氏性嚴明早寡家貧一日後墻陷出錢盈船卿曰聞之無勞而獲身之災也天若矜我則願諸孤學業有進此不敢受遂掩而築之

作廁

盈之則必虛人之剔必出自然之理天地消長之道也人之泄渣而云便有言人得其宜而利也必須安將妥當不特便于宅而且便于人矣作廁者忌對前門後門及屋棟存不可近灶近井在來龍處辟之爲吉須廁分內外出入當諱掃治潔淨亦宅之美兆也 養生論云勿忽大小便便宜咬齒勿言亦保身之道

宜忌卜宜甲庚乙辛丙壬丁癸 辰戌丑未十二方吉忌子午卯酉寅申巳亥乾巽坤艮方作之凶○修作宜伏斷閉日吉宜丙寅戊辰丙子丁卯庚子壬子丙辰此乃天聾日凡事大吉又宜乙丑丁卯己卯辛巳乙未丁酉己亥辛丑辛亥癸酉辛酉此是地啞日凡作無忌忌執破

開穢日士古

方治博物志云用月經布裹蝦蟇埋于廁前入地五寸令婦不妬朱丹溪云以青竹爲筒留兩頭節刮去青入圈中日久取出水洗晒乾筒破取內黃治一切疫及痘疹及熱症

典故 用景式孝子傳管寧避居遼東嘗過風船人危懼卯頭悔過寧思惟無咎念嘗入廁不冠而已向天叩頭風即止○晉書阮德如入廁見鬼長丈餘色黑而大日身著皂衣平上幘去之咫尺徐笑曰人言鬼可憎今果然鬼赧而退

修路

謂之路者無處不達也謂之道者往來不窮也誰能出不由戶何莫由斯道也人我出入有關宅兆恐其崩坍剝

殺入門友受其殃路形宜之幺曲折抱環不宜直沖斜反射交亭形不宜十乂火井半工人个介様又不宜路破天干走傍祿位宜從地支上行青烏書云水從天上去人往地下行是也門前路宜坦平掃除致召吉人往來若陷凹流至致迎怪異相臨凡路有遺物禁勿收拾恐有嫌疑爲方爲蠱是徵也

宜忌宜天歲月德德合恩赦母君大明黃道建平日忌煞歲破空亡無罪道四廢日

方沿途不利者急求路傷犯履耳燒灰流水服左壬產男右壬產女

典故高士傳延陵季子出遊見路遺金時夏月遇披裘負薪者顧令彼取拾其金瞋目而言曰何子居之高視人之卑吾暑月披裘負薪豈求遺者哉季子大驚問其姓名吾子皮相之士何足語姓名哉○高士傳楚王使聘陸通通尹負釜外來見門路有車馬跡異之曰先生少而爲義豈老而違之哉門外車馬迹何深也于是夫婦遯去隱于峨嵋○漢書弘農楊寶年九歲至華陽道見一黃雀被傷收歸飼以黃花傷瘥雀去忽一夕有黃衣童子來曰吾王母使者使蓬萊不料爲物傷君仁愛見拯今以白玉環四枚相報○黃震曰抄背南陽宗定伯路遇一鬼問其故餘皆不畏惟不喜唾耳急持之鬼化爲羊共唾之繫賣錢千乃知唾可伏鬼也

入宅

天地間大小事不相關合者則兩爲何我爲我矣而聯各亦不相干亦無惑于是非在之而已如新創宅舍人未入火則五穿不得而主故云不忌既以入火則有司命焉不慎諸凡歸火擇日宜合出運生命原于豎立上梁時節請

歲神人中宮擇上樑擇日入宅從吉方入大凡入新宅先入宅後移家什物三日內宜進財不宜出財若先移什物廚後入入宅可不卜日入宅時燒香然爐宅長捧香爐宅母抱五穀男抱甑器女抱糸帛蠶種身人各執財物不可空手至中宮陳爐于上焚香拜禮若宅內神煞有臨何宮推在何房須閉戶絕跡至煞出位卜吉日臨之可也

宜忌入宅宜從太歲月德德合母倉並諸吉方入之宜天歲月德德合母倉顯星恩財福大明黃道吉日忌年煞破歲空煞黑道建破平收日○宜一家老少大小和睦勿怒色厲聲爭言悖逆大主咎

方治人家修造已畢須將匠作墨衣墨綫墨鐵相留帛裂封藏于棟所不特令回魔無權亦鎮房木不遭厄獲吉黃石公禳書云凡修造事畢宜瓷盛水以柳枝醮酒祝曰木郎木郎一去何方爲者自受作者自當水酒柳枝主不受殃如此遍灑祝各柱各房則匠作魘魅不能爲害造船権者亦倣此

典故漢書楊震性廉潔蔬食步行故舊或欲令開產業震曰我但使後世稱清白吏子孫以此遺之不亦厚乎○東都事畧蘇長公卜居陽羨五百緡買一宅將入居偶夜行聞一老婦哭極哀公問之婦言舊居百年所以哭也即取券焚之

修方

郭璞云宅乃漸昌勿棄室堂不衰莫移是爲受殃不得因富而改造也宅經云大凡人家居宇常須修理則宅氣生

時加不修理則宅氣休囚矣不拘大小須卜吉日利方修
之爲泰開之閞山立向定式其卜猶易至于方隅中宮則
宜忌瑣碎毫髮一失禍不旋踵須鄰在中宮以羅盤看定
其方然後擇泄制得宜始可云吉又宜大吉星到吉全福
書云權制服者權神殺之輕重也以生旺死囚制之倚天
干者以天干制屬地支者以地支制屬納音者以納音制
屬氣化者以化氣制各從其類也遇空亡則實之遇虛耗
則補之遇滅沒則生之遇消滅則續之若非名術達士洞
曉生尅治化之妙者當依法循規爲善斯相問答以求便
利庶不致召咎

宜忌久住宅舍欲補修及安作諸事等要方道無凶煞吉

位玉女書云宜于址所不動土不作工在吉方修造停
安澤神出遊日煞不占位日擇吉星到宮日起自吉方
一日成就如不能完工于吉方而連及不吉之方亦庶
幾無妨此便修之法○鄰家修造古書多載禁忌令人
心疑以理思之墻隔籬斷分舍開門各有星屬有何禁
忌哉

方治動土犯禁至小兒病吐須按九宮太陽在何方取土
煎湯服○君子慎禍不問福但有妖孽之事宜退藏修
省以盡人事或者可免而來福亦有積善之家鬼神誡
其成德令警心而豈亶所以春秋書日災祥也

典故 高士傳原憲居魯環堵之室上漏下濕褐衣衡宜
戶樞不圓相衛結駟連騎來見憲道巷狹而應
之子貢曰噫何病也憲曰聞之無財謂之貧學道不
能謂之病若憲乃貧也非病也子貢逡巡而有慚色
終身恥其言之過也○漢疏廣疏受既歸鄉里日使
酒食族人故舊有勸爲子孫立產者廣曰賢而多財
則損其志愚而多財則益其過且富者衆之怨也吾
旣無以教化子孫不欲益過而生怨○宋書寇萊公
居宰相者三十年不營私地處上魏野詩曰有官居
鼎鼐無地起樓臺公南遷時北使至內宴歷視諸宰
執詢譯者曰誰是無地起樓臺相公

三農紀卷之九

古蜀　張宗法師古甫著

小引

天地初判，奇以氣生，偶以形成，皆自然之理（數）也。能合乎宜，相乎得，奏莫大焉。故聖人知道之所在而不悖也。

黄帝治屋宇而有欄棧薇畜之設（其工造器物而有）（金木）動作之用，凶之以損益，般般有件件足爲便益（乾坤普大）率土民物安之。

牛欄

（牛之于農上關賦稅，下係衣食，在一牛之助，牛命即農命）也。須造宇以蔽風霜，設欄以禦盜賊，卜方古日（須知宜忌）。劉穿豰納當曉合辰。○造欄須選向陽青茅木一根作棟柱，短長八寸，宜壓白，不可犯黑，開架宜雙勿單，高底尺寸俱宜合六白，自然八赤屬白，又云八敗，故忌之不可犯。五五乃五黄石煞，宜合二四六數吉。欄前禁壘石，欄後勿行路，欄内汚溺損胎，當人屋門不利，開門宜向草敞吉。養生書云：安六畜以正五行，長生位上起坐山，陽順陰逆，遍數方位，宜置長生、帝旺、臨官、胎、養、墓、衰方大吉，量起處寬狹，以活法取用爲當。

（宜忌）乾坎艮震四山利甲庚丙壬丁癸方，巽離坤兌四山利壬癸乙辛方。動土宜天歲月德德合母倉，忌癸辛乙

丑戊午日、逐月戊日。○竪欄宜天歲月德德合三合母倉，春忌戌亥子，夏忌丑寅卯，秋忌大忌修造。○放水宜貪巨武輔四星吉，其祿文廉破弼不吉，或放墓方衰方亦可。放水宜審其地勢裁度之。○修宜四五六七月吉，餘月有忌。○穿鼻宜成收開日，今人多用社日，忌滿破閉日。○教犢宜天歲月德德合母倉大明黄道旺相生氣日，建收執成日。○買牛宜成收開日。○納牛宜天歲月德德合三合母倉，忌乙丑壬申癸丑日、丑日破羣月、甲寅庚寅壬辰戊辰己巳卯庚申。○收牛忌初三初六十二十三十六十七十八二十六日。○鍼牛忌丑日平定血刃日。○割牛忌血刃丑日。○牛胎二八月古欄。○出糞宜除日，每月二十九日。

典故　說苑：秦穆公使賈人載鹽車，百里奚以五羖之皮將車之，公觀鹽見其牛肥，問何以致也，對曰：飲食以時，使以不以暴，有險先後之以身，是以肥也。公知其君子，以爲卿。○莊子：魯氏牛夜亡而遇夔北而問焉：我有四足動而不善，子一足而超踊，何以然？曰：以吾一足王天下矣。○漢書：龔遂爲渤海守，務農桑，賣劍買牛，勸人賣刀買犢，曰佩牛佩犢。

馬坊

五行之中，惟馬爲先，畜中之珍者，莫逾于馬也。然力益兩家，性賦剛烈，故古人喻爲君子，能通人意，待人而養。是以設廐以飼，造坊以畜，置方必卜，宜擇日必求利，自然孳育蕃息，則八駿九逸以在其内得之。○馬乃乾畜，性喜高潔，矚星在天，常貴朗明，作坊者須得亮燥爽暢，宜取青楊木

作林禁用白枯木宜作生旺方或天乙生氣延年方並吉安槽宜近食處高遺矢處底易肥不宜南向壬生症不灰泥槽主落胎近猪圈雞栖主召患常槃槐蔭快精神疥養猢猻不生雜症猪槽飲食致浩不測

宜忌宜天歲月德德合母倉日忌戊寅庚寅戊午破煞厭日破閉天地賊日〇放水宜依山向推貪巨武輔四吉吉餘皇有忌〇修坊宜天歲月德德合母倉〇買馬宜收成日二井日〇納馬忌戊午日午日〇伏馬宜建收執日〇敎馬宜建收日〇馬胎三五六八月古〇鍼馬忌閉日午日血刃禍遊風雨晦陰〇劁馬宜成收日〇出糞宜除日廿九

典故　列子伯樂舉九方皐秦穆公遇之使求馬三月而反報公曰何馬曰牝而黃使人取之則牡而驪召伯樂曰敗矣子之所使求馬者色物牝牡尚弗能知伯樂曰若皐之所觀天機也得其精忘其粗在其內而忘其外馬至果天下之馬也〇齊書將軍迴圖會所乘良馬外郭埭口若能沽馬得健夫二十人皆持長竿東行三十里有丘陵廻勒所便以竿拍當得一物急持歸馬活矣如言得一物似猴見死馬便呼噏其鼻馬起嚙進如常不復見何物〇智囊楊璞者生也初從戍習騎射用青布蒙地乘生馬踐之不過三尺次五尺次至一丈閱跡不顧

羊棧

陳畜之利廣者莫過于羊致富五牸之首重者也畜得其法則蕃息蚩牡收利無窮業者必先造棧以衛之若無棧日有牧而夜無收受風霜雨露之害則百災生之難計其盛而利疎矣安敢不爲棧乎既以爲棧必擇方位既得方位則必選日以迎艮辰〇作棧先採生子青茂木爲材宜高造離地免受濕浥棧下宜潔淨不受穢氣門宜開向卯場生息綿綿

宜忌造棧宜天歲月德德合母倉定成日忌未日煞破厭〇牢及執破閉日〇買羊宜成收日〇鐓羊宜伏斷日〇羊胎三五六八月占〇放水宜貪巨武輔青

典故　列子楊朱初見梁王言治天下如運之掌上王曰先生一妻不能治三畝不能芸言治天下者何也曰君見本牧羊者乎百羊而羣使五尺之童子荷箠而隨之欲東而東欲西而西使堯牽一羊舜荷箠而隨之亦不能前之矣〇史記卜式牧百羊十餘歲至千餘上曰吾有羊在上林令子牧之拜爲郎式布衣蹻而牧羊歲餘羊悉肥上過其羊善之式曰非獨羊也治民亦如是以時起居惡者輒去〇漢書衛青少時其父使牧羊兄弟皆奴畜之嘗有鉗徒見之曰此子後必封侯青曰吾爲奴僕願無鞭辱足矣安有他望乎

猪欄

豕乃貪畜嗜渴嗜喙非欄不能以止其鄙懼暑非欄不能以蔽其膚得欄則易卧易肥養生者須以先造爲務卜方宜生旺食祿養苗方用材須按六白工畢命工人在欄內須暢食快飲淨器而出切忌言奚剩落可以吉此猗頓致富之訣也

宜忌作欄宜天歲月德德合母倉生氣旺相大明吉日〇放水訣云寅卯水大旺辰放客猪來巳流病瘦死午方目食胎中去家猪壯酉位遭官災戌逢欄無猪絕種亥宮掛子水無一蹤門亦忌其開〇安槽宜祿旺在亥天歲月德德合三合六合母倉生旺成開日吉忌月煞耳

空破執破閉月○割宜伏斷日○修宜甲子辰日○買
宜成收日忌亥不出不殺離羣日○猪胎正二十一十
一月占

典故 別傳司馬德操嘗一豕鄰人妄認即推與之後亡者得其豕以豕還謝罪曰物之相同何罪也不責○漢書公孫弘家貧不得遇牧豕四十年于海上讀春秋不輟時人莫知其躁

雞栖

凡物之依人而生者命類于人人必先以物爲物須體物
之情以防其害則物得生得養自然昌發故古人設栖以
處之是以夜得而有樂自得而有息再得之以卜吉合宜
則生生不已然猶朱致富亦不能舍

宜忌 安栖宜生旺養𡋯方 吉造栖宜天歲月德德合母倉

天恩大明滿成開日忌煞破𣏌空破執閉忌大月建月
小月建危俗以小滿日或日月暈○正六十月占栖○
買宜成收日忌驚蟄八日大月初五十七二十九日小月
初八二十日○伏栖宜天歲月德德合母倉生氣成開
定日俗依鵲巢占向方吉忌月煞𣏌破空閉破蛀日掯
屈日○鐵宜式斷日鵞鴨占同

方治 生鷄入家先以溫水洗足爪進栖免逃亡亦與家鷄
合羣

典故 孝子傳周老萊子事親行年七十言不稱老常著五色班爛衣爲嬰兒戲嘗爲親取食上堂詐跌臥地爲嬰兒啼時取雞雛弄于親側以取親悅○列仙傳祝雞翁養雞皆有名千餘頭暮棲樹晝放出呼名即至鳴千雲中及其升仙雞鳴犬吠皆在雲中○列子紀渻子爲周宣王養鬬雞十日而問雞可鬬乎曰未也方虛𢡟而持氣十日而又問之曰未也猶疾視迎氣盛十日又問曰幾矣鷄雖有鳴者已無變矣望之如木鷄矣異鷄無敢應者也

納犬

犬之爲物也 性能守夜勢禦暴客百步之外能聞踐聲羣
衆之內可識主人乃家之生離爲門之活鎖又且形壯宅
觀聲應地靈是以納犬有日古人載籍今不得不詳而志
之以吏爲者 ○納犬入家宜喂門外以食盛磚若板上令
食訖踏壓勿移可免逋逃

宜忌 入宜德方納宜龍虎日及建定成開日天歲月德德
合母倉大明旺相日忌月𣏌破空日戊不乞犬宜忌之

典故 劉子楊朱之弟名布一日衣素而出天雨解素更緇衣而反其犬迎而吠布怒將殺犬楊朱曰子無扑矣

向者使汝犬白而往黑而來豈不怪哉○玄中記高辛氏戎爲亂帝曰能討者妻以美女封三百户有犬名槃瓠亡三月而殺戎王以其首獻帝妻以美女于會稽東南得海中土三百里而封之爲犬氏○博物志徐君宮人產卵棄之水邊孤獨老母有犬名鵠倉獵邊得所棄卵邪歸母覆煖遂出小兒生時正偃故以爲名長而仁智襲君徐國後鵠倉臨死生角而九尾實黃龍也偃王葬之

迎猫

猫爲夜寶威可鎮鼠人家之不可離者夫不云納而云通
者傚古之遺制也雖物命係人而吉凶實主乎大迎取須
知珍重育養當曉忌宜焉可不卜日擇辰乎○取猫用以
布袋裝定勿見天日主家討筋一枝和猫置盛過家從吉
方入取猫出令拜堂灶畢將猫筋種于糞堆土使不得在
家便溺然後令見鷄犬復入房中勿令走往

忌宜天歲月德德合三合母倉東辰日成收日忌煞歲

破空破平日

典故 坤雅有人藏壯舟圖叢下有一溝識者曰乃正平壯舟也此猫眼黑精如線屬正于猫眼也○集異傳一十子謁天師府有童子捧茶士躬身授之天師見甚誠敬命童子見乃木處龍神也因値日班期上歸一日有秀才來訪卽當日童子約往士辭不能秀士與一物曰是往來相好一日園中花下有數猫兒戲耍之土求一馬者于人覺有雞色雅興之歸畜于家一日風雷大作騰去士詢其故乃行雨黑龍也

養蠶

樹桑非爲桑爲蠶計耳飯蠶非爲蠶爲繭與絲計耳乃服飾所出有古詩云昨日到城郭歸來淚滿襟遍身羅衣者不是養蠶人 治養以及繭絲之收莫不有分辰忌日之當慮養蠶者宜元宵夜半以香燈茶果白粥于蠶室方祀之吉

宜忌 蠶室蠶命載在憲書方位修茸犯之損蠶○浴蠶種宜生旺日○亥蚕祭宜德日滿成開日又宜卯巳午未日○出蚕宜天歲月德德合母倉生旺 滿成收開日忌庚丁庚戌日月歲煞破空執破閉日○造捕繭俱宜子寅申酉天歲月德德合母倉成收開日忌伺占

方治 二月上寅日取一泥屋四角宜蚕生氣方十字路中取土泥灶 四角主興取亭部土土泥屋四角主鼠不食

典故 果子見染絲者嘆曰染于蒼則蒼染于黃則黃五入則爲五色不可不愼非獨染絲治國亦然

息蜂

息蜂得蜜留種收蠟不勞而獲益自然之利莫最于蜂也然蜂蚕蠟魚之物應人適宜而盛衰力不得而彊之事亦須知安置之宜忌收取之趨避則蜂之子孫可繩武而昌隆矣○博物志云以蜜蠟塗器內今 遍春月蜂將生育時捕得一二蜂著器中蜂飛去尋 將伴來經日漸盛後湧起而俱集

宜忌 除危定執旺蜂家建破平收生黑殺更有成開皆可用惟有閉破不宜他○蜂王殺忌蜜春忌甲寅並六辛夏忌戊辰巳雙神秋忌戊辰冬丙戌此乃蜂王大殺辰○今作蜂房及安置多用日月暈日忌火日不中罡巽

味苦

典故 而雅謂蠭房羽也蠍惡虫也見之者莫不失色而身覆蓋貴之勇不能不駭蜂大蚕婦視爲常物何也利

至之也而獲貴不過是耳○晉書郭湛對武帝曰猛獸在田清戈而出凡人能之蜂蠆作于懷神勇士爲之驚駭出于意外故也

白蠟

物不論巨細而濟世者爲上德不論輕重而成功者爲最蠟虫乃艸木間一賤小物也飧露吸風吐膏釀珠上祀鬼神下利生民乃天生潛德之物以益生民大既有生必當順其化育取善以補之則三家會和 其利無窮矣

宜忌 采種寄養宜天歲月德德合母倉生氣方日亦宜德日德合日母倉滿成開日忌乙未丙戌壬申辛亥日月煞破歲空日

典故 異苑西山澤晴兩出白光映野如書晃晃然忽不見後掘其地得白蠟數千斤其光滅○瑣言孟期曰內

子孫氏能文一日佛焚積以才思非婦人事自是辭丙治魯旨代夫贈人白蜡詩日景勝銀釭般比鮈一條白玉通人寒他時紫禁春風夜靜草九香仔細看

蠟燭

無形者造化不得以王之無名者造化不能以操之无有其形矣又有其香矣已落乎造化之圈內難逃造化之擺弄安得不從而求其妥當

宜忌放宜德方德合母倉生旺方日宜天歲月德德合母倉三合滿成開日甲午癸未日初一四五七初九初十十八二十二十九日忌月煞𠪚破空執破閉日乙未日丙戌壬辰辛亥日

三農紀　卷之九　卅西

典故　明紀永樂時東海野蚕成繭獻以爲瑞帝曰此天與民之利也孝子義士貞女乃國之瑞也

蓄魚

利世之大者莫最乎木水得情者先任乎魚魚之下水造濟育育自然而然也故致富水利推魚爲首務是以修陂佐水鑿塘蓄魚一勞永逸且養與祭便以需家供必求卜擇盡善然後泉潴蔭甦生旺壯盛取之無窮不可勝食也

〇卜地氣生旺處土色堅黃所得河水通流地鑿塘不宜太深深則陰氣盛而魚難肥又不宜太淺淺則陽氣孤而魚難長宜識其土脉之厚薄于中和中治之庶幾其不差矣魚經云塘十畝穿心欲百步四面皆同內造九墩其八以爲八卦方位立符牌中墩造亭樓擇何日起豎一日值何星宿即以此宿名書復符立牌九宮符牌皆以石刻朱書上塑龍王月月祭祀依法發造無不成矣

宜忌鑿塘宜天歲月德德合三合母倉成開福恩大明黃道忌煞𠪚破空建破滿執開及冬月壬癸日〇開塘放水宜以羅經于塘心格定取辰戌丑未或寅方來去吉〇放魚入塘宜德日德合三合母倉滿成日宜放德方母倉方生氣旺方吉魚經云正二月上旬當下生門方放入勿令水有聲訣云正寅壬子在坤方子戊庚子在離鄉甲寅丙辰巽宮位癸卯辛未艮中藏乙酉辛丑還坎位巳未丁亥兌裏藏只向生門下種子取法依排死路亡取魚宜德方生氣母倉旺方開成日忌月𠪚煞破空日又忌魚破羣日丑子二亥三戌四酉五申六未七午八巳九辰十卯十一寅十二丑

三農紀　卷之九　卅十五

典故　吳越春秋越王棲會稽范蠡曰會稽之山有魚池上池宜于君上下池宜于臣民畜魚三年其利可以致于萬國當富盈〇南華莊子與惠子遊于濠梁之上莊子曰魚出遊從容是魚之樂也惠子曰子非魚安知魚之樂莊子曰子非我安知我不知魚之樂

造車

邑夷見轉風蓬不已于是作乘車輿子云車之造也始于推輪蓋圓象天軫方象地直若生而繼若附人在中象三才輪輻象日月俱之輗軏矩以陰陽横木爲軒直木爲轅少昊以牛奚仲以馬行澤欲折行山欲俾或駕或人推任重致遠以濟不通其壽其夭數命已定有損有堅月辰所致造之必得良工之巧卜之必取月辰之吉

宜忌起工必從德方○道宜天歲月德德合三合母倉建除開定成日忌歲煞破月煞𠙶破空執破危成收日○駕車宜德日母倉顯恩福大明黃道平定成日忌同上

典故 莊子齊桓公讀書輪扁斲輪于堂下釋椎鑿謂公曰公所讀者古人之糟粕也以臣之事觀之斲輪徐則甘而不固疾則苦而不入不疾不徐得之于手應之于心口不能言而數存其中然不能喻亦不能受古之人與其不傳者死矣故曰糟粕○世說阮裕在剡曾有好車借者皆給有人葬母意欲借而不敢言後聞之嘆曰吾有車而使人不敢借何以車爲遂焚其車

造舟

易曰刳木爲舟剡木爲楫 楫舟之利以濟不通○墨子古人見竅木浮而爲舟見鳶飛因尾轉而爲舵是以水任有舟隨方設治以便于人乃利涉所急必求其盡善盡美而後可

宜忌宜向德方起工忌歲煞月破聚破𠙶空方○成船宜天歲月德德合母倉大明黃道平定成日○艙船宜伏斷收開日並忌歲煞歲破月煞破𠙶尖執破日○新船下水宜德日母倉天恩大明黃道平定成日○行船宜德日德合母倉滿成開日壬寅癸卯日忌危日壬申癸酉日庚辰壬辰年建月建時建年開月破每逢八九日建破危日

典故 呂氏春秋禹南省方濟于江黃龍負舟舟中人失色禹仰天嘆曰吾受命于天竭力以養人生寄也死歸也余何憂于龍焉龍弭耳曳尾而逝○唐書張志和來謁顏真卿以其舟敝漏請更之志和曰願爲浮家泛宅往來苕霅間此吾志也○猶遠扁有翁者嘗舟行忽一人以歲汁傾入舟中從者怒翁急出

之以笑言遣去大詢其故曰此人以非禮相加必有所持小不忍禍必立至○紀事張學州知處州有工人欲造大舟者不能計其材之所費問之學云以小舟度之寸可分尺尺可分丈便可計算而得

紡車

古人因抽絲之道而治紡車做擯掠之理而爲織機是以布帛興焉其職者乎女故工爲婦德首重在紡紡之要在車推軸運輪其功脈脈不絕不衰不續不斷一息綿綿若循若環周而復始如有迎有送放長收短著于規中積久乃成其妙在定須盡尚寶在我以須得夫天功

宜忌宜天歲月德德合三合母倉除滿平定成開日忌破忌空建破收閉日庚日伏斷幻絞日

典故 列女傳樂羊子妻 羊子好遊學出路拾遺金一餅還以語妻妻曰志士不飲盜泉廉士不食嗟來況拾金乎羊子慚即捐之野遊學二年歸妻問故羊子曰久客懷思耳其妻遂機而言曰此織自一絲而累寸寸而累丈丈而累匹今若斷斷機則前功盡棄矣羊子感其言還卒業七年不返○晉書陶侃母湛氏家貧紡績資給侃交結勝己一日鄱陽范逵投侃家宿時冰雪積日侃室虛無出留宿吾自爲計湛髮委地下爲二髲賣得數斛米斫柱爲薪剉卧薦剉馬遂具精饌從者俱給逵嘆曰非此母不生此子至洛陽大爲延譽○紀務集昔殷既得湯有民不事紡織聯令輪賦者皆以布帛代未幾民間杼柚大盛

造斲

天地之于物也只計其生而不計其成是一老頭乾坤矣既然生之必以克成之而後見造物之妙用所以古人凡種物用爲東西者其取義在金在木也然木盛非金不能制木得金制則化其質金以制木木以合金金木生剋不盡一制化其間作無窮之安排以從三才之化其土氏云

器用功巧寧朴毋華警今尚質以存古道也

宜忌 造宜天歲月德德合母倉三合明星大明黃道定成開日忌歲煞破月煞破厭空危破日〇伐木宜除定成開日忌月厭破建平收蛀日〇木性堅者秋伐不蛀木性柔者夏伐不蛀凡木葉圓滿伐者不虹〇叢竹宜冬鞭竹宜夏凡一切竹木伐後入水浸久自不蛀

典故 淮南子以良斧擊桐薪不待利時良日而後破之加巨斧于桐薪之上而無人力之奉雖順招搖刑德而不能破無其勢也〇書孝子思子薦苟變于衛君曰其才可將五百乘公曰變嘗為吏賦于民而食人二雞子故弗用也子思曰聖人用人猶工之用木連抱之材有數尺之朽良工勿棄今君以小疵而棄干城不可以聞于列國〇世說陵雲臺樓觀精巧先稱平衆木輕重然後起造乃無錙銖相負揭臺雖高峻常隨風搖動終無傾倒之理

鑄冶

成萬物者天地也天地為萬物之爐冶非煅煉之巧莫施其造化之妙是所以古人因之而設焉大抵成于火者出于火流于土者著于土因物而治物治物而用物物以人貴人以物權其竅妙乃天地自泄其機而為之也故寶封洩之顯于世

宜忌 宜天歲月德德合三合母倉大明黃道平定成開日庚寅辛卯日忌歲破月破厭空六不成庚申辛酉火隔建破閉日金不離日大月初五六七日二十七日牛月初二廿六廿九日為金痕日忌

典故 郊祀傳陶安公冶師也素行火術火一旦散上天氣沖天須臾朱雀止冶上曰安公安公冶與天通七月七日迎汝赤龍至安公騎之東南而去〇百記手交朱顏淸與遊治北羅漢寺見凡上放金剛經一卷因曰此經有為而作也予聞之佛書云身世界中有人我山人我山中有煩惱礦煩惱礦中有佛性寶佛性寶中有智慧工匠用智慧工匠鑿破人我山見煩惱礦以悟煅煉之日有金光佛性子然則爭故以金剛為喻也是個真實功夫

桔槔

古聖知流行之道治渾天儀以象天明復姤之理造輪般車以運水可見一事一物皆有道存焉化工雖巧亦不能外道造物也是以古人因道治物利濟人間今制者須知桔槔以佐美斯不至竭而止動而靜之语考西北地曠水流者能疏引水即為利矣東南之地高下相懸轉水于數仞則桔槔之勢使然也

宜忌 造宜天歲月德德合母倉定成開日忌月厭破空亡伏斷焦坎廢日執破閉日

典故 莊子子貢適楚見漢陰丈人抱甕而灌園子貢曰有械于此後重前輕其名桔槔用力少而見功多丈人曰有機械者必有機事有機事者必有機心吾非不知之羞而不為也

犁耜

上古民食草木之實鳥獸之肉而無耕稼神農因天時相地宜斷木為耜揉木為耒教民耕穀而農功始興然有土自有財土不墾而財無所出則國家窮其用矣能以可墾之土墾之則財用足財用足則禮義興而家道肥其益大矣故易取諸益詎可亡日辰哉

宜忌 宜天歲月德德合母倉生氣除成開日忌執破平定滿地賊焦坎丙戌丁亥甲

寅乙巳辛亥

典故 元史虞集對仁宗曰京東瀕數千里皆萑葦之場海潮日至淤爲沃壤久矣須用浙人之法築堤捍水爲田聽富民欲得官者受授其地而官爲之限能以萬夫耕者授萬夫之田爲萬夫長千夫百夫亦如之三年視其成則以地之高下定額而以次征之五年有積蓄乃命以官就所儲給以祿十年佩之符印得以傳子孫則東南民數萬可以近衛外禦島賊遠寬海運漕之民得有所歸自然不至爲盜矣笑井之曰虞伯生之墾是三代之至畫也○四考罪軍徒者里有僉爲之擾衛有口糧之費友朝自如不若行以屯去議以開墾酬軍衛之遠近量徒流之多寡押赴其處開墾若干畝復成熟升得即與除罪釋放其或願留者即爲世業得行之數年齊壙十可熟好民化良頑不善耳

焚荒

〔雜木〕蒿棘非焚不得除 其蕪穢葉縱萌非火不能解其鬱 是益聖之遺法也 山農刀耕火種必求其烈山而焚原農

收刈積柴必求其順風 以爐燄刀起火先 若燄延

〔宜忌〕宜天歲月德德合 世倉除平定成收開大明黃道生氣旺相忌月厭破空建執破危閉日○發火 忌水日號

蕪焦坎廢日

典故 晉書稱康從孫登 道三十將別登曰子識火乎火生而有光而不用其光果然在于用光人生有才而不用其才果然在乎用才故用光在乎得薪所以保其光用才在乎識真所以保其年多才而寡識難乎免于今之世矣康不能用果遭其言

堤塘

周公之治水也築堤以防水患鑿塘以收水利設洫引流〔禾〕德禾承德而苗茂實美則民得而有食所關甚大當合吉辰然後興作庶不致咎○博物志云古多以鐵鎮承鐵

陳季辛能害目魚 龍俱護目故畏鐵〔會〕有人淬劍入池池魚皆浮去此其驗也

〔宜忌〕築堤宜德日德合母倉伏斷土閉及成日忌厭破空滿破開壬癸日○修堤宜立冬後清明前宜忌同○鑿塘開渠宜天德日德合母倉成開日忌平破日又王不決水○修宜伏斷成開日○塞水宜伏斷土閉日

典故 經務集張需佐郎渠有淤廢莫能疏往視之計徒人若干得數名帶器物分量尺數三日遂畢遷潮州見民游食者每里置簿一部列戶每戶計日派名于種新俱畜數遍驗不之暇則臨鄉挑驗其戶簿缺者罰之民皆勤無敢偷惰不三年俱有恒產民皆富庶

耕田

農時者民之天也得天時方得地利須當盡其人事以和之則天命自從矣不則雖躬于耕而怠耕之失宜雖苦于種而怠種之有忌徒勞而無益則土困于淹苗弱莠欺花虛于耗風翻雨蝕鳥啄鼠嚙之害莫不有由也而擇而選爻可忽諸

宜忌宜天歲月德德合母倉成開日忌戊巳執破平定危坎荒蕪月厭空亡忌應初起工日後則不拘

典故 高士傳桓帝幸竟陵過雲夢沔水百姓莫不觀之獨老躬耕不輟尚書張溫異之使人問其故不答溫下道自與言曰我野人也不達此語請問天下亂而立天子耶理而立天子耶立天子以父天下耶役天下以奉天子耶昔聖王宰世茅茨采椽而萬人以寧今子之君勞人自縱逸遊無忌吾爲子羞之何忽使人觀之乎溫慚而退不知姓名記者謂漢陰丈人○合璧龐公未嘗入城夫婦相敬荊州劉表候之龐釋耕隴上妻子耘於前表曰先生苦居畎畝而不求富祿將何以遺子孫乎龐曰世人遺之以危今獨遺之以安雖所以

遺不同○未嘗無所
遺也夫嘆服而歸

時種

予與氏云不違農時善知農之本也雖南北氣運寒
暑不同遲早有差種者當依其時種之炎帝作曆日正節
氣審寒暑爲早晚之節以治農功始分爲八節故古人以
種云時者此也宜種之以時亦須由之以辰吏亦有助云
宜忌宜天歲月德德合母倉天恩大明黃道生旺寅午申
成開日忌月煞破厭空日乙日丙戌丁亥甲寅乙巳辛
亥日乃田祖父母后稷死日○執破是大小耗日○定
是死氣○平是死神○成是火鬼○孟滿仲破季開是
天賊○正七月閉二八月收三九月危四十月執五十

一月平六十十二月開是地賊○正七月辰二八月寅三
九月子四十月戌五十一月申六十二月午是地隔○
大月初六初八廿二廿三小月初八十一十三十七是
田痕日○正辰二卯三戌四未五卯六子七酉八午九
寅十亥十一申十二巳是焦坎以上不宜耕種若先雍
過日者後不忌
冬麥時種日麥宜八月三卯亥卯辰日忌子丑巳戌日○
黍宜巳丑戌日忌寅卯丙丁日○稷宜三月三卯日○
豆宜甲子壬日六月三卯日忌戊巳日○蕎宜收開日
○麻宜四月三卯日忌戊巳日○浸稻種宜成開日忌
三破定平日○下秧宜德德合母倉成收開日忌乙未
建定執破厭空日○插秧宜收成開日忌不成日是乙
未不收日是丙戌壬辰辛亥水隔日正戌二申三午四
辰五寅六子七戌八申九午十辰十一寅十二子忌與
時同

典故
高士傳祀牧與妻偕隱耕于中種禾而歌曰天下有
道我黻子佩天下無道我負子戴○自誰予于秋社
中種麥有甲女補漏子被簑扶杖立于龍頭問曰種
亦有道乎子應之曰有道夫田猶性也耕耨猶學也
是聊知也耰收好也得其食樂也然有種得收不種
無收苦非道乎聞之拍掌長歌而去

芸鋤

未既得天時又得地利若不得人和之功緣難期其茂實
之報必也得其人功助其半二不無稀稠之害田無草薉
之傷豈可鹵莽妄作哉

宜忌宜納音屬火如丙寅丁卯之類是也忌納音屬水如
壬戌癸亥是也及執破日龍禁忌執破二十並執破二日

典故
後漢書龐公居峴山之南荊州劉表候之曰夫保全一
身不若保全天下乎龐曰鴻鵠巢于高林之上暮而
得所棲黿鼉穴于深淵之下夕而得所宿夫趨舍行
藏亦人之巢穴也各得棲宿而已天下非所保也妻
芸于前自擁于後表
嘆息去登鹿山隱

收穫

呂覽曰當收不收誤也收不得時又誤也耕種芸鋤則苦
矣辛矣下此時乃收穀結題之際安不亂其吉以輔之乎
宜忌宜德日德合母倉收成閉日月忌日初一初四初五初
七初九初十十八廿一廿九日忌月厭破空執破日

典故
左傳齊人友魯因由帛父帛父之名請曰麥已熟請任
民出穫可以記穫日不宜奮王請而定子不許俄而

齊苞逮于麥李氏怒使人讓之鄰子曰今茲無麥明
年可樹若使不耕者穫使民樂有寵大單父之一歲之稅
麥其得失于魯不加强弱皆使民有倖取之心其創
則數世不息李氏聞而愧曰地有可入吾豈忍見宓
子○高士傳衛人林類者年百歲披裘拾遺穗于田
並歌並進孔子過衛望之于野彼可與言子貢請行
逆之壟端卯之不也仰天嘆曰少不勤行長不競時
老無妻子死期將至亦何樂拾穗而行歌乎子貢曰吾
之所樂人皆有之反以爲憂少不勤行長不競時故
得壽老無妻子死期將至故得樂亦又安知今日之
死不愈昔日之生乎子貢還以告夫子曰吾知其可
與言果然○綱目集河南尹張全義每見田疇美者
輒下車與佐其歡之召田主勞以酒食有蠶來收者
或親至其家悉呼老少賜以茶綵衣物民間言張公
不喜聲伎獨見佳禾良
乃笑耳自是民競耕蠶

留種

茲者鑿石獲玉矣淘沙得金矣此時功成效報當順育既
往之始須逆籐將來之復使收之有氣藏之得所可恃時

而生茲乃本原種多須知謹愼囤窖安不加福淵屢薄旹愼
宜忌宜德日德合毋倉生旺天恩天福大明黃道成開收
日忌月厭破空煞執破焦坎往日廢日

典故 漢書張騫窮河源崑崙遊諸外地見他方之美
植草中無種者皆載歸以益生民○見聞錄一農老
苗粟數上年歲饑以粟賑親鄰明年熟納還農老曰
禾也又來年日本也農之業子等盡美矣未盡善也
不知留種之訣當擇嘉種去雜存純乾藏收窖時之
粒滿實重米精周飢冢脈唯唯

嘗新

穀已報穫實已修情雖出于人爲者實賴天成也無非化
育之恩生成之德須卜其良長薦天地祀祖先承尊長而
後食之義殖之安不則不若鷹之蠢也
宜忌建日嘗新宜長亡除日負耶滿受殃危日吉慶平利

富定日召客上高堂執破大凶官非至成收開閉益田

典故 止俗以卯日云兔不食苗宜德恩福毋倉日吉
周後魏或弟饑兄先饑弟意其彼食方食一生二元魏
時楊椿楊津兄弟出新粟蔬果時物先敬愛如此

今也有寄于廩一穀之農事告畢矣須以稈秸收積安妥
或爲薪需或作苫用若以芔而芔視若以芒觀正是得魚
忘筌獲禽棄弓恐其本亂而末治者否矣人安敢忽諸寧
不論及于良日哉
宜忌宜德日德合毋倉天明黃道建除定成閉日忌厭破
空執破丙丁天火日

典故 絹齊集李元則守長沙民饑相不卹種粟令民以不
及水者植粟易米民足食得帥賞之襄州每見得子
錢自是民皆樂業○符子鄭人謂展禽曰魯三聘二
黜夫子色無喜憂者何日春風鼓百草敷吾不知

其茂寒霜降百草零落吾不知其枯枯榮非四時之
悲歟榮辱豈卹吾心之悲喜

種蔬

務農作圃乃小人之業蔬食菜羹是貧賤之樂若種蔬菜
落豐年遭饑饉雖薄植有法灌芸得所其蕃庶如何則
必日有日辰王之可見惟種不若及時也須課吉遠害可
也
宜忌宜天歲月德德合毋倉日與穀同宜忌○弄風旬日
秋社逢庚人逢巳出此十日內有風葉無收

典故 列女傳楚王聘仲子爲相謂妻曰若今日爲相明日
結駟連騎食前方丈妻曰所安不過容膝所甘不過
食肉以一安以一甘而懷人一國之要亂世多害恐
先生之不保也于是逃去爲人灌園○蜀志杜史譚
啓往來天鮮盧至則設蔬一盤言笑自若譚曰淡職
中一役錢乃以菜羹款御史耶来曰不妨四時八節

無錢能令半夜三更有客來可予譚日顧學孔子成矣

植藥

藥有自然之產者不必植也植則遠其性味有假人功以培之者則必植之有植之由必有植之日使葉茂花繁子實根固皮堅質滋然後可療病以活人是不取人間造草錢矣〇陳藏器云古之爲醫者皆自採自植藥審其體性所主取其時節早晚若早則藥勢未成若遲則盛勢已過但令人不自採植且不爱時節早晚又不知冷熱消息分兩多少徒有療病之名終無必愈之效此實浮惑

宜忌宜德日德合生旺母倉恩醫巫明成開日忌厭破空修吉甲乙建破執收日

典故 高士傳韓伯休采藥賣長安市日不二價者三十年時有女至日莫非韓伯休耶乃不二價乎韓嘆曰我本避名今女子皆知道入霸陵山中

蒔花

古人以草木開謝定春秋今務花培卉者是知道之人也盜天地之道以形於物致剛細柔化衰成盛合化工之妙用隱造物之幽爲故不勞而效捷能不取天地時利以助其勞云

宜忌宜德日德合母倉生旺日忌破厭害不執破並亡日

典故 花譜魏夫人弟子黄令微好道種花于洛陽山水百花而發朝飲花露夜伴花叢〇米書章子厚一日問邵堯夫曰洛陽善種花子知花乎曰花之葩蕊吾不識也若花之根與蒂吾如之也

植木

順其物之性則生逆其物之情則死非物之有愛惡乃天地理氣自然而然也有自然之性必有宜忌之情不悖乎情而和其性則物必盛而强自無衰弱之患切爲植者計

宜忌宜德日德合母倉生旺恩福明黄道收開日忌乙日厭破空建執定平成日

典故 元史許衡劝時過河陽其道有果熟衆爭取啖衡獨危坐自若或問之曰非其有而取之不可乎曰人亡世亂此無主矣衡曰果無主吾心獨無主乎〇晉書王羲之與謝萬書云頃東遊還修植桑果今盛敷榮率諸子抱弱孫有一味之甘割而分食以娛目前

衣冠

上古巢居野處衣毛帽皮後世聖人見鳥獸有冠角遂作冠冕以易之故易云取諸乾坤白虎通云聖人所以製衣

冠者何以爲締絡蔽形也表德勸善別尊卑也衣者隱也裳者彰也所以隱自彰閉也冠者捲也所以捲持髮也人示成禮何修文章故製冠飾首別成人也春秋繁露云冠之在首元武之象蓋衣冠不整身之災自吉服以至便衣狐貉以與縕袍皆切于身者當卜吉宿福辰而製之則百事享通矣

宜忌宜天歲月德德合母倉天恩福貴除滿定成開閉日忌月厭破空執破危火星長短日〇又歌角亢安穩井得食房星益衣稱最艮斗主美味牛進下虛星逢之可得糧奎壁獲寶得財喜婁若縫衣增壽長鬼張吉祥逢歡慶欲望得財須彙藏

方治聖化經云天冬茯苓各半爲末日服方寸匕可單衣遠寒抱朴子避寒丹雄黄赤石脂丹砂乾薑各等分爲末蜜同白松香末爲丸如梧子大酒下四九服十日冬不着稱衣

浣垢以楮子水中書長江大水四字易洗酸木浸衣去油垢浴水可洗汗衣垢蘿蔔汁茶子搗爛洗去膩垢枯皂末嚼棗肉白果肉去黑污探烏處汲水洗白蠶繭湯能洗油污海螵蛸滑石末摻而熨之可去桐油污酸漿水能洗紅色污豆豉水能洗紫色污梅葉能洗葛苧芋汁能洗白衣及絛𢇁衣可去帛布污濁白部洗衣不生蟣虱

典故

莊子衣大布之衣而過魏王王曰何先生衣之憊耶莊子曰士有道德不能行憊也衣敝履穿貧也非憊也○真隱傳鶡冠子隱居幽山衣敝履穿以鶡為冠著書立言馬談常師事之後題于趙鶡冠懼其為已遣去○晏子春秋晏子食不重肉妾不衣帛祀其先人豚肩不掩豆一狐裘三十年世以為陋而晏子行之自若○莊子曾子居衛三日不舉火十年不製衣捉襟而見肘納履而踵決曳屣而歌商頌聲滿天地若出金石

致富奇書　卷十

三農紀卷之十

古蜀　張宗法師古甫著

小引

天一極也地一極也人一極也人假天德交地氣當法陰陽和術數動靜有常不妄作勞則應之以祥所以從之則治逆之則亂反順爲逆是爲內格

易云法象莫大乎天地然天以氣爲形以神爲神地以形爲形以氣爲神惟人兼萬物之靈得天地之用故爲三才之一然人之生也眞可謂之貴矣得其貴而不知貴是悖天地萬物之理而自取其逆也

夫婦

皇古以上不可考矣安媧氏始定昏因方夫婦有別庖宓氏制嫁娶正姓氏以重人倫故易著家人詩咏偕老周禮男子三十而娶女子二十而嫁陽數奇陰數偶男長女幼者陽促陰舒也男子三十筋骨強壯在爲人父女子二十肌膚充盛在爲人母合爲五十應大衍之數也春秋說題云男生于寅女生于申各秉其氣而資亦殊是以男八年更齠女七年解齠男二八精盈至八八而衰女二七血行至七七而息乃天地陰陽自然之妙也有夫婦則有父子有父子則有君臣有君臣則有上下貴賤始得天清地寧以永三才之世人道之至重者莫尊于男女婚姻非偶然事也後世有合婚之說俗傳起自漢世恐富世時彼有則見今因效爲匹偶之懸以此則天合良緣盡屬蒞蒞張情已辨其謬矣白虎通人道所以重嫁娶者何以性情之大莫若男女男女之交人情之始莫若夫婦故易曰天地氤氳萬物化醇人承天地施陰陽故設嫁娶之禮者重人倫廣繼嗣也嫁娶以春者何天地交通萬物始生陰陽交接時也詩咏歸妻迨冰未泮周禮仲春之月以會男女

典故　管子傳齊桓公使管子求甯戚戚曰浩浩育育管子莫知其意問于如子曰浩浩者水也育育者魚也未有家室安召其居○左傳陳敬仲奔齊齊侯使爲卿初陳大夫懿氏卜妻敬仲古之曰吉是鳳凰于飛和鳴鏘鏘有嬀之後將育于姜五世其昌並于正卿八世之後莫之與京

求親

百年會合千載根源夙緣天定以成匹偶非倖擬細事耳

其間之安排變幻人不得而必之大抵天定者令人定也人定者賴天定也人不能定者即天之不定也若強之者逆天也故古之君子止修人事而隨天命矣○凡爲親者須擇男女兩宜門庭相對終身和樂用媒妁必須素信謹敕之士筵存恭敬備宜精潔逢器破酒傾肉斷先徵凶兆須宜止求別討他姓可致吉祥

宜忌宜甲寅乙卯日月合日戊寅己卯人民合日三合六合德合歲合及定成天喜天恩日忌歲煞月煞破厭空伏斷人隔日

典故　事考唐韋固旅次宋城遇老人月下論書固問曰此人間婚姻牘囊中乃赤繩繫足終不可易固問己妻老人告固往視之見嫗抱幼女甚陋遂刺之中眉後固娶刺史而春女姿麗常貼花細固逼問之女曰

妾郡守息女也父卒宋城襁褓時乳母抱旄以佮常
抱于市爲賊所刺其痕尚在◎唐詩記唐僖宗時于祐
于御溝拾一紅葉上題云流水何太急深宮盡日閒
殷勤謝紅葉好去到人間祐後題一葉云曾聞葉上
題紅怨葉上題詩寄阿誰放之溝流入宮爲宮人韓
者拾之後帝出宮女三千韓泳以同姓之親作伐韓
氏適祐及成禮各于笥中取紅葉相視乃日偶然莫
非前定也韓氏笑而口占日一聯佳句隨流水十年
由思縈素懷今日却成鸞鳳友方知紅葉是良媒◎
漢書霍光欲以女妻雋不疑固辭退者問人求
其故非不娶貴盛蘭也人須有此炎炎之際宮遠
遵權貴我則甘必擯棄是其禍也後霍氏禍及人稱
其高識

納聘

納徵玄纁束帛儷皮如納吉〔禮〕〔賓〕〔曰〕吾子有佳命記室某
某有先人之禮儷皮束帛使某也請納徵致命曰某敢
納徵對曰吾子順先典貺某重禮某不敢辭敢不承命此

成禮之文乃天地交泰之道既有其禮敢不致敬必卜吉
日以兆昌辰〇凡聘物宜量身家各從俗尚須要敬致潔
美得人心和悅天自發祥若奸巧僻嗇見徒苟且一時恐
招愆將來

〔宜〕〔忌〕宜天歲月德德合合日毋倉定成日忌煞破厭空破
平收日

〔典〕〔故〕搜神記楊雍伯設義漿以給行人一日有耆人飲訖
懷中取石子一升與曰種出產美玉並得佳婦如言
種之徐氏有女云能得白璧一雙者聘之即計雍伯于
所種石處得白璧五雙以納聘◎〔奇〕傳裴航遇一仙
女達詩云一飲瓊漿百感生玄霜搗盡見雲英藍橋
自是神仙窟何必崎嶇上玉京後航經藍橋一宅有
老嫗迎之呼雲英擎一瓶漿飲之航見其美因求娶
嫗云得玉杵臼自當與航獲玉杵臼及爲搗藥乃得
娶焉後夫婦
俱爲仙去

迎娶

〔文〕〔宜〕〔云〕大婚者萬世之嗣也男迎女者義取天就乎地女
往男者義取陰助乎陽男娶女嫁者陰卑不能自專就陽
而成之是以應德合唱隨然同牢同巹弋鴈鼓瑟而如兄
如弟宜家宜室矣若不于此際而慎敬恐忘戒旦之美召
反目之玷故易家人初九利女貞吉至于占卜宜加詳慎
若苟且草草是戕其本而枝從衰之兆至于年月日時之
議將兩造推一弱者扶之强者抑之不足者補之有餘者
泄之醫其偏薄使生尅和平可也若不揣其本而齊其末
則難云慶

〔宜〕〔忌〕宜天歲月德德合合日毋倉恩福黃道上吉不將日

忌戊申巳酉及亥日初一煞厭破空日◎女往之辰勿
犯凶星大忌太白遊方人男之堂勿于惡宿至于踏宅
周堂須得吉曜臨宮路途逢遠者先卜利日出門須預
備征俱以防不禦女家須得親信人相伴可便服食之
役男家須以謹厚人爲從以固行旅之事不拘遠近日
行必燈夜行必火新人宜披紫服抱明鏡可遠惡召祥
行人宜雅靜整齊致衍慶臻福◎新人入門宜踏德方
毋倉占位踏夫命妨夫踏本命妨身踏太歲妨翁姑勿
他顧勿覰四方勿以燈焰而令人相嫌主無子而中三
朝不得失火失火主滅絕新人毋迎送毋言笑毋與孝
婦孕婦物色交接召病災房中宜鬭罵言主家破破碎

器物主離散俗有開房之賀不論尊卑親疏老少大笑
禮儀有壞倫常亦且不吉不祥古今種種召咎

典故 筆談晏元獻一日謂范希文曰吾女及笄君爲我擇婿范曰有二舉子富弼張惟善皆可也晏曰然則孰優范曰弼修謹惟善疏俊晏以弼婿之○後漢書黃承彥女貌醜諸葛孔明一見曰此吾妻也遂求娶焉孔明佐昭烈承漢統奇異戰俱盡出黃夫人之同舟鼓琴孔明嘗侍于側焉○晉書叔向欲娶巫臣女母曰子靈妻殺三夫一君一子亡一國兩卿何無懲乎聞之甚美者必有甚惡昔有仍氏黰黑光鑑而美名曰玄妻樂正后夔娶之生伯封貪婪忿類謂之封豕滅之絕其祀今三代之亡共子之廢皆是物也夫有尤物足以移人苟非其德義必有禍焉叔向懼不敢娶平公強之後畜不驗

歸嫁

女生外向爲人內主禮載詵帨詩咏于歸不過取其天地奇偶施受之義女者遇也遇塞遇通隨命安之善婦者附也附

懿在操婦之日光面月借妻所以齊也日物而月代婦所以補也三從有訓四德宜循賢思戒且索忌司晨望乎母家昌乎夫門此以不失坤維陰道之大凡生女必訓擇婿惟賢不失吾女有終身之託免人子有內疚之憂勿因富貴而驕勿倚權勢而姻勿惜交情勿委戚切勿據媒妁言勿貪目復美勿圖取與之利勿聽婦女之語又須量彼此門戶當與不當審吾女之才必當其配觀人子之志須稱其偶一有差池後悔何及嫁女娶婦須稱家有無于歸必使親信人送親周堂合巹方爲妥切

宜忌宜天歲月德德合天恩母倉忌亥日朔日往亡太白遊方若逢中宮有煞新人不令人中宮祝傷人擇吉方周堂可也

典故 淮南子云人有嫁其女而教之者曰爾爲善善人疾之對曰然則當不爲善乎曰善尚不可爲而況不善乎景獻羊皇后曰此官雖鄙可以命世人○漢書鮑宣妻少卿始歸嫁資甚重宣曰少君生富貴習美飾而我貧賤不敢當乃悉歸侍御更着布衣與宣推鹿車同鄉里提甕汲水修行婦道○世說許允妻醜成禮入曰婦有四德卿有幾曰所乏者容貌耳其妻曰士有百行君有幾曰皆備曰百行以德爲首君好色而不好德何謂備外有慙色自此敬重

冠笄

冠以斂髮笄以固髮人身之首重莫若也無其制則蓬頭披髮人中狒狒冠者關也所關甚重欲人寸事而完人道也笄者稽也所計切要欲人如竹守清白也有節不可干犯非禮不可干求非分也冠宜端笄宜正得昭昭彰彰之象自致召

福

宜忌宜天歲月德德合母倉成顯義日孟仲月忌日建破平收日煞厭破空丑日

典故 史記司馬遷年東髮南遊江淮北起河洛上會稽探禹穴窺九嶷名山大川莫不覽焉○漢書文帝使晁錯往受尚書于伏勝年九十餘使女傳言教錯得二十九篇○史記稽草山曰夏屋山請代王使樹人操銅斗行斟代王殺之其姊聞之呼天磨笄自殺今號爲磨笄山

理髮

身體髮膚受之父母不敢毀傷孝之始也事首重吉必去重焉則物交物而引之然于綱常之大莫不曰之以重矣苟于甚重者而不重則守身之道玷矣養生編云髮宜多梳通暢氣血髮宜常梳爽快精神

宜忌洗理宜德德合毋倉生氣旺成收日忌丙丁建破望日癸丑日立秋日 ◐春宜多梳則陽氣血延年 ◐三月初六日洗頭令人光澤七月二十三日洗頭髮冬不白

方治洗髮以東向桑白皮側柏葉煎水入豬膽洗

採桂花半開者去蒂毋化一升清油半斤拌勻入瓶中油紙封口入釜煮一時取出停數日用亭布方絞濾清液收之愈久更佳 ◐滋髮用葳靈仙牽牛子皂角側柏葉黃柏皮共爲粗末入絹袋中盛瓶內毋兩用清油一斤浸十日後煮收停擦髮去垢解髮

典故 史記封伯禽于魯周公訓云我爲文王之子武王之弟成王叔父不賤矣然我一沐三握髮一飯三吐哺起以待天下士至者乎百人始得三士焉以正吾身以定天下夫得三士于千百人中若是乎其難也子之魯慎無以國驕人 ◐唐書賈直言貶嶺南與妻董氏訣董引繩使束髮以帛使直言署之曰非君手不解直言貶二十年還封髮宛然

整容

面目者心之證也有諸內必形諸外然垢面還頭人之大惡故湯盤有日新之銘韓文有刮垢之句皇皇之面敢不肅敬若漠然置之是不近人情乃自蒙不可矣延年書云以手乾擦面恒可滋顏以爲際運日久能還重亦保身之法

宜忌宜天歲月日德德合成開義日忌伏社弦晦煞厭破建平收破日

方治金色陀僧研末入人乳或生蜜和調署夜塗面夜面自光彩奪目 ◐杏仁去皮研泥用兆蚕爲末各兩晉棗十枚去核豬胰三個美酒四盞浸滋器內每夜晚潤面 ◐鉛粉十兩寒水石火煅醋碎陀僧白芨各兩爲末加朱砂五錢射香三分共研末入雞子清調和盛盞中封蒸熟取出晒乾爲細末敷面終日不落 ◐面生后點烏暈粉刺用益母草不拘多少研末爲大九以炭火四面圍燒極過出炭待冷取出成白灰者佳用皂角去皮核一兩共搗爲九日洗三次妙 ◐面生瘢痕用胡粉陀僧各等分爲末得乳汁研如泥塗面三日方洗以瘥爲度 ◐面部生瘡用酸棗仁荊芥羊鬚三味俱燒存性各一錢加鉛粉五錢共爲細末以槐枝煎湯洗面後敷藥

末三五次瘥 ◐皂角燒存性黑白丑各半二兩天花粉零零香甘松白芷各二兩共爲末或洗面或浴身少入末體掌膚香

典故 左傳季白使過冀見郤缺耨其妻饁之端顏正色敬待如賓與之歸言于文公曰敬者德之聚也能敬必有德德所以治民君請用之 ◐漢書武帝李夫人病帝自候之夫人蒙被轉向歎帝不悅去侍者問故夫人曰以色事人者色衰而愛弛愛弛則恩絕上恋恋者以貌故也今我毀傷見畏惡吐棄尚肯追復恩惆哉故所以不見也 ◐明記劉挺妻幼痘瞽其父請絕挺聞不曰不可莫因人廢而廢倫後成祀妻父以少女伴姊嫁挺見問之妻曰父爲我瞽難奉箕帚命妹待之挺咈然怒曰此大丈夫不爲事也速送歸挺夜顧貴婢無嬖幸止一瞽者夫人 ◐高士傳黃與令狐子伯爲友子伯爲楚相遣子奉候客去罢不起妻怪問之曰向見令狐子容整顏光舉措自適見我兒蓬髮厲容未知禮則不覺有大丌妻曰君少清節不顧家祿今人之貴孰與君之高奈何忘夙而慚兒女乎霸決起而笑曰有是哉遂其終身隱

○左傳晉叔向適鄭有鬷蔑者貌醜欲觀叔向從左右其立堂下蔑癸一言而善叔向聞之曰必然明也下堂執其手曰子若不言吾幾失矣

保產

生生者乃天地自然之奧道造化之妙機也有形孕者声孕者情孕者影孕者正孕者偏孕者從類孕者非類孕者孕多者孕少者不孕者有自相孕者萬欲各有其日也有產同者有產異者有產愛者有產惡者有產于此者有彼于產者萬物各有其自也天地乃溫濕之氣而成人得其氣而生丙經云濕生倮孔子云倮形三百六十而人爲長天地萬物惟人惟貴人乃包生蓄胎藏于身而于于物隱于人而著于方亦可以見化工之神妙且以未見之先天

而象且保又何況既分之後天而形不愛佑乎則吉凶晦吝大有開焉孝慈者當知寶之玄要篇云包形若蚌呼吸隨其開闔陰陽成形在一呼一吸之際天地不知鬼神不曉恍恍惚惚杳杳冥冥此之謂造化之妙此之謂天地之機其間玄之又玄博物志云日月蝕而私者生子多病蚰晦弦望而私者生子愚痴瘖瘂子戾逐陣而私者生子兜暴無禮亦猶木日造麴而酸水日造醬而虫九焦日種穀不長六合日遣鬼不出火日安蜂蜜若上日種麻不生以此驗之可見矣

宜忌宜天歲月德德合三合母倉天明富貴四季祿旺生炁日更宜天氣晴明月上旬陽長之分夜半後陰消之候孕子主賢明福壽忌煞破厭空月建本命日刑沖破害休囚克泄日春甲乙夏丙丁秋庚辛冬壬癸日冬至前後十日又至後庚辛日每月十五二十八日甲子申寅庚申丙丁二至二分日風雨雷電日井灶祠社處令人病患夭年又主召禍陽衰且婬子愚蠢子戾身體不完

方治李時珍云世有乖戾之氣而化者男有五女有五此不必論孕也若不在五例男宜養精女宜調血去其夙疵葆其神氣自可致孕如夫婦俱無疵而不孕者用自鳳仙花子斤許微炒大火酒十斤浸夫婦並飲日一小盃百日見效種子書云父母之年上下畢坐胎之月爲

中主乾坎艮震定生男巽離坤兌定生女須預定其月而後候其時私之至于婦若月經不行神色恍惚目昧若袖舉止困怠是娠無疑若在可否之間須用陳艾醋炒煎服試之半日內若腹疼煩是娠否乃病也如果是娠方書云欲求男者將雄雞尾鋪席下令婦腰繫弓弦左袋雄黃九錢老婦云將床反安置勿令人知三月以前者或有驗過期則不應矣算法云七七四十九問孕何月有除去母生年一除直到九剩單必生男剩雙必生女婦若有孕欲求男者用博物志之法令婦着本夫衣冠平旦于井畔左繞三匝觀其影部回勿反顧毋令人知可轉女成男亦不過盡人事耳

典故　宋書程子母侯氏常教家人云見他人善當如己善必共成之見他人物如己物必愛護之生明道伊川傷世各儒是胎之教○宋書竇禹鈞元夕往寺焚香拾遺金百兩待詰明晨詣寺候之一人泣涕曰父犯罪貸得金相贖昨暮醉心急失去鈞以金還夜夢祖父來曰汝壽促且無子今行德行上天憫之介延壽三紀賜生五貴子○南部新書崔慎由鎮淛廖產不生一日遇異人曰君四十無子爲公求之終南李微寺有僧[illegible]紀五十年君遣以服玩受之則其嗣也僧果受等卒遂歸而育子字曰鈐郎即是崔微也

安胎

物有本末事有終始知所先後則近道矣未見其象思而求之既有其景慎而葆之勿助勿忘養其自然培其所以能合天德可亨五昌乃切緊之際安不小心翼翼內則云不側臥不歪坐不視惡色不聽惡聲不得其正不食不時不食博物志云姙者不欲見醜物異類不欲見熊羆虎豹

食當避其異味勿食牛心白犬赤鯉肉產子賢壽是感于惡則惡善則善矣姙婦坐毋近地立毋迎風勿登高眺望勿戲弄鞦韆勿大怒大喜勿大寒大暑勿食自死肉勿食膾炙生冷瓜果葫荽食魚肉令子病疳食鱉肉令子項短食雀肉令子貪淫食兔肉令子缺唇食子薑令子多指須遠嗜慾淡滋味小勞動骨高枕獨眠安神定息不特易產且生子福壽孕者到三月時以長幅丈餘尺或布或綃縷束纏臍至臨產日去之復束于胸上此妙方也

［宜忌］四季傷胎殺春忌子午夏忌丑未秋忌辰戌冬忌亥巳○胎神月占方正十十二月占床房二月占戶窗三月占門堂四月占灶五月占身床六月占床倉七月占碓磨八月占廁戶十一月占爐灶○六甲胎神占方甲巳日占門乙庚日占碓磨丙辛日占廚灶丁壬日占倉庫戊癸日占床房○胎神日占方子午日占碓丑未日占廁寅申日占爐灶卯酉日占大門辰戌日占雞棲巳亥日占床○凡姙婦安床宜陽月月德方陰月月空方一云月忌安床無忌每逢壬辰巳巳胎神在外無忌忌煞厭破定日

方治臍間動者孕也上下左右動者滯結也旋繞臍間痛者乃胎動也宜安之須知寒熱用藥或跌撲驚恐癥症施方或悞服藥餌毒物者以白扁豆湯解之安胎用當公方白朮熟地各半煎服若胎漏下血內加三七或角

中取甲方上土合水飲

典故　梁書任昉母裴氏晝臥夢五綵旗蓋四角懸鈴自天而墜一鈴落入懷中心悸而有孕占曰必生才子○花史高郵母嘗禊泗濱見一石光彩可愛遂持歸是日夢人謂曰此浮磬之精若保之必生令子○左傳鄭文公有賤妾名燕姞夢天使與己蘭曰以是爲而子以蘭有國香人服之媚如是既而文公與之蘭而御之曰妾幸有子敢徵乎

達生

妙合二五功滿三千神完氣足另立乾坤形成象就別有天地造化與受之道一刻難多半忽不少恍恍乎一旦金花繞面傾刻間頻開覺路一絲不掛九根無礙妙人三摩之地永成二足之尊博物志云易之生地奇偶三才之數三三而九九九八十一主日日數十故人十月而生姙者

滿設十月必然試疼若連腰疼乃是正產此時須去前裻幅束又覺體舒身輕須得快口飲食之又將幅緊束胸上使心不亂胎不上攻且易產又云欲急流水一盞甚妙須疼緩則睡以養精神痛急則行以活氣血切忌忙奔早努恐生橫逆若眼放金光腰間急疼乃是正產之時勿令人知禁房中諠譁寒天宜火一盆置房中暑月宜水一瓮置戶中密錄云凡產當念無上至聖化生佛百遍前後無咎

宜忌產子宜向天歲月德德合母倉大明恩福　方子

午卯酉日宜向西辰戌丑未日向東寅申巳　向西

抱兒生落地向陽方者遍向陰方者塞忌向　九艮

絲破臌方

方迫維全脫卵果熟離枝陰一分不盡不生自有其時可一坐而待也毋妄服催趨藥餌毋令穩婆擾提亂摩又切莫自己努力強掙多致難患或用大金箔七張燒盞中入灶心土水飲之少待目中放光更轉速痛劫不劇未劫再服○若產後胞衣未下禁勿令斷兒臍待胞下方可以斷取其兩受生氣切勿令產婦移足須得人扶持令產婦自嚼其髮惡心欲吐即下或飲童便或將稱錘燒紅淬水飲如不效即以盌覆產婦心上令人以手提產婦手向立將足輕踏揉盌底即下或灸有足小指尖三壯即下今已分娩扶產婦上床高枕立膝毋令安睡勿問男女先以童便和水酒飲次以稀粥食之宜房中煮醋或焚舊漆器使氣薰鼻中不致血迷須明燈啓亮延及三日夜少臧雖屬貧寒亦須早備柴米油鹽此乃生死關頭慎之慎之產婦亦宜自知保重不梳頭不臨面南俗以滿月日采活血流氣艸煎沸湯待溫入密室浴之乃妙法也月內須避風蔽濕溫涼得宜禁食生冷煎炒酸鹹硬粘油膩之物勿因貧而操井臼勿仗富而快身口產者不針刺不紡績不廚竈不迎賓客勿拜祠廟勿行堂上勿入人家反此致召不祥大禁房勞即成枯症白快鬼門戒之戒之

典故　拾遺記孔子生之夜五星降庭二龍繞室麟吐玉書有二神女擎香露于空中以沐徵生而異常頂形若芊騎有制作定世符五字○釋典釋迦初生室中若雷閃光香滿庭下毫萬端一手指天一手指地○雲笈經閃弘景母夢日精在懷二人十執金爐降來至其所而生啼聲愁揭舉動不凡

育嬰

生者有盡生生者無盡也太極而太極太極而又太極矣于此時也子離母身各專氣合乾坤定位坎離發生前憑失天元始之賦給仗後天保養之培密密乳哺其功綿綿一息不可不慎跬步不可不謹也○兒初下地莫待啼出急以綿拭口內穢涎一生少病須緩抬令受上氣叫號多時唱發厥毒毋得甘艸黃連煎濃汁嚾之令吐出毒痰方與乳食或嚼芝麻以絹包濾汁令兒吞之除胎毒痘疹患兒生初洗勿先斷臍宜以枸杞煎沸湯服溫浴浴當護背毋

冬浴久則傷寒夏浴久則傷暑或白芷煎湯洗 辟不祥入猪膽汁合皮膚滋潤水中着金玉寶器辟諸惡邪洗畢然後斷臍忌鐵器當臍勿太長長則引風成搐搦之患 勿太短短則有面青腹疼之症須㧞去其臍帶中穢血免入腹爲患然後結繩用雄黃艾葉貼臍間以幅包固至臍方去房中焚以楓膏遠惡除風嬰兒初生三日宜㧞纏令臥勿豎頭犢身移戲抱壽免遭驚癇禁孕婦孝服僧尼見召咎毋衣帛絨宜老人裙褲製衣服壬壽浣兒衣勿高懸勿夜露召災患端午日勿曬席簟生兒囟嬰兒初生下地不啼不睜眼名爲悶生 法用鎖子向耳邊以鑰匙敲之即出聲又云以火燒胞衣則醒老嫗云令人下門倒踏其限連呼兒

及名三聲即甦又有兒生下地一身溫活但口內無氣此陰未盡而急生故也令見口以令兒口徐徐度氣運之得陽氣入內即呼吸得生數者人多不識

宜忌 藏胞衣 在月德二十步外者無咎宜天德母倉生炁方吉忌殺破厭方若誤藏太歲方者主婦十三年不育藏九良星方 王九年不產藏胞須深堅爲 犬咬病癲狂蟲蟻食生瘡癬鳥雀啄多驚悸棄水者青盲近壇社井竈者不壽樓此乃銅山西崩洛鐘東應之理也若男女雖存者宜將胞就地刻火焚之則所生兒易養

典故 高士傳嚴子陵初生母若夢跡治潔無穢胞生紫霞一日不睡不乳人視之若識者○後漢書虞升母初生有物如匹練上升于天占者曰吉兆也後貴顯○南史王敬則生時衣胞紫色及長兩腋下生乳長數寸夢騎五色獅子後敏淨 陽都公○才如集上官昭容母鄭氏方孕夢神人畀之大秤以此可以秤量人下生而其母弄之曰兩非打量天下孩乎應之曰是

復洗

水也擊無創 射不傷焚莫斷功濟天地萬物不得不生然滋潤莫良乎水故所取復洗者令得一六生成之我也

宜忌 宜德日 合日母倉天明生旺日忌丙丁建破立秋望日

方治 取青木香根加白芷煎湯令湧入猪膽汁盛金銀銅器內暖溫 于避風處輕緩洗之不宜久洗洗畢以菉豆粉合鉛粉 敷遍體去膚毒能肌潤

典故 晉書桓溫初生溫嶠聞其聲令出視見其貌異曰真英物也○南史徐陵母臧氏夢五色雲化鳳集左肩

已而誕 三日寶誌上人來而觀之摩其頂曰天上石麒麟也○宋書岳飛母夢大鵬飛入室中而生三日舉首翻身聲若洪鐘偉而忠精聞而求視之曰真天人也

初剃

草故鼎新除 既往之晦明善復初修未來之旦刊元始之垢誠全歸之 紹頂天戴日維持名教作錚錚輩于當代令人仰之如山 如斗敵不應其泰兆以識終身哉

宜忌 宜德日 合日母倉生旺明顯富貴日忌三伏二社立秋丙丁癸 丑日朔望建破平日聞之物生則尾短人生則髮鬪故 人漸滿其顛物漸滿其尾剃 宜清爽之日無風之處須 用新盂盛水手探溫涼令宜以軟綿蘸水次第洗以新 刀次第剃必取新者蓋過染毒也

方治剃頭摩頂九次祝曰泥化元華保精留存右爲月隱左爲日根六合清練百邪受除若此者七遍生髮青等一用鉛粉菉豆粉入朱砂末敷之不召患又方剃髮燒灰落下臍帶燒灰入朱砂少許共末令兒含乳吞之終身少病

典故 晉書王衍生而神清資雅山濤一見之何物老嫗生寧馨兒然誤天下蒼生者未必非此兒也○唐書高季基見房玄齡日吾見人多矣未有如此兒未神者他日必爲國器但吾年已老不能見其聳壑昂霄耳○(各談)西子母宅溪邊有珠光射體感而有孕及生有五色翠鳥自空飛下自秀髮瓊形若王鏤狀至藍輿

人之良知者初生而啼出月而笑百日身轉乃先天之作用得後天之乳哺也今形氣漸加須令自相支(持聊以勞其筋骨少以饑其體膚使各生化育以立人極也

宜忌宜德日合日母倉恩明滿定成開日忌煞厭破(空危閉受死絶命日

典故 唐書白居易生而異常至七月見書能識之無二字其母展書指之無二字雖試百數不義○唐書李白生而穎悟韓退之皇甫湜一見云此干之生也如渥水騏驥骨格當自有神○北史楊愔幼聰慧其叔日此兒駒齒未落已是吾家龍之更十何當求之千里之外

斷乳哺

(子生三年然後免于父母之懷是時也自能言笑舉止可少息劬勞宜斷乳自哺令其已養别立乾坤此天地生成自然之理凡有血氣者莫不皆然

宜忌宜德日合日母倉恩赦及卯日二社日除滿成伏斷

日忌受死絶命月正五七月

方治朱砂雄黄山梔共末兒睡熟時擦者間勿令學自忘

典故 神仙傳陳希夷二三歲時戲水邊涯側有青衣老母抱懷中乳之自是聰明不貪人間名利○宋書曹彬周歲日父母以玩俱羅前觀其所取左手執干戈右手取俎豆復取一印餘無所視○晉書羊祜幼時令乳母取所玩金環母曰爾先無此物祜乃詣鄰人李氏東園桑樹中公之主人驚曰此我亡兒所失參耳乳母具言之乃知李子爲祜前身○唐書惠妃生五月能言云珠玑皮珍乃褒國之齊所珍玉錦瑒實迷心之鴆毒云

穿耳

穿耳者乃箴規之義教非禮勿聽也以金玉寶者乃刻銘之義教聞德言也今以爲飾容彩而議者恐非古人之初意父母之愛念修身守内則者當省之

宜忌宜德日合日母倉顯貴恩福成收日俗以節日宜新布針穿之去其針忌煞厭破空破閉日

方治耳出膿以生鱔魚血滴數次痊聾取鼠膽點之妙

典故 史記淳于意五女無子有罪當刑曰嘆曰生子不生男緩急無所益幼女緹縈上書以贖父罪文帝憐而赦之免肉刑自此始○後漢書班固妹名昭妻世叔早寡身于家傳學兄固聖漢書未竟卒寫昭日吾不能畢當爲我續之行昭就東觀藏閣成書皇后及諸貴人師之號曹大家欲嫁之節以刀割去一兩耳以表其念

留髮

周易之道有損有益春秋之法有褒有貶去髮者損也過損則思夫益留髮者褒也逢褒當知夫貶去之留之古聖之制父母之愛無所不至也人當于此可時時而自警

宜忌宜孟仲德日合日生旺成富顯貴恩義日俗以六月六日忌立秋二社三伏丙丁建破至收煞厭空日導生云正月上丙日沐髮却疾二月上卯日沐髮除炎

方治滋髮香潤用菜油一斤栢油一兩訶皮蜈蚣没石子各三個酸榴皮旱蓮艸各三錢爲粗末豬膽一枚間末盛入瓶內水煮半晌取涼再入零香甘花藿香甘松各錢半爲末入瓶內攪勻用油紙密封浸搽○生髮用秦椒白芷川芎各一兩蔓荊子零零香香附子各三錢碎入清油浸三七日搽無髮處及禿髮三五次即生禁滴油白肉即生鳥毫

典故景龍記上官昭容年十四髮性敏逆天后閱而試之援筆立成皆如宿搆命掌宸翰其軍國謀猷殺生大柄多其所決至若幽求隱告爵與詞藻臣有好文之上朝無不學之臣三十年間野無遺逸○晉書法王羲之年十三見前代書說于父枕中竊而讀之父因與之不旬書便大進又學于衛夫人見其書流涕曰此子必蔽吾名也○山堂四考王鑑中餘歲不能言其祖喜手骨常遇物誨之一日携至池上祝曰水馬水土生忽對曰游魚波面浮後顯貴

農女纏足

人賦鴻濛萬物皆自備于一身得天地之氣生受四時之法成然貴賤雖殊其寶命一也仁者補之九恐招損今俗尚纏足甚傷天地之本元自害人生之德流而後世不福不壽皆因先天有戕此語可爲知者道也況吾農女村婦親操井臼紡績畜豢遇耘穫之時饁食壺漿遭凶歉之年趨方就食苟活生命一日之風流于大端處傳齊古之女子作事烈烈轟轟以全貞義爲顯容者愧者此惡俗始起于唐後主爲萬世罪人所以享祚不永愀愀大怒耳今李漁輩作閒情記又從而唱之以爲行樂之談輕薄徒再隨而和之移壞世俗澄風起而倫斁瀆不知陷幾許好人傷無窮性命吁誰能轉此風而歸古

宜忌宜德顯恩福大明黃道母倉建平定成收閉忌厭破開執朔望十九二十三日八命月

方治嘗恨俗之不古又憐婦之爲人制也若以纏足血氣不爽心意煩燥面黃肌瘦飲食少進宜逍遙散以舒之再以歸脾湯養之外以鳳仙花根黃楊根地骨皮防風烏藥煎湯洗指生雞眼用磁鋒刮至肌肉以荸薺磨汁塗或黑粱貼患處又枯礬石常敷去汗且柔

典故閩修傳聞庸嶺有大蛇俗以童女秋祭不得禍累歲如此一歲祀前求之得有李誕少女名寄謂父母曰文無錢齊功當貴身得錢以供不能强乃行應募奇利劍乃昨蛇入室明夜入廟先命作米餈置穴已蛇出噉餈噉寄放犬就齧蛇從後所利蛇踊出死綫求而歸耗士聞之嘆爲問之纏足女子可能之乎○列女傳中居常希光有才貌郡豪勢者方六課謹設其失節出免其妻希光罪謹侍者逼脅勸希光知其謀讒之妾許之請夫殺夫而入室方六既至刺帳中其並殺復叙侍者以次呼其家人至皆殺之滅族割首至夫墓祭百村人告以故引刃刎○唐書有王者屬肯美妻許言其頃間爲無祖無能自者時從繇妻鄭氏道頃鄭曰無害遂人宮王逼之鄭大叫取隻履擊王頭破傷血流面死聞而出鄭乃得還王慙句曰不轝乃出諸古妻莫不盡之

牧童效讀

盲子云農之子一但爲農亦須識字一二記家用數目免遭

壁之横直看憲書節氣省屈指之輪流當令曳者倫閒術
逸以牧牛須使童子就空入學以求師卜日不問顯道占
斯必求利益聞白虎通云立春而就事其有賢不美質者
以開其心愚頑者是以別于禽獸而知人倫故無有不教
之民也但我農子性相愚劣又鉄家訓強入學熟是沐猴
而冠既令爲學必先教以應對言宜有章容宜有度然後
定以限法讀書資質美者每日多記幾字多寫幾字次者
減之祇求以得爲準聞之一十三經不過三十餘萬字三
年可以週讀功緩者不過五載止矣然聖人之道如金丹
點化凡愚自不勞而功進李燔云讀書不必仕宦爲職事
纔有功業但隨力及物皆功業也又李延平云讀書知其

所言莫非吾事而聞以身來之則凡聖賢所至而吾所未
至者皆可勉而進矣若稽以文字求之記其詞義以資誦
說豈不爲玩物喪志者幾希

宜忌宜德日合日大明黃道孟仲月寅申巳亥定成開日
忌丙寅辛丑巳丑丁巳厭破空上下兀日俗忌閏年

方治峋醜術云擇老松近根向東鑿一孔穴至心入明淨
朱砂在內以本木塡實三年收之爲末每服二錢向東
流水下百日令人性靈方書云甲子日采菖蒲一寸九
節者陰乾逢酉日服方寸匕聰明○凡人有志于讀書
者但少記性乃因嗜慾惛慮須必去其舊染之汚乃可
明善復初當絕一切毋爲心擾或居山居室每日閉戶
焚香靜坐將心放在腔中以治紛飛之念不爲雜意所
牽若起雜意以我心制我心久久持定自然靈明不昧
可期日見效若毫有渣塵蟄遂終難醒悟故先師曰靜
曰誠曰敬此教之眞傳也陳烈讀少記性一日讀孟子
學問之道無他求其放心而已忽悟曰我原不曾收得
放心如何有記性遂閉門靜坐百日以收放心却去讀
書一覽無餘來知德云把萬古看成晝夜裸懷就海潤
天高只想做聖賢出世而富貴功名卽以塵視之矣

典故

韓詩外傳孟嘗君請學于閔子往迎之曰禮有來學
無往教致師而學不能學往教則不能化君所謂不
能學者也吾所不能化者也孟嘗君曰謹聞命矣
衣往○漢書邴原遠學于孫崧辭曰君鄉鄭康成廣
開深見誠爲師範今舍之遠以鄭爲東家丘也原曰
人各有志所向不同有登山采玉者有入海探珠者

登山者不知海之深入海者不知山之高然僕以鄭
爲東家丘則君以僕爲西家愚夫矣竟去○宋書范
仲淹少孤貧讀書長白山日煮米一升作粥一器待
凝以刀判四分早晚取一塊斷虀數莖于盂煖而啖
之如此
者三年

陸行

名山大川多遊旅之覽遊古蹟今志喜過客之閱歷男子
懸弧志在四方足抵半天下此乃有爲丈夫之事也吾農
輩日件田間四體不勤不穀不登舊望有車轉舟移之快
終老井蛙不過芻蕘采薪而出外問生計死而啓行祇以
藏否卜之可也

宜忌宜德日合日毋倉恩明黃道建滿成開日向華蓋方
萬事不忌凡大入家或以傘杖依是方吉忌望日七月

申酉日

方治梅肉蘇葉薄荷葉柿霜麥冬 芽茶其爲末入沙餹匀搗隨帶嚼服止渴去暑又須囊 藏芎藭遠蟲

典故 後漢書郭林宗每行宿逆旅輒躬自灑掃及明去後人至見之曰此必郭有道卅宿處也○人物志恭勿遊行有子長之風嘗謂人曰胸中無三萬卷書目內無天下奇山異水未必能文即能文亦兒女語耳○世說孔極朝向遇雨避于一叟廡下延入叟烏朝紗巾運逢甚恭孔借油衣畱文曰某不出熱不出風雨不出木有油衣孔不覺頊忘宦情

陸行

步者任乎我乘者任乎物獨行須識機伴行必知人處勞逸莫圖自便凡舉止毋貪小利出路之性命繫在山川出路之貨財囊自賊盜無時而不提心吊膽也一有差池稠隱相關自當慎密

預防凡出路毋與面生人交接勿飲醉酒勿貪玩奇觀勿孤遊寺院晨起宜寅忌太早晚宿宜未忌太遲惟申酉在旅店中安臥亥子須警醒宜啓床被衣靜坐勿投孤村野店勿宿深房曲室入店先觀前後有路無路有忌無忌以防盜火觀房中有樓無樓有壁無壁門窗地砌有疑須的防之南方以床北方以炕初眠此少又眠彼或將床移倚戶須將自汗衣爲枕或置水于床頭可辟蒙𦃑毒藥焚以雄黃皂角蒼木尤能遠穢惡禁脫去下衣能合衣眠者更妙脫鞋宜對房門若遭緊急以鞋指爲向便于行走珍寶財物宜秘藏勿洩隨用銀錢不宜

放床邊枕間多致悞事藥性云 茉莉根令人心迷宜審花令人性昏飲食之間亦宜防之

宜忌宜德日令日毋倉恩顯明建滿成開日忌厭破煞空除定破日角亢奎婁鬼牛星巳申酉日往亡日七日十五日

方治烏藥細辛防丰爲末入履內令快行不致痛熱

典故 類山黃帝之子名纍祖好遠遊死于道後人以爲行神故出行必祭之而飲于處曰餞祭因饗飲也○莊子云越之流人者去國數日見其所知而喜去國旬日見所常見于國中者而喜及期年也見似人者而喜矣不亦去人滋久思人滋深○魏書刑原出外求學至陳師韓子助至潁宗陳仲弓至汝南交孟范薄至而覩盧世幹辭歸皆以不飲酒餞原曰本能飲恐荒志廢業是以斷之今十餘年矣今當遠別因當餞可以飲讌終日○晉書王猛相行謝蔡容垂曰今我遠行何以爲贈使覩物思人垂脫佩力以贈二

舟行

古人因江河有阻刳木爲舟以利行人然舟雖依於水至于吉凶實主乎風所以觀風防濤問津慎渡豈可行險以僥倖乎

古風雲頭東起防東風雲頭西起防西風南北亦然雲行速急大風即至前風已過後雲脚不盡風猶未止雲脚處天色明白後無雲緒其風漸且若雲片片相逐聚散參亂繞擁日光主大風天色昏淡鳥禽翻飛主大風日月起暈參星動搖人首煩熱燈火焰明主大風春夏多風暴若天氣溫熱午後或雲起或雷声所發之方必有風暴秋冬雖少風波亦須日行船先觀四方明淨五更

初解纜至辰以來天色無變雖云有風不間順逆

預防行船先備船中緩急所用物件以防使用忽覺風勢狂暴須放帆幔投港汝稍泊急抛鐵弔牢多繫纜若天將底墓不得貪程急投宿泊打頭風起勿當江抵涯宜向回風避港汝穩住春夏間泊船宜固纜深樁恐有其水山水之患秋冬當夜亦須勤起觀風加纜切莫貪眠船上禁醉飲器服勿新華衣易處銀錢宜密藏莫露遇晚泊禁孤另須趂同伴在前向後在後向前面生人搭船毋容易在載塘鋪邊勿泊泊船遇廣涯處須開放諸倉以通往來將軍器收拾樓內須輪替坐更少有動靜齊齊急向稍守住開拖樓門以拖弩鏈若逢盜至須坐

定柁板把住倉口又忽見小舟後而遠遠相逐恐屬異色宜早奔港汝宿泊先泊西岸夜深又移船東岸下數里或有揮件入衆船中當卸帆下桅轉移船向亦宜夜静搞其船艙恐反入寄物爲號愼之愼之

宜忌宜德日合日毋倉王寅癸卯成開除滿日忌癸厭危破執及巳日王申癸酉庚辰壬戌年建月建日建七日九日先一日行者無忌又渡者須聽五禁人多舟小大風黑夜昏霧雖有切急亦須愼之

方治山慈姑紅芽大戟千金子射香共爲末粘汁作錠重錢二分名紫金錠宜囊盛身邊凡遇毒物水吞之即解

典故有設傳于貢贖與久而不至孔子謂弟子卜之得鼎掃是言不來顏回笑曰無足者必乘舟而來矣至與

如所言○漢書陳平行濟河船家見其丈夫獨行疑囊金寶數日之平乃解衣裸袒舟人知其無有乃止○說苑衆相死患子欲之梁居舟楫之間而溺舟人云若無我則死矣何能相衆乎惠子曰居舟楫長檝之間則我不如子至于安國家利社稷子比嫁瞻猶如視狗耳○淵源錄程伊川謫蜀渡涪家舟將覆既而登岸有一竹簑叟問曰今舟中人皆驚獨子不栫何伊川曰但心有誠敬故耳叟笑曰誠敬故是多心有爾伊川請其益不答而去○宋書范仲淹遣子堯夫至姑蘇取麥五百斛舟次丹陽見石曼卿云三喪在淺十欲葬而北歸無可謀者堯夫以麥舟與之歸仲淹曰東吳見故舊乎曰曼卿三喪未舉方滯舟陽無可告者仲淹曰何不以麥舟與之堯夫曰已之矣

理財

周人泉府之設理財也理財而致富富而致肥然理之道有費有聚有耗有散在乎量入爲出之間何必日放而利自生是生財有道矣若以猥巧致富富必致淫淫必致亂

凶星照之惡曜臨之則吉辰化爲凶殺耳然財也可公而不可專故錢從戈戈者爭也多取必有爭銀從艮艮者止也貪宜知止古人制字先以喻其戒矣

宜忌出財衆宜滿成開日忌破除空亡財離耗虛並厭空日納財栗宜德日合日毋倉收成財聚日壬午丁未辛酉壬辰富恩收滿成開六明黃道旺相日出納並吉

方治凡畜金珍物須用舊經史書篇則術法不能耗

典故事考術頗得之窮士請問于猗頓朱公曰君欲致富其術可得聞乎曰畜五牸不失其時頓乃受之適西河大畜牛羊不十年滋息不可計○漢書馬援少貧往北田牧嘗云丈夫爲志貧且益堅老當益壯後有畜數千頭粟數萬斛既而嘆曰凡殖貨貴其能賑乎否則爲守財虜耳乃盡散于親舊○唐紀元遺民萬二者富甲關洪武題云百僚未起朕先起百姓已睡朕未睡不甚江南富家翁日高三竿猶披被噴曰兆昌

萌癸卯以家貧分賑親舊善冊
泛湖去天數年大朔以次其沒

劵契

上古結繩爲記刻木作憑以免背約食言自有文字書契爲記今者無論事之自細盡以紙墨爲約據設不擇焉恐遭反吟岐隔之眚于觸番之際噬臍晚矣

宜忌宜德日合日丗倉　大明黄道危成開日忌厭煞破空執破閉人絕人隔日　不宜破器研墨鈌盞添水磬箋色紙茶作硯水色筆爲　書不宜繙艸須字畫真楷爲俗語實話令人人聽之可曉

方法南越志烏鰂含墨　知禮有收墨爲契以給人物逾年墨消空紙

典故　齊書孟嘗君有客馬煖者合載劵收債于薛召民焚劵歸曰君家所寡者義耳竊爲市之後期年齊王疑使就薛未至百里民爭途迎孟嘗君謂煖曰先生所爲文市義百今山見之○南史吉江採取髮光書刮字令文謂與徐取光取以告差張楚曰利莫決魚歐西取書硯之向日天公甚者郎會義合者取書拔水盆中字字解散受言欲罪

納雇

天下之大惟一納雇之三王四海之衆盡屬納雇之人此乃交義之道也孝子不知厚忠臣不卜宗仁者多恤義者多宜是故君子勞心小人勞力各行其志而已矣曰立約日受金其事由人定矣其問之變約向皆人不得預曉一一而定可矣其中則有一定之可也必也避其不可而趨其可者則定其可矣

宜忌宜德日合日滿定成日忌厭破空人離反吟

典故　孝子傳解渠早失母其父年老家貧無資爲人傭以給父齒落艱食渠嘗哺之以終年○獨異志蕭穎十嘗使一僕傭各毋亮事之十餘年每加楚不甚苦人或勸之去日我非不能也從者持愛其傳奧耳○山谷集役者余成好德慎躬貧不能脫役與之同歸江湖賦詩以識愧云可藉生涯無別鼎白頭忠信可專城自非車騎將軍勢愧及王尼常作其後隱不知其自○漢書匡鼎少貧邑有大家積書甚多鼎爲傭不取直只求積書讀之其家出其書鼎博通古今史典爲當時問達

均財

易云二人同心其利斷金諺曰骨肉雖親財義各別然財也須均之而後人心快是以義爲利而利于義矣均之則人義彰彰利于人情此天地謝代各自生放之道亦必上合天星而人心自安人心安則其財可享故曰德者本也

財者末也聞之世上無窮不肯事皆是捨不得錢而起無窮好事皆是捨得錢而做百古迄今無捨不得錢之好事如唐之于頔宋之范仲淹都是大開手者能知致財之用也

宜忌宜德日合日母倉　大明黄福富忌義日忌厭煞破空建執破閉日

典故　小學薛包弟求分包不能止奴婢引老病者天無取荒頓者器物取朽敗者日我志所也○百粘評武與其弟折俗美盛者自服之鄉人盡鄙首兆弟各顯遇車一日會宗親告之日我不肖猶名但弟未沾恩榮故向所爲者自取記爲弟地耳今志已遂須當均前遂出所贏悉推與弟○史記卜式以田畜爲事有小弟壯以田宅屬弐獨取羊下餘入山牧致于餘頭治日産弟破產復分與又數破又數分與○史記管仲小時與鮑叔牙友終善待之仲日吾始困時嘗與叔牙賈分財利多自與不以我爲貪知我貧也○俾史

張孝基妻父富止生一子不肖逐之死盡以家財付女夫之其子丐于途孝基令歸使守圃治事甚謹付節悉以財產盡歸○宋書范仲淹在濰陽有貧士孫亮明詣索錢一千助之明年復詣索又助之因問故曰毋老無以養得日有百錢則甘旨足矣淹補爲學職月得錢三千以養後十年以春秋授徒詔至范嘆曰貧之人如此雖才如亮明猶將泊沒況其下者乎

筵會

延虛谷者聞人足音蛩然而喜況于親友謦欬其側乎設筵原以表和飛觴是以取睦但人生三萬六千日而開口笑者有幾惟有杜康可以解憂得省親至敬坐花醉月則滿座之間盡春風和氣矣

宜忌 宜德日合日大明黃道日忌逐年上朔破酉日先日動者不妨釀以朱砂大書獅字粘懸中宮無忌又客將坐以酒滴地上或寫酉字倒懸中堂無咎其小宴速客不在忌論

方法 博物志清水漱口飲酒至斗不醉凡酒毒自齒縫入也中飲食毒者犀角磨水服解

典故 管子齊桓公飲管子酒管子棄其半公問其故對曰臣聞酒入舌出舌出言失言失身棄臣以棄身不如棄酒○漢書楚元王敬禮申公有穆生者不嗜酒每爲設及王即位設後一日忘設穆生退曰可以逝矣醴酒不設王之意怠若不去必鉗我于車○晉書司馬昭欲爲子炎求婚于阮籍籍託志酣飲絕不與世事一醉六十日昭不能言而止鍾會數訪以時事因其可否致之罪竟以酣醉不答獲免○晉書陶侃與浩其飲侃有限待吏勸少進侃愀然曰年少時常有醉失慈親見約故不敢違○東晉王茂通約劉堯夫晏辭明日夜酌問其故劉曰間晏中有異處厚者好訊議新法王乎齒在座雖不甚主且而書其兄亦下堪矣因是以辭觴嘆曰可見先生下居出處審審乎飲食之間其慎如此時二人相觴解之甚甚才己不

釀酒

設筵會客禮也兕觥其醇青酒思菉所需在酒釀辰應吉味美氣佳爽口適懷故稱天祿禮云君子飲酒一爵而色酒如二爵而言言斯三爵油油而退其謹若此因米性清淡得麴糵而變爲酒汁入心靈明受液漿而化爲狂悖是以儀狄善造大禹疏之周公酒誥後世亡之晉之七賢唐之八仙又從而高之行山谷宜飲酒不覩醉者虎見辟蛇閒藏鬼魅隱形秉陽之人飲而面赤秉陰之人飲而面青妖孽飲而面白其氣使然也

宜忌 宜德日合日滿成開日春氐箕夏亢秋奎冬危並宜釀酒造麴今造麴者六月六日五月五日八月十五日忌辛日丁酉日戊子甲辰辛酉月厭破及蛭日

方法 滿斧絳色者入薑之兆久停者每十斤黃蠟二錢竹葉一把南星一片入酒內煮滾置靜處年久更美又云罎下襯麴可經久入桑葉味不退味不佳入甘草白芷砂仁肉桂良薑若酸每酒十斤以雞子煮熟入內停久味醇

典故 列女行義孟子男伋氏曰婦人之禮精五飯羃酒漿縫衣裳奉翁姑而已故有閨內之修而無境外之志易曰無攸遂在中饋詩云無非無義惟酒食是議○博物志劉元石曾于山中酒家沽酒酒家于千日酒飲之至家大醉其家不知以爲死遂葬之酒家計向千日往視之家云已葬開棺酒始醒○雜俎云外域有果釀酒者葡萄是也有藏醞酒者赤諸是也有肉釀酒者羊羔是也有酥釀酒者乳是也又外域有樹如柳結苞若碗熟中有汁如美飲之可醉人不用釀而自成藥名曰醉乃是酒也

造醬

食以關德味合大道養吾老蘇拔父之賦素食逍遙玉貞公之歌雖傳易牙善治亦須通物理之情毋論經精肴當惕心性之好孔子云不得其醬不食貴六味和之得所八珍八之可宜自然口之美食之安而得其正也造製各種各法烹調有宜不宜安敢以詭唐而為之乎〇禮記食三老五更于大學天子袒而割牲執醬而饋執爵而飲所教諸侯之弟也是故鄉里有齒而老窮不遺強不犯弱衆不暴寡鄉飲須年高有德者乃養老尊賢之典可表師一方今之大賓多是封翁官老亢必富勢賄得又飾孝旌典士大夫之家隨求隨得富勢家之間可營致則匹夫匹婦絕望矣明吳山云先王為匹夫匹婦設發潛德之光以風世耳若上大夫何人不當為節義孝順哉生既殊封察何列又與匹夫匹婦爭寵所以求旌異其親者友以薄待其親也庶于進之路稍絕而富勢營求之餘波及貧賤而世風猶可稍振乎又修史作志者亦當俯心焉嗚呼

宜忌宜德日平定成收閉火日六月六日忌厭蛙辛滿水日傳物志云水日造醬生蟲抱朴子云雷鳴合醬令人食之腹鳴上弦日觸醬輒壞孕婦孝服人犯之泡溢

方治味若欠美宜入茴香末少加于松遠蠅入韮波不生蛆

典故 東周信陵君在趙見一醬夫與之遊三日而不顧說其居乃萬公也嘆曰趙有奇士名能為平原識也道夫〇蜀志程伊川以偽學謫蜀當與一賣醬翁遊終日請易以所學正之後歸洛以醬易詩

三農紀 卷之十 三十二

造醋

醋乃制化之漿賦曲之最斃和之性入羹可以代梅淬石可以却病穢聞而辟惡援而濟仙家珍之有妙用之功呼為華池左味煉土名曰乙水癸升造者必卜律辰轉之以助其美亦不失少康之遺治云

宜忌宜德日合日滿成閉日忌執破厭破蛭日

方治陶隱居云凡遇狂疾燒醋室中薰之又云人家有異怪氣者遣非祥兆薰之可辟

典故 莊子孔子見老子歸告顏回曰我之于道也猶醯雞與欲老子之發吾覆也吾豈知天地之大全也〇天則金覆醉諸詐講曰土之親學猶巧味在和醯鹽臥和則酸醜頭褒子見我三日矣猶夫人也豈吾之學無以褒子乎

三農紀 卷之十 三十三

醃醋

萬物化制使不過極故得久固蓄者卵之取驗于小端也味無奇異離鄉則珍品有上下時尚為貴爽口者非得製不能延留致遠者非精造不能達行而醃而醯而蜜而醬須曉其方治宜按其日辰未有不精且美者

宜忌宜德日定成收閉日每月初三七九日十一二三五日忌辛執厭破蛭日

典故 漢書有人遺張華鮓當華見曰此龍肉也以苦酒沃之五色光甚問鮓主云王園內茅積中賀美異收作鮓過美故以相獻〇吳錄孟仕為監魚池司白結細捕魚作鮓寄母母還之曰了為魚官以鮓寄母非避嫌也

占蜀　遂宗法師古菴著

小引

形者成色氣動生聲乃造化之工用何者歟悖謬乎

能遵仰命以盡居易以樂視從從

中庸云天命之謂性率性之謂道道爲天地之本天地爲萬物之本以天地觀萬物則萬物爲之物以道觀天地則天地亦爲萬物道之道盡于天地天地之道盡于萬物天地萬物之道盡于人能盡天地萬物之道所以盡于人者然後能盡民也

衛生

生可冀也死可畏也艸木根生去土則死魚鱉沉生去水則死人以形生去氣則死故聖人知氣之所在以身爲保也然氣之盈虛消長悉通乎天地一日一夜一萬三千五百餘息多一息而熱生少一息而寒生貴乎安安則倫而不亂貴乎保保則要而不耗是以養生之道但求其眞傷之而已○黃帝云淫聲美色破骨之斧鋸也世之人不能秉靈燭以照迷情持慧劍以割愛欲流浪于生死之海害生于恩也○齊丘子云喬松所以能凌霜雪者藏正氣也美玉所以能禦火水者蓄至精也是以大人昇道靈旗夜保神光覺所不覺思所不思所以冬禦風而不寒夏禦火而不熱故君子藏正氣可以遠鬼神伏邪奸蓄至精可以保生靈蹟福壽是故貴乎養長氣也

春

內經云春三月謂之發陳天地以生萬物以榮夜臥早起廣步于庭披髮緩行以使志生生而勿殺予而勿奪賞而勿罰此春之應養生之道也逆則傷肝夏爲寒變此時陽氣川藏于冬者漸發于春宜散以湯之

宜忌春深平和將息綿衣禁晚脫勿令背寒寒則傷肺宜上薄下厚覺熱即去覺冷即加臥宜向東以求生氣二月取東引桃枝連葉花一握長流水二盞煎半空心服吐去宿痰食宜羊脂粥飲宜蘇子酒凌陽子云春殘朝露可以和肝日出黃氣也浴宜采枸杞煎湯正月元日

浴耐老初八日體堅初十日召吉二月初二日浴光澤初六日遠病初八日體健三月初六日浴召吉初七日求祥二十七

方治霜降後春分前寒邪所感者爲正傷寒餘月感者爲四時感冒方用葱白半斤生薑二兩水煎服微取汗加豆豉更妙又方甘葛四兩豆豉一勺水二盞煎半入生薑汁溫服取汗如初感者用生薑搗碎入熱黃酒服出汗即瘥

典故　宋書林逋居孤山畜兩鶴縱之飛入雲霄盤旋久之復歸常以小舟遊有客至童子應門延客坐縱鶴良久逋歸○唐書李約不染塵氛得古鐵一片其声清越善一儀於山公宫利隨逐月夜泛江於南懷雪齋猿和嘯和傾訴待旦○桃花源記太康中武陵人捕魚緣溪行忽逢桃花林夾岸林盡水源便得一山

有一日舍舟從人谿然開朗見屋舍儼然黃髮垂髫
怡然自樂自云避秦亂來此遂與外人隔問今是何
世乃不知
有漢魏者

夏

內經云夏三月此爲蕃秀天氣交萬物華實夜臥早起使志無怒使陰華成實使氣得泄若所愛在外此夏氣應長之道也逆之則傷心秋爲痎瘧此時陽氣在外伏陰在內乃精神疏泄之時禁洩利以耗氣

宜忌 夏中宜調和心志此時心旺腎衰精化爲水至秋乃凝尤當保嗇以固陰彥云夏月不大勞勝倒 炎膏肓勿食生冷勿浴冷水勿當風臥勿臥中庭壯者不即病已種下身至年衰未有不俘應者臥宜幽淨以養其志取

桂一兩蜜二兩水二斗煎半入瓶攪勻油紙密封繩扎固七日開之香美或懸井內其妙無飲一二盃百病不生食宜綠豆粥飲宜菉豆酒少加黃連妙陵陽子云夏飧正陽可以益心日中氣也浴宜枸杞煎湯四月初四日浴耐老初八日却病初九日長壽五月初一日浴延年初五日煎蘭浴召吉初七日去災初八日去穢初九日長壽六月初一日浴不病初八日無咎二十一日輕健二十七日快爽

方治 三暑蒸炎腠理開洩易於受病勞役得之爲中熱納涼得之爲中暑受暑者方用硫黃硝石等共末大銚化服爲末每服一錢半白湯下受熱者方用炒脂麻

末 水調服或段蔘一撮取汁服

典故 南華雜問楚王聘之力釣於濮水持竿曰吾聞楚有神龜已死三千年矣王巾笥藏之廟堂之上此龜者寧其死爲留骨而貴乎寧其生而曳尾乎子往矣吾將曳尾于塗中○晉書陶淵明五六月臥北窗遇涼風暫至自謂羲皇上人 六南史齡宜文居匡山構園一所各日離垢行遊於其間遠近慕之謂離垢先生

秋

內經云秋三月爲容平天氣以急地氣以明早臥早起與雞俱興使志神寧收斂神氣無外其志此秋氣之應收養之道也逆之則傷肺陽氣當斂禁汗吐以耗精

宜忌 晝冒衣輕晚須加衣當高臥以辟濕熱檀木以遠穢凉立秋日用檳榔五枚爲片生薑一塊水二盞煎半入童便空心服合瀉二三行以雞白粥羊腎羹補之妙灸

宜白扁豆粥或薏苡粥飲宜蒼朮酒猪腎酒尊生箋云立秋後七日去手足甲燒灰服可滅三尸雲笈籖云七月十六日剪手足甲燒灰服又甲寅日三尸遊手剪手甲甲午日遊足剪足甲博物志云每寅日刮足甲去足疾嘘陽子云秋宜潘除可以潤肺日沒後虛氣也浴宜煎枸杞湯立秋日禁浴令膚粗七月初七日浴召吉十一日益壽二十三日體潤二十五日壽八月初三日浴聰明初七日遠災初八日納祥二十三日無非禍二十五日却病九月初九日浴不病二十日浴解生二十一日延年二十八日利益

方治 秋痢惟痢爲險病者何也痢於下也痢乃積病宜知

氣行血血行積去則痢自止矣方用老薑三片細茶煮服又方白沙糖一兩雞子清一箇火酒一盃煎至八分溫服又白礬火煆不拘多少爲末好醋合麵糊爲丸如豆大每服一丸紅痢甘草湯下白痢薑湯下此丸能治

奇疾

典故 高士傳巢父年老以樹爲巢而寢其上堯以天下讓許由由以告巢父巢父曰何不隱汝形藏汝光乃過水洗其耳仲父牽牛飲之見巢父洗耳乃驅牛還不令牛飲其上流○南史陶弘景居茅山造樓處其上時聞松風庭院皆植松每聞其聲欣然爲樂○高士傳陸羽居苕溪號桑苧翁閉門著書或獨行野中誦詩擊木不得意則慟哭而歸

冬

內經云冬三月謂之閉藏水冰地坼無擾乎陽早臥晚起

三農紀　卷之十　卌五

必待日光使志若伏若匿若有私意若已有得去寒就溫無泄皮膚使氣亟奪此冬氣之應養藏之道也逆之則傷腎此時天地閉氣血藏忌汗以泄元

宜忌冬宜飲酒以迎陽毋過煖卽寒毋向火烘衣至日厚艸扎窻以受元氣毋晨用牛酥一匙入山藥末少許熬香酒一盃調服養老者宜常供之食宜粳米粥入葱薑五味隹飲宜山藥酒陵陽子云冬飲淪沆可以滋盲夜半氣也凡遇陰霧惡風暴寒宜閉氣禁飧四時倣此浴宜煎枸杞湯十月初一日獲吉十四日不病十八日召祥二十八日得壽十一月初十日浴身澤十一日禁浴十五日獲慶十六日兆福十二月初一日浴大吉初二日體健初八日吉慶十三日延年十五日辟災二十一日利益二十三日吉晦日福壽

方治頭疼惡寒發熱身足酸疼晝夜不歇者傷寒也胸前脹滿頭疼發熱時止者勞役傷食也果係傷寒如無良醫藥莫服藥惟禁飲食密室靜守待七日傳過經絡亦可自愈古人云傷寒不服藥得中醫也方用葱七莖連根葉生薑五六片搗碎白米一撮水三盌煮清粥二盌老醋半小盞飲之汗出卽瘥傷食者不宜食又方白芷一兩生甘艸五錢薑三片葱白三莖棗一枚豆豉五十粒水兩盃煎服取汗或採酢漿三葉艸搗汁一盞另用清水二盞煎一二沸濾去渣服此奇方也

三農紀　卷之十　卌六

典故 世說宋桃椎披裘帶索浮沉人世入山中夏裸形衣葉冬體覆樹皮贈遺一無所受終不見一○晉書宗炳有遠操隱酒泉太守馬岌造廬避不見嘆曰名可聞處可仰而形不可見眞人中龍也銘于石壁云丹崖百丈青壁萬尋奇木蓊鬱蔚若鄧林其人如玉維國之珍室邇人遐實勞我心○南史宋敬徽居廬山依于磬石遺徽日少有狂疾每山采藥遠來至此量腹而進松木量形而衣薜蘿淡然已足豈容當此橫施

度日

萬古天地者一日之晝夜也萬古始終者一日之氣象也天地與吾心父母生吾身既有吾身必有吾身所爲之事以吾身一日所爲之事將吾心時時提醒收放勿助勿忘不減不加合乎本然準其天則悠哉優哉可以卒歲此老者安之之道也○老子云人以百年爲限節護至千年如

者之大怒與小怒耳人大言我小語人多煩我少記人驚怖我不怒淡然無爲神氣自滿此長生之藥也〇內經云飲食有節起居有常不妄作勞故能形與神俱而盡終其天年〇孫思邈云多思神殆多念智散多欲志昏多事勞形多言氣之多笑傷藏多愁心懾多樂語溢多喜妄錯昏亂多怒則百節不定〇來知德云世之人蕩於耳目思慮之發而不知反也久矣必也歛耳目之華而省于志先神知之原而藏于密研未形之幾而極其深庶其慮凝志靜淵然存未發之中浩浩純純天下之大本立矣此之謂幾先之吉強陽非用也忘動非常也天地日月四時且不能違而况于人乎是以君子戰戰兢兢必先之于大本

宜忌寅時氣注于肺宜啓被衣平身端坐床褥仰首微吐出濁氣三五口瞑目垂簾漸次調息不喘不粗或數息出或數息入從一至十從十至百攝心在念勿令散亂自然心息相依雜念不生則止任其自然〇卯時氣注于大腸此時天開晨光量寒暑着衣勿得遽起起須坐明忽飲百滾湯一甌忌飲空心茶宜梳髮百下盥水漱口以浴目而出路宜飲酒一二盃可辟惡〇辰時氣注于胃乃早餐之候宜食以素淡粥或理家務辦事歡慾毋輕動怒〇巳時氣注于脾或出杖悠遊田間令其耕耘得所即緩步歸來凝志默坐以養吾神〇午時氣注心當中食之際食宜如意宜食其時當飯而食勿多食勿強食至飽而止食畢飲茶須漱口以消滯〇未時氣注于小腸或牧牛或畜魚或共知己閒遊不冠不履頹然自放偶逢聚談毋多言不爭是非語多任而再言行走勿笑〇申時氣注于膀胱時夜氣降督收工歸家寓農俱安牲畜閉門掩戶〇酉時氣注于腎篝燈晚食量腹飢飽酒宜陶然課子孫一日事業如法即已〇戌時氣注于絡須熱湯濯足涼茶漱口更闌便寢屈膝側臥湲蓋兩足〇亥時氣注于三焦特念淡泊勿想去來神安魄靜〇子時氣注于膽宜寂然不動以合天則〇丑時氣注于肝藉此夜息以發日用若不旨皆子光明盡蔽後天塵埃奪去是故君子無時而不戒謹恐懼也

方治朱晦庵云心須令只在一處勿令外事恭雜仍須謹勸把住做事毋傾俄放寬若放寬則涵養之功間斷纔覺間斷即便相續只要常自提撕久久接續打成一片

典故 高士傳孔子至衛見一老人披鹿裘臥石縣日而歌命弟子問之歌曰萬物爲人最尊吾得人身一樂也人之中男子最貴吾得爲男子二樂也人生雖得貴貴惟壽難得吾年過百三樂也〇應璩詩昔有行道人陌上見三叟問何以得壽上叟曰內嫓粗醜中叟曰量腹節受下叟曰暮臥不覆頭〇淵源錄程所山滑張繹曰吾受氣薄三十後盛五十後全今六十二矣不見其衰若人待老而保生是猶貧而蓄積也

求醫

孝親者不可以不知醫事君者不可以不知醫慈幼者不可以不知醫保生者不可以不知醫衛生者莫若醫也書

聖所慎不迷不嘗所關甚非細事耳大抵人病之所由
來皆因放逸其心志逆予生樂也以精神殉智巧以憂慮
殉得失以勞苦殉禮節以身世殉財利四殉不置五病而
作焉故未老而羸未羸而病病至而重重則必斃嗚呼皆
自取也今既病矣得非臨渴掘井乎必也慎起居戒暴怒
簡言語清心志寡營謀輕得失省視聽淡滋味苟能慎之
効可以云若仍率性任意不守戒警不特難効反致病據
守身者宜知之○益州老人云欲求身之無病必先正其
心則心君泰然百骸四體雖病不難為治獨此心一舉動
諸患為君有偏倚在傷亦無所措手

宜忌服藥合藥宜德巫醫恩安生旺日忌朔望弦晦建平
滿敗辛未日卒然暴病命懸須臾豈以擇日而待斃乎
可以不拘擇矣然古人之言擇者欲人知所慎擇醫醫
知所慎擇方方之所慎擇藥豈獨在日之擇耶
方治擇典一士者快快心疾來問方于破山長老曰予之
病生于妄心或追憶已前恩讐榮辱此是過去妄心或
事臨目下畏首畏尾此是現在妄心或期世後富貴此
是未來妄心忽生忽滅謂之幻心予能照見妄心隨念
斬斷謂之覺心故云不患念起惟患覺遲心若太虛煩
惱何處安腳
典故唐許胤宗善醫或勸著書曰醫者意也思慮隨得吾
意所解口不能宣古之上醫病與脈值惟用一藥攻
之今人以情度病多其藥物亦幸有功譬之獵不知
兎廣絡原野冀一兎之獲術亦疎矣○明李中梓知醫

有女卒病往視之曰鬼語猶危急少息云老母誰養
悴再診無生路沉思曰莫非痰乎以攻痰丸試吞而
鬼消言緩大攻之病尋瘳詰莫曰醫不可不細
心謹辨也設不林母老子孝此人已入鬼途矣

服藥

治有病不若治無病治已病不若治未病治吾身不若治
吾心使我治我不若我治我人之遘疾者由于心而忘其
身故疾作焉纔則過患其身而病不去也然審身者在康
健時不擇味而飽不擇風而臥不擇時而色不擇醴而醉
不擇里而遊不擇性而任是故病乘吾所弗備既至也悔
毋及若能自慎起居亦服調有效鑑林詩云自家心病自
家知起念還當把念醫只是心生心作病心安那有病來
時○孫思邈云精以食氣氣以養精以榮色形以食味味

以養形以生力精順五氣以靈形受五氣以成若食氣相
反則傷精食味相反則損形是以聖人先用食禁以存身
後制藥以防命味澀氣脯以養精神○先哲云恣意極情
不知惜虛損生也猶枯朽之木遇風則折將潰之岸值水
先頹苟能愛惜節惜亦得壯年
宜忌合藥宜德平醫恩福安旺日忌辛未日男除日戌日
女破日巳日建不治頭破不治日五月胎神在身開滿
平收煞厭空禍遊日
方治壽世集二貴者抱羸疾求方于丘長春曰淵受冶容
謂之外生之欲矜才強知謂之內生之欲二欲綢繆者
染耗精損神若能斷之督永自生至于事障理障亦損

性靈者能節之則心火不炎如是上下交濟三宮升降其疾自瘳

典故 神仙傳彭祖殷末年壽八百餘而不衰有少容嘗云上士異床中士異被服藥千顆不若獨眠○劉子李梁得疾盧氏謂之曰汝疾非由天不由人亦不尤鬼稟生受形既有制之者藥石其如何何曰神醫也厚賜遣之俄而疾瘳

鍼灸

一部靈樞直說明說八十難經分解合解古人之于鍼灸于鍼爲謹得其要者治病如探囊取物昧其旨者殺人若暗發于矢求治者切莫輕率于治者亦宜審慎　文云善知醫者不視人之肥瘠察其脈息之病否善治天下者不視天下之安危察其綱紀之理亂天下者人也安危者肥

瘠也綱紀者脉息也脉不病雖瘠不危脉病雖肥而必危矣達此者其知道乎

宜忌與服藥同考人神在日　禁鍼灸

方治積善編一道者教以富人方便不應去後十年餘富人好善道者詢其故曰聞司馬溫公云積德于子孫子孫能受道者笑曰爲後世市耳後富人得一塊疾求治于道者日子貪癖也須用寡營謀之針輕得失之火戒妄持之于逝自然之柚着定真穴拔之病源其積自化

典故 晉書晉伯病求醫于秦秦使緩治之伯夢二豎子曰彼良醫也可逃之其一曰居肓之上膏之下若我何醫至疾不可爲也在肓之上膏之下針弗之至藥弗之攻伯曰良醫也厚禮歸之○齊丹詩傳錢塘徐秋夫善針夜聞有呻吟聲怪而問之答曰我乃樂遊吏患腰疼死今爲鬼亦苦之君治之秋夫縛芻人針之設祭而瘞之明日來謝曰蒙君療疾復設祭除飢感惠不多忽不見○保元云朱丹溪灸一婦人病昏未聞有杳聲曰氣因血虛邪因虛入遂以秦越人灸鬼法灸之病者哀告曰我自去我自去遂瘳

探病

憂樂常情離合甚難既得爲友何敢敗義扶持以盡公內探問可遂生平雁病鶴愁兎死狐悲禽物尚知其類切莫作中山狼之背耳至于人老困者原無疑忌恭病時疫者亦知防避莫爲井人已從之仁若不慎之災及其身悔之無及是誰之過與

宜忌探急病宜德日空破日忌壬寅壬午庚午甲寅乙卯己卯六日收日月煞往亡每月二十三四五日若遇不得已而必探者從華蓋方入之無防

方治岐伯云瘟疫其來無方召之有故或因人事錯亂天時乖違尸氣纏染毒氣變蒸土木金石亦能傳患若天行時疾水缸中入貫衆七根白礬一塊能遠患家中人有患者速將衣于甑內蒸過不致沿染又以艾灸床足不及染外人治疫多方惟甘草四兩豆豉一勺水煎入薑汁少許服又方大黃白芥其志每三錢水吞服若探問時疫先以清油抹鼻孔或塞以雄黃塊從容位而入男子祿在上部女人祿在下部先識向背避之坐勿向壁歸勿辭謝候出外以物探鼻孔出噴嚏三五次則無咎

典故 後漢書荀巨伯遠看友病君賊攻郡友曰我今死矣子可去之巨伯曰遠來相視子令敗義以求生乎賊既至

日一片盡空子何獨止有日反人有然不忍委之謝自相謂日直義士也我車無義而人義之上望合之去○世說張邵寢疾郎君章殺于徬是時出勵吳日吾不見吾死友乎子徵日吾二人盡心復欲歸求日吾乃生友也等者范要邵日吾巳死當某日葬范覺悟往弁未及發柩不肯動乃撫之日豈有望也遂停時有素服號哭而來母日必范巨卿也至即悟日行矣范執紼引柩乃得前○苕溪記時大變頭成妻錢氏時歸母家聞使御趙父母力卻之女日夫之娶妻原爲翁姑生死大事豈可恐心獨避與禽獸何異往卽死不顧顧也竟去無咎

計死

形委也氣假也生寄也死歸也人之于世若泡影臾聲耳今之視古亦猶古之視今所以君子知之修身以俟命今人只曉計生之審切而于死也茫茫何其愚矣能于既生之日而計其死使死之時明明淨淨恬然泰然不亦樂乎

人之始也氣聚而理隨以完故生其終也氣散而理隨以盡故死其氣其形乃二五之精妙合而凝一點眞元禀寓志間鼓舞變化蒸薰百脉灌漑一身外禦六淫內當萬慮由是神隨氣化氣逐神消眞陽漸退陰翳漸進是以云老云衰云死也以此長生豈不爲妄誕乎然於穆不巳天之所以爲天也純亦不巳文王之所以同于天也同天則不息不息則無始無終矣人生百年限期須知自修以成其人則同于天也死又何足惜哉

兆驗禍福之來皆有先兆只因人利令智昏自迷不覺耳

若平居無事時突然頂門若劈狀者不吉之徵一聲計一年數其聲以定其期影不隨身者頂枉傾倒者不祥掩耳無聲者弄目無光者耳前脉不動者並主百日外臂背筋縮者在四左三日婦女人驗在乳房顖陷頂痛頸痛膝疼腰拆足冷者死在旦夕臨終之際舌底液枯足下湧泉如針刺狀漸次牽引兢麻如蟻上升目若紙隔耳若砂汪心慌意亂寒熱交加杳不知其所至滾滾浪浪如虛沾爐鎔汁波中平日功夫要在此際一念持定以心其心切莫散亂舌抵上腭意在金橋此人鬼關頭須以朱砂白礬等分爲末宿茶調一錢二三分灌下喉中以消毒痰此痰乃初生冏一聲時伏潛于氣血之間此陽盡之時而出也急令他人以手緊掩鼻口令緩緩而死自然光明徹洛逍遙告終矣日中死者爲上晨昏

者次之夜半者下也須知平日靜定臨終安得散亂平日散亂臨終安得靜定物裏事裏過得脫灑臨行怎得不脫灑物上事上滯着染着臨行怎得脫灑子正精說云其餘皆可汚壞只是不要汚壞此心堪爲萬古長城此古人不語之密非吾言妄誕耳

附錄日孔子蚤作負手曳杖逍遙于門歌日泰山其頹乎梁木其壞乎哲人其萎乎歌罷入室子貢聞之告門弟子日吾夫子其將危矣寢七日告終○檀弓曾子病篤童子偶坐而執燭日華而睆大夫之簀與曾子元日然斯季孫之賜也我未之能易也令扶起而易之反席而殁○淵原錄邵康節疾甚司馬二程皆省視生死言及新法事邵命人日上有挽意當乘機諷諫伊川云我等細語何以聞之日平日功夫在此時諸着門人日先生素所講性命之學何不以此用日學聖賢而死學他佛而不死然不死亦易僞之事耳但恐後世賢者譏議言罷而終○名山赫康濟作一亭在兆郎山巔有客訊之日日對古草何以取樂

日日對今人不乾不染後一無者人華山遇一老人執函云與對山歸呈日吾將逝矣就浴出坐談而死

製棺

來無一物去無一物色兮象兮原是假物有兮無兮終無是物但吾心得之天地吾身受之父母一生戰戰兢兢不敢毀傷全而生之全而歸之所以製棺者以斂我身以了我局故韓退之嘗云人生蓋棺方定者是也

宜忌宜空宜救六不成日又宜空方起造忌與本命刑沖破害厭煞建破平收開執日造生基宜忌同俗以閏年製生造者有宜忌臨死造者無論

方治說文云棺者關也所以掩屍也自皇帝始造虞以瓦殷周以木惟杉爲上柏次之松揚榆柳易朽椿樗銀杏勿用形宜首濶足狹上大下小四稜方正以漆泥合縫以布漆封縫裏用松脂白蠟鎔過外用生漆厚塗可耐水土亦辟蟲蟻根抵之患

典故 祇記桓子造石槨三年未成孔子聞之曰若是其靡也死不如速朽之爲愈 風俗通滕介王喬天雨一棺于庭中喬謂人曰天帝召我沐浴寢其間葬于城東 博物志漢滕公夏侯嬰死送葬于東郭門外駟馬不行跼路悲鳴以櫪馬跼下得石槨有銘云佳城鬱鬱三千年見白日吁嗟滕公居此室乃葬斯地謂之馬塚

卜塟

易云上古塟者厚衣以薪塟之中野不封不樹塟期無數後世易棺槨逮後卜兆蓍著先謀人事後質筮龜可見無數地無常時也自東晉以山崩鐘應之說木華果芽之驗方起擇土之術始興撥砂之枝議論多端只求自然之生氣然雖云地氣實主天理理氣何據人心是依禍福之來善惡所致術非其人安敢其吉是以害爲食術矣故風水辨云上天之命反制一抔之土是有地理而無天理也漢書呂才云古者諸侯五日大夫經時士三日春秋書丁巳塟定公雨而不克塟戊午乃克塟是不擇日時也近代以來有陰陽塟法各說吉凶拘而多忌陰陽有大經塟者乃附此爲妖妄竊談云貴賤不乎天命盛衰係乎氣數地有此穴世生此人苟非其人則此穴昧而不顯得而復失昔唐龍圖酷虐楊松筠數代相執之地欲以與之夜夢二使者叱之而止孫鍾孤孝種瓜爲業三仙示以塟地後子孫顯貴然則不務積德而求美地是不達天人之理氣也趙昉云張平子冢賦大畧如今塟書尋龍捉脉之爲者起東漢之末郭景純最好方技多以術惑人世見其塟母暨陽卒遠水患符其所徵而世逐以塟書傳之然無所考意塟書自齊梁至隋唐諸君子不道宋司馬溫公嘗欲焚其書以絕此術除後世之惑

宜忌伊川云卜地者卜其美惡也地美則神靈安穩美者土色光潤草木茂盛是其驗也惟五患不可不知慎異日不爲城郭道路溝池耕犁所及貴勢所奪又不可塟者五城郭溝池村落井窰道路其爲先慮者塟宜德日合日母倉大明貴道顯星吉日補山旺向生命合主利

層忌刑沖破害虺泄厭空惡曜凶局

方迪廣陵子云穴既成以燈然焰之入穴而輒茂者非吉也閃閃動者地風吹之也大抵焰光明淨者吉黯動者凶朱晦庵云穴淺為大所廹深則濕潤易朽擇土厚水深者為上若藏之不深不厚至兵戈離亂之際無不遭羅發掘暴露之憂其穿壙壙外勿寬僅取容灰炭砂石之物和勻築成石灰能辟水根甲蟻石炭得砂為堅得土而固久結成石莫能為害

典故 音書郭景純精經術卜葬波江居于暨陽墓去水不盈百步時人以為近水曰當為陸今沙去墓數十里皆為桑田其詩曰北阜烈烈巨海混混壘壘三墳唯母與昆○音書陶侃曰死欲葬家忽失牛遇一老夫日前岡見一牛眠山隝中其地能葬者位極人臣忽不見侃尋牛得之因葬其處○唐書沉彬卒臨開穴乃一古冢其間一石灯臺上有漆一盞蓋横題一銘曰有篆文云佳城今已開雖未葬理深刻猶有好事等稷彬戒

改葬

太古不知葬上古易之以葬域外葬之以火取來無去無之奇義也華中葬之以土取形著象著之歸茂也在古者當世葬初念乃原始反終養生送死故取諸大過至于後世逮吉凶之議與改遷之說然改之一字最宜體玩斟酌其間之變化有鬼神攙弄則吉凶聊吝人不得以臆度而測也無非有命存焉故尼山氏罕言祇言積善慶餘積惡殃餘欲人之自修也

宜忌宜天聾地啞日忌墓龍守坑日天牛定墓日青烏吉

忌忌有五不祥宜改一墳無故自陷二塚木日枯死三家有淫亂風聲四男女忤逆刼盜顛狂惡疾怪變五人亡產死官非積禍又改見三瑞勿改一開見生龜生蛇及生氣物二土內有氣溫煖若霧有汁如乳三紫藤纏合棺木

方治倘遇三瑞切不可改即掩土勿令洩氣即卜生吉方取土培之若執拗則凶害並至

典故 魏書管輅過毋丘儉墓下哀嘆曰林木雖茂無形可久碑誄雖美無人可守元武藏頭蒼龍無足白虎銜尸朱雀悲哭四危以備將當滅族不過二載其應至矣○宋魏云宋晦庵見一豪勢謀葬一冢嘆曰若有天理是無地理若有地理是無天理後為雷震其墓

祭祀

祭祀非以求福也乃盡報本之意耳竭其誠敬薦其時食故能致鬼神之來格不明此理其所事者徒從祈求而吉人報本之意亡矣吁可慨哉人心之危也

宜忌伊川云冬至日祭始祖立春日祭先祖立秋日各禮祀祭明道云十月一日記云春秋祭祀以別親疎祭日必哀今農人俗尚寒食前後三日補紙標墳墓七月十五日各行私祭冬至日祀祠 中宜德福世倉黃道明類生旺忌與戌建破日

方宜記云後母發慎行其身不貽惡名可謂能終矣若斷體厚親受人憎惡即是大不孝也祭日必誠其意至愛則存至慤則著神必饗之

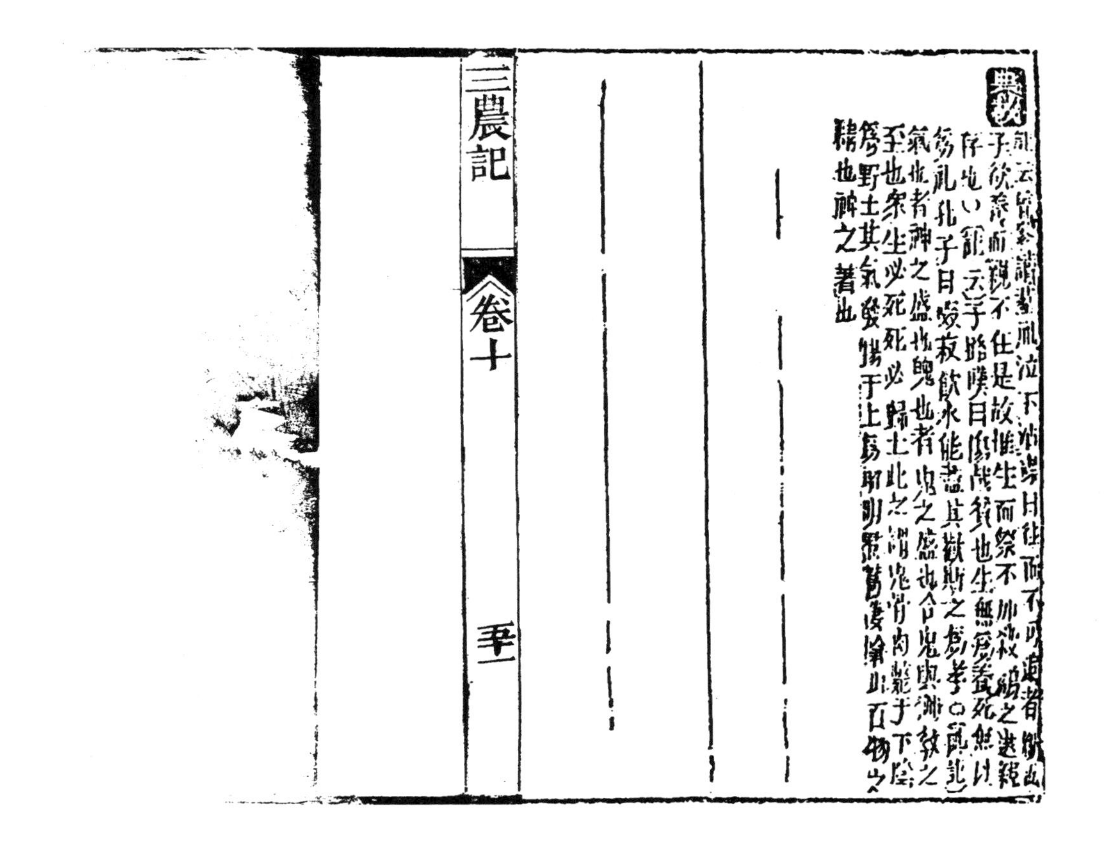

典故

記云皆祭諸墓而泣下者曰往而不可追者親也子欲養而親不在是故椎牛而祭不如雞豚之逮親存也○記云子路嘆曰傷哉貧也生無以養死無以爲禮孔子曰啜菽飲水能盡其歡斯之謂孝○禮記氣也者神之盛也魄也者鬼之盛也合鬼與神教之至也衆生必死死必歸土此之謂鬼骨肉斃于下陰爲野土其氣發揚于上爲昭明焄蒿悽愴此百物之精也神之著也

增訂教稼書

（清）孫宅揆　撰
（清）盛百二　增訂

《增訂教稼書》，（清）孫宅揆撰，（清）盛百二增訂。盛百二（一七二〇—？），字秦川，號柚堂，浙江嘉興府秀水縣（今屬嘉興）人，乾隆二十一年（一七五六）舉人，曾任山東淄川知縣，略有政績，但是不久就無意於仕途，僅一年即去官，仍然留在山東地區。先後主講書院達十九年之久，在天文、賦役、河渠等方面皆有研究，曾撰有《尚書釋天》六卷、《柚堂筆談》四卷、《柚堂續筆談》八卷等，集爲《柚堂全集》。

乾隆三十六年（一七七一），盛氏在山東做官時，見到了孫宅揆的《教稼書》，認爲孫氏關於區田的方法未能深信，尚存有待完善之處；於是選取時代較近的內容和南北皆可通行之農業技術，仿照盛氏同鄉張履祥補《沈氏農書》的體例，續訂、增補孫氏書中所未詳之處，撰成《增訂教稼書》。第二年，鄧汝功得到該書，抄錄並收藏，且補寫了『架穀法』一條，並爲之撰寫了序言。乾隆四十三年（一七七八）盛氏編定全書，作序刊印，並附上張敷踆、楊峒『古今尺步田畝道里考』與盛氏『自識』等內容。

全書共二卷，上卷收錄孫氏的《教稼書》，下卷爲新增內容，包括區田、代田、種芋、番薯、種蜀黍、種瓠、開井、架穀法、鹼地砂地、溝洫等諸多內容。該書並不是祇談區田，同時還提倡開發水利，修築溝洫，多鑿井，將灌溉與區田、代田技術相結合來討論抗旱技術，較之其他同類著作，更具系統性。此外，書中還提到水田灌溉洗鹼、旱地種苜蓿改良土壤等技術，對鹽漬化土地的治理貢獻較大。

該書有《柚堂全集》本，西湖寄生菊齋氏輯《區種五種》本等。今據國家圖書館藏《柚堂四種》本影印。

（熊帝兵　惠富平）

增訂教稼書

柚堂四種

序

區田之法，吾鄉嘗有行之者，其利廿倍於常，而人往往憚其難而不爲，或爲之不盡其方，而中輟蓋惰氣之中人者深，而積習之滌除難也。歷數吾鄉世家，多有良田數千畝，不再傳而日以磽薄，逾久漸不生苗。原其故，乃佃地多而不糞，又畜牛少，耕則假諸他人，亦有以薄值取羸老者，易時竇之，故其耕也常不及時，而又怠於耘。幸際豐年，已不及八十之六，不幸水旱，佃人嗷嗷待哺，竊相刈食，無所不至，所以腴田日磽，而良苗不實，無怪乎民生之日蹙也。余嘗過兖州，

其粟米大而堅，蜀黍在田，高於墻屋，麤如杯，可作花欄豆棚。叩其由，不過多糞頻鉏耳。夫以多糞頻鉏之力，所獲已大異如此，苟能循區田之法，勉行不懈，其功效豈有量與？若修溝洫，備旱潦，如周恭肅所云，尤吾鄉之切務，是又萬世之利，而非一身一家之所能爲也。善哉陸清獻之言曰：「蠲賑之惠在一時，水利之澤在萬世。」又曰：「比之蠲賑，所省百倍。」苟於鄞城以北相其高下，合數邑之民力，開渠疏通，使向之害稼者，轉而爲利，十年後吾鄉可無寒與飢者矣。柚堂先生客齊魯最久，深悉田所由荒。乙酉，授余種苜蓿一法，

行之頗驗茲來吾郡出增訂教稼書一卷余既錄而藏之而又述曩所見架穀法附於後亦區田之一助云乾隆壬辰夏杪聊城世愚弟鄧汝功拜序

教稼書卷上

辛丑仲夏於平恩劉君處見太原副守朱公區田說詳而有理皆近世老農所未聞劉君言其試種之效雖未能盡如圖說然較尋常之畝所獲則數倍乃初種尚未得法而糞又未蒸且天旱未澆之故也聞山西頗有依法種者所獲仍如圖說余因思此乃古人教民稼穡之良法於是又爲詳考畎畝糞種諸法亦爲圖說附於其後并授之梓庶可由近及遠以漸而公諸天下也康熙六十年五月

壬申館陶孫宅揆熙載氏敘

朱公區田引

昔伊尹以天下大旱乃作區田教民糞種雖山陵邱壟側坡傾坂皆可爲之歷七年之久而無失職之民恃有此具也龍躍於康熙四十六年丁亥待罪蒲邑處萬山之中皆高山陡坡非雨澤時降不能有秋人力窮而無所用三四年間祈求者數矣乃取區田之法反覆玩味得其詳要苟非聖人斷不能作每於朔望講讀

聖諭畢以告士民而習俗苟且不能信從癸巳夏於邑後隙地布種數區意待秋成集士子以觀成效至

六月升太原府同知隨本引見十月歸來已經收穫核其數每區四升五升不等然無確據不足以信士民爲悵然久之今分防平定仍於隙地依法布種大約一區可收穀五升一畝可三十石用省功倍實備荒之奇策亦救荒之捷法又招撫流移之善術也圖說具左

區田圖

此圖白處種穀四方各一尺五寸深一尺横直兩行黑處不種四方亦一尺五寸留以通風灌水到結子時鉏四面之土以壅根外周黑處各留七寸使旁邊之區四方亦各有土

謹按元人王楨農書及氾勝之書與務本書說載每田一畝濶一十五步每步五尺計七十五尺每行占地一尺五寸計分五十行長一十六步每步五尺計八十尺每行占地一尺五寸計分五十三行長濶相乘共二千六百五十區空一行種一行隔一區種一區（留空行空區以便澆灌又可疏風不熱不壞苗且因其土壅根）除隔空外可種六百六十二區每區深一尺用熟糞二升（用生糞及糞過多糞力峻熱即燒殺苗反有害）與區土相和布種勻覆以手按實令土與種相著苗出時每一寸留一株每行十株每區十行可留百株（按每畝六萬五千株）別打一寸寬長柄小鐵鉏鉏不厭多若鉏至八遍每穀一斗得米八升（按鉏非止去草鉏多則糠薄古諺云禾鉏八遍餓死黃犬言無糠也）如雨澤時降則可坐享其成旱則澆灌多不過五六次卽可收成結子時鉏四旁土深壅其根（種既密穗又長大恐風吹折）古人依此布種每區收穀一斗每畝可六十石今人學種可減半計其區於閒時旋旋掘下春種大麥宛豆夏種粟米黑豆高粱穈黍（按粟米者稷也俗云小米與莠相似韋昭國語注莠似稷而無實穈一曰穄黍之不粘者今人以穄爲稷音之訛也）秋種小麥隨天時早遲地氣寒暖物土之宜否節次爲之不必貪多竊謂古人區田之法本爲禦旱

之計如北五省雨水甚少毋論平地山莊歲歲如此種法則可常熟惟近家瀕水爲上其種不必牛犁但鍫（峭之平聲臿也）钁（巨入聲鉏也）墾（開田用力反上也）斸又便貧家大率一家五口令種一畝已自足食家口多者隨數增加有餘力別種他地丁男兼作婦人童稚量力分工定爲課業各務精勤若糞治得法澆灌以時人力既到則地自饒雖遇天災不能損耗矣康熙五十三年歲在甲午七月既望山西太原府清軍總捕同知桂林朱龍耀蘊叔氏刊勸

畎畝說（畎與甽同亦作𤰝）

字書田中溝廣尺深尺曰甽一畝三甽

周禮考工記匠人爲溝洫耜廣五寸二耜爲耦一耦之伐廣尺深尺謂之甽田首倍之廣二尺深二尺謂之遂遂人上地夫一廛田百畝萊五十畝注云萊休其地不耕者所謂一易再易之田也

禮書遂人言五溝之制而始於遂匠人言五溝之制而始於甽則甽非溝也乃播種之地耳一畝三甽一夫三百甽甽從則遂橫甽橫則遂從遂從則溝橫遂橫則溝從由溝而達洫由洫而達澮其從橫如之 按禮書宋人陳祥道撰

朱子井田類說班志古者建步立畝六尺爲步步百爲畝畝百爲夫夫三爲屋屋三爲井井方一里是爲九夫八家共之一夫一婦受私田百畝公田十畝是爲八百八十畝餘二十畝以爲廬舍民受田上田夫百畝中田夫二百畝下田夫三百畝歲更種之換易其處

程子曰古之百畝當今之四十畝今之百畝當古之二百五十畝 按古尺當今六寸四分強古百畝當今二十四畝有奇詳後益都楊峒田畝考

徐光啟農政全書三代制產非以多與之田爲厚而以少與之田爲厚譬食小兒者非以多與之食爲愛而以少與之食爲愛也語云務廣地者荒詩曰無田甫田維莠驕驕故后稷爲田一畝三畎伊尹作區田負水澆灌古之治田者盡力盡法而不務多大禹時稷爲農師未久也於是洪水初治作乂之土甚多恐民務廣地以致荒蕪故限五十畝不得踰制而使精於其業人人用后稷之法卽此五十畝可以食八口之家矣 按徐光啟字元扈謚文定明上海人

余觀朱公所述伊尹區田法而以前數說參之則后稷甽畝種法可類推矣夫后稷爲田一畝三甽蓋以古者六尺爲步濶一步長百步爲畝畝間爲三甽故

一夫百畝之田爲三百甽甽乃播種之溝也今年爲甽過年爲畝畝不耕種卽周禮所謂萊其半以休地力者也伊尹區田蓋截甽畝爲之以便負水澆灌耳區田每畝一年止種二分五釐有奇萊七分有奇休四年而一種甽畝則種其半而萊其半止休一年以今行秦孝公畝法爲之 秦法畝積二百四十步步積二十五尺 每畝橫十六步分八十行隔一行濬甽一行廣尺深尺除周外俱留畔五寸每畝可濬三十九甽照區田算加蒸糞拌勻其土而播種耘擾俱同區田卽今之畦種 師顏古曰田區謂之畦今之種稻及菜爲畦者取名於此 但所濬稍深留畔廣耳今

人挨排爲畦不知萊半以休地力而所濬又淺又用生糞則失后稷之意矣是以所種之地三倍於古而所穫反不及古者十分之一也今人誠能明於古法深信而力行之則盈寧之慶可馴致矣圖說具左

甽畝通圖

右圖亦自處種穀黑處留以通風灌水又以休地力濬甽廣尺深尺開畔俱廣一尺相地勢爲之可長可短可通可截但取水勢澆灌之便不必膠柱

甽畝截圖

壟　溝

右圖或以太長水力難到或井居地隈故截爲兩扇以便分溉與今治畦爲兩扇者同無論通截其播種耘擾之法一如區田

后稷爲田一畝三甽一夫百畝爲三百甽行於井田之中今歲爲甽來年爲畝互換種之以休地力此上田也中田夫二百畝二歲一墾下田夫三百畝三歲一墾使地力得休而自肥雖下亦上不似今人貪多荒地力徒勞而無益也

糞種

周禮草人掌土化之法以物地相其宜而爲之種凡糞種騂剛用牛赤緹用羊墳壤用麋渴澤用鹿鹹潟用貆勃壤用狐埴壚用豕彊㯺用蕡輕爂用犬或云蕡當作黂

何氏曰天下之土不同化之之法皆焚其骨爲灰以漬種蕡則燒麻灰以漬種也

法製糞說

孟子注曰糞多而力勤者爲上農糞多便是力勤也然勤矣苟無製糞之法亦徒勞也佘少貧周遊齊魯秦晉宋衛諸國耳聞目見製糞之法甚夥略述數則以爲力勤者隅反

蒸糞法

用大鍋一口掘地竈與蒸酒甑鍋同安法鍋口上周圍用磚接一尺餘高令上口微大下與鍋口相等近鍋口旁留一孔安竹筒一根以便添水磚口上安木甑如無用荆條爲甑亦可內外俱用牛糞豆毛和土泥好勿令泄氣鍋內注水安井字鍋梁上坐甑蔽按蔽同箅甑底也亦以荆條爲之蔽上藉以椒包麻布即舉火

俟水將滚時然後將倒好碎糞（倒法見後）徐徐裝滿候氣醋透至頂上覆以土勿泄氣再候片時取出以木掀培成堆堆上仍以故席或土蓋好亦勿泄氣蓋經此一閉則糞逾熟而糞中之草子亦死矣若用掀一揚再不聚堆使熱氣大泄不惟不熟而糞中精壯之氣亦隨渙散薄劣無力矣緊要在此愼之愼之如木荆餅難得即以碎磚爲之亦可此其大略運用之妙存乎其人

凡糞以牛爲上雜糞次之食料馬騾又次之羊糞雖壯然性板實不堪蒸用馬騾不食料者其糞棚兩亦

教稼書上　八

薄劣無力必須法製而後可用（法見後）糞急用乃蒸若不急則勤倒發熱亦可但苗出後視其色留心澆灌自無害也

造糞法

人糞必先修廁或家中或街巷人多處擇空地蓋一小房房內貼後墻掘地五尺許埋甕一個甕口上用磚累起一尺許其前留一尺寬方口方口前掘地前高後低直接甕口用破缸片側砌溝底兩旁磚纍起使與砌甕磚上口前後平于砌溝上橫安木板一片以便蹲踞中間以橫單磚墻隔之使入廁者不見地缸不聞臭氣大小便由砌溝中一滚入缸時以灰蓋之潔淨無比此房或左或右相其所宜須留竇度糞將滿以便從此掏出掏出之糞微灰拌和打成餅發過用或將草糞中間掘開掏入其中培住於頂上量大小留一坑度其多少入水一二担周圍培好勿令溢出候發過則草糞俱有力矣

牛糞不可多得必修檻畜之一牛可占一房其房務使冬暖夏凉前後俱不用墻前面置槽槽內安檽架使牛伸頭食草不得上槽後面亦用木檽比前面木粗而且審止令通風不可容人以防不虞如此則夏

教稼書二　九

凉矣至冬塞後面再相宜搭前面則冬暖矣至夏日有草時每日芟青草置牛脚下微灑以水草上墊土使牛踐踏草經牛踏又著糞腐爛俱成好糞圈內每日墊草土時用三齒均平一則便牛起臥一則草土務使踐熟方妙冬日鉏地邊乾草土墊之不用灑水糞亦不用出常勻之使平而已依法行之每年一牛可得好糞二十車且牛不受暑濕嚴寒之傷瘟疫等災可以永絕此務本之家所當時刻留心勤力爲之者也

羊糞羊性與牛相近而尤惡濕熱其圈製法與牛無

異但脚下必令乾燥其糞必晒乾再墊蹂踏三次始成此糞土多板實雖亦發稼而不甚柔和惟可用於曠野之地不宜園圃

馬騾驢糞圈內必每日掃除墊以新土使其潔淨不必令踐踏其糞再墊牛圈使牛踏熟則與牛糞不異若無牛者令踐之可也夏日亦可墊青草以大糞發過用亦妙（大糞人糞也說見前）然終不及牛糞之和而有力也惟蓋韭黃則不必製但晒乾即用取煖而已他糞不取蓋各有所宜也若不食料之糞又不以法製壅田無力而且棚雨倘遇艱雨之年反爲大害

猪糞猪水畜也居不厭狹處不厭穢擇便爲圈半邊掘四五尺深坑用廢磚砌底及四旁向其窩上厓側砌一路便上下其上半邊量猪多少作窩窩前置食具若養母猪於圈旁再作小圈墻下留小竇使小猪往來以便另喂砌坑內常入水及各色青草此草可當猪食踐則成糞若雨太多則墊土久之草土俱成糞矣余向在長安寓猪盤市楊家見其於圈外又掘兩間大一坑坑周圍打及肩土墻四角用柱架起離墻三尺許上用不堪木料蓋房近猪窩下留一竇與圈通猪自往來其中凡家下刷洗之水及掃除爛柴草廚下灰土或窖底爛草場邊爛穅之類俱置其中夏日時注水猪見水自來泥臥踐踏久之凡一切棄物俱成糞且有藏汚納穢之所則庭闈不求潔而自潔不惟多得糞也

灰土火多而煤透炕土爲上多年烟熏房土次之二者亦難多得亦有製得之法於自巳房內及傭丁佃工房俱以土坯作炕經火一年即易新者此一法也然猶不能多余少遊於秦見燒製之法甚善於冬月草枯時尋山間草根最多之地先刈枯草鋪地尺許草上又鋪乾糞用長鐵鍬掘地一寸厚片如小坏鱗

次草上片片相挨其下俱有縫指許寬使透烟氣其上又鋪草糞又掘土砌累可八九層約七八尺高中留十字火道如炕洞一般砌完下大上小如窑狀周以濕土培住令不透氣候順風方向洞口舉火於頂上四旁旋開如杯大烟突五六個使透烟候烟透出度內枯草俱燃則封洞口止留寸許通氣則內火不息此一堆可着數日可得灰土三十餘車雖不及煤炕土然亦有力但此惟可行於山田不能遍施平地蓋平地土鬆無草根交鎖掘不成片故也余因悟得一方到處可行且與久熏炕土無異法於農隙刈草

和泥托寸半厚一尺長小坯晒乾擇開地掘地洞四五尺深六七尺長上口廣尺漸濬至底廣三尺左右穴五六孔與地洞通令烟四達洞口上橫幔大坯條俱留寸許縫以透火氣一頭留一坯不幔從此進火然後以乾小坯鱗次層壘其上如窑亦下大上小再以立坯周其外及頂外用麥稭和泥厚泥完固務使大雨不漏去頂二尺許周圍開杯大六七孔透烟孔上合覆瓦防大雨灌壞冬則鉏枯草根夏則刈青草晒半乾或掃碎柴草入地洞然火徐熏之久之與炕土無異此堆可大可小但視所用多寡爲之在於勤力而已按呂新吾云商君威立秦灰重糞之義也

以上諸法但力勤者不論貧富皆能爲之若齊魯有力之家牛馬圈其製更妙法於圈內與房等掘一大池深丈餘底及四旁皆磚累極堅固注水不漏上鋪三寸厚地平板板每片一頭釘鐵鐶一個以便提開掃糞入池牲口脚下總不留糞極潔淨池乾則入水濕則入土亦入青草三間一池可得糞百餘車一年止出一兩次妙不可言土人謂之池發糞較牛踐糞更有力余意地平板須生桐油漫晒數次方耐久

凡出圈糞不倒不發必二十日或半月一倒倒三四次令發熱始冲和發稼且耐旱若不發熱不惟太猛生蟲而且生草嘗見齊魯人家倒法甚善其法用疎薄一領側倚墻上用掀將糞挫碎揚擲薄上其漏下者細糞也隨薄滚下者又挫碎揚之方載田間至炕灰等土臨時打碎而已不可經雨濕走散其壯猛之氣

制宜說

凡古法之傳於今者皆聖人教人之大略也能與者規矩而已而運用之妙存乎其人故善師古者貴得

古人之意而不泥其法但執其法則雖絲毫不爽有時不效得乎其意其用無窮要在因時制宜就當前之時地而權度其至理其合於古者因之不合者損益之而後謂之善師焉如后稷一畝三甽伊尹區田五寸截爲區田是變后稷之法而深得后稷之意也漢趙過以代田教民民皆便之是復后稷之法而深得伊尹之意也又如區田之法每區百株去其岐芽農圃春秋云甽用一尺每區五株石巖野叟云甽用尺五每區九株俱留多岐種法雖異所穫則一是種法亦有權宜而不執一以相師也今日者審五土之

剛柔相地勢之平陂爲區爲甽務制其廣狹之宜因天時之早暮寒暖耕種耘耰務制其應節之宜辨墳色之黑白別五物之性生代更樹藝務制其樂生之宜如此而陰陽和風雨時則十倍之穫可不勞而致矣若雨澤愆期調和陰陽澆灌是賴汲井引河不一其時寒泉陂池各異其用冷田最忌復陰燥土須慎驟涼變亢害爲煦和庶無物而不長運妙用於一心式古不爲執方能潛會其至理是說筌蹄可忘

漢武帝以趙過爲搜粟都尉過教民爲代田一畝三甽歲代處故曰代田（代易也歲易其處）播種於甽中苗生葉以上稍耨隴草因隤其土以附苗根苗稍壯每耨輒附根比盛暑隴盡而根深能（同耐）風與旱其耕耘田器皆有便巧用力少而得穀多（漢食貨志）

王氏農書云耕地之法未耕曰生已耕曰熟初耕曰塌再耕曰轉生者欲深而猛熟者欲廉而淺

氾勝之曰春地氣通可耕堅硬强地黑壚土輒平摩其塊以生草草生復耕天有小雨復耕和之復令有塊以待時所謂强土而弱之也杏始華榮輒耕輕土弱土望杏花落復耕耕輒藺之草生有雨澤耕復藺之土甚輕者以牛羊踐之如此則土强所謂弱土而强之也（按氾音汎又平聲氾勝之漢成帝時爲議郎其書十八篇見藝文志）

賈思勰齊民要術云秋耕宜早春耕宜遲遲者以春凍漸解地氣始通方可犁鉏早者乘天氣未寒將陽和之氣掩在地中也（按賈氏後魏高陽太守青州人齊民要術十卷九十二篇）

甽畝區之法乃聖人竭精所制斷不我欺必深信力行一一如法始克有效若苟且試之則畫虎之誚所不免也（注內有按字者新增）

教稼書卷下

毅齋孫氏教稼書辛卯歲得之東郡可與吾鄉張楊園農書並傳恐區田之說人未能深信又宜北者不宜乎南爰爲續訂數條取其近而有徵及南北可通行者又洽泌𧮰治溝洫爲北地切要之務故特詳焉其中甘薯蜀黍種瓠及開井法乃戊戌歲所補抄也要而言之詩曰無田甫田孟子曰深耕易耨劉章耕田歌曰深耕穊種立苗欲疏非其種者鉏而去之大意已盡勤而行之存乎其人矣乾隆四十三年九月任城院長前淄川令秀水盛百二泰川識

區田

嵇康養生論夫田種者一畝十斛謂之良田此天下之通稱也不知區種可得百餘斛文選注云氾勝之農書曰上農區田大區方深各六寸相去七寸一畝三千七百區丁男女治十畝至秋收區三升粟畝得百斛（區音鄔侯切一曰謂區龍而種非縵田也）後魏兖州刺史劉仁之在洛陽於宅田以七十步之地爲區田收粟三十六石然則一畝之收有過百石矣按古斗三當今之一則百石者今之三十餘石也近時詹公文煥監督大通橋弁塲於官舍隙地試之其收不過比常田四五倍

王豐川云（名心敬鄠縣人）如大旱之年赤地千里而區田一畝有五六石之收果殫力務成二三畝亦可全八口之命

呂新吾（名坤字叔簡）先生云古稱深耕易耨齊魯梁宋情農待命於天而負天之時（如鉏以待時而將雨猶不肯鉏）責成於地而餘地之力（淺耕怠耘）豐年恐飢凶年餓死未必皆歲之罪往見張大叅臨碧談其沁水農政令人起舞大端多糞少苗熟耕多鉏壅本有法去冗無差而已其粟穗長可半尺四五穗便可一升昔人傳方有一畝木綿可摘七八百斤一畝蜀秫可收十餘石總之無田甫田而已蓋周之百畝僅當今之四十二畝半耳糞多力勤八口飽養矣

代田

陸氏世儀云趙過代田之法其簡易遠過區田蓋區田之法必用鏊钁墾𨮁有牛犁不能用其勞一必擔水澆灌有車戽不能用其勞二且隔行種行田去其半於所種行內又隔區種區則半之中又去其半田且存四之一矣以四之一而得粟欲數十倍於縵田雖有良法恐不及此今欲以代田之法叅區田之意

更斟酌今農治田之法而用之凡未下種之初先以牛犂治甽甽深尺廣二尺長終其畝甽間爲隴隴廣一尺積甽中土於壟上一畝之地濶十五步步當六尺（古六尺今五尺）十五步得九十尺當爲甽壟三十道甽之首爲橫溝以通灌輸夫甽壟分則牛犂用矣衡溝通則車戽用矣甽廣於壟則田無棄地矣乃令治糞之法各以土之所宜及時播種播種之法一如區田先以水灌溝使土少蘊平其塊礧乃徐下種（此不用挿秧之法）以手按實蓋以灰而微潤之苗出耘之如法使其中爲四行行相去五寸間可容鋤生葉以上乃漸壅隴

草隤土以附之其應下壅及闢水復水（闢水復水皆種稻法）俱依今法試之當必有驗（桴亭思辨錄。古法皆言種稷此條獨言種稻詳陸氏字道威明末太倉人）

考工記匠人疏古人皆於畎中種穀或云晦高畎低種穀當於高處畎當作晦按此非也代田法正於低處種穀不可以今水田法例之曰晦上種穀既通乎古今則疏特舉古人不亦贅乎（柚堂續筆談）

種芋

汜勝之曰種芋區方深皆三尺取豆萁內區中足踐之厚尺五寸取區上溼土與糞和之內區中其上令厚尺二寸以水澆之足踐令保澤取五芋子置四角及中央足踐之旱數澆之萁爛芋生子皆長三寸區收三石

陸氏世儀云予欲以區田語鄉人詢其可否恐其以爲書本中語駭而不信乃言曰近有自湖廣來者言彼處種田有區種法畝可得米二十石許果否因以其術詳告之鄉人曰理或有此吾鄉有種芋者其法近此因言種芋法先掘地爲區每區深濶各三尺許熟糞壅之每區種芋一株漸鉏土壅芋既成每區得金若干計每畝約得金四十兩許卽此法也則區田

似亦可行

番薯（一名甘薯一名朱薯俗名紅薯）

羣芳譜番薯一莖延數十百莖節節生根一畝可種數十石閩廣人以當米穀有謂性冷者非也二三月及八九月俱可種但卵有大小耳卵八九月始生冬至乃止生便可食若未須勿掘令居土中日漸大到冬至須盡掘出不則爛矣又曰種薯宜高地沙地起脊尺餘種在脊上遇旱可汲井澆灌卽遇澇年若水退在七月中氣候既不及藝五穀卽剪藤種薯至於蝗蝻爲害其根在地荐食不及縱莖葉皆盡尚能發

生若蝗信到時急令人發土壅之蝗去後滋生更易人家凡有隙地但只數尺仰見天日便可種得石許此救荒第一義也歲前深耕以大糞壅之春分後下種若非沙土先用柴灰或牛馬糞和土使土脉散緩與沙土同可行根重耕起要極深將薯根每段截三四寸覆土深半寸許每株相去縱七八尺橫二三尺俟蔓生長一丈留二尺作老根餘剪三葉爲一段插土中苗相去一尺大約二分入土一分在外卽又生薯隨長隨剪隨種隨生凡栽須順若倒栽則不生節在土上則生枝在土下則生卵各節生根卽從其連綴處斷之令各成根苗每節可得卵三五枚

種蜀黍卽高粱本草以爲來自蜀中爾北人作秫黍賈氏農書有秫黍作酒法按秫蜀二字北音相同未知孰是

濟寧種烟法略有區田之意有東鄉臧君處齋咸忽以種烟地種蜀黍其說謂方畝之地種烟三千株今種蜀黍亦如之不令其多以中數計之畝得烟葉五百斤斤得錢十五文蜀黍每株三穗其收三倍常田售之得錢九千文而稾秸在外又烟有時不能速售高粱則無不售之時其工費烟居六之四蜀黍居六之一而種烟之煩勞又數倍於蜀黍云又是年爾水多烟葉無收而蜀黍則不畏水其以三千爲率者畝積二百四十步步積二十五尺尺與步相乘得六千尺虛其半以爲溝灌水故止三千也○按一株三岐其旁出之穗不及正穗遠甚莫如芟其旁枝於方尺之地種二株足敵岐枝之穗有餘且又得稾秸三千根也南方不宜黍稷而蜀黍則有之謂之蘆穄又有穇粟其穗莖如勻故名其實與高粱同荷家種三四畝作粥可備荒其稾秸可供一歲之爨南人願植桑不願種蜀黍然特爲備荒計非欲盡桑地而改種蜀黍也

種瓠

氾勝之書種瓠以三月耕良田十畝作區方深一尺以杵築之令可居澤相去一步區種四實蠶矢一斗與土糞合澆之水二升所乾處復澆之著三實以馬箠㲉其心勿令蔓延多實實細以稾薦其下無親土多瘢度可作瓢以手摩其實從蔕至底去其毛不復長八月微霜下收取掘地深一丈薦以稾四邊各厚一尺以實置孔中令底向下瓠一行覆上土厚二尺二十日出黃色好破以爲瓢其中白膚以養猪致肥其瓣以作燭致明一本三實一區十二實一畝得二千八百八十實十畝凡得五萬七千六百瓢瓢直十

錢并直五十七萬六千文用蠶矢二百石牛排功力直二萬六千文餘有五十五萬肥豬明燭利在其外○按一區十二實一畝得二千八百八十實則是畝爲二百四十區一步爲一區故云相去一步可悟作區通變之法其云作區方深一尺者於方步之內作方尺之小區四以下種也須善會如蠶矢不可多得可以牛糞代

開井

水旱二者旱之害尤甚河渠書太山下引汶水穿渠溉田萬餘畝今不能矣水旱一聽之天而園蔬烟地

不虞旱者以有井也則區田代田必多開井其勢難廣種然家種三四畝其力易辦雖有旱歲不至流離王豊川曰凡乏河泉之鄉必須計丁成井大約男女五口須一圓井灌地五畝十口二井灌地十畝又曰二十口外得一水車方井用車取水然後可充一歲之用井深四五丈用轆轤若水車之井淺深須在三丈上下且地中不帶沙石亦必用磚包○按用磚包工費稍大貧家不能辦則以判薄代臨清州刺史王君溥曾用此法敎民甚爲簡易

架穀法

北方風高穀經糞力培壅人力澆灌結穗必長大每患摧折往見人家區田架穀之法甚妙其法每田一畝四周穿渠中間縱爲數小溝較四周之渠略淺溝上爲隴相其短長畫爲方格計一步可畫四五格隔一格種一格格留一苗一歲一易以休地力又便灌田吐穗時用細杉木植田四隅約深尺許無杉則以粗竹及細長柳條椽代之而別以堅實細竹縱橫爲架豎者約每步三竿橫者每格內外各二層其上層與穗平割穀之後方拆架次年仍依法爲之稍移其處以就穀近東昌曹州二府頻患水須田少而地勢

高者可行此法每畝約收八九十石久之可至百石鄧汝功謙持記於件鶴齋

鹻地沙地

漢書溝洫志賈讓曰水行地上湊潤上徹民則病濕氣木皆立枯鹵不生穀又云若有渠溉則鹽鹵下隰填淤加肥故種禾麥更爲秔稻高田五倍下田十倍周禮草人鹹潟用貆注潟鹵也貆貒也以骨汁漬其種也

呂新吾先生曰薄地鹻地不生五穀然土各有所宜利在人與沙薄者一尺之下常濕斥鹵者一尺之下

不鹻山東之民掘鹻地一方徑尺深尺換以好土種瓜瓠往往收成明年再換沮洳以栽蒲葦箕柳

又曰沙薄地大路邊頭三二尺下有好根脚鹵鹻之地三二尺下不鹻掘溝深二尺寬三尺將柳橛如雞卵粗者砍三尺長小頭削尖隔五尺遠一科先以極乾桑棗杏槐老木如饅頭粗者三尺半長下用鐵尖上用鐵束做個引橛拽一地眼將柳橛插下九分外留一分乃將濕土填實封箇小堆俟一兩月芽出任其幾股二年後就地砍之第三年發出粗大茂盛要做梁檁只留一二股不消十年都成材料其次於正

月後二月前或五六月大雨時截柳枝三尺長掘一溝窖窖歷在溝內入土八分外留二分伏天壓桑亦十有九活盜賊難拔生畜難咬天旱封堆不乾天雨溝中聚水又不費澆根入地三尺又不怕鹻十年之後沙地鹻地如麻林一般矣

胡東樵先生渭云地之瀉鹵以溝洫廢也禹盡力乎溝洫導畎谷之水以注之田間蓄泄以時旱潦有備高原下隰皆良田也禹貢錐指

鹻地有泉水可引者宜種秔稻其水宜流而不渟渟則壞稻否則先種苜蓿歲夷其苗食之四年後犁去其根改種五穀蔬果無不發矣苜蓿能暖地也又鹻喜日而避雨或乘多雨之年耕種往往有收又一法掘地方數尺深之三四尺換好上以接地氣二三年後周圍方丈之地亦變爲好土矣聞之濟陽農家則知靳吾之言不謬苜蓿法得之滄州老農甚驗以上諸法在勤力有志者爲之

溝洫

明吳江周恭肅用號白川言溝洫疏云治河墾田事相表裏田不治則水不可治蓋田治而水治矣古今稱聖人之治水者必曰大禹禹治水莫大於河自錫圭告

成之後河自龍門至碣石入海迨周定王五年不爲中國害者蓋千七百有餘年宜其功施未易名狀然禹之自言則曰予決九川距四海濬畎澮距川至孔子稱禹亦惟曰盡力乎溝洫而已然河歷千七百年而不爲中國害者實大禹盡力溝洫之賜也故自禹至殷盤庚五遷厥邦以避河圮溝洫小壞矣然猶未徙也至定王時溝洫加壞矣而徙然猶未決也至秦廢井田開阡陌而溝洫掃地及漢而河决酸棗決瓠子歷漢而唐而宋元河徙決不可勝紀治河費歲以鉅萬計其治法不過疏塞之而已溝洫之政無聞焉

夫以數千里之河挾五六月之霖潦建瓴而下止洩不及震盪衝激於斯爲甚乃僅僅以河南開封之渦河與南直隸徐州州縣百數里之河東而委之淮其不至於橫决者幸而已矣夫今之黃河古之黃河也今自陝西西寧至山西河津古所謂積石龍門也其合涇渭漆沮汾沁伊洛瀍澗諸名川之水與納每歲五六月之霖潦古與今無少異也何獨大禹能使之安東北之故道歷千百年而不變後世曾不能保之於數年之間此其由於溝洫之不修者明甚陛下養愛元元無所不至墾田勸農之疏屢蒙俞允則今日肇修溝洫之政以繼神禹平成永賴之功臣實望焉且河所以有徙决之變者無他以行未入海而霖潦無所容也夫天下皆溝洫則天下皆容水之地天下皆修溝洫則天下皆治水之人水無不治則田何所不墾是一舉而興天下之大利平天下之大患兩得之也今河南州縣被衝决者壠畝淤墳耕者不得種種者不得收而科催額稅如故中土之民困於河極矣至運河以東濟南東昌兗州三府州縣雖有汶沂洸泗等河與民間田地曾不相貫注每年泰山徂徠山水驟發則漫爲巨浸潰决城郭漂沒廬舍與河無

異一值旱暵則又故無陂塘渠堰蓄水以待急遂致齊魯之間方四五千里之地一望赤地蝗蝻四起草穀俱盡此皆溝洫不修之故也使溝洫既修胡寧患此今欲修溝洫之政非謂一一如古也但各因水勢之宜從橫曲直隨其所向自高而下自小而大自近而遠盈科而進委之海而已遠謀不可以倖致美功不容以雜施孔子曰無欲速無見小利今莫若正疆里以稽工程集人力以助夫役蠲荒糧以復流移專委任以責成功持定論以察羣議毋以欲速而輒更張毋以小利而生沮撓則治河裕民之計也所謂正疆里以稽工程者蓋疆里不先正則規模不立脉絡不貫而彼此必相病合行司府州縣規畫立界先通疏畫爲大渠多者五六少者三四次因頃畝畫爲中渠爲小渠而計其工程之難易土壤之生熟夫役之多寡錢糧之盈縮期會之先後爲三年規大略初年疏大渠會於諸川次疏中渠達於大渠又次疏小渠達於中渠其淺深寬狹各因水勢從橫曲直各因地勢中間卑窪特甚不通轉輸之處則疏爲塘濼於溝洫之間以游衍之滂則收蓄旱得取用經畫既定造疆里圖册上之下如式施行責其成效也所謂集人

力以助夫役者大約大渠用官夫小渠用民夫官夫專開水道爲之經民夫各治其田爲之緯乞行河南山東直隸問刑官除特旨并情理深害免死充軍外其餘少倣宋人民屯之法隸其名於附近衛所而屬之有司責令開渠并墾除荒糧田自給口糧三年之後量徵屯糧若會赦願附籍佃前田爲永業者聽其府州縣徒罪發配人願贖者俱令以官夫開渠徒以里計杖以丈計隨所犯輕重爲放免差次則軍犯免衛所陵虐且省軍儲徒罪得以力充贖亦不廢法外此更清驛傳應付之濫恤秕糧賠賍之苦議養馬積

習之獘裁里甲浮靡之費省民壯團操之擾當事諸臣皆相與推廣德意一一行之則溝洫之政可舉溝洫既成豈止河患可平民利可興即萬一有寇戎盜賊之警亦將逡循相顧而不敢橫又推其法於諸邊修古人分兵屯田之法使耕者雜於居民之間不惟可省餉饋之費溝壘相望所在皆險所謂寓武備於農功資人和於地利者也今自近黄河一帶州縣積年逋欠查理停免而見在積荒囬糧覈實開除則流移漸復而荒田自墾往年治河佐事之劉大夏等或蒙大發浙江等布政司銀兩或蒙給鈔關抽分莫非因民之財救民之患也今溝洫大務宜當不惜小費乞於蠲糧數內通融扣補略如宋臣范仲淹以官糧募飢民修水利之法使官司惠而不費百姓勞而不怨溝洫修復則下民足食上給公賦皆將沛然而有餘比之俟河決時驅無辜之民傾不貲之費興再三不得已之役儌萬一不可必之功者利害蓋相萬也夫黄河徙決不常捍禦之策言人人殊會通河之外謂引沁水謂通衛河蓋皆博采人言以求洪濟然開鑿建置之役費率不下幾十萬金即令運道既成其張設官府創造閘埧編僉夫役必一一如會通河之

故則爲費也已繁往年工部侍郎劉天和奉命治河專意修復故道竟以底績是也至於海運之議則既有不必妄議生擾之明旨在矣故以遼東而視海運則當舍危而就安以山東河南而視遼東則當舍遠而就近以北直隸而視山東河南則又當先内而後外誠自内而外自近而遠修溝洫之政使國有十年之積民無墊溺之危以保國家億萬年無疆之安天下幸甚

聞河南之鄭州歲有水患近開稻田盡力溝洫而水患以息此明徵也河渠書汶水可溉田萬畝今

則涓滴皆歸運河小旱卽苦水少此又當有隨時
權宜之法也

古今尺步田畝道里考

曲阜孔尙任季重得江都閔氏所藏銅尺當今尺六寸六分有文曰慮虒銅尺建初六年八月十五日造建初後漢章帝年號蓋卽隋書律歷志所云漢官尺也季重作漢銅尺記定爲周尺案隋志言晉前尺與周尺同故據以校十四等尺漢官尺長於晉前尺三分七豪則周尺當今工部營造尺六寸四分強耳尺之長短既殊而步數又多寡不一此田畝之大小道里之遠近所以相懸也王制以古今尺計田里相當之數而所指時世卒難臆定諸傳記皆先秦舊書周

度爲多學者或以今律古則豪釐千里失之遠矣茲以六寸四分因周步得今尺若干而以今之步數除之錄爲田畝道里二考以質同學君子益都楊屾書巖

田畝考○古者方六尺爲一步積百步爲一畝今方五尺爲一步積二百四十步爲一畝古者百畝當今二十四畝一百三十八步百分步之二十四○古步方六尺以六寸四分因之得今工部尺三尺八寸四分以三尺八寸四分自乘得一十四尺七十四寸五十六分爲古一步之積與百畝一萬步相乘得一十四萬七千四百五十六尺爲古百畝之積以今步五

尺自乘得二十五尺爲今一步之積與一畝二百四十步相乘得六千尺爲今一畝之積以古百畝之積爲實以今一畝之積爲法除之得二十四畝五分七釐六豪卽古百畝當今畝之數也又今民間度田率用大畝尺步之數隨地不同益都以六尺爲步五百四十步爲一畝於官步五尺爲七百七十七步六分今以前項田五千八百九十八步二分四釐爲實以七百七十七步六分爲法除之得七畝五分八釐五豪一絲八忽三百二十四分忽之一百六十八卽古百畝當今益都大畝之數也

困學紀聞言古百畝爲今四十一畝一百六十步止據步之多寡而不計尺之大小耳禮記義疏言周尺當今營造尺六寸四分是也至以周百畝爲今二十五畝六分則猶未合

道里考○古者三百步爲一里今以三百六十步爲一里古者百里當今六十四里○以古步三尺八寸四分與百里三萬步相乘得一十一萬五千二百尺以今步五尺與一里三百六十步相乘得一千八百尺以古百里之長爲實以今一里之長爲法除之得六十四里○日知錄言今六十二里當古百里非也又言今尺大於古四之一亦誤

余於戊戌仲冬過益都在錢巽齋山長處得楊君是篇因急錄之據此則夏時五十畝僅當今十二畝耳三代之尺周尺最小夏尺稍大於周然亦不及今十五畝也以十餘畝之產可贍一家八口無他用力勤耳楊君長於考據惜殂於程途未得一訪其人爲憾百二識

教稼書跋

漢志云古人耕且養三年而通一藝讀未有不兼耕者也許白雲治生一言後人或指爲詬病若不能治生或别出一途以謀利其爲病更當何如戊戌秋九至任城柚堂先生方歸自歷下出所草增訂教稼書示𢿱不特農家至寶亦學者之切務也今人於玩好之物每盡心力爲之而謀生轉忽焉其不之察乎吾鄉定園黄君齋前有地八十弓歲藝菊甚勤偶以其勤種豆收市量一石有半以官量三而當一計之則四石餘矣是一畝二百四十弓可收十餘石又北村族兄種甘藷三四畝獲二萬斤便足支二十人一歲之食真救荒之奇策也若然用天之道分地之利謹身節用以養父母有過乎此者哉單邑門人張敷謹識

寶訓

（清）郝懿行 撰

《寶訓》，（清）郝懿行撰。郝懿行，字恂九，號蘭皋，山東登州府栖霞縣（今屬煙臺市）人，嘉慶四年（一七九九）進士，授户部主事，二十五年（一八二〇），補江南司主事。擅長名物訓詁、考據之學，著述達五十餘種四百餘卷，其中《郝氏遺書》收錄了二十五種。《爾雅義疏》《春秋説略》《山海經箋疏》等爲其代表作。《清史稿》有傳。

該書成於清乾隆五十五年（一七九〇），《清史稿·藝文志》農家類著錄。全書的寫作原則是：『農語爲經，諸書爲傳』，廣泛收集了民謡、諺語，節錄、選用了大量史志及農書，分門别類整理，其無經傳可附者，散列於次。全書共八卷，分爲雜説、禾稼、蠶桑、蔬菜、果實、木材、藥草、孳畜等八門，内容廣泛。每則以俗語、民謡、農諺等『農語』起例，再徵引前代農書的叙述予以説明。郝氏認爲：『農家者流街談俚語，言皆著實』，以所錄的農言堪爲珍寶，應傳之於子孫，故曰『寶訓』。

該書爲筆記式著作，在體例上有所創新。所引文獻範圍廣博，自經史以及月令種藝諸書，無所不涉，以引《齊民要術》爲最多。《四時類要》《士農必用》《務本新書》等罕見之書，因此書之徵引略存其文。輯錄之餘，郝氏還補訂舊籍，偶爲之注箋，以闡釋原文，對作物的名實考證尤詳。此書長於輯錄而疏於新經驗的總結，然而博洽合理，校訂精細，於農業技術有傳播之功。

該書有《郝氏遺書》本與光緒五年（一八七九）東路廳署刻本。今據上海圖書館藏光緒五年東路廳署刻本影印。

（熊帝兵）

光緒五年歲在己卯東路廳署開雕

弁言

此寶訓一編蓋郝子恂九之所次余旣搜帳中得之閱三伏迺克爲之序曰農夫賤而粟米貴山甿愚而識候神胼胝忙而意氣暇襏襫樸而謳歌文此蓋田家之四美非寶訓不能明也陶淵明聞水田聲歎曰秫稻已秀翠色染人時剖胸襟一洗荊棘過吾師丈人矣李紳未遇賦詩憫農有粒粒辛苦之思識者卜爲賢相由是言之或躬親其勞而以爲天下之樂無以易此之樂或身安其養而以爲天下之苦無或及此之苦得其樂故可以處邱園悉其苦故可以立朝廷今學者曳裾拱手不知菽麥猥言曰農非吾事也而不知其有何事也曰農不足知也而不知其何所知也以無所知無所事之人而且有厚養焉則必希易得之利由之而成貪而且有大名焉則必違自愜之誠由之而作僞夫貪僞之人樂莫樂於朝廷而朝廷不可以處之矣苦莫苦於邱園而邱園且不足以容之矣嗚呼非寶訓亦不能正也庚戌初秋默人牟廷相

序

間步隴頭曉煙中聽犁聲日午饁婦荷榼憩柳陰主伯彊以輩聚噴於野午後樹下枕鋤眠及覺三五父老團坐課雨占晴說歲事所宜靡靡可聽過桑陰見蠶妾提筐往來徑陌歲既單郇南郇北繰車響徹時至六月溽暑蒸人思得一清涼境界因取簦笠戴之散步畦中値園丁傴僂揮鍤決渠倦向蝸廬小臥伺食茶鳥雀起驅之俄而桀桀軋軋悠揚清滑則桔槔聲斷柳陰中矣諸所見聞令人塵土腸一旦洗盡此人野處山居曠若麋

鹿我輩過其前如不見見亦傲然不爲意就與語乃不知市井無論朝廷也亢倉子曰事農則樸樸則易用豈不然歟古之爲書多矣周官書穜稑之種縣於邑閭漢世力田與孝弟同科唐以二月進農書惜乎前時撰著汔無存者後代所傳皆出文人懸擬揣測千慮之中不無一失惟農家者流街談里語言皆著實所謂甘苦閱歷者非耶獨恨記傳諸書收採寥寥向使天子命一官適四方輶軒采之積既多付太史爲之編次農桑之書不當與風雅比烈哉偶檢遺編輯爲寶訓農語爲經諸書爲傳其無經可附乃依類散列於左語曰不習爲吏視已成事以農證農得非所謂成事可視者歟或疑經傳倒置謂不當以農語冠諸書余請答以孔子之言曰吾不如老農乾隆庚戌端陽後書

寶訓卷一

棲霞郝懿行蘭皋輯

雜說

擊壤歌云日出而作日入而息鑿井而飲耕田而食帝力于我何有哉帝王世紀

古語曰力能勝貧謹能勝禍

齊民要術後魏高陽太守賈思勰撰傳曰人生在勤勤則不匱古語曰力能勝貧謹能勝禍蓋言勤力可以不貧謹身可以避禍庸人之性率之則自力縱之則惰窳耳稼

穡不修桑果不茂畜產不肥鞭之可也柂落不完垣牆不牢埽除不盡笞之可也此督課之方也且天子親耕皇后親蠶况夫田父而懷惰窳乎

里語曰貧不學儉富不學奢

漢諺云取官漫漫怨死者半風俗通

古語云人不婚宦情欲失半人不衣食君臣道息列子

書洪範一曰食二曰貨孔穎達曰人不食則死食於人最急故教爲先有食又須衣故貨爲二食則勤農以求之衣則蠶績以求之○漢書藝文志農九家百一十四篇農家者流蓋出農稷之官播百穀勸耕桑以足衣食○黃霸爲潁川太守務耕桑節用殖財種樹畜養去食穀馬米鹽靡密顏師古曰雜而且細初若煩碎然霸精力能推行之治爲天下第一○龔遂爲渤海太守躬率以儉約勸民務農桑令口種一樹榆百本薤五十本葱一畦韭家二母彘五雞民有帶持刀劍者使賣劍買牛賣刀買犢曰何爲帶牛佩犢春夏不得不趣田畝秋冬課收斂益蓄果實菱芡吏民皆富實○魏曹植曰寒者不貪尺玉而思短褐饑者不願千金而美一食

古語曰力田不如遇豐年力桑不如見國卿刺繡文不如倚市門列女傳

漁陽百姓歌曰桑無附枝麥穗兩歧張君爲政樂不可支張堪拜漁陽太守開稻田八千餘頃勸民耕種以致殷富百姓歌之

唐張全義爲河南尹民間言張公不喜聲伎見之未嘗笑獨見佳麥良繭則笑耳

鄭白渠歌曰田于何所池陽谷口鄭國在前白渠起後舉鍤如雲決渠爲雨涇水一石其泥數斗且溉且糞長我禾黍衣食京師億萬之口漢書漢大始中趙中大夫白公奏穿鄭國渠引涇水

漑田民得其饒歌之○崔寔農家諺上火不落下火滴洦按洦亦作涸透各切音槖雨貌玉篇洦落也磓也

氾勝之書氾扶嚴反湯有旱災伊尹作爲區田教民糞種負水澆稼務本新書區田法大概與今時種瓜相類○漢食貨志趙過爲搜粟都尉過能爲代田一畮三甽畎同歲代處故曰代田師古曰代易也

齊人語曰雖有智慧不如乘勢雖有鎡基不如待時

諺曰以時其澤爲上策

玉歷通政經正月雞雉孳尾○冬至之日見雲送迎從下鄉來歲美民人和不疾疫無雲送迎德薄歲惡

故其雲赤者旱黑者水白者爲兵黃者有土功

諺曰春雨甲子赤地千里夏雨甲子乘船入市秋雨甲子禾頭生耳冬雨甲子牛羊凍死朝野僉載案本書無此語疑誤○甲子逢單日爲雄雙日爲雌雌甲子雖雨不害又且日雨謂之月額又俗以五月二十日雨爲分龍雨有大分龍雨小分龍雨

野諺曰三暗一晴雨必在晴三晴一暗雨必在暗今驗之良然

俗云夏至酉逢三伏熱重陽戊遇一冬晴感精符

俗云高雷無雨蘇軾暴雨詩遊人腳底一聲雷案雷有雌雄師曠云古有雄雷雌雷之說又五月二十日爲分龍日農政全書云五月二十日大分龍無雨而有雷謂之鎖雷門霓見則旱

閩俗諺云液雨不流葬高田不要作液雨亦曰藥雨百蟲飲此雨則蟄案四時纂要閩人以立夏後逢庚日爲入梅芒種後逢壬日爲出梅得雨乃宜耕耨

諺曰東虹晴西虹雨詩言朝隮于西朱子引周禮十煇注以隮爲虹是也謂不終朝而雨止則未然其雨者雨也顧甯人日知錄云

童謠曰天將大雨商羊鼓舞家語

西北人諺曰要宜麥見三白僉載正月三白田公笑赫赫案俗云元日有雪則百穀豐宋孝武帝元日降雪以爲嘉瑞○唐書長壽二年元日大雪姚壽曰雪是五穀精以其汁和種則穰

吳俗語云蝦荒蟹兵

諺曰射的白斛米百射的玄斛米千水經註○射的山名遠望狀若射侯土人以驗年之登否○續博物志太歲在酉乞漿得酒太歲在巳販妻鬻子

諺曰百里不販樵千里不販糴貨殖傳

古語云無鄉之社易爲黍肉無國之稷易爲求福

荆楚歲時記晉宗懍撰社日四鄰並結綜會社牲醪爲屋於樹下先祭神然後饗其胙鄭氏云百家共一社今百家所社綜即共立之社也○周禮封人註云不言稷者稷社之細也疏引孝經緯云社五土總神稷原隰之神五土之一耳原隰宜五穀五穀不可徧敬稷爲五穀之長故立稷以表

名

農語云河射角堪夜作犁星沒水生骨四民月令○東漢崔寔撰

里語云蜻蛉鳴衣裘成蟋蟀鳴懶婦驚月令註

食貨志冬民既入婦人同巷相從夜績女工一月得四十五日服虔曰一月之中又得夜半爲十五日凡四十五日也必相從者所以省費燎火同巧拙而合習俗也

古諺曰越阡度陌互爲主客文選註

諺曰耕而不勞不如作暴暴音曝耗也勞郎到反古日擾今日勞說文曰擾摩田器

夏小正正月農緯厥耒註緯束也初歲祭耒始用暢註暢也者終歲之用祭也言是用始用之也農率均田註率循也均田者始除田也農及雪澤註言雪澤之無高下也又美上均註澤作釋言雪皆釋而農及時以耕也案此本周頌初服于公田案惟助爲有公田據此頁已有之○國語古者太史順時覛音麥土陽癉憤盈土氣震發農祥晨正日月底于天廟土乃脈發○王耕一墢班三之庶人終于千畝○管子十二小卯出耕註十二小卯疑是節氣名目如穀雨驚蟄之類○宋史樂志靑陽開動土膏脈起日練吉亥爲農祈祉○鄭氏月令注引農書土上冒橛陳根可拔畊者急發又引孝經說地順受澤謙虛開張含泉任萌滋物歸中○

禮月令註上辛祈穀○歲時記春分日民並種戒火草於屋上有鳥如烏先雞而鳴架架格格民候此鳥則入田以爲候○漢書揚雄傳註買鉇鷤鴂別名春中鳴則農事興又名布穀蓋聞其聲則思買鉇臿田以布穀也案鉇音詭插器鷤音啼鴂音貴○隋書音樂志瞻榆束耒望杏開田○蜀孟昶勸農詔望杏勸耕瞻蒲勸穡○四民月令杏花生種百穀又冬至五旬七日菖葉生於是始耕○氾勝之書杏花如何可耕白沙○四民月令三月杏花盛可播白沙輕土之田又三月桃花盛農人候時而種○齊民要術春耕尋手勞秋耕待白背勞春既多風若不尋勞地必虛燥秋田堝實溼勞令地硬桓寬鹽鐵論曰茂木之下無豐草大塊之間無美苗堝直輒反田實也○凡秋耕欲深春夏欲淺犁欲廉勞欲再犁廉耕細牛復不疲再勞地熟旱亦保澤也秋耕䅖青者爲上䅖掩同初耕欲深轉地欲淺耕不深地不熟轉不淺動生土也菅茅之地宜縱牛羊踐之踐則根浮七月耕之則死非七月復生矣凡美田之法菉豆爲上小豆胡麻次之悉皆五六月中穊羹懿反漫種也種七月八月犁䅖殺之爲春穀田則畝收十石一石大約今二斗七升十石今二石七斗有餘也其美與蠶矢熟糞同○氾勝

之書凡耕之本在於趨時和土務糞澤早鋤早穫春凍解地氣始通土一和解夏至天氣始暑陰氣始盛土復解夏至後九十日晝夜分天地氣和以此時耕田一而當五名曰膏澤皆得時功春地氣通可耕堅硬强地黑壚土輒平摩其塊以生草草生復耕之天有小雨復耕和之勿令有塊以待時所謂强土而弱之春候地氣始通土塊散陳根可拔此時二十日以後和氣去卽土剛以此時耕一而當四和氣去耕四不當一杏始華榮輒耕輕土弱土望杏花落復耕耕輒勞之草生有雨澤耕重勞之土甚輕者以牛羊踐之如此則土强此謂弱土而强之也案李善注王融永明九年策秀才文引氾勝之書作望杏華落復耕之輒藺之此謂一耕而五穫與齊民要術所引小異○齊民要術踏糞法秋收治田後場上所有穀穰等並須收貯一處每日布牛腳下三寸厚古一尺大約今一尺三寸有餘每平旦收聚堆積之還依前布之經宿卽堆聚至十二月正月之間卽載糞糞地○種蒔直說古農法犁一擺六今人只知犁深爲功不知擺細爲全功擺功到土細又實立根在細實土中又碾過根土相著自耐旱

無懸死蟲咬乾死等諸病○韓氏直說秋耕宜早春耕宜遲秋耕宜早者乘天氣未寒將陽和之氣掩在地中其苗易榮過秋天氣寒冷有霜時必待日高方可耕地恐掩寒氣在內令地薄不收子粒春耕宜遲者亦待春氣和暖

山歌云作天莫作四月天蠶要溫和麥要寒秧要日頭麻要雨採桑娘子要晴乾尤侗艮齋續說九

諺曰人莫知其子之惡莫知其苗之碩

耕田歌云深耕溉種立苗欲疏非其種者鋤而去之史記

詩俶載南畝鄭箋俶讀爲熾載讀爲菑疏謂耜之熾而入地以菑殺其草故方言入地曰熾反草曰菑也○漢食貨志后稷始甽田以二耜爲耦廣尺深尺曰甽長終畮一畮三甽一夫三百甽而播種於甽中苗生葉以上稍耨壠草因隤其土以附苗根師古曰隤謂下之也音積比盛暑壠盡而根深能風與旱師古曰能讀曰耐○淮南子古者剡耜而耕摩蜃而耨木鉤而樵抱甀而汲民勞而利薄後世爲之耒耜耰耡斧柯而樵桔槔而汲民逸而利多焉○管子春有以傳耕夏有以決芸此

租稅所以九月而具也○爲國者使農寒耕而熱芸○先雨芸耨以待時雨○亢倉子耨必以旱使地肥而土緩畎欲深以端畝欲沃以平下得陰上得陽然後盛生立苗有行故速長强弱不相害故速大正其行通其中疏爲冷風則有收而多功苗其弱也欲孤其長也欲相與居其熟也欲相與扶三以爲族稼乃多穀凡苗之患不俱生而俱死是以先生者美米後生者爲粃是故其耨也長其兄而去其弟案呂氏春秋採此一段文義詳略互有異同此從亢倉子原文節錄○齊民要術凡春種欲深夏

種欲淺凡種穀雨後爲佳遇小雨宜接溼種遇大雨待薉音穢生小雨不接溼無以生禾苗大雨不待白背溼轆則令苗瘦薉若盛者先鋤一徧然後納種乃佳苗生如馬耳則鏃鋤稀豁之處鋤而補之凡五穀唯小鋤之爲良小鋤者非直省功穀亦倍勝大鋤者草根繁茂用功多而收益少苗出壟則深鋤鋤不厭數周而復始勿以無草而暫停鋤者非止除草乃熟地而實多糠薄米息鋤得十徧便得八米也春鋤起地夏爲除草故春鋤不用觸溼六月已後雖溼亦無嫌春苗旣淺陰未覆地溼鋤則地堅夏苗陰厚地不見日故雖溼亦無害矣○種蒔直說芸苗之法其凡有四第一次曰撮苗第二次曰布第三次曰

擁第四次曰復俗曰添米一功不至則稂莠之害秕穅之雜入之矣今之器以鋤營州之東以鏟爰有一器出自海壖號曰耬鋤耬様一如下種耬但獨腳無耬斗耳又曰今燕趙間名曰劐子○耒耜經唐陸龜蒙撰耕而後有爬去聲渠疏之義也散墢去芟者焉爬而後有礰礋音歷宅焉有磟碡音鹿毒焉自爬至礰礋皆有齒磟碡觚稜而已咸以木爲之堅而重者良案磟碡今以石爲之○楊子註云攝殳今連架所以打穀者○歲時記四月有鳥名穫穀其名自呼農人候此鳥則犁杷上岸爾雅鳲鳩鴶鵴郭璞云今布穀也江東呼穫穀又云穫穀夏扈也○

晉食貨志昔在金天勤於民事命春扈以耕稼詔夏扈以耕耡秋扈所以收斂冬扈于焉蓋藏○爾雅疏云左傳昭十七年九扈爲九農正賈逵云春扈鳻鶞相五土之宜趣民耕種者也夏扈竊玄趣民耘苗者也秋扈竊藍趣民收斂者也冬扈竊黃趣民蓋藏者也棘扈竊丹爲果驅鳥者也行扈唶唶晝爲民驅鳥者也宵扈嘖嘖夜爲農驅獸者也桑扈竊脂爲蠶驅雀者也老扈鷃鷃趣民收麥令不得晏起者也疏竊卽古淺字○鳻音汾鶞敕倫切唶音卽嘖音責鷃音晏○天祿識餘高士奇撰周禮澤

草所生種之芒種注者不知其解王氏農書云卽江南之架田也架田一名葑田縛木爲架浮水面附以葑泥葑菰根也根繁而善結施土其上刈蔓畊種其田隨水上下故南方有盜田是也及見郭璞江賦曰播匪藝之芒種挺自然之嘉蔬賦江而曰芒種嘉蔬信爲葑田無疑周禮之解確然明白矣而李善五臣注江賦曾不及葑田之事故詳著之廣多聞而補周禮文選之注焉葑田亦名海簰

寶訓卷二

禾稼

棲霞郝懿行蘭皋輯

穰田者祝云甌窶音樓滿篝汙邪滿車五穀蕃熟穰穰滿家史記○註云篝籠也甌窶謂高田狹小之區猶得滿篝籠也汙邪下地田也○荀子注引說苑蝌螺宜禾汙與滿車○蝌螺背微高原田似之

舜祠田云荷此長耜耕彼南畝四海俱有文心雕龍祝盟篇引

周禮三農生九穀鄭司農云稷秫黍稻麻大小豆大小麥○周書凡禾麥居東方黍居南方稻居中央粟居西方菽居北方○范子計然曰五穀者萬民之命國之重寶東方多麥稻西方多麻北方多菽中央多禾五土之宜各有高下高而陽者多豆平而陰者多五穀○淮南子淮水濁宜麻濟水和宜麥河水調宜菽洛水輕宜禾渭水多力宜黍江水肥宜稻○孝經援神契曰五岳藏神四瀆含靈五土出利以給天下黃白宜種禾黑墳宜種麥蒼赤宜種菽洿泉宜種稻○楊泉物理論曰穀氣勝元氣其人肥而不壽養性之術常使穀氣少則病不生矣粱者黍稷之總名稻者溉種之總名菽

者衆豆之總名三穀各二十種爲六十疏果之實助穀各二十凡爲百穀○春秋說題辭嘉禾之滋莖長五尺故連莖三十五穗以成盛德禾之極也○漢食貨志種穀必雜五種以備災害田中不得有樹用妨五穀力耕數耘收穫如盜寇之至董仲舒曰春秋他穀不書至於麥禾不成則書之以此見聖人於五穀最重麥禾也○唐史李泌請以二月朔爲中和節民間以靑囊盛百穀種相問遺號爲獻生子○管子歲有四秋農夫賦耜鐵此謂春之秋大夏至絲纊之所作此謂夏之秋大秋成五穀之所會此謂秋之秋大冬營室中女事紡績緝縷之所作也此謂冬之秋○淮南子夫子見禾之三變也滔滔然曰狐鄉邱而死我其首禾乎註三變始于粟生于苗成于穗○秋分而蔈定蔈定而禾熟註蔈禾穗粟孚甲之芒定者成也○亢倉子得時之禾長稠而大穗圜粟而薄糠米飴而香舂之易而食之强失時之禾深芒而小莖穗銳多秕而靑蘦音陵得時之黍穗不芒以長摶米而寡糠失時之黍大本華莖葉膏短穗得時之稻莖葆長秱音同禾稾節間也穗如馬尾失時之

稻纖莖而不滋厚糠而萫死得時之麻疎節而色陽堅枲而小本失時之麻蕃柯短莖岸節而葉蟲得時之菽長莖而短足其莢二七以爲族多枝數節競葉繁實稱之重食之息失時之菽必長而蔓浮葉虛本疎節而小莢得時之麥長稠而頸族二七以爲行薄翼而蕕音湍黃黑色色食之使人肥且有力失時之麥胕腫多病弱苗而翜音殺穗是故得時之稼豐失時之稼約○孝經鉤命決曰歲星守心年穀豐註歲星守心爲重華故年豐也○石氏經曰歲星出左有年出右無年○春秋運斗樞璇星明則嘉禾液○春秋佐助期咸池主五穀○星經曰八穀八星在五車北主黍稷稻粱麻菽麥烏麻星明則俱熟○焦氏易林新田宜粟上農得穀又雨師娶婦黃巖季子成禮旣婚相呼南山膏潤下上年歲大有○氾勝之書曰種無期因地爲時三月榆莢時雨膏地强可種禾植禾夏至後八九十日常夜半候之天有霜若白露下以平明時令兩人持長索相對各持一端以概禾中去霜露日出乃止如此禾稼五穀不傷矣○牽馬令就穀堆食數口以馬踐

過爲種無虸蚄等蟲也又種傷溼鬱熱則生蟲也又薄田不能糞者以原蠶矢雜禾種種之則禾不蟲又剉馬骨煮之以汁溲種則禾稼不蝗蟲此法未悉載無馬骨亦可用雪汁雪汁者五穀之精也使稼耐旱常以冬藏雪汁器盛埋於地中治種如此則收常倍取麥種候熟可穫擇穗大强者斬束立場中之高燥處曝使極燥無令有白魚有輒揚治之取乾艾雜藏之麥一石艾一把藏以瓦器竹器順時種之則收常倍取禾種擇高大者斬一節下把懸高燥處苗則不敗欲

知歲所宜以布囊盛粟等諸物種平量之埋陰地冬至日窖埋冬至後五十日發取量之息最多者歲所宜也崔寔曰平量五穀各一升小罌盛埋牆陰下餘法同上○師曠占術曰黃帝問師曠曰吾欲知歲苦樂善惡可知否對曰歲欲豐甘草先生甘草薺也歲欲苦苦草先生苦草葶藶也歲欲惡惡草先生惡草水藻也歲欲旱旱草先生旱草蒺藜也歲欲疫病草先生病草艾草也○五木者五穀之先欲知五穀但視五木擇其木盛者來年多種之萬不一失也○雜陰陽書曰禾生於棗或楊

大麥生於杏小麥生於桃稻生於柳或楊黍生於榆大豆生於槐小豆生於李麻生於楊或荊又凡種禾宜寅午申忌乙丑壬癸秫忌寅晚禾忌丙大麥宜亥卯辰忌子丑戊己小麥忌與大麥同稻宜戊己四季日忌寅卯辰甲乙黍宜巳酉戌忌寅卯丙午穄忌未寅大豆宜申子壬忌卯午丙子甲乙小豆忌與大豆同麻忌四季日戊己凡五穀大判宜上旬次中旬案齊民要術與此小異○史記陰陽之家拘而多忌止可知其梗概不可委曲從之諺曰以時其澤爲上策也

古農語云彭祖壽年八百不可忘了稙蠶稙麥又云社後種麥爭回耬音樓又云社後種麥爭回牛言奪時甚急也○以下大小麥

汜勝之書曰種麥得時無不善早種則蟲而有節晚則穗小而少實當種麥若天旱無雨澤則薄漬麥種以酢醋同漿并蠶矢夜半漬向晨速投之令與白露俱下酢漿令麥耐旱蠶矢令麥忍寒麥生黃色傷於太稠稠者鋤而稀之○齊民要術大小麥皆須五月六月暵地不暵地而種者其收倍薄崔寔曰五月六月菑麥田凡種

大小麥得白露節可種薄田秋分種中田後十日種美田惟穬(古猛反大麥類)麥早晚無常正月可種春麥盡二月止青稞(苦禾反麥名)麥(治打時稍難惟映日用碌碡碾)與大麥同時熟麫甚佳作麨(音炒一日粮以炒成其香臭也)及餺飥甚美磨盡無麩(一鋤偏佳不鋤亦得)○春秋說題辭麥之爲言殖也○夏小正三月祈麥實○歲時記夏至日取菊爲灰以止小麥蠹(干寶變化論云朽稻爲蛬朽麥爲蛺蝶此其驗乎)○春秋佐助期麥神名福習○酉陽雜俎江南麥花夜放北地麥日中吐花小麥忌戌大麥忌子○二十四氣惟小滿芒種解者不

一歷家云皆爲麥也小滿麥至此氣小滿而未熟也芒種謂種之有芒者熟矣又可爲種也種之有芒者麥也古人所以告農候之早晚

古語云收麥如救火(韓氏直說農家忙併無似蠶麥若少遲慢一値陰雨卽爲災傷遷延過時秋苗亦誤鋤治)

說文麥金也金王而生火王而死又曰稍麥莖○四時類要曬大小麥今年收者于六月埽庭除候地毒熱眾手出麥薄攤取蒼耳碎剉拌曬之至未時及熱收可以二年不蛀若有陳麥亦須依此法更曬須在

立秋前秋後則蟲生恐無益矣

俗云旱天脂麻澇天稻(以下水稻旱稻)

爾雅稌稻(疏字林云稬黏稻也秔稻不黏者本草秔米稻米爲二物○稬音愞俗作糯穤)○方言江南呼稉(同秔)爲秈○春秋說題辭稻之爲言藉也○正字通穲稏稻搖動貌通作罷亞(杜甫詩罷亞百頃稻西風吹半黄蘇軾詩翠浪舞翻紅罷亞)○蔡邕月令章句十月穫稻九月熟者謂之半夏稻○博物志麋掘澤草而食其塲成泥名曰麋畯種稻於此其收百倍○魏文帝書江表惟長沙名有好米何得比新成稉稻耶上風炊之五

里聞香○周禮稻人註鄭司農云澤草之所生其地可種芒種芒種稻麥也(案漢書註稻有芒之穀總稱也)○氾勝之書曰種稻春凍解耕反其土種稻區不欲大大則水深淺不適冬至後一百一十日可種稻始種稻欲溼溼者缺其塍(食陵反畦畔也)令水道相直夏至後大熱令水道錯○崔寔曰三月可種稉稻稻美田欲稀薄田欲稠○齊民要術稻無所緣唯歲易爲良選地欲近上流(地無良薄水清則稻美也)三月種者爲上時四月上旬爲中時中旬爲下時○淮南子離先稻熟而農夫耨之不以小

利傷大穫也註離與稻相似○六書故稻性宜水亦有同類而陸種者謂之陸稻記曰煎醢加於陸稻上今謂之旱稑○齊民要術旱稻用下田白土勝黑土非言下田勝高原但下停水者不得禾豆麥稻四種雖澇亦收所謂彼此俱穫不失地利故也下田種者用功多高原種者與禾同等也其土黑堅強之地種未生前遇旱者欲得令牛羊及人踐履之溼則不用一迹入也稻既生猶欲令人踐壟背踐者茂而多實也

諺曰椹䵒䵒種黍時以下黍

夏小正二月往耰黍禪註禪單也五月初昏大火中種黍菽糜註大火者心也心中種黍菽糜時也○氾勝之書曰黍者暑也種者必待暑黍心未生雨灌其心心傷無實黍心初生畏天露令兩人對持長索概去其露日出乃止凡種黍覆土鋤治皆如禾法○齊民要術凡黍穄稷同田新開荒爲上大豆底爲次穀底爲下地必欲熟再轉乃佳若春夏耕者下種後再勞爲良一畝用子四升三月上旬種者爲上時四月上旬爲中時五月上旬爲下時夏種黍穄與植穀同時非夏者大率以椹赤爲候燥溼候黃場種訖不曳撻令時屯子也常記十月十一月十二月凍樹日種之萬不失一凍樹者疑霜封著木條也十月凍樹宜早黍十一月凍樹宜中黍十二月凍樹宜晚黍若從十月至正月皆凍樹者早晚黍悉宜也

諺曰欲得穀馬耳鏃齊民要術苗生如馬耳則鏃鋤○鏃初角反

爾雅粢稷註今江東人呼粟爲粢疏云粢也稷也粟也一物也○案本草稷米在下品別有粟米在中品粟米今俗所謂穀歟粢者黍稷之總名據本草稷粟乃二物非一物也諸書多不別聊附及之○春秋說題辭粟助陽扶性粟之爲言續也粟五變○粟積大一分穗長三尺○西者金所立米者陽精故西字合米而爲粟

諺曰穄青喉黍折頭解見齊民要術○談藪王元景大醉日黍熟頭低麥熟頭昂○以下穄稗穇粱秫附

說文稷齋也五穀之長按月令章句稷秋種夏熟歷四時備陰陽穀之貴者○尙書帝命期春鳥星昏中以種稷○徐鍇曰案本草稷即穄一名粢楚人謂之稷關中謂之糜其米爲黃米糜音糜○齊民要術刈穄欲早黍欲晚穄晚多零落黍早米不成皆即溼踐久漬則浥鬱燥踐多兜牟穄踐訖即蒸而裛之不蒸者難春米碎至春又土臭蒸則易春米堅香氣經久不歇也黍宜曬之令燥溼聚則鬱凡黍黏者收薄穄味美者亦收薄難春○說文稗禾別也稊稗也正字通有水稗旱稗二種謝靈運詩蒲稗相因依○氾勝之書稗既堪水旱種無不熟之時又特滋茂宜種之備凶年稗中有

米熟時擣取米炊食之不減粱米又可釀作酒（酒甚美醲）（尤蹄黍秫魏武使典農種之頃收二千斛斛得米三四斗大儉可磨食之若值豐年可飯牛馬豬羊）○正字通穇子（生水田下溼地山東河南五月種稃最薄俗呼鴨爪稗一名龍爪粟見周憲王救荒本草）○爾雅眾秫（註謂黏粟也疏莖稈似禾而粗大者也○眾音終）○齊民要術粱秫並欲薄地而稀種與植穀同時（晚者全不收也）燥溼之宜杷勞之法一同穀苗收刈欲晚（性不零落早刈損實）俗諺云種李不成桃種禾不生豆（黃庭堅詩註○以下大小豆諸豆並雜禾）

附

夏小正五月菽糜（註是食短閔而記之○短閔一作矩關或云當作豆醫）○廣

雅大豆菽也小豆荅也豍（音匾）豆豌豆畱豆也胡豆䜹（降平聲）雙也豆角謂之筴其葉謂之藿○春秋佐助期豆神名靈殖姓蘗○博物志人啖豆三年則身重行止難常食小豆令人肥肌麤燥啖麥稼令人力健行○氾勝之書曰大豆保歲易爲宜古之所以備凶年也謹計家口數種大豆率人五畝此田之本也三月榆莢時有雨高田可種大豆土和無塊畝五升土不和則益之種大豆夏至後二十日尚可種戴甲而生不用深耕大豆須均而稀豆花憎見日見日則黃爛

而根焦也穫豆之法莢黑而莖蒼輒收無疑其實將落反失之故曰豆熟于場青莢在上黑莢在下○崔寔曰正月可種豍豆二月可種大豆又曰三月杏花盛桑椹赤可種大豆四月時雨降可種大小豆美田欲稀薄田欲稠○齊民要術春大豆次植穀之後二月中旬爲上時三月上旬爲中時四月上旬爲下時歲宜晚者五六月亦得然稍晚稍加種子地不求熟（地過熟者苗茂而實少）收刈欲晚（此不零落刈早損實）鋤不過再葉落盡然後刈（葉不盡則難治）刈訖則速耕（大豆性溫秋不耕則無澤也）○氾勝

之書曰小豆不保歲難得椹黑時注雨種豆生布葉鋤之生五六葉又鋤之大豆小豆不可盡治也古所以不盡治者豆生布葉豆有膏盡治之則傷膏傷則不成而民盡治故其收耗折也菉豆白豆種法與小豆同○齊民要術小豆大率用麥底然恐小晚有地者常須兼留去歲穀下以擬之○務本新書豌豆二三月種諸豆之中豌豆最爲耐陳又收多熟早如近城郭摘豆角賣先可變物又熟時少有人馬傷踐以此校之甚宜多種又蔄黍宜下地春月早種省工收

多耐用人食之餘攙碎多拌麩糠以飼五牸○齊民要術凡蕎麥（蕎麥一名烏麥一名荍麥）五月耕經二十五日草爛得轉并種耕三徧立秋前後皆十日內種之假如地耕三徧卽三重著子下兩重子黑上一重子白皆有白汁滿如濃卽須收刈之但對梢相搭鋪之其白者日漸盡變爲黑如此乃爲得所若待上頭總黑半已下黑子盡落矣○本草蕎麥莖弱而翹然易長易收磨麪如麥○白居易詩蕎麥鋪花白

南方諺云長老種脂麻未見得意（長老無妻者胡麻夫婦同種方茂盛）

爾雅翼胡麻一名巨勝（正字通言其大而勝）○抱樸子胡麻一名方莖服餌不老耐風溼其葉名青蘘（案廣雅宏藤胡麻也本草衍義胡麻止是脂麻也張騫自西域得者世有白胡麻八稜胡麻白者油多又可以爲飯）○雞肋編芝麻性有八拗（雨暘時薄收大旱方大熟開花向下結子向上炒焦壓榨才生油膏車則滑鑽鍼乃澀）○齊民要術胡麻宜白地種二三月爲上時四月上旬爲中時五月上旬爲下時（月半前種者實多而成月半後種者少子而多秕也）種欲截雨腳（若不緣溼融而不生）一畝用子二升漫種者先以耬耩（音講）然後散子空曳勞（勞上加人則土厚不生）耬耩者炒沙令燥中半和之（不和沙下不均）鋤不過三徧刈

束欲小以五六束爲一叢斜倚之候口開乘車詣田抖擻（倒豎以小杖微打之）還叢之三日一打四五徧乃盡耳○爾雅莩麻母（註苴麻盛子者）○黂枲實（案黂扶刃切麻子也）○養生要集麻子一名麻蕡一名麻勃○本草雄者名枲麻牡麻雌者爲苴麻苧麻○西都賦桑麻鋪棻（棻通紛）○史記齊魯千畝桑麻○崔寔曰苴麻子黑又實而重擣治作燭不作麻○氾勝之書樹高一尺以蠶矢糞之無蠶矢以溷中熟糞亦善樹一升天旱以流水澆之無流水曝井水殺其寒氣以澆之雨澤時適勿澆澆

不欲數霜下實成速斫之其樹大者以鋸鋸之○齊民要術止取實者種斑黑麻子（斑黑者實饒）耕須再徧一畝用子二升三月種者爲上時四月爲中時五月初爲下時大率二尺留一根（穊則不成）鋤常令淨（荒則少實）既放勃拔去雄（若未放勃去雄者則不成子實）凡五穀地畔近道者多爲六畜所犯宜種胡麻麻子以遮之（胡麻六畜不食麻子齧頭則科大收此二實足供美燭之費也○案務本新書五穀地畔亦可種蘇子爾雅蘇桂荏註云蘇荏類故名桂荏疏云以其味辛似桂也）愼勿於大豆地中雜種麻子（扇地兩損而收並薄）六月中可于麻子地間散蕪菁子而鋤之擬收其根

諺曰夏至後不沒狗或答曰但雨多沒橐駞又諺曰五月及澤父子不相借麥黃種麻麻黃種麥亦良候也夏至後者匪唯淺短皮亦輕薄崔寔曰正月糞疇疇麻田也○氾勝之書種枲太早則剛堅厚皮多節晚則皮不堅甯失于早不失于晚夏至後二十日漚枲枲和如絲○齊民要術凡種麻用白麻子白麻子為雄麻口含少時顏色如舊者佳如變黑者衰麻欲得良田不用故墟故墟有黟葉夭折之患不任作布也○黟丁破反草葉壞也地薄者糞之糞宜熟無熟者用小豆底亦得耕不厭熟縱橫七徧已上則麻無葉也田欲歲易抛子種則節高良田一畝用子三升薄田二升概則細而不長稀則麤而皮惡

夏至前十日為上時至日為中時至後十日為下時麻生數日中常驅雀葉青乃止布葉而鋤頻翻再徧止高而鋤者便傷麻勃如灰便刈刈拔各隨鄉法未勃收皮不成放勃不收即驪稟欲小古典反穛普胡反欲薄一宿輒翻之得霜露則皮黃穛欲淨有葉者易爛漚欲清水生熟合宜濁水則麻黑水少則麻脃生則難剝太爛則不任挽暖泉不冰凍冬日漚者最為柔韌也○陶隱居云苧即今績麻也說文草也可以為繩○農桑輯要陸璣草木疏云苧一科數十莖宿根在地中至春自生不須栽種荊揚間歲三刈官令諸園種之剝取其皮以竹刮其表厚處自脫得裏如筋者煑之

用緝今江浙閩中尚復如此孕婦胎損方所須又主白丹濃煑水浴之日三四差韋宙療癰疽發背初覺未成膿者以苧根葉熟擣傅上日夜數易之腫消則差矣又栽木棉案本草木棉有草木二種麤曰古貝精曰白氎法擇兩和不下溼肥地深耕三徧穀雨前後下種先用水淘過子粒取小灰搓得伶俐看稀稠撒於澆過畦內苗出齊時澆漑鋤治常要潔淨每步只留兩苗稠則不結實苗二尺以上打去衝天心旁條亦打去心待棉欲落時旋熟旋摘隨攤於箔上曝乾棉子可打油葉堪飼牛

寶訓卷三

棲霞郝懿行蘭皋輯

蠶桑

困學紀聞二十卷云館閣書目蠶書一卷南唐秦處度撰以九州蠶事獨兗州爲最按蠶書見秦少游淮海後集少游子湛字處度以爲南唐人誤矣

里諺曰黃栗留看我麥黃椹熟否陸璣詩疏黃鳥常於椹熟時在桑間鳴黃鳥或謂之黃栗留○案說文離黃倉庚也鳴則蠶生

農語曰三月昏參星夕杏花盛桑葉白四民月令○案夏小正三月參則伏故云夕

諺曰魯桑百豐錦帛解見下言其桑好功省用多

夏小正三月攝桑註桑攝而記之急桑也妾子始蠶註先妾而後子言事自卑者始○執養宮事註執操也養長也○典術桑箕星之精○陰陽書云三月三日欲陰不雨則蠶善○蜀中春月村市聚爲歡樂爲蠶市○爾雅桑辦有葚梔註辦半也疏云桑樹一半有葚半無葚爲梔○辦音片女桑梎桑註今俗呼桑樹小而條長者爲女桑樹○氾勝之書種桑法五月取椹著水中卽以手潰之以水洗取子陰乾治肥田十畝荒田久不耕者尤善好耕治之每畝以黍椹子各三升合種之黍桑當俱生鋤之桑令稀疏調適黍熟穫之桑生正與黍高平因以利鐮摩地刈之曝令燥後有風放火燒之桑至春生一畝食三箔蠶○齊民要術桑椹熟時收黑魯椹黃魯桑不耐久卽日以水淘取曬燥仍畦種治畦下種一如葵法常薅令淨○博聞錄白桑少子壓枝種之若有子可便種須用地陰處其葉厚大得繭重實絲每倍常桑種甚多不可偏舉世所名者荊與魯也荊桑多椹魯桑少椹葉薄而尖其邊有瓣者荊桑也凡枝幹條葉堅勁者皆荊之類也葉圓厚而多津者魯桑也凡枝幹條葉豐腴者皆魯之類也荊桑之條葉不如魯桑之盛茂

當以魯條接之則能久遠而又盛茂也荊桑之類宜飼大蠶魯桑之類宜飼小蠶○務本新書四月種椹二月種舊椹○士農必用種子宜新不宜陳新椹種之爲上隔年春種多不生蔭畦搭棚爲上蘇麻次之黍苗又次之○韓氏直說地桑須於近井園內栽之有草則鋤無雨則澆其葉自然早生案務本新書地桑本出魯桑以魯桑萠條如法栽培揀肥旺者約留四五條鋤治添糞其葉自大郎是地桑○齊民要術桑椹畦種明年正月移而栽之仲春季春亦得率五尺一根大都種椹長遲不如壓枝之速無栽者乃種椹也其下常斸掘種菉豆小豆二豆良美潤澤益桑栽後二年慎勿採沐小採者長倍遲○案農家移栽爲轉盤桑同果樹一移一旺舊根斫斷新根卽向下生故長旺久遠

又桑間鐵腥愈旺又壓桑法須取栽者正月二月中以鉤杙壓下枝令著地條葉生高數寸仍以燥土壅之土溼則爛明年正月中截取而用之住宅上及園畔者固宜即定其田中種者亦如種椹法先概種二三年然後更移○士農必用春氣初透時將地桑邊傍一條梢頭截了三五寸屈倒於地空處地上先兜一渠可深五指餘臥條於內用鉤橛子攀釘住條短則二箇長則三箇懸空不令著土其後芽條向上生如細杷齒狀橫條上約五寸留一芽其餘剝去可飼小蠶至四五月內晴天巳午時間橫條兩邊取熱溏土擁橫條上成壠

橫條即爲臥根至晚澆其根科當夜臥根生須至秋其芽條皆爲條身至十月或次年春分前後際臥根根頭截斷取出隨間空處斫斷一如拐子樣每一根爲一栽此法萌芽又栽子無窮插條法牆圍成園掘阬如地桑法大葉魯桑條上青眼動時科條長一尺之上截斷兩頭烙過每一阬內微斜插三二條栽培如地桑法待芽出封堆虛土三五寸每一根科止留一條至秋可長數尺次年劄條葉飼蠶如當處無可採之條預於他處擇下大葉魯桑臘月劄條藏於土穴如藏花果接頭透風則乾了候至桑樹條上青眼微

動時開穴所藏條上眼亦動但黃色截烙栽培用度如前案前論栽地桑法掘阬方深各二尺阬內下熟糞三升和土勻下水一桶調成稀泥將魯桑連根掘出自根上留身六七寸其餘截去截斷處火鐵上烙過每一阬栽一根將根坐於泥中按至阬底提三五次按桑身頂與地平擁周圍熟土令阬滿次日築實上半阬擁熟土輕築令平滿用虛土封堆可厚五七寸周圍自成環池○齊民要術布行桑法桑栽大如臂許正月中移之亦不須髡率十步一樹陰相接則妨禾豆行欲小掎角不用正相當相當則妨犂案士農必用闊八步一行行內相去四步一樹相對栽之註云桑行內種田闊八步牛耕一繳地也行內相去四步一樹破地四步已久可成大樹相對則可以橫耕故田不廢墾桑不致荒又修蒔法凡耕桑田不用近樹傷桑破犂所謂兩失其犂不

著處劚地令起斫去浮根以蠶矢糞之去浮根不妨耬犂令樹肥茂也又法歲常繞樹一步散蕪菁子收穫之後放豬啖之其地柔輭有勝耕者種禾豆欲得逼樹不失地利田又調熟繞樹散蕪菁者不勞逼也○務本新書桑隔內修蒔宜淨使透風日則桑決榮茂萬一有步屈等蟲又易捕打冬春之際免野火延燒案農桑要旨云害桑蟲蠹不一蠦蛛步屈麻蟲桑狗爲害者當生發時必須於桑根周圍封土作堆或用蘇子油於桑根周圍塗埽振打既下令不得復上即蹉撲之或張布幅下承以篩之又有蜣蜋蟲用大棒振下用布幅承聚於上風燒之桑間蟲聞其氣即自去以上蟲蓋食葉者又有蠹根食皮而飛者名曰天水牛除之之法當盛夏食樹皮時沿樹身必有流出脂液溼處離地都無三五寸即以斧削去打死其子其害自絕若已在樹心者宜以鑿剔

除之凡諸害桑蟲蠹皆因桑隔荒蕪而生○備春旱者秋深預於桑下約量擁糞經冬地氣藏溼桑亦榮旺春月撥作土盆雨則可聚旱則可鋤鋤治桑隔自然耐旱又辟蟲傷○備霜災者三月間儻值天氣陡寒北風大作先於園北覷當日風勢多積糞草待夜深發火燠熅假借煙氣順風以解霜凍花果倣此

農家云桑發黍黍發桑

農桑要旨桑間可種田禾與桑有宜與不宜如種穀必揭得地脈亢乾至秋桑葉先黃到明年桑葉澀薄十減二三又致天水牛生蠹根吮皮等蟲若種蔔黍其梢葉與桑等如此叢雜桑亦不茂如種菉豆黑豆芝麻瓜芋其桑鬱茂明年葉增二三分種黍亦可農家有云桑發黍黍發桑此大槩也案務本新書一法於區東南西種穄勻稀成行緣穄陰高密又透風露或搭矮棚亦可

農語云鋤頭自有三寸澤斧頭自有一倍桑柘附

齊民要術科斫法劙桑十二月爲上時正月次之二月爲下白汁出則損葉大率桑多者宜苦斫桑少者宜省劙秋斫欲苦而避日中觸熱樹焦枯苦斫春條茂冬春省劙竟日得作

又採葉法春採者必須長梯高杌數人一樹還條復枝務令淨盡要欲旦暮而避熱時梯不長高枝折人不多上下勞條不還枝仍曲採不淨鳩腳多旦暮採令潤澤不避熱條葉乾秋採欲省裁去妨者秋多採則損條○農桑輯要接廢樹法廢樹老樹也謂枝幹豐大條短葉薄不能復滋長者接法可傳者有四一插接二劈接三壓接又名貼接又名神仙接四批接又名搭接廢樹可插接又可劈接又云大樹宜劈接插接小樹宜搭接壓接○案諸法世多知者故未錄○齊民要術桑雜類椹熟時多收曝乾之凶年粟少可以當食魏略曰楊沛爲新鄭長興平末人多飢窮沛課民益畜乾椹收豋豆積聚千餘斛後太祖下其法於河北數州之民仰以全活○豋音勞○務本新書桑椹平時以棗椹拌餡餺餅食之甜而有益○椹子煎採熟椹盆內微研以布紐汁磁器盛頓晝夜露地放之四十九日以湯點服明耳目益水藏和血氣或加蜜少許石器同煎亦可病諸瘡疾作膏藥貼神效○桑螵蛸桑根白皮皆入藥用○桑皮抄紙春初剶斫繁枝剝芽皮爲上餘月次之○桑木爲弓弩胎則耐挽拽○桑莪素食中妙物又五木耳桑槐榆柳楮是也桑槐者爲良野田中者恐有毒不可食○本草桑根白皮出見地上名馬領勿取毒殺人○桑根旁行出土上者名伏蛇治

心痛○齊民要術種柘法耕地令熟耬耩作壠柘子熟時多收以水淘汰令淨曝乾散訖勞之草生拔卻勿令荒沒三年間斸去堪爲渾心扶老杖十年中四破爲杖任爲馬鞭胡牀十五年任爲弓材欲作鞍橋者生枝長三尺許以繩繫旁枝木橛釘著地中令曲如橋十年之後便是渾成柘橋此樹條直異於常材十年之後無所不任○柘葉飼蠶絲好作琴瑟等絃勝於凡絲○博聞錄柘葉多叢生幹疎而直葉豐而厚春蠶食之其絲以冷水繰之謂之冷水絲柘蠶先

出先起而先繭柘葉隔年不採者春再生必毒蠶如不採夏月皆要打落方無毒案崔豹古今註桑實曰甚柘實曰佳○本草其本染黃赤色謂之柘黃天子服

祈蠶祝云登高糜挾鼠腦欲來不來待我三蠶老歲時記續齊諧記云吳縣張成夜起見婦人立於宅東南角曰我即此地蠶神明年正月半宜作白粥泛膏其上以祭我當令君蠶桑百倍成如言自此後大得蠶世人正月半作粥禱之加肉覆其上登屋食之呪曰登高糜挾鼠腦欲來不來待我三蠶老則是爲蠶逐鼠矣○案世人作餻粥謂之黏女財蠶三眠故云三蠶○以下蠶

迎紫姑神祝曰子胥不在曹夫人已行小姑可出歲時記正月十五夜迎紫姑以卜將來蠶桑註引劉敬叔異苑云紫姑本人家妾爲大婦所妒正月十五日感激而死故世人作其形迎之

爾雅蟓桑繭註即今蠶○蟓音象雔由樗繭棘繭欒繭蚢蕭繭疏因所食葉異其名○雔音讎蚢音杭○案繭之類又有椒繭柞繭漢書野蠶成繭被於山阜即柞繭也類篇蟩野蠶○通典周制享先蠶先蠶天駟也蠶與馬同氣漢制祭蠶神曰苑窳婦人寓氏公主案爾雅翼苑窳婦人寓氏公主凡二神北齊先蠶祠黃帝軒轅氏如先農禮後周祭先蠶西陵氏案圖經蜀人祠蠶神馬頭娘其事不經故刪之○說文蠶任絲也○春秋考異郵蠶陽物大惡水故蠶食而不飲○山海經諸天之野有女子跪樹歐絲注蠶類也○淮

南子蠶珥絲而商絃絕註珥絲謂弄絲于口商音清弦細而急故先絕○博物志蠶三化先孕而後交不交者亦產子子後爲蠶皆無眉目易傷收採亦薄○埤雅再蠶謂之原蠶一名魏蠶今以晚葉養之淮南子曰原蠶一歲再登非不利也然王者法禁之爲其殘葉也○又紅蠶蠶足於葉三俯三起二十七日而蠶已老則紅故謂之紅蠶○玉歷通政經舍北種榆九株蠶大得○齊民要術永嘉有八輩蠶凡蠶再熟者前輩皆謂之珍養珍者少養之○續博物志蠶四月續者名蚢音允○玉篇蚪蠶初生也蚪音篥○揮塵餘話

王明清撰風戾川浴地溫氣舒然後龍精報既瑞繭紛如○務本新書十體寒熱飢飽稀密眠起緊慢（謂飼時緊慢也）○蠶經五廣一八二桑三屋四箔五簇（謂苫席蒿梢等）又三稀下蛾上箔入簇又三光白光向食青光厚飼皮皺爲飢黃光以漸住食○士農必用（蠶性）蠶之性子在連則宜極寒成蛾則宜極暖停眠起宜溫大眠後宜涼臨老宜漸暖入簇則宜極暖○韓氏直說方眠時宜暗眠起以後宜明蠶小并向眠宜暖宜暗蠶大并起時宜明宜涼向食宜有風（避迎風窗開下風窗）宜加葉緊飼新起時怕風

宜薄葉慢飼○務本新書（雜忌）蠶生至老大忌煙熏忌酒醋五辛羶腥麝香等物忌敲擊門窗槌箔及有聲之物忌產婦孝子入家夜間無令燈火光忽射蠶屋窗孔蠶初生時忌屋內掃塵蠶母不得頻換顏色衣服洗手長要潔淨○士農必用忌當日迎風窗忌西照日忌正熱著猛風驟寒忌正寒陡令過熱忌不淨潔人入蠶室蠶屋忌近臭穢○齊民要術（收種法）收取繭種必取居簇中者（近上則絲薄近地則子不生也）○務本新書養蠶之法繭種爲先今時摘繭一概並堆箔上或因繰

絲不及有蛾出者便就出種罨壓熏蒸因熱而生決無完好其母病則子病誠由此也今後繭種開簇時須擇近上向陽或在苫草上者此乃强良好繭候蛾生足移蛾下連（蠶連厚紙爲上薄紙不禁浸浴○野語云連用小灰紙更妙）屋內一角空處豎立柴草散蛾于上至十八日後西南淨地掘阬貯蛾上用柴草搭合以土封之庶免禽蟲傷食（爲其有功于人）○農桑要旨繭必雌雄相半簇中在上者多雄下者多雌○陳志宏云雄繭尖細緊小雌者圓慢厚大○農桑輯要法（出種）取簇中腰東南明淨厚實

繭蛾第一日出者名苗蛾不可用（屋中置柴草上放不用蛾）次日以後出者可用每一日所出爲一等輩（各于連上寫記下蛾時各爲一等輩不則將來成蠶眠起不能齊）末後出者名末蛾亦不可用鋪連于槌箔上雄雌相配當日可提掇連三五次（去其尿也）至末時後款摘去雄蛾將母蛾于連上勻布所生子如環成堆者其蛾與子皆不用其餘者生子數足更當就連上令覆養三五日（不覆養則氣不足）然後將母蛾亦置在雄蛾苗蛾末蛾處十八日後埋之○歲時廣記（浴連法）凡浴蠶種了小繩子搭挂上元日浴畢挂一七

日卻收于清涼處著一甕盛貴得清涼令生遲也臘日取蠶種籠挂桑中任霜露雨雪飄凍至立春收謂之天浴蓋蠶蛾生子有實有妄者經寒凍後不復狂生唯實者生蠶則强健有成也○務本新書農家自蛾在連直至臘月內三八日浴連三次比及此時蛾溺毒氣先熏汙八九月甚違胎養之方今後自蛾在連卽于無煙通風涼房內桑皮索上單挂不得見日若遇天氣炎熱于午未間將連鋪在涼房淨地上申時卻挂起至十八日後遇天色晴明日未出時汲深井甜水浴連約一頓飯間浸去便溺毒氣依上單挂孕婦並未滿月

產婦不得浴連勿用厚衣綿絮包裹勿近銅鐵鹽灰不得用麻繩繫挂如或不忌後多乾死不生本草陳藏器云苧麻近蠶種則蠶不生當遠之三伏內再浴七八月不宜收起早收蠶子不旺至十月天晴收卷桑皮索繫懸之冬至日臘八日依前浴挂長流水爲上井花水次之立春後無煙屋內置淨甕卷連豎立以紗蓋甕每十數日將連取出略見風日蛾連大忌煙熏又收乾桑葉法秋深桑葉未黃多廣收拾曝乾擣碎于無煙火處收頓春蠶大眠後用○士農必用至臘月內擣磨成麪臘月內製者能消蠶熱病甕器內可多收飼蠶餘剩作牛料牛甚美食○務本新書製豆粉米粉法臘八日新水浸菉豆每箔約半升薄攤曬乾又淨淘白米每箔約半升控乾以上二物背陰收頓○野語云臘月造油蠶房內點鐙諸蟲不入又收牛糞法冬月多收牛糞堆聚春月旋拾恐臨時闕少春暖踏成墼子墼音戟曬乾苦起燒時香氣宜蠶又收蓐草法臘月刈茅草作蠶蓐則宜蠶○收貯蒿梢士農必用收黃蒿豆稭桑梢其餘梢乾勁不臭氣者亦可○又修治苫蔫穀草黃野草皆可一頭截齊一頭畱梢者爲苫兩頭齊截者爲蔫○野語云苫用茅草上簇輕快又不蒸熱○崔寔曰三月清明令蠶妾具槌椽箔

籠治蠶室塗隙穴○齊民要術修屋欲四面開窗紙糊厚爲籬○務本新書蠶屋北屋爲上南屋西屋次之大忌東屋西南風大傷蠶陝西河南尤甚趙地以北頗緩要旨云蠶屋地基須高一尺不必以陰陽形勢爲法○陳志宏云屋基新土塡乾于上用泥重覆○齊民要術火倉法屋內四角著火火若在一處則冷熱不均○務本新書蠶小時將牛糞墼子燒令無煙近雨眠則止若寒熱不均後必眠起不齊又今時蠶屋內素無槃寒熟火止是旋燒柴薪煙氣熏蒸太甚蠶蘊熱毒多成黑蔫○士農必用治火倉屋當中掘一阬闊狹深

淺量屋大小糞柴相間築得極實慎不可虛虛則火發起傷屋又熱火不能入牛糞熏屋大宜蠶也蠶喜牛糞牛喜蠶沙○齊民要術安槌法比至再眠常須三箔中箔上安蠶上下空置下箔障土氣上箔防塵埃○農桑要旨底箔須鋪二領蠶蛾生後每日日高捲出一領曬至日斜復布于生蠶箔底翻覆襯藉使受自然陽和之氣停眠起食然後撤去

農語曰蠶欲三齊子齊蛾齊蠶齊

務本新書變色清明將蠶中所頓蠶連遷于避風溫室酌中處懸挂太高傷風太下傷土穀雨日將連取出通見風日

那表爲裏左捲者卻右捲右捲者卻左捲每日交換捲那捲罷依前收頓比及蠶生均得溫和風日生發匀齊○農桑要旨清明後種初變紅和肥滿再變尖圓微低如春柳色再變蛾周盤其中如遠山色此必收之種也若頂平焦乾及蒼黃赤色便不可養此不收之種也○士農必用蠶子變色惟在遲速由己不致損傷自變視桑葉之生以定變子之日須治之三日以色齊爲準○桑蠶直說欲疾生者頻舒捲捲之須慮慢欲遲生者少舒捲捲之須緊實蛾生在巳午時之前過午時便不生○士農必用生蛾生蛾

惟在涼暖知時開捎得法使之莫有先後也其法變灰色已全以兩連相合鋪于一淨箔上緊捲了兩頭繩束卓立于無煙淨涼房內第三日晚取出展箔蛾不出爲上若有先出者雞翎埽去不用名行馬蛾畱則蠶不齊每三連虛捲爲一卷放在新暖蠶房內候東方白將連于院內一箔上單鋪如有露于涼房中或棚下待半頓飯時移連入蠶房就地一箔上單鋪少間黑蛾齊生和蛾秤連記寫分明○齊民要術下蛾法蠶初生用荻埽則傷蠶案爾雅翼蠶之狀喙呥呥類馬色斑斑似虎初拂謂之蚝○博聞錄用地桑葉

細切如絲髮摻淨紙上卻以蠶種覆于上其子聞香自下切不可以鵝翎埽撥○務本新書蛾生當匀鋪蓐草蓐宜擣輭下蛾三兩匀布一箔一箔蓐上下蛾三兩蠶至老可分三十箔每蛾一錢可老蠶一箔也係長一丈闊七尺之箔如箔小可減蛾下蛾多則蠶稠爲後患也○齊民要術涼暖法調火令冷熱得所熱則焦燥冷則長遲

前人云學取抽飼斷眠法年年歲計得絲蠶

務本新書飼養法蠶必晝夜飼若頓數多者蠶必疾老少者遲老二十五日老一箔可得絲二十五兩二十八日老得絲二十兩若月餘或四十日老一箔止得絲十餘兩葉忌溼忌熱蠶食溼葉多生瀉病食熱葉

則腹結頭大尾尖當蓋小屋或起棚頓放雨露溼葉控去溼潤然後飼蠶○韓氏直說抽飼斷眠法蠶向眠時量黃白分數抽減所飼之葉漸次細切薄摻頻飼候十分黃光不問陰晴早夜急須擡過擡過時住食起齊時投食此爲抽飼斷眠之法案務本新書眠起時慢慢飼葉宜輕摻若蠶白光多是困餓宜細細飼之猛則多傷若蠶青光正是蠶得食力勿令少葉急須勤飼又案蛾生色黑三日後漸變白又變青青復變白白變黃謂之正眠眠起自黃而白自白而青自青復白而黃又一眠也凡眠起變色例如此○務本新書分擡法擡蠶須要眾手疾擡若箕內堆聚多時蠶身有汗後必病損漸漸隨擡減耗縱有老者簇內多作

薄皮蠶沙宜頓除不除則久而發熱熱氣熏蒸後多白殭每擡之後箔上蠶宜稀布稠則強者得食弱者不得食必繞箔遊走又風氣不通忽遇倉卒開門暗值賊風後多紅殭布蠶須要手輕不得從高摻下如或高摻其蠶身遞相擊撞因而蠶多不旺已後簇內懶老翁赤蛹是也○農桑要旨蠶有白殭是小時陰氣蒸損天晴急用簸箕三四具轉蠶中庭使日氣煦照擡一箔則復布一箔得日氣則盡解矣○野語云蠶熯乾鬆者其蠶無病蠶熯成片溼潤白積者蠶爲

有病速宜擡解○蠶經眠起不齊絲減半○務本新書初飼蛾法初飼蛾法宜旋切細葉微篩切刀宜快快則粗細勻停不住頻飼一時辰約飼四頓一晝夜通飼四十九頓或三十六頓新蛾止食桑脂脈若頓數不多譬如嬰兒小時失乳後必羸弱病生蛾初生須隔夜採東南枝肥葉甕中另頓旋取細切○士農必用擘黑法擘黑法第三日巳午時間于別槌上安三箔如前初安槌法微帶熯薄揭蛾款手擘如小綦子大布于中箔可盈滿可漸漸加葉飼又頭眠擡飼法擡頭眠飽食正食時擡名擡飽食分如小

錢大布滿三箔辨色加減食一復時可六頓次日漸漸加葉又停眠擡飼法擡停眠分如小錢微大布滿六箔起齊頭食宜薄一復時可四頓次日可漸加葉辨色加減○務本新書大眠擡飼法大眠起熯宜頻除蠶宜頻飼取臘月所藏菉豆水浸微生芽曬乾磨作細麪臘月所藏白米蒸熟作粉亦可第四頓投食拌葉勻飼解蠶熱毒絲多易繰堅韌有色如葉少去秋所收桑葉再擣爲末水灑新葉微溼摻末拌勻接闕飼蠶比食豆麪係本食之物又萵苣亦可接闕○士農必用擡大眠分如折二錢大布滿二十五箔起齊投食一復時可三頓第一頓宜薄但可

覆白第二頓比前又薄不覆白第三頓如第一頓此三頓食如不
短則其蠶至老食慢次日可漸加葉辨色加減頓數○韓氏直說蠶自
大眠後十五六頓卽老得絲多少全在此數日葉足則絲
多不足則絲少見有老者依抽飼斷眠法飼之後十蠶九老
方可就箔上撥蠶入簇如是則無簇汗蒸熱之患繭
必早作硬而多絲
語曰養蠶無巧食足便老
齊民要術簇蠶法蠶老時値雨者則壞繭宜于屋內簇
之薄布薪于箔上散蠶訖又薄以薪覆之一槌得安

十箔○野語云如天氣暄熱不宜日午簇蠶蠶老不
禁日氣曬暴故也○士農必用治簇之方惟在乾暖
使內無寒溼蠶欲老可簇地盤燒令極乾除埽灰浮
于上置簇○韓氏直說安圓簇于阜高處打成簇脚
一簇可六箔上覆蒿梢或豆䕸摻蠶至三箔復梢倒根
在上如此則簇圓又穩自後蠶可近上摻至六箔覆蒿令簇
圓上用箔圍苫繳簇頂如亭子樣防雨日高時捲去至
晩復繳三日外繭成不用馬頭簇亦依上苫繳蠶多宜馬頭簇簇脚宜南北
○務本新書擇繭法繭宜併手忙擇涼處薄攤蛾自遲

出免使抽繰相逼○士農必用繰絲法繰絲之訣惟在
細圓勻緊使無褊慢節核接頭爲節疙疸爲核粗惡不勻也生繭
繰爲上如人手不及殺過繭慢慢繰殺繭法有三一日曬二鹽浥三蒸蒸最好人多不會日曬損繭鹽浥
者穩○熱釜可繰粗絲單繳者雙繳亦可但不如冷盆所繰者潔淨光瑩也釜要大置
于竈上釜上大盆甑接口添水至甑中八分滿甑中
用一板攔斷可容二人對繰也水須熱宜旋旋下繭
多下則繰不及煑損○冷盆可繰全繳細絲中等繭可繰雙繳雖曰冷盆亦是大溫也○全繳絲
上等也中作紗羅雙繳絲中等也中中等緞匹單繳絲又名歛口絲褊慢有大疙疸只中絹帛亦不堅壯
歛口絲多是熱釜中繰也盆要大必須先泥其外口徑二尺五寸之上者名爲串

盆用時添水八九分滿水宜溫暖常勻無令作寒作暖釜要小口徑一尺
以下者突竈半破塼坯圓壘一遭中空直桶子樣其高比繰
絲人身一半當中壘一小臺徑比盆底小坐串盆于小臺
上其盆要比圓壘高一膂靠圓壘安打絲頭小釜竈
比圓壘低一半揜火透圓壘竈子後火煙過處名揜火與揜火相
對圓壘匝近上開煙突口做一臥突長七八尺已上
先于安突一面壘一臺比突口微低又相去七八尺
外安一臺高五尺用長一丈椽二條斜磴在二臺上
二椽相去闊一塼坯許用塼坯泥成一臥突須與竈口相背

既得盆水常溫又得煙火與繰盆相遠其繰絲人不爲煙火所逼○軠音狂紡車車牀高與盆齊軸長二尺中徑四寸兩頭三寸四角或六角臂通長一尺五寸六角不如四角軠角少則絲易解臂者輻條也雙輻者穩須腳踏又繰車竹筒子宜細細似織絹穗筒子鐵條子串筒兩樁子亦須鐵也○打絲頭用一人小釜內添水九分滿竈下燃粗乾柴候火大熱下繭于熱水內下繭宜少多則煑過繰絲少用筯輕剔撥令繭滾轉盪勻挑惹起囊頭粗絲頭名囊頭手捻住于水面上輕提掇數度復提起其下即是清絲摘去囊頭輕手剔撥起囊頭長不過一尺也一手撮捻清絲一手

用漏杓綽繭款送入溫水盆內將清絲挂在盆外邊絲老翁上盆邊釘插一橛子名絲老翁○繰絲用一人將絲老翁上清絲約十五絲之上黃絲粗減繭數總爲一處穿過錢眼錢下繭攢聚名絲窩又名絮盤繳過篙音福頭蛾眉杖子上兩繳杖子下兩繳挂于軠上又取絲老翁上清絲如前挂于軠上兩箇絲窩其頭齊行右腳踏軠右轉長切照覷撥掠兩絲窩于內有繭絲先盡蛹子沉了者繭絲斷了繭浮出絲窩者其絲窩減小即取清絲約量添加務要兩絲窩大小長均添絲搭在絲窩上便有接頭將清絲用指面喂在絲窩內自然帶上去○韓氏

直說蒸餾繭法○如蠶成繭硬紋理粗者必繰快此等繭可蒸餾繰冷盆絲其繭薄紋理細者必繰不快不宜蒸餾此止宜繰熱盆絲其蒸餾之法用籠三扇用軟草札一圈加于釜口以籠兩扇坐于上籠內勻鋪繭厚三四指許頻于繭上以手背試之如手不禁熱可取去底扇卻續添一扇在上蒸得過了則軟了絲頭不及則蛾必鑽了如手背不禁熱恰得合宜于蠶房槌箔上從頭合籠內繭在上用手微撥動如箔上繭滿打起更攤一箔候冷定上用細柳梢微覆了其繭只于當日都要蒸盡如蒸不盡來日必定蛾出釜湯內用

鹽一兩油半兩所蒸繭不致乾了絲頭如餾繭多油鹽旋旋入

寶訓卷四

棲霞郝懿行蘭皋輯

蔬菜

靈樞經五菜葵甘韭酸藿鹹薤苦蔥辛禮月令仲秋趣民務畜菜〇漢食貨志菜茹有畦瓜瓠果蓏殖於疆場杜甫詩畦蔬遶茅屋〇石崇傳春畦藿靡音髓米〇左思蜀都賦其園有蒟音矩篛菜萸瓜疇芋區〇漢官儀大官栗丞官別在外掌瓜菜茹

古云畜瓠之家不燒穰種瓜之家不焚漆按穰黍穰也

夏小正五月乃瓜註乃者急瓜之辭也瓜也者始食瓜也八月剝瓜註畜瓜之時也〇爾雅瓞瓝其紹瓞註俗呼瓝瓜爲瓞紹者瓜蔓緒亦著子但小如瓝〇瓝音雹〇史天官書瓠瓜有青黑星守之魚鹽貴註瓠瓜一名天雞在河鼓東瓠瓜明則歲大熟也〇玉篇瓟音當瓟瓤瓜中實案正字通瓜底曰瓟〇廣雅龍蹏獸掌羊骹兔頭桂髓蜜筩小青大班皆瓜名也〇嵇含甘賦序曰世云三芝瓜處一焉謂之土芝〇龍魚河圖瓜有兩鼻殺人〇博聞錄種花藥最忌麝瓜尤忌之纔栽數株蒜薤遇麝不損〇崔寔曰十二月臘時祀炙箑所甲切樹瓜田四角去蟲〇蟲

胡濫反瓜中蟲謂之蟲案爾雅蠸輿父守瓜註今瓜中黃甲小蟲〇又曰種瓜用戊辰日案齊民要術二月辰日宜種瓜〇說鈴載天祿識餘云瓜以辰日種則易生而實繁山谷詩夏栽醉竹餘千个春糞辰瓜滿萬區〇齊民要術收瓜子法常歲歲先取本母子瓜截去兩頭止取中央子種早子熟速而瓜小種晚子熟遲而瓜大去兩頭者近蔕子瓜曲而細近頭子瓜短而喎按喎快平聲口戾不正又收瓜子法食瓜時擇美者收取即以細糠拌之日曝向燥挼而簸之淨而且速也良田小豆底佳黍底次之刈訖即耕頻翻轉之二月上旬種者爲上時三月上旬爲中時四月上旬爲下時五月六月上旬可種藏

瓜凡種瓜法先以水淨淘瓜子以鹽和之鹽和則不能死先臥鋤耬䦨燥土雜燥土瓜不生然後掊蒲溝切阬大如斗口納瓜子四枚大豆三箇于堆旁向陽中瓜生數葉掐去豆瓜性弱苗不能獨生故須大豆爲之起土瓜生不去豆則豆反扇瓜不得滋茂但豆斷汁出更成良潤勿拔之拔之則土虛燥多鋤則饒子不鋤則無實五穀蔬菜果蓏之屬皆如是也〇旦起露未解以杖舉瓜蔓散灰于根下後一兩日復以土堆其根則永無蟲矣又摘瓜法在步道上引手而取勿聽浪人踏瓜蔓及翻覆之恐瓜早爛若無茇而種瓜者地雖美好正得長苗直引無多槃歧故瓜少子若無茇處豎乾柴亦得區種瓜法六月雨後種菉豆八月中犁掩殺

之十月又一轉卽十月終種瓜率兩步爲一區坑大如盆口深五寸以土壅其畔如菜畦形坑底必令平正以足踏之令其保澤以瓜子大豆各十枚徧布坑中以糞五升覆之亦令均平又以土一斗薄散糞上復以足微躡之冬月大雪時速併力推雪於坑上爲大堆至春草生瓜亦生莖葉肥茂異於常者且常有潤澤旱亦無害五月瓜便熟其掐豆鋤瓜之法與常同若瓜子盡生則大概宜掐去之一區四根卽足矣○又法冬天以瓜子數枚納熱牛糞中凍卽拾聚置之陰地量地多少以足爲限正月地釋卽耕逐暘布

之率方一步下一斗糞耕土覆之肥茂早熟雖不及區種亦勝凡瓜遠矣有蟻者以牛羊骨帶髓者置瓜科左右待蟻附將棄之棄二三則無蟻矣○廣韻㼐音騗黃瓜名案後魏書郭祚領太子少保從世宗幸東宮肅宗幼弱祚懷一黃㼐奉焉時人號爲黃㼐少保○齊民要術黃瓜一名胡瓜四月中種之○農桑輯要西瓜種同瓜法科宜差稀欲瓜大者一步留一科科止留一瓜瓜大如三斗栲栳案五代始有西瓜郃陽令胡嶠得回紇瓜種培以牛糞結實如斗是也○博雅冬瓜菰音及也水芝瓜也其子謂之𤬸力占切○齊民要術種冬瓜法傍牆陰地作區

圓二尺深五寸以熟糞及土相和正月晦日種二月三月亦得既生以柴木倚牆令其緣上旱則澆之八月斷其梢減其實一本但留五六枚多留則不成也十月霜足收之早收則爛又冬瓜越瓜瓠子十月區種如種瓜法冬則堆雪著區上爲堆潤澤肥好乃勝春種○爾雅瓠棲瓣註瓠中瓣也疏一名瓠棲人之齒集者似之○正字通瓠瓜類分甘苦二種甘者大苦者小陶宏景曰瓠或有苦者味如膽不可食非別生一種也又陸佃埤雅長而瘦上曰匏短頸大腹曰瓠瓠性甘匏性苦故詩曰匏有苦葉後人

皆合匏瓠爲一據說文瓠匏也匏瓠也竝非案今名葫蘆古亦名壺○東方朔傳以瓠測海案揚子方言蠡或謂之瓢古今注瓢亦瓠也瓠其總瓢其別也又案方言蠡瓠瓢也楚辭九歎瓟蠡蠹于筐簏丹鉛錄江淮間或用螺之大者爲瓢是以蟲殼代瓜匏用也○集韻蠡音利瓠子○家政法二月可種瓜瓠○齊民要術氾勝之書區種瓠法收種子須大者若先受一斗者得收一石受一石者得收十石先掘地作坑方圓深各三尺用蠶沙與土相和令中半若無蠶沙生牛糞亦得著坑中足躡令堅以水沃之候水盡卽下瓠子十顆復以前糞覆之既生長二尺餘便總聚

十莖一處以布纏之五寸許復用泥泥之不過數日纏處便合爲一莖留强者餘悉掐去引蔓結子子外之條亦掐去之勿令蔓延○留子法初生二三子不佳去之取第四五六區留三子卽足旱時須澆之坑畔周匝小渠子深四五寸以水停之令其遙潤不得坑中下水

汝南童謡曰壞陂誰翟子威飯我豆食羹芋魁漢書○以下芋續博物志芋以十二子爲衞應月之數也○食貨志岷山之下沃野有蹲鴟芋也○東方朔曰土宜藷芋

水多蠅魚貧者得以入給家足顏師古注蠅魚蛙也○本草土芝○孝經援神契仲冬昴星中收莒芋○齊民要術氾勝之書種芋區方深皆三尺取豆萁內區中足踐之厚尺五寸取區上溼土與糞和之內區中萁上令厚尺二寸以水澆之足踐令保澤取五芋子置四角及中央足踐之旱數澆之萁爛芋生子皆長三尺一區收三石○又種芋法宜擇肥緩土近水處和柔糞之二月注雨可種芋率二尺下一本芋生根欲深斸其旁以緩其土旱則澆之有草鋤之不厭數多治芋如此其收常倍○務本新書芋羞三月衆人來往眼目多見井聞刷鍋聲處多不滋息芋可以救饑饉蟲蝗不能傷霜後收之冬月食不發病其餘月分不可多食霜後芋子上芋白擘下以滾漿水煠過曬乾冬月炒食味勝蒲笋

諺曰觸露不掐葵日中不翦韭

爾雅翼天有十日葵與之終始故葵从癸廣雅蘬丘葵也廣志曰胡葵其花紫赤○本草葵葉爲百菜主其心傷人俗呼爲西王母菜食之益人○博物志陳葵子微火炒令爆

咤散著熟地徧蹋之朝種暮生遠不過經宿○格物論葵有數種此菜葵也味甘美性滑利夏末種至秋採者謂秋葵秋種至冬採者謂冬葵又葵有鴨腳之名○齊民要術臨種時必燥曝葵子葵子雖經歲不浥然溼種者疥而不肥也地不厭良故墟彌善薄卽糞之不宜妄種春必畦種水澆春多風旱非畦不得且畦者省地而菜多一畦供一口畦長兩步廣一步大則水難均又不容人足入深掘以熟糞對半和土覆其上令厚一寸鐵齒杷耬之令熟足蹋使堅平下水令徹澤水盡下葵子又以熟糞和土覆其上令厚一寸餘

葵生三葉然後澆之澆用晨夕日中便止每一掐輒耙耬地令起下水加糞三掐更種一歲之中凡得三輩凡畦種之物治畦皆如葵法不復條列繁文早種者必秋耕十月末地將凍散子勞之一畝三升正月末散子亦得人足踏踐之乃佳踏者菜肥地釋卽生鋤不厭數五月初更種之六月一日種白莖秋葵白莖者宜乾紫莖者乾則黑而澀秋葵堪食時附地翦卻春葵令根上枿音櫱生者柔輭至好仍供常食美于秋菜凡掐葵必待露解○崔寔曰六月六日可種葵中伏後可種冬葵九月作葵菹乾葵○本草茄一名落蘇五代貽子錄作酪酥蓋以其味如酪酥也○酉陽雜俎茄子一名昆侖瓜○又茄子食之厚腸胃動氣發疾根能治竈瘃欲其子繁待花時取其葉布路上以灰規之人踐之子必繁謂之嫁茄子○拾遺記淇漳之鯉脯以青茄○王褒僮約別茄披蔥○齊民要術種茄子法茄子九月熟時摘取擘破水淘子取沈者速曝乾裹至二月畦種治畦下水一如葵法性宜水常須潤澤著四五葉雨時合泥移栽之若旱澆水令徹澤夜栽之白日以席蓋十月種者如區種瓜法推雪著區中則不須栽其春種不作畦直如種

凡瓜法者亦得惟須曉夜數澆耳○漢桓帝詔種蔓菁以助民食○方言蘴與葑同蕘蕪菁也陳楚謂之葑齊魯謂之蕘關西謂之蕪菁趙魏之間謂之大芥案釋草云須葑蓯是須也蕪菁也蔓菁也葑蓯也蕘也芥也七者一物耳○齊民要術種不求多惟須良地故墟新糞壞牆垣乃佳若無故墟糞者以灰爲糞令厚一寸灰多則燥不生也耕地欲熟七月初種之一畝用子三升從處暑至八月白露節皆得早者作菹晚者作乾漫散而勞種不用溼溼則地堅葉焦既生不鋤九月末收葉晚收則黃落仍留根取子春夏畦種供食者與畦葵法同翦訖更種從春至秋得三輩常供好菹取根者用大小麥底六月中種十月將凍耕出之一畝得數車早出者根細○又多種蔓菁法近市良田一頃七月初種之六月種者根雖粗大葉復蟲食七月末者葉雖膏潤根復細小七月初種根葉俱得○務本新書四月收子打油陝西惟食菜油燃鐙甚明能變蒜髮比芝麻易種收多油不發風油臨時熬用少摻芝麻煉熟卽與小油無異○爾雅葖蘆葩註葩宜爲菔蘆菔蕪菁屬紫花大根俗呼雹葖疏云今謂之蘿蔔是也○葖音突蘆音蘿菔音匐○王旻言蘿蔔根莖並生熟俱涼○韻會蘆菔

一名來服言來麰之所服也〇齊民要術種菘蘆菔法與蔓菁同菘菜似蔓菁而大〇取子者草覆之不則凍死〇四時類要種蘿蔔宜沙輭地五月犁五六徧六月六日種鋤不厭多稠即小間拔令稀至十月收窖之〇農桑輯要新添種蘿蔔法水蘿蔔正月二月種六十日根葉皆可食夏四月亦可種胡蘿蔔伏內畦種或壯地漫種案癸辛雜識蘿蔔性能消食解麪毒〇齊民要術蜀芥芸薹取葉者皆七月半種地欲糞熟種法與蕪菁同既生亦不鋤之十月收蕪菁訖時收蜀芥中為鹹淡二葅亦任為乾菜芸薹足霜乃

收不足霜即澀種芥子及蜀芥芸薹取子者皆二三月好雨澤時種二物性不耐寒經冬則死故須春種旱則畦種水澆五月熟而收子〇說文蘁禦溼之菜案蘁俗作薑玉篇云辛而不葷也〇酉陽雜俎山上有薑下有銅錫〇春秋運斗樞璇星散為薑〇崔寔曰三月清明節後十日封生薑至四月立夏後蠶大食芽生可種之九月藏茈薑其歲若溫皆待十月生薑謂之茈薑〇茈音紫〇齊民要術薑宜白沙地少與糞和熟耕如麻地不厭熟縱橫七徧尤善三月種之先種耬耩尋壟下薑一尺一科令上土厚三寸數鋤之六月作葦屋

覆之不耐寒熱故九月掘出置屋中中國多寒宜作窖以穀稈合埋之〇稈奴勒反穀穰中國土不宜薑僅可存活勢不可滋息種者聊擬藥物小小耳〇爾雅中馗菌註地蕈也似蓋今江東名為土菌亦曰馗廚可啖之〇案爾雅又云出隧蘧蔬註云蘧蔬似土菌生菰草中疏云菌類也小者菌疏云大者名中馗小者即名菌〇蘇軾詩雁門天花不復憶況乃桑鵞與楮雞案楮雞亦作樹雞桑鵞即桑莪〇四時類要三月種菌子取爛構木一名楮及葉于地埋之常以泔澆令溼三兩日即生〇又法畦中下爛糞取構木可長六七寸截斷磓碎如種菜法于畦中勻布土蓋水澆長令潤如初有

小菌子仰杷推之明旦又出亦推之三度後出者甚大即收食之本自構木食之不損人

諺云左右通鋤一萬餘株以下蒜

夏小正十有二月納卵蒜註卵蒜本如卵者也納納之君也〇案古今注俗謂之小蒜〇爾雅翼大蒜為葫小蒜為蒜〇五代宮中呼蒜為麝香草〇崔寔曰布穀鳴收小蒜六月七月可種小蒜八月可種大蒜〇齊民要術蒜宜良輭地白輭地蒜甜美而科大黑輭次之剛強之地辛辣而瘦小也三徧熟耕九月初種種法黃暘時以耬耩逐壟手下之五寸一株案此謂左右通鋤

空曳勞二月半鋤之令滿三徧勿以無草而不鋤不鋤則科小條拳而軋之不軋則獨科葉黃鋒出則辮于屋下風涼之處桁之早出者皮赤科堅可以遠行晚則皮皺而易碎○皺他骨反皮壞也冬寒取穀稈布地一行蒜一行稈不爾則凍死收條中子種者一年爲獨瓣種二年者則成大蒜科皆如拳又逾于凡蒜矣瓦子瓏底置獨瓣蒜于瓦上以土覆之蒜科橫闊而大形狀殊別亦足以爲異○種澤蒜法預耕地熟時採取子漫散勞之澤蒜可以香食吳人調鼎率多用此根葉作葅更勝葱韭此物蕃息一種永生蔓延滋曼年年稍廣間區斸取隨手還合但種數

畝用之無窮種者地熟美于野生○四時類要種蒜作行下糞水澆之○務本新書蒜畦栽每窠先下麥糠少許地宜虛春暖則鋤拔薹時頻澆劉麥時人多食解暑毒

諺曰葱三薤四以下薤

爾雅䪥薤同鴻薈疏云䪥葉似韭之菜也本草謂之菜芝○儀禮士相見禮註葱薤之屬食之止臥○崔寔曰正月可種薤韭七月别種薤矣○四時類要正月上辛日埽去薤畦中枯葉下水加糞○齊民要術薤宜白輭良地三轉乃佳二月三月種八月九月種亦得率七八支爲一本諺曰葱三薤四移葱者三支爲一本種薤者四支爲一科然支多者科圓大故以七八爲率薤子三月葉青便出之未青而出者肉未滿令薤瘦燥曝挼去莩餘切卻殭根畱殭根而瘗者卽瘦細而不得肥先重耬耩地壠燥掊而種之壠燥則薤肥耩重則白長率一尺一本葉生卽鋤鋤不厭數薤性多穢荒則羸瘦五月鋒古農器八月初耩不耩則白短葉不用翦翦則損白供常食者別種○案庾亮噉薤因畱白云可以種九月十月出賣經久不佳也擬種子至春地釋卽曝之

語曰寧食三斗葱莫逢屈突通寧炙三斗艾莫逢屈突

蓋隋史屈突通爲官勤嚴故云

本草葱从囱外直中空有囱通之象也案葱五經文字作葱○齊民要術收葱子必薄布陰乾勿令浥鬱葱性熱浥鬱則不生其擬種之地必須春種菉豆五月掩殺之比至七月耕數徧一畝用子四五升良田五升薄地四升炒穀拌和之葱子性澀不以穀和下不均調不炒穀則草穢生兩耬重耩竅瓠下之以批蒲結反契蘇結反繫腰曳之七月納種至四月始鋤鋤徧仍翦翦與地平高畱則無葉深翦則傷根翦欲旦起避熱時良地三翦薄地再翦八月止不翦則不茂翦過則根跳若八月不止則葱無袍而損白十

二月盡掃去枯葉枯袍不去枯葉春葉則不茂二月三月出之良地二月出薄地三月出收子者別留之蔥中亦種胡荽尋手供食乃至孟冬為葅亦不妨○四時類要種蔥炒穀攪勻塞耬一眼於一眼中種之他月蔥出取其塞耬一眼之地中土培之疏密恰好又不勞移

語曰男不離韭女不離藕方書

諺曰韭者懶人菜諸葛武侯集棄婦不顧門委韭不入園

夏小正正月囿有見韭註囿也者園之燕者也○爾雅藿山韭茖山蔥勤山䪥蒚山蒜藿音育茖音革勤巨盈切蒚音力○註今山中有此菜皆

如人家所種者○說文一種而久者故謂之韭象形在一之上一地也○韻會通志云韭性溫謂之草鍾乳○埤雅韭之美在黃○列子天瑞篇老韭之為莧也○後漢書郭林宗見友來夜冒雨翦韭作炊餅○崔寔曰正月上辛日掃除韭畦中枯葉七月藏韭菁說文菁韭華也按張衡南都賦秋韭冬菁註韭華謂之菁○博聞錄韭畦若用雞糞尤好○齊民要術收韭子如蔥子法若市中買韭子宜試之以銅鐺盛水于火上微煮韭子須臾芽生者好芽不生者是浥鬱矣治畦下水糞覆悉與葵同然畦欲極深韭一翦一加糞又根性上跳故須深也二月七月種種法

以升盞合地為處布子于圍內韭性內生不向外長圍種令科成薅令常淨韭性多穢數薅為良高數寸翦之初種歲止一翦至正月掃去畦中陳葉凍解以鐵杷耬起下水加熟糞韭高三寸便翦之翦如蔥法一歲之中不過五翦每翦杷耬下水加糞悉如初收子者一翦即留之若旱種者但無畦與水耳杷糞悉同一種永生○韻會胡荽音綏與荽同香菜張騫使西域得胡荽○潘岳閒居賦蓼荽芬芳○博聞錄胡荽必用月晦日晚下種○齊民要術胡荽宜黑軟青沙良地三徧熟耕樹陰下得禾豆處亦得春種者用秋耕地開

春凍解地起有潤澤時急接澤種之秋種者於六月中旱時耬耩作壟蹉子令破先燥曬欲種時布子于堅地一升子與一掬溼土和之以段蹉令破作兩手散還勞令平一同春法但既是旱種不須耬潤此菜旱種非連雨不生所以不同春月要求溼下種後未遇連雨雖一月不生亦勿怪麥底地亦得種止須急耕調熟大都不用觸地溼生高數寸鋤去穊者供食及賣作葅者十月足霜乃收一畝兩載載直絹三匹若留冬食者以草覆之得竟冬食其有春種小小供食者自可畦種畦種者一如葵法

按子沃水生芽種之晝用箔蓋夜則去之晝不蓋熱不生夜不去蟲棲之凡種菜子難生者皆水沃令芽生案湘山錄園荽卽胡荽世傳布種時口誦褻則滋茂故𥟖談爲撒園荽○劉禹錫嘉話錄菠薐一名赤根種自西國有僧將其子來云是頗陵國之種語訛爲菠薐耳本草註李時珍曰按唐會要云太宗時尼波維國獻菠薐菜類紅藍卽此也○博聞錄菠菜過月朔乃生須二十七八間種之月初卽生○農桑輯要菠薐作畦下種如蘿蔔法春正月二月皆可種秋社後二十日種者可於窨內收藏冬季常食靑菜如欲出子十月內種訖至地凍時水澆過來年夏至

後收子可爲秋種○續博物志萵菜出萵國有毒百蟲不敢近杜甫種萵苣詩序堂下理小畦隔種一兩席許萵苣向二旬矣○隋人從高麗使求得萵苣種酬之甚厚名千金菜○農桑輯要萵苣作畦下種如前法春正月二月種之可爲常食秋社前一二日種者霜降後可爲醃菜如欲出種正月二月種之九十日收○又同萵作畦下種亦如前法春二月種秋社前十日種春菜食不盡者可爲子○爾雅蕢赤莧註今莧菜之赤莖者○博雅莧莔也案易夬卦註馬鄭王皆云莧陸一名商陸○管子地員篇蘴下于莧莧下于蒲蘴同

蘴○農桑輯要作畦下種亦如前法但五月種之園枯則食八月收子○又莙薘案類篇馬舄也謝朓詩風振蕉蓬裂蓬音達又案袁文甕牖閒評云波稜出西域泥婆羅國軍達出大食國今四字皆加草於上字書之誤作畦下種如前法春二月種之夏四月移栽園枯則食留食不盡者地凍時出於暖處收藏來年春透可栽收種○務本新書藍菜二月畦種苗高剝葉食之頗有辛味剝而復生刀割則不長五月園枯此菜獨茂故又曰主園菜食至冬月以草覆其根四月終結子可收作末比芥末根又生葉又食一年陝西多食此菜○

博物志燒馬驪羊角成灰春散著溼地羅勒乃生○齊民要術蘭香羅勒也中國爲石勒諱故改今人因以名焉三月中候棗葉始生乃種蘭香早種者天寒不生治畦下種一同葵法及水散子訖水盡蓰熟糞僅得蓋子便止厚則不生弱苗故也晝日箔蓋夜卽去之生卽去箔常令足水六月連雨拔栽之掐心栽泥中亦活作菹及乾者九月收晚卽乾惡取子者十月收自餘雜香菜不列者種法悉與此同○博聞錄香菜常以洗魚水澆之則香而茂溝泥水米泔尤佳案香菜皆然○齊民要術荏蓼紫蘇薑芥薰葉與荏同時宜畦種三月可種荏蓼荏子白者良黃者不美荏

性甚易生蓼尤宜水畦種也荏則隨宜園畔漫擲便歲歲自生矣荏子秋末成可收蓬于醬中藏之蓬荏角也實成則惡其多種者如種穀法雀甚嗜之必須近人家種矣收子壓取油可以煑餅荏油色綠可愛其氣香美煑餅亞胡麻油而勝麻子脂膏然荏油不可爲澤焦人髮蓼作菹者長二寸則翦絹袋盛沈于醬甕中又長更翦常得嫩者若待秋子成而落莖既堅硬葉又枯燥取子者候實成速收之性易彫零晩則落盡五月六月中蓼可爲虀以食莧○又芹蒙案唐韻其呂切苦蒙江東呼爲苦蕒收根畦種之常令足水尤忌潘普官切淅米汁也泔及鹹水澆之則死性易繁茂而甜

肥勝野生者白蒙尤宜糞歲歲可收○務本新書甘露子自地內區種暑月以麥糠蓋之承露滋息

寶訓卷五

棲霞郝懿行蘭皋輯

果實

晉書天文志織女星主果蓏案漢書食貨志註應劭曰木實曰果草實曰蓏張宴曰有核曰果無核曰蓏臣瓚曰木上曰果地上曰蓏○齊民要術崔寔曰正月自朔暨晦可移諸樹雜木唯有果實者及望而止過十五日則果少實食經云種名果法三月上旬斫取直好枝如大拇指長五尺類要云一尺五寸內著芋頭中種之無芋大蕪菁根亦可類要云蘿蔔亦得勝種核核三四

年乃如此大耳可得行種○凡五果正月一日雞鳴時把火徧照其下則無蟲災○博聞錄柳子厚郭橐駝傳凡植木之性其本欲舒其培欲平其土欲故其築欲密既然已勿動勿慮去不復顧其蒔也若子其置也若棄則其天者全而其性得矣○凡木皆有雌雄而雄者多不結實可鑿木作方寸穴取雌木塡之乃實以銀杏雄樹試之便驗社日以杵舂百果樹下則結實牢不實者亦宜用此法果木有蟲蠹者用杉木作釘塞其穴蟲立死樹木有蟲蠹以芫花納孔中

或納百部葉○歲時廣記遯齋閒覽凡果木久不實者以祭社餘酒灑之則繁茂倍常用人髮掛枝上則飛鳥不敢近結實時最忌白衣人過其下則其實盡落○四時類要正月取樹本大如斧柯及臂者皆堪接謂之樹砧須以細齒鋸截每砧對接兩枝候俱活即待葉生去一枝弱者所接樹選其向陽細嫩枝如筯粗者長四寸許陰枝即少實案接法未悉載

語云旱棗澇梨

爾雅梨山樆疏云在山曰樆人植曰梨○案爾雅又云杜甘棠註今之杜梨又云杜赤棠白

者棠○詩云上巳有風梨有蠹中秋無月蚌無珠○陶宏景別錄梨性冷利多食損人謂之快果○本草紫花梨消心熱○金創乳婦不可食梨產婦蓐中及疾病未愈食梨多者無不致病欬逆氣上者尤宜慎之○齊民要術種者梨熟時全埋之經年至春地釋分栽之多著熟糞及水至冬葉落附地刈殺之以炭火燒頭二年即結子若穭生及種而不栽者則著子遲每梨有十許子惟二子生梨餘皆生杜插者彌疾插法用棠杜棠梨大而細理杜次之桑梨大惡棗石榴上插得者爲上梨雖治十收得一二也杜如臂已上皆任插常先種杜經年後插之至冬俱

下亦得然俱下者杜死則不生也杜樹大者插五枝小者或三或二梨葉微動爲上時將欲開莩爲下時先作麻紉纏十許匝以鋸截杜令去地五六寸不纏恐插時皮披畱杜高者梨枝繁茂遇大風則披宜作蒿箄盛杜以土築之令沒風時以籠盛梨免披耳斜攕所咸反竹爲籤刺皮木之際令深一寸許折取其美梨枝陽中者陰中枝則實少長五六寸亦斜攕之令過心大小長短與籤等以刀微劃音印梨枝斜攕之際剝去黑皮勿令傷青皮青皮傷則死拔去竹籤即插梨令至劃處木邊向木皮還近皮插訖以綿莫羃同杜頭封熟泥于上以土培覆令梨枝僅

得出頭以土壅四畔當梨上沃水水盡以土覆之勿令堅固百不失一梨枝甚脃培土時宜慎之掌撥則折其十字破杜者十不收一所以然者木裂皮開虛燥故也梨既生杜旁有葉出輒去之凡插梨園中者用旁枝庭前者中心旁枝樹下易收中心上聳不妨用根蒂小枝樹形可喜五年方結子鳩腳老枝三年即結子而樹醜凡遠道取梨枝者下根即燒三四寸亦可行數百里猶生○藏梨法初霜後即收霜多則不得經夏也於屋下掘作深窨阬底無令潤溼收梨置中不須覆蓋便得經夏摘時必令好接勿令損傷○凡醋梨易水熟煑則

甜美而不損人也

諺曰桃李不言下自成蹊

夏小正正月梅杏杝桃則華註杝桃山桃也六月煑桃註桃者杝桃煑以爲豆實也○爾雅旄冬桃註子冬熟榹桃山桃註實如桃而小不解核○榹音斯○典術桃五木之精仙木也○海錄碎事用柿子樹接桃枝早熟者謂之絡絲白晚熟者謂之過雁紅○齊民要術種法熟時合肉全埋糞地中直置凡地則不生生亦不茂桃性早實三歲便結子故不求栽也至春既生移栽實地若仍處糞中則實小而味苦栽法以鍬合土掘移之桃性易種難栽若離本土率多

死故須然矣○又種法桃熟時于牆南陽中暖處深寬爲阬選取好桃數十枚擘取核即納牛糞中頭向上取好爛糞和土厚覆之令厚尺餘至春桃始動時徐徐撥去糞土皆應生芽合取核種之萬不失一其餘以熟糞糞之則益桃味○桃性皮急四年以上宜以刀豎劚其皮不劚者皮急則死七八年便老老則子細十年則死是以宜歲歲常種之又法候其子細便附土斫去枿上生者便爲少桃如此亦無窮也○案一法栽時斫去命根則耐久命根者中根也○桃若生蟲以煑猪首淡汁冷澆自無○爾雅楔荊桃註今櫻桃○楔音戛○月令高誘註含桃櫻桃爲鶯鳥所含故曰含桃○齊民要術櫻桃二月初山中取栽陽中者還種陽地陰中者還種陰地若陰陽易地則難生生亦不實此果性生陰地既入園囿便是陽中故多難得生宜堅實之地不可用虛糞也○潘岳閒居賦若榴蒲萄之珍磊落蔓衍于其側蔓衍蒲萄也○酉陽雜俎沙門曇霄蒲萄時人號爲草龍珠帳○博聞錄蒲萄宜栽棗樹邊春間鑽棗樹作一竅引蒲萄枝從竅中過蒲萄枝長塞滿竅子斫去蒲萄根托棗根以生其肉實如棗北地皆如此種○羣芳譜其根莖中空相通暮溉其根至朝而水浸其中○以麝入其皮則蒲萄盡

作香氣以甘草作鍼鍼其根則立死○齊民要術蒲萄蔓延性緣不能自舉作架以承之葉密陰厚可以避熱十月中去根一步許掘作坑收卷蒲萄悉埋之近枝莖薄安黍穰彌佳無穰直安土亦得不宜溼二月中還出上架性不耐寒其歲久根莖粗大者宜遠根作坑勿令莖折坑外亦掘土井穰培之

語曰李下無蹊徑

春秋運斗樞玉衡星散爲李○爾雅休無實李註一名趙李疏云李之無實者名休座接慮李註今之麥李疏云與麥同熟因名駁赤李註子赤○素問李東方木也○羣芳譜擘李註云熟則自裂○齊民要術李性耐久樹得三十年老雖枝枯子亦不細

○嫁李法正月一日或十五日以磚石著李樹岐中令實繁○又法臘月中以杖微打岐間正月晦日復打之亦足子也○李樹桃樹並欲鋤去草穢而不用耕墾耕則肥而無實樹下犂撥亦死桃李大率方兩步一根大槩連陰則子細而味亦不佳○案俗傳種桃宜密種李宜稀

俗云桃三杏四李五年

夏小正四月囿有見杏註囿者山之燕者也○格物叢話杏實味香於梅而酸不及核與肉自相離○師曠占曰杏多實不蟲者來年秋善○風俗通五月有落梅風江

淮以爲信風○風土記夏至之雨名爲黃梅雨沾衣服皆敗黦音鬱○四時類要熟杏和肉埋糞土中至春既生三月移栽實地既移不得更於糞地必致少實而味苦移須含土三步一樹概即味甘服食之家尤宜種之○齊民要術梅杏栽種與桃李同○作白梅梅子酸核初成時摘取夜以鹽汁漬之晝則日曝凡作十宿十浸十日便成矣調鼎和虀所在多入也○作烏梅亦以梅子核初成時摘取籠盛於突上熏之令乾即成矣烏梅入藥不任調食也○作杏李麨法

杏李熟時多收取盆中研之生布絞取濃汁塗盤中日曬乾以手磨刮取之可和水爲漿及和米麨所在多入也○王羲之帖青李來禽櫻桃日給藤子囊盛爲佳函封多不生案來禽卽林檎一號文林果俗云頻婆果○潘岳閒居賦二柰耀丹白之色○齊民要術柰林檎不種但栽之種之雖生而味不成取栽如壓桑法此果根不浮薉栽故難求是以須壓也○又法栽如桃李法○林檎樹以正月二月中反斧斑駮椎之則饒子案此木非接不結多以柰接之與接黎同若樹生毛蟲埋蠶蛾於樹下或澆魚腥水可除

里語曰東家有樹王陽去婦東家棗完去婦復還漢書

俗云移棗樹三年不發不算死

夏小正八月剝棗註剝者取也○爾雅棗壺棗註江東呼棗大而銳上者爲壺壺猶瓠也邊要棗註子細腰今謂之鹿盧棗櫅白棗註卽今棗子白乃熟樲酸棗註樹小實酢楊徹齊棗註未詳遵羊棗註俗呼羊矢棗洗大棗註猗氏縣大棗如雞卵煑填棗註未詳蹶洩苦棗註子味苦晳無實棗註不著子者還味稔棗註還味短味○洗屑典切填音田還音旋稔音稔○齊民要術常選好味者留栽之候棗葉始生而移之棗性硬故生晚栽早者堅垎生遲也三步一樹行欲相當地不耕也欲令牛馬履

踐令淨棗性堅强不宜苗稼是以不耕荒穢則蟲生所以須淨地堅饒實故宜踐也正月一日日出時反斧斑駮椎之名曰嫁棗不椎則花而無實斫則子萎而落也候大蠶入簇以杖擊其枝間振去狂花不打花繁實不成全赤卽收○收法日日撼而落之爲上半赤而收者肉未充滿乾則色黃而皮皺將赤味亦不佳全赤不收久則皮破復有烏鳥啄之○梗音梗棗陰地種之陽中則少實足霜色殷然後收之早收者澀不任食也○作酸棗麨法多收紅軟者箔上日曝令乾大釜煑之水僅足淹一沸卽漉出盆研之生布絞取濃汁塗盤上或盆中盛暑日曝使乾漸以手摩挲取

爲末以方寸匕投于一椀水中酸甜味足卽成好漿遠行用和米麨飢渴得當也○夏小正八月栗零註零者降也零而後取之故不言剝也○韓詩曰東門之栗有靖家室註靖善也言東門栗樹之下有善人○西溪叢話釋貫休詩云栗不和皺落又云新蟬避栗皺皺卽栗蓬也○齊民要術栗種而不栽栽者雖生尋死矣栗初熟時出殼卽于屋裏埋著溼土中埋必須深勿令凍徹若路遠者以韋囊盛之停二日已上見風日者則不復生至春二月悉芽生出而種之旣生數年不用掌近凡新栽之樹皆不用掌近栗性尤甚三年內每到十月常須草裹至二月乃解不裹則凍死○說文桌註今五經皆作榛○左思蜀都賦樼栗罅發註樼同榛○詩曰山有蓁詩義疏云蓁栗屬或從木有兩種○齊民要術栽種與栗同○說文柹集韻俗作柿非赤果實○左思吳都賦平仲君遷註君遷柹之小者○案司馬光名苑卽今牛奶柹也○爾雅翼柹有七絕一壽二多陰三無鳥巢四無蟲蠹五霜葉可玩六佳實可啖七落葉肥大可以臨書○酉陽雜俎木中根固柹爲最謂之柹盤○羣芳譜柹霜卽柹餅所出之霜能定嗽○椑柹一名漆柹搗碎浸汁謂之柹漆可染繒扇諸物○齊民要術柹

有小者栽之無者取枝于梗棗根上插之如插梨法京師語曰白馬甜榴價值一牛洛陽伽藍記白馬寺有大榴酉陽雜俎檳榔扶留可以忘憂白馬甜榴一實值牛草木暉暉蒼黃亂飛○本草安石榴有酸淡兩種道家謂之三尸酒云三尸得此酒則醉○埤蒼曰河陰榴中止三十八子○左思吳都賦蒲萄亂潰石榴競裂○酉陽雜俎石榴甜者爲天漿能已乳石毒○張協安石榴賦素粒紅液金房緗隔○齊民要術栽石榴法三月初取枝大如手大指者斬令長一尺半八

九枝共爲一科燒下頭二寸（不燒則漏汁矣）掘圓坑深一尺七寸口徑尺竪枝于阬畔（環圓布枝令匀調也）置枯骨礓石于枝間（骨石是樹性所宜）下土築之一重土一重骨石平坎止（其土令没枝頭一寸許也）水澆常令潤澤既生又以骨石布其根下則科圓滋茂可愛（若孤根獨立者雖生亦不佳）十月中以蒲藁裹而纏之（不裹則凍死也）二月初乃解放○爾雅楙木瓜（註實如小瓜酢可食○楙音茂）○羣芳譜筋轉者得木瓜卽愈或書其字或呼其名皆驗○齊民要術木瓜種子及栽皆得壓枝亦生栽種與桃李同○務本新書木瓜秋社前

寶訓卷五　果實　十

後移栽至次年率多結子遠勝春栽○左思吳都賦李善註平仲果其實如銀一名銀杏（案一名鴨脚葉似也又名公孫樹言公種而孫始得食）○博聞錄銀杏有雌雄雄者有三稜雌者有二稜須合種之臨池而種照影亦能結實（案銀杏花夜開卽落人罕見之實熟時以竹篾籠樹本但擊篾則果自落不宜多食食多動風賁食能截小水如食多誤中其毒腹內痛脹連飲冷白酒數杯一吐卽愈）○春秋運斗樞璇星散爲橘○說文果出江南樹碧而冬生（案孔安國書傳小曰橘大曰柚）○埤雅橘柚彫於北徙石榴鬱於東移○橙柚屬（案說文橙橘屬文選在南稱柑在北則橙）○王廙記瀟湘有橘鄉洞庭有橘里

彭澤有橘市○任昉述異記越多橘柚園歲出橘稅名曰橘籍（吳闞澤表曰請除臣之橘籍）○橘譜（宋韓彥直撰）橘品十有四種○陳氏花鏡（案農桑輯要自此以下未具栽植之法竊取此篇以補之）春初取核撒地待長三尺許移栽宜於斥鹵之所忌用豬糞夏時澆以糞水則葉茂而實繁性畏霜雪至冬以河泥犬糞壅其根稻草裹其幹方不凍死若在閩粵則不然也其木有二病蘚與蠹是也幹生苔蘚速刮去之見蛀屑飄出必有蟲穴以鉤索之再用杉木釘窒其孔藏橘菉豆內至春盡不壞（案橘譜金橘藏菉豆中可經時不變

寶訓卷五　果實　十一

橘性熱豆性涼故也）橙柑亦然若見糯米卽爛○枳木與花葉皆類橘實不堪食惟入藥用樹多刺最宜編籬凡遇旱以米泔水澆則實不損落根下埋死鼠則結實倍常○博物志張騫使西域還得胡桃（名物志謂之羌桃）○酉陽雜俎胡桃人曰蝦蟆瓜瓠子曰犀○格物論味甘殼薄者佳食之令人肥健（案多食恐發熱）○羣芳譜宋洪邁有痰疾上諭令以胡桃肉生薑臥時嚼服數次卽愈○晉鈕滔母答吳國書胡桃本生西羌外剛樸內柔甘質似古賢欲以奉貢○陳氏花鏡下種須擇其佳

者殼光紋淺體重之核平埋土中卽生芽若尖縫向上則水浸其仁壞多不生春斫皮中出汁婦人承取沐頭則髮黑又燒核火中半紅埋作火種經三四日不動亦不燼

寶訓卷六

樓霞郝懿行蘭皋輯

木材

古語云移樹無時莫教樹知多留宿土記取南枝

崔寔曰二月盡三月可掩樹枝埋樹枝土中令生二歲已上可移種矣

○齊民要術凡栽一切樹木欲記其陰陽不令轉易陰陽易位則難生從小栽者不煩記也大樹髡之不髡風搖則死小則不髡先爲深阬內樹訖以水沃之著土令如薄泥東南西北搖之良久搖則泥入根閒無不活者不搖根虛多死其小樹則不煩耳然後下土堅築近上三寸不築取其柔潤也時時溉灌常令潤澤每澆水盡卽以燥土覆之覆則保澤不然卽乾埋之欲深勿令撓動凡栽樹訖皆不用手捉及六畜觝突戰國策曰夫柳縱橫顛倒樹之皆生使十人樹之一人搖之則無生柳矣

諺曰木若稼達官怕舊唐書○案木稼木冰也亦名木介

諺曰正月可栽大樹

齊民要術凡栽樹正月爲上時二月爲中時三月爲下時然棗雞口槐兔目桑蝦蟇眼榆負瘤自餘雜木鼠耳䖟翅各以其時此等名目皆是葉生形容之所象似以此時栽種者葉皆卽生

早栽者葉晩出雖然大率甯早爲佳不可晩也○樹大率種數既多不可一一備舉凡不見者栽蒔之法皆求之此條

古語曰上求材臣殘木上求魚臣乾谷

周諺曰山有木工則度之賓有禮主則擇之（左傳）

崔寔曰自正月以終季夏不可伐木必生蠹蟲十一月伐竹木○四時類要十二月斬伐竹木不蛀○齊民要術凡伐木四月七月則不蟲而堅韌凡木有子實者候其子實將熟皆其時也（非其時者蟲而且肥也）○凡非時之木水漚一月或火煏（皮逼反）取乾蟲皆不生（水浸之木更益柔韌）○凡作園籬法于牆基之所方整深耕凡耕作三壠中間相去各二尺秋酸棗熟時收于壠中穊種之至明年秋生高三尺許間斸去惡者相去一尺留一根必須稀穊均調行伍條直相當至明年春剶（敕傳反）去橫枝剶必留距（若不留距侵皮痕大逢寒卽死）剶訖卽編爲巴籬隨宜夾縛務使舒緩（急則不復得長故也）又至明年春更剶其末又復編之高七尺便足（欲高作者亦任人意）其種柳作之者一尺一樹初卽斜插插時卽編其種榆莢者一同酸棗

諺云東家種竹西家治地（爲滋蔓而來生也竹性愛向西南引故于園東北角種之數歲之後自當滿園）

諺云栽竹無時下雨便移多留宿土記取南枝

爾雅筍竹萌（註初生者）簜竹（註竹別名）莽數節（註竹類也節間促○數音朔）桃枝四寸有節（註今桃枝節間相去多四寸）粼堅中（註竹類也其中實○粼音吝）簢筡中（註言其中空竹類○簢音閔筡音徒）仲無笐（註未詳○笐音杭）箈箹萌（註萌筍屬也周禮箈菹鴈醢○箈音待）篠箹（註別二名）○說文冬生青艸象形下垂箁箬也（箁蒲侯切）○淮南子俶眞訓竹以水生○釋名竹曰个○本草竹葉一名升斤竹花一名草華○莊子秋水篇註練實竹實也○戴凱之竹譜竹曰靑士類有六十一焉○凡竹最初種者曰竹祖（唐詩竹祖護龍孫）○贊寧竹譜竹根曰鞭八月鞭行故竹以八月爲春二三月爲秋百物皆以始生爲春成熟爲秋也又筍志竹根有鼠大如貓其色類竹名竹豚亦名稚子杜詩所謂筍根稚子也○岳陽風土記五月十三日謂之龍生日可種竹○齊民要術所謂竹醉日也（案又謂竹迷日）○黃山谷詩夏栽醉竹餘千个春糞辰瓜滿萬區又曰竹須辰日種（案竹未聞辰日種殆瓜誤爲竹歟）○齊民

要術宜高平之地近山阜尤是所宜下田得水即死○案此說與淮南子異黃白軟土爲良正月二月中斸取西南引根并莖芟去葉于園內東北角種之令阬深二尺許覆土厚五寸其居東北角者老竹種不生生亦不能滋茂故須取其西南引少根也○案餘註移于篇首西家治地下稻麥糠糞之二糠各自堪糞不令和雜不用水澆澆則淹死勿令六畜入園三月食淡竹筍四月五月食苦竹筍其欲作器者經年乃堪殺未經年者輭未成也○四時類要種竹去梢葉作稀泥於阬中下竹栽以土覆之杵築定勿令腳踏土厚五寸竹忌手把及洗手面脂水澆著即枯死○博

聞錄月菴種竹法深濶掘溝以乾馬糞和細泥填高一尺無馬糞礱糠亦得夏月稀冬月稠然後種竹須三四莖作一蔟亦須土鬆淺種不可增土於株上泥若用钁打實則不生筍○夢溪云種竹但林外取向陽者向北而栽蓋根無不向南必用雨下遇火日及有西風則不可花木亦然○志林竹有雌雄雌者多筍故種竹常擇雌者凡欲識雌雄當自根上第一枝觀之有雙枝者乃爲雌竹獨枝者爲雄竹案述異記有子母竹謂之孝竹慈竹○竹有花輒槁死花結實如稗謂之竹米一

竿如此久之則舉林皆然其治之法于初米時擇一竿稍大者截去近根三尺許通其節以糞實之則止案竹六十年一易根○瑣碎錄引筍法隔籬埋貍或貓于牆下明年筍自迸出○竹以三伏內及臘月中斫者不蛀一云用血忌日

語曰培塿無松柏左傳

字說松百木之長猶公故字从公○說文柏椈也○六書精蘊柏陰木也木皆屬陽而柏向陰指西蓋木之有貞德者故字从白白西方正色也案春秋緯諸侯墓樹柏又

東方朔傳柏者鬼之廷也○爾雅柀煔註煔似松生江南可以爲船疏云煔俗作杉○柀音彼○樅松葉柏身檜柏葉松身○齊民要術崔寔曰正月自朔暨晦可移松柏桐梓竹漆諸樹○博聞錄栽松春社前帶土栽培百株百活舍此時決無生理也○斫松木須五更初便削去皮則無白蟻血忌日尤好○插杉用驚蟄前後五日斬新枝斸阬入枝下泥杵緊相視天陰即插遇雨十分生無雨即有分數○農桑輯要種松柏八九月中擇成熟松子柏子同去臺收頓至來春春分時甜水浸子十日治畦下水上

糞漫散子于畦內如種茶法或單排點種上覆厚土二指許畦上搭矮棚蔽日旱則頻澆常須滋潤至秋後去棚長高四五寸十月中夾蔔稭籬以禦北風畦內亂撒麥糠覆樹令梢上厚二三寸止（南方宜撒蓋）至穀雨前後手爬去麥糠澆之次冬封蓋亦如此二年之後三月中帶土移栽○檜種如松法插枝者二三月檜芽蘗動時

諺曰不剝不沐十年成轂

陸璣草木疏榆有十種葉皆相似皮及木理異爾雅釋榆者三一曰藲莖（藲音歐莖大結反）郭註今之刺榆疏詩唐風山有樞是也一曰無姑其實夷郭註無姑姑榆也生山中葉圓而厚所謂蕪荑是也（案詩疏廣要有姑榆郎榆郎榆無荑）一曰榆白枌（案註枌榆先生葉卻著莢皮白色）疏詩陳風東門之枌是也○嵇康養生論榆令人瞑○博物志啖榆則眠不欲覺○崔寔曰二月榆莢成及青收乾以爲旨蓄（收青莢小蒸曝之至冬以釀酒滑香宜養老）色變白將落可作醔醶（醔音牟醶音頭榆醬）隨節早晏勿失其適○務本新書榆葉曝乾擣羅爲末鹽水調勻日中炙曝天寒于火上熬過拌

茶食之味頗辛美（案荒歲榆皮磨粉可食又榆麫如膠用黏瓦石極有力）○齊民要術榆性扇地其陰下五穀不植（隨其高下廣狹東西北三方所扇各與樹等）種者宜于園地北畔秋耕令熟至春榆莢落時收拾漫散犂細畤勞之明年正月初附地芟殺以草覆上放火燒之（一根上必十數條俱生止留一根強者餘悉掐去之）一歲之中長八九尺矣（不燒則長遲也）後年正月二月移栽之（初生即移者喜曲故須䂨林長之三年乃可移種）初生三年不用採葉尤忌捋心（捋心則科茹不長更須依法燒之則依前茂矣）不用剝沐（剝者長而細又多瘢痕不剝雖短粗而無病必欲剝者宜留二寸）于壍阬中種者以陳屋草布壍中散榆莢于草上以土覆之燒亦如法（陳草速朽肥良勝糞無陳草者用糞糞之亦佳不糞雖生而瘦既栽移者燒亦如法）

語曰世有兩俊白楊何安青楊蕭賓（史何安住白楊巷蕭賓住青楊巷）

夏小正三月蒌楊（註楊則華而後記之○蒌一作委）○爾雅楊蒲柳（註可以爲箭）○崔豹古今注白楊葉圓青楊葉長移楊圓葉弱蔕微風大搖（案此種今俗謂之響楊）○酉陽雜俎青楊出峽中爲牀臥之無蚤○博雅白楊刀也○馬融廣成頌珍林嘉樹建木叢生椿梧栝柏柜柳楓楊○齊民要術白楊（一名高飛一名獨搖）性甚勁直堪爲屋材折則折矣

終不曲撓凡屋材松柏爲上白楊次之榆爲下也○種白楊法秋耕令熟至正月二月中以犂順逆各一到畤中寬狹正似葱壠作訖又以鍫掘底一阬作小壍斫取白楊枝大如指長三尺者屈著壠中以土壓上令兩頭出土向上直竪二尺一株明年正月剝去惡枝一畝三壠一壠七百二十株一根兩株一畝四千三百二十株○爾雅杜甘棠註今之杜梨○杜赤棠白者棠註棠色異異其名○齊民要術棠熟時收種之否則春月移栽八月初天晴時摘葉薄布曬令乾可以染絳必候天晴時少摘葉乾之復更摘愼勿頓收若遇陰雨則浥浥不堪染絳也○說文楮穀也○陸璣詩疏幽州人謂之穀桑或曰楮桑荊揚交廣謂之穀中州人謂之楮江南人績其皮以爲布又擣以爲紙○酉陽雜俎葉有瓣曰楮無曰構○齊民要術楮宜澗谷間種之地欲極良秋上候楮子熟時多收淨淘曝令燥耕地令熟二月耬耩之和麻子漫散之卽勞秋冬仍留麻勿刈爲楮作煖若不和麻子種率多凍死明年正月初附地芟殺放火燒之一歲卽沒人不燒者瘦而長亦遲三年便中斫未滿三年者皮薄不任用斫法十二月爲上四月次之非此兩月而斫者楮

多枯死也每歲正月常放火燒之不燒則不滋茂二月中間斸去惡根移栽者二月蒔之亦三年一斫

長安百姓歌曰長安大街夾路楊槐下走朱輪上有鸞棲晉書苻堅自長安至于諸州夾路皆種槐柳百姓歌之

諺曰槐花黃舉子忙

爾雅櫰槐大葉而黑註槐樹葉大色黑者名爲櫰○櫰苦回切守宮槐葉晝聶宵炕註槐葉晝日聶合而夜炕布者○聶音輒炕吁朗切○春秋說題辭槐木虛星之精○藝文類聚槐季春五日而兔目十日而鼠耳更旬而始規二旬而葉成○梁書庾肩吾常服槐實年九十餘目看細書鬢髮皆黑○齊民要術槐子熟時多收擘取數曝勿令蟲生五月夏至前十餘日以水浸之如浸麻子法六七日當芽生好雨種麻時和麻子撒之當年之中卽與麻齊麻熟刈去獨留槐槐既細長不能自立根別竪木以繩攔之明年斸地令熟還于槐下種麻脅槐令長三年正月移而植之亭亭條直千百若一若隨宜取栽匪直長遲樹亦曲惡宜於園中劉地種之

蜀人語云有三千官柳四十琵琶陸游詩自註○案柳亦名官柳

夏小正正月柳稊註稊也者發孚也○爾雅檉河柳註今河旁赤莖小楊○陸璣疏云一名雨師枝葉如松○案一名觀音柳西河柳又名三春柳旄澤柳註生澤中者○說文柳小楊也本作桺从木丣聲○堯典宅西曰昧谷徐廣云柳谷案宋祁筆記古文丣本柳字後借爲辰卯之卯北本別字後借爲西北之北虞翻笑鄭元不識古文以卯爲昧訓北曰北猶別也○陶朱公術曰種柳千樹則足柴十年以後髡一樹得一載歲髡二百樹五年一周○博聞錄楊柳根下先種大蒜一枚不生蟲案一法劈開其下皮夾甘草一片入土則不生蟲○齊民要術種柳正月二月中取弱柳枝大如臂長一尺半燒下頭二三

寸埋之令沒常足水以澆之必數條俱生留一根茂者別豎一柱以爲依主以繩攔之一年中卽高一丈餘其旁生枝葉卽掐去令直聳上高下任人取足便掐去正心卽四散下垂婀娜可愛六七月中取春生少枝種則長倍疾少枝葉青氣壯故長疾也○案種柳法亦一畝三壠治壠寬狹與種白楊法同○柳性耐水楊性宜旱○爾雅槐小葉曰榎註槐當爲楸楸細葉者爲榎○榎同檟大而皵楸註老乃皮粗皵者爲楸○皵音鵲小而皵榎註小而皮粗皵者爲榎○說文楸梓也○埤雅楸梧早脫故楸謂之秋楸一作萩○述異記中山有楸戶著名楸籍者也案史記淮北常山巴南河濟之間千樹萩○齊民要術亦宜割地一方種之梓楸各別無令和雜楸既無子可于大樹四面掘作院取栽移之方兩步一根兩畝一行一行百二十樹五行合六百樹十年後所在任用○爾雅椅梓註卽楸○陸璣草木疏楸之疏理白色而生子者梓案說文梓楸也或作榮梓○埤雅梓爲百木長故呼梓爲木王羅願云屋室有此木則餘材皆不震案林中有梓樹諸木皆內拱○齊民要術種梓法秋耕地令熟秋末冬初梓角熟時摘取曝乾打取子耕地作壠漫田卽再勞之明年春生有草拔

令去勿使荒沒後年正月間斸移之方兩步一樹此樹須大不能穊栽吳童謠云梧宮秋吳王愁述異記吳王有別館在句容楸梧成林故名梧宮或云卽館娃宮宮有梧桐園長安童謠云鳳皇鳳皇止阿房秦記曰初長安謠云鳳皇鳳皇止阿房苻堅遂於阿房城植桐數萬株以待之其後慕容沖入阿房城而止焉沖小字鳳夏小正三月拂桐芭註拂也者拂也桐芭之時也或曰言桐芭始生貌拂拂然也○爾雅櫬梧註今梧桐榮桐木疏云桐木一名榮○周書清明之日桐始華桐不華歲有大寒○陳翥桐譜列六種紫

桐白桐膏桐刺桐赬桐梧桐○淮南子說山訓梧桐斷角註柔勝剛也○齊民要術梧桐桐葉花而不實者曰白桐實而皮青者曰梧桐人以其皮青號曰青桐也青桐九月收子二三月中作一步圓畦種之方大則難裏所以須圓小治畦下水一如葵法五寸下一子少與熟糞和土覆之生後數澆令潤澤此木宜溼故也當歲即高一丈至冬以草圍之明年三月中移植于廳齋之前華淨妍雅極爲可愛後年冬不須復裹成樹之後樹別下子一石子于包上生多者五六少者二三也炒食甚美味似菱芡多食亦無妨白桐無子冬結似子者乃是明年之花房亦繞大樹掘阬

取栽移之成樹之後任爲樂器青桐則不中用

語曰膠漆自謂堅不如雷與陳雷義陳重事見漢書本傳○以下漆雜木附

說文桼木汁可以髹物从木象形桼如水滴而下也案廣韻桼通作漆○農桑輯要春分前後移栽後樹高六七月以剛斧斫其皮開以竹管承之汁滴則成漆○爾雅栩杼註柞樹○櫟其實梂註有梂彙自裹○或曰柞櫟也○梂音求○詩輯柞堅韌之木新葉將生故葉乃落附著甚固○齊民要術柞俗呼爲橡子橡殼爲杼斗橡子儉歲可食以爲飯豐年放豬食之可以致肥也宜于山阜之曲三徧熟耕漫散橡子即再勞之生則薅治常令淨潔一定不移斫去尋生科理還復○周禮其植物宜莢註莢物薺莢王棘之屬疏云即今人謂之皁莢是也○博聞錄樹不結鑿一大孔入生鐵三五斤以泥封之便開花結子既實以篾束其本數匝木楔之一夕自落○農桑輯要種者二三月種不結角者南北二面去地一尺鑽孔用木釘釘之泥封竅即結○爾雅翼楝木高丈餘葉密如槐而尖三四月開花紅紫色實如小鈴名金鈴子可以楝故名案淮南子注云楝實鳳凰所食○東皐雜錄花信風梅花風最先楝花風最後凡二十四番以爲

寒絕○農桑輯要子熟時雨後種如種桃李法成樹移栽○類篇櫄同杶禹貢作杶左傳作橁說文作櫄皆一物也○農桑輯要木實而葉香有鳳眼草者謂之椿木疎而氣臭無鳳眼草者謂之樗皆可于春分前後栽之又云有花而莢者謂樗無花不實謂椿

晉童謠云官家養蘆化成荻徵祥記○謂盧脩爲敵也○以下葦荻蒲附

夏小正七月秀雚葦註未秀則不爲雚葦秀然後爲雚葦故先言秀灌荼註灌聚也荼雚葦之秀爲蔣褚之也雚未秀爲菼葦未秀爲蘆○案四月取荼註荼者以爲君薦蔣也其即此荼與○爾雅葦醜芀註其類皆有芀秀○芀音調葭華註即今蘆也蒹薕

註似萑而細高數尺葭蘆註葦也菼亂註似葦而小實中其萌虇註今江東呼蘆筍爲虇然則萑葦之類其初生者皆名虇虇音綣○農桑輯要葦四月苗高尺許選好葦連根栽成土墩如椀口大于下溼地內掘區栽之縱橫相去一二尺欲疾得力則密栽至冬放火燒過次年春芽出便成好葦十月後刈之○荻栽與葦同○農桑輯要四月揀綿蒲肥旺者廣帶根泥移出于水地內栽之次年卽堪用其水深者白長水淺者白短○爾雅莞苻蘺其上蒚音融○註今西方人呼蒲爲莞蒲蒚謂其頭臺首也用之爲席又鄭康成詩箋云莞小蒲也○淮南畢萬術酒薄復厚漬以莞蒲註斷蒲漬酒中卽厚

寶訓卷七

棲霞郝懿行蘭皋輯

藥草

諺云臘鼓鳴春草生歲時記十二月八日爲臘日邨人並擊細腰鼓以逐疫

說文藥治病草案藥有略音韓愈詩五鼎調勺藥又藥闌藥字音籥漢書池藥未幸○廣雅紫芀紫草也○山海經勞山多茈草一名紫英○齊民要術種紫草宜黃白軟良之地青沙地亦善開荒黍穄下大佳性不耐水必須高田三月種之耬耩地逐壟手下子良田一畝用子二升半薄田用子三升下訖勞之鋤如穀法潔淨爲佳其壟底草則拔之九月中子熟刈之候稃燥載聚打取子溼載子則浥鬱卽深細耕不細不深則失草矣尋壟以杷耬取整理收草宜併手力速竟爲良遭雨則損草也一扼隨以茅結之擘葛彌善四扼爲一頭當日則斬齊顚倒十重許爲長行置堅平之地以板石鎭之令扁溼鎭直而長燥鎭則碎折不鎭賣難售也兩三宿豎頭著日中曝之令浥浥然不曬則鬱黑太燥則碎折五十頭作一洪洪十字大頭向外著敞屋下陰涼處棚棧上其棚下勿使驢馬糞及人溺又忌煙皆令草失色其利勝藍若欲久停者入五月內著屋中閉戶塞

向密泥勿使風入漏氣過立秋然後開出草色不異
○本草紅藍花卽紅花也花作梂彙多刺案宋文帝詩紅藍與
芙蓉我色與歡敵○古今注燕支中國人謂之紅藍案張騫得自西
域者○齊民要術花地欲得良熟二月末三月初種也種法欲雨後速下
或漫散種或耬下一如種麻法亦有鋤而掩種者子
科大而易料理花出日日乘涼摘取不摘則乾摘必須盡
蕾餘卽合五月子熟拔曝令乾打取之子亦不至浥鬱五月種晚
花春初卽蕾子七月中摘深色鮮明耐久不黦紂物反色壞也勝
春種者收子與麻子同價既任車脂亦堪爲燭一頃

花日須百人摘○曬紅花法摘取卽碓擣使熟以水
淘布袋絞去黃汁更擣以粟飯漿清而酸者淘之又
以布袋絞去汁卽收取染紅勿棄也絞訖著甕器中
以布蓋上雞鳴更擣令均于席上攤而曝乾勝作餅花作餅
者不得乾令花浥鬱也
語曰青出於藍藍謝青師何常在明經北史李謐初師小學孔璠後璠
還就謐請業○案首句一作青成藍
通志藍三種蓼藍染綠大藍如芥染碧槐藍如槐染
青三藍皆可作澱色成勝母○夏小正五月啟灌藍

蓼註啟者別也陶而疏之也灌也者藂生者也記時也○崔寔曰榆莢落時可
種藍五月可刈藍六月可種冬藍冬藍木藍也○齊民要
術藍地欲良三徧細耕三月中浸子令芽生乃畦種
之治畦下水一同葵法藍三葉澆之晨夜再澆薅治令淨
五月中新雨後卽接溼耬耩拔栽之三莖作一科相
去八寸栽時宜併力急手無令地燥也白背卽急鋤栽時既溼白背不急鋤則堅确
也五徧爲良七月中作藍澱案花鏡夏至前後看葉上有破紋方可收割凡
五十斤用石灰一石缸內浸至次日已變黃色去梗用木爬打轉粉青色變至紫花色然後去水成靛矣
○說文梔木實可染○博雅梔子桾桃也案正字通名越桃無

桾桃名○史記千畝巵茜註其花染繒赤黃也○案巵同梔○述異記
洛陽有支茜園○農桑輯要十月選成熟梔子取子
淘淨曬乾至來春三月選沙白地斸畦區深一尺全
去舊土卻收地上溼潤淨土篩細填滿區下種稠密
如種茄法上搭箔棚遮日高可一尺四十餘日芽方
出土次年三月移開第四年開花結實十月收摘飯
內微蒸曬乾用
六安土人曰茶不可移移必不活許雖菴曰今世聘婦以茶爲禮豈取其一
定不移乎

爾雅檟苦荼註樹小如梔子冬生葉可煑作羹飲今呼早采者爲荼晚取者爲茗一名荈蜀人名之苦荼○案此卽今之茶也荈尺兗切○陸羽茶經一曰茶二曰檟三曰蔎音設四曰茗五曰荈案正字通引魏了翁集謂荼之始其字爲茶惟陸羽盧仝始易荼爲茶然漢書年表荼陵顔師古註音塗至地理志荼陵从人从木則註弋奢反又音丈加反是漢時已有茶荼二字非始於唐矣○博物志飲眞茶令人少眠○續博物志南人好飲茶孫皓以茶與韋昭代酒謝安詣陸納設茶果而已北人初不識開元中泰山靈巖寺有降魔師教禪者以不寐人多作茶飲因以成俗○楚人陸鴻漸爲茶論并煎炙之法造茶具二十四事

以都統籠貯之常伯熊者因廣鴻漸之法伯熊飲茶過度遂患風氣或云北人未有茶多黃病後飲病多腰疾偏死案茶錄載晉以降吳人採葉煑之號茗粥則茶之始以食爲貴後乃專以供飲耳○四時類要茶熟時收取子和溼沙土拌筐籠盛之穰草蓋不爾卽凍不生至二月中出種之于樹下或北陰之地開坎圓三尺深一尺熟斸著糞和土每阬中種六七十顆子蓋土厚一寸强任生草不得耘相去二尺種一方旱時以米泔澆此物畏日桑下竹陰地種之皆可二年外方可耘治以小便稀糞蠶沙澆

擁之又不可太多恐根嫩故也大概宜山中帶坡坂若于平地卽于兩畔深開溝壠洩水水浸根必死三年後收茶○爾雅椴大椒又椒椴醜莍註莍萸子聚生成房貌椴似茱萸而小赤色○椴音殺○說文茮莍也徐鍇曰茮卽今之椒○案說文無椒字茮同椒或作梂俗作椒○陸璣詩疏椒葉蜀人作茶吳人作茗○齊民要術熟時收取黑子俗名椒目不用人手數近捉之則不生也四月初畦種之治畦下水如種葵法生高數寸夏連雨時可移之移法以刀子圓劚椒栽合土移于阬中萬不失一若拔而栽者率多死若移大栽者二月三月中移之此物性不耐寒

陽中之樹冬須草裹不裹則死其生小陰中者少稟寒氣則不用裹候實口開便速收之天晴時摘下薄布曝之令一日卽乾色赤椒好若陰時收者色黑失味其葉及青摘取可以爲菹乾而末之亦足充食也○禮內則三牲用藙註藙煎茱萸也○水經注邵陵水逕流三峽名茱萸江○唐書王維傳輞川別墅有茱萸沜○齊民要術食茱萸也山茱萸味不任食二月三月栽之宜故城隄冢高燥處候實開便收之挂著屋裏壁上廕乾勿使煙熏煙熏則苦而不香也用時去中黑子肉醬魚鮓偏宜用○本草馬蘄一名野茴

香蒔蘿一名小茴香（案小茴香又名慈謀敎）○嵇康茴香賦仰眺崇岡俯察幽坂乃見茴香生蒙楚之間○務本新書春暖向陽掘區糞土相和區先下水子用新舂不浥者量地下子糝土微蓋區南約量種䕬以遮夏日長高三四指旱則澆之或霖雨時就新子種之亦可十月斫去條梢糞土覆根三月去之（案蒔蘿生佛誓國）

語曰不戴金蓮花不得到仙家（拾遺記滄洲金蓮花形如蝶婦人競採爲首飾）

爾雅荷芙蕖（註別名芙蓉）其莖茄其葉蕸其本蔤（註莖下白蒻在泥中者）其華菡萏其實蓮（註蓮謂房也）其根藕其中的（註蓮中子也）的中薏（註中心苦）○韻會凡芙蕖行根如竹行鞭節生一葉一華華葉常偶故謂之藕○續博物志藕生應月閏月益一節（案藕說文作蕅類篇作藕）○齊民要術種蓮子法八月九月中取蓮子堅黑者于瓦上磨蓮子頭令皮薄取墐土作熟泥封之如三指大長二寸使蔕頭平重磨處尖銳泥乾時擲于泥中重頭沈下自然周正皮薄易生少時即出其不磨者皮既堅厚倉卒不能生也○種藕法春初掘藕根節頭著魚池泥中種之當年即有蓮花

諺云韭爲草鍾乳芡是水硫黃

廣雅雞頭謂之莈（尹捶切）芡一名雁啄實管子名芡爲卵菱○酉陽雜俎菱開花背日芡開花向日故菱寒芡煖○埤雅荷花日舒夜斂芡花晝斂宵炕陰陽之異也○韓愈詩平池散芡盤○齊民要術種芡法八月中收取擘破取子散著池中自生也○爾雅蔆蕨攈（註蔆今水中芰○攈音眉）○武陵記四角三角曰芰兩角曰蔆（案蔆又作菱秦人謂之薢茩）○梁簡文帝採菱詩菱花落復含桑女罷新蠶桂棹浮星艇徘徊蓮葉南○齊民要術種芰法秋上子黑熟時收取散著池中自生矣○本草甘藷（音諸○案山藥本名薯蕷音諸預）一名山芋秦楚名玉延鄭越名土藷一名修脆一名兒草○南方草木狀秋熟收蒸之以充糧糗海人食皆壽百餘歲○異苑若欲掘取默然則獲唱名便不可得人有植之者隨所植之物而象之○四時類要山居要術云擇取白色根如白米粒成者先收子作三五所阬長一丈闊三尺深五尺下密布甎阬四面一尺許亦側布甎防別入傍土中根即細也作阬子訖填糞土三行下子種之填

阬滿待苗著架經年已後根甚粗一阬可支一年食根種者截長一尺已下種○又法地利經云大者折二寸爲根種當年便得子收子後一冬埋之二月初取出便種忌人糞如旱放水澆又不宜太溼須是牛糞和土種卽易成○務本新書種山藥宜寒食前後沙白地霜降後比及地凍出之將蘆頭另窨來春種之勿令凍損按種時須揀肥長山藥上有芒刺者○爾雅苄地黃注一名地髓陶注本草云生渭城者乃有子實實如小麥○爾雅翼地黃生者以水試之浮者名天黃半沈半

浮者人黃沈者地黃苄字从下亦趨下之義○齊民要術種地黃法須黑良田五徧細耕三月種一畝下種五石至四月末五月初生苗訖至八月盡九月初根成中染若須留爲種者卽在地中勿掘之待來年三月取之爲種計一畝可收根三十石今秋收訖至來年更不須種自旅生也惟須鋤之按上文云鋤時別作小刃鋤勿使細土覆心又按製地黃忌銅鐵器

鄉人歌曰我有圃生之杞乎左傳

爾雅杞枸檵註今枸杞也陸璣疏云一名苦杞春生作羹茹微苦葉及子服之輕身益氣一名地骨檵音計○本草去家千里勿食蘿摩枸杞言強盛陰道也○博聞錄種枸杞法秋冬間收子淨洗日乾春耕熟地作町闊五寸紐草稕肫去聲束稈曰稕如臂大置畦中以泥塗草稕上然後種子以細土及牛糞蓋令徧苗出頻水澆之又可插種案一法截條長四五指掩于溼地中亦生

○夏小正九月榮鞠樹麥註鞠草也鞠榮而樹麥時之急也○爾雅鞠治蘠註今之秋華菊○本草菊華一名節華陶註云菊有兩種一種紫莖氣香而味甘美葉可作羹爲眞菊一種青莖而大作蒿艾氣味苦不堪食名薏非眞菊也案抱

樸子菊花與薏花相似直以甘苦別之耳○圖經今服餌家多用白者○魏文帝與鍾繇書九月九日草木徧枯而菊芬然獨秀今奉一束以助彭祖之術案劉蒙泉菊譜一百六十三品范至能等廣至三百餘種○博聞錄菊蜀人多種之苗可入茶花子入藥然野菊大能瀉人惟眞菊延年乃黃中之色氣味和正花葉根實皆長生藥其性介烈不與百花同盛衰是以通仙靈也○務本新書宜白地栽甜水澆苗作茶食花入藥用三四月帶根土掘出作區下糞水調成泥擘根分栽每區一二科後極滋茂案花鏡小滿時每日須看

抳翦頭蟲紅頭黑身在辰巳二時專翦菊頭若被菊虎咬過其頭見日卽垂視咬傷處去寸許卽掐去無
窨遲則生蟲又有細蟻侵蛀菊本須用魚腥水洒其葉或澆土則除若蚯蚓地蠶傷根權以石灰水灌之
則死速將河水連澆以解灰毒若象幹蟲似蠶青質與葉一色食葉須早起以針尋其穴刺殺之○
四時類要種蒼朮法二月取根子劈破畦中種上糞
下水一年卽稠苗亦可爲菜若作煎宜多種之○博
物志黃精草卽太陽草也食之令人長生若太陰草
食之則死其草節所謂鉤吻也與黃精相反杜甫詩埽除白
髮黃精在○四時類要二月擇取葉相對生者是眞黃精
擘長二寸許稀種之一年後甚稠種子亦得其葉甚

美入菜用其根堪爲煎朮與黃精仙家所重○吳氏
本草百合一名重邁一名中庭一名重匡○羣芳譜
都波國無稼穡以此爲糧○四時類要二月種百合
此物尤宜雞糞每阬深五寸如種蒜法又云取根曝乾擣爲麪細
篩甚益人○本草牛蒡音榜子一名惡實似蒲萄核外殼如
栗球一名鼠黏一名大力子一名蝙蝠刺氣味苦寒
無毒○務本新書葉作菜食明目補中去風久食輕
身耐老○四時類要熟耕肥地令深平二月末下子
苗出後耘旱卽澆灌八月已後卽取根食若取子卽

留隔年方有子凡是開地卽須種之不但畦種也○
爾雅薢茩英茪註英明也疏云葉如茳芒子形如馬蹏呼爲馬蹏英明廣雅謂之羊躑躅
○薢音皆茩音狗英音決茪音光○案英通決杜甫詩雨中百草秋爛死階下決明顏色鮮○或云取子
一匙挼令淨空心吞之百日後夜可見光○博聞錄園圃四旁宜多種蛇
不敢入案一種似苜蓿葉晝開夜合結角如細豇豆子狀如馬蹏可作酒藥并眼目藥一種茳芒
決明似槐葉夜不合子如黃葵而扁忌入茶○四時類要二月取子畦種
同葵法葉生便食直至秋間有子若嫌老糞種亦得
若入藥不如種馬蹏者○說文藷蔗也○張衡南都
賦藷蔗薑䪥註藷蔗甘蔗也䪥音煩百合○案蔗又與柘通楚辭胹鼈炮羔有柘漿些○

廣志甘蔗其飴爲石蜜○農桑輯要栽種法用肥壯
糞地每歲春間耕轉四徧每栽子一箇截長五寸許
有節者中須帶三兩節發芽于節上畦寬一尺相離
五寸臥栽一根覆土畢用水繞澆止令溼潤根脈苗
高二尺餘頻用水廣澆之並不開花結子直至九月
霜後品嘗稭稈酸甜者成熟味苦者未成熟將成熟
者附根刈倒外將所留栽子稭稈斬去虛梢深撅窖
阬收藏至來春出窖截栽如前法大抵栽種者多用
上半截其下截肥好者留熬沙糖若用肥好者作種

尤佳○煎熬法將初刈倒稭稈去梢葉截長二寸碓擣碎用密篚或布袋盛頓壓擠取汁卽用銅鍋內斟酌多寡以文武火煎熬其鍋隔牆安置無令煙火近鍋專一令人看視熬至稠黏似黑棗合色用瓦盆一隻底上鑽箸頭大竅眼一箇盆下用甕承接將熬成汁用瓢盛傾于盆內極好者瀲于盆流于甕內者止可調水飲用○本草薏苡仁開紅白花結實青白色形似珠而稍長一名回回米又呼西番蜀秫俗名草珠兒○農桑輯要九月霜後收子至來年三月中隨

耕地于壠內點種勞蓋令平有草則鋤○說文藤藟也○爾雅諸慮山櫐註今江東呼櫐爲藤似葛而粗大○櫐音壘○農桑輯要春分前後移栽長時宜靠樹架起其花茂盛採時天晴便曬乾不致浥損收藏可爲素餡食之○本草忍冬藤一名金銀花其花長瓣垂鬚黃白相間而藤左纏案收花蒸曬可煑茶用○又薄荷莖葉似荏而長○農桑輯要諸處多可移栽經冬根不死採葉可食本入藥用○羣芳譜罌粟一名米囊花一名御米花一名米殼花○四時類要罌粟尤宜山坡亦可畦種○博

聞錄重九日種又中秋夜種則罌大子滿種訖以竹箒埽之○西京雜記苜蓿案本草一名牧蓿漢書作目宿一名懷風時人謂之光風茂陵人謂之連枝草○崔寔曰七月八日可種苜蓿○齊民要術地宜良熟七月種之畦種水澆一如韭法亦一翦一上糞鐵耙耬土令起然後下水一年三刈留子者一刈則止春初旣中生噉爲羹甚香長宜飼馬馬尤嗜之此物長生種者一勞永逸都邑負郭所宜種之○四時類要苜蓿若不作畦種卽和麥種之不妨○燒苜蓿之地十二月燒之訖二年一度耕壠外

根卽不衰凡苜蓿春食作乾菜至益人

昔人種菖蒲訣云春遲出夏不惜秋水深冬藏密春分方出夏四月十四菖蒲生日用竹翦修淨自生不愛惜秋深水養之冬須藏密室又忌訣云添水不換水見天不見日宜翦不宜分浸根不浸葉不換存元氣見日恐焦枯分多則葉粗浸葉則易爛○案以上皆爲盆種而言若入藥用不必如此調護也又案泥菖生池澤水菖生溪澗石菖生水石閒惟石菖蒲入藥葉中有脊其狀如劒又名水劒一種葉無脊根粗大如指者名昌陽

春秋運斗樞玉衡星散爲菖蒲○孝經援神契椒薑禦溼菖蒲益聰巨勝延年感喜辟兵案感喜琥珀屬○風俗

通菖蒲放花人得食之長年○蘇軾石菖蒲序乃遺九江道士使善視之余復過此將問其安否○格物論菖蒲一名昌歜案一名堯韭種池沼間其根盤屈有節狀如馬鞭一種根苗纖細人家以瓦器種之案花鏡性喜陰溼用沙石植者葉細用泥土者葉粗如患葉黃壅以鼠糞或蝙蝠矢用水洒之若欲苗直以綿裹筯頭每朝捋之

寶訓卷八

孳畜

棲霞郝懿行蘭皋輯

爾雅馬八尺爲駥音戎牛七尺爲犉羊六尺爲羬五咸切彘五尺爲豟音厄狗四尺爲獒雞三尺爲鶤音昆○註云陽溝巨鶤古之名雞○牛曰齝丑之切○註食之已久復出嚼之羊曰齥音泄鳥曰嗉註咽中裹食處○獸曰釁註自奮迅動作魚曰須註鼓顋須息鳥曰臭註張兩翅○皆氣體所須

語曰疲馬不能度溷風俗通俗云馬羸不能度繩索或云不能度種菜畦塍也案齊有溷水栽廣三四步言馬之疲乃不能度此水耳

俗說云相馬及君子史記貨殖傳註引風俗通馬稱匹者俗說云相馬及君子與人相匹故云匹或說馬夜行目照前四丈故云一匹或說度馬縱橫適得一匹又孔子望見匹練事見韓詩外傳風俗通蝦蟇一跳八尺再丈六從春至夏裸袒相逐無他所作掉尾肅肅案蝦蟇無尾當言夏馬夏馬患蠅蚋掉尾擊之故肅肅也

語曰相馬失之瘦相士失之貧

古諺云少所見多所怪見橐駝言馬腫背東漢牟融引

古語曰雖鞭之長不及馬腹晉伯宗引

古語云蹟馬破車惡婦破家易緯引

諺曰旦起騎穀日中騎水言旦飲須節水也詳見齊民要術
夏小正四月執陟攻駒註執駒者離之去母陟升之君也攻駒敎之服車數舍之
也五月頒馬註分夫婦之駒也夫婦一作大夫卿○爾雅牡曰騭註今江東
呼駁馬爲騭牝曰騇音舍○註草馬名○春秋說題辭地精爲馬
十二月而生應陰紀陽以合功月度疾故馬善走○
段成式諾皐記云馬鬼名賜○鬣爲末塗馬齒卽不
食桑葉拭去卽食鬣馬類也物莫兩盛如此○正韻
乘畜生於午稟火氣火不能生木故馬有肝無膽膽
木之精氣也木臟不足故食其肝者死○說文馬怒

也武也案玉篇馬武獸也象馬頭髦尾四足之形前漢石慶傳馬字與
尾當五師古註馬字下曲者尾并四點爲足凡五○五代史郭崇韜謂繼岌
曰當盡去宦官至於扇馬亦不可騎案扇本作騸仙肘後經騸馬
宦牛羯羊閹豬鐓雞善狗淨貓案鐓亦作騬音敦去畜勢○齊民要術飲飼之節
食有三芻飲有三時何謂也一曰惡芻二曰中芻三
曰善芻謂飢時與惡芻飽時與善芻引之令食食常飽則無不肥剉草粗雖足豆穀亦不肥充細
剉無節簁去土而食之者令馬肥不啌如此喂飼自然好也○啌苦江反何謂三時一曰
朝飲少之二曰晝飲則胸饜水三曰暮極飲之一日夏汗
冬寒皆當節飲每飲食勿行驟則消水小驟數百步亦佳十日一放令其陸梁舒展令馬硬實也驢

騾大槩類馬不復別起條端○凡驢馬駒初生忌灰
氣遇新出爐者輒死經雨卽不死○凡以豬槽餵馬以石
灰泥馬槽汗繫著門皆令馬落駒術曰常繫獼猴于馬房令馬不畏辟
惡消百病也馬久步卽生筋勞筋勞則生䯢痛久立則發
骨勞骨勞則發癰腫久汗不乾則生皮勞皮勞者驏
陟扇切馬土浴也而不振汗未燥而飲飼之則生氣勞氣勞
者驏而不噴馳驅無節則生血勞血勞則發强行何
以察五勞終日馳驅舍而視之不驏者筋勞也驏而
不時起者骨勞也起而不振者皮勞也振而不噴者

氣勞也噴而不溺者血勞也筋勞者兩絆卻行三十
步而已骨勞者令人牽之起從後笞之起而已皮勞
者夾脊摩之熱而已氣勞者緩繫之櫪下遠餧草噴
而已血勞者高繫無飲食之大溺而已○治牛馬疫
氣方取獺屎煑灌之獺肉及肝彌良不能得肉肝乃用屎耳○治馬喉腫方以
物纏刀子露刃鋒一寸許刺咽喉潰則愈案一法用藥見下博
聞錄○治馬黑汗方取乾馬糞置瓶子中頭髮覆之火
燒馬糞及髮煙出著馬鼻熏令煙入鼻中須臾卽差
又方豬脊引脂雄黃亂髮燒煙熏鼻同上法○療馬

結熱起臥戰不食水草方黃連二兩(杵末)白鮮皮一兩(杵碎)油五合豬脂四兩(細切)右以溫水一升半和藥調停灌下牽行拋糞即愈○馬疥方臭(音臭)黃(原本作雄黃)頭髮臘月豬脂煎令髮消及熱塗立效○馬傷水用葱鹽油相和搓成團子納鼻中以手掩馬鼻令不通氣良久待眼淚出即止○馬傷料用生蘿蔔三五箇切作片子啖之立效○馬猝熱腹脹起臥欲死方藍汁二升和冷水二升灌之立效○治新生小駒子瀉肚方藁本末三錢用大麻子研汁調灌下咽喉便效次以黃連末大麻汁解之○驢馬磨打破瘡馬齒莧石灰一處擣爲團曬乾後再擣羅爲末先口含鹽漿水洗淨用藥末貼之驗○點馬眼藥青鹽黃連馬牙硝蕤仁右件四味各等分同研爲末用蜜煎入瓷瓶子盛或點時旋取少許以井水浸化點○治馬急起臥取壁上多年石灰細杵羅用酒調二兩用水灌之立效○治馬食槽內草結方好白礬末一兩分爲二服每貼和飲水後啖之不過三兩度即內消卻此法神驗○博聞錄馬傷脾方川厚朴去粗皮爲末同薑棗煎

灌應脾胃有傷不食水草褰脣侶笑鼻中氣短宜速與此藥○馬心熱方甘草芒硝黃檗大黃山梔子瓜蔞爲末水調灌應心肺壅熱口鼻流血跳躑煩燥宜急與此藥○馬肺毒方天門冬知母貝母紫蘇芒硝黃芩甘草薄荷葉同爲末飯湯入少許醋調灌療肺毒熱極鼻中噴水○馬肝壅方朴硝黃連爲末男子頭髮燒灰存性漿水調灌應邪氣衝肝眼昏似睡忽然眩倒此方主之○馬腎搐方烏藥芍藥當歸元參山茵蔯白芷山藥杏仁秦艽每服一兩酒一大升同煎溫灌隔日再灌○馬氣喘方元參葶藶升麻牛黃兜苓黃耆知母貝母同爲末每服二兩漿水調草後灌之應喘嗽皆治○馬尿血方黃耆烏藥芍藥山茵蔯地黃兜苓枇杷葉爲末漿水煎沸候冷調灌應六月熱尿血皆主療之○馬喉腫方螺青川芎知母川鬱金牛蒡(炒)薄荷貝母同爲末每服二兩蜜二兩漿水煎沸候溫調灌○馬結尿方滑石朴硝木通車前子同爲末每服一兩溫水調灌隔時再服結甚則加山梔子赤芍藥同末○馬結糞方皁角燒灰存性同

大黃枳殼麻子仁黃連厚朴爲末清米泔調灌若傷突加蔓荆子末同調○馬舌硬方款冬花瞿麥山梔子地仙草青黛硼砂朴硝油煙墨等分爲細末每用半兩許塗舌上立差○馬膈痛方羌活白藥甜瓜子當歸沒藥芍藥爲末春夏漿水加蜜秋冬小便調療膈痛低頭難不食草○馬流沫方當歸菖蒲白朮澤瀉赤石脂枳殼厚朴甘草爲末每一兩半酒一升葱白三握同水煎溫灌○馬傷蹄方大黃五靈脂木鼈子去油海桐皮甘草土黃芸薹子白芥子爲末黃米

粥調藥攤帛上裹之

諺曰羸牛劣馬寒食下齊民要術言其乏食瘦瘠春中必死

俗諺云三和一繳須管要飽不要噍了使去最好詳見韓氏直說○噍音嚼齧也

說文牛大牲也牛件也件事理也象角頭三封尾之形註封高起也○犕二歲牛犕同犕音貝○犙音毵三歲牛○牭音四四歲牛○犪音擾同犪牛柔謹也○爾雅絕有力欣犌音加○淮南子牛岐蹏而戴角○戴角者無上齒無角者膏而兌前有角者脂而兌後註豕馬之屬前小○孔叢子

猗頓魯窮士聞陶朱公富問術焉告之曰欲速富養五牸音字牝牛乃畜牛羊子息萬計貲擬王公○韓氏直說餵養牛法農隙時入暖屋用場上諸糠穰鋪牛腳下謂之牛鋪牛糞其上次日又覆糠穰每日一覆十日除一次牛一具三隻每日前後餉約飼草三束豆料八升或用蠶沙乾桑葉水三桶浸之牛下餉噍透刷飽音砲飲畢辰巳時間上槽一頓可分三和皆水拌第一和草多料少第二比前草減半少加料第三草比第二又減半所有料全繳拌食盡即往使耕噍了

牛無力夜餵牛各帶一鈴草盡牛不食則鈴無聲即拌之飽使耕○水牛飲飼與黃牛同夏須得水池冬須得暖厰牛衣○四時類要治牛疫方眞安息香于牛欄中燒如燒香法如初覺有一頭至兩頭是疫即牽出以鼻吸之立愈又方十二月兔頭燒作灰和水五升灌口中良○牛腹脹欲死方研麻子汁五升溫令熱灌口中愈此治食生豆腹脹垂死者甚良○牛鼻脹方以醋灌耳中立差○牛疥方煑黑豆汁熱洗五度差一本作烏頭汁○牛肚脹及嗽方取榆白皮水煑令

熟甚滑以三五升灌之卽差○牛虱方以胡麻油塗之卽愈豬脂亦得六畜虱塗之亦愈○博聞錄牛瘴疫方用眞茶二兩和水五升灌之又治牛猝疫而動頭打脇急用巴豆七箇去殼細研出油和灌之卽愈又燒蒼朮令牛鼻吸其香止○牛尿血方川當歸紅花爲細末以酒二升半煎取二升冷灌之又法豉汁調食鹽灌○牛患白膜遮眼用炒鹽幷竹節燒存性細研一錢貼膜效○牛氣噎方牛有茅根噎以皁角末吹鼻中更以鞋底拍尾停骨下效○牛腹脹方牛

喫著雜蟲卽腹脹用燕屎一合漿水二升調灌之效○牛觸人方牛顚走逢人卽觸是膽大也黃連大黃末雞子酒調灌之○牛尾焦不食水草以大黃黃連白芷末雞子酒調灌之○牛氣脹方淨水洗汗韉取汁一升好醋半升許灌之愈○牛肩爛方舊綿絮三兩燒存性麻油調抹忌水五日愈○牛漏蹏方紫礦爲末豬脂和納蹏中燒鐵篦烙之愈○牛沙疥方蕎麥隨多寡燒灰淋汁入綠礬一合和塗愈

古語云蠹喙仆柱梁蚊芒走牛羊 劉向新序

童謠云一束藁兩頭然河邊羖攊飛上天 北史齊本紀後魏末文宣未受禪時童謠○藁然兩頭于文爲高河邊羖攊水邊羊帝名也

夏小正二月初俊羔助厥母粥 註俊大也粥養也言大羔能食草木不食於母也羊蓋非其子而後養之善養而記之也 三月羳羊 註羊有相還之時其類羳羳然或曰羳羝也

○爾雅羊牡羒 音汾 牝牂 夏羊 註黑羖攊 牡羭 註黑羝也 牝羖 註今人便以牂羖爲白黑羊名 未成羊羜 註俗呼五月羔爲羜 絕有力奮○

說文羊祥也从𦍌象頭角尾之形孔子曰牛羊之字以形舉也 案說文芊羊本字 ○芊羊鳴 案芊音弭或作咩○又楚姓也 ○羍小羊也讀若達 音闥省作全 ○𦍩羊未卒歲也 𦍩音肇 ○譙

周法訓羊有跪乳之禮雞有識時之候雁有庠序之儀人取法焉○龍魚河圖羊有一角食之傷人○家政法養羊法當以瓦器盛一升鹽懸羊欄中羊喜鹽自數還啖之不勞人牧○羊有病輒相汙欲令別病法當欄前掘瀆深二尺廣四尺往還皆跳過者無病不能過者入瀆中行過便別之○齊民要術常留臘月正月生羔爲種者上十一月二月生者次之 非此月數生者毛必焦卷骨骼細小所以然者逢寒遇熱故也其十一月十二月生者母既多乳膚軀充滿草雖枯亦不羸瘦母乳適盡卽得春草是以極佳 大率十口一羝 羝少則不孕羝多則亂羣 羝

無角者更佳有角者喜觸傷胎所由也擬供廚者宜剩之剩法生十餘日布裹齒碎之牧羊必須老人心性宛順者起居以時調其宜適卜式云牧民何異于是者惟遠水爲良傷水則蹏甲膿出二日一飲頻飲則傷水而鼻膿緩驅行勿停息息則不食而羊瘦急行則坌塵而蚛顙也蚛音仲又音沖○春夏早放秋冬晚出春夏氣和所以宜早秋冬霜露所以宜晚養生經云春夏早起與雞俱興秋冬晏起必待日光此其義也夏日盛暑須得陰涼圈不厭近必須與人居相連開窗向圈羊性怯弱不能禦物狼一入圈或能絕羣架北牆爲廄爲屋傷熱熱生疥癬且屋處慣暖冬入田尤不耐寒圈中作臺開竇無令停水二日一除母使糞穢穢則汙毛停水則夾蹏眠溼則腹脹也圈內須並牆豎柴柵令周匝羊不揩土毛常自淨不豎柴者羊揩牆壁土鹹相得毛皆成氈又豎柵頭出牆者虎狼不敢踰羊一千口者三四月中種大豆一頃雜穀幷草留之不須鋤治八九月中刈作青茭若不種豆穀者初草實成時收刈雜草薄鋪使乾勿令鬱浥凡秉秋刈草非直爲羊而然大凡悉皆倍勝崔寔曰七月七日刈芻茭也既至冬寒多饒風霜或春初雨落青草未生時則須飼不宜出放○羊有疥者間別之不別相染汙或能合羣致死羊疥先著口者難治多死凡羊經疥得差後夏初肥時宜賣易之不爾後春疥發必死矣○

四時頻要羊疥皮棃蘆根敲打令皮破以泔浸之餅盛塞口放竈邊令常暖數日味酸便中用以甎瓦刮疥處令赤若堅硬者湯洗之去痂拭令乾以藥汁塗之再上愈疥若多逐日漸漸塗之勿頓塗恐不勝痛也又方豬脂和臭黃塗之愈○羊中水方羊膿鼻眼不淨者皆以水洗治之其方以湯和鹽杓中研令極鹹候冷取清者以小角子受一雞子者灌兩鼻各一角五日後以眼鼻淨爲候不差更灌○羊膿鼻及口頰生瘡如乾癬者相染多致絕羣治法豎長竿圈中竿頭置板令獼猴居上辟狐狸而益羊差病也○羊夾蹏方取羝羊脂和鹽煎令熟燒鐵令微熱勻脂烙之勿令入泥水不日自差○翦羊毛三月候毛牀動則翦翦訖以河水洗卽生毛潔白八月候胡葈子未成時翦之不爾則損毛中旬後翦則勿洗恐寒氣損羊

宋野人歌曰既定爾婁豬盍歸吾艾豭左傳

語曰苑中三公門下二卿五門嚄嚄但聞豬聲三輔決錄馬氏兄弟五人共養豬賣○案嚄疑誤

大戴禮四主時時主豕故豕四月而生○春秋說題辭斗星散精爲彘○爾雅豕子豬註江東呼猜音豨皆通名豶偉墳○註俗呼小豶豬爲猜子○幺幼註最後生者俗呼爲幺豚奏者豱音溫奏音腠○註今豱豬短頭皮理腠蹙豕生三豵二師一特註豬生子常多故別其少者之名所寢檜音繪○註檜其所臥蓐四豴皆白豥音垓豴音滴其跡刻絕有力豜牝豝○說文豕彘也竭其尾故謂之豕象毛足而後有尾註竭舉也○詩傳犬喜雪馬喜風豕喜雨○周禮豕宜稷疏云豭豬味酸牝豬味苦稷米味甘是甘苦相成○養生要集豕白蹄青爪不可食也○齊

民要術母豬取短喙無柔毛者喙長則牙多一廂三牙已上則不煩畜爲難肥故有柔毛者焰治難淨也牝者子母不同圈同圈喜相聚不食則死傷牡者同圈則無嫌牡性遊蕩易走失圈不厭小圈小則肥疾處不厭穢泥汙則避暑亦須小廠以避雨雪春夏草生隨時放牧糟糠之屬當日別與糟糠經夏輒敗不中停放八九十月放而不飼所有糟糠則畜待窮冬春初豬性甚便水生之草食之肥初產者宜煑穀飼之其子三日便掐尾六十日後犍三日掐尾則不畏風凡犍豬死者皆風所致耳犍不截尾則前大後小犍骨細肉多不犍骨粗肉少如犍牛法者無風死之患十一月十二月生者豚一宿蒸之蒸法索籠盛豚著甑中微火蒸之汗出便罷不蒸則腦凍不合不出旬便死豚性腦少寒盛則不能自煖故須煖氣助之供食豚乳下者佳簡取別飼之宜埋車輪爲食場散粟豆于內小豚食足出入自由則肥速案本草經梓居下品別錄云葉擣傳豬瘡飼豬肥大三倍陶注云桐葉梓葉肥豬之法未見應在商丘子養豬經中蘇恭注云二樹花葉飼豬並能肥大且易養見李當之本草及博物志然不云傳豬瘡也○四時類要閹豬子待瘡口乾平復後取巴豆兩粒去殼爛擣和麻籸音莘糟糠之類飼之半日後當大瀉其後日見肥大

魏人歌曰我有枳棘岑君伐之我有蟊賊岑君遏之吠

狗不驚足下生氂後漢書岑熙爲魏守人歌之氂長毛也犬無追吠故生氂爾雅犬生三猣二師一玂音祈猣音宗未成毫狗註狗子未生乾毛者長喙獫短喙猲獢盧嬌切猲音歇獫力驗切並見詩絕有力狣音兆尨狗也○說文犬狗之有縣蹏者也象形孔子曰視犬之字如畫狗也又孔子曰狗叩也叩气吠以守从犬句聲○春秋考異郵七九六十三三陽氣通故斗運狗三月而生注狗斗精所生○案風俗通犬金畜○埤雅韓子曰蠅營狗苟狗苟故从苟也案猶狗同○又傳曰犬有三種一者田犬二者吠犬三者食犬食犬若今菜牛也○禮記

月令仲秋拨芻豢註養牛馬曰芻犬豕曰豢疏云食草曰芻食穀曰豢○案說文豢以穀圈養豕也

鄙語云寧爲雞口無爲牛後戰國策○一云雞尸牛從尸主也從牛子也

夏小正正月雞桴粥註粥也者相粥粥呼也或曰桴嫗伏也粥養也○桴與孚通粥與祝粥通○爾雅雞大者蜀蜀子雞音餘未成雞僆音練絕有力奮○春秋運斗樞玉衡星散爲雞○春秋說題辭雞爲積陽南方之象故陽出雞鳴以類感也雞之爲言佳也佳而起爲人期莫寶也善爲人制晏早之期○說文雞知時畜也註雞者稽也能稽時也○風俗通雞本朱氏翁所化故呼朱朱祝雞翁善養雞故呼祝祝○本草烏雞主補中○龍魚河圖黑雞白頭食之病人有六指者殺人四距者亦殺人有五色亦殺人○白澤圖雞有四距重翼者龍也殺之震死○張衡南都賦春卵夏筍秋韭冬菁案卵雞卵也歲時記云補益滋味玉燭寶典寒食節城市尤多鬭雞卵之戲也○養生論雞肉不可令小兒食食之生蚘蟲又令體消瘦○齊民要術雞種取桑落時生者良形小淺毛腳細短者是也守窠少聲善育雛子春夏生者則不佳形大毛羽悅澤腳粗長者是遊蕩饒聲產乳易厭既不守窠則無緣蕃息雞春夏雛二十日內無令出窠飼以燥

飯出窠早不免烏鴟與瀅飯則令臍膿也雞棲宜據地爲籠籠內著棧雖鳴聲不朗而安穩易肥又免狐狸之患若任之樹木一遇風寒大者損瘦小者或死燃柳柴殺雞雛小者死大者盲此亦燒黍穰殺瓠之流其理難悉○家政法穀產雛子供常食法別築牆匡開小門作小廠令雞避雨日雌雄皆斬去六翮無令飛出小槽貯水荊藩爲棲去地一尺數埽去糞鑿牆爲窠亦去地一尺惟冬天著草別取雌雞無令與雄相雜惟多與穀令竟冬肥盛自然穀產矣一雞生百餘卵不雛並食之無咎○爾雅舒雁鵝註今江東呼鴚○鴚音加舒鳧鶩註鴨也疏云野曰鳧家曰鶩椿○禽經腳近臎者能步鵝鶩是也鵝見異類差翅鳴一名鵱鷜音六樓又鵝鳴則蜮沈養之園林則蛇遠去又鴨鳴呷呷其鳴自呼鳧能高飛而鴨舒緩不能飛故曰舒鳧案廣雅一名鴹匹亦作鳴鴨亦作鼂別作鴄又覆卵則鸛入水鵝腿月注云伏卵則向月取氣助卵腿音未詳○酉陽雜俎俗言鵝驚鬼鴒鶴厭火孔雀辟惡○齊民要術鵝鴨並一歲再伏者爲種一伏得子者少三伏者冬寒雛多死也大率鵝三雌一雄鴨五雌一雄鵝初輩生子十餘鴨生數十後輩皆漸少矣常足五穀飼之生子多不足者生子少欲于廠屋之下作窠以防豬犬狐狸多著細草于窠中令煖先刻白木爲卵形窠別著一枚以誑之

不爾不肯入窠生時尋卽收取別著一煖處以柔細草覆藉之停置窠中凍卽雛死伏時大鷄一十子大鴨二十子小者減之多則不周數起者不任爲種數起則凍冷也其貪伏不起者須五六日一與食起之令洗浴久不起者飢羸身冷雖伏無熱鵝鴨皆一月雛出量雛欲出之時四五日內不用聞打鼓紡車大叫猪犬及舂聲又不用器淋灰不用見新產婦觸忌者雛多厭殺不能自出假令出亦尋死也雛既出作籠籠之先以粳米爲粥糜一頓飽食之名曰塡嗉然後以粟飯切苦菜蕪菁英爲食以清水與之濁則易不易泥塞鼻則死入水中

不用停久尋宜驅出此既水禽不得水卽死臍未合久在水中冷徹亦死于籠中高處敷細草令寢處其上雛小臍未合不欲冷也十五日後乃出籠早放者匪直乏力致困鵝又有寒冷兼烏鴟災也惟食五穀稗子及草菜不食生蟲葛洪曰鵝食射工○案鵝聲辟鬼鴨靡不食矣水稗實成時尤是所便噉此足得肥充供厨者子鵝百日以外子鴨六七十日佳過此肉硬大率鵝鴨六年以上老不復生伏矣宜去之少者初生伏又未能工惟數年之中佳耳純取雌鴨無令雜雄足其粟豆常令肥飽一鴨便生百卵俗所謂殺生者此卵宜以供膳幸無麛卵之咎也

童謠云寧飲建業水不食武昌魚通鑑晉武徙都武昌童謠云諺曰買魚得鱮不如噉茹案陸璣疏鱮魚之不美者性慵弱卽鱅也鱅音庸鄉語曰居就糧梁水魴陸璣疏魴魚之美者梁水魴尤美里語曰洛鯉伊魴貴於牛羊洛深宜鯉伊淺宜魴諺曰買魚得鱮不如食茹寧去累世宅不去鱟魚額洛鯉伊魴貴于牛羊得合瀾蠣雖不足豪亦足以高見酉陽雜俎

爾雅鱦音繩小魚註今江東呼魚子未成者爲鱦魚有力者黴音暉○註强大多力魚枕謂之丁註枕在魚頭骨中魚腸謂之乙魚尾謂之丙

註此皆似篆書字因名焉○說文魚本作𩵋水蟲也象形與燕尾相似○儀禮有司徹魚七註魚無足翼○案列子黃帝篇姬魚語女註云姬讀居魚讀吾非魚名也○神農書鯉爲魚王無大小脊旁鱗皆三十有六案爾雅釋魚首鯉次鱣無異名說文遂以鯉爲鱣誤也○齊民要術引陶朱公養魚經曰夫治生之法有五水畜第一水畜所謂魚池也以六畝地爲池池中作九洲求懷子鯉魚長三尺者二十頭牡鯉魚長三尺者四頭以二月上庚日納池中令水無聲魚必生至四月內一神守六月內二神守八月內三神守神守者鼈也所以納

鼈者魚滿三百六十則蛟龍爲之長而將魚飛去納鼈則魚不復去在池中周繞九洲無窮自謂江湖也至來年二月得鯉魚長一尺者一萬五千枚三尺者四萬五千枚二尺者萬枚至明年得長一尺者十萬枚長二尺者五萬枚長三尺者五萬枚長四尺者四萬枚留長二尺者千枚作種所餘皆貨候至明年不可勝計也池中有九洲八谷谷上立水二尺又谷中立水六尺所以養鯉者鯉不相食易長又貴也○又作魚池法三尺大鯉非近江湖倉卒難求若養小魚

積年不大欲令生大魚法須載取藪澤陂湖饒大魚之處近水際土十數載以布池底二年之內卽生大魚蓋由土中先有大魚子得水卽生也案李善注張協七命引此經文有詳略

孫男聯蓀茹薇聯芬校字

宛邑毓文齋景春融手刊

出版後記

早在二〇一四年十月，我們第一次與南京農業大學農遺室的王思明先生取得聯繫，商量出版一套中國古代農書，一晃居然十年過去了。

十年間，世間事紛紛擾擾，今天終於可以將這套書奉獻給讀者，不勝感慨。

當初確定選題時，經過調查，我們發現，作爲一個有著上萬年農耕文化歷史的農業大國，我們整理的農業古籍叢書只有兩套，且規模較小，一是農業出版社自一九五九年開始陸續出版的《中國古農書叢刊》，收書四十多種；一是農業出版社一九八二年出版的《中國農學珍本叢刊》，收書三種。其他點校整理的單品種農書倒是不少。基於這一點，王思明先生認爲，我們的項目還是很有價值的。

經與王思明先生協商，最後確定，以張芳、王思明主編的《中國農業古籍目錄》爲藍本，精選一百五十二種中國古代最具代表性的農業典籍，影印出版，書名初訂爲『中國古農書集成』。接下來就是正常的流程，先確定編委會，確定選目，再確定底本。看起來很平常，實際工作起來，卻遇到了不少困難。

古籍影印最大的困難就是找底本。本書所選一百五十二種古籍，有不少存藏於南農大等高校圖書館。但由於種種原因，不少原來准備提供給我們使用的南農大農遺室的底本，當時未能順利複製。最後所有底本均由出版社出面徵集，從其他藏書單位獲取。

本書所選古農書的提要撰寫工作，倒是相對順利。書目確定後，由主編王思明先生親自撰寫樣稿，副主編惠富平教授（現就職於南京信息工程大學）、熊帝兵教授（現就職於淮北師範大學）及編委何彦超博士（現就職於江蘇開放大學）及時拿出了初稿，爲本書的順利出版打下了基礎。

本書於二〇二三年獲得國家古籍整理出版資助，二〇二四年五月以『中國古農書集粹』爲書名正式出版。

二〇二二年一月，王思明先生不幸逝世。没能在先生生前出版此書，是我們的遺憾。本書的出版，或可告慰先生在天之靈吧。

是爲出版後記。

鳳凰出版社

二〇二四年三月

《中國古農書集粹》總目

一

呂氏春秋（上農、任地、辯土、審時）（戰國）呂不韋　撰

氾勝之書　（漢）氾勝之　撰

四民月令　（漢）崔寔　撰

齊民要術　（北魏）賈思勰　撰

四時纂要　（唐）韓鄂　撰

陳旉農書　（宋）陳旉　撰

農書　（元）王禎　撰

二

農桑輯要　（元）司農司　編撰

農桑衣食撮要　（元）魯明善　撰

種樹書　（元）俞宗本　撰

居家必用事類全集（農事類）（元）佚名　撰

便民圖纂　（明）鄺璠　撰

三

天工開物　（明）宋應星　撰

遵生八箋（農事類）（明）高濂　撰

宋氏樹畜部　（明）宋詡　撰

陶朱公致富全書　（明）佚名　撰（清）石巖逸叟　增定

四

農政全書　（明）徐光啓　撰

五

沈氏農書　（明）沈氏　撰（清）張履祥　補

寶坻勸農書　（明）袁黄　撰

知本提綱（修業章）　（清）楊屾　撰　（清）鄭世鐸　注釋

農圃便覽　（清）丁宜曾　撰

三農紀　（清）張宗法　撰

增訂教稼書　（清）孫宅揆　撰　（清）盛百二　增訂

寶訓　（清）郝懿行　撰

六

授時通考（全二册）　（清）鄂爾泰　等　撰

七

齊民四術　（清）包世臣　撰

浦泖農咨　（清）姜皋　撰

農言著實　（清）楊秀沅　撰

農蠶經　（清）蒲松齡　撰

馬首農言　（清）祁寯藻　撰　（清）王筠　校勘並跋

撫郡農産考略　何德剛　撰

夏小正　（漢）戴德　傳　（宋）金履祥　注　（清）張爾岐　輯定　（清）黄叔琳　增訂

田家五行　（明）婁元禮　撰

卜歲恒言　（清）吴鵠　撰

農候雜占　（清）梁章鉅　撰　（清）梁恭辰　校

八

五省溝洫圖説　（清）沈夢蘭　撰

吴中水利書　（宋）單鍔　撰

築圍説　（清）陳瑚　撰

築圩圖説　（清）孫峻　撰

耒耜經　（唐）陸龜蒙　撰

農具記　（清）陳玉堪　撰

管子地員篇注　題（周）管仲　撰　（清）王紹蘭　注

於潛令樓公進耕織二圖詩　（宋）樓璹　撰

御製耕織圖詩　（清）愛新覺羅·玄燁　撰　（清）焦秉貞　繪

農説　（明）馬一龍　撰　（明）陳繼儒　訂正

梭山農譜　（清）劉應棠　撰

澤農要録　（清）吴邦慶　撰

區田法　（清）王心敬　撰

區種五種　（清）趙夢齡　輯

耕心農話　（清）奚誠　撰

理生玉鏡稻品　（明）黄省曾　撰

江南催耕課稻編　（清）李彦章　撰

金薯傳習録　（清）陳世元　彙刊

御題棉花圖　（清）方觀承　編繪

木棉譜　（清）褚華　撰

授衣廣訓　（清）愛新覺羅·顒琰　定　（清）董誥　等　撰

栽苧麻法略　（清）黄厚裕　撰

九

二如亭群芳譜　（明）王象晉　撰

十

佩文齋廣群芳譜（全三册）　（清）汪灝　等　編修

十一

洛陽花木記　（宋）周師厚　撰

桂海花木志　（宋）范成大　撰

花史左編　（明）王路　撰

花鏡　（清）陳淏　撰

十二

洛陽牡丹記　（宋）歐陽修　撰

洛陽牡丹記　（宋）周師厚　撰

亳州牡丹記　（明）薛鳳翔　撰

曹州牡丹譜　（清）余鵬年　撰

菊譜　（宋）劉蒙　撰

菊譜　（宋）史正志　撰

菊譜　（宋）范成大　撰
百菊集譜　（宋）史鑄　撰
菊譜　（明）周履靖、黄省曾　撰
菊譜　（清）葉天培　撰
菊説　（清）計楠　撰
東籬纂要　（清）邵承照　撰

十三

揚州芍藥譜　（宋）王觀　撰
金漳蘭譜　（宋）趙時庚　撰
王氏蘭譜　（宋）王貴學　撰
海棠譜　（宋）陳思　撰
缸荷譜　（清）楊鍾寶　撰
汝南圃史　（明）周文華　撰
北墅抱甕錄　（清）高士奇　撰
種芋法　（明）黄省曾　撰
筍譜　（宋）釋贊寧　撰
菌譜　（宋）陳仁玉　撰

十四

荔枝譜　（宋）蔡襄　撰
記荔枝　（明）吴載鰲　撰
閩中荔支通譜　（明）鄧慶寀　輯
荔譜　（清）陳定國　撰
荔枝譜　（清）陳鼎　撰
荔枝話　（清）林嗣環　撰
嶺南荔支譜　（清）吴應逵　撰
龍眼譜　（清）趙古農　撰
水蜜桃譜　（清）褚華　撰
橘錄　（宋）韓彦直　撰
打棗譜　（元）柳貫　撰
檇李譜　（清）王逢辰　撰

十五

竹譜　（南朝宋）戴凱之　撰
竹譜詳錄　（元）李衎　撰

竹譜　（清）陳鼎　撰
桐譜　（宋）陳翥　撰
茶經　（唐）陸羽　撰
茶錄　（宋）蔡襄　撰
東溪試茶錄　（宋）宋子安　撰
大觀茶論　（宋）趙佶　撰
品茶要錄　（宋）黃儒　撰
宣和北苑貢茶錄　（宋）熊蕃　撰
北苑別錄　（宋）趙汝礪　撰
茶箋　（明）聞龍　撰
羅岕茶記　（明）熊明遇　撰
茶譜　（明）顧元慶　撰
茶疏　（明）許次紓　撰

十六

治蝗全法　（清）顧彥　撰
捕蝗考　（清）陳芳生　撰
捕蝗彙編　（清）陳僅　撰
捕蝗要訣　（清）錢炘和　撰
安驥集　（唐）李石　撰
元亨療馬集　（明）喻仁、喻傑　撰
牛經切要　（清）佚名　撰　于船、張克家　點校
抱犢集　（清）佚名　撰
哺記　（清）黃百家　撰
鴿經　（明）張萬鍾　撰

十七

蜂衙小記　（清）郝懿行　撰
蠶書　（宋）秦觀　撰
蠶經　（明）黃省曾　撰
西吳蠶略　（清）程岱葊　撰
湖蠶述　（清）汪曰楨　撰
野蠶錄　（清）王元綎　撰
柞蠶雜誌　增韞　撰
樗繭譜　（清）鄭珍　撰　（清）莫友芝　注
廣蠶桑説輯補　（清）沈練　撰　（清）仲學輅　輯補
蠶桑輯要　（清）沈秉成　編
豳風廣義　（清）楊屾　撰

養魚經　（明）黄省曾　撰
異魚圖贊　（明）楊慎　撰
閩中海錯疏　（明）屠本畯　撰　（明）徐𤊹　補疏
蟹譜　（宋）傅肱　撰
糖霜譜　（宋）王灼　撰
酒經　（宋）朱肱　撰
飲膳正要　（元）忽思慧、常普蘭奚　撰

十八

救荒活民補遺書　（宋）董煟　撰　（元）張光大　增　（明）朱熊　補遺
荒政叢書　（清）俞森　撰
荒政輯要　（清）汪志伊　纂
救荒簡易書　（清）郭雲陞　撰

十九

孚惠全書　（清）彭元瑞　撰

二十

欽定康濟錄　（清）陸曾禹　原著　（清）倪國璉　編錄
救荒本草　（明）朱橚　撰
野菜譜　（明）王磐　撰
野菜博錄　（明）鮑山　撰

二十一

全芳備祖　（宋）陳詠　撰
南方草木狀　（晋）嵇含　撰

二十二

植物名實圖考（全二册）　（清）吳其濬　撰